船舶海洋工学シリーズ④

船体運動 耐航性能編

■著者
柏木　正
岩下　英嗣

■監修
公益社団法人 日本船舶海洋工学会
能力開発センター教科書編纂委員会

成山堂書店

本書の内容の一部あるいは全部を無断で電子化を含む複写複製（コピー）及び他書への転載は，法律で認められた場合を除いて著作権者及び出版社の権利の侵害となります。成山堂書店は著作権者から上記に係る権利の管理について委託を受けていますので，その場合はあらかじめ成山堂書店 (03-3357-5861) に許諾を求めてください。なお，代行業者等の第三者による電子データ化及び電子書籍化は，いかなる場合も認められません。

「船舶海洋工学シリーズ」の発刊にあたって

　日本船舶海洋工学会は船舶工学および海洋工学を中心とする学術分野のわが国を代表する学会であり、船舶海洋関係産業界と学術をつなぐさまざまな活動を展開しています。

　わが国の少子高齢化の状況は、造船業においても例外にもれず、将来の開発・生産を支える若い技術者への技術伝承・後継者教育が喫緊かつ重要な課題となっています。

　当学会では、造船業や船舶海洋工学に係わる技術者・研究者の能力開発、および日本の造船技術力の維持・発展に資することを目的として、平成19年に能力開発センターを設立しました。さらに、平成21年より日本財団の助成のもと、大阪府立大学大学院池田良穂教授を委員長とする「教科書編纂委員会」を設置し、若き造船技術者の育成とレベルアップの礎となる教科書を企画・作成することになりました。

　これまで、当会の技術者・研究者の専門的な力を結集して執筆・編纂を続けてまいりましたが、船舶海洋工学に係わる広い分野にわたって技術者が学んでおくべき基礎技術を体系的にまとめた「船舶海洋工学シリーズ」として結実することができました。

　本シリーズが、多くの学生、技術者、研究者諸氏に利用され、今後日本の造船産業技術競争力の維持・発展に寄与されますことを心より期待いたします。

　　　　　　　　　　　　　　　　　　　　　　　公益社団法人　日本船舶海洋工学会
　　　　　　　　　　　　　　　　　　　　　　　　　　会長　谷口　友一

「船舶海洋工学シリーズ」の編纂に携わって

　日本船舶海洋工学会の能力開発センターでは、日本の造船事業・造船研究の主体を成す技術者・研究者の能力開発、あわせて日本の造船技術力の維持・発展に関わる諸問題に対して、学会としての役割を果たしていくために種々の活動を行っていますが、「船舶海洋工学シリーズ」もその一環として企画されました。

　少子高齢化の状況下、各造船所は大学の船舶海洋関係学科卒に加え、他の工学分野の卒業生を多く確保して早急な後継者教育に努めています。他方で、これらの技術者教育に使用する適切な教科書が体系的にまとめられておらず、円滑かつ網羅的に造船業を学ぶ環境が整備されていない問題がありました。

　本シリーズはこれに対応するため、本学会の技術者・研究者の力を合わせて執筆・編纂に取り組み、船舶の復原性、抵抗推進、船体運動、船体構造、海洋開発など船舶海洋技術に関わる科目ごとに、技術者が基本的に学んでおく必要がある技術内容を体系的に記載した「教科書」を目標として編纂しました。

　読者は、造船所の若手技術者、船舶海洋関係学科の学生のほか、船舶海洋関係学科以外の学科卒の技術者も対象です。造船所での社内教育や自己研鑽、大学学部授業、社会人教育などに広く活用して頂ければ幸甚です。

日本船舶海洋工学会　能力開発センター
教科書編纂委員会委員長　池田　良穂

教科書編纂委員会　委員

荒井　　誠（横浜国立大学大学院）	大沢　直樹（大阪大学大学院）
荻原　誠功（日本船舶海洋工学会）	奥本　泰久（大阪大学）
佐藤　　功（三菱重工業株式会社）	重見　利幸（日本海事協会）
篠田　岳思（九州大学大学院）	修理　英幸（東海大学）
慎　　燦益（長崎総合科学大学）	新開　明二（九州大学大学院）
末岡　英利（東京大学大学院）	鈴木　和夫（横浜国立大学大学院）
鈴木　英之（東京大学大学院）	戸澤　　秀（海上技術安全研究所）
戸田　保幸（大阪大学大学院）	内藤　　林（大阪大学）
中村　容透（川崎重工業株式会社）	西村　信一（三菱重工業株式会社）
橋本　博之（三菱重工業株式会社）	馬場　信弘（大阪府立大学大学院）
藤久保昌彦（大阪大学大学院）	藤本由紀夫（広島大学大学院）
安川　宏紀（広島大学大学院）	大和　裕幸（東京大学大学院）
吉川　孝男（九州大学大学院）	芳村　康男（北海道大学）

まえがき

　船の運動性能は、波浪中での耐航性能と平水中での操縦性能に大別されますが、本書は耐航性能について書かれており、波浪中での船体運動理論をこれから学ぼうとする学部学生や大学院生、あるいは船舶海洋関連企業で船舶や浮体の波浪中性能の仕事に携わる人たちを対象として、必要な知識や理論をまとめたテキストです。

　船の耐航性理論は難しいとよく言われます。それは、船体運動の特性を理解するためには微分方程式やフーリエ解析などの数学的な知識がある程度必要とされるし、船体運動の原因となる水波や船体に働く流体力のこと、さらにはその流体力と船体によって造られる波との関係などを理解するためには、流体力学に関する基礎知識が要求されるためと思われます。数式変形に苦手な人には確かにそうかもしれません。しかし、自由表面船舶流体力学の理論は先達の努力によって築き上げられてきた大変「美しい」理論であり、それに気付き魅了され始めると船舶耐航性理論を理解するのは意外と容易かもしれません。その「美しい」理論が分かって頂けるよう、説明に大きな飛躍がなく理路整然としかもコンパクトに説明するように努力したつもりです。したがって本書は寝っころがって読むような概論ではなく、理論の最前線へ初学者を比較的短時間で誘えるように意図した専門書だと考えて下さい。

　本書の第1章と第2章は、著者の一人（柏木）が大阪大学の学部学生を対象として使っている「運動基礎論」の講義資料を基にして再構成したものです。また第3章から第5章は、性能運動分野の「夏の学校」や九州大学大学院で使っていた講義資料を基にしています。つまり本書の内容は、学部学生や大学院生のレベルです。第6章は3次元耐航性理論でやや難しいかもしれませんが、最新の計算結果や実験値との比較などを多く載せています。さらに第7章は横揺れ運動、第8章は不規則波中での船体応答を理解するための理論を取りまとめています。また本書には演習やNoteも多く付けています。演習問題は、講義での理解を深めるためにレポート課題としているような内容ですが、本書では巻末にすべての解答例を付けていますので、自学自習も可能となるはずです。

　本書は「船舶海洋工学シリーズ」の他の本に比べるとややレベルが高いかもしれませんが、説明方法には独自性と丁寧さを心掛けて書いています。本書によって波浪中での船舶耐航性理論の美しさに魅了される方が一人でも多く出てこられ、それによって船舶海洋工学における学問の継承に少しでも貢献できることになれば、著者にとって望外の喜びです。

2012年9月

著者代表　柏木　正

目　次

第 1 章　波浪中での船体運動方程式　　1

1.1　運動方程式の組み立て方　　1
1.1.1　基礎仮定　　1
1.1.2　座標系と運動モード　　2
1.1.3　船体に働く力の種類　　4
1.1.4　船体に働く力の数式表現　　6
1.1.5　船体運動方程式　　11

1.2　復原力が存在しない運動モードの応答特性　　12
1.2.1　一般解の求め方　　13
1.2.2　任意外力に対する応答　　13
1.2.3　周期的外力に対する応答　　17

1.3　復原力が存在する運動モードの応答特性　　18
1.3.1　固有周期の概算値と定性的傾向　　19
1.3.2　自由振動解と任意外力に対する応答　　20
1.3.3　周期的外力に対する応答　　24

第 2 章　線形システムとしての船体運動　　29

2.1　フーリエ級数　　29
2.1.1　実数形式のフーリエ級数　　29
2.1.2　複素形式のフーリエ級数　　30

2.2　フーリエ変換　　32

2.3　特殊関数のフーリエ変換　　33
2.3.1　デルタ関数　　33
2.3.2　ステップ関数　　36
2.3.3　符号関数　　36

2.4　フーリエ変換のいくつかの性質　　39

2.5　フーリエ変換を用いた浮体応答の計算法　　42

2.6　線形システム　　45
2.6.1　線形性と時間不変システム　　45
2.6.2　システム関数とインパルス応答　　46

2.7　因果システムと因果律による関係式　　47

2.8 流体力への周波数影響を考慮した浮体の運動方程式 49
   2.8.1 周期的な波浪強制力に対する応答の計算法 50
   2.8.2 任意外力に対する応答の計算法 51
   2.8.3 流体力に対するメモリー影響と Kramers-Kronig の関係 52

第3章 水波の基礎理論 　　　　　　　　　　　　　　　　　　　　　　　　　　　　55

3.1 自由表面での境界条件 55
3.2 微小振幅の進行波 59
   3.2.1 位相関数と位相速度 59
   3.2.2 進行波の速度ポテンシャル 60
   3.2.3 分散関係 62
   3.2.4 水粒子の軌道 63
3.3 群速度 64
3.4 エネルギー保存の原理 66
3.5 進行波のエネルギーとその伝播速度 68
3.6 水波における非線形影響 69

第4章 2次元浮体の造波理論 　　　　　　　　　　　　　　　　　　　　　　　　　73

4.1 周期的わき出しによる速度ポテンシャル 73
4.2 グリーンの公式 80
4.3 コチン関数 83
4.4 浮体表面境界条件 84
4.5 コチン関数および進行波の成分分離 85
4.6 流体力の計算式 87
4.7 反射波、透過波の計算式 90
4.8 グリーンの公式の適用 90
4.9 流体力係数の対称性、エネルギー関係式 91
4.10 ハスキント・ニューマンの関係 94
4.11 浮体によって造られる波の関係 95
4.12 減衰力係数間の関係 96
4.13 流体力の計算例 96
4.14 2次元浮体の動揺特性 101
4.15 反射波、透過波の特性 104
4.16 波漂流力 107

第 5 章 細長船に対するストリップ法 　　　　　　　　　　　　　　　　　　111

5.1 境界値問題と速度ポテンシャルの近似 111
5.1.1 境界条件式 112
5.1.2 Radiation ポテンシャル 114
5.1.3 Diffraction ポテンシャル 115

5.2 流体力の計算 117
5.2.1 変動圧力 117
5.2.2 付加質量、造波減衰力 118
5.2.3 波浪強制力 119
5.2.4 復原力係数 120

5.3 上下揺、縦揺に関する流体力 120

5.4 上下揺、縦揺の運動方程式 124

5.5 ストリップ法による計算例 125
5.5.1 計算対象モデル 125
5.5.2 付加質量、減衰力係数 126
5.5.3 波浪強制力、船体運動 129

5.6 変動水圧と波浪荷重 129
5.6.1 計算式 129
5.6.2 計算例 132

5.7 相対水位変動 133

付録　NSM による計算ソースプログラム 136

第 6 章 3 次元耐航性理論 　　　　　　　　　　　　　　　　　　　　　153

6.1 3 次元境界値問題 153
6.1.1 座標系 153
6.1.2 自由表面条件 154
6.1.3 船体表面条件 157
6.1.4 船体表面上の圧力 160
6.1.5 Radiation 問題と diffraction 問題 161

6.2 速度ポテンシャルの表示式 166
6.2.1 グリーンの定理の適用 166
6.2.2 グリーン関数 169
6.2.3 グリーン関数の計算例 171
6.2.4 速度ポテンシャルの漸近表示式 173
6.2.5 漸近波動場 174

- 6.3 流体力に関する関係式 *180*
  - 6.3.1 ティムマン・ニューマンの関係 *180*
  - 6.3.2 ハスキント・ニューマンの関係 *182*
  - 6.3.3 減衰力係数の計算 *183*
  - 6.3.4 波浪中抵抗増加 *185*
- 6.4 数値計算例 *188*
  - 6.4.1 ランキンパネル法 *188*
  - 6.4.2 単一特異点の計算例 *189*
  - 6.4.3 比較計算のための供試模型 *192*
  - 6.4.4 付加質量および減衰力係数 *193*
  - 6.4.5 波浪強制力 *195*
  - 6.4.6 船体運動 *196*
  - 6.4.7 非定常波動場 *197*
  - 6.4.8 波浪変動圧 *199*
  - 6.4.9 波浪中抵抗増加 *200*
- 付録　グリーン関数の漸近表示式 *202*

第7章　船の横揺れと安定性 　　　　　　　　　　　　　　　　　　　　　*207*

- 7.1 浮心と浮面心 *207*
  - 7.1.1 浮心 *207*
  - 7.1.2 浮面心 *208*
  - 7.1.3 傾斜による浮心の移動 *209*
- 7.2 微小傾斜時の復原モーメント *210*
  - 7.2.1 メタセンタ高さ *210*
  - 7.2.2 メタセンタ高さの近似推定法 *212*
- 7.3 大傾斜時の復原モーメント *213*
  - 7.3.1 復原てこ *213*
  - 7.3.2 静復原力と動復原力 *213*
  - 7.3.3 垂直舷側船の復原てこ *215*
- 7.4 横揺れ減衰係数 *218*
  - 7.4.1 線形運動方程式 *218*
  - 7.4.2 非線形運動方程式 *220*
  - 7.4.3 横揺れ減衰係数の実用推定法 *222*
- 7.5 横揺れ周期と振幅への非線形影響 *224*
- 7.6 1自由度横揺れ運動方程式の妥当性 *226*

7.7 上下揺との連成運動による不安定横揺 229

第8章 不規則波中の船体応答　235

8.1 定常性とエルゴード性 235
8.2 相関関数 236
8.2.1 自己相関関数 236
8.2.2 自己相関関数の性質 237
8.2.3 相互相関関数 238
8.3 相関関数とスペクトルの関係 238
8.3.1 自己相関関数とパワースペクトル 238
8.3.2 パワースペクトルを用いた不規則変動のシミュレーション 240
8.3.3 相互相関関数とクロススペクトル 240
8.4 海洋波スペクトル 241
8.4.1 海洋波の自己相関関数 241
8.4.2 海洋波の周波数スペクトル 243
8.4.3 海洋波スペクトルの方向分布関数 246
8.5 確率分布関数、確率密度関数 247
8.6 2つの確率変数に対する解析 249
8.6.1 結合確率密度関数 249
8.6.2 共分散 250
8.6.3 変位、速度、加速度の相関 250
8.7 特性関数 252
8.8 正規確率密度関数 253
8.9 中心極限定理 254
8.10 複数の確率変数に対する正規確率密度関数 256
8.11 レイリー確率密度関数 258
8.11.1 確率密度関数の変換 258
8.11.2 レイリー分布の導出 259
8.11.3 レイリー分布の n 次モーメント 259
8.12 その他の確率密度関数 260
8.12.1 ポアソン分布 260
8.12.2 ワイブル分布 261
8.13 海象統計 262

- 8.13.1 ゼロアップクロスの期待値と周期 … 262
- 8.13.2 極値間周期 … 264
- 8.13.3 極大値の確率密度関数 … 265
- 8.13.4 $1/n$ 最大波高 … 266
- 8.13.5 最大波高の期待値 … 267

8.14 線形システムの応答 … 269
- 8.14.1 確率過程の入出力関係 … 269
- 8.14.2 相関関数による入出力関係 … 269
- 8.14.3 パワースペクトルによる入出力関係 … 270
- 8.14.4 多入力多出力の関係 … 271
- 8.14.5 不規則波中での横揺れ等価減衰係数 … 272

8.15 短期予測 … 273
- 8.15.1 短波頂不規則波中での入出力のパワースペクトル … 273
- 8.15.2 船体応答の短期予測 … 275

8.16 長期予測 … 276
- 8.16.1 長期波浪統計資料を利用する方法 … 277
- 8.16.2 極値の確率分布関数を用いる方法 … 278

演習問題略解 … 281

参考文献 … 289

欧文索引 … 293

和文索引 … 296

第1章　波浪中での船体運動方程式

　波浪中で船にどのような力・モーメントが働き、船がどのように運動するのかを理解することが本書の主題であり、それを達成するためには、流体力学ならびに運動力学の知識が必要である。このうち、本章では運動力学の理解を深めることを目的とする。まず船体の運動方程式を構成する流体力成分とその数式表現について概説し、どのような座標系でどのように運動方程式を組み立てればよいかについて説明する。次に、外力に対する船体運動応答の基本特性を解析的に理解するために、代表的な2種類の1自由度運動方程式、すなわち定数係数の1階および2階の線形微分方程式を取り上げる。そして、それぞれの一般解の求め方やインパルス応答の重要性について述べた後、周期的な外力や時間変動する任意の外力に対する応答の計算法について詳述する。

1.1 運動方程式の組み立て方

1.1.1 基本仮定

　まず船体は3次元の剛体として取り扱う。大きい船では弾性振動も無視できなくなり、その解析方法も最近では「流力弾性学」として発展している。しかし、剛体としての運動方程式や、そこに現れる流体力の取り扱い方を理解することがまずは大切であり、それができれば、線形重ね合せの原理により、弾性振動によるいわゆる高次の運動モードの取り扱いは、剛体の運動モードの拡張として理解できるであろう。

　次に流体の粘性と圧縮性は基本的に無視できるものとする。したがって、完全流体力学の知識によって船体に働く流体力を求めることができる。ただし、第7章で詳しく述べるように、船の横揺れ運動における減衰力の算定においては、特に横揺れ振幅が大きくなると流体の粘性影響（非線形影響）を無視することができないので、別途考慮することになる。

　波浪中での船の運動における主な外力の原因となる海洋波は、微小振幅であると仮定する。この仮定が成り立つ目安は、第3章で説明されるように、波の峻度（波高 H と波長 λ との比）が $H/\lambda < 1/30$ と考えてよい。この場合、水波に対して線形理論が適用できる。船の運動は、この微小振幅の波によって誘起されるので、運動の振幅も微小であると仮定できる。後で述べるように、復原力が働く運動モードでは、同調現象によって運動振幅が必ずしも小さいとは言えない状況も発生する。しかし、そのような場合でも、線形理論によって知り得る運動特性は、実際に観察される現象の本質を非常に良く説明することができるので、本書の殆どでは、微小振幅の船体運動を前提とする線形理論を取り扱うことにする。もちろん、流体力における非線形項を考慮することによって初めて説明することのできる船体運動の重要な現象もあるので、非線形影響はその都度、必要に応じて考えることにする。また、波浪中での船体運動理論では、船が前進しながら動揺することを前提としなければならず、前進速度を有することが問題を複雑にしている。その前進速度影響については、第5章、第6章の3次元理論において説明する。

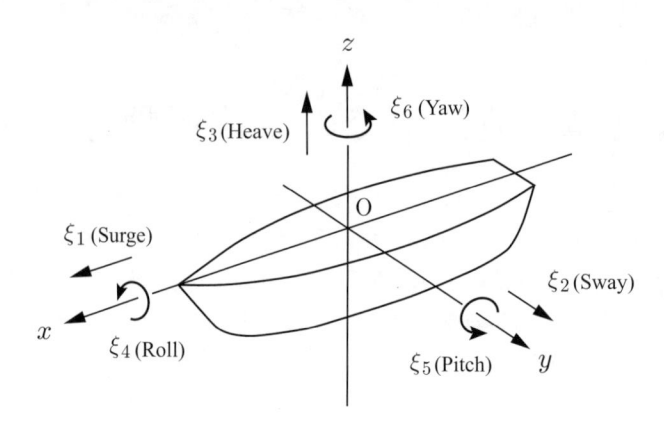

図1.1 座標系と船の6自由度運動モードの定義

1.1.2 座標系と運動モード

3次元物体の運動の自由度は一般に6つであり、直交座標系における各座標軸方向の並進運動3つと、各座標軸まわりの回転運動3つから成る。その直交座標系として、波浪中での船体運動力学では、図1.1のような慣性座標系（空間固定の座標系）を用いるのが一般的である。波浪中での船は、静水中での釣り合い状態から上述のように6自由度の運動をするので、微小振幅とは言え、時々刻々変化する船体固定の座標系とは異なることに注意する必要がある。

船が一定速度で移動する場合には、図1.1の座標系は船の速度と同じ等速度で平行移動する座標系と考える。このような等速移動する座標系で考えても空間に固定された座標系で考えても、質量や加速度は同じであるから、この等速移動する座標系も慣性座標系であり、剛体の運動方程式を考える際、ニュートンの第2法則（運動量の法則）の適用が容易である。座標系の原点は基本的にどこでも良いが、船体運動を考える際には、船の重心Gに取ることが多い。一方、海洋波や流体力の解析では、静止水面上の船体中央に座標原点を取ることが多いが、両者の座標系の違いによる流体力や船体運動の速度・変位の換算は比較的容易に行うことができる。その具体的な換算方法については、第4章以降の必要な箇所で述べることになる。

本書では、船首方向に x 軸、左舷方向に y 軸、鉛直上向きに z 軸を取ることにし、各座標軸方向の並進運動をそれぞれ、**前後揺**（surge）、**左右揺**（sway）、**上下揺**（heave）という。また各座標軸まわりの回転運動をそれぞれ、**横揺**（roll）、**縦揺**（pitch）、**船首揺**（yaw）という。これらの6自由度の運動モードにおける変位を $\xi_j(t)$ と表すことにする。ここで添字の j は運動モードの番号を表し、

$$j=1 : \text{surge}, \quad j=2 : \text{sway}, \quad j=3 : \text{heave},$$
$$j=4 : \text{roll}, \quad j=5 : \text{pitch}, \quad j=6 : \text{yaw}$$

と約束する。このようにすると、ξ_1, ξ_2, ξ_3 は直線変位であるから長さの次元をもつが、ξ_4, ξ_5, ξ_6 は回転変位であるから回転角の次元をもつことに注意する必要がある。

船体運動が円周波数[†] ω の周期的な動揺の場合には、時間項と振幅、位相の部分を分けて、次

[†] 角周波数ともいう。

のように表すことができる。

$$\xi_j(t) = \text{Re}\left[X_j e^{i\omega t}\right] = \text{Re}\left[\left(X_{jc} + iX_{js}\right)e^{i\omega t}\right]$$
$$= \text{Re}\left[|X_j|e^{i\delta_j}e^{i\omega t}\right] = |X_j|\cos(\omega t + \delta_j) \tag{1.1}$$

ここで
$$|X_j| = \sqrt{X_{jc}^2 + X_{js}^2}, \quad \delta_j = \tan^{-1}\left(X_{js}/X_{jc}\right) \tag{1.2}$$

のうち、$|X_j|$ が**振幅** (amplitude)、δ_j が**位相** (phase)（ここでは進みが正）である。これらをまとめて表す $X_j = |X_j|e^{i\delta_j}$ は**複素振幅** (complex amplitude) と呼ばれることがある。また (1.1) の Re は、複素数表示の実数部 (Real part) のみを取ることを意味する。同様に虚数部 (Imaginary part) のみを取るときには Im と表すことにする。

ところで、剛体の 6 つの運動モードは、動揺の特性から復原力（モーメント）があるかないかによって 2 つのグループに分けることができる。（回転運動である roll, picth, yaw に関する説明をする際には、力はモーメントと読み換える必要があるが、以下の説明では便宜上、力を広義に用いることとする。）まず復原力が存在するのは、heave, roll, pitch であり、これらの運動モードでは、ある周波数で振幅が大きくなるという**同調現象** (resonance) が起こり得る。そのときの周波数を**同調周波数** (resonant frequency) という。それに対し、surge, sway, yaw には復原力が存在しない。（しかし異なるモード間、例えば sway, roll, yaw では後述のように連成流体力が働くので、お互いに影響を及ぼし合い、roll の同調周波数付近では、sway, yaw の運動モードにも急激な変化が起こり得る。）すなわち、復原力があるかどうかによって動揺特性が大きく異なるが、これは運動を記述する微分方程式のタイプが異なるということでもある。復原力ならびに船体運動の微分方程式とその解の特性については、後で詳しく説明する。

船体形状は通常、左右対称と見なしてよく、本書でもそれを前提とする。この場合、6 自由度の船体運動がすべて連成する（影響を及ぼし合う）ということはなく、実際 2 つのグループに分けることができる。まず、船の左右で対称な流場を造り出す surge, heave, pitch のグループであり、これらは**縦運動** (longitudinal motion) と呼ばれる。一方、sway, roll, yaw のグループは**横運動** (lateral motion) と呼ばれ、これらによる流場は船の左右で反対称となる。従来の研究では、船は十分に細長いということを前提として、surge だけを単独の運動モードとして取り扱うこと

表1.1 6自由度船体運動モードの名称と特徴

並進運動	運動モード名		変位 ξ_j	復原力	運動の種類
x 軸方向	前後揺	surge	($j=1$)	無	縦運動
y 軸方向	左右揺	sway	($j=2$)	無	横運動
z 軸方向	上下揺	heave	($j=3$)	有	縦運動

回転運動	運動モード名		変位 ξ_j	復原力	運動の種類
x 軸まわり	横揺	roll	($j=4$)	有	横運動
y 軸まわり	縦揺	pitch	($j=5$)	有	縦運動
z 軸まわり	船首揺	yaw	($j=6$)	無	横運動

が多かった。しかし実際には、たとえ船が前後対称であったとしても、surge と pitch の連成運動は本質的に起こり得るものなので、本書では surge, heave, pitch を 1 つのグループとして取り扱うこととする。

以上に述べた 6 自由度の運動モードの名称や特徴をまとめて 表1.1 に示している。

1.1.3 船体に働く力の種類

静水中で船が静止している（単に浮かんでいる）ときには、船に働いている力は、鉛直上向きに働く浮力と、鉛直下向きに働く重力である。釣り合い状態にあれば、重力と浮力の働く軸は一致し、大きさは等しく方向は反対である。したがって、船の動的な運動を考える場合には、釣り合い状態での重力と浮力は考える必要がない。

静的な釣り合い状態から何らかの（波とか風などによる）力が働いたり、それによって船自体が運動を始めると、運動することによって流体から新たに力を受ける。これらの力と船の運動の関係は、ニュートンの運動の法則（特に第 2 法則）によって支配される。例えば、直線運動を行う 1 自由度系の物体の運動を考えてみる。その運動方向に x 軸を取り、ある時刻 t における重心の位置を $x(t)$、物体に作用するすべての力を F とする。このとき、ニュートンの第 2 法則による物体の運動方程式は

$$\frac{d}{dt}(m\dot{x}) = m\ddot{x} = F \tag{1.3}$$

と表される†。ここで m は物体の**質量** (mass) であり、$m\dot{x}$ は**運動量** (linear momentum) と呼ばれる。(1.3) では、質量 m は時間的に変化しない一定値であると仮定しており、力 F は物体が加速される方向（x 軸の正方向）に働く場合を正とする。

(1.3) は、左辺の $m\ddot{x}$ を右辺に移項して

$$0 = F - m\ddot{x} \tag{1.4}$$

と表し、$-m\ddot{x}$ を物体に働く力の一つとみなして**慣性力** (inertia force) と呼ぶこともある。つまり (1.4) は、物体に実際に働いている力と慣性力が釣り合っていることによって物体の運動が起こると考えた表現であり、これを**ダランベールの原理** (D'Alembert's principle) という。

いずれにしても物体の運動を考える上での問題は、(1.3) における物体に働く力 F がどのように表されるかである。運動を始めるためには、時間 t だけの関数である何らかの**外力** (external force) $F_1(t)$ が働くはずである。それによって物体は変位 (x) したり、速度 ($\dot{x}$) や加速度 ($\ddot{x}$) をもち、それらによって新たに反力が働く。物体に働く力は、一般にはこれらの組み合わせであるから、(1.3) の力 F は

$$F = F(x, \dot{x}, \ddot{x}, t) \tag{1.5}$$

と書くべきである。しかしこれを

$$F = F_1(t) + F_2(x, \dot{x}, \ddot{x}) \tag{1.6}$$

---

† $\dot{x} = \dfrac{dx}{dt}$, $\ddot{x} = \dfrac{d^2 x}{dt^2}$ のことである。

のように、外力 $F_1(t)$ とそれ以外の力を分離して表せると考えよう。船の運動を複雑なものにしているのは、(1.6) における $F_2(x,\dot{x},\ddot{x})$ の具体的な形が一般的には非線形であることによる。しかし、物体の運動範囲が小さい場合には、F_2 において支配的で重要な項は

$$F_2(x,\dot{x},\ddot{x}) = -cx - b\dot{x} - a\ddot{x} \tag{1.7}$$

のように、線形項の単純な足し算（重ね合わせ）で表すことができる。

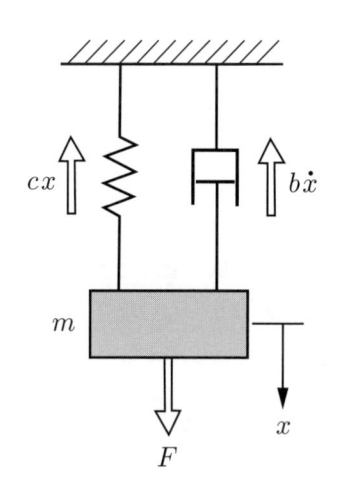

(1.7) の右辺第 1 項 ($-cx$) は、係数 c が正の値とすると、変位に比例して x の方向とは反対方向へ戻すように作用する力であり、**復原力** (restoring force) と呼ばれる。図1.2 の例のように、ばねとダッシュポットで吊り下げられた質量 m の物体の場合では、復原力はばねによって与えられ、係数 c は**ばね定数** (spring constant) と言われる。船の場合には、heave, roll, pitch のモードで変位すれば浮力の大きさ（あるいは浮力の作用点）が変化し、それによって復原力が生じる。復原力に関するもう少し詳しい説明は後述する。

(1.7) の右辺第 2 項 ($-b\dot{x}$) は**減衰力** (damping force)（あるいは抵抗力ともいう）であり、これも必ず運動と反対の方向に作用するから、係数 b の値は正であることを前提として負符号を付け、係数 b を**減衰力係数** (damping coefficient) という。図1.2 の場合には、ダッシュポットによってこの減衰力が与えられる。

(1.7) の右辺第 3 項 ($-a\ddot{x}$) は加速運動するときに働く反力であるが、図1.2 のような物体が空気中で運動するときには、この加速度に比例する反力は殆どゼロであると考えてよい。しかし、船のような物体が水の影響下で運動する場合には、水の密度が空気の密度より約 820 倍[†]も大きいために、加速度に比例する流体力が非常に大きくなる。その係数を $-a$ と表している。そうすると、(1.4) のように慣性力 ($-m\ddot{x}$) を物体に働く力の一部とみなしたとき、係数 a が物体の質量 m と同じ性質のものと考えることができる。一般には係数 a は正の値となる[‡]ので、この係数 a を流体による**付加質量** (added mass) と呼ぶ。また (1.6)、(1.7) を (1.5) に代入して加速度項を左辺に移項すると、

$$(m+a)\ddot{x} = F_1(t) - cx - b\dot{x} \tag{1.8}$$

と表すことができるので、$m+a$ を**見掛け質量** (virtual mass) と呼ぶ [1.1] ことがある。

船が波浪中で非定常運動をする場合、速度だけの運動あるいは加速度だけの運動をするということは、幾つかのある瞬間を除いて一般には有り得ない。したがって、非定常運動をしている船体に働く動的な流体力としては、速度に比例する減衰力と加速度に比例する反力（加速抵抗と

図1.2 の左側の図キャプション: **図1.2 直線運動の例**

（図中ラベル: cx, $b\dot{x}$, m, F, x）

[†] 実際には温度で異なるが、水と空気の密度比は、15°C で 815 倍、25°C で 842 倍である。
[‡] 付加質量は必ず正の値になるとは限らない。例えば、考えている物体の近くに別の物体や側壁があって、相互干渉の影響が強い場合などには負の値にもなり得る。

言ってもよい）の両方を同時に考えることになり、これらの動的な流体力、すなわち $-b\dot{x} - a\ddot{x}$ をまとめて**ラディエイション流体力** (radiation force) と呼ぶ。

次に、船体に働く外力 $F_1(t)$ について考えてみよう。船体が何らかの方法で固定され運動していなくても、外方から入射してくる波（これを入射波という）は時間的に変動しているので、流体圧力には入射波による変動圧力が存在し、その圧力の船体没水表面上での積分によって、船体には動的な流体力が働く。またその入射波は、固定された船体によって散乱させられるが、その散乱波に起因する変動圧力によっても動的な流体力が働く。前者を有名な研究者の名を冠してフルード・クリロフ力 (Froude-Krylov force) といい、後者をディフラクション力 (diffraction force) という。ディフラクション力は、研究者によってはスキャタリング力 (scattering force) ということもある。いずれにしても、入射波および散乱波による動的な流体力の和を**波浪強制力** (wave-exciting force) と呼ぶが、より詳細な説明は第 4 章〜第 6 章で行う。

その他にも、場合によっては流体の粘性による摩擦力や渦を造ることによる減衰力（抗力）が重要となることもあり、これらが代表的な非線形流体力である。また、風や潮流による力、波浪衝撃力などの非線形流体力、波浪中での抵抗増加なども考慮しなければならない場合もある。それらの詳細は必要に応じて言及することにし、線形の船体運動方程式を考える際には含めないものとする。

以上に述べた船体に働く流体力をまとめると次のようになる。

（1）重力
（2）浮力
（3）変位に比例する復原力（ heave, roll, pitch のみ）
（4）速度、加速度に比例するラディエイション流体力
（5）入射波と散乱波による波浪強制力

1.1.4　船体に働く力の数式表現

静的な釣り合い状態では、重力と浮力は互いにキャンセルするので運動方程式に考慮する必要はない。そこで、前節に示した（3）〜（5）の力について、それらの具体的な数式表現を考える。

1) 慣性力

まず (1.3) で示したニュートンの運動方程式における左辺について考えよう。これは、並進運動では運動量の時間微分、つまり（質量が時間的に不変であれば）物体の質量と各座標軸方向の加速度の積で与えられる。一方、回転運動での (1.3) に相当する式としては、力の代わりにモーメントを、運動量の代わりに**角運動量** (angular momentum) すなわち後述の慣性モーメントと回転角速度の積を考え、角運動量の時間変化が物体に働くすべてのモーメントの和に等しいとすればよい。したがって、回転運動の方程式の左辺は、各座標軸まわりの物体の慣性モーメントと回転角加速度の積となる（**Note 1.1** 参照）。それらを少し一般化して次のように表す。

$$F_i(t) = \sum_{j=1}^{6} M_{ij} \ddot{\xi}_j(t) \quad (i = 1, 2, \cdots, 6) \tag{1.9}$$

ここで添字の i は、力の働く運動モードの方向であり、$\ddot{\xi}_j(t)$ における添字 j の値は動揺モードを表している。i と j の値は必ずしも同じではなく、$j \neq i$ の場合には、運動モード間に連成が生じることを意味している。

(1.9) の M_{ij} は、広義の**質量マトリックス** (mass matrix) と称するものであり、左右対称な船体を前提とすると、具体的に次のように表わされる。

$$
\left[M_{ij} \right] = \begin{bmatrix} m & 0 & 0 & 0 & mz_G & 0 \\ 0 & m & 0 & -mz_G & 0 & mx_G \\ 0 & 0 & m & 0 & -mx_G & 0 \\ 0 & -mz_G & 0 & I_{11} & 0 & I_{13} \\ mz_G & 0 & -mx_G & 0 & I_{22} & 0 \\ 0 & mx_G & 0 & I_{31} & 0 & I_{33} \end{bmatrix} \tag{1.10}
$$

この式で m は船の質量であり、$\boldsymbol{x}_G = (x_G, 0, z_G)$ は船体中心面内のある座標原点から見たときの重心 G の座標である。重心 G に座標原点をとっている場合は、もちろん $x_G = z_G = 0$ であるが、(1.10) はより一般的に書いている。

また I_{ij} は船体の質量の微小要素を dm、位置ベクトルを $\boldsymbol{x} = (x, y, z) = (x_1, x_2, x_3)$ として

$$
I_{ij} = \iiint_V \left(\boldsymbol{x} \cdot \boldsymbol{x} \, \delta_{ij} - x_i x_j \right) dm \tag{1.11}
$$

と表わすことができる量である。δ_{ij} はクロネッカー (Kroenecker) のデルタ記号

$$
\delta_{ij} = \begin{cases} 1 & i = j \text{ のとき} \\ 0 & i \neq j \text{ のとき} \end{cases} \tag{1.12}
$$

であるから、$i = j$ のときには、この I_{ij} は

$$
I_{11} = \iiint_V \left(y^2 + z^2 \right) dm, \; I_{22} = \iiint_V \left(z^2 + x^2 \right) dm, \; I_{33} = \iiint_V \left(x^2 + y^2 \right) dm \tag{1.13}
$$

となり、これらは各座標軸に関する船体の**慣性モーメント** (moment of inertia) と呼ばれる。また $i \neq j$ のときには、行列式の非対角要素

$$
I_{13} = I_{31} = -\iiint_V xz \, dm \tag{1.14}
$$

を表わし、**慣性乗積** (product of inertia) と呼ばれる。左右対称な船の場合には、y を被積分関数に含む慣性乗積の値 ($I_{12} = I_{21}$, $I_{23} = I_{32}$) はゼロとなる。前後方向にも対称な場合には (1.14) の $I_{13} = I_{31}$ もゼロとなる。

【Note 1.1】角運動量の時間変化

回転運動の軸が時間的に変動しない 1 自由度系の回転運動（例えば roll のみ）では、慣性モーメントは空間固定の慣性座標系で考えても時間的に変化しないので、角運動量の時間微分は慣性モーメントと角加速度の積となる。しかし、2 つ以上の回転運動が連成する場合を慣性座標系で考えると、慣性モーメントは物体の回転運動とともに時々刻々と変化するので、角運動量の時間微分を考える際には注意が必要である。

これに対し、物体固定の座標系で考えれば、慣性モーメントは時間とともに変化しないので取り扱いが容易になる。しかし反対に、物体の回転運動のために、回転運動の方程式では角運動量ベクトルと角速度ベクトルの外積を考えなければならなくなるし、各座標軸方向の並進運動の方程式においても、運動量ベクト

ルと角速度ベクトルの外積によって得られる**向心力** (centripetal force) (あるいは負符号を付けて**遠心力** (centrifugal force) と呼ぶこともある) を考慮しなければならなくなる。

空間固定あるいは一定速度で移動する慣性座標系で考える際に考慮しなければならない慣性モーメントの時間変化量は、物体の動揺振幅が小さいとする線形理論では高次の微小量として無視することができるので、(1.9) のように表すことができると考えておけばよい。

【Note 1.2】慣動半径

慣性モーメント I_{jj} は (1.13) の定義式から分かるように、質量×(長さ)^2 の次元を有している。そこで、各座標軸まわりの慣性モーメント (I_{xx}, I_{yy}, I_{zz}) を船の質量 m を用いて、次のように表すことがある。

$$I_{xx}(=I_{11})=m\kappa_{xx}^2, \ \ I_{yy}(=I_{22})=m\kappa_{yy}^2, \ \ I_{zz}(=I_{33})=m\kappa_{zz}^2 \tag{1.15}$$

この $\kappa_{xx}, \kappa_{yy}, \kappa_{zz}$ をそれぞれ x, y, z 軸まわりの**慣動半径**†(gyrational radius) と呼ぶ[1.2]。

これらの値を均質な直方体について計算してみよう。図1.3 のように、長さを L、幅を B、高さを D とし、一様な密度を ρ_b とすると、x 軸まわりの慣性モーメントは

$$\begin{aligned} I_{xx} &= \iiint_V \left(y^2+z^2\right)\rho_b\,dV \\ &= \rho_b LD\frac{B^3}{12}+\rho_b LB\frac{D^3}{12} \\ &= m\frac{B^2+D^2}{12} \equiv m\kappa_{xx}^2 \end{aligned} \tag{1.16}$$

となる。同様にして

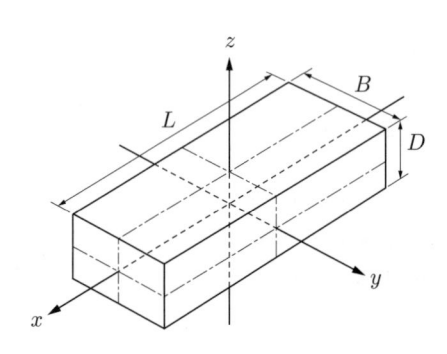

$$I_{yy}=m\frac{L^2+D^2}{12}\equiv m\kappa_{yy}^2 \tag{1.17}$$

$$I_{zz}=m\frac{L^2+B^2}{12}\equiv m\kappa_{zz}^2 \tag{1.18}$$

図 1.3 直方体の慣性モーメントの計算

を得る。ただし $m=\rho_b LBD$ である。

ここで船に近い寸法として、$D/B=1$, $B/L=1/5$ を考えてみると、(1.16)、(1.17)、(1.18) から

$$\kappa_{xx}\simeq 0.408\,B, \ \ \kappa_{yy}=\kappa_{zz}\simeq 0.294\,L \tag{1.19}$$

となることが分かる。実際の船の前後は細くなっているので (1.19) の値より少し小さく、目安としては $\kappa_{xx}\simeq 0.35\,B \sim 0.40\,B$, $\kappa_{yy}\simeq\kappa_{zz}\simeq 0.25\,L$ 程度である。重量分布が一様ではなく船の中央付近に集中していれば、慣動半径はさらに小さくなる。

演習 1.1

長さ $L=2a$、幅 $B=2b$、高さ $D=2c$ の均質な 3 次元楕円体

$$\left(\frac{x}{a}\right)^2+\left(\frac{y}{b}\right)^2+\left(\frac{z}{c}\right)^2=1$$

について慣性モーメント I_{xx}, I_{yy}, I_{zz} の計算式を求め、それから x, y, z 軸まわりの慣動半径の計算式を a, b, c を用いて表しなさい。得られた結果から、$c/b=1$, $b/a=1/10, 1/5, 1/2, 1$ の場合の κ_{xx}、$\kappa_{yy}\,(=\kappa_{zz})$ の値を無次元値 κ_{xx}/B, κ_{yy}/L で求めなさい。

---

† 環動半径と書くこともある。実際、船舶関連の法律用語では「環動半径」の漢字が使われている。また力学の教科書では、回転半径と言うこともある。

2) 復原力

次に復原力について、まず heave 方向について考えてみる。船体が z 方向に変位することによって浮力が減り、重力と浮力の差が z 軸の負方向に働く。この浮力の変化分は、アルキメデスの原理によって

$$F_3^S(t) = -\rho g \Delta V = -\rho g A_w \xi_3(t) \equiv -c_{33}\xi_3(t) \tag{1.20}$$

と表わすことができる。ここで ρ は流体の密度、g は重力加速度、ΔV は排水容積の変化分、A_w は船の水線面積、$\xi_3(t)$ は heave の変位を表わしている。このとき (1.20) の $c_{33} = \rho g A_w$ は heave の**復原力係数** (restoring-force coefficient) と呼ばれている。

同様にして roll, pitch の復原モーメントを考えてみよう。回転運動の場合には浮力の値は変化しないが、船の傾斜によって作用点が移動するので偶力モーメントが働く。傾いていない直立状態では浮力の作用点（これを浮心という）が図 1.4 の B_0 にあったとし、$\xi_4(t) \equiv \phi$ だけ横傾斜 (heel) したときの浮力の作用点が B に移動したとする。重力 mg は重心 G から鉛直下向きに働き、浮力は浮心 B から鉛直上向きに働く。船体中心線と浮力の作用線との交点を M （これを**横メタセンタ** (transverse metacenter) と呼ぶ）とすると、

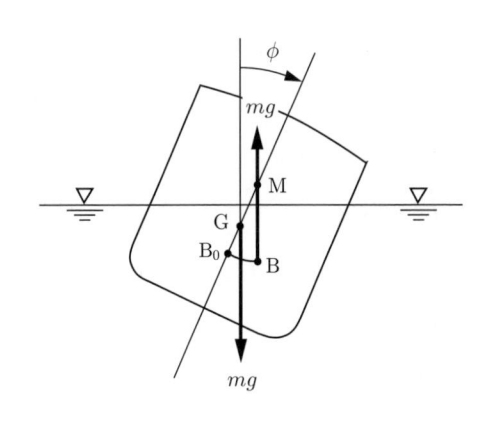

図 1.4 横傾斜時の復原モーメント

偶力モーメントのレバーは $\overline{GM}\sin\phi$ となる。横傾斜角 ϕ が微小と仮定する線形理論では $\sin\phi \simeq \phi = \xi_4(t)$ と近似できる。また偶力による復原モーメントは、横傾斜の方向とは逆方向に働くので、負符号を付けて

$$F_4^S(t) = -mg\overline{GM}\xi_4(t) \equiv -c_{44}\xi_4(t) \tag{1.21}$$

と表される。この $c_{44} = mg\overline{GM}$ は roll の**復原モーメント係数** (restoring-moment coefficient) と呼ばれる。もちろん傾斜角が大きくなると復原モーメントは非線形となるが、それに関する説明は第 7 章の 7.3 節を、また浮心に関しての説明は 7.1 節を参照されたい。

Pitch の復原モーメントも同様に考えて、

$$F_5^S(t) = -mg\overline{GM_L}\xi_5(t) \equiv -c_{55}\xi_5(t) \tag{1.22}$$

のように求められる。ここで縦傾斜 (trim) 時のメタセンタ M_L （これを**縦メタセンタ** (longitudinal metacenter) と呼ぶ）は横メタセンタとは全く異なるので、別の記号を用いていることに注意されたい。

メタセンタと浮心との距離は、浮体の幾何学的形状と喫水（排水量）が分かっていれば、それらから計算することができる（第 7 章参照）。横メタセンタの高さは意外と低く、一般商船に対する $\overline{BM}$ の概略値は $\overline{BM} = 0.2B$ 程度であり、縦メタセンタ高さに対する概略値は $\overline{BM_L} = L$ 程度と考えてよい。

以上のような復原力に関する結果を**復原力マトリックス** (restoring-force matrix) c_{ij} を使って一般的に書き表すと、次のようになる。

$$F_i^S(t) = -\sum_{j=1}^{6} c_{ij}\, \xi_j(t) \quad (i=1,2,\cdots,6) \tag{1.23}$$

ただし

$$\begin{bmatrix} c_{ij} \end{bmatrix} = \begin{bmatrix} 0 & 0 & 0 & 0 & 0 & 0 \\ 0 & 0 & 0 & 0 & 0 & 0 \\ 0 & 0 & c_{33} & 0 & c_{35} & 0 \\ 0 & 0 & 0 & c_{44} & 0 & 0 \\ 0 & 0 & c_{53} & 0 & c_{55} & 0 \\ 0 & 0 & 0 & 0 & 0 & 0 \end{bmatrix} \tag{1.24}$$

である。(1.24) の $c_{35} = c_{53}$ は、流体力の計算（第 4 章）に関連して説明されるであろうが、$z=0$ の水線面 (S_w) 内における次のような積分

$$c_{35} = c_{53} = -\rho g \iint_{S_w} x\, dx\, dy \tag{1.25}$$

によって与えられる。したがって前後対称の船ならば、これらの流体力係数はゼロとなる。

3) ラディエイション流体力

続いてラディエイション流体力について考える。これは既に 1.1.3 節で述べたように、加速度に比例する成分と速度に比例する成分の和として表すことができる。そこで、i モードの運動方向に働く成分 $F_i^R(t)$ を次のように表す。

$$F_i^R(t) = -\sum_{j=1}^{6} \left\{ a_{ij}\ddot{\xi}_j(t) + b_{ij}\dot{\xi}_j(t) \right\} \quad (i=1,2,\cdots,6) \tag{1.26}$$

ここで a_{ij} は加速度に比例する流体力の係数で**付加質量** (added mass)、b_{ij} は速度に比例する流体力の係数で**減衰力係数** (damping coefficient) と呼ぶ。(1.7) で説明したように、ラディエイション流体力は物体の運動に対する流体反力であるから、負符号を付けてこれらの係数を定義していることに注意されたい。

添字の ij は、j モードの運動によって i 方向に誘起される流体力の係数という意味である。例えば、$a_{33}\ddot{\xi}_3(t)$ は、船体が heave ($j=3$) 運動するときの heave 方向 ($i=3$) に働く流体力における加速度に比例する成分であり、$b_{35}\dot{\xi}_5(t)$ は、船体が pitch ($j=5$) 運動するときの heave 方向 ($i=3$) に働く流体力における速度に比例する成分である。i と j が異なる場合の流体力は、**連成流体力** (coupling force) と呼ばれる。前進速度の無い 2 次元浮体の付加質量、減衰力係数については、第 4 章の造波理論の解説でさらに詳しく述べる。また、船のように前進速度を有する 3 次元浮体の場合には、連成流体力に対する前進速度影響は重要となるが、そのことは第 5 章ならびに第 6 章で述べられる。

前後対称な船の場合、縦運動 (surge, heave, pitch) と横運動 (sway, roll, yaw) の間には連成は存在しないが、縦運動モード間の組み合わせや横運動モード間の組み合わせには、値の大小はあるにしても、すべて連成流体力が存在する。したがって、付加質量 a_{ij} のマトリックスは次の

ように表される。

$$[a_{ij}] = \begin{bmatrix} a_{11} & 0 & a_{13} & 0 & a_{15} & 0 \\ 0 & a_{22} & 0 & a_{24} & 0 & a_{26} \\ a_{31} & 0 & a_{33} & 0 & a_{35} & 0 \\ 0 & a_{42} & 0 & a_{44} & 0 & a_{46} \\ a_{51} & 0 & a_{53} & 0 & a_{55} & 0 \\ 0 & a_{62} & 0 & a_{64} & 0 & a_{66} \end{bmatrix} \quad (1.27)$$

減衰力係数 b_{ij} に対しても連成の存在は a_{ij} と同じであり、(1.27) と同様のマトリックス表示となる。具体的には次式である。

$$[b_{ij}] = \begin{bmatrix} b_{11} & 0 & b_{13} & 0 & b_{15} & 0 \\ 0 & b_{22} & 0 & b_{24} & 0 & b_{26} \\ b_{31} & 0 & b_{33} & 0 & b_{35} & 0 \\ 0 & b_{42} & 0 & b_{44} & 0 & b_{46} \\ b_{51} & 0 & b_{53} & 0 & b_{55} & 0 \\ 0 & b_{62} & 0 & b_{64} & 0 & b_{66} \end{bmatrix} \quad (1.28)$$

4) 波浪強制力

最後に、i モードの方向に働く波浪強制力 $F_i^W(t)$ についてである。これは船体の動揺には全く関係なく、入射波による変動圧力と、（固定された）船体が入射波を散乱させることによって生じる散乱波による変動圧力の両方によって誘起される動的な波浪外力である。したがって、円周波数 ω、振幅 ζ_a の入射波を前提として、次のように表しておこう。

$$F_i^W(t) = \mathrm{Re}\left\{ \zeta_a E_i e^{i\omega t} \right\} \quad (1.29)$$

ここで、E_i は単位振幅の入射波によって船体に働く波浪強制力の複素振幅を表し、これは波長、入射角（波向き）、船体形状、前進速度などによって異なった値をとる。

1.1.5 船体運動方程式

以上に示した船体に働く力をすべて足し合わせてニュートンの第 2 法則を適用すれば、波浪中で動揺する船体の運動方程式を得ることができる。すなわち

$$\sum_{j=1}^{6} M_{ij} \ddot{\xi}_j(t) = F_i^S(t) + F_i^R(t) + F_i^W(t), \quad (i = 1, 2, \cdots, 6) \quad (1.30)$$

であり、各項にこれまでの表示式を代入して整理すると、次式が得られる。

$$\sum_{j=1}^{6} \left[\left(M_{ij} + a_{ij} \right) \ddot{\xi}_j(t) + b_{ij} \dot{\xi}_j(t) + c_{ij} \xi_j(t) \right] = F_i^W(t), \quad (i = 1, 2, \cdots, 6) \quad (1.31)$$

これは 6 自由度の運動モードすべてに対する 6 元連立方程式のように書かれているが、実際には左右対称な船の場合には、縦運動 (surge, heave, pitch) と横運動 (sway, roll, yaw) は連成しないので、それぞれ独立な 3 元連立方程式となる。（これを理解するためには、(1.10) の質量マトリックス M_{ij}、(1.27) の付加質量マトリックス a_{ij}、(1.28) の減衰力係数マトリックス b_{ij}、(1.24) の復原力マトリックス c_{ij} を (1.31) に代入して書き下してみるとよいだろう。）このことから、船体運動方程式は、以下のように 2 つのグループに分けて表すことができる。

と表すことができる。ここで $v(0)$ は速度の初期値である。これらの式は、外力 $f(t)$ が t に関する任意関数として与えられたとき、それらに対する応答を計算する式である。

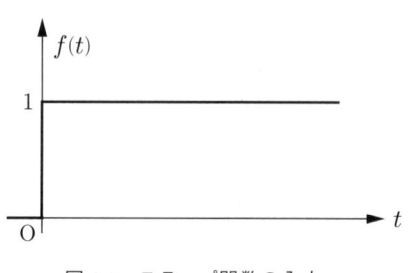

例えば図1.5のように、$f(t)$ が $t=0$ において急に $f(t)=1$ となる**単位ステップ関数** (unit step function)

$$u(t) = \begin{cases} 1 & \text{for } t > 0 \\ 0 & \text{for } t < 0 \end{cases} \tag{1.48}$$

図1.5 ステップ関数の入力

として与えられたとしよう。この時 $f(t)$ として (1.48) の $u(t)$ を代入する。速度の初期値が $v(0)=0$ であったとすると、$v(t)$ は (1.47) から

$$v(t) = \int_0^t e^{-\beta(t-\tau)}\,d\tau = \frac{1}{\beta}\left(1 - e^{-\beta t}\right) \tag{1.49}$$

と求まる。さらにこれを積分すると、変位 $\xi(t)$ は、初期値を ξ_0 として

$$\xi(t) = \xi_0 + \int_0^t v(\tau)\,d\tau = \xi_0 + \frac{1}{\beta}\left\{t - \frac{1}{\beta}\left(1 - e^{-\beta t}\right)\right\} \tag{1.50}$$

のように求めることができる。

十分に時間が経てば $e^{-\beta t} \to 0$ となるので、(1.49) より $v(t) = 1/\beta$ となるが、これは (1.36) において $\dot{v}(t) \to 0, f(t) = 1$ の定常釣り合い状態での結果であることが分かる。(1.49) の $v(t)$、(1.50) の $\xi(t)$ の変化の様子を図1.6、図1.7にそれぞれ示している。

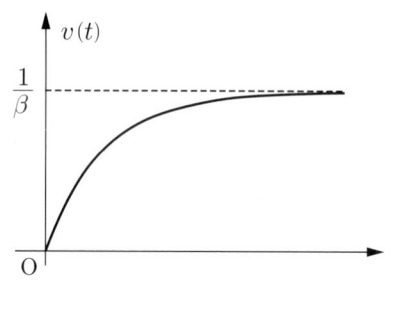

図1.6 速度 $v(t)$ の応答 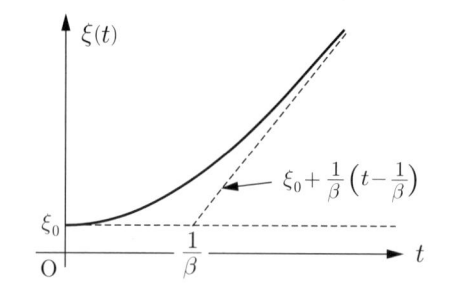 　　　図1.7 変位 $\xi(t)$ の応答

ところで (1.49) は、入力が単位ステップ関数に対する応答なので、**ステップ応答** (step response) と呼ばれる。これに対して、入力が $t=0$ の瞬間だけ**デルタ関数** (delta function) $\delta(t)$ で与えられる場合の応答（これを**インパルス応答** (impulse response) という）についても考えてみよう。

デルタ関数については、フーリエ変換の説明に関連して、第2章でもう少し詳しく述べることになるが、取り敢えず、ここでは以下の性質をもつ関数とする。

$$\delta(t) = \begin{cases} 0 & \text{for } t \neq 0 \\ \infty & \text{for } t = 0 \end{cases} \tag{1.51}$$

$$\int_{-\infty}^{\infty} \delta(t)\,dt = \lim_{\epsilon \to 0} \int_{-\epsilon}^{+\epsilon} \delta(t)\,dt = 1 \tag{1.52}$$

$$\int_{-\infty}^{\infty} \delta(\tau) f(t-\tau) \, d\tau = f(t) \tag{1.53}$$

このようなデルタ関数 $\delta(t)$ が入力 $f(t)$ として与えられた場合のインパルス応答（これをステップ応答と区別するために $h(t)$ と表すことにする）も $f(\tau) = \delta(\tau)$ を (1.46) に代入すれば求めることができる。その計算結果は、(1.53) の性質を用いると

$$\left. \begin{array}{l} t > 0 \text{ のとき} \quad h(t) = \displaystyle\int_{-\infty}^{t} \delta(\tau) e^{-\beta(t-\tau)} \, d\tau = e^{-\beta t} \\ t < 0 \text{ のとき} \quad h(t) = 0 \end{array} \right\} \tag{1.54}$$

となることが分かるから、(1.48) の単位ステップ関数 $u(t)$ を使うと、(1.54) は次のように表すことができる。

$$h(t) = e^{-\beta t} u(t) \tag{1.55}$$

ところで、このインパルス応答と (1.49) のステップ応答を見比べると、両者には

$$\frac{dv(t)}{dt} = h(t) \tag{1.56}$$

の関係にあることが分かる。実は入力においても、単位ステップ関数 $u(t)$ とデルタ関数 $\delta(t)$ とは

$$\frac{du(t)}{dt} = \delta(t) \tag{1.57}$$

の関係がある（より正確な説明は 2.3.2 節を参照のこと）。したがって (1.57) に対する応答も (1.56) のような関係にあることは容易に予想できることである。

ここで求めたインパルス応答は、任意入力に対する応答を計算する上で非常に重要な役割を果たす。つまり、(1.55) のインパルス応答を用いると、任意入力に対する応答を計算する (1.46) は次のように表すことができる。

$$\begin{aligned} v(t) &= \int_{-\infty}^{t} f(\tau) \, h(t-\tau) \, d\tau = \int_{0}^{\infty} f(t-\tau) \, h(\tau) \, d\tau \\ &= \int_{-\infty}^{\infty} f(\tau) \, h(t-\tau) \, d\tau = \int_{-\infty}^{\infty} f(t-\tau) \, h(\tau) \, d\tau \end{aligned} \tag{1.58}$$

第 2 行目への式変形は、$t < 0$ で $h(t) = 0$ であることを考慮したものである。

(1.58) の積分は任意入力 $f(t)$ とインパルス応答 $h(t)$ との**たたみ込み積分** (convolution integral) と呼ばれる。この公式によれば、線形微分方程式のインパルス応答さえ分かっていれば、任意の入力に対する応答が (1.58) によって計算することができるということであり、この関係は、すべての線形微分方程式に対して成り立つ。

ところで、一般解を求めるための公式 (1.46) を知らなくてもステップ応答やインパルス応答を求められる。その手法は次節で述べる 2 階の線形微分方程式に対して役に立つと思われるので、それを以下に示しておこう。

まずステップ応答は

$$\dot{v}(t) + \beta v(t) = u(t) \tag{1.59}$$

の一般解である。この特解は視察によってすぐに $v = 1/\beta$ の定数であることが分かる。一般解はこれに同次解を加えればよいから、(1.41) を用いて

$$v(t) = \frac{1}{\beta} + Ce^{-\beta t} \tag{1.60}$$

で与えられる。任意定数 C は初期条件（$t = 0$ のとき $v = 0$）を適用すると、$C = -1/\beta$ と決められる。よってステップ応答は

$$v(t) = \frac{1}{\beta}\left(1 - e^{-\beta t}\right) \tag{1.61}$$

と求められたが、これはもちろん (1.49) と同じ結果である。

次にインパルス応答は

$$\dot{v}(t) + \beta v(t) = \delta(t) \tag{1.62}$$

の一般解である。右辺のデルタ関係は (1.51) によって $t > +\epsilon$（ϵ は非常に小さく $\epsilon \to 0$ とする）ではゼロであるから、$t > +\epsilon$ で考えれば特解は $v = 0$ であると言える。そこで適切に $t = 0$ における初期条件を与えさえすれば、同次解から一般解を求めることができる。その初期条件を (1.62) から知るために、両辺を $-\epsilon < t < +\epsilon$（ただし $\epsilon \to 0$）にわたって積分してみよう。(1.52) を用いると

$$\int_{-\epsilon}^{+\epsilon} \dot{v}(t)\, dt + \beta \int_{-\epsilon}^{+\epsilon} v(t)\, dt = \int_{-\epsilon}^{+\epsilon} \delta(t)\, dt = 1$$

よって

$$v(0) + \beta \lim_{\epsilon \to 0} \int_{-\epsilon}^{+\epsilon} v(t)\, dt = 1 \tag{1.63}$$

となるが、これは $v(0) = 1$ であれば満たされる。すなわちインパルス応答は、同次解に対して $v(0) = 1$ の初期条件を与えれば求められる。この初期条件によって (1.41) の任意定数 C の値は $C = 1$ と決まるから、インパルス応答（$h(t)$ と表す）は単純に

$$h(t) = e^{-\beta t} \quad \text{for } t > 0 \tag{1.64}$$

となる。この結果はもちろん (1.54) と同じであり、(1.55) のように表すことができる。

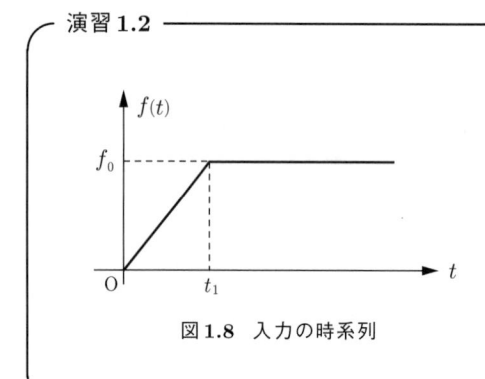

演習 1.2

図1.8 のような入力 $f(t)$

$$f(t) = \begin{cases} f_0 \dfrac{t}{t_1} & 0 \leq t < t_1 \\ f_0 & t_1 \leq t \end{cases}$$

に対する (1.36) の応答を (1.58) を用いて求めなさい。応答は $0 \leq t < t_1$、$t_1 \leq t$ に場合分けして求める必要がある。また、(1.58) を用いなくても同じ結果を得ることができるはずだが、そのような別解法についても考えてみること。

図1.8　入力の時系列

1.2.3 周期的外力に対する応答

次に外力が円周波数 ω の周期的な関数として

$$f(t) = f_0 \cos \omega t = \text{Re}\left\{ f_0 e^{i\omega t} \right\} \tag{1.65}$$

の場合の応答（特解）について考えよう。どんな外力に対する応答も (1.46) あるいは (1.58) によって求められることを知った。そこで (1.65) を (1.58) に代入してみると、次式が得られる。

$$\begin{aligned}
v(t) &= \int_{-\infty}^{\infty} \text{Re}\left\{ f_0 e^{i\omega(t-\tau)} \right\} h(\tau)\, d\tau \\
&= \text{Re}\left\{ f_0 e^{i\omega t} \int_{-\infty}^{\infty} h(\tau) e^{-i\omega \tau}\, d\tau \right\} \equiv \text{Re}\left\{ H(\omega) f_0 e^{i\omega t} \right\}
\end{aligned} \tag{1.66}$$

ただし

$$H(\omega) = \int_{-\infty}^{\infty} h(t) e^{-i\omega t}\, dt \tag{1.67}$$

$$= \int_0^{\infty} e^{-\beta t} e^{-i\omega t}\, dt = \frac{1}{i\omega + \beta} \tag{1.68}$$

である。したがって (1.66)、(1.68) より

$$\begin{aligned}
v(t) &= \text{Re}\left\{ \frac{1}{i\omega + \beta} f_0 e^{i\omega t} \right\} = \text{Re}\left\{ \frac{\beta - i\omega}{\beta^2 + \omega^2} f_0 e^{i\omega t} \right\} \\
&= \frac{f_0}{\beta^2 + \omega^2} \left(\beta \cos \omega t + \omega \sin \omega t \right)
\end{aligned} \tag{1.69}$$

のように (1.65) に対する応答が求められる。

ここでの計算で重要なことがいくつかある。まず、入力の時間項が円周波数 ω の周期関数 $e^{i\omega t}$ ならば、応答の時間項も同じ $e^{i\omega t}$ であることが (1.66) より分かる。さらに、入力が複素数表示の実数部であれば、それに対する応答は、**周波数応答関数** (frequency response function) と呼ばれる $H(\omega)$ を入力に掛けたものの実数部を取ればよいということである。また、この周波数応答関数 $H(\omega)$ はインパルス応答 $h(t)$ を用いた (1.67) の積分によって与えられるが、この積分は**フーリエ変換** (Fourier transform) として知られているものである。（フーリエ変換については第 2 章でもう少し詳しく説明する。）つまり、**周波数応答関数とインパルス応答は、フーリエ変換およびその逆変換の関係にあり**、この関係は実はすべての線形微分方程式に対して成り立つ重要な関係である。この関係のより一般的な線形システムに対する説明は、2.6 節で行う。

ところで入力の時間項が $e^{i\omega t}$ で与えられる場合、応答（特解）の時間項も同じ $e^{i\omega t}$ であることが一般的な (1.58) から証明されたので、特解の求め方としては以下のようにすればよい。まず応答の複素振幅部分を取り敢えず未知数として V と表し、特解を

$$v(t) = \text{Re}\left\{ V e^{i\omega t} \right\} \tag{1.70}$$

と仮定する。これと入力の (1.65) を元の微分方程式 (1.36) に代入すると

$$\left(i\omega + \beta \right) V e^{i\omega t} = f_0 e^{i\omega t} \longrightarrow V = \frac{f_0}{i\omega + \beta} = H(\omega) f_0 \tag{1.71}$$

のように簡単に複素振幅を求めることができる。これを (1.70) に代入した結果は、もちろん (1.66) と同じである。また (1.71) より $H(\omega)$ は

$$H(\omega) = \frac{1}{i\omega + \beta} = \frac{Ve^{i\omega t}}{f_0 e^{i\omega t}} = \frac{出力}{入力} \tag{1.72}$$

のように入力と出力の比を表しており、これが周波数応答関数と呼ばれている所以である。

ちなみに、入力（外力）が複素数表示の虚数部、すなわち $f(t) = f_0 \sin \omega t = \mathrm{Im}\{f_0 e^{i\omega t}\}$ であれば、それに対する出力（応答）は

$$v(t) = \mathrm{Im}\{H(\omega)f_0 e^{i\omega t}\} = \frac{f_0}{\beta^2 + \omega^2}\left(\beta \sin \omega t - \omega \cos \omega t\right) \tag{1.73}$$

のように虚数部を計算すればよいが、その理由は (1.66) を導く式変形から明らかであろう。

さらに、入力が減衰しながら周期的に振動する

$$f(t) = f_0 e^{-\alpha t} \cos \omega t = \mathrm{Re}\{f_0 e^{i(\omega + i\alpha)t}\} \tag{1.74}$$

の場合には、これまでの計算における ω の代わりに $\omega + i\alpha$ と置き換えればよいだけである。したがって、これに対する応答は (1.69) より

$$\begin{aligned} v(t) &= \mathrm{Re}\left\{H(\omega + i\alpha)f_0 e^{i(\omega + i\alpha)t}\right\} \\ &= \mathrm{Re}\left\{\frac{1}{i\omega - \alpha + \beta}f_0 e^{-\alpha t} e^{i\omega t}\right\} = \mathrm{Re}\left\{\frac{\beta - \alpha - i\omega}{(\beta - \alpha)^2 + \omega^2}f_0 e^{-\alpha t} e^{i\omega t}\right\} \\ &= \frac{f_0 e^{-\alpha t}}{(\beta - \alpha)^2 + \omega^2}\left\{(\beta - \alpha)\cos \omega t + \omega \sin \omega t\right\} \end{aligned} \tag{1.75}$$

のように、容易に求めることができる。

> **演習 1.3**
>
> 次の微分方程式の特解を求めなさい。
>
> 1) $\dfrac{dy}{dt} + 2y = 5e^{-t}\cos 2t,$ 2) $\dfrac{dy}{dt} + 3y = e^{-3t}u(t),$ 3) $\dfrac{dy}{dt} + y = 2t\,u(t)$

1.3 復原力が存在する運動モードの応答特性

前節と同様な方法によって、復原力が存在する運動モードでの 1 自由度系の運動方程式、すなわち (1.35) で与えられる定数係数の 2 階の線形微分方程式について考えよう。まず微分方程式の解を分かり易く簡潔に表すために (1.35) を次のように変形する。

$$\ddot{y}(t) + 2\gamma \omega_0 \dot{y}(t) + \omega_0^2 y(t) = x(t) \tag{1.76}$$

ただし

$$\left.\begin{aligned} y(t) &= \xi_3(t),\ x(t) = F_3^W(t)/(m + a_{33}) \\ \omega_0 &= \sqrt{c_{33}/(m + a_{33})},\ \gamma = b_{33}/\left(2\sqrt{(m + a_{33})c_{33}}\right) \end{aligned}\right\} \tag{1.77}$$

のように表す。

(1.77) に定義した ω_0 は**固有円周波数** (natural circular frequency)、γ は減衰力係数 b_{33} と後述の臨界減衰係数 $b_c \equiv 2\sqrt{(m+a_{33})c_{33}}$ との比ということで、**減衰係数比** (damping coefficient ratio) という。すなわち γ は減衰力係数の無次元値である。

(1.76) の運動方程式は、heave 単独モードの運動を念頭に置いて書いているが、ω_0, γ の定義を

$$\left. \begin{array}{c} y(t) = \xi_4(t),\ x(t) = F_4^W(t)/(I_{11} + a_{44}) \\ \omega_0 = \sqrt{c_{44}/(I_{11}+a_{44})},\ \gamma = b_{44}/\left(2\sqrt{(I_{11}+a_{44})c_{44}}\right) \end{array} \right\} \text{for roll} \quad (1.78)$$

$$\left. \begin{array}{c} y(t) = \xi_5(t),\ x(t) = F_5^W(t)/(I_{22} + a_{55}) \\ \omega_0 = \sqrt{c_{55}/(I_{22}+a_{55})},\ \gamma = b_{55}/\left(2\sqrt{(I_{22}+a_{55})c_{55}}\right) \end{array} \right\} \text{for pitch} \quad (1.79)$$

のように変えれば、回転運動である roll および pitch それぞれ単独モードの運動に対しても (1.76) は全く同じ式である。したがって、以下の節で説明する浮体応答の基本特性は、回転運動に対しても同じであるということを強調しておきたい。

1.3.1 固有周期の概算値と定性的傾向

微分方程式 (1.76) で表される浮体の応答について説明する前に、heave, roll, pitch の固有円周波数 ω_0（等価的に固有周期 $T = 2\pi/\omega_0$）の概算値について述べておこう。

まず heave では

$$c_{33} = \rho g A_w = \rho g C_w L B, \quad m = \rho V = \rho C_b L B d, \quad a_{33} = k_3 m \quad (1.80)$$

と表すことにしよう。ここで $C_w = A_w/LB$ は**水線面積係数** (waterline coefficient)、$C_b = V/LBd$ は**方形係数** (block coefficient) である。また heave の付加質量係数 $k_3 = a_{33}/\rho V$ は、概算値として約 1.0 であると考えておいてよい。このとき、(1.77) より、heave の固有周期（T_h と表す）は、

$$T_h = \frac{2\pi}{\omega_0} = 2\pi\sqrt{\frac{m+a_{33}}{c_{33}}} = 2\pi\sqrt{\frac{(1+k_3)C_b}{C_w}}\sqrt{\frac{d}{g}} \quad (1.81)$$

となり、喫水 d が大きくなると、$\sqrt{d}$ に比例して heave の固有周期 T_h の値も大きくなる（長くなる）ことが分かる。

次に roll に対しては、

$$c_{44} = mg\overline{GM}, \quad I_{11} = m\kappa_{xx}^2, \quad a_{44} = k_4 I_{11} \quad (1.82)$$

のように表し、$\kappa_{xx} \simeq 0.35B$, $\overline{GM} = \alpha \dfrac{B^2}{d}$ ($\alpha \simeq 0.08$) のような近似（参考文献 [1.4]）を使うと、(1.78) より roll の固有周期（T_r と表す）は

$$T_r = 2\pi\sqrt{\frac{I_{11}+a_{44}}{c_{44}}} = 2\pi\sqrt{\frac{(1+k_4)\kappa_{xx}^2}{g\overline{GM}}} = 0.7\pi\sqrt{\frac{1+k_4}{\alpha}}\sqrt{\frac{d}{g}} \quad (1.83)$$

となり、やはり喫水 d が大きくなると $\sqrt{d}$ に比例して T_r の値も大きくなることが分かる。

同様にして pitch の固有周期（T_p と表す）を求める。

$$c_{55} = mg\overline{GM}_L, \quad I_{22} = m\kappa_{yy}^2, \quad a_{55} = k_5 I_{22} \quad (1.84)$$

と表し、これに $\kappa_{yy} \simeq 0.25L$, $\overline{GM}_L = \beta \dfrac{L^2}{d}$ ($\beta \simeq 0.07$) の概算値（参考文献 [1.4]）を代入すると、(1.79) より

$$T_p = 2\pi\sqrt{\dfrac{I_{22}+a_{55}}{c_{55}}} = 2\pi\sqrt{\dfrac{(1+k_5)\kappa_{yy}^2}{g\overline{GM}_L}} = 0.5\pi\sqrt{\dfrac{1+k_5}{\beta}}\sqrt{\dfrac{d}{g}} \tag{1.85}$$

となり、$\sqrt{d}$ に比例して周期が長くなるという定性的傾向は、T_h, T_r と同じであることが分かる。

固有周期の概略値と大小関係を求めるために、付加質量係数を $k_j = 1.0$ ($j = 3, 4, 5$) とし、さらに $C_b = C_w$ としてみると

$$T_h = 2.8\pi\sqrt{\dfrac{d}{g}}, \quad T_r = 3.5\pi\sqrt{\dfrac{d}{g}}, \quad T_p = 2.7\pi\sqrt{\dfrac{d}{g}} \tag{1.86}$$

となる。すなわち

$$T_r > T_h \simeq T_p \tag{1.87}$$

となっており、一般的には roll の固有周期が一番長いことが分かる。

演習 1.4

Modified Wigley モデルと呼ばれる浮体の表面形状は、次のような数式で表される。

$$\eta = (1-\xi^2)(1-\zeta^2)(1+0.2\xi^2) + \zeta^2(1-\zeta^8)(1-\xi^2)^4$$

ただし $\qquad \xi = x/(L/2), \quad \eta = y/(B/2), \quad \zeta = z/d$

この浮体の C_w, C_b の値を計算し、$L = 2.0$ m、$B = 0.3$ m、$d = 0.125$ m の模型の場合の heave の固有周期を求めなさい。ただし付加質量係数は $k_3 = 1.0$ と近似してよいとする。結果は次のようになるはずである。

$$C_w = 0.6933, \quad C_b = 0.5607, \quad T_h = 0.902 \text{ sec}$$

1.3.2 自由振動解と任意外力に対する応答

まず微分方程式 (1.76) の同次形

$$\ddot{y}(t) + 2\gamma\omega_0 \dot{y}(t) + \omega_0^2 y(t) = 0 \tag{1.88}$$

の解すなわち同次解について考えよう。解を $y(t) = e^{\lambda t}$ と仮定して (1.88) に代入すると、次に示す特性方程式を得る。

$$\lambda^2 + 2\gamma\omega_0 \lambda + \omega_0^2 = 0 \tag{1.89}$$

この特性方程式の根が実数となるか複素数となるかは、判別式

$$D = (\gamma\omega_0)^2 - \omega_0^2 = \omega_0^2(\gamma^2 - 1) \tag{1.90}$$

の正負によって決まる。$D > 0$ のときには λ は負の実数となり、運動は時間とともに指数関数的に減少するだけで周期運動にはならない。一方、$D < 0$ のときには λ は複素数となり、運動は指数関数的に減衰しながらも周期的に振動する解となる。この分かれ目が $\gamma = 1$ であり、それが元の係数で表せば $b_{33} = 2\sqrt{(m+a_{33})c_{33}} = b_c$ なので、この b_c を **臨界減衰係数** (critical damping coefficient) と呼んでいる。船体動揺における減衰力係数 b_{33} は、臨界減衰係数 b_c に比べてかなり小さいので、以下の解析では $\gamma < 1$ を前提とする。この場合には、特性方程式の解は複素数となり、次式である。

$$\lambda = -\gamma\omega_0 \pm i\omega_0\sqrt{1-\gamma^2} \equiv -\gamma\omega_0 \pm iq \tag{1.91}$$

ただし $q = \omega_0\sqrt{1-\gamma^2}$ は ω_0 と区別するために、**減衰固有円周波数**[†]と呼ばれる値である。

(1.91) より同次解を構成する基本解は

$$y_1(t) = e^{-\gamma\omega_0 t}\cos qt, \quad y_2(t) = e^{-\gamma\omega_0 t}\sin qt \tag{1.92}$$

であることが分かる。これらを線形結合させれば、同次解は次のように表わされる。

$$y(t) = A\, y_1(t) + B\, y_2(t) \tag{1.93}$$
$$= e^{-\gamma\omega_0 t}\bigl(A\cos qt + B\sin qt\bigr) \tag{1.94}$$

ここで A, B は初期条件によって決定されるべき定数である。

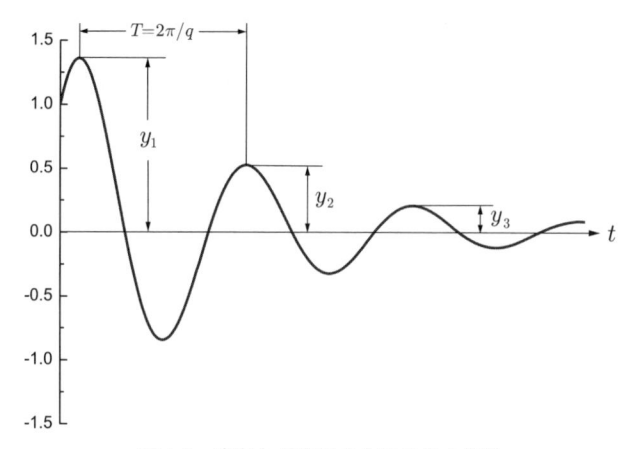

図 1.9 減衰力が作用する系の自由振動

特解について考える前に、(1.94) で表される同次解、すなわち自由振動の時間変化の様子を図 1.9 に示しておく。これは $t=0$ で $y=y_0$, $\dot{y}=v_0$ とした場合の一例である。この振動の周期は $T = 2\pi/q = 2\pi/\bigl(\omega_0\sqrt{1-\gamma^2}\bigr)$ であり、$T_0 = 2\pi/\omega_0$ ではないことに注意しよう。この自由振動は、十分時間が経つと減衰してゼロとなる。図 1.9 のような記録から減衰係数比 γ、さらに固有円周波数 ω_0 を求める手順は次のとおりである。

まず相隣る振幅の極大値の比の対数を求めると、周期は $T = 2\pi/q$ であるから

$$\delta = \log\frac{y_k}{y_{k+1}} = \gamma\omega_0 T = \frac{2\pi\gamma}{\sqrt{1-\gamma^2}} \tag{1.95}$$

となる。これを**対数減衰率** (logarithmic decrement) という。これによって γ を決定することができれば、次に周期 $T = 2\pi/q$ の値から $q = \omega_0\sqrt{1-\gamma^2}$ の関係によって ω_0 を求めることができる。

[†] 減衰があるときの固有円周波数、あるいは自由円周波数ともいう。

次に (1.76) の特解についてである。1 階の線形微分方程式に対する (1.46) に相当する公式は、やはり定数変化法によって導くことができるが、その解析は少し複雑なので **Note 1.3** に示している。その結果によれば、特解は (1.104) で表される。

【Note 1.3】特解を求める公式

(1.93) の A, B を時間の関数と考え（定数変化法[1.3]）、t で微分すると

$$\dot{y} = A\dot{y}_1 + B\dot{y}_2 + \dot{A}y_1 + \dot{B}y_2 \tag{1.96}$$

となる。ここで A, B が

$$\dot{A}y_1 + \dot{B}y_2 = 0 \tag{1.97}$$

を満足するとして、(1.96) をさらに微分すると、

$$\ddot{y} = A\ddot{y}_1 + B\ddot{y}_2 + \dot{A}\dot{y}_1 + \dot{B}\dot{y}_2 \tag{1.98}$$

を得る。これらを元の微分方程式 (1.76) に代入すると

$$\begin{aligned}
A\ddot{y}_1 + B\ddot{y}_2 &+ \dot{A}\dot{y}_1 + \dot{B}\dot{y}_2 + 2\gamma\omega_0\big(A\dot{y}_1 + B\dot{y}_2\big) + \omega_0^2\big(Ay_1 + By_2\big) \\
&= A\big(\ddot{y}_1 + 2\gamma\omega_0\dot{y}_1 + \omega_0^2 y_1\big) + B\big(\ddot{y}_2 + 2\gamma\omega_0\dot{y}_2 + \omega_0^2 y_2\big) + \dot{A}\dot{y}_1 + \dot{B}\dot{y}_2 \\
&= \dot{A}\dot{y}_1 + \dot{B}\dot{y}_2 = x(t)
\end{aligned} \tag{1.99}$$

を得る．そこで (1.97)、(1.99) を $\dot{A}, \dot{B}$ に関する連立方程式として解くと次式を得る。

$$\dot{A} = \frac{-x(t)\,y_2}{W\big[y_1, y_2\big]}, \quad \dot{B} = \frac{x(t)\,y_1}{W\big[y_1, y_2\big]} \tag{1.100}$$

ただし

$$W\big[y_1, y_2\big] \equiv \begin{vmatrix} y_1 & y_2 \\ \dot{y}_1 & \dot{y}_2 \end{vmatrix} = y_1\dot{y}_2 - \dot{y}_1 y_2 \tag{1.101}$$

である。よって、これらを積分すれば

$$A = -\int \frac{x(t)\,y_2}{W\big[y_1, y_2\big]}\,dt, \quad B = \int \frac{x(t)\,y_1}{W\big[y_1, y_2\big]}\,dt \tag{1.102}$$

のように決定できる。これらを (1.93) に代入したものが (1.44) に対応する特解である．

(1.92) を使って具体的に計算してみる．

$$\left.\begin{aligned}
W\big[y_1, y_2\big] &= y_1\dot{y}_2 - \dot{y}_1 y_2 = qe^{-2\gamma\omega_0 t} \\
A &= -\frac{1}{q}\int x(t)e^{\gamma\omega_0 t}\sin qt\,dt \\
B &= +\frac{1}{q}\int x(t)e^{\gamma\omega_0 t}\cos qt\,dt
\end{aligned}\right\} \tag{1.103}$$

となるから、これらを (1.94) に代入して

$$\begin{aligned}
y(t) &= e^{-\gamma\omega_0 t}\big(A\cos qt + B\sin qt\big) = \mathrm{Im}\Big[\big(B + iA\big)e^{-(\gamma\omega_0 - iq)t}\Big] \\
&= \mathrm{Im}\left[\frac{1}{q}e^{-(\gamma\omega_0 - iq)t}\int x(t)e^{(\gamma\omega_0 - iq)t}\,dt\right]
\end{aligned} \tag{1.104}$$

を得る。ここで Im は虚数部を取ることを意味する。

これが (1.44) に相当する式である。これと同次解との和が一般解であるが、同次解の係数は (1.104) の不定積分の定数と考えてもよいので、一般解は次のように表すことができる。

$$y(t) = \mathrm{Im}\left[\frac{1}{q}e^{-(\gamma\omega_0 - iq)t}\int_{-\infty}^{t} x(\tau)e^{(\gamma\omega_0 - iq)\tau}\,d\tau\right]$$

$$= \int_{-\infty}^{t} x(\tau)\frac{1}{q}e^{-\gamma\omega_0(t-\tau)}\sin q(t-\tau)\,d\tau \tag{1.105}$$

外力 $x(\tau)$ が $\tau \geq 0$ だけで与えられているならば、(1.47) と同様に、次のように表すことができる。

$$y(t) = \mathrm{Im}\left[(B + iA)e^{-\gamma\omega_0 t + iqt}\right] + \int_{0}^{t} x(\tau)\frac{1}{q}e^{-\gamma\omega_0(t-\tau)}\sin q(t-\tau)\,d\tau \tag{1.106}$$

ここで
$$A = y(0), \quad B = \frac{1}{q}\left\{\dot{y}(0) + \gamma\omega_0 y(0)\right\}$$

(1.105) を (1.58) に対応するように表すと次のようになる。

$$\left.\begin{array}{c} y(t) = \displaystyle\int_{-\infty}^{\infty} x(\tau)h(t-\tau)\,d\tau = \int_{-\infty}^{\infty} x(t-\tau)h(\tau)\,d\tau \\[6pt] h(t) = \dfrac{1}{q}e^{-\gamma\omega_0 t}\sin qt\, u(t) \end{array}\right\} \tag{1.107}$$

この $h(t)$ は容易に想像できるように、(1.76) の微分方程式に対するインパルス応答である。実際、(1.105) で $x(\tau) = \delta(\tau)$ を代入し、(1.53) の関係を用いれば、直ちに (1.107) の $h(t)$ が求められる。

ここでは (1.105) の公式を敢えて用いず、1.2.2 節の最後に示した方法によってインパルス応答を求めてみる。インパルス応答は次式の特解である。

$$\ddot{y}(t) + 2\gamma\omega_0 \dot{y}(t) + \omega_0^2 y(t) = \delta(t) \tag{1.108}$$

この式の両辺を $-\epsilon < t < +\epsilon$（ただし $\epsilon \to 0$）にわたって積分して整理すると次式を得る。

$$\dot{y}(0) + 2\gamma\omega_0 y(0) + \omega_0^2 \lim_{\epsilon\to 0}\int_{-\epsilon}^{+\epsilon} y(t)\,dt = 1 \tag{1.109}$$

これを満たす初期条件は

$$y(0) = 0, \quad \dot{y}(0) = 1 \tag{1.110}$$

であるから、これを同次解の (1.94) に適用すると

$$A = 0, \quad B = \frac{1}{q} \tag{1.111}$$

のように同次解の係数を求めることができる。したがって、これらを (1.94) に代入すれば、インパルス応答が

$$y(t) = \frac{1}{q}e^{-\gamma\omega_0 t}\sin qt\, u(t) \equiv h(t) \tag{1.112}$$

のように求まったことになる。この結果はもちろん (1.107) の $h(t)$ と同じである。

どのような方法を用いてもよいが、とにかく考えている線形微分方程式のインパルス応答が求まりさえすれば、時間に関して任意の外力である $x(t)$ に対する応答は、外力の $x(t)$ とインパルス応答 $h(t)$ とのたたみ込み積分によって計算することができるが、その公式が **Note 1.3** の (1.107) である。

演習 1.5

初期条件 $y(0) = 0$, $\dot{y}(0) = 0$ を満足する

$$\ddot{y}(t) + 2\gamma\omega_0\,\dot{y}(t) + \omega_0^2\,y(t) = u(t)$$

の解すなわちステップ応答を求めなさい。特解は視察によって $y(t) = 1/\omega_0^2$ であることが分かるから、一般解はこの特解と同次解 (1.94) の和で与えられる。その一般解が初期条件を満たすように同次解の係数を決めればよい。

次に、得られた結果を t について微分すれば (1.112) のインパルス応答となっていることを確かめなさい。また逆に、任意入力に対する応答を計算する (1.107) において $x(t) = u(t)$ の場合を考えることによってもステップ応答が求められることを確かめなさい。

1.3.3　周期的外力に対する応答

前節までの結果を使って、復原力が存在する運動モード（例えば heave）の、周期的な外力による応答（微分方程式の特解）について考えよう。そのような外力として、(1.29) で示したような円周波数 ω、波振幅 ζ_a の入射波による波浪強制力を考える。すなわち

$$F_3^W(t) = \mathrm{Re}\bigl\{\zeta_a E_3 e^{i\omega t}\bigr\} \tag{1.113}$$

とする。このとき、(1.76) の右辺 $x(t)$ に対応する式を

$$x(t) = \frac{F_3^W(t)}{m + a_{33}} = \mathrm{Re}\left[\omega_0^2 \frac{\zeta_a E_3}{c_{33}} e^{i\omega t}\right] = \mathrm{Re}\left[\omega_0^2 Y_{st} e^{i\omega t}\right] \tag{1.114}$$

のように表す。ここで $\omega_0^2 = c_{33}/(m + a_{33})$ であり、$Y_{st} = \zeta_a E_3/c_{33}$ は $\omega \to 0$ のときの静的な外力による定常変位である。実際には、波浪強制力の複素振幅 E_3 は ω の値によって変化するので厳密には正しくないが、本節の説明では E_3 を一定値と仮定する。

さて、(1.114) による応答は、$x(t)$ とインパルス応答とのたたみ込み積分 (1.107) によって次のように求められる。

$$y(t) = \int_{-\infty}^{\infty} x(t-\tau)\,h(\tau)\,d\tau = \int_{-\infty}^{\infty} \mathrm{Re}\bigl\{\omega_0^2 Y_{st} e^{i\omega(t-\tau)}\bigr\} h(\tau)\,d\tau$$

$$= \mathrm{Re}\biggl\{\omega_0^2 Y_{st} e^{i\omega t}\int_{-\infty}^{\infty} h(\tau)e^{-i\omega\tau}\,d\tau\biggr\} = \mathrm{Re}\bigl\{H(\omega)\,\omega_0^2 Y_{st} e^{i\omega t}\bigr\} \tag{1.115}$$

ただし

$$H(\omega) = \int_{-\infty}^{\infty} h(t)e^{-i\omega t}\,dt = \int_0^{\infty} \frac{1}{q}e^{-\gamma\omega_0 t}\sin qt\, e^{-i\omega t}\,dt$$

$$= \mathrm{Im}_j\left[\frac{1}{q}\int_0^{\infty} e^{-(\gamma\omega_0 + i\omega - jq)t}\,dt\right] = \mathrm{Im}_j\left[\frac{1}{q}\frac{1}{i\omega + \gamma\omega_0 - jq}\right]$$

$$= \frac{1}{(i\omega + \gamma\omega_0)^2 + q^2} = \frac{1}{-\omega^2 + i2\gamma\omega_0\omega + \omega_0^2} \tag{1.116}$$

であり、これが微分方程式 (1.76) の**周波数応答関数** (frequency response function) である。

(1.115) で示されているように、周期的外力による応答も同じ円周波数 ω の周期関数となり、応答は入力に周波数応答関数 $H(\omega)$ を掛けたものである。また外力が複素数表示の実数部だけ

1.3 復原力が存在する運動モードの応答特性

なら、その応答も複素数表示の実数部だけを取ればよい。これらの結果は、1階の微分方程式に対して示した (1.66) の結果と同じである。

このことを知っているなら、周波数応答関数をわざわざインパルス応答のフーリエ変換から求めなくてもよく、次のようにすればよい。まず、船体の応答を

$$y(t) = \text{Re}\left\{ Y e^{i\omega t} \right\} \tag{1.117}$$

と仮定し、これと外力の (1.114) を元の微分方程式 (1.76) に代入して複素振幅 Y を決定する。具体的には

$$\left\{ -\omega^2 + i2\gamma\omega_0\omega + \omega_0^2 \right\} Y e^{i\omega t} = \omega_0^2 Y_{st} e^{i\omega t} \tag{1.118}$$

となるから、これによって得られる Y を (1.117) に代入する。そうすれば、応答が (1.115) と与えられることは容易に確かめられよう。

いずれにしても、応答の複素振幅 Y は次のように求められたことになる。

$$Y = \frac{\omega_0^2 Y_{st}}{\omega_0^2 - \omega^2 + i2\gamma\omega_0\omega} = \frac{Y_{st}}{1 - \lambda^2 + i2\gamma\lambda} \equiv Y_0 e^{-i\phi} \tag{1.119}$$

ただし $\lambda = \omega/\omega_0$ は強制力の円周波数 ω と固有円周波数 ω_0 との比 (強制周波数比) であり、Y_0、ϕ はそれぞれ応答の**振幅** (amplitude)、**位相差** (phase)（ここでは遅れが正）である。この Y_0, ϕ は次のように与えられる。

$$Y_0 = \frac{Y_{st}}{\sqrt{(1-\lambda^2)^2 + (2\gamma\lambda)^2}}, \quad \phi = \tan^{-1}\frac{2\gamma\lambda}{1-\lambda^2} \tag{1.120}$$

ここで Y_0/Y_{st} は**振幅比** (amplitude ratio) といい、その計算例を図 1.10 に示している。$\lambda = 1$ の近く、すなわち強制力の円周波数 ω が固有円周波数 ω_0 に近い場合には、振幅比は大きくなる。この現象を**同調** (resonance) あるいは**共振**という。実際に振幅が最大となる λ の値は、(1.120)

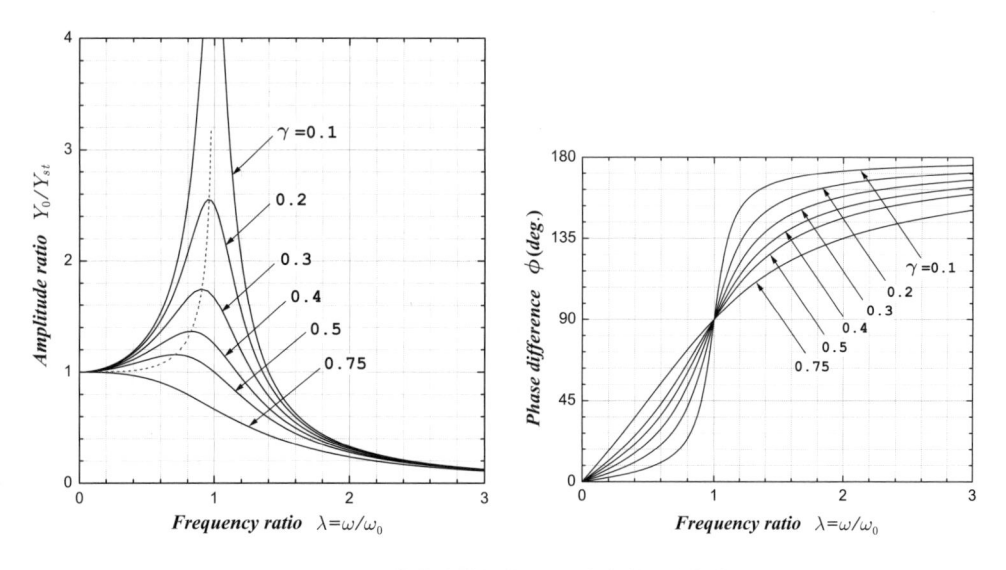

図 1.10 周期的強制振動による振幅比、位相差

の Y_0 を λ に関して微分し、それをゼロとおくことによって与えられ、$\lambda = \sqrt{1-2\gamma^2}$ である。この関係も 図1.10 に点線で示しており、この曲線を**同調曲線** (resonance curve) という。またこのときの振幅の最大値は次式で与えられる。

$$\left(\frac{Y_0}{Y_{st}}\right)_{\max} = \frac{1}{2\gamma\sqrt{1-\gamma^2}} \quad \text{at } \lambda = \sqrt{1-2\gamma^2} \tag{1.121}$$

一般に減衰係数比 γ の値は非常に小さいので、次のような近似式が成り立つと考えてよい。

$$\left(Y_0\right)_{\max} \simeq Y_{st}\frac{1}{2\gamma} = \frac{\zeta_a E_3}{2\gamma c_{33}} = \frac{\zeta_a E_3}{\omega_0 b_{33}} \quad \text{at } \lambda = 1\ (\omega = \omega_0) \tag{1.122}$$

図1.10 ならびに (1.120) から分かるように、振幅比は $\omega \to 0$ ($\lambda \to 0$) では $Y/Y_{st} \to 1$、また $\omega \to \infty$ ($\lambda \to \infty$) では $Y/Y_{st} \to 0$ となる。

一方、位相差 ϕ は、$\lambda = 1$ ($\omega = \omega_0$) では必ず $\phi = 90\,\text{deg}$ であり、$\omega \to 0$ では $\phi \to 0\,\text{deg}$、また $\omega \to \infty$ では $\phi \to 180\,\text{deg}$ となることが分かる。その間の位相の変化は、特に減衰力が小さいとき、$\lambda = 1$ ($\omega = \omega_0$) 付近で急激に起こる。(1.120) の ϕ の式から明らかであるが、減衰力がゼロ ($\gamma = 0$) のときには位相は $\phi = 0\,\text{deg}$（$\lambda < 1$ のとき）または $\phi = 180\,\text{deg}$（$\lambda > 1$ のとき）のどちらかである。

ところで水波の波長と周波数の関係は第3章で詳しく解説するが、$\omega \to 0$ は入射波の波長が非常に長くなる場合に相当し、このときには浮体は入射波の上下変位と同じ動きをするということである。一方、$\omega \to \infty$ は入射波の波長が非常に短い場合に相当する。このときの入射波は、浮体から見れば相対的にさざ波のようなものであり、このような短波長の波の中では浮体は殆ど揺れない。図1.10 は、そのような浮体動揺の基本特性を示している。

> **演習 1.6**
> 同調曲線ならびに振幅の最大値を与える式が (1.121) で与えられることを示しなさい。

【Note 1.4】絶対値と位相

(1.119) の計算のように、複素数を絶対値と位相で表すことがよく行われる。この計算は、直角座標と極座標の関係で考えればよい。例えば 図1.11 を参照すれば

$$\left.\begin{array}{c} \alpha + i\beta = \sqrt{\alpha^2 + \beta^2}\,e^{i\theta}, \quad \tan\theta = \dfrac{\beta}{\alpha} \\[6pt] \cos\theta = \dfrac{\alpha}{\sqrt{\alpha^2+\beta^2}}, \quad \sin\theta = \dfrac{\beta}{\sqrt{\alpha^2+\beta^2}} \end{array}\right\} \tag{1.123}$$

となることが分かる。これから直ちに

$$\frac{1}{\alpha+i\beta} = \frac{1}{\sqrt{\alpha^2+\beta^2}\,e^{i\theta}} = \frac{e^{-i\theta}}{\sqrt{\alpha^2+\beta^2}} \tag{1.124}$$

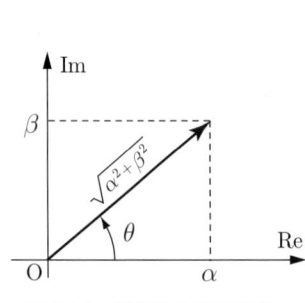

図 1.11 複素数の表示方法

となるから、時間項 $e^{i\omega t}$ との積の実数部分を考えると

$$\mathcal{A} \equiv \text{Re}\left\{\frac{e^{i\omega t}}{\alpha+i\beta}\right\} = \text{Re}\left\{\frac{e^{i(\omega t-\theta)}}{\sqrt{\alpha^2+\beta^2}}\right\} = \frac{\cos(\omega t-\theta)}{\sqrt{\alpha^2+\beta^2}} \tag{1.125}$$

のように求められる。ここで θ は入力に対する応答の**位相遅れ** (phase lag) である。

【Note 1.5】 減衰する周期的外力の場合

微分方程式の右辺、すなわち外力（入力）が

$$x(t) = E e^{-\mu \omega_0 t} \cos \omega t \tag{1.126}$$

のときも、これまでと同様な考え方で特解の計算を行えばよい。具体的には、(1.126) は

$$x(t) = \mathrm{Re}\left\{ E e^{-\mu \omega_0 t} e^{i\omega t} \right\} = \mathrm{Re}\left\{ E e^{i(\omega + i\mu\omega_0)t} \right\} \tag{1.127}$$

と表せるから、これまでの計算における ω の代わりに $\omega + i\mu\omega_0$ と置き換えればよい。例えば (1.119) に対応する計算では、応答を $y(t) = \mathrm{Re}\left\{ Y e^{i(\omega + i\mu\omega_0)t} \right\}$ とおく。このとき複素振幅 Y は、(1.116) の周波数応答関数において $\omega \to \omega + i\mu\omega_0$ を代入し、さらに E を掛けたものであるから、

$$\begin{aligned} Y &= \frac{E}{\omega_0^2 - (\omega + i\mu\omega_0)^2 + i2\gamma\omega_0(\omega + i\mu\omega_0)} \\ &= \frac{E}{q^2 - \omega^2 + \omega_0^2(\gamma - \mu)^2 + i2\omega\omega_0(\gamma - \mu)} \end{aligned} \tag{1.128}$$

のように求めることができる。この結果は、もちろん (1.115) のようなインパルス応答とのたたみ込み積分によって求めることもできる。

特別な場合として、$\mu = \gamma$, $\omega = q$ の時は、(1.128) の分母はゼロとなってしまい計算が破綻するが、そのような場合でも、インパルス応答とのたたみ込み積分の計算を誤りなく行うと、正しい解を求めることができる。その例は、以下に示す演習 1.7 の 3) である。

演習 1.7

次の微分方程式の特解を求めなさい。

1) $\quad \dfrac{d^2 y}{dt^2} + 2\dfrac{dy}{dt} + 3y = \cos 2t$

2) $\quad \dfrac{d^2 y}{dt^2} + \dfrac{dy}{dt} + 4y = 2e^{-2t}\sin 3t$

3) $\quad \dfrac{d^2 y}{dt^2} + 2\dfrac{dy}{dt} + 4y = 2\sqrt{3}\, e^{-t} \cos \sqrt{3}\, t\, u(t)$

ところで特解は (1.119)、(1.120) の記号を用いると

$$y(t) = \mathrm{Re}\{ Y e^{i\omega t} \} = \mathrm{Re}\{ Y_0 e^{-i\phi} e^{i\omega t} \} = Y_0 \cos(\omega t - \phi) \tag{1.129}$$

と与えられる。これを用いて振動の 1 周期 ($T = 2\pi/\omega$) 間に外力 $F_3^W(t)$ によってなされる仕事 W_A を計算してみると、次のようになる。

$$\begin{aligned} W_A &= \int F_3^W(t)\, dy = \int_0^T \zeta_a E_3 \cos \omega t\, \frac{dy}{dt}\, dt \\ &= -\zeta_a E_3 Y_0 \int_0^T \cos \omega t\, \omega \sin(\omega t - \phi)\, dt \\ &= \zeta_a E_3 Y_0\, \omega\, \frac{T}{2} \sin \phi = \pi \zeta_a E_3 Y_0 \sin \phi \end{aligned} \tag{1.130}$$

これより $\phi = 0$ または π 以外ではゼロとはならないことが分かる。減衰力が作用する系では (1.120) より $\phi \neq 0$ であるから、(1.130) の仕事は減衰力の存在によって実際には熱として失われることになる。

【Note 1.6】時間平均の計算公式

(1.130) のような調和関数の積に関する 1 周期間の計算も複素数のまま計算することができ、多分その方が簡単である。一般的に

$$
\int_0^T \mathrm{Re}\left[Ae^{i\omega t}\right] \mathrm{Re}\left[Be^{i\omega t}\right] dt = \int_0^T \frac{1}{2}\left(Ae^{i\omega t} + A^*e^{-i\omega t}\right) \frac{1}{2}\left(Be^{i\omega t} + B^*e^{-i\omega t}\right) dt
$$

$$
= \frac{1}{4} \int_0^T \left\{ AB^* + A^*B + \left(ABe^{i2\omega t} + A^*B^*e^{-i2\omega t}\right) \right\} dt
$$

$$
= \frac{T}{4}\left(AB^* + A^*B\right) = \frac{T}{2} \mathrm{Re}\left[AB^*\right] \tag{1.131}
$$

である。これより、$e^{i\omega t}$ を除いた複素振幅だけを用いて、時間平均値の計算に関する次の公式が成り立つ。

$$
\frac{1}{T} \int_0^T \mathrm{Re}\left[Ae^{i\omega t}\right] \mathrm{Re}\left[Be^{i\omega t}\right] dt = \frac{1}{2} \mathrm{Re}\left[AB^*\right] \tag{1.132}
$$

ここで B^* は、複素数 B の複素共役を表す。

次に、外力以外の力 $F_B(t) = (m + a_{33})\ddot{y} + b_{33}\dot{y} + c_{33}y$ によってなされる仕事 W_B を計算してみよう。(1.129) より

$$
\left.\begin{aligned}
\dot{y}(t) &= \mathrm{Re}\left\{ i\omega Y_0 e^{-i\phi} e^{i\omega t} \right\} \\
F_B(t) &= \mathrm{Re}\left\{ Be^{i\omega t} \right\} \\
B &= Y_0 e^{-i\phi}\left[\left\{c_{33} - \omega^2(m + a_{33})\right\} + i\omega b_{33}\right]
\end{aligned}\right\} \tag{1.133}
$$

であるから、(1.132) の公式を使うことによって

$$
W_B = \int F_B(t)\,dy = \int_0^T F_B(t)\frac{dy}{dt}\,dt
$$

$$
= \frac{T}{2}\mathrm{Re}\left[B(-i\omega Y_0)e^{i\phi}\right] = \frac{T}{2}Y_0^2 \omega^2 b_{33} = \pi Y_0^2 \omega b_{33} \tag{1.134}
$$

となる。この式から、仕事に寄与するのは減衰力だけであることが分かる。

また (1.130) の W_A と (1.134) の W_B を等置すると

$$
Y_0 = \frac{\zeta_a E_3}{\omega b_{33}} \sin\phi \tag{1.135}
$$

が得られる。この式から減衰力が小さいときの同調周波数付近での振幅の最大値を求めることができる。なぜなら、同調点付近では $\omega \simeq \omega_0$, $\phi \simeq \pi/2$ であるから

$$
Y_0 = \frac{\zeta_a E_3}{\omega_0 b_{33}} = \frac{\zeta_a E_3}{c_{33}} \frac{\sqrt{(m + a_{33})c_{33}}}{b_{33}} = Y_{st}\frac{1}{2\gamma} \tag{1.136}
$$

となるが、これは (1.122) に一致している。

第2章 線形システムとしての船体運動

　線形微分方程式で表される「線形システム」の入力と出力の関係をさらに詳しく理解したり、流体力が周波数によって変化することを運動方程式にどのように考慮するべきかについて説明するためには、フーリエ変換の知識が大変役に立つ。フーリエ変換は、海洋における不規則波とそれに対する浮体の応答を論じる上でも必須の数学的な道具である。まず最初に、既に前章で用いたデルタ関数やステップ関数、さらに符号関数とそれらのフーリエ変換について説明し、幾つかのフーリエ変換に関する基本性質を整理する。次にそれらを用いて、船体運動を含むどんな線形システムでも周波数応答関数とインパルス応答はフーリエ変換の対にあり、それらを用いると任意の外力に対するシステムの応答を計算できるということが、再度一般的に示される。さらに、因果システムにおける重要な関係式や運動方程式におけるメモリー影響などについて解説する。フーリエ変換を理解するために、まずはフーリエ級数の復習から始めよう。

2.1 フーリエ級数

2.1.1 実数形式のフーリエ級数

　関数 $f(t)$ が周期 T なる周期関数とする。そのとき、関数 $f(t)$ は

$$f(t) = \frac{1}{2}a_0 + \sum_{n=1}^{\infty}\left(a_n \cos n\omega_0 t + b_n \sin n\omega_0 t\right) \tag{2.1}$$

のように三角関数の級数で表すことができる。ここで $\omega_0 = 2\pi/T$ は**基本円周波数** (fundamental circular frequency) という。また (2.1) の級数を三角関数の**フーリエ級数** (Fourier series) と呼ぶ。

　係数 a_n, b_n を求めるために、(2.1) の両辺に $\cos m\omega_0 t$ および $\sin m\omega_0 t$ を掛けて1周期間で積分する。そうすると三角関数の直交性（**Note 2.1** 参照）によって、

$$\left.\begin{aligned}a_n &= \frac{2}{T}\int_{-T/2}^{T/2} f(t) \cos n\omega_0 t \, dt, \ n = 0, 1, 2, \cdots \\ b_n &= \frac{2}{T}\int_{-T/2}^{T/2} f(t) \sin n\omega_0 t \, dt, \ n = 1, 2, \cdots\end{aligned}\right\} \tag{2.2}$$

の結果が得られる。この式では積分範囲を $-T/2 < t < T/2$ としているが、周期 T なる周期関数に対しては、完全な1周期間でありさえすれば積分範囲はどこでもよい。

【**Note 2.1**】直交関数系 ─────────────────────────

　集合 $\{\phi_K(t)\}$ における2つの関数 $\phi_m(t)$ および $\phi_n(t)$ が

$$\int_a^b \phi_m(t)\phi_n(t)\, dt = \begin{cases} 0 & \text{for } m \neq n \\ r_n & \text{for } m = n \end{cases} \tag{2.3}$$

の関係を満たすとき、区間 $a < t < b$ において、この関数の集合は直交しているといい、$\{\phi_K(t)\}$ を**直交関数系** (system of orthogonal functions) と呼ぶ。また $m = n$ のときの値 r_n が $r_n = 1$ となるように

$$\psi_n(t) = \frac{1}{\sqrt{r_n}} \phi_n(t) \tag{2.4}$$

によって正規化した $\{\psi_K(t)\}$ は正規直交関数系と呼ぶ。

三角関数群 $\{1, \cos n\omega_0 t, \sin n\omega_0 t\}$ $(n = 1, 2, \cdots)$ について考えてみよう。三角関数の直接計算によって、次の関係式が成り立つことが分かる。

$$\int_{-T/2}^{T/2} \cos m\omega_0 t \cos n\omega_0 t \, dt = \begin{cases} 0 & \text{for } m \neq n \\ \dfrac{T}{2} & \text{for } m = n \neq 0 \\ T & \text{for } m = n = 0 \end{cases} \tag{2.5}$$

$$\int_{-T/2}^{T/2} \sin m\omega_0 t \sin n\omega_0 t \, dt = \begin{cases} 0 & \text{for } m \neq n \\ \dfrac{T}{2} & \text{for } m = n \neq 0 \end{cases} \tag{2.6}$$

$$\int_{-T/2}^{T/2} \sin m\omega_0 t \cos n\omega_0 t \, dt = 0 \quad \text{for all } m \text{ and } n \tag{2.7}$$

すなわち、フーリエ級数における三角関数群は、区間 $-T/2 < t < T/2$ において直交関数系を成している。

(2.1) は、一般的な関数 $f(t)$ が、必ず偶関数（$\cos n\omega_0 t$ の項）と奇関数（$\sin n\omega_0 t$ の項）に分けられるということを示唆している。これはもっと直接的に

$$f(t) = \underbrace{\frac{1}{2}\{f(t) + f(-t)\}}_{f_e(t)} + \underbrace{\frac{1}{2}\{f(t) - f(-t)\}}_{f_o(t)} \tag{2.8}$$

と表せば、$f_e(t)$ は $f_e(-t) = f_e(t)$ を満たすから**偶関数** (even function) であり、$f_o(t)$ は $f_o(-t) = -f_o(t)$ を満たすから**奇関数** (odd function) であることが分かる。(2.1) の両辺の比較から、$f(t)$ が偶関数であればもちろん $b_n = 0$、$f(t)$ が奇関数であれば $a_n = 0$ となっていなければならない。このことは (2.2) の積分からも明らかである。

2.1.2 複素形式のフーリエ級数

(2.1) に

$$\cos n\omega_0 t = \frac{1}{2}\left(e^{in\omega_0 t} + e^{-in\omega_0 t}\right), \quad \sin n\omega_0 t = \frac{1}{2i}\left(e^{in\omega_0 t} - e^{-in\omega_0 t}\right) \tag{2.9}$$

を代入すると、(2.1) は次のように表すこともできる。

$$f(t) = \frac{1}{2}a_0 + \sum_{n=1}^{\infty}\left[\frac{1}{2}(a_n - ib_n)e^{in\omega_0 t} + \frac{1}{2}(a_n + ib_n)e^{-in\omega_0 t}\right] \tag{2.10}$$

ここで

$$c_0 = \frac{1}{2}a_0, \quad c_n = \frac{1}{2}(a_n - ib_n) \tag{2.11}$$

と表すことにしよう。このとき c_n は (2.2) を用いて

$$c_n = \frac{1}{2}(a_n - ib_n) = \frac{1}{2}\frac{2}{T}\int_{-T/2}^{T/2} f(t)\{\cos n\omega_0 t - i\sin n\omega_0 t\}\,dt$$

$$= \frac{1}{T}\int_{-T/2}^{T/2} f(t)e^{-in\omega_0 t}\,dt \tag{2.12}$$

となる。同様にして

$$\frac{1}{2}(a_n + ib_n) = \frac{1}{T}\int_{-T/2}^{T/2} f(t)e^{in\omega_0 t}\,dt \tag{2.13}$$

を得るが、これは指数関数の複素共役と考えても、n を $-n$ とおいたものと考えても同じである。さらに $f(t)$ が実関数であれば (2.12) 全体の複素共役でもある。よって次のように表される。

$$\frac{1}{2}(a_n + ib_n) = c_{-n} = c_n^* \tag{2.14}$$

これらをまとめると、(2.10) は次のような複素形式で表すことができたことになる。

$$\left.\begin{array}{l} f(t) = \displaystyle\sum_{n=-\infty}^{\infty} c_n e^{in\omega_0 t} \\[2mm] c_n = \displaystyle\frac{1}{T}\int_{-T/2}^{T/2} f(t) e^{-in\omega_0 t}\,dt \end{array}\right\} \tag{2.15}$$

複素形式のフーリエ級数といっても、$f(t)$ が実数ならば、それを表す (2.15) の級数は、表面的に複素数のように見えても必ず実数となっているはずである。実際、(2.11) の c_0, c_n を用いれば、(2.14) の性質によって

$$f(t) = c_0 + \sum_{n=1}^{\infty} \mathrm{Re}\left[2c_n e^{in\omega_0 t}\right] = \frac{1}{2}a_0 + \sum_{n=1}^{\infty} \mathrm{Re}\left[(a_n - ib_n)e^{in\omega_0 t}\right] \tag{2.16}$$

と表され、確かに右辺は実数であり、(2.1) と同じである。複素形式を用いると、三角関数を含む各種の積分が比較的容易に行えることが多い。

【**Note 2.2**】パーシヴァルの定理 ─────────────────────────────

$f_1(t)$ および $f_2(t)$ が同じ周期 T をもつ周期関数として

$$f_1(t) = \sum_{n=-\infty}^{\infty} (c_1)_n e^{in\omega_0 t},\; f_2(t) = \sum_{n=-\infty}^{\infty} (c_2)_n e^{in\omega_0 t}$$

と表すと

$$\begin{aligned}
\frac{1}{T}\int_{-T/2}^{T/2} f_1(t) f_2(t)\,dt &= \frac{1}{T}\int_{-T/2}^{T/2} \sum_{n=-\infty}^{\infty} (c_1)_n e^{in\omega_0 t} f_2(t)\,dt \\
&= \sum_{n=-\infty}^{\infty} (c_1)_n \frac{1}{T}\int_{-T/2}^{T/2} f_2(t) e^{in\omega_0 t}\,dt = \sum_{n=-\infty}^{\infty} (c_1)_n (c_2)_{-n}
\end{aligned} \tag{2.17}$$

となることが分かる。ここで $f_1(t) = f_2(t) = f(t)$ を考え、$f(t)$ が実関数とすれば、(2.14) によって次のような**自乗平均値** (mean-squared value)（あるいは平均パワー成分）に関する計算公式

$$\frac{1}{T}\int_{-T/2}^{T/2} [f(t)]^2\,dt = \sum_{n=-\infty}^{\infty} c_n c_n^* = \sum_{n=-\infty}^{\infty} |c_n|^2 \tag{2.18}$$

を得る。これを**パーシヴァルの定理** (Parseval's theorem) という。

(2.18) は、(2.11)、(2.14) を代入することにより、a_n, b_n を用いて

$$\frac{1}{T}\int_{-T/2}^{T/2} [f(t)]^2\,dt = \frac{1}{4}a_0^2 + \frac{1}{2}\sum_{n=1}^{\infty}(a_n^2 + b_n^2) \tag{2.19}$$

のように表すこともできる。

演習 2.1

区間 $(-\pi, \pi)$ で $f(t) = e^t$ および $f(t+2\pi) = f(t)$ で定義される関数 $f(t)$ の複素フーリエ級数を (2.15) にしたがって計算しなさい。また (2.16) を用いて、実数表式のフーリエ級数を求めなさい。さらにその結果から、

$$\sum_{n=1}^{\infty} \frac{(-1)^n}{1+n^2} = \frac{\pi}{2\sinh\pi} - \frac{1}{2}$$

が得られること、ならびに複素表示のフーリエ級数にパーシヴァルの定理を使って次式が得られることを示しなさい。

$$\sum_{n=1}^{\infty} \frac{1}{1+n^2} = \frac{\pi}{2}\coth\pi - \frac{1}{2}$$

2.2 フーリエ変換

複素形式のフーリエ級数で周期を無限大 $(T \to \infty)$ とする極限について考えてみよう。このとき基本周波数は $\omega_0 = 2\pi/T \to 0$ となるが、高調波の周波数 $n\omega_0$ は連続スペクトルを表す一般的な周波数の変数となる。言い換えれば、積 $n\omega_0$ が有限となるように $n \to \infty$ のとき $\omega_0 = \Delta\omega \to 0$ となるようにする。そこで $T \to \infty$ の極限操作では、$\omega_0 \to d\omega$, $n\omega_0 \to \omega$ と表せばよい。(2.15) の c_n を $T \to \infty$ で考えると、確かに周波数 $(n\omega_0 \to \omega)$ の連続関数にはなるが、c_n の振幅は、T で割っているために無限小となる。それではあまり意味がないので c_nT の積を一緒に考えて

$$c_nT \longrightarrow \int_{-\infty}^{\infty} f(t)e^{-i\omega t}\,dt \equiv F(\omega) \tag{2.20}$$

と表せばよい。(2.15) に示した $f(t)$ の級数表示の方は、連続変数の和が積分になると考えて

$$f(t) = \sum_{n=-\infty}^{\infty} \left(c_nT\right) e^{in\omega_0 t} \frac{1}{T} \quad ; \quad \frac{1}{T} = \frac{\omega_0}{2\pi}$$

$$f(t) \longrightarrow \int_{-\infty}^{\infty} F(\omega)e^{i\omega t}\frac{d\omega}{2\pi} = \frac{1}{2\pi}\int_{-\infty}^{\infty} F(\omega)e^{i\omega t}\,d\omega \tag{2.21}$$

と表せることになる。(2.20) は $f(t)$ の**フーリエ変換** (Fourier transform)、(2.21) は**逆フーリエ変換** (inverse Fourier transform) と言われているものである。これらをまとめて次のように表しておく。

$$F(\omega) = \mathcal{F}\bigl[\,f(t)\,\bigr] = \int_{-\infty}^{\infty} f(t)e^{-i\omega t}\,dt \tag{2.22}$$

$$f(t) = \mathcal{F}^{-1}\bigl[\,F(\omega)\,\bigr] = \frac{1}{2\pi}\int_{-\infty}^{\infty} F(\omega)e^{i\omega t}\,d\omega \tag{2.23}$$

(2.22) と (2.23) はフーリエ変換の対と呼ばれる。

ところで $f(t)$ が実関数のとき、フーリエ変換は

$$F(\omega) = \int_{-\infty}^{\infty} f(t)\cos\omega t\,dt - i\int_{-\infty}^{\infty} f(t)\sin\omega t\,dt$$

であるから、実数部、虚数部に分けて次のように表すことにしよう。

$$F(\omega) = C(\omega) + i\,S(\omega) \\ C(\omega) = \int_{-\infty}^{\infty} f(t)\cos\omega t\,dt,\ S(\omega) = -\int_{-\infty}^{\infty} f(t)\sin\omega t\,dt \Biggr\} \quad (2.24)$$

これらから、フーリエ変換の実数部 $C(\omega)$ は ω の偶関数、虚数部 $S(\omega)$ は ω の奇関数となっていることが分かる。

(2.8) で示したように、任意の関数 $f(t)$ は $f(t) = f_e(t) + f_o(t)$ のように、必ず偶関数部分 $f_e(t)$ と奇関数部分 $f_o(t)$ の和として表すことができる。(2.24) から明らかなように、$f(t) = f_e(t)$ のときには $S(\omega) = 0$ となり、$f(t) = f_o(t)$ のときには $C(\omega) = 0$ となるから、

$$\mathcal{F}\bigl[f_e(t)\bigr] = C(\omega), \quad \mathcal{F}\bigl[f_o(t)\bigr] = i\,S(\omega) \quad (2.25)$$

の関係が成り立っている。言い換えれば、実関数 $f(t)$ のフーリエ変換が実数部のみ (すなわち実数) のとき $f(t)$ は t の偶関数であり、虚数部のみ (すなわち純虚数) のとき $f(t)$ は t の奇関数ということになる。この関係は、求められたフーリエ変換が正しいかどうかの検証として使えるし、後述される因果システムでのフーリエ変換の関係式を導く際に重要となる。

2.3 特殊関数のフーリエ変換

2.3.1 デルタ関数

フーリエ変換、逆フーリエ変換の対は、$f(t) \to F(\omega) \to f(t)$ のように、$f(t)$ から出発して元の関数 $f(t)$ に戻ってくる計算であるから

$$\begin{aligned}f(t) &= \frac{1}{2\pi}\int_{-\infty}^{\infty} F(\omega)e^{i\omega t}\,d\omega = \frac{1}{2\pi}\int_{-\infty}^{\infty}\left\{\int_{-\infty}^{\infty} f(\tau)e^{-i\omega\tau}\,d\tau\right\}e^{i\omega t}\,d\omega \\ &= \int_{-\infty}^{\infty} f(\tau)\left\{\frac{1}{2\pi}\int_{-\infty}^{\infty} e^{-i\omega(\tau-t)}\,d\omega\right\}d\tau \end{aligned} \quad (2.26)$$

のように表すことができる。

この式の $\{\ \}$ 内の関数は、$f(\tau)$ の分布の中から $\tau = t$ という特別な点での $f(\tau)$ の値だけを取り出す '作用素' のようなものと考えることができる。この '作用素' が、実はディラック (Dirac) の**デルタ関数** (delta function) といわれるもので

$$\delta(t - t_0) = \frac{1}{2\pi}\int_{-\infty}^{\infty} e^{-i\omega(t-t_0)}\,d\omega \quad (2.27)$$

の積分表示式で表される。

デルタ関数は、引数がゼロとなる位置 ($t = t_0$) 以外では、至るところすべての場所で値がゼロであり、しかも面積 $=1$ という性質を有する。すなわちデルタ関数を含む積分に関しては、次のような性質をもつものと定義される。

$$\int_{-\infty}^{\infty}\delta(t)\,dt = \lim_{\epsilon\to 0}\int_{-\epsilon}^{+\epsilon}\delta(t)\,dt = 1 \quad (2.28)$$

また (2.28) の性質によって、連続な関数 $f(t)$ とデルタ関数 $\delta(t-t_0)$ の積は、次のように式変形することができる。

$$\int_{-\infty}^{\infty} f(t)\delta(t-t_0)\,dt = f(t_0)\lim_{\epsilon\to 0}\int_{t_0-\epsilon}^{t_0+\epsilon} \delta(t-t_0)\,dt = f(t_0) \tag{2.29}$$

これは (2.26) の関係に他ならず、これによって (2.27) の表示式が得られていると言ってもよい。

(2.27) は実関数であり、右辺の虚数部はもちろんゼロである。よってデルタ関数 $\delta(t)$ は t に関して偶関数であり、

$$\delta(t) = \frac{1}{2\pi}\int_{-\infty}^{\infty} e^{-i\omega t}\,d\omega = \frac{1}{2\pi}\int_{-\infty}^{\infty} e^{i\omega t}\,d\omega = \frac{1}{\pi}\int_0^{\infty} \cos\omega t\,d\omega \tag{2.30}$$

のようにも表される。

これらのことから、デルタ関数および定数のフーリエ変換についてまとめておこう。まず (2.29) で $f(t) = e^{-i\omega t}$, $t_0 = 0$ とすれば直ちにデルタ関数のフーリエ変換公式として次式が得られる。

$$\mathcal{F}\bigl[\delta(t)\bigr] = \int_{-\infty}^{\infty} \delta(t)e^{-i\omega t}\,dt = 1 \tag{2.31}$$

次に (2.30) の最初の式は $1/2\pi$ のフーリエ変換とみることもできるので、定数のフーリエ変換として次式を得ることができる。

$$\mathcal{F}\bigl[1\bigr] = \int_{-\infty}^{\infty} e^{-i\omega t}\,dt = 2\pi\delta(\omega) \tag{2.32}$$

【Note 2.3】デルタ関数の別の表示式

(2.30) はデルタ関数の表示式の一つにすぎない。そこで、デルタ関数の他の表示式を求めてみる。まず (2.30) は次のような極限として表すことができる。

$$\begin{aligned}
\delta(t) &= \mathrm{Re}\left[\frac{1}{\pi}\int_0^{\infty} e^{-i\omega t}\,d\omega\right] = \lim_{\epsilon\to 0}\mathrm{Re}\left[\frac{1}{\pi}\int_0^{\infty} e^{-\epsilon\omega-i\omega t}\,d\omega\right] \\
&= \lim_{\epsilon\to 0}\mathrm{Re}\left\{\frac{1}{\pi}\frac{1}{\epsilon+it}\right\} = \lim_{\epsilon\to 0}\left\{\frac{1}{\pi}\frac{\epsilon}{\epsilon^2+t^2}\right\} \quad (\epsilon>0)
\end{aligned} \tag{2.33}$$

また (2.30) は次のように表すこともできる。

$$\delta(t) = \frac{1}{\pi}\lim_{k\to\infty}\int_0^k \cos\omega t\,d\omega = \lim_{k\to\infty}\frac{\sin kt}{\pi t} \tag{2.34}$$

【例題】 矩形パルス列のフーリエ級数、デルタ関数のフーリエ変換

図 2.1 に示す高さ A、幅 d の矩形パルス列関数 $f(t)$ のフーリエ級数を、まず複素形式の (2.15) にしたがって計算してみよう。結果は

$$\begin{aligned}
c_n &= \frac{1}{T}\int_{-T/2}^{T/2} f(t)\,e^{-in\omega_0 t}\,dt = \frac{A}{T}\int_{-d/2}^{d/2} e^{-in\omega_0 t}\,dt = \frac{A}{T}\left[\frac{1}{-in\omega_0}e^{-in\omega_0 t}\right]_{-d/2}^{d/2} \\
&= \frac{Ad}{T}\frac{1}{\frac{n\omega_0 d}{2}}\frac{1}{2i}\bigl(e^{in\omega_0 d/2}-e^{-in\omega_0 d/2}\bigr) = \frac{Ad}{T}\frac{\sin\left(\frac{n\omega_0 d}{2}\right)}{\frac{n\omega_0 d}{2}}
\end{aligned} \tag{2.35}$$

2.3 特殊関数のフーリエ変換

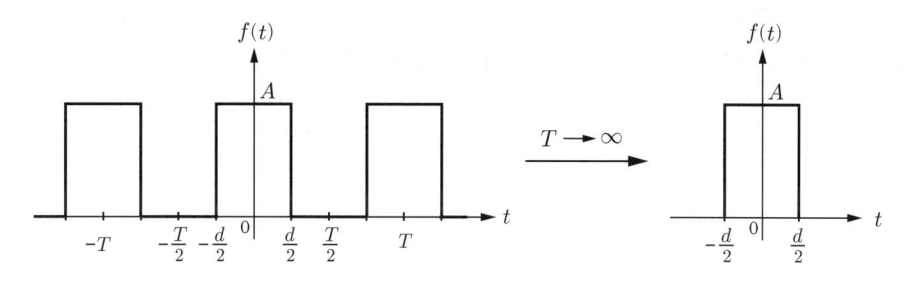

図 2.1 矩形パルス列の関数

図 2.2 単一矩形パルス

となる。これを (2.16) に代入して実数形式で表すと、

$$f(t) = \frac{Ad}{T} + \frac{2Ad}{T} \sum_{n=1}^{\infty} \frac{\sin\left(\frac{n\omega_0 d}{2}\right)}{\frac{n\omega_0 d}{2}} \cos\left(n\omega_0 t\right) \tag{2.36}$$

を得ることができる。実数形式の (2.2) にしたがって計算しても、これと同じ結果が得られる。

次に、周期を無限大 ($T \to \infty$) としたとき、すなわちフーリエ変換について考えてみよう。$T \to \infty$ では $n\omega_0 \to \omega$ とすればよいので、まず (2.35) から次式を得る。

$$c_n T \longrightarrow Ad \frac{\sin\left(\frac{\omega d}{2}\right)}{\frac{\omega d}{2}} \tag{2.37}$$

次に $T \to \infty$ では、図 2.1 は 図 2.2 のように、$-d/2 < t \leq d/2$ における 1 個の矩形パルス関数となるから、これに対して、(2.22) によってフーリエ変換を計算してみよう。結果は

$$F(\omega) = \int_{-\infty}^{\infty} f(t) e^{-i\omega t} dt = A \int_{-d/2}^{d/2} e^{-i\omega t} dt = A \left[\frac{e^{-i\omega t}}{-i\omega} \right]_{-d/2}^{d/2} = Ad \frac{\sin\left(\frac{\omega d}{2}\right)}{\frac{\omega d}{2}} \tag{2.38}$$

となるが、これは (2.37) と同じである。すなわち $T \to \infty$ のときには、(2.20) のように、複素フーリエ級数の係数 c_n と T の積がフーリエ変換 $F(\omega)$ となっていることが確かめられる。また、$f(t)$ が t に関して偶関数であるから、そのフーリエ変換 $F(\omega)$ は実数部のみであることが (2.38) より確かめられる。

さらに矩形パルスの面積が $Ad = 1$ となるように保ったまま $d \to 0$ の極限を考えると、図 2.2 の矩形関数は

$$f(t) = \begin{cases} 0 & \text{for } t \neq 0 \\ \infty & \text{for } t = 0 \end{cases}, \quad \int_{-\infty}^{\infty} f(t) \, dt = \lim_{\epsilon \to 0} \int_{-\epsilon}^{+\epsilon} f(t) \, dt = 1$$

の性質をもっていることが分かるが、これはまさにデルタ関数の性質であり、$f(t) \to \delta(t)$ である。$Ad = 1$, $d \to 0$ のとき、このフーリエ変換は (2.38) より

$$F(\omega) = \mathcal{F}\big[f(t) \big] \longrightarrow \mathcal{F}\big[\delta(t) \big] = 1 \tag{2.39}$$

であることが分かるが、これは当然のことながら (2.31) の結果と一致している。

2.3.2 ステップ関数

次に**単位ステップ関数** (unit step function)（単位階段関数あるいはヘビサイドの単位関数ともいう）$u(t)$ について考えてみる。$u(t)$ は図 2.3 に示すような関数で、次のように定義される。

$$u(t) = \begin{cases} 1 & \text{for } t > 0 \\ 0 & \text{for } t < 0 \end{cases} \tag{2.40}$$

このステップ関数とデルタ関数との関係について調べてみよう。そのために、$t \to \pm\infty$ でゼロとなっているある連続な'テスト関数' $\phi(t)$ を導入 [2.1] し、部分積分を用いて次のような式変形を行う。

$$\int_{-\infty}^{\infty} \frac{du(t)}{dt} \phi(t)\,dt = -\int_{-\infty}^{\infty} u(t) \frac{d\phi(t)}{dt}\,dt$$
$$= -\int_{0}^{\infty} \frac{d\phi(t)}{dt}\,dt = -\bigl[\phi(\infty) - \phi(0)\bigr] = \phi(0) \tag{2.41}$$

$\phi(0)$ は $\delta(t)$ を用いて

$$\phi(0) = \int_{-\infty}^{\infty} \delta(t)\,\phi(t)\,dt \tag{2.42}$$

と表すこともできる。これを (2.41) の右辺に代入すると、次の関係式が得られる。

$$\int_{-\infty}^{\infty} \frac{du(t)}{dt} \phi(t)\,dt = \int_{-\infty}^{\infty} \delta(t)\,\phi(t)\,dt \tag{2.43}$$

ここで $\phi(t)$ は任意のテスト関数だから

$$\frac{du(t)}{dt} = \delta(t) \tag{2.44}$$

の関係が示されたことになる。この関係は既に (1.57) として用いられたものである。

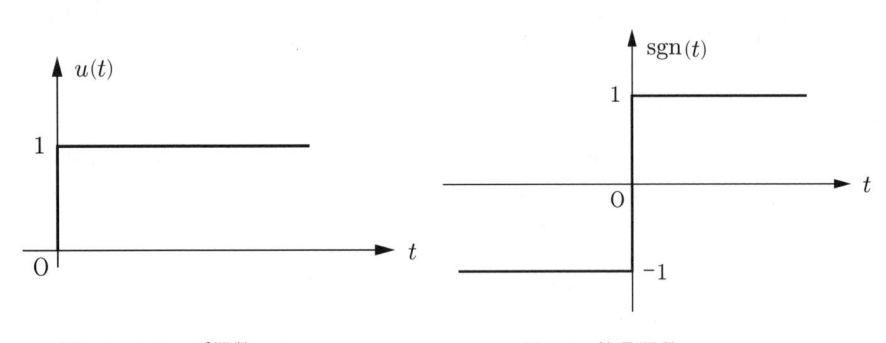

図 2.3 ステップ関数 $u(t)$ 　　　図 2.4 符号関数 $\text{sgn}(t)$

2.3.3 符号関数

次に**符号関数** (sign function) $\text{sgn}(t)$ について考えてみる。符号関数は図 2.4 に示すような関数であり

$$\text{sgn}(t) = \begin{cases} 1 & \text{for } t > 0 \\ -1 & \text{for } t < 0 \end{cases} \tag{2.45}$$

のように定義される。これとステップ関数 $u(t)$ との関係は次のように表わされる。

$$\mathrm{sgn}(t) = u(t) - u(-t) \tag{2.46}$$

$$u(t) = \frac{1}{2}\big\{1 + \mathrm{sgn}(t)\big\} \tag{2.47}$$

(2.46) を微分して (2.44) の関係を使うと、符号関数の微分は次の関係にあることが分かる。

$$\frac{d}{dt}\mathrm{sgn}(t) = \delta(t) + \delta(t) = 2\delta(t) \tag{2.48}$$

さて、以上の準備のもと、$u(t)$, $\mathrm{sgn}(t)$ のフーリエ変換式を求めておく。そのためにまず、次式で与えられる関数のフーリエ変換を考えよう。

$$f(t) = e^{-\alpha t} u(t) = \begin{cases} e^{-\alpha t} & \text{for } t > 0 \\ 0 & \text{for } t < 0 \end{cases} \tag{2.49}$$

ここで α はパラメータで $\alpha > 0$ である。$\alpha \to 0$ とすれば $f(t) \to u(t)$ となるので、$f(t)$ のフーリエ変換が求められたら、その結果で $\alpha \to 0$ とすれば $u(t)$ のフーリエ変換が求まる。この指数関数的に減衰する関数は、1 階の線形微分方程式のインパルス応答として (1.55) に示されたものであり、そのフーリエ変換（すなわち周波数応答関数）は、既に (1.68) として求められている。それを再記すると

$$\mathcal{F}\big[f(t)\big] = \frac{1}{i\omega + \alpha} = \frac{\alpha}{\alpha^2 + \omega^2} - i\frac{\omega}{\alpha^2 + \omega^2} \tag{2.50}$$

である。この式において $\alpha \to 0$ の極限を考える。まず上式の右辺第 1 項（実数部）は $\omega \neq 0$ ならゼロとなるが、$\omega = 0$ のときには無限大となる。これはデルタ関数の性質であり、実際 (2.33) より

$$\lim_{\alpha \to 0} \frac{\alpha}{\alpha^2 + \omega^2} = \pi \delta(\omega) \tag{2.51}$$

であることがわかる。(2.50) の右辺第 2 項（虚数部）は問題なく $\alpha = 0$ とすればよい。これらをまとめると、$u(t)$ のフーリエ変換として次の結果が得られたことになる。

$$\mathcal{F}\big[u(t)\big] = \pi \delta(\omega) + \frac{1}{i\omega} \tag{2.52}$$

$u(t)$ は (2.47) で表されるように、偶関数部分と奇関数部分の和から成り、(2.25) によれば偶関数部分のフーリエ変換は実数部分であり、奇関数部分のフーリエ変換は虚数部分である。このうち偶関数部分の関係は (2.32) に他ならない。したがって (2.47) と (2.52) より次の結果が得られたことになる。

$$\mathcal{F}\big[\mathrm{sgn}(t)\big] = \frac{2}{i\omega} \tag{2.53}$$

【Note 2.4】関連した積分公式

フーリエ変換、逆フーリエ変換の対の関係から、いろいろな積分公式を導くことができる。例えば、(2.50) のフーリエ変換は

$$\mathcal{F}\big[f(t)\big] = \int_0^\infty e^{-\alpha t} e^{-i\omega t}\, dt = \int_0^\infty e^{-\alpha t} \cos\omega t\, dt - i \int_0^\infty e^{-\alpha t} \sin\omega t\, dt \tag{2.54}$$

と表せるから、実数部、虚数部を分けて表すと次式が得られる。

$$\left.\begin{array}{l}\displaystyle\int_0^\infty e^{-\alpha t}\cos\omega t\,dt=\frac{\alpha}{\alpha^2+\omega^2}\\ \displaystyle\int_0^\infty e^{-\alpha t}\sin\omega t\,dt=\frac{\omega}{\alpha^2+\omega^2}\end{array}\right\} \tag{2.55}$$

これは三角関数のラプラス変換の公式と見ることができる。

次に、(2.50) の逆フーリエ変換を考えると、(2.47) などによって

$$\mathcal{F}^{-1}\big[\mathcal{F}[f(t)]\big]=f(t)=\frac{1}{2\pi}\int_{-\infty}^\infty \frac{e^{i\omega t}}{i\omega+\alpha}\,d\omega=\frac{1}{\pi}\int_0^\infty \frac{\alpha\cos\omega t+\omega\sin\omega t}{\omega^2+\alpha^2}\,d\omega$$
$$=e^{-\alpha t}\,u(t)=e^{-\alpha|t|}\,\frac{1}{2}\big\{1+\mathrm{sgn}(t)\big\} \tag{2.56}$$

となっているはずで、これらを偶関数、奇関数に分けると、

$$\left.\begin{array}{l}\displaystyle\int_0^\infty \frac{\alpha\cos\omega t}{\omega^2+\alpha^2}\,d\omega=\frac{\pi}{2}e^{-\alpha|t|}\\ \displaystyle\int_0^\infty \frac{\omega\sin\omega t}{\omega^2+\alpha^2}\,d\omega=\frac{\pi}{2}e^{-\alpha|t|}\,\mathrm{sgn}(t)\end{array}\right\} \tag{2.57}$$

の公式を得ることができる。(2.57) を直接計算によって導くためには、複素経路積分と留数の定理を用いればよいが、その説明は、もう少し後で周波数応答関数の逆フーリエ変換に関連して示すことにする。

最後に、第 1 章で学んだ微分方程式 (1.36) に対するインパルス応答として (2.56) を理解することにしよう。関数 $f(t)$ は、(2.30) を用いると

$$\frac{df(t)}{dt}+\alpha f(t)=\frac{1}{2\pi}\int_{-\infty}^\infty e^{i\omega t}\,d\omega=\delta(t) \tag{2.58}$$

の微分方程式を満たすことが分かるから、この解 $f(t)$ はインパルス応答であり、(1.55) から直ちに

$$f(t)=e^{-\alpha t}\,u(t) \tag{2.59}$$

であることが分かる。これは (2.56) の積分公式に他ならない。

演習 2.2

$$f_c(t)=e^{-\alpha t}\cos\beta t\,u(t),\quad f_s(t)=e^{-\alpha t}\sin\beta t\,u(t) \tag{2.60}$$

のフーリエ変換を求めなさい。計算方法としては、$f_c(t)$ と $f_s(t)$ を組み合わせて

$$f_c(t)+j f_s(t)=e^{-(\alpha-j\beta)t}\,u(t)$$

のように複素数として考えれば、(2.49) の関数において α の代わりに $\alpha-j\beta$ と置き換えればよいだけである。(ただし虚数単位の i と j を混同しないこと。) したがって結果は

$$\mathcal{F}\big[f_c(t)\big]=\frac{\alpha+i\omega}{(\alpha+i\omega)^2+\beta^2},\quad \mathcal{F}\big[f_s(t)\big]=\frac{\beta}{(\alpha+i\omega)^2+\beta^2} \tag{2.61}$$

となるはずである。このうち $\mathcal{F}\big[f_s(t)\big]$ と等価な計算は、既にインパルス応答のフーリエ変換、すなわち周波数応答関数の計算に関連して、(1.116) で行われている。また $\mathcal{F}\big[f_c(t)\big]$ の計算およびその逆変換は、ステップ応答の計算（演習 2.4）で用いられるであろう。

2.4 フーリエ変換のいくつかの性質

> **微分のフーリエ変換**
> $$\mathcal{F}\left[\frac{df(t)}{dt}\right] = i\omega\, F(\omega) = i\omega\, \mathcal{F}\bigl[f(t)\bigr] \tag{2.62}$$

フーリエ変換の定義式に部分積分を適用すると

$$\begin{aligned}
\mathcal{F}\left[\frac{df(t)}{dt}\right] &= \int_{-\infty}^{\infty} \frac{df(t)}{dt} e^{-i\omega t}\, dt \\
&= \left[f(t) e^{-i\omega t}\right]_{-\infty}^{\infty} + i\omega \int_{-\infty}^{\infty} f(t) e^{-i\omega t}\, dt
\end{aligned} \tag{2.63}$$

となり、右辺第 1 項の $t \to \pm\infty$ での値はゼロと考えてよいので (2.62) が得られる。この説明で、$t \to \pm\infty$ において $f(t) \to 0$ となる場合はもちろん問題ない。ところが、$f(t)$ がステップ関数や符号関数では、$t \to \pm\infty$ で $f(t) \to 0$ とはなっていない。その場合でも実は (2.62) の関係は成り立っているが、その理由を以下に考えてみよう。

まず符号関数 $\mathrm{sgn}(t)$ の微分は (2.48) で与えられるが、そのフーリエ変換は (2.31)、(2.53) によって

$$\left.\begin{aligned}
\mathcal{F}\left[\frac{d}{dt}\mathrm{sgn}(t)\right] &= 2\,\mathcal{F}\bigl[\delta(t)\bigr] = 2 \\
i\omega\, \mathcal{F}\bigl[\mathrm{sgn}(t)\bigr] &= i\omega\, \frac{2}{i\omega} = 2
\end{aligned}\right\} \tag{2.64}$$

となっている。またステップ関数の微分は (2.44) で与えられるが、そのフーリエ変換は、(2.31)、(2.52) によって

$$\left.\begin{aligned}
\mathcal{F}\left[\frac{du(t)}{dt}\right] &= \mathcal{F}\bigl[\delta(t)\bigr] = 1 \\
i\omega\, \mathcal{F}\bigl[u(t)\bigr] &= i\omega\, \pi\delta(\omega) + 1 = 1
\end{aligned}\right\} \tag{2.65}$$

となることから、確かに (2.62) が成り立っていることを確かめることができる。(ただし、$\omega\delta(\omega) = 0$ の関係を用いているが、この関係については **Note 2.5** を参照のこと。)

以上のことから、(2.63) の右辺第 1 項が $t \to \pm\infty$ でゼロとなるのは $f(t)$ の性質によるものではなく、$t \to \pm\infty$ で $e^{-i\omega t} \to 0$ とみなしてよいからである。その理解には、複素積分における無限遠での挙動を考えるときと同様にすればよい。すなわち $t \to \infty$ では $t = Re^{i\theta}$ ($R \to \infty,\ \theta \to 0$) と変数変換し、

$$e^{-i\omega t} = e^{-i\omega R(\cos\theta + i\sin\theta)} = e^{\omega R\sin\theta} e^{-i\omega R\cos\theta} \tag{2.66}$$

の指数関数部分 $e^{\omega R\sin\theta}$ は、複素平面の第 4 象限から実軸に近づく極限、すなわち $R \to \infty$, $\theta \to -\epsilon$ (ϵ は限りなく微小と考えるがゼロではない) と考えておく限りゼロに収束し、その極限である実軸上でもゼロであると考えてよい。$t \to -\infty$ の場合も同様に理解することができる。

【Note 2.5】(2.67) 式の証明

$i\omega\, \mathcal{F}\bigl[u(t)\bigr] = 1$ を示すために、デルタ関数 $\delta(\omega)$ が関係する演算で

$$A(\omega)\,\delta(\omega) = A(0)\,\delta(\omega) \tag{2.67}$$

の関係を用いている。これを証明しておこう。まず (2.41) で用いた'テスト関数' $\phi(t)$ を再び使うと

$$\int_{-\infty}^{\infty} \bigl[A(t)\,\delta(t) \bigr] \phi(t)\,dt = \int_{-\infty}^{\infty} \delta(t) \bigl[A(t)\,\phi(t) \bigr] dt = A(0)\,\phi(0) \tag{2.68}$$

のように式変形できる。一方 $\phi(0)$ に対して (2.42) を代入すると

$$A(0)\,\phi(0) = A(0) \int_{-\infty}^{\infty} \delta(t)\phi(t)\,dt = \int_{-\infty}^{\infty} \bigl[A(0)\,\delta(t) \bigr] \phi(t)\,dt \tag{2.69}$$

となる。(2.68) と (2.69) は等しく、$\phi(t)$ は任意のテスト関数であるから (2.67) が示されたことになる。

次にたたみ込み積分 (convolution integral) について考えよう。これは次式で定義される関数である。

$$f(t) = \int_{-\infty}^{\infty} f_1(x)\,f_2(t-x)\,dx \equiv f_1(t) * f_2(t) \tag{2.70}$$

このたたみ込み積分は、インパルス応答を用いて任意の入力に対する応答を計算する式として、既に (1.58) あるいは (1.107) に用いられている。このフーリエ変換は次のように与えられる。

> **たたみ込み積分のフーリエ変換**
> $$\mathcal{F}\bigl[f_1(t) * f_2(t) \bigr] = F_1(\omega)\,F_2(\omega) \tag{2.71}$$

すなわち、たたみ込み積分のフーリエ変換は、それぞれの関数 $f_1(t)$, $f_2(t)$ のフーリエ変換 $F_1(\omega)$, $F_2(\omega)$ の積で与えられる。この証明は以下のように意外と簡単である。

$$\begin{aligned}
\mathcal{F}\bigl[f_1(t) * f_2(t) \bigr] &= \int_{-\infty}^{\infty} \left[\int_{-\infty}^{\infty} f_1(x)\,f_2(t-x)\,dx \right] e^{-i\omega t}\,dt \\
&= \int_{-\infty}^{\infty} f_1(x) \left[\int_{-\infty}^{\infty} f_2(t-x) e^{-i\omega t}\,dt \right] dx \\
&= \int_{-\infty}^{\infty} f_1(x) e^{-i\omega x}\,dx \int_{-\infty}^{\infty} f_2(t-x) e^{-i\omega(t-x)}\,d(t-x) \\
&= F_1(\omega)\,F_2(\omega)
\end{aligned} \tag{2.72}$$

> **積分のフーリエ変換**
> $$\mathcal{F}\left[\int_{-\infty}^{t} f(x)\,dx \right] = F(\omega) \left\{ \pi\delta(\omega) + \frac{1}{i\omega} \right\} \tag{2.73}$$

考えようとしている積分を

$$g(t) = \int_{-\infty}^{t} f(x)\,dx \tag{2.74}$$

と表すと、これは $f(t)$ と単位ステップ関数 $u(t)$ とのたたみ込み積分とみることができる。すなわち (2.70) より

$$f(t) * u(t) = \int_{-\infty}^{\infty} f(x)\,u(t-x)\,dx = \int_{-\infty}^{t} f(x)\,dx = g(t) \tag{2.75}$$

であることが分かる。したがって (2.71) と $\mathcal{F}\bigl[u(t) \bigr]$ に関しては (2.52) を用いると、直ちに (2.73) を得ることができる。

関数の積のフーリエ変換

$$\mathcal{F}\big[\,f_1(t)f_2(t)\,\big] = \frac{1}{2\pi}\int_{-\infty}^{\infty} F_1(y)\,F_2(\omega-y)\,dy \tag{2.76}$$

これは次のような式変形で理解することができる。

$$\begin{aligned}
\mathcal{F}\big[\,f_1(t)f_2(t)\,\big] &= \int_{-\infty}^{\infty} f_1(t)f_2(t)e^{-i\omega t}\,dt = \int_{-\infty}^{\infty}\left[\frac{1}{2\pi}\int_{-\infty}^{\infty} F_1(y)e^{iyt}\,dy\right]f_2(t)e^{-i\omega t}\,dt \\
&= \frac{1}{2\pi}\int_{-\infty}^{\infty} F_1(y)\left[\int_{-\infty}^{\infty} f_2(t)e^{-i(\omega-y)t}\,dt\right]dy \\
&= \frac{1}{2\pi}\int_{-\infty}^{\infty} F_1(y)\,F_2(\omega-y)\,dy
\end{aligned} \tag{2.77}$$

【Note 2.6】パーシヴァルの定理

(2.76) において $\omega = 0$ とおくと

$$\int_{-\infty}^{\infty} f_1(t)f_2(t)\,dt = \frac{1}{2\pi}\int_{-\infty}^{\infty} F_1(y)\,F_2(-y)\,dy \tag{2.78}$$

を得るが、

$$\mathcal{F}\big[f^*(t)\big] = \int_{-\infty}^{\infty} f^*(t)e^{-i\omega t}\,dt = \left[\int_{-\infty}^{\infty} f(t)e^{i\omega t}\,dt\right]^* = F^*(-\omega) \tag{2.79}$$

であることに注意して、$f_1(t) = f(t)$, $f_2(t) = f^*(t)$ の場合を考えると

$$\int_{-\infty}^{\infty} f(t)f^*(t)\,dt = \frac{1}{2\pi}\int_{-\infty}^{\infty} F(\omega)\,F^*\big[-(-\omega)\big]\,d\omega = \frac{1}{2\pi}\int_{-\infty}^{\infty} F(\omega)\,F^*(\omega)\,d\omega$$

となる。すなわち次式が得られる。

$$\int_{-\infty}^{\infty}\big|f(t)\big|^2 dt = \frac{1}{2\pi}\int_{-\infty}^{\infty}\big|F(\omega)\big|^2 d\omega \tag{2.80}$$

これは (2.18) を連続変数の場合に拡張した**パーシヴァルの定理** (Parseval's theorem) である。

(2.80) の左辺は全エネルギーの計算に関係しているので、(2.80) の右辺における $\big|F(\omega)\big|^2$ は**エネルギースペクトル** (energy spectrum) と呼ばれる。$T \to \infty$ の極限を考えていると言っても (2.80) の左辺は (2.18) とは $1/T$ だけ係数に違いがあることに注意しよう。平均パワー（自乗平均値）の計算は (2.18) が定義式であるから、最終的には $T \to \infty$ を考えることにして

$$\lim_{T\to\infty}\frac{1}{T}\int_{-T/2}^{T/2}\big[f(t)\big]^2 dt = \frac{1}{2\pi}\int_{-\infty}^{\infty} P(\omega)\,d\omega \tag{2.81}$$

ただし

$$P(\omega) = \lim_{T\to\infty}\frac{1}{T}\left|\int_{-T/2}^{T/2} f(t)e^{-i\omega t}\,dt\right|^2 \tag{2.82}$$

のようにすれば (2.18) に対応しており、これはエネルギースペクトルとは $1/T$ だけ係数に違いがある。この $P(\omega)$ を**パワースペクトル** (power spectrum) と呼び、エネルギースペクトルと区別している。

演習 2.3

$$f(t) = e^{-\alpha t} u(t), \quad f_c(t) = e^{-\alpha t} \cos \beta t \, u(t), \quad f_s(t) = e^{-\alpha t} \sin \beta t \, u(t)$$

とする。このとき、$f(t)$ と $f_s(t)$ のたたみ込み積分の結果を (2.70) の定義式に基づき、x について直接積分して求めなさい。その結果が、たたみ込み積分に関するフーリエ変換の公式 (2.71) による結果と同じになっていることを示しなさい。

2.5 フーリエ変換を用いた浮体応答の計算法

フーリエ変換の応用例を示すために、1.3 節で取り上げたものと同じ定数係数の 2 階線形微分方程式

$$\ddot{y}(t) + 2\gamma\omega_0 \dot{y}(t) + \omega_0^2 y(t) = x(t) \tag{2.83}$$

について考えよう。ここで ω_0 は固有円周波数、γ は減衰係数比で、ここでも減衰力は相対的に小さいとして $\gamma < 1$ と仮定する。

(2.83) の両辺のフーリエ変換を考える。$\mathcal{F}[y(t)] = Y(\omega)$, $\mathcal{F}[x(t)] = X(\omega)$ と表すことにし、微分に関しては (2.62) の公式を用いれば

$$\left\{ (i\omega)^2 + 2\gamma\omega_0(i\omega) + \omega_0^2 \right\} Y(\omega) = X(\omega) \tag{2.84}$$

を得る。よって、(1.116) で求めた周波数応答関数 $H(\omega)$ を用いて次のように表すことができる。

$$Y(\omega) = X(\omega) H(\omega) \tag{2.85}$$

ただし

$$H(\omega) = \frac{1}{-\omega^2 + i2\gamma\omega_0\omega + \omega_0^2} = \frac{1}{(i\omega + \gamma\omega_0)^2 + q^2} \tag{2.86}$$

であり、$q = \omega_0 \sqrt{1 - \gamma^2}$ の記号を用いた。

(2.85) の逆フーリエ変換を求めれば、任意の入力 $x(t)$ に対する応答を計算できることになる。(2.71) によってフーリエ変換の積の逆変換はたたみ込み積分であり、(1.116) によって周波数応答関数 $H(\omega)$ の逆フーリエ変換はインパルス応答であるから、次に示す関係が得られる。

$$y(t) = \frac{1}{2\pi} \int_{-\infty}^{\infty} X(\omega) H(\omega) e^{i\omega t} d\omega \tag{2.87}$$

$$= \int_{-\infty}^{\infty} x(\tau) h(t - \tau) d\tau = \int_{-\infty}^{\infty} x(t - \tau) h(\tau) d\tau \tag{2.88}$$

(2.87) は周波数領域での表示であり、(2.88) は時間領域での表示式とも言われるが、線形理論では両者は全く等価である。

インパルス応答は $x(t) = \delta(t)$ に対する応答 ($h(t)$ と表す) である。デルタ関数のフーリエ変換は (2.31) によって $\mathcal{F}[\delta(t)] = 1$ であるから、(2.87) で $X(\omega) = 1$ とすれば

$$h(t) = \frac{1}{2\pi} \int_{-\infty}^{\infty} H(\omega) e^{i\omega t} d\omega \tag{2.89}$$

$$= \frac{1}{2\pi} \int_{-\infty}^{\infty} \frac{e^{i\omega t}}{(i\omega + \gamma\omega_0)^2 + q^2} d\omega = \frac{1}{q} e^{-\gamma\omega_0 t} \sin qt \, u(t) \tag{2.90}$$

のように求められるが、これは (1.116) の逆の関係を示したものである。

(2.90) を ω の積分として求めるためには複素積分の知識が必要となるが、(1.116) あるいは (2.61) の結果を知っていれば、その逆変換として (2.90) を理解すればよい。（複素積分の計算は **Note 2.7** を参照のこと。）

次にステップ応答について考えてみよう。これは $x(t) = u(t)$ に対する応答である。$\mathcal{F}[u(t)]$ は (2.52) で与えられているから、それを (2.85) の $X(\omega)$ として代入すると

$$Y(\omega) = H(\omega)\left\{\pi\delta(\omega) + \frac{1}{i\omega}\right\} \tag{2.91}$$

である。この式は、(2.73) の公式によれば、インパルス応答すなわち $\mathcal{F}^{-1}[H(\omega)] = h(t)$ の積分としてステップ応答が与えられることを意味している。よって (2.91) の逆フーリエ変換は

$$\begin{aligned} y(t) &= \int_{-\infty}^{t} h(x)\,dx = \int_{0}^{t} \frac{1}{q} e^{-\gamma\omega_0 x}\sin qx\,dx \\ &= \frac{1}{\omega_0^2}\left\{1 - e^{-\gamma\omega_0 t}\left(\cos qt + \frac{\gamma\omega_0}{q}\sin qt\right)\right\} \quad \text{for } t > 0 \end{aligned} \tag{2.92}$$

のように求められる。この式のうち定数項である $1/\omega_0^2$ は、(2.83) の $x(t) = 1$ に対する特解である。残りの振動しながら減衰する項は同次解であり、それらの基本解の定数は、初期条件 $y(0) = 0, \dot{y}(0) = 0$ から決定されたものと考えることもできる。

(2.92) より、ステップ応答を微分すればインパルス応答となることは明らかであるが、これは次のようにして理解することもできる。(2.91) の両辺に $i\omega$ を掛け、

$$i\omega Y(\omega) = H(\omega)\{i\omega\pi\delta(\omega) + 1\} = H(\omega) \tag{2.93}$$

となる。ここで (2.67) による $\omega\delta(\omega) = 0$ の関係を用いた。(2.62) によれば、(2.93) はステップ応答の微分 $\dot{y}(t)$ がインパルス応答 $h(t)$ に等しいことを示している。

── 演習 2.4 ──
(2.91) の $H(\omega)$ として (2.86) を代入し、その逆フーリエ変換を考えれば、(2.92) の結果が得られることを示しなさい。その際、(2.67) の関係と (2.61) のフーリエ変換公式を用いる必要がある。

【Note 2.7】複素経路積分による証明

複素経路積分を用いて (2.90) の結果を導いておこう。

$$\mathcal{I}(t) \equiv \oint_C \frac{e^{izt}}{(iz + \gamma\omega_0)^2 + q^2}\,dz \tag{2.94}$$

の積分について考える。ここで C は複素平面内の適当な積分経路である。無限遠方での積分の収束を保証するためには、$t > 0$ に対しては、経路を上半面内に取る必要があり、$t < 0$ なら経路を下半面内に取る必要がある。なぜなら、$z = Re^{i\theta} = R(\cos\theta + i\sin\theta)$ とおいて $R \to \infty$ を考えると、

$$e^{izt} = e^{itR(\cos\theta + i\sin\theta)} = e^{-tR\sin\theta}e^{itR\cos\theta} \tag{2.95}$$

であるから、$t > 0$ に対して指数関数 $e^{-tR\sin\theta}$ の項が $R \to \infty$ でゼロとなるためには、$\sin\theta > 0$ すなわち $0 < \theta < \pi$ でなければならない。同様に $t < 0$ のときには $\sin\theta < 0$、すなわち経路を下半面内に取っておけ

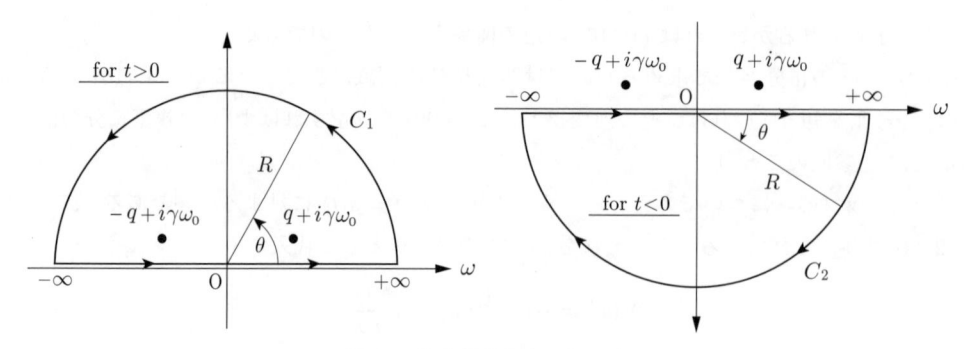

図 2.5 複素積分経路の取り方

ばよい。したがって、図2.5 に示すように、$t>0$ に対しては C_1、$t<0$ に対しては C_2 の積分経路を考えることにする。

次に、分母 $=0$ となる極点の位置について調べる。これは

$$iz + \gamma\omega_0 = \pm iq \quad \longrightarrow \quad z = \pm q + i\gamma\omega_0$$

であるから、2つとも上半面に存在することが分かる。この極点を次のように表しておこう。

$$z_1 = q + i\gamma\omega_0, \quad z_2 = -q + i\gamma\omega_0 \tag{2.96}$$

まず $t>0$ のときを考えよう。このときの (2.94) の一周積分は、コーシーの積分定理によって $z=z_1$、$z=z_2$ での留数の寄与を考えればよいから、次のように表される。

$$\begin{aligned}
\mathcal{I} &= \oint_{C_1} \frac{e^{izt}}{(iz+\gamma\omega_0)^2 + q^2}\, dz = -\oint_{C_1} \frac{e^{izt}}{(z-z_1)(z-z_2)}\, dz \\
&= \underbrace{\int_{-\infty}^{\infty} \frac{e^{i\omega t}}{(i\omega+\gamma\omega_0)^2 + q^2}\, d\omega}_{=2\pi h(t)} + \underbrace{\int_R \frac{e^{izt}}{(iz+\gamma\omega_0)^2 + q^2}\, dz}_{=0} = -2\pi i \left\{ \frac{e^{iz_1 t}}{z_1 - z_2} + \frac{e^{iz_2 t}}{z_2 - z_1} \right\}
\end{aligned} \tag{2.97}$$

よって

$$h(t) = -i\frac{1}{2q} e^{-\gamma\omega_0 t} \left\{ e^{iqt} - e^{-iqt} \right\} = \frac{1}{q} e^{-\gamma\omega_0 t} \sin qt \quad \text{for } t>0 \tag{2.98}$$

を得る。次に $t<0$ に対しては、図2.5 の右図のように、一周積分経路の中に極点は存在しないから、

$$\oint_{C_2} \frac{e^{izt}}{(iz+\gamma\omega_0)^2 + q^2}\, dz = \underbrace{\int_{-\infty}^{\infty} \frac{e^{i\omega t}}{(i\omega+\gamma\omega_0)^2 + q^2}\, d\omega}_{=2\pi h(t)} + \underbrace{\int_R \frac{e^{izt}}{(iz+\gamma\omega_0)^2 + q^2}\, dz}_{=0} = 0 \tag{2.99}$$

よって

$$h(t) = 0 \quad \text{for } t<0 \tag{2.100}$$

である。これらの結果をまとめて表すと (2.90) が得られるというわけである。

(2.90) の積分表示式は、被積分関数を t に関して微分すると、次の微分方程式を満たしていることが容易に確かめられる。

$$\ddot{h}(t) + 2\gamma\omega_0 \dot{h}(t) + \omega_0^2 h(t) = \frac{1}{2\pi} \int_{-\infty}^{\infty} e^{i\omega t}\, d\omega = \delta(t) \tag{2.101}$$

ただし (2.30) を用いた。

したがって、(2.90) の積分がインパルス応答であることが理解される。

2.6 線形システム

2.6.1 線形性と時間不変システム

定数係数の線形微分方程式で記述されるある「システム」では、その入力 $x(t)$ が複数あったり定数倍になったりしても、出力 $y(t)$ はそれらの**線形重ね合わせ** (linear superposition) で求めることができる。すなわち、入力 $x_1(t)$, $x_2(t)$ に対する出力が $y_1(t)$, $y_2(t)$ であるとすると、入力が

$$x(t) = a_1 x_1(t) + a_2 x_2(t) \tag{2.102}$$

ならば、出力は

$$y(t) = a_1 y_1(t) + a_2 y_2(t) \tag{2.103}$$

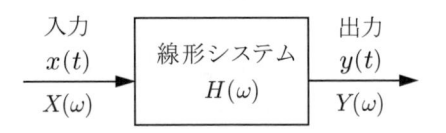

図 2.6 線形システムの入力と出力

となるようなシステムが**線形システム** (linear system) である。また線形微分方程式の係数が定数ならば、入力が $x(t+t_0)$ のときの出力も $y(t+t_0)$ となり**時間不変** (time-invariant) である。

入力 $x(t)$ に対する出力 $y(t)$ の関係は線形微分方程式で表されるが、それを一般的に

$$
\begin{aligned}
\left\{ a_n \frac{d^n}{dt^n} + a_{n-1} \frac{d^{n-1}}{dt^{n-1}} + \cdots + a_1 \frac{d}{dt} + a_0 \right\} y(t) \\
= \left\{ b_m \frac{d^m}{dt^m} + b_{m-1} \frac{d^{m-1}}{dt^{m-1}} + \cdots + b_1 \frac{d}{dt} + b_0 \right\} x(t)
\end{aligned} \tag{2.104}
$$

のように書くことにしよう。このとき t に関する微分を演算子 p を用いて

$$\frac{d}{dt} \equiv p, \quad \frac{d^n}{dt^n} \equiv p^n$$

と表すことにすれば、(2.104) は

$$
\left.
\begin{aligned}
A(p)\, y(t) &= B(p)\, x(t) \\
A(p) = \sum_{n=0}^{n} a_n p^n, \quad B(p) &= \sum_{m=0}^{m} b_m p^m
\end{aligned}
\right\} \tag{2.105}
$$

と書き直すことができる。この入力と出力の関係は、(2.105) より

$$y(t) = \frac{B(p)}{A(p)} x(t) \equiv H(p)\, x(t) \tag{2.106}$$

の形に書くことができるが、これを一般的に既述するために線形微分演算子 $\mathcal{L}$ を導入して、記号的に

$$\mathcal{L}\{ x(t) \} = y(t) \tag{2.107}$$

と書くことにする。このとき、線形で時間不変のシステムは

$$
\left.
\begin{aligned}
\mathcal{L}\{ a_1 x_1(t) + a_2 x_2(t) \} &= a_1 \mathcal{L}\{ x_1(t) \} + a_2 \mathcal{L}\{ x_2(t) \} \\
\mathcal{L}\{ x(t+t_0) \} &= y(t+t_0)
\end{aligned}
\right\} \tag{2.108}
$$

のように表せるということである。

2.6.2 システム関数とインパルス応答

これまでに、定数係数の 1 階および 2 階の微分方程式では、入力が指数関数 $e^{i\omega t}$ のとき、その応答（特解）の時間項はやはり $e^{i\omega t}$ であり、振幅と位相（すなわち複素振幅）が微分方程式の形によって変わるだけということを学んだ。

このことは一般的な線形時間不変システムにおいても同じである。例えば (2.106) における入力が $x(t) = e^{i\omega t}$ のとき、出力（応答）も $y(t) = Y(\omega)e^{i\omega t}$ の形で与えられ、複素振幅 $Y(\omega)$ は

$$Y(\omega) = \frac{B(i\omega)}{A(i\omega)} \equiv H(i\omega) \tag{2.109}$$

と与えられる。この $H(i\omega)$ は**システム関数** (system function) あるいは**周波数応答関数** (frequency response function) と定義される。よって線形演算子 $\mathcal{L}$ を用いると、ここでの入力と出力の関係は次のように表すことができる。

$$\mathcal{L}\{e^{i\omega t}\} = H(i\omega)e^{i\omega t} \tag{2.110}$$

ここでシステム関数の引数を $i\omega$ と書いているが、これは $e^{i\omega t}$ の微分では $i\omega$ が必ずひとかたまりの変数として現れるためである。したがって、これを $H(\omega)$ と書いてもよく、違いは単に記号の問題である。

入力がデルタ関数 $\delta(t)$ のときの線形システムの応答はインパルス応答と呼ばれ、その具体的な式は、これまでに定数係数の 1 階および 2 階線形微分方程式について求めた。ここでは、より一般的な場合について、インパルス応答とシステム関数の関係について示すことにしよう。

まず、インパルス応答を $h(t)$ と表すと、これは線形微分演算子 $\mathcal{L}$ を用いて次のように表される。

$$\mathcal{L}\{\delta(t)\} = h(t) \tag{2.111}$$

さらに、システムが時間不変であれば

$$\mathcal{L}\{\delta(t-\tau)\} = h(t-\tau) \tag{2.112}$$

のように入力と出力の関係が与えられる。

さて、入力を周期的とは限らない任意の入力 $x(t)$ とする。$x(t)$ はデルタ関数を使って一般的に

$$x(t) = \int_{-\infty}^{\infty} x(\tau)\,\delta(t-\tau)\,d\tau \tag{2.113}$$

と表すことができる。この式の右辺で時間 t を含むのは $\delta(t-\tau)$ の項だけであり、考えている線形システムは時間不変とすれば、(2.112) によって、任意入力 $x(t)$ に対する応答は

$$\begin{aligned} y(t) = \mathcal{L}\{x(t)\} &= \int_{-\infty}^{\infty} x(\tau)\,\mathcal{L}\{\delta(t-\tau)\}\,d\tau \\ &= \int_{-\infty}^{\infty} x(\tau)\,h(t-\tau)\,d\tau = \int_{-\infty}^{\infty} x(t-\tau)\,h(\tau)\,d\tau \end{aligned} \tag{2.114}$$

のように求められることが分かる。すなわち、**任意入力に対する応答は、入力 $x(t)$ とその線形システムのインパルス応答 $h(t)$ とのたたみ込み積分で与えられる**ということである。

次に (2.114) のフーリエ変換を考えてみよう。たたみ込み積分のフーリエ変換については (2.71) の公式が適用できる。$\mathcal{F}[x(t)] = X(\omega)$, $\mathcal{F}[y(t)] = Y(\omega)$ と表すと、(2.114) より

$$Y(\omega) = X(\omega) H(\omega) \tag{2.115}$$

ただし
$$H(\omega) = \mathcal{F}[h(t)] = \int_{-\infty}^{\infty} h(t) e^{-i\omega t} dt \tag{2.116}$$

(2.115) の逆フーリエ変換を考えれば、

$$y(t) = \frac{1}{2\pi} \int_{-\infty}^{\infty} X(\omega) H(\omega) e^{i\omega t} d\omega \tag{2.117}$$

によっても任意入力 $x(t)$ に対する応答 $y(t)$ を計算することができる。一般的な線形システムにおいても (2.114) と (2.117) は全く同じ結果を与える同等な式である。

さて、(2.116) の $H(\omega)$ は単にインパルス応答のフーリエ変換という意味で用いられている。これとシステム関数との関係を知るためには、入力 $x(t)$ として周期関数 $x(t) = e^{i\omega_0 t}$ の場合を考えればよい。このフーリエ変換は、デルタ関数の積分表示式 (2.30) を用いて

$$X(\omega) = \int_{-\infty}^{\infty} e^{i\omega_0 t} e^{-i\omega t} dt = \int_{-\infty}^{\infty} e^{-i(\omega - \omega_0)t} dt = 2\pi\delta(\omega - \omega_0) \tag{2.118}$$

となる。したがって応答は、(2.117) より

$$y(t) = \frac{1}{2\pi} \int_{-\infty}^{\infty} 2\pi\delta(\omega - \omega_0) H(\omega) e^{i\omega t} d\omega = H(\omega_0) e^{i\omega_0 t} \tag{2.119}$$

のように求められる。変数 ω_0 を ω に変えると、この結果は次のように表される。

$$y(t) = \mathcal{L}\{e^{i\omega t}\} = H(\omega) e^{i\omega t} \tag{2.120}$$

この式と (2.110) を見比べれば明らかなように、インパルス応答のフーリエ変換として導入した $H(\omega)$ は、実は線形システムのシステム関数（周波数応答関数）そのものである。この結論は、既に 1 階および 2 階の線形微分方程式に対して示されてきたが、一般的な線形システムに対して成り立つ重要な関係式なので、以下にもう一度示しておく。

$$\left.\begin{aligned} H(\omega) &= \mathcal{F}[h(t)] = \int_{-\infty}^{\infty} h(t) e^{-i\omega t} dt \\ h(t) &= \mathcal{F}^{-1}[H(\omega)] = \frac{1}{2\pi} \int_{-\infty}^{\infty} H(\omega) e^{i\omega t} d\omega \end{aligned}\right\} \tag{2.121}$$

2.7 因果システムと因果律による関係式

既に 1 階および 2 階の線形微分方程式に対しては実例を示したように、入力が $t = 0$ におけるデルタ関数 $\delta(t)$ のときのインパルス応答 $h(t)$ は $t < 0$ でゼロとなっている。入力がステップ関数 $u(t)$ のときのステップ応答も $t < 0$ ではゼロである。このように、入力 $x(t)$ が $t < 0$ でゼロならば、出力 $y(t)$ も $t < 0$ でゼロとなる性質、すなわち

$$\left.\begin{aligned} x(t) &= 0 \quad \text{for } t < 0 \\ y(t) &= \mathcal{L}\{x(t)\} = 0 \quad \text{for } t < 0 \end{aligned}\right\} \tag{2.122}$$

を満たすならば、そのシステムは**因果的** (causal) であるといい、そのシステムを**因果システム** (causal system) と呼ぶ。またそのときの応答は**因果律を満たす**ともいう。物理的に実現可能なシステムはすべて因果的であると言える。

インパルス応答は $t<0$ で $h(t)=0$ となり因果律を満たすから、この性質を (2.114) の積分範囲に考慮すると、任意の入力に対する線形システムの応答は

$$y(t) = \int_{-\infty}^{t} x(\tau)\,h(t-\tau)\,d\tau = \int_{0}^{\infty} x(t-\tau)\,h(\tau)\,d\tau \tag{2.123}$$

と表すことができる。さらに、入力 $x(t)$ も $t<0$ で $x(t)=0$ であるならば、(2.123) の積分範囲はさらに少なくすることができ、次のように書くことができる。

$$y(t) = \int_{0}^{t} x(\tau)\,h(t-\tau)\,d\tau = \int_{0}^{t} x(t-\tau)\,h(\tau)\,d\tau \tag{2.124}$$

因果律を満たす関数 $f(t)$ のフーリエ変換には、その実数部と虚数部に重要な関係が成り立つので、次にそれについて解説しておこう。まず (2.8) に示したように、すべての関数 $f(t)$ は必ず偶関数部分 $f_e(t)$ と奇関数部分 $f_o(t)$ の和で表される。すなわち

$$\left.\begin{aligned} f(t) &= f_e(t) + f_o(t) \\ f_e(t) &= \frac{1}{2}\big\{f(t)+f(-t)\big\},\ f_o(t) = \frac{1}{2}\big\{f(t)-f(-t)\big\} \end{aligned}\right\} \tag{2.125}$$

この $f(t)$ が因果律を満たすなら、上式で $t<0$ では $f(t)=0$ であり、$t>0$ では $f(-t)=0$ である。したがって (2.125) より

$$\left.\begin{aligned} t<0\ \text{では}\quad & f_e(t) = -f_o(t) \\ t>0\ \text{では}\quad & f_e(t) = f_o(t) = \frac{1}{2}f(t) \end{aligned}\right\} \tag{2.126}$$

の関係にあることが分かるが、これは符号関数 $\mathrm{sgn}(t)$ を用いて次のように表すこともできる。

$$\left.\begin{aligned} f_e(t) &= f_o(t)\,\mathrm{sgn}(t) \\ f_o(t) &= f_e(t)\,\mathrm{sgn}(t) \end{aligned}\right\} \tag{2.127}$$

ただし $f_e(t)$, $f_o(t)$ は $t=0$ においてデルタ関数のようなインパルス的な特異性がない正則な関数であるとしている。(特異性がある場合には、それを除いた正則な部分だけに対して (2.127) の関係が成り立つ。)

(2.127) は時間領域での因果律の表現であるが、これらのフーリエ変換を考えることによって、対応する周波数領域での関係式を求めよう。そのために、(2.25) として示したフーリエ変換の実数部、虚数部に関する関係式

$$\left.\begin{aligned} f(t) &= f_e(t) + f_o(t),\ \ F(\omega) = C(\omega) + iS(\omega) \\ \mathcal{F}\big[f_e(t)\big] &= C(\omega),\ \ \mathcal{F}\big[f_o(t)\big] = iS(\omega) \end{aligned}\right\} \tag{2.128}$$

ならびに (2.53)、(2.76) として示したフーリエ変換に関する公式

$$\mathcal{F}\big[\mathrm{sgn}(t)\big] = \frac{2}{i\omega} \tag{2.129}$$

$$\mathcal{F}\big[f_1(t)\,f_2(t)\big] = \frac{1}{2\pi}\int_{-\infty}^{\infty} F_1(y)\,F_2(\omega-y)\,dy \tag{2.130}$$

を (2.127) に適用する。これらから次に示す関係式が得られる。

$$C(\omega) = -\frac{1}{\pi}\int_{-\infty}^{\infty}\frac{S(y)}{y-\omega}\,dy, \quad S(\omega) = \frac{1}{\pi}\int_{-\infty}^{\infty}\frac{C(y)}{y-\omega}\,dy \tag{2.131}$$

これが因果律を満たすことによって得られる周波数領域での関係式であり、数学的には**ヒルベルト変換** (Hilbert transform) の対として知られている関係である。

さらに $C(\omega)$ は ω に関して偶関数、$S(\omega)$ は ω に関して奇関数であることを用いて、積分範囲を $0 \sim \infty$ に変形すると、次のように表すこともできる。

$$C(\omega) = -\frac{2}{\pi}\int_{0}^{\infty}\frac{S(y)\,y}{y^2-\omega^2}\,dy, \quad S(\omega) = \frac{2}{\pi}\omega\int_{0}^{\infty}\frac{C(y)}{y^2-\omega^2}\,dy \tag{2.132}$$

これらの積分は、分母 $= 0$ となる $y = \omega$ の点（特異点）は積分路から除いて考えるという、**コーシーの主値積分** (Cauchy's principal integral) として取り扱う必要がある。具体的には、以下のような極限操作を行い、特異点での留数の寄与は含まないという意味である。したがって、この積分の値は実数である。

$$\int_{a}^{b}\frac{F(y)}{y-\omega}\,dy = \lim_{\epsilon \to 0}\left(\int_{a}^{\omega-\epsilon} + \int_{\omega+\epsilon}^{b}\right)\frac{F(y)}{y-\omega}\,dy \quad (a < \omega < b) \tag{2.133}$$

2.8 流体力への周波数影響を考慮した浮体の運動方程式

これまでに説明してきた入力－出力の関係を記述する線形微分方程式では、係数は簡単のためにすべて定数としてきた。それによってインパルス応答やステップ応答、さらには周期的な入力に対する応答が解析的に求められた。

入射波を外力として波浪中で動揺する浮体（船体を含めて、ここでは浮体と言っておく）の運動方程式の場合には、加速度に比例する流体力係数である付加質量や、速度に比例する流体力係数である減衰力係数は、周波数の値によって変化する。また運動方程式の外力項である波浪強制力も周波数の値によって変化する。

それらの一例として、modified Wigley モデルと呼ばれている前後対称ではあるが船によく似た形状の浮体（演習 1.4 参照）に対する、heave の付加質量 (A_{33})、減衰力係数 (B_{33}) を 図 2.7 に示している。また、modified Wigley モデルに働く heave の波浪強制力を振幅と位相に分けて示したものが 図 2.8 である [2.2]。図 2.7 の横軸 KL の意味は第 3 章で説明するが、$K = \omega^2/g$ であり、動揺周波数（の 2 乗）を表している。（L は浮体の長さ、g は重力加速度である。）一方、図 2.8 の横軸 λ/L における λ は入射波の波長である。これらの図における ⊙ 印が実験による計測値であり、これらは浮体を一定速度 U で曳引しているときの結果である。（図中の実線や点線は理論計算値であるが、これらの概要は第 5 章で説明する。）速度は無次元値であるフルード数 ($Fn = U/\sqrt{gL}$) で表すことが多いが、図 2.7、図 2.8 は $Fn = 0.2$ での結果である。

いずれにしても、周波数の値によって船（浮体）に働く流体力の値が大きく変化するということがこれらの図から分かるであろう。これらの周波数影響は、**自由表面影響** (free-surface effect) であるということもできる。すなわち、浮体による撹乱によって水面上に波が発生し、その波長は重力の影響により周波数によって異なるが、そのような周波数によって異なる流れ場の変動圧

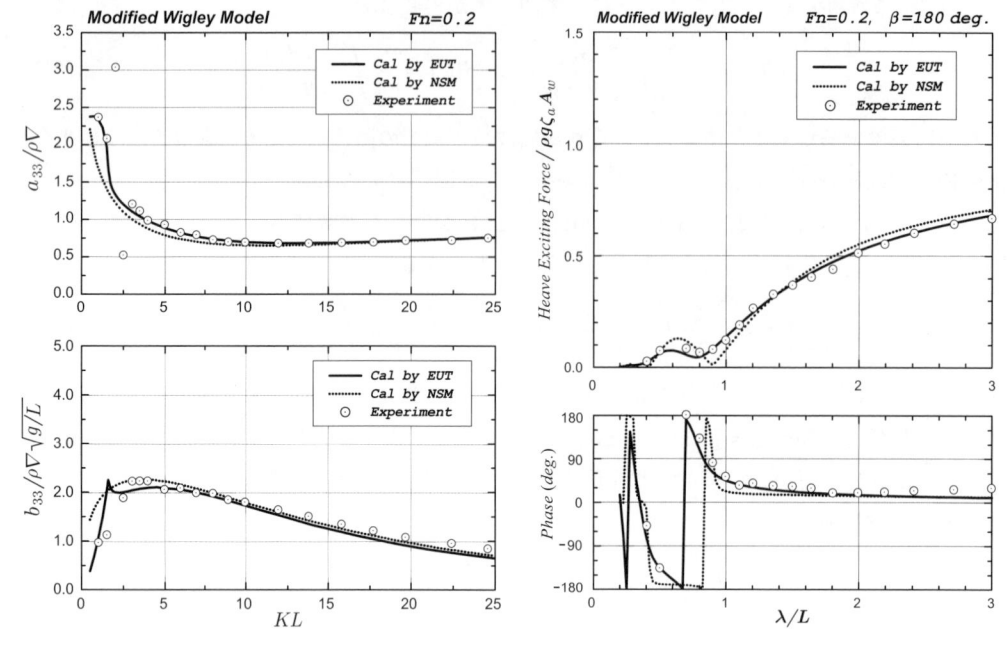

図 2.7 Heave の付加質量と減衰力係数　　図 2.8 向い波中での heave の波浪強制力

を浮体表面上で積分して動的な流体力が求まっているためである。本節では、このように流体力係数（すなわち微分方程式の係数）の一部が、周波数の関数である場合の正しい取り扱い方について説明する。

2.8.1 周期的な波浪強制力に対する応答の計算法

浮体の運動方程式としては、これまでとの対応から、やはり 1 自由度の運動方程式を考えることにし、次のように表す。

$$\{m + a(\omega)\}\ddot{\xi}(t) + b(\omega)\dot{\xi}(t) + c\xi(t) = f(t) \tag{2.134}$$

ここで $a(\omega)$ は付加質量、$b(\omega)$ は減衰力係数を表すが、上で述べたように、これらは円周波数 ω の関数であり、ω の値が変われば係数の値も変化する。これに対して復原力係数 c は、浮体の静的な変位による浮力（モーメント）の変化量を表しているので周波数には関係せず、定数とみなすことができる。右辺の外力項として、円周波数 ω の正弦規則波による波浪強制力を考える場合には、

$$f(t) = \text{Re}\left\{E(\omega)e^{i\omega t}\right\} \tag{2.135}$$

のように複素振幅 $E(\omega)$ も円周波数 ω によって変化する。

ただ (2.135) のように、ある円周波数 ω の周期的な外力に対する特解を考えるだけならば、左辺の $a(\omega)$, $b(\omega)$ もその特別な ω での値で考えればよいので、円周波数 ω を固定して考える限りにおいては、流体力係数はすべて定数とみなすことができる。したがって、これまでに取り扱ってきた定数係数の線形微分方程式と同じようにして周期的に変動する特解を求めることができ

る。具体的には (2.135) に対する (2.134) の特解は次のように与えられる。

$$\xi(t) = \mathrm{Re}\left\{ H(\omega) E(\omega) e^{i\omega t} \right\} \tag{2.136}$$

ただし
$$H(\omega) = \frac{1}{c - \{m + a(\omega)\}\omega^2 + i\omega b(\omega)} \tag{2.137}$$

は、運動方程式 (2.134) の **周波数応答関数** (frequency response function) である。このように、周期的な外力に対する周期的な応答を求めるための運動方程式としては、(2.134) は正しい運動方程式である。

2.8.2 任意外力に対する応答の計算法

一方、任意外力に対する浮体の応答について考えてみよう。このときには (2.134) の両辺をフーリエ変換することによって、(2.117) と同様の式を求めることができる。具体的には、任意外力のフーリエ変換を $\mathcal{F}[f(t)] = F(\omega)$ と表して

$$\xi(t) = \frac{1}{2\pi} \int_{-\infty}^{\infty} F(\omega) H(\omega) e^{i\omega t} d\omega \tag{2.138}$$

のように計算することになる。

インパルス応答は $F(\omega) = \mathcal{F}[\delta(t)] = 1$ の場合であるから、周波数応答関数の逆フーリエ変換

$$h(t) = \frac{1}{2\pi} \int_{-\infty}^{\infty} H(\omega) e^{i\omega t} d\omega = \frac{1}{2\pi} \int_{-\infty}^{\infty} \frac{e^{i\omega t}}{c - \{m + a(\omega)\}\omega^2 + i\omega b(\omega)} d\omega \tag{2.139}$$

によって計算できる。しかし、$a(\omega), b(\omega)$ が定数あるいは ω の関数として具体的な形で与えられないと、(2.139) の ω に関する積分を解析的に行うことができない。この点が、これまで取り扱ってきたような微分方程式の係数が定数である場合との大きな違いである。

(2.138) によって任意外力に対する応答が計算できると言っても、見慣れた微分方程式とは異なり、実際には使い難い形をしている。そこで (2.138) をもう少し式変形し、任意外力に対しても適用できる時間領域での浮体の運動方程式を導いておくことにしよう。

まず $\xi(t)$ のフーリエ変換を $\mathcal{F}[\xi(t)] = \Xi(\omega)$ と表すと、(2.137) を用いて (2.138) は次のように表される。

$$\left[(i\omega)^2 \{m + a(\omega)\} + i\omega b(\omega) + c \right] \Xi(\omega) = F(\omega) \tag{2.140}$$

これをさらに次のように書き直す。

$$\left[(i\omega)^2 \{m + a(\infty)\} + c \right] \Xi(\omega) + \left[i\omega\{a(\omega) - a(\infty)\} + b(\omega) \right] i\omega \Xi(\omega) = F(\omega) \tag{2.141}$$

ただし、$a(\infty)$ は $\omega = \infty$ における付加質量の値を表し、これは一般にはゼロではない。このように $a(\infty)$ の値を $a(\omega)$ から差し引き、その分を別に加える式変形をしているのは、逆フーリエ変換を求めるに際して、フーリエ変換が特異性のない正則な ($\omega \to \infty$ でゼロとなる) 関数とするためである。減衰力係数 $b(\omega)$ については、$\omega \to \infty$ で $b(\omega) \to 0$ となっているので、特別な式変形をする必要はない。

さて (2.141) の逆フーリエ変換を考えてみる。微分に関しては

$$\mathcal{F}^{-1}[i\omega \Xi(\omega)] = \dot{\xi}(t), \quad \mathcal{F}^{-1}[(i\omega)^2 \Xi(\omega)] = \ddot{\xi}(t)$$

であり、(2.76) によれば、フーリエ変換の積の逆フーリエ変換はたたみ込み積分となるので、次のように表される。

$$\{m+a(\infty)\}\ddot{\xi}(t)+c\xi(t)+\int_{-\infty}^{\infty}L(t-\tau)\dot{\xi}(\tau)\,d\tau = f(t) \tag{2.142}$$

ただし

$$L(t) = \mathcal{F}^{-1}\bigl[\,i\omega\{a(\omega)-a(\infty)\}+b(\omega)\,\bigr]$$

$$= \frac{1}{2\pi}\int_{-\infty}^{\infty}\bigl[\,i\omega\{a(\omega)-a(\infty)\}+b(\omega)\,\bigr]e^{i\omega t}\,d\omega \tag{2.143}$$

である。ここで $L(t)$ は周波数に依存する流体力の逆フーリエ変換を表している。これを偶関数 $L_e(t)$ と奇関数 $L_o(t)$ の和として表すと、(2.128) の関係によって

$$\left.\begin{array}{c} L(t) = L_e(t) + L_o(t) \\[4pt] L_e(t) = \mathcal{F}^{-1}\bigl[\,b(\omega)\,\bigr], \quad L_o(t) = \mathcal{F}^{-1}\bigl[\,i\omega\{a(\omega)-a(\infty)\}\,\bigr] \end{array}\right\} \tag{2.144}$$

となっているはずである。この式から $b(\omega)$ は ω の偶関数であり、また $\omega a(\omega)$ が ω の奇関数であることから $a(\omega)$ 自体は ω の偶関数であることが理解できる。

2.8.3 流体力に対するメモリー影響と Kramers-Kronig の関係

このような周波数依存の流体力係数を表す関数 $L(t)$ も「物理的に実現可能な」システムにおける物理量であるから因果律を満たしている。このとき (2.126) で示したように、

$$\left.\begin{array}{l} t<0\ \text{では}\quad L(t)=0 \\[4pt] t>0\ \text{では}\quad L(t)=2\,L_e(t)=2\,L_o(t) \end{array}\right\} \tag{2.145}$$

が成り立つ。したがって (2.144) と (2.145) より、この関数の逆フーリエ変換は次のように表すことができるということである。

$$L(t) = \frac{1}{\pi}\int_{-\infty}^{\infty}b(\omega)e^{i\omega t}\,d\omega = \frac{2}{\pi}\int_{0}^{\infty}b(\omega)\cos\omega t\,d\omega \tag{2.146}$$

あるいは

$$L(t) = \frac{1}{\pi}\int_{-\infty}^{\infty}i\omega\{a(\omega)-a(\infty)\}e^{i\omega t}\,d\omega$$

$$= -\frac{2}{\pi}\int_{0}^{\infty}\omega\{a(\omega)-a(\infty)\}\sin\omega t\,d\omega \tag{2.147}$$

また、これらの逆の関係（フーリエ変換）は次のように表される。

$$b(\omega) = \int_{0}^{\infty}L(t)\cos\omega t\,dt \tag{2.148}$$

$$\omega\{a(\omega)-a(\infty)\} = -\int_{0}^{\infty}L(t)\sin\omega t\,dt \tag{2.149}$$

$L(t)$ が因果律を満たすので、運動方程式 (2.142) におけるたたみ込み積分の上限も $\tau=t$ とすることができ、次のように書き直すことができる。

$$\{m+a(\infty)\}\ddot{\xi}(t)+\int_{-\infty}^{t}\dot{\xi}(\tau)L(t-\tau)\,d\tau+c\xi(t)=f(t) \tag{2.150}$$

このたたみ込み積分の物理的な意味は、現時点 ($\tau=t$) での浮体に働く流体力は、ずっと過

去 ($\tau = -\infty$) から現在までの運動の履歴 ($-\infty < \tau < t$ での $\dot{\xi}(\tau)$) がすべて影響しているということである。その重み (影響度) を表している $L(t)$ を流体力に対する**メモリー影響関数** (memory-effect function)†と呼んでいる [2.3]。このメモリー影響関数は、流体力の周波数依存性を表している部分であると言うことができる。

さて (2.146) と (2.147) によれば、このメモリー影響関数は減衰力係数 $b(\omega)$ を用いても付加質量 $a(\omega)$ を用いても表すことができる。ということは、$b(\omega)$ と $a(\omega)$ に何らかの関係式が成り立っているということであるが、それが (2.131) で示したヒルベルト変換の対である。ここでの記号では

$$C(\omega) \longrightarrow b(\omega), \quad S(\omega) \longrightarrow \omega\{a(\omega) - a(\infty)\}$$

であるから、次のように表すことができるということである。

$$b(\omega) = -\frac{1}{\pi}\int_{-\infty}^{\infty}\frac{y\{a(y)-a(\infty)\}}{y-\omega}\,dy = -\frac{2}{\pi}\int_{0}^{\infty}\frac{y^2\{a(y)-a(\infty)\}}{y^2-\omega^2}\,dy \quad (2.151)$$

$$a(\omega) - a(\infty) = \frac{1}{\pi\omega}\int_{-\infty}^{\infty}\frac{b(y)}{y-\omega}\,dy = \frac{2}{\pi}\int_{0}^{\infty}\frac{b(y)}{y^2-\omega^2}\,dy \quad (2.152)$$

船舶海洋工学の分野では、これらの関係を **Kramers-Kronig の関係** (Kramers-Kronig's relation) [2.4] と呼ぶことがある。

ところで、(2.151) で $\omega = 0$ の極限を考えてみよう。$\omega = 0$ では浮体は水面上に波を発生せず、したがって造波による減衰力係数は $b(0) = 0$ である。よって (2.151) の関係を $\omega = 0$ で考えることによって次式を得ることができる。

$$\int_{0}^{\infty}\{a(y) - a(\infty)\}\,dy = 0 \quad (2.153)$$

この関係は、流体力を数値計算したときの精度チェックの目安の一つとして用いることができる。

【Note 2.8】運動方程式 (2.150) の異なる導き方

フーリエ変換を使わず、時間領域の解析だけで (2.150) に示した運動方程式を導く方法について説明しておく。まず任意の変位は、$t = -\infty$ でゼロであると仮定すると一般的に次のように表される。

$$\xi(t) = \int_{-\infty}^{t}\dot{\xi}(\tau)u(t-\tau)\,d\tau \quad (2.154)$$

ここで $u(t-\tau)$ は単位ステップ関数である。

右辺で時間 t が関係しているのは、この単位ステップ関数だけであるから、まず上下方向の単位ステップ変位に対して浮体に働く流体力を考えてみる。このときの浮体の速度は単位ステップ変位 $u(t)$ の微分すなわちデルタ関数 $\delta(t)$ となるので、それによる流れ場を表す速度ポテンシャルは

$$\phi(\boldsymbol{x}, t) = \delta(t)\psi(\boldsymbol{x}) + \varphi(\boldsymbol{x}, t) \quad (2.155)$$

の形で与えられる。この式の $\psi(\boldsymbol{x})$ は、速度がデルタ関数の浮体の撹乱に対する瞬間的な応答であり、$\omega = \infty$ での速度ポテンシャルに相当する。水面 (これを自由表面という) に浮体がある場合には、このようなイン

---

† 履歴影響関数と言ったり、たたみ込み積分における数学的な意味から**遅延関数** (retardation function) と呼ぶこともある。

パルス的な浮体の攪乱によって実際には自由表面上に波が発生し、これはすぐには消えない。このような流れ場に対する**自由表面影響** (free-surface effect) を表す項が、(2.155) の右辺第 2 項の $\varphi(\boldsymbol{x},t)$ である。

(2.155) による圧力を線形化されたベルヌーイの圧力方程式から求め、それを浮体表面上で積分することによって上下方向の流体力を考える。ステップ関数の変位による静水圧の寄与も含めた圧力は

$$
\begin{aligned}
p(\boldsymbol{x},t) &= -\rho \frac{\partial \phi(\boldsymbol{x},t)}{\partial t} + \rho g u(t) \\
&= -\rho \dot{\delta}(t)\psi(\boldsymbol{x}) - \rho \dot{\varphi}(\boldsymbol{x},t) + \rho g u(t)
\end{aligned} \quad (2.156)
$$

となる。これによる上下方向の流体力は次のように求められる。

$$
\begin{aligned}
F_u(t) &= -\iint_{S_H} p(\boldsymbol{x},t) n_z \, dS \\
&= \rho \dot{\delta}(t) \iint_{S_H} \psi(\boldsymbol{x}) n_z \, dS + \rho \iint_{S_H} \dot{\varphi}(\boldsymbol{x},t) n_z \, dS - \rho g A_w u(t) \\
&\equiv -\dot{\delta}(t)\, a(\infty) - L(t) - c\, u(t)
\end{aligned} \quad (2.157)
$$

ここで

$$
a(\infty) = -\rho \iint_{S_H} \psi(\boldsymbol{x}) n_z \, dS \quad (2.158)
$$

$$
L(t) = -\rho \iint_{S_H} \dot{\varphi}(\boldsymbol{x},t) n_z \, dS \quad (2.159)
$$

$$
c = \rho g \iint_{S_H} n_z \, dS = \rho g A_w \quad (2.160)
$$

である。n_z は法線ベクトルの上下方向成分を表し、$a(\infty)$ は $\omega = \infty$ での付加質量、$L(t)$ は流体力に対する自由表面影響である。また A_w は浮体の水線面積である。

(2.157) が単位ステップ変位 $u(t)$ に対する流体力であるから、任意の変位 $\xi(t)$ に対する上下方向の流体力は、(2.154) と (2.157) から次のように表すことができる。

$$
\begin{aligned}
F(t) &= \int_{-\infty}^{t} \dot{\xi}(\tau) F_u(t-\tau)\, d\tau \\
&= -\ddot{\xi}(t)\, a(\infty) - \int_{-\infty}^{t} \dot{\xi}(\tau) L(t-\tau)\, d\tau - c\,\xi(t)
\end{aligned} \quad (2.161)
$$

変位には関係しない任意の外力を $f(t)$ と表すと、上下運動 (heave) のみを考えた 1 自由度系の運動方程式は、ニュートンの第 2 法則（運動の法則）によって

$$
m\,\ddot{\xi}(t) = F(t) + f(t)
$$

と表されるから、これに (2.161) を代入すると次式が得られることになる。

$$
\bigl\{ m + a(\infty) \bigr\} \ddot{\xi}(t) + \int_{-\infty}^{t} \dot{\xi}(\tau) L(t-\tau)\, d\tau + c\,\xi(t) = f(t) \quad (2.162)
$$

これは既に求めた (2.150) であり、メモリー影響関数 $L(t)$ が流体力に対する自由表面影響、すなわち流体力の周波数依存性を表していることが理解できよう。

第3章 水波の基礎理論

　水面上の浮体に波が入射すると、浮体は波を散乱するとともに波による力を受けて動揺し、動揺することによって浮体は新たに波を造る。そのような波と浮体の相互作用を理解するためには、まずは浮体への入射波となる水面上の波、すなわち水波の性質とそれを記述する理論を理解することが必要である。水波と言っても、高周波数のさざ波から地球の自転によるコリオリ (Coriolis) 力が関係する超低周波数の波まで、その周波数の範囲は非常に広い。しかし本章で解析対象とする波は、波長で言うならば、数十 cm から数百 m のオーダーのものであり、一般の海面上に見られる、いわゆる自由表面波であるとする。

3.1 自由表面での境界条件

　自由表面波では粘性の影響は無視し得るほどに小さいので、非粘性・非圧縮性流体としての取扱いが可能である。また流体運動は渦なし（非回転）であると仮定しても、水波の問題では実用上殆ど問題がない。

　渦度 $\boldsymbol{\omega}$ は流体の速度 $\boldsymbol{u}$ を用いて $\boldsymbol{\omega}=\nabla\times\boldsymbol{u}$ と与えられるから、渦なし流れとは $\nabla\times\boldsymbol{u}=0$ が成り立つということである。ベクトルの微分における恒等式[†]の一つとして、任意のスカラー関数 $\varPhi$ に対して $\nabla\times\nabla\varPhi=0$ が常に成り立つことが知られている。ということは、渦なし流れでは

$$\boldsymbol{u}=\nabla\varPhi \tag{3.1}$$

となるスカラー関数 $\varPhi$ が定義できるということである。(3.1) によれば、この関数の勾配が速度であるので、$\varPhi$ を**速度ポテンシャル** (velocity potential) と呼ぶ。一般に、速度ポテンシャルによって記述できる流れを**ポテンシャル流れ** (potential flow) というが、渦なし流れは常にポテンシャル流れである。

　速度ポテンシャル $\varPhi$ に関する境界値問題を考えるために、非圧縮性完全流体に対する支配方程式、すなわち質量保存則から得られる**連続の方程式** (continuity equation)

$$\nabla\cdot\boldsymbol{u}=0 \tag{3.2}$$

と運動量保存則から得られる**オイラー方程式** (Euler's equation)

$$\frac{\partial\boldsymbol{u}}{\partial t}+\boldsymbol{u}\cdot\nabla\boldsymbol{u}=-\frac{1}{\rho}\nabla p+\boldsymbol{K} \tag{3.3}$$

について考えてみよう。ここで (3.3) の右辺の $\boldsymbol{K}$ は単位質量当たりの流体に働く外力を表すが、ここでは重力のみを考えることにすると、重力加速度を g、鉛直上向きを z 軸の正方向として、

　[†] ベクトルの微分に関して、1) $\nabla\times\nabla\phi=0$、2) $\nabla\cdot(\nabla\times\boldsymbol{A})=0$ の 2 つが恒等式として知られている。流体力学では、1) による ϕ は速度ポテンシャル、2) による $\boldsymbol{A}$ はベクトルポテンシャル（特に 2 次元流れではベクトルポテンシャルは流れ関数 ψ となる）の導入根拠となっている。

$\boldsymbol{K} = (0,0,-g)$ と表すことができる。また ρ, p はそれぞれ流体の密度、圧力を表し、流体の密度は既知であるとする。

まず (3.1) を (3.2) に代入すると、

$$\nabla \cdot \nabla \Phi = \nabla^2 \Phi = 0 \tag{3.4}$$

が得られる。すなわち連続の方程式は**ラプラス方程式** (Laplace's equation) となり、これが速度ポテンシャル Φ に対する支配方程式である。

次にオイラー方程式 (3.3) について考える。ベクトルの式変形によって

$$\boldsymbol{u} \cdot \nabla \boldsymbol{u} = -\boldsymbol{u} \times (\nabla \times \boldsymbol{u}) + \frac{1}{2} \nabla (\boldsymbol{u} \cdot \boldsymbol{u}) \tag{3.5}$$

とできるから、これを (3.3) に代入して渦なし流れの仮定 $\nabla \times \boldsymbol{u}$ を考慮し、(3.1) の速度ポテンシャル Φ を用いて表すと

$$\nabla \left[\frac{\partial \Phi}{\partial t} + \frac{1}{2} \nabla \Phi \cdot \nabla \Phi + \frac{p}{\rho} + gz \right] = 0 \tag{3.6}$$

すなわち

$$\frac{p}{\rho} + \frac{\partial \Phi}{\partial t} + \frac{1}{2} \nabla \Phi \cdot \nabla \Phi + gz = f(t) \tag{3.7}$$

と表すことができる。これは**ベルヌーイの圧力方程式** (Bernoulli's pressure equation) として知られている。(3.7) 右辺の $f(t)$ は時間 t だけの任意関数である。

これらから、まず (3.4) のラプラス方程式の解、すなわち速度ポテンシャル Φ を後述する境界条件を満たすように求め、それを (3.7) に代入することによって流体による圧力 p を求めるということになる。

次に境界条件について考えよう。静止水面上に直角座標 $\boldsymbol{x} = (x,y,z)$ の x 軸と y 軸をとり、鉛直上向きに z 軸をとる。この空間固定座標で境界面が $F(x,y,z,t) = 0$ という関数形で与えられている場合を考えると、境界面にある流体粒子は、時々刻々必ず境界面と同じ動きをするから、そこでの境界条件式は、境界面の実質微分 $DF/Dt = 0$ を計算することによって求められる [3.1]。

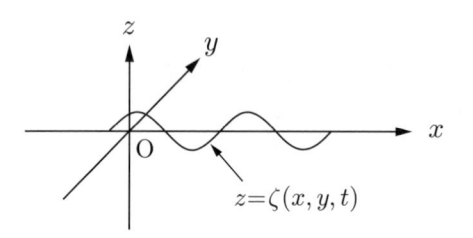

図 3.1 自由表面波の座標系

この実質微分† は

$$\frac{DF}{Dt} = \frac{\partial F}{\partial t} + \nabla \Phi \cdot \nabla F = 0 \quad \text{on } F = 0 \tag{3.8}$$

と表すことができる。ここで関数 F が陽な形に与えられているなら、境界面上での法線ベクトルが $\boldsymbol{n} = \nabla F / |\nabla F|$ で計算できるので、(3.8) を $|\nabla F|$ で割ると、

$$\boldsymbol{n} \cdot \nabla \Phi = \frac{\partial \Phi}{\partial n} = -\frac{1}{|\nabla F|} \frac{\partial F}{\partial t} \ \left(\equiv V_n \right) \quad \text{on } F = 0 \tag{3.9}$$

---

† 物質微分とかラグランジュ微分と呼ぶこともある。

3.1 自由表面での境界条件

が得られる。これは Φ に関する境界条件式を与え、しかも原理的にはどんな境界面に対しても適用できる。(3.8) によって得られる境界条件を**運動学的条件** (kinematic condition) という。

水波の問題では自由表面が境界の一つである。それが $z = \zeta(x, y, t)$ と表されるならば、(3.8) の F は

$$F(x, y, z, t) = z - \zeta(x, y, t) = 0 \tag{3.10}$$

で与えられる†。よって (3.8) の運動学的条件によって Φ に関する境界条件式が与えられるはずである。具体的に代入すると次式を得る。

$$-\frac{\partial \zeta}{\partial t} - \frac{\partial \Phi}{\partial x}\frac{\partial \zeta}{\partial x} - \frac{\partial \Phi}{\partial y}\frac{\partial \zeta}{\partial y} + \frac{\partial \Phi}{\partial z} = 0 \quad \text{on } z = \zeta \tag{3.11}$$

ところが自由表面の変位 $\zeta(x, y, t)$ は、境界値問題の解が確定するまで与えられず、これも求めるべき未知数である。すなわち自由表面上ではもう一つ別の条件式が必要である。

そこで、水面上では圧力 p が大気圧 p_a に等しいとする、いわゆる**力学的条件** (dynamic condition) を付け加える。これは (3.7) のベルヌーイの圧力方程式において、右辺の任意関数を $f(t) = p_a/\rho$ と選び、$z = \zeta$ では $p = p_a$ とすればよい。そうすると、ζ と Φ に関するもう一つの関係式として次式が得られる。

$$\zeta = -\frac{1}{g}\left(\frac{\partial \Phi}{\partial t} + \frac{1}{2}\nabla\Phi \cdot \nabla\Phi\right) \quad \text{on } z = \zeta \tag{3.12}$$

(3.11)、(3.12) から ζ を消去すれば原理的には Φ に関する境界条件式が得られるが、この条件式は非線形であり、しかも境界条件式を適用すべき位置も $z = \zeta$ であり、未知数のままである。そこで、解析的な取扱いを容易にするためには、波の振幅が小さいという仮定の下での線形化が必要である。

自由表面の変位 (ζ) が小さいと仮定すると、(3.12) によって Φ も ζ と同じオーダーと考えられるので、Φ および ζ に関する 2 次以上の項を省略する。このとき (3.11)、(3.12) は次のようになる。

$$\frac{\partial \Phi}{\partial z} = \frac{\partial \zeta}{\partial t} + O(\zeta\Phi) \tag{3.13}$$

$$\zeta = -\frac{1}{g}\frac{\partial \Phi}{\partial t} + O(\Phi^2) \tag{3.14}$$

両式より ζ を消去すると次式を得る。

$$\frac{\partial^2 \Phi}{\partial t^2} + g\frac{\partial \Phi}{\partial z} + O(\Phi^2) = 0 \quad \text{on } z = \zeta \tag{3.15}$$

しかし、この条件式はまだ $z = \zeta$ において満足すべき式になっている。そこで ζ が微小量であるから、$z = 0$ の静止水面まわりにテイラー展開して

$$\Phi(x, y, z, t) = \Phi(x, y, 0, t) + \zeta\left(\frac{\partial \Phi}{\partial z}\right)_{z=0} + \cdots \tag{3.16}$$

---

† $\partial F/\partial z > 0$ であるから、法線の正方向を流体から外向き（水面上では z の正方向）と仮定している。流体の内向きを法線の正方向とする場合は $F = \zeta(x, y, t) - z = 0$ と定義すればよい。

とする。このとき、(3.15) の境界条件式を $z=\zeta$ ではなく $z=0$ の面で適用することによって生じる誤差は、$O(\Phi^2)$ 以上の高次となることが分かる。このことから

$$\frac{\partial^2 \Phi}{\partial t^2} + g\frac{\partial \Phi}{\partial z} = 0 \quad \text{on } z=0 \tag{3.17}$$

と近似することができる。これが水波に対する**線形自由表面条件式** (linearized free-surface condition) である。 速度ポテンシャル Φ が確定すれば、自由表面の変位 ζ は (3.14) より

$$\zeta = -\frac{1}{g}\frac{\partial \Phi}{\partial t} \quad \text{on } z=0 \tag{3.18}$$

から求めることができる。

【Note 3.1】非線形自由表面条件式

自由表面においては、流体粒子の動きに合わせて圧力も常に一定値（大気圧）であるから、圧力の実質微分をゼロとおいてもよい[3.2]。すなわち

$$\frac{D}{Dt}\left(-\frac{p}{\rho}\right) = \left(\frac{\partial}{\partial t} + \nabla\Phi\cdot\nabla\right)\left[\frac{\partial \Phi}{\partial t} + \frac{1}{2}\nabla\Phi\cdot\nabla\Phi + gz\right] = 0 \quad \text{on } z=\zeta \tag{3.19}$$

したがって

$$\frac{\partial^2 \Phi}{\partial t^2} + g\frac{\partial \Phi}{\partial z} + 2\nabla\Phi\cdot\nabla\frac{\partial \Phi}{\partial t} + \frac{1}{2}\nabla\Phi\cdot\nabla\bigl(\nabla\Phi\cdot\nabla\Phi\bigr) = 0 \quad \text{on } z=\zeta \tag{3.20}$$

となる。この式で $O(\Phi^2)$ 以上を省略すれば容易に (3.17) を導くことができる。

テイラー展開 (3.16) と ζ として (3.18) を用いるならば、$z=0$ で適用される高次の自由表面条件式も (3.20) から比較的容易に導くことができる。例えば $O(\Phi^2)$ まで考慮した 2 次の自由表面条件式は次式となる。

$$\frac{\partial^2 \Phi}{\partial t^2} + g\frac{\partial \Phi}{\partial z} = -2\nabla\Phi\cdot\nabla\frac{\partial \Phi}{\partial t} + \frac{1}{g}\frac{\partial \Phi}{\partial t}\frac{\partial}{\partial z}\left(\frac{\partial^2 \Phi}{\partial t^2} + g\frac{\partial \Phi}{\partial z}\right) \quad \text{on } z=0 \tag{3.21}$$

【Note 3.2】表面張力を考慮した自由表面条件式

水面に薄い弾性膜が浮かんでいたり、表面張力が働いていることを考慮する場合には、流体による圧力 p と大気圧 p_a とに差が生じる。それを $p - p_a = \delta p$ と表せば、力学的条件による境界条件式は、(3.12) に δp の項が加わり

$$\zeta = -\frac{1}{g}\left(\frac{\partial \Phi}{\partial t} + \frac{1}{2}\nabla\Phi\cdot\nabla\Phi\right) - \frac{1}{\rho g}\delta p \quad \text{on } z=\zeta \tag{3.22}$$

となる。表面張力は水面の平均曲率 (κ) に比例するので、その影響を x 軸方向だけに伝播する 1 次元の波で考えると、

$$\delta p = \gamma \kappa = -\gamma \frac{\partial^2 \zeta}{\partial x^2} \tag{3.23}$$

のように与えられる[3.1]。ここで γ は曲面に働く単位長さ当りの表面張力であり、曲率は $z=\zeta$ が微小量であるので、$\kappa \simeq -\partial^2 \zeta/\partial x^2$ と線形化している。これらを考慮して、表面張力を考慮した線形自由表面条件式を求めると

$$\frac{\partial^2 \Phi}{\partial t^2} + g\frac{\partial \Phi}{\partial z} - \frac{1}{\rho}\frac{\partial}{\partial z}\left(\gamma\frac{\partial^2 \Phi}{\partial x^2}\right) = 0 \quad \text{on } z=0 \tag{3.24}$$

を得ることができる。

> **演習 3.1**
>
> (3.9) を得る過程で、境界面が $F(x,y,z)=0$ で与えられる時、法線ベクトルは $\boldsymbol{n}=\nabla F/|\nabla F|$ で計算できるとしている。この式にしたがって、次に示す 3 次元回転楕円体
>
> $$x = a\cos\theta, \ y = b\sin\theta\cos\varphi, \ z = b\sin\theta\sin\varphi$$
>
> の法線ベクトルを計算しなさい。結果は次式となるはずである。
>
> $$n_1 = \epsilon\cos\theta/\Delta, \ n_2 = \sin\theta\cos\varphi/\Delta, \ n_3 = \sin\theta\sin\varphi/\Delta.$$
>
> ただし
>
> $$\Delta = \sqrt{\sin^2\theta + \epsilon^2\cos^2\theta}, \quad \epsilon = b/a.$$

3.2 微小振幅の進行波

3.2.1 位相関数と位相速度

この節では、水波の理論として最も基本的な微小振幅の進行波について述べる。簡単のため水深は一定 ($z=-h$) とし、波の進行方向は x 軸の正方向(図 3.2 参照)とすると、流体運動は x-z 面内の 2 次元運動となるが、波は x 軸方向にのみ伝播するので、これを 1 次元波という。進行波の **振幅** (amplitude) を ζ_a、**円周波数** (circular frequency) を ω(**周期** (period) は $T=2\pi/\omega$)とすると、水面での波形は正弦波で表せるから

$$z = \zeta(x,t) = \zeta_a\cos(\omega t - kx) \tag{3.25}$$

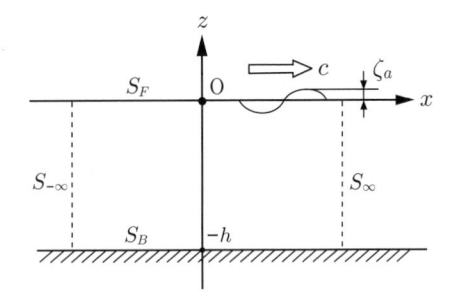

図 3.2 微小振幅波の解析における座標系

と書ける。ここで k は **波数** (wavenumber) と呼ばれ、進行波の **波長** (wavelength) を λ とすれば $k=2\pi/\lambda$ で与えられる。

(3.25) は位相関数として $\omega t - kx$ をもつ正弦関数で表されており、これが x 軸の正方向へ進行する波を表すことに留意されたい。それを確かめるために微小時間後 $t+\delta t$ を考える。この時、x 軸方向に進行するから $x+\delta x$ の位置で同じ波形となっているはずである。したがって

$$\omega t - kx = \omega(t+\delta t) - k(x+\delta x)$$

が成り立っているはずであり、これより

$$\frac{\delta x}{\delta t} = \frac{\omega}{k} \equiv c > 0 \tag{3.26}$$

が得られ、進行速度が正となっていることがわかる。(3.26) の c を **位相速度** (phase velocity) といい、波形の伝播速度である。x 軸の負方向に進行する波の位相関数は、x の符号を逆にした(あるいは時間 t を逆にしたと考えてもよい)$\omega t + kx$ である。これらのことを、位相関数 $\vartheta = \omega t - kx$ を変数としてもつ一般の関数 $f(\vartheta)$ について表すと

$$\frac{\partial f}{\partial t} + c\frac{\partial f}{\partial x} = \left(\omega - ck\right)f' = 0 \tag{3.27}$$

を満たしていることが分かる。すなわち、(3.27) のような**移流方程式** (advection equation) を満たす関数 f は、その形を変えないで x 軸の正方向へ速度 c で移動することを表している。

3.2.2 進行波の速度ポテンシャル

次に、1 次元進行波を表す速度ポテンシャル Φ を求めよう。Φ の支配方程式は 2 次元ラプラス方程式である。流体領域を取り囲む境界面として、図 3.2 に示すように、自由表面 S_F、水底 S_B、ならびに $x \to \pm\infty$ での仮想境界面 $S_{\pm\infty}$ を考え、そこでの境界条件式を満たすように Φ を決定する[†]。

$$\text{連続の方程式 } [L] \quad \frac{\partial^2 \Phi}{\partial x^2} + \frac{\partial^2 \Phi}{\partial z^2} = 0 \quad \text{for } z \leq 0 \tag{3.28}$$

$$\text{自由表面条件 } [F] \quad \frac{\partial^2 \Phi}{\partial t^2} + g\frac{\partial \Phi}{\partial z} = 0 \quad \text{on } z = 0 \tag{3.29}$$

$$\text{水底条件 } [B] \quad \frac{\partial \Phi}{\partial z} = 0 \quad \text{on } z = -h \tag{3.30}$$

$S_{\pm\infty}$ での境界条件は明示されていないが、ここは仮想面であるから、物理的にもっともらしい解を与えるような条件としておこう。今の問題では、x 軸の正方向に波が伝播していくというのがその条件である。これは既に述べたように、位相関数が $f(\omega t - kx)$ の形となっていれば満足される。そこで速度ポテンシャルを次の形に仮定する。

$$\Phi(x, z, t) = Z(z) \sin\left(\omega t - kx\right) \tag{3.31}$$

これを (3.28) に代入すると、$Z(z)$ に関する微分方程式として

$$\frac{d^2 Z}{dz^2} - k^2 Z = 0 \tag{3.32}$$

が得られる。この一般解は

$$Z(z) = D_1 e^{kz} + D_2 e^{-kz} \tag{3.33}$$

で与えられる。ただし D_1, D_2 は同次解の任意定数である。

これらを決定するために、自由表面条件 $[F]$ と水底条件 $[B]$ に代入すると、次式が得られる。

$$\left.\begin{array}{l} D_1(\omega^2 - gk) + D_2(\omega^2 + gk) = 0 \\ D_1 e^{-kh} - D_2 e^{kh} = 0 \end{array}\right\} \tag{3.34}$$

ここで $D_1 = D_2 = 0$ 以外の解を持つためには

$$\begin{vmatrix} \omega^2 - gk & \omega^2 + gk \\ e^{-kh} & -e^{kh} \end{vmatrix} = 0 \tag{3.35}$$

すなわち

$$k \tanh kh = \frac{\omega^2}{g} \equiv K \tag{3.36}$$

[†] 速度ポテンシャル Φ の支配方程式であるラプラス方程式は定常でも非定常でも同じである。しかし、水波は重力による復原力によって生じる非定常現象なので、非定常性や重力の影響は重要である。これらの影響は支配方程式ではなく、境界条件を通して考慮されており、求められた解には、時間や重力加速度の項が陽な形で含まれることになる。

が条件となる。これは、k と ω, g の間に成り立つべき関係式を与える**固有値方程式** (eigen-value equation) である。この時の**固有解** (eigen-solution) は

$$D_1 e^{-kh} = D_2 e^{kh} \equiv \frac{1}{2} D \tag{3.37}$$

とおけば、未知数を 1 個含んだ形として

$$\Phi(x, z, t) = D \cosh k(z+h) \sin(\omega t - kx) \tag{3.38}$$

と表すことができる。$[F], [B]$ の 2 つの境界条件を適用したにもかかわらず、未知数 D が残るのは、$[F], [B]$ ともに同次の境界条件だからである。

この未知数を決定するために、自由表面上の波形を (3.18) によって求め、それが (3.25) に等しいとしよう。そうすると

$$\begin{aligned}\zeta &= -\frac{1}{g}\left(\frac{\partial \Phi}{\partial t}\right)_{z=0} = -D\frac{\omega}{g}\cosh(kh)\cos(\omega t - kx) \\ &= \zeta_a \cos(\omega t - kx)\end{aligned} \tag{3.39}$$

となり

$$D = -\frac{g\zeta_a}{\omega \cosh kh} \tag{3.40}$$

のように決定することができた。これを (3.38) に代入すると、進行波の速度ポテンシャル Φ は次のように求まる。

$$\Phi = -\frac{g\zeta_a}{\omega}\frac{\cosh k(z+h)}{\cosh kh}\sin(\omega t - kx) \tag{3.41}$$

これは複素数表示を用いると、次のように表すことができる。

$$\Phi(x, z, t) = \mathrm{Re}\left[\phi(x, z)\,e^{i\omega t}\right], \tag{3.42}$$

$$\phi(x, z) = \frac{ig\zeta_a}{\omega}\frac{\cosh k(z+h)}{\cosh kh}e^{-ikx} \tag{3.43}$$

すなわち、時間項 $e^{i\omega t}$ と空間座標にのみ関係する項 $\phi(x, z)$ とに分離して表しておき、最終的には (3.42) のように実数部のみを取ると約束しておく。このようにしておくと、1.3.3 節で説明した周期的外力に対する浮体応答の計算のように、以後の必要な計算を複素数のままで行うことができるので便利である。ただ、時間項 $e^{i\omega t}$ を分離して書くことにすると、x 軸の正方向へ進行する波の位相関数が $\omega t - kx$ のひとかたまりの変数であることが明示的でなくなる。しかし、時間項を $e^{i\omega t}$ と表していることを忘れずに、空間座標に関する項 $\phi(x, z)$ に e^{-ikx} の複素数の項が含まれていれば、それを見ただけで x 軸の正方向へ伝播する進行波を表していると理解できることが重要である。

【Note 3.3】解の導出手順に関するメモ

(3.41) を導く手順として、以下のようにしてもよい。まず、一般解 (3.33) に水底条件 $[B]$ を課すことによって未知数を 1 個減らして (3.38) の同次解を求める。次に自由表面の変位 $\zeta(x,t)$ が (3.39) に等しいことから (3.41) を求めることができる。

しかしこの手順では、自由表面条件 $[F]$ を何も使っていないが、(3.41) を $[F]$ に代入すれば、k と ω との間の関係式として (3.36) が得られる、と理解すればよい。どちらの方法で理解しても結果は同じであるが、(3.36) が進行波の波数に関する固有値を与える方程式であるということは、ラプラス方程式を固有関数展開法で解く際に役に立つ重要な知識である。

3.2.3 分散関係

(3.36) の意味についてもう少し考えてみよう。(3.26) と (3.36) から、位相速度 c は

$$c = \frac{\omega}{k} = \sqrt{\frac{g}{k} \tanh kh} = \sqrt{\frac{g\lambda}{2\pi} \tanh \frac{2\pi h}{\lambda}} \tag{3.44}$$

で与えられる。この式より、位相速度が波長 λ とともに変化し、一般的には波長の長い波の方が速く伝播することが分かる。

一般に任意波形の波は、そのフーリエ級数展開から想像できるように、無数の異なった波長の正弦波の重ね合わせから成ると考えられる。任意波形を構成する個々の正弦波は異なった位相速度で進むから、無数の正弦波から構成される波形は時々刻々に変化することになる。このことを波の**分散** (dispersion) といい、波長と位相速度の関係を表した (3.44)、あるいは (3.36) を**分散関係** (dispersion relation) という。

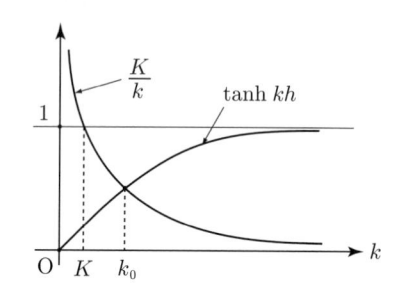

図 3.3 有限水深での波数

(3.36) から k を陽な形で求めることは有限水深の場合にはできないが、$y = \tanh kh$ は単純増加の関数であるので、(3.36) を満たす k は、図 3.3 のように必ず 1 点求まる。(これを $k = k_0$ と表す。) 水深が無限大 ($kh \to \infty$) の時には $\tanh kh = 1$ となるので $k_0 = K$ である。すなわち有限水深の波では必ず $k_0 > K$ であるから、水深が浅くなれば、波長は無限水深での値よりもだんだん短くなることが分かる。

(3.44) で、波長に比べて水深が十分深い場合 ($kh = 2\pi h/\lambda \to \infty$)、および浅い場合 ($kh = 2\pi h/\lambda \to 0$) の極限を考えると

$$c = \sqrt{\frac{g}{K}} = \sqrt{\frac{g\lambda}{2\pi}} \quad (kh \to \infty) \tag{3.45}$$

$$c = \sqrt{gh} \quad (kh \to 0) \tag{3.46}$$

となる。したがって、**浅水波** (shallow-water wave) (あるいは $h/\lambda \to 0$ の場合であるから**長波** (long wave) ともいう) の場合には、位相速度は波長に関係しなくなるので、波はもはや分散性ではないことが分かる。また**深水波** (deep-water wave) に対する (3.45) が正しいのは、十分な精度で $\tanh kh \sim 1$ と近似できる場合であるが、これは $kh = 2\pi h/\lambda > \pi$、すなわち $\lambda < 2h$ で $\tanh kh \simeq 0.996$ となっており、0.4 % 以内の誤差で成り立っている。したがって実質的には、$h > \lambda/2$ すなわち**水深が半波長以上あれば深水波**として取り扱っても大きな誤差は生じないことになる。

このことから船舶海洋工学の分野では、水深を無限大として取り扱うことが多い。そこで、その場合の式を以下にまとめておく。

$$k\left(=\frac{2\pi}{\lambda}\right) = K = \frac{\omega^2}{g}, \quad T = \frac{2\pi}{\omega} = \sqrt{\frac{2\pi\lambda}{g}} \simeq 0.8\sqrt{\lambda} \quad \left(\lambda \simeq 1.56\, T^2\right) \quad (3.47)$$

$$c = \frac{\omega}{k}\left(=\frac{\lambda}{T}\right) = \frac{g}{\omega} \simeq 1.56\, T \quad (3.48)$$

$$\varPhi(x,z,t) = \mathrm{Re}\left[\phi(x,z)\, e^{i\omega t}\right], \quad \phi(x,z) = \frac{ig\zeta_a}{\omega} e^{Kz - iKx} \quad (3.49)$$

3.2.4 水粒子の軌道

進行波による水粒子の軌道を求めてみよう。この場合、ある特定の流体粒子の動きを追跡することになるので、ラグランジュ的に考えなければならない。そこで水粒子の位置を $\boldsymbol{x}_0(t) = (x_0(t), z_0(t))$ と表すと、速度は

$$\frac{d\boldsymbol{x}_0}{dt} = \boldsymbol{u}(\boldsymbol{x}_0, t) \quad (3.50)$$

である。$\boldsymbol{x}_0$ が時々刻々変化し、その移動量が空間固定のオイラー座標 $\boldsymbol{x} = (x,z)$ から見て $O(\zeta_a)$ の微小量とすると、$\boldsymbol{x} = (x,z)$ のまわりにテイラー展開して

$$\frac{d\boldsymbol{x}_0}{dt} = \boldsymbol{u}(\boldsymbol{x}, t) + (\boldsymbol{x}_0 - \boldsymbol{x}) \cdot \nabla \boldsymbol{u} + O\left(\zeta_a^3\right) \quad (3.51)$$

と表すことができる。ここで $\boldsymbol{u}(\boldsymbol{x},t) = \nabla \varPhi$ であるから、(3.41) を用いて $\nabla \varPhi$ を計算すると

$$\left.\begin{aligned}\frac{\partial \varPhi}{\partial x} &= \zeta_a \omega \frac{\cosh k(z+h)}{\sinh kh} \cos(\omega t - kx) \\ \frac{\partial \varPhi}{\partial z} &= -\zeta_a \omega \frac{\sinh k(z+h)}{\sinh kh} \sin(\omega t - kx)\end{aligned}\right\} \quad (3.52)$$

を得る。これを時間で積分すると、(3.51) より $O(\zeta_a)$ での水粒子の軌道として次式が得られる。

$$\left.\begin{aligned}(x_0 - x) &= \int \frac{\partial \varPhi}{\partial x}\, dt = \zeta_a \frac{\cosh k(z+h)}{\sinh kh} \sin(\omega t - kx) \\ (z_0 - z) &= \int \frac{\partial \varPhi}{\partial z}\, dt = \zeta_a \frac{\sinh k(z+h)}{\sinh kh} \cos(\omega t - kx)\end{aligned}\right\} \quad (3.53)$$

ただし不定積分の定数は (x_0, z_0) の平均値が (x,z) であるとして定めている。

(3.53) から位相関数の項を消去すると

$$\left.\begin{aligned}\frac{(x_0 - x)^2}{a^2} &+ \frac{(z_0 - z)^2}{b^2} = 1, \\ a = \zeta_a \frac{\cosh k(z+h)}{\sinh kh}&, \; b = \zeta_a \frac{\sinh k(z+h)}{\sinh kh}\end{aligned}\right\} \quad (3.54)$$

となり、これは長半径 a、短半径 b の楕円を表す。すなわち、水粒子の動きは楕円軌道を描くが、この動きを**オービタル運動** (orbital motion) という。水深が十分深い場合には

$$a = b = \zeta_a e^{kz} \quad (3.55)$$

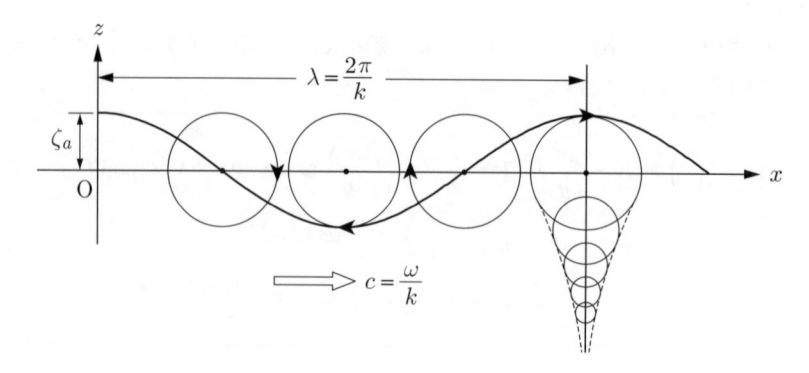

図 3.4 深水波における水粒子の軌道

となるから、水粒子の軌道は円となり、その半径は、水深が増すにしたがい指数関数的に減少する。また (3.52)、(3.53) より次のことが分かる。波の進行方向が x 軸の正方向の場合、波の山 ($\omega t - kx = 0$) では $\partial \Phi / \partial x > 0$ であり、波の谷 ($\omega t - kx = \pi$) では $\partial \Phi / \partial x < 0$ である。また、波の下り斜面の静水面の位置 ($\omega t - kx = \pi/2$) では $\partial \Phi / \partial z < 0, x_0 - x > 0$ であり、波の上り斜面 ($\omega t - kx = 3\pi/2$) では $\partial \Phi / \partial z > 0, x_0 - x < 0$ である。すなわち**水粒子の軌道をめぐる方向は時計まわりである**ことが分かる（図 3.4 参照）。

3.3 群速度

前節の説明で、単一の円周波数 ω、波数 k を有する波は、位相速度 $c = \omega/k$ で伝播することが分かった。次に ω, k ならびに振幅が少しだけ異なる波の "群" について考えてみる。すなわち

$$\delta \omega = \omega_2 - \omega_1, \quad \delta k = k_2 - k_1, \quad \delta A = A_2 - A_1 \tag{3.56}$$

として 2 つの波の重ね合わせを考えると

$$\begin{aligned} \zeta &= \mathrm{Re}\left[A_1 e^{i(\omega_1 t - k_1 x)} + A_2 e^{i(\omega_2 t - k_2 x)} \right] \\ &= \mathrm{Re}\left[A_1 \left\{ 1 + \frac{A_2}{A_1} e^{i(\delta \omega \cdot t - \delta k \cdot x)} \right\} e^{i(\omega_1 t - k_1 x)} \right] \end{aligned} \tag{3.57}$$

と表すことができる。(3.57) の $\{\cdots\}$ は振幅変調を表す項であり、$\delta k, \delta \omega$ ともに小さいので、振幅はゆっくり変化することになる（図 3.5 参照）。$A_2 = A_1 + \delta A$ を代入して (3.57) の実数部

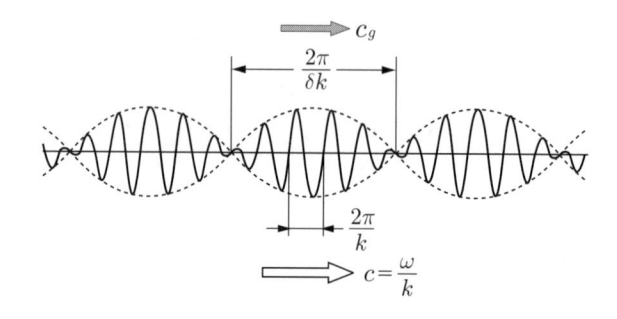

図 3.5 振幅変調が波群を表しており、その進行速度が群速度である

分を取る計算を行い、高次の微小量を無視すると、ζ の第 1 近似式として次式が得られる。

$$\zeta = 2A_1 \cos\left[\frac{1}{2}(\delta\omega \cdot t - \delta k \cdot x)\right] \cos(\omega_1 t - k_1 x) \tag{3.58}$$

よって振幅変調を表す包絡線は、波長 $4\pi/\delta k$、周期 $4\pi/\delta\omega$ をもつ正弦進行波であり、波群の長さは $2\pi/\delta k$ である（図 3.5 参照）。この波群の進行速度すなわち**群速度** (group velocity) は、(3.26) と同様の考え方によれば次式で与えられる。

$$c_g = \frac{\delta\omega}{\delta k} \tag{3.59}$$

ここで $\delta\omega \to 0, \delta k \to 0$ の極限を考えるが、$\delta\omega \cdot t$ および $\delta k \cdot x$ が有限となるほどに t, x が大きい場合を考えると、(3.57) の振幅変調は存続することになる。そのような場合には、群速度 c_g は次のような有限な極限値を有する。

$$c_g = \frac{d\omega}{dk} = \frac{d(kc)}{dk} = c + k\frac{dc}{dk} = c - \lambda\frac{dc}{d\lambda} \tag{3.60}$$

(3.36) の分散関係式を用いて (3.60) の計算を行うと

$$c_g = \frac{1}{2}c\left\{1 + \frac{2kh}{\sinh 2kh}\right\} \tag{3.61}$$

を得る。ただし $c = \omega/k$ は位相速度である。

演習 3.2

群速度 c_g と位相速度 c の関係式である (3.61) を導きなさい。

(3.61) で深水波 ($kh \gg 1$)、浅水波 ($kh \ll 1$) の極限を考えると

$$c_g = \frac{1}{2}c \quad (kh \longrightarrow \infty) \tag{3.62}$$

$$c_g = c \quad (kh \longrightarrow 0) \tag{3.63}$$

となることが分かる。すなわち、水深無限大と見なせる場合には、群速度は位相速度の半分であり、非分散である浅水波では群速度は位相速度に等しい。水波の問題において群速度がより重要な意味をもつのは、進行波の時間平均エネルギー密度の伝播速度が群速度であるということだが、それについては 3.5 節で詳しく述べる。

【Note 3.4】表面張力の影響

表面張力の影響を考慮したときの線形自由表面条件式は (3.24) であった。これを満たすための分散関係式は、水底条件 [B] を満たす同次解 (3.38) を (3.24) に代入することによって求められ、次のように表される。

$$\frac{\omega^2}{g}(\equiv K) = k\tanh kh\left(1 + \alpha k^2\right), \quad \alpha \equiv \frac{\gamma}{\rho g} \tag{3.64}$$

これから、位相速度 c および群速度 c_g を求めると

$$c = \frac{\omega}{k} = \sqrt{\frac{g}{k}\left(1 + \alpha k^2\right)\tanh kh} \tag{3.65}$$

$$c_g = \frac{d\omega}{dk} = \frac{1}{2}\sqrt{\frac{g}{k}\left(1 + \alpha k^2\right)\tanh kh}\left\{\frac{1 + 3\alpha k^2}{1 + \alpha k^2} + \frac{2kh}{\sinh 2kh}\right\} \tag{3.66}$$

となる。これらに対する深水波近似 ($kh \gg 1$) は次式となる。

$$c = \sqrt{\frac{g}{k}\left(1 + \alpha k^2\right)}, \quad c_g = \frac{1}{2}\sqrt{\frac{g}{k}}\frac{1 + 3\alpha k^2}{\sqrt{1 + \alpha k^2}} \tag{3.67}$$

上式より以下のことが分かる。k が小さい（λ が長い）ときには表面張力の影響項 αk^2 は相対的に小さいので、これまでに考えてきた重力の影響が支配的な**重力波** (gravity wave) となるが、k が大きく（λ が短く）なると、g/k より αk^2 の値の方が大きくなり、**表面張力波** (capillary wave) の性質を示す。ということは、位相速度が最小となる波数 k_c および群速度が最小となる波数 k_{gc} が存在するということである。実際 (3.67) を k について微分することによって

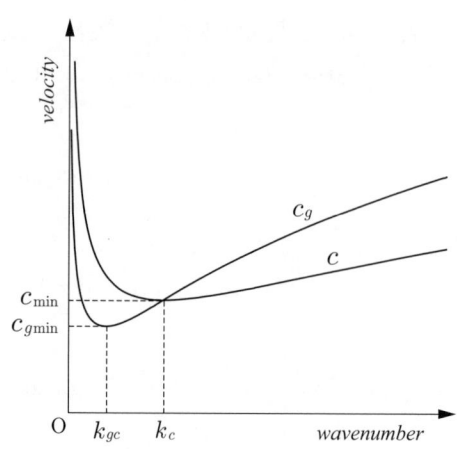

図3.6 表面張力の影響を考慮したときの位相速度、群速度の関係

$$\left.\begin{array}{c} k_c^2 = \dfrac{1}{\alpha}, \quad k_{gc}^2 = \dfrac{\varepsilon}{\alpha} \\ \left(\varepsilon = \dfrac{2\sqrt{3} - 3}{3} \simeq 0.1547\right) \end{array}\right\} \tag{3.68}$$

が得られ、これらに対応する波長は

$$\lambda_c = 2\pi\sqrt{\alpha} = 2\pi\sqrt{\frac{\gamma}{\rho g}}, \quad \lambda_{gc} = \frac{2\pi\sqrt{\alpha}}{\sqrt{\varepsilon}} \simeq 2.54\,\lambda_c \tag{3.69}$$

である。また、このときの c, c_g の最小値は

$$c_{\min} = \sqrt{\frac{2g}{k_c}} = \left(\frac{4g\gamma}{\rho}\right)^{1/4}, \quad c_{g\min} \simeq 0.768\,c_{\min} \tag{3.70}$$

と求まる。さらに (3.67) より

$$c_g - c = \frac{1}{2}\sqrt{\frac{g}{k}}\frac{\alpha k^2 - 1}{\sqrt{1 + \alpha k^2}} \tag{3.71}$$

であるから、(3.68) の $k = k_c$ を境に c_g と c の大小関係が逆転し、$k > k_c$ ($\lambda < \lambda_c$) の表面張力波では $c_g > c$ となることが分かる（図3.6参照）。

単位長さ当りの水の表面張力 γ の値として 73.0×10^{-3} N/m を (3.69), (3.70) に代入してみると

$$\lambda_c \simeq 0.0171 \text{ m} = 1.71 \text{ cm}, \quad c_{\min} \simeq 0.231 \text{ m/s} = 23.1 \text{ cm/s}$$

という値が得られる[3.1]。よって約 2 cm より短い波長の波では表面張力の影響が顕著に現れるということになるが、船舶海洋工学で取り扱う水波はこれより波長の長い波が殆どであるから、一般には表面張力の影響は無視することができる。

3.4 エネルギー保存の原理

本節では、物体に働く流体力の計算や波動の特性を調べる時に有用な完全流体中でのエネルギー保存の原理について述べる。一般力学の知識に従えば、ある流体領域 V 内の力学的エネルギーは、運動エネルギーと位置エネルギーの和で与えられるので、

$$E = \iiint_{V(t)} \rho\left[\frac{1}{2}q^2 + gz\right] dV = \iiint_{V(t)} \rho\left[\frac{1}{2}\nabla\Phi \cdot \nabla\Phi + gz\right] dV \tag{3.72}$$

3.4 エネルギー保存の原理

のように表すことができる。

次に、このエネルギーの時間変化率を考えてみよう。(3.72) の流体領域 V の境界面 S が外向き法線速度 U_n で移動する場合には、ラグランジュ的な微分を考えないといけないので、次式のように変形できる [3.2]。

$$\begin{aligned}\frac{dE}{dt} &= \rho \frac{d}{dt}\iiint_{V(t)} \left[\frac{1}{2}q^2 + gz\right] dV \\ &= \rho \iiint_V \frac{\partial}{\partial t}\left[\frac{1}{2}q^2 + gz\right] dV + \rho \iint_S \left[\frac{1}{2}q^2 + gz\right] U_n\, dS \end{aligned} \quad (3.73)$$

ここで圧力は大気圧を基準に考えることにすると、ベルヌーイの圧力式から次式を得る。

$$\frac{1}{2}q^2 + gz = -\left(\frac{p}{\rho} + \frac{\partial \Phi}{\partial t}\right) \quad (3.74)$$

さらに
$$\frac{\partial}{\partial t}\left[\frac{1}{2}q^2\right] = \nabla \cdot \left(\frac{\partial \Phi}{\partial t}\nabla \Phi\right) \quad (3.75)$$

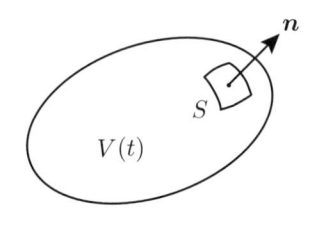

図 3.7 ガウスの定理の適用

であるから、ガウス (Gauss) の定理を用いると

$$\frac{dE}{dt} = \rho \iint_S \left[\frac{\partial \Phi}{\partial t}\frac{\partial \Phi}{\partial n} - \left(\frac{p}{\rho} + \frac{\partial \Phi}{\partial t}\right)U_n\right] dS \quad (3.76)$$

のように表すことができる。ここで境界面 S として、自由表面 S_F、物体表面 S_H、それに無限遠での境界面 S_∞ を考える。S_∞ は動かない境界面として考えると、それぞれの境界面上では

$$\left.\begin{aligned}&\text{on } S_\infty \quad U_n = 0, \\ &\text{on } S_H \quad \frac{\partial \Phi}{\partial n} = U_n = V_n, \\ &\text{on } S_F \quad \frac{\partial \Phi}{\partial n} = U_n, \quad p = 0\end{aligned}\right\} \quad (3.77)$$

となっているはずである。ただし V_n は物体の法線速度であり、(3.9) のように与えられる。(3.77) を (3.76) に代入すると次式となる。

$$\frac{dE}{dt} = -\iint_{S_H} p V_n\, dS + \rho \iint_{S_\infty} \frac{\partial \Phi}{\partial t}\frac{\partial \Phi}{\partial n}\, dS \quad (3.78)$$

次に (3.78) の 1 周期時間平均値を考えてみよう。法線の正方向は流体領域から外向きであることに注意すると、(3.78) の右辺第 1 項は、流体が物体になす仕事の符号を反対にしたもの、すなわち物体が流体に対してなす仕事 W_D に等しい。考えている流体領域内の全エネルギーの時間変化率 dE/dt は、時間平均を取ればゼロであるから左辺はゼロとなる。したがって、**エネルギー保存則** (energy conservation principle) は次のように表すことができる。

$$W_D \equiv -\overline{\iint_{S_H} p V_n\, dS} = -\rho \iint_{S_\infty} \overline{\frac{\partial \Phi}{\partial t}\frac{\partial \Phi}{\partial n}}\, dS \quad (3.79)$$

この式は、物体に働く造波減衰力と物体の動揺によって発生した進行波のもつエネルギーとの関係を知る上で有用である。もちろん物体が固定されている場合 ($V_n = 0$) には、(3.79) の左辺はゼロである。また固定されていなくても、外部の駆動装置などで強制的に動かされていない限り、物体は流体に対して仕事をしないから、その時にも (3.79) の左辺はゼロである。

3.5 進行波のエネルギーとその伝播速度

前節の結果を用いて、1次元進行波のもつエネルギー密度を計算してみよう。自由表面上では単位面積（x軸、y軸方向に単位長さ）、鉛直方向には水底から水面までの長さをもつ立体を考え、そこでの水波のエネルギー密度の1周期間における時間平均値を考える。1次元進行波のエネルギー密度Eは、(3.72) によって次式で計算できる。

$$E = \rho \int_{-h}^{\zeta} \left\{ \frac{1}{2} \nabla\Phi \cdot \nabla\Phi + gz \right\} dz \tag{3.80}$$

ただし

$$\zeta = -\frac{1}{g} \left. \frac{\partial \Phi}{\partial t} \right|_{z=0} = \mathrm{Re}\left[\zeta_a e^{-ikx} e^{i\omega t} \right] \tag{3.81}$$

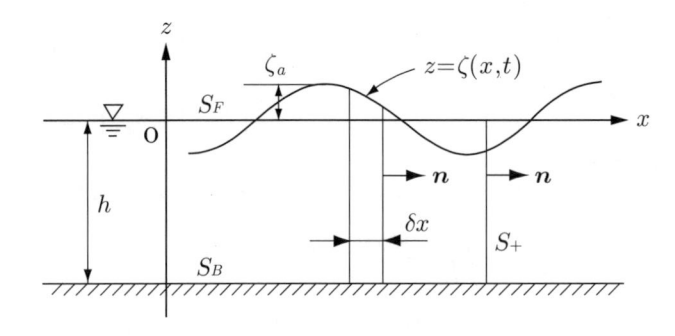

図3.8 進行波のエネルギーとその伝播速度の計算における検査面

である。ここでΦに関して2次の項まで考慮し、3次以上の項は高次として省略する。さらに静止水面下での位置エネルギーは波動には関係なく存在するので、進行波のエネルギーを考える際には除外する。これらのことを考慮すると、(3.80) は

$$E = \frac{1}{2}\rho \int_{-h}^{0} \left\{ \left(\frac{\partial \Phi}{\partial x}\right)^2 + \left(\frac{\partial \Phi}{\partial z}\right)^2 \right\} dz + \frac{1}{2}\rho g \zeta^2 + O(\Phi^3) \tag{3.82}$$

とできる。1周期間の時間平均の計算については (1.132) の公式を使うと便利である。また$\nabla\Phi$の計算には (3.52) を代入すればよい。よって (3.82) の時間平均値を計算すると

$$\begin{aligned}
\overline{E} &= \frac{1}{T} \int_0^T E \, dt \\
&= \frac{1}{4} \rho (\zeta_a \omega)^2 \frac{1}{\sinh^2 kh} \int_{-h}^{0} \cosh 2k(z+h) \, dz + \frac{1}{4} \rho g \zeta_a^2 \\
&= \frac{1}{4} \rho g \zeta_a^2 + \frac{1}{4} \rho g \zeta_a^2 = \frac{1}{2} \rho g \zeta_a^2
\end{aligned} \tag{3.83}$$

となることが分かる。すなわち、力学的エネルギーは運動エネルギーと位置エネルギーに等しく分配され、それぞれ$\rho g \zeta_a^2/4$である。また、これらは振幅だけで決まっており、水深や波数、周波数には無関係であることに注意されたい。

次に進行波のもつエネルギー密度の時間変化率を考えてみる。その計算式は (3.78) として既に与えられているが、ここでは物体は存在しないので、(3.78) の右辺第2項だけとなる。すなわち、エネルギーの時間変化は静止水面に垂直な検査面だけを通って起こる。自由表面上のy軸

方向には単位幅、x軸方向には微小長さδxだけ離れた領域を考え、座標x、$x+\delta x$における2つの鉛直断面を$S(x)$および$S(x+\delta x)$と表そう。

このとき、この微小体積内の波のエネルギー変化率は

$$\begin{aligned}\frac{\partial E}{\partial t}\delta x &= \rho\left(\int_{S(x+\delta x)} - \int_{S(x)}\right)\frac{\partial \Phi}{\partial t}\frac{\partial \Phi}{\partial x}dz \\ &= \rho\frac{\partial}{\partial x}\int_{-h}^{0}\frac{\partial \Phi}{\partial t}\frac{\partial \Phi}{\partial x}dz\,\delta x + O(\Phi^3)\end{aligned} \qquad (3.84)$$

で計算できる。Φとして複素数表示の (3.42) を用い、時間平均値の計算を (1.132) によって行うと

$$\begin{aligned}\frac{\partial \overline{E}}{\partial t} &= \frac{1}{2}\rho\frac{\partial}{\partial x}\left[\mathrm{Re}\int_{-h}^{0}(i\omega\phi)\frac{\partial \phi^*}{\partial x}dz\right] \\ &= -\frac{\partial}{\partial x}\left[\frac{1}{4}\rho g\zeta_a^2\frac{\omega}{k}\left\{1+\frac{2kh}{\sinh 2kh}\right\}\right]\end{aligned} \qquad (3.85)$$

が得られる。この結果は (3.83) の$\overline{E}$ならびに (3.61) の群速度c_gを用いて

$$\frac{\partial \overline{E}}{\partial t} + c_g\frac{\partial \overline{E}}{\partial x} = 0 \qquad (3.86)$$

と表すことができる。これは移流方程式 (3.27) と同じ形で表されている。したがって (3.86) は、進行波のもつエネルギー密度$\overline{E}$が群速度c_gで伝播されるということを示している。

3.6 水波における非線形影響

前節まで、線形化された自由表面条件式を満たす線形解を中心に説明してきた。しかし実際の現象では、自由表面条件における非線形項の影響を無視できない場合もある。本節では、それらのいくつかについて考えてみる。

まず**Note 3.1**に示したように、厳密な自由表面条件式 (3.20) に対して、$z=0$で適用できるようにテイラー展開を適用する。それによって得られる2次および3次の自由表面条件は次のように表されるであろう。

$$\frac{\partial^2 \Phi^{(j)}}{\partial t^2} + g\frac{\partial \Phi^{(j)}}{\partial z} = Q^{(j)},\quad j=2,3 \qquad (3.87)$$

ここで

$$Q^{(2)} = -2\nabla\Phi\cdot\nabla\frac{\partial \Phi}{\partial t} + \frac{1}{g}\frac{\partial \Phi}{\partial t}\frac{\partial}{\partial z}\left(\frac{\partial^2 \Phi}{\partial t^2} + g\frac{\partial \Phi}{\partial z}\right)\quad \text{on } z=0 \qquad (3.88)$$

$$\begin{aligned}Q^{(3)} = &-2\nabla\Phi\cdot\nabla\frac{\partial \Phi}{\partial t} - \frac{1}{2}\nabla\Phi\cdot\nabla(\nabla\Phi\cdot\nabla\Phi) \\ &+ \frac{1}{g}\frac{\partial \Phi}{\partial t}\frac{\partial}{\partial z}\left(\frac{\partial^2 \Phi}{\partial t^2} + g\frac{\partial \Phi}{\partial z} + 2\nabla\Phi\cdot\nabla\frac{\partial \Phi}{\partial t}\right) \\ &+ \frac{1}{g}\left(\frac{1}{2}\nabla\Phi\cdot\nabla\Phi - \frac{1}{g}\frac{\partial \Phi}{\partial t}\frac{\partial^2 \Phi}{\partial z\partial t}\right)\frac{\partial}{\partial z}\left(\frac{\partial^2 \Phi}{\partial t^2} + g\frac{\partial \Phi}{\partial z}\right) \\ &- \frac{1}{2g^2}\left(\frac{\partial \Phi}{\partial t}\right)^2\frac{\partial^2}{\partial z^2}\left(\frac{\partial^2 \Phi}{\partial t^2} + g\frac{\partial \Phi}{\partial z}\right)\quad \text{on } z=0\end{aligned} \qquad (3.89)$$

まず 2 次の非線形影響について考える。Φ の線形解である (3.41) を (3.88) の Φ として代入すると

$$Q^{(2)} = \text{Re}\Big[-i\frac{3}{2}\frac{g^2\zeta_a^2}{\omega}k^2\big(1-\tanh^2 kh\big)e^{i2(\omega t-kx)}\Big] \tag{3.90}$$

となる。したがって、有限水深の場合には $Q^{(2)} \neq 0$ であるから、2 次の速度ポテンシャル $\Phi^{(2)}$ が存在する（**Note 3.5** 参照）。しかし、深水波 ($kh \gg 1$) の場合には (3.90) より $Q^{(2)} = 0$ であることが分かるから、$\Phi^{(2)}$ は存在せず、水深無限大に対する線形解である (3.49) の Φ、すなわち

$$\Phi(x,z,t) = -\frac{g\zeta_a}{\omega}e^{kz}\sin(\omega t - kx) + O\big(\zeta_a^3\big) \tag{3.91}$$

が 2 次の境界値問題に対する解でもある。

そこで次に、2 次の項まで考えた自由表面変位について考える。計算式は、(3.12) にテイラー展開を適用して

$$\zeta(x,t) = -\frac{1}{g}\Big(\frac{\partial\Phi}{\partial t} + \frac{1}{2}\nabla\Phi\cdot\nabla\Phi - \frac{1}{g}\frac{\partial\Phi}{\partial t}\frac{\partial^2\Phi}{\partial z\partial t}\Big)_{z=0} + O\big(\Phi^3\big) \tag{3.92}$$

である。ここでは深水波の場合のみを考えることにして、(3.91) を (3.92) に代入すると次式を得ることができる。

$$\frac{\zeta(x,t)}{\zeta_a} = \cos(\omega t - kx) + \frac{1}{2}k\zeta_a\cos 2(\omega t - kx) \tag{3.93}$$

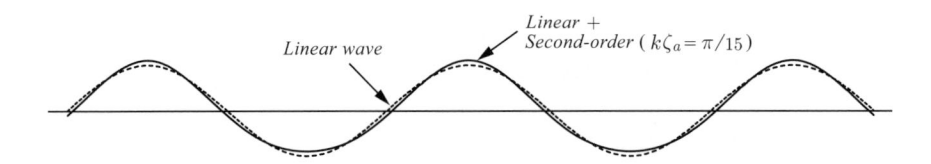

図 3.9 正弦波とストークス波の第 2 近似波形

正弦波に対する補正項である第 2 項は、波の山 ($\omega t - kx = 0$) と谷 ($\omega t - kx = \pi$) の両方で正であるから、波形は図 3.9 の実線のように、山の部分は尖り、谷の部分は扁平になる。実際に観察される水波も多かれ少なかれこのような波形になっている。

続いて 3 次の非線形項 (3.89) についてであるが、有限水深の場合は複雑なので、深水波 ($kh \gg 1$) に対してのみ考えることにする。Φ として (3.91) を代入すると $Q^{(3)}$ の殆どの項がゼロとなるが、次の項のみが残る。

$$Q^{(3)} = -\frac{1}{2}\nabla\Phi\cdot\nabla\big(\nabla\Phi\cdot\nabla\Phi\big) \tag{3.94}$$

したがって (3.87) に代入して左辺に移項すれば、3 次の自由表面条件は次のように表すことができる。

$$\frac{\partial^2\Phi}{\partial t^2} + g\frac{\partial\Phi}{\partial z} + \frac{1}{2}\nabla\Phi\cdot\nabla\big(\nabla\Phi\cdot\nabla\Phi\big) = 0 + O\big(\Phi^4\big) \tag{3.95}$$

Note 3.4 で示した表面張力の影響を考慮したときの解析のように、自由表面条件式は分散関係を決めるための条件式であると見なすこともできる。そこで (3.95) に対しても、水深無限大での水底条件を満たす解として (3.91) を代入してみる。そうすると、分散関係式が

$$\omega^2 = gk\big\{1 + \big(k\zeta_a\big)^2\big\} + O\big(k^3\zeta_a^3\big) \tag{3.96}$$

であれば (3.95) が満たされることが分かる。すなわち、(3.96) のように $O(\zeta_a^2)$ の非線形影響項まで分散関係式が修正されれば、(3.91) は依然として 3 次の自由表面条件式を満たす解であると言える。(3.96) より位相速度を求めると

$$c = \frac{\omega}{k} = \sqrt{\frac{g}{k}\left\{1 + (k\zeta_a)^2\right\}} \simeq \sqrt{\frac{g}{k}}\left\{1 + \frac{1}{2}(k\zeta_a)^2\right\} + O(k^3\zeta_a^3) \tag{3.97}$$

となる。これによれば、波振幅 ζ_a の大きい波の方が速く伝播する。この非線形影響を**振幅分散** (amplitude dispersion) という [3.2]。

ところで、(3.93) や (3.97) の非線形項として現れている無次元値 $k\zeta_a = 2\pi\zeta_a/\lambda$ は、水波の非線形の程度を表す重要なパラメータであり、**最大波傾斜** (maximum wave slope) という。これは文字どおり、正弦波で表される水面変位の勾配 $\partial\zeta(x,t)/\partial x$ における最大値であり、波高 $H(=2\zeta_a)$ と波長 λ との比である**波峻度** (wave steepness) と

$$\frac{H}{\lambda} = \frac{k\zeta_a}{\pi} \tag{3.98}$$

の関係にある。線形性の目安として、(3.97) の位相速度における非線形項が 0.5 % 以下である場合を考えると

$$\frac{1}{2}(k\zeta_a)^2 < 0.005 \longrightarrow \frac{H}{\lambda} < \frac{\sqrt{0.01}}{\pi} \simeq \frac{1}{30} \tag{3.99}$$

という線形性を保証する目安となる波峻度に対する条件が得られる。

【Note 3.5】2 次の速度ポテンシャル _____

有限水深での進行波の 2 次の速度ポテンシャル $\Phi^{(2)}(x,z,t)$ を求めてみよう [3.3]。自由表面条件式は (3.87)、(3.90) によって

$$\left.\begin{array}{l}\dfrac{\partial^2 \Phi^{(2)}}{\partial t^2} + g\dfrac{\partial \Phi^{(2)}}{\partial z} = Q \quad \text{on } z = 0 \\[2mm] Q = \text{Re}\left[-i\dfrac{3}{2}\dfrac{g^2\zeta_a^2}{\omega}k^2(1 - \tanh^2 kh)e^{i\,2(\omega t - kx)}\right]\end{array}\right\} \tag{3.100}$$

である。そこで、ラプラスの式、$z = -h$ での水底条件を満たし、かつ位相関数が $2(\omega t - kx)$ の形となるようにすれば、解を次式の形に表すことができる。

$$\left.\begin{array}{l}\Phi^{(2)} = \text{Re}\left[\phi^{(2)}(x,z)e^{i\,2\omega t}\right], \\[2mm] \phi^{(2)}(x,z) = D\dfrac{\cosh 2k(z+h)}{\cosh 2kh}e^{-i2kx}\end{array}\right\} \tag{3.101}$$

ここで D は未定係数であるが、自由表面条件 (3.100) から決定できる。結果は

$$D = i\frac{3}{4}\frac{g^2\zeta_a^2}{\omega}\frac{k(1 - \tanh^2 kh)}{(2\tanh kh - \tanh 2kh)} \tag{3.102}$$

となる。これを (3.101) に代入し、分散関係を用いて整理すると最終的に次式が得られる。

$$\phi^{(2)}(x,z) = i\frac{3}{8}\omega\zeta_a^2\frac{\cosh 2k(z+h)}{\sinh^4 kh}e^{-i2kx} \tag{3.103}$$

これはストークス波の速度ポテンシャルに対する第 2 近似と呼ばれている。

次に、流体粒子の軌道を計算するために用いた (3.51) の右辺第 2 項、すなわち $O(\zeta_a^2)$ の非線形項について考えてみよう。有限水深の場合には、**Note 3.5** で示したように、速度ポテンシャル自体にも $O(\zeta_a^2)$ の第 2 近似が存在するので、正確な解析は少し複雑になる。そこで、水深無限大の場合についてのみ考えることにする。

(3.52)、(3.53) における $h \to \infty$ での結果を用いて (3.51) を計算すると、次式を得る。

$$\frac{dx_0}{dt} = \frac{\partial \Phi}{\partial x} + (\boldsymbol{x}_0 - \boldsymbol{x}) \cdot \nabla \frac{\partial \Phi}{\partial x}$$
$$= \zeta_a \omega e^{kz} \cos(\omega t - kx) + \zeta_a^2 k \omega e^{2kz} + O(\zeta_a^3) \tag{3.104}$$

$$\frac{dz_0}{dt} = \frac{\partial \Phi}{\partial z} + (\boldsymbol{x}_0 - \boldsymbol{x}) \cdot \nabla \frac{\partial \Phi}{\partial z}$$
$$= -\zeta_a \omega e^{kz} \sin(\omega t - kx) + O(\zeta_a^3) \tag{3.105}$$

この結果より、水粒子の水平方向の速度には、時間に依存しない $O(\zeta_a^2)$ の項があることが分かる。したがって非線形項まで考えると、水粒子の軌道は閉じておらず完全な円軌道ではないので、平均的には水平方向に少しずつ移動している。これを**ストークス・ドリフト** (Stokes drift) という。

(3.104) を用いて 1 周期間における質量輸送の時間平均値 $\overline{M}$ を考えてみる。これは次のように計算できる。

$$\overline{M} = \frac{1}{T} \int_0^T \left[\int_{-\infty}^0 \rho \frac{dx_0}{dt} dz \right] dt = \frac{1}{2} \rho \omega \zeta_a^2 = \frac{1}{2} \rho g \zeta_a^2 \frac{1}{c} \tag{3.106}$$

ここで c は (3.48) に示した深水波の位相速度である。

(3.106) における $\frac{1}{2} \rho g \zeta_a^2$ は (3.83) で示したように、進行波のエネルギー密度の時間平均値 $\overline{E}$ であるから、次の関係が成り立つことが分かる。

$$\overline{E} = \overline{M} c \tag{3.107}$$

すなわち、進行波のエネルギー密度の時間平均値は、ストークス・ドリフトによる質量輸送量の時間平均値 $\overline{M}$ と位相速度 c の積に等しい。

ストークス・ドリフトの現象は、$O(\zeta_a^2)$ の非線形現象によって説明できるものであり、実際の海面に浮かんでいる小さな浮体の動きを見ていると容易に観察することができる。

> **演習 3.3**
>
> ストークス・ドリフトの現象は、流体粒子の動きをラグランジュ的に取り扱うことによって説明されたが、これによる質量輸送量をオイラー的に考えてみよう。波の谷より下の部分では時間的に周期関数であるから、質量輸送量は波の谷より下では起こり得ず、あるとすれば波の谷より上の部分からの寄与である。すなわち
>
> $$\overline{M} = \frac{1}{T} \int_0^T \left[\int_{-\zeta_a}^{\zeta} \rho \frac{\partial \Phi}{\partial x} dz \right] dt \tag{3.108}$$
>
> によって計算できるはずである。この計算を $O(\zeta_a^2)$ の項の寄与まで考えて行い、(3.106) に等しいことを示しなさい。

第4章 2次元浮体の造波理論

波浪中船体運動の実用的計算法として、次章で述べるストリップ法が確立されている。この計算法では一般的に船は細長いということを前提に、船体の各横断面に働く2次元流体力を船長方向に積分することによって、3次元物体としての船に働く流体力を求める。したがって、2次元浮体に働くラディエイション流体力や波浪強制力をどのように計算するかを理解することが基本となる。また、2次元浮体の造波理論は、浮体の動揺によって造られる波と浮体に働く流体力の関係など、流体力学的に重要な関係式やその物理的意味を理解する上で都合がよい。

4.1 周期的わき出しによる速度ポテンシャル

浮体動揺による流体の撹乱は、境界条件を満たすように強さが決められた**わき出し** (source)[†] などの流体力学的特異点の重ね合わせによって表わされる。そこでまず、単位強さの周期的わき出しによって、どのような波が造られるのかを知ることから始めよう。造波機や浮体のような撹乱源の近くでの流場は複雑ではあるが、局所的にのみ存在する波（これを局所波という）は撹乱源から遠ざかれば減衰して消失し、前章で説明した進行波成分のみとなる。したがって周期的わき出しによる速度ポテンシャルは進行波と局所波の両方を表す式となるはずであり、その具体的な式を求めてみる。ここでは簡単のために水深無限大の2次元問題について考えるが、他の問題に対しても式変形に関する基本的な考え方は同じである。

周期的に変動する単位強さのわき出しを考えるので、まず時間項を分離し、速度ポテンシャルを次のように表す。

$$\Phi(y,z,t) = \text{Re}\left[G(y,z)e^{i\omega t}\right] \quad (4.1)$$

わき出しは図4.1の座標系で $(0,\zeta)$ のところにあるとする。わき出しによる流場は、わき出しの左右で対称となるので、以下の解析では $y>0$ と考えておけばよい。また、わき出しの位置が $y=0$ 上ではないとき（例えば $y=\eta$）は、座標を平行移動すればよいので、$y>0$ として得られた最終結果において、y の代わりに $|y-\eta|$ とすれば一般的な式となることに注意しておこう。

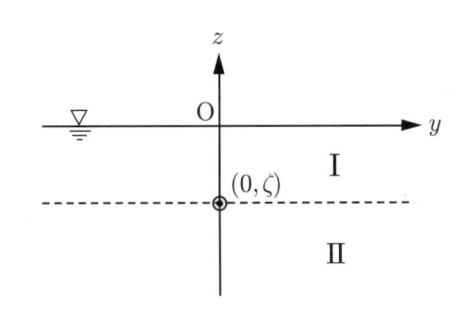

図4.1 解析領域と座標系

さて、(4.1) の複素振幅部分 $G(y,z)$ に関する条件式をまとめると

$$[L] \quad \nabla^2 G = \delta(y)\delta(z-\zeta) \quad (4.2)$$

[†] 吹き出しと言うこともある。

である。ここで二、三の注意をしておく。

まず質量保存則を表すラプラスの式 (4.2) の右辺はゼロではなく、わき出し点の位置 ($y = 0, z = \zeta$) でのみ特異性を示す強さ 1 のデルタ関数となっている。これは、流体領域 (V) 内にわき出し点を含む場合の流量 Q が、

$$Q = \int_S \frac{\partial G}{\partial n} d\ell = \int_S \boldsymbol{n} \cdot \nabla G \, d\ell = \iint_V \nabla^2 G \, dS$$
$$= \iint_V \delta(y) \, \delta(z-\zeta) \, dS = 1 \tag{4.6}$$

$$[F] \quad \frac{\partial G}{\partial z} - KG = 0 \quad \text{on } z = 0 \,;\quad K = \frac{\omega^2}{g} \tag{4.3}$$

$$[B] \quad \frac{\partial G}{\partial z} = 0 \quad \text{as } z \to -\infty \tag{4.4}$$

$$[R] \quad G \sim A e^{-iKy} \quad \text{as } y \to +\infty \tag{4.5}$$

であり、流体領域内にわき出し点を含まない場合には $Q = 0$ であることを示している。((4.6) の式変形にはガウスの定理を用いた。)

次に (4.5) は**放射条件** (radiation condition) であり、撹乱源から遠ざかると外方へ伝播する進行波成分だけになることを示している。(4.1) のように時間項を $e^{i\omega t}$ と表しているので、y 軸の正方向へ伝播する波数 K の波を表す速度ポテンシャルは $G \sim e^{-iKy}$ となっていなければならない。

(4.2)〜(4.5) を満たす解を求める方法として、ここではフーリエ変換を用いる。フーリエ変換の定義は (2.22)、(2.23) で与えられているが、本節ではそれらを次のように表す。

$$\left. \begin{array}{l} G^*(k;z) = \displaystyle\int_{-\infty}^{\infty} G(y,z) \, e^{-iky} \, dy \\[6pt] G(y,z) = \dfrac{1}{2\pi} \displaystyle\int_{-\infty}^{\infty} G^*(k;z) \, e^{iky} \, dk \end{array} \right\} \tag{4.7}$$

まず (4.2)〜(4.4) のフーリエ変換を求める。デルタ関数のフーリエ変換 (2.31)、微分のフーリエ変換 (2.62) などの関係を用いれば

$$[L] \quad \frac{d^2 G^*}{dz^2} - k^2 G^* = \delta(z-\zeta) \tag{4.8}$$

$$[F] \quad \frac{dG^*}{dz} - KG^* = 0 \quad \text{on } z = 0 \tag{4.9}$$

$$[B] \quad \frac{dG^*}{dz} = 0 \quad \text{as } z \to -\infty \tag{4.10}$$

のように、z に関する常微分方程式となる。この解法として次の手順に従う。

1) z 方向の領域を、図 4.1 に示すように、$z = \zeta$ を境として上下 2 つの領域に分け、それぞれを I, II と表す。領域 I ($\zeta < z \leq 0$) で成立する解を $G_1^*(k;z)$、領域 II ($-\infty < z \leq \zeta$) で成立する解を $G_2^*(k;z)$ と表す。

2) G_1^*, G_2^* は、それぞれ $z = \zeta$ を含まないので (4.8) の右辺はゼロとなり、ともに同次の 2 階線形常微分方程式を満たす。したがって、G_1^*, G_2^* はそれぞれ未定係数を 2 個含んだ一般解として容易に求められる。

3) G_1^* は $z=0$ で (4.9) の線形自由表面条件 $[F]$ を満足し、G_2^* は $z=-\infty$ で (4.10) の水底条件 $[B]$ を満足する。これらによって、G_1^*, G_2^* はそれぞれ 1 個の未知係数を含んだ形にすることができる。

4) したがって条件式があと 2 個必要であるが、それらは $z=\zeta$ での G_1^* と G_2^* のマッチング条件として与えられる。その条件式を具体的に知るために、これまでの解析で除外していた $z=\zeta$ を含む微小範囲 ($\zeta-\epsilon \leq z \leq \zeta+\epsilon$) で (4.8) を積分すると

$$\left[\frac{dG^*}{dz}\right]_{\zeta-\epsilon}^{\zeta+\epsilon} - k^2 \int_{\zeta-\epsilon}^{\zeta+\epsilon} G^* \, dz = \int_{\zeta-\epsilon}^{\zeta+\epsilon} \delta(z-\zeta) \, dz = 1 \tag{4.11}$$

となる。これより、$\epsilon \to 0$ では次の条件が成り立たなければならない。

$$G_1^*(k;\zeta) = G_2^*(k;\zeta) \tag{4.12}$$

$$\left.\frac{dG_1^*}{dz}\right|_{z=\zeta} - \left.\frac{dG_2^*}{dz}\right|_{z=\zeta} = 1 \tag{4.13}$$

この 2 つの条件によって G_1^*, G_2^* を完全に決定でき、したがって全領域で成り立つ解 $G^*(k;z)$ を求めることができる。それを (4.7) の定義によって逆フーリエ変換すれば、単位強さの周期的わき出しによる速度ポテンシャルを得ることができる。

上記の手順によって具体的に計算してみよう。まず (4.8) の同次解は

$$G^*(k;z) = C_1 e^{|k|z} + C_2 e^{-|k|z} \tag{4.14}$$

である。次に (4.9) を満たす G_1^*、(4.10) を満たす G_2^* を求めると次式となる。

$$G_1^*(k;z) = C\left\{e^{-|k|z} - e^{|k|z} + \frac{2|k|}{|k|-K} e^{|k|z}\right\} \tag{4.15}$$

$$G_2^*(k;z) = D\, e^{|k|z} \tag{4.16}$$

未定係数 C, D は (4.12)、(4.13) によって決定することができる。その結果を上式に代入すると G_1^*, G_2^* は非常に似通った式になるが、G_1^* は $z-\zeta > 0$、G_2^* は $z-\zeta < 0$ に対して成り立つことを考慮すれば、流体領域全体で成り立つように G_1^*, G_2^* を統一して 1 つの式で表すことができる。その結果は次式となる。

$$G^*(k;z) = -\frac{1}{2|k|}\left\{e^{-|k||z-\zeta|} - e^{|k|(z+\zeta)}\right\} - \frac{e^{|k|(z+\zeta)}}{|k|-K} \tag{4.17}$$

この逆フーリエ変換を計算すればよいが、それに関連して、次に示す関係式

$$\log\frac{r}{r_1} = -\int_0^\infty \left\{e^{-k|z-\zeta|} - e^{k(z+\zeta)}\right\} \frac{\cos ky}{k} \, dk \tag{4.18}$$

ただし
$$\left.\begin{array}{c} r \\ r_1 \end{array}\right\} = \sqrt{y^2 + (z \mp \zeta)^2}$$

を用いると、求めるべき速度ポテンシャルは次のように与えられることが分かる。

$$G(y,z;0,\zeta) = \frac{1}{2\pi}\bigl(\log r - \log r_1\bigr) - \frac{1}{\pi}\int_0^\infty \frac{e^{k(z+\zeta)}\cos ky}{k-K} \, dk \tag{4.19}$$

この式の右辺第1項、すなわち $\frac{1}{2\pi}\log r$ の項は、無限流体中での単位強さ（流量 $Q=1$）のわき出しによる速度ポテンシャルである。この項は、2次元極座標による動径 r のみに関係しており、ラプラス方程式の**基本解** (fundamental solution) あるいは主要解と言われ、(4.2) の右辺の特異性を表している。(4.19) のそれ以外の項は、自由表面条件 $[F]$ を満たすために付加された自由表面影響項である。(4.2) のような特異性を有するラプラス方程式を満たす解は数学的には重要であり、**グリーン関数** (Green function) と呼ばれる。また (4.19) のように、同次の境界条件式である線形自由表面条件や後で述べられる放射条件も満足するグリーン関数は、特に**自由表面グリーン関数** (free-surface Green function) と呼ばれる [4.1]。

演習 4.1

(4.18) の関係式が成り立つことを示しなさい。(2.55) 式の積分を考えることが一つの方法である。

ここまでの解析では、(4.5) で示される放射条件 $[R]$ を陽な形で考慮しないまま (4.19) が求められた。(4.19) の k に関する積分項は、$k=K$ で特異性のある、いわゆる特異積分であるが、実はその数学的に正しい取り扱い方によって、波がわき出し点から外方へ伝播するという物理的に正しい放射条件を満たすことができる。そのことについてもう少し詳しく説明しよう。

特異積分の処理方法として以下の3通りが可能であり、数学的にはどれも正しいと言える。

$$\int_0^\infty \frac{e^{kz}\cos ky}{k-K}\,dk = \begin{cases} \displaystyle\lim_{\mu\to 0}\int_0^\infty \frac{e^{kz}\cos ky}{k-(K-i\mu)}\,dk \equiv I_1 \\ \displaystyle\lim_{\mu\to 0}\int_0^\infty \frac{e^{kz}\cos ky}{k-(K+i\mu)}\,dk \equiv I_2 \\ \displaystyle\frac{1}{2}\bigl(I_1+I_2\bigr)\equiv I_3 \end{cases} \quad (4.20)$$

しかしこれらの3通りによって得られる結果は物理的には異なる意味をもつ。その中で進行波が外方へ伝播することを表す解、すなわち $y\to +\infty$ で $G\sim e^{-iKy}$ となっている解が物理的に正しいということになる。その選択が放射条件 $[R]$ を課したということになるのである。

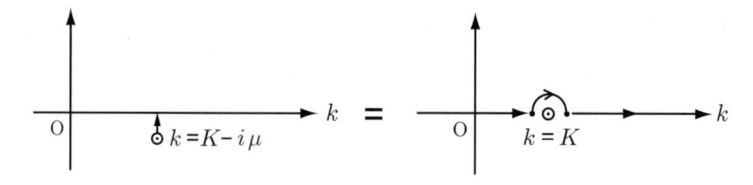

図 4.2 特異積分の考え方

まず (4.20) の I_1 について考えてみる。$\mu\to 0$ の極限をとることは、特異点の位置を実軸よりほんの少し下げておき（$K-i\mu$ のように微小な虚数部をもつとしておき）、実軸の下からその特異点を実軸上へ押し戻すような操作をすることに相当する。このとき、図 4.2 に示すように積分路が変形され、$k=K$ まわりを微小半径の円に沿って時計まわりの方向に半周だけ回る部分と、それ以外の実軸上の積分との和になる。前者の特異点まわりを時計まわりに半周することによる積分は、留数の定理によって計算することができ、結果は次のように表すことができる。

$$I_1 = \lim_{\mu\to 0}\int_0^\infty \frac{e^{kz}\cos ky}{k-(K-i\mu)}\,dk = \oint_0^\infty \frac{e^{kz}\cos ky}{k-K}\,dk - \pi i\,e^{Kz}\cos Ky \quad (4.21)$$

上式の右辺第1項の積分は、図4.2に示すように、$k=K$の近傍を除いた実軸上の積分であり、**コーシーの主値積分** (Cauchy's principal-value integral)

$$I_C \equiv \oint_0^\infty \frac{e^{kz}\cos ky}{k-K}dk = \lim_{\varepsilon \to 0}\left\{\int_0^{K-\varepsilon} + \int_{K+\varepsilon}^\infty\right\}\frac{e^{kz}\cos ky}{k-K}dk \tag{4.22}$$

である。これは実関数であることに注意しよう。すなわち (4.21) の I_1 の計算において、虚数部が得られるのは $k=K$ における留数の寄与によるものだけである。このことによって結果的に速度ポテンシャルが複素数になり、それによって物理的には進行波を表すことができ、速度ポテンシャルの虚数部分によって造波による減衰力係数が計算できることになるから、(4.21) の虚数部の計算は後々大変重要な意味をもっている。

さて、(4.22) の主値積分を複素経路積分によってさらに変形することを考えよう。まず、u を複素変数とし、

$$J \equiv \oint_C \frac{e^{uz+iuy}}{u-K}du \quad (y>0,\ z<0) \tag{4.23}$$

なる複素経路積分を考える。この複素積分の経路 C は無限遠方での計算が収束するように取らなければならない。それを理解するために $u = Re^{i\theta}\ (R\to\infty)$ とおくと

$$e^{uz+iuy} = e^{-R(y\sin\theta - z\cos\theta)}e^{iR(y\cos\theta + z\sin\theta)} \tag{4.24}$$

であるから、$y>0,\ z<0$ では $0\leq\theta\leq\pi/2$ となっている限り、$R\to\infty$ で指数関数的に減衰することが分かる。そこで (4.23) の経路として、図4.3 に示しているように、第1象限の 1/4 半円を考えてみる。もちろん $y<0$ に対しては $-\pi/2 \leq \theta \leq 0$ の第4象限に積分経路を考えることになる。そのように場合分けして計算してみてもよいのだが、その結果は、$y>0$ として求めた式において y を $|y|$ と置き換えたものに等しい。これは、わき出しによる流場が左右対称であり、y に関して偶関数でなければならないから当然の結果である。

正しい積分経路が選ばれたならば、無限遠での寄与はないから、複素積分におけるコーシーの基本定理によって次のように表される。

$$J = \oint_0^\infty \frac{e^{kz+iky}}{k-K}dk - \pi i\, e^{Kz+iKy} + \int_\infty^0 \frac{e^{ikz-ky}}{ik-K}i\,dk = 0 \tag{4.25}$$

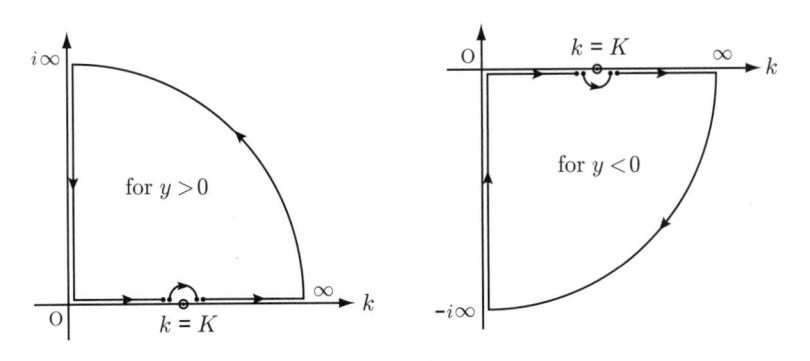

図4.3 複素積分径路

この実数部分を取ると

$$I_C = \oint_0^\infty \frac{e^{kz}\cos ky}{k-K} dk = \int_0^\infty \frac{k\cos kz + K\sin kz}{k^2+K^2} e^{-ky} dk - \pi\, e^{Kz}\sin Ky \tag{4.26}$$

が得られる。これは既に注意したように実関数である。これを (4.21) の右辺第 1 項に代入して整理すると、最終的に次式が得られる。

$$I_1 = \int_0^\infty \frac{k\cos kz + K\sin kz}{k^2+K^2} e^{-k|y|} dk - \pi i\, e^{Kz - iK|y|} \tag{4.27}$$

この式で $|y| \to \infty$ を考えれば分かるように、右辺第 1 項は撹乱源から遠ざかると減衰する項、すなわち**局所波** (local wave)† に対応しており、右辺第 2 項は外側へ伝播する**進行波** (progressive wave) に対応している。したがって (4.20) における I_1 の特異積分の処理方法が、正しい放射条件を満足させるものであったことが分かる。

一方、(4.20) における I_2 の方法、すなわち特異点 $k=K$ を実軸のほんの少し上へずらしておいて後で戻すという計算方法では、得られる結果は I_1 の複素共役をとることになり、(4.21) に対応する式は

$$I_2 = \oint_0^\infty \frac{e^{kz}\cos ky}{k-K} dk + \pi i\, e^{Kz}\cos Ky \tag{4.28}$$

となる。右辺第 1 項は (4.26) で与えられるから、(4.27) に対応する式を求めると、$|y| \to \infty$ で $I_2 \sim +\pi i e^{Kz+iK|y|}$ となっている。これは外方から内側へ入射してくる波を表す解である。また、(4.20) の I_3 は I_1 と I_2 の相加平均であるから、$|y| \to \infty$ では進行波ではなく、定在波の解となる。これらのことから、I_2, I_3 の特異積分の処理方法は、数学的に正しくても、物理的な波の伝播方向の考察（放射条件）によって排除されることになる。

以上で得られた結果は、一般化するために y を $|y-\eta|$ と書き換えて、

$$\begin{aligned}
G(y,z;\eta,\zeta) &= \frac{1}{2\pi}\log\frac{r}{r_1} - \frac{1}{\pi}\lim_{\mu\to 0}\int_0^\infty \frac{e^{k(z+\zeta)}\cos k(y-\eta)}{k-(K-i\mu)} dk \tag{4.29}\\
&= \frac{1}{2\pi}\log\frac{r}{r_1} - \frac{1}{\pi}\oint_0^\infty \frac{e^{k(z+\zeta)}\cos k(y-\eta)}{k-K} dk + i\, e^{K(z+\zeta)}\cos K(y-\eta) \tag{4.30}\\
&= \frac{1}{2\pi}\log\frac{r}{r_1} - \frac{1}{\pi}\int_0^\infty \frac{k\cos k(z+\zeta) + K\sin k(z+\zeta)}{k^2+K^2} e^{-k|y-\eta|} dk \\
&\qquad + i\, e^{K(z+\zeta)-iK|y-\eta|} \tag{4.31}
\end{aligned}$$

のようにまとめることができる。

以上の説明から想像できるように、放射条件 $[R]$ を満足させるキーポイントは、自由表面条件における波数 K を実数ではなく、非常に小さな負の虚数部を持つ複素数 ($K-i\mu$, $\mu>0$) と考えることであった。すなわち、(4.3) の自由表面条件を

$$\frac{\partial G}{\partial z} - (K-i\mu)G = 0 \quad \text{on } z=0 \tag{4.32}$$

としておいて、本節で示したフーリエ変換を用いた式変形を行うと、(4.19) に対応する結果は

---

† evanescent wave と言われることもある。

(4.29) となり、言わば放射条件が自動的に満足される。言い換えれば (4.32) の表し方をすれば、線形自由表面条件と放射条件の両方を一緒に表していることになる。

波数 K を小さな負の虚数部を持つ複素数 $K-i\mu$ と考える物理的な意味について考えてみる。ここで考えている周期的動揺問題では、すでに周期的定常状態を前提としているために初期条件が欠落している。初期値問題として考えれば解に不定性が残らないが、それに代わって解を唯一に決めるために放射条件を課していると言うこともできる。そこで初期条件として、$t=-\infty$ に動揺が始まって周期的定常状態に達したと考えれば、微小な正の値 ϵ を導入して、(4.1) を

$$\Phi(y,z,t) = \mathrm{Re}\left[G(y,z)e^{\epsilon t}e^{i\omega t}\right] = \mathrm{Re}\left[G(y,z)e^{i(\omega-i\epsilon)t}\right] \tag{4.33}$$

としておけばよい。すなわち円周波数 ω を、$\omega-i\epsilon$ のように微小な負の虚数部をもつ複素数と考えれば、$t=-\infty$ のとき $\Phi=0$ とすることができる。この式を出発点として (4.3) に相当する線形自由表面条件式を求めると、波数 K は

$$K \longrightarrow \frac{(\omega-i\epsilon)^2}{g} \simeq \frac{\omega^2}{g} - i\frac{2\omega\epsilon}{g} \equiv K - i\mu$$

としておけばよいことになり、これが (4.32) である。よって初期条件を課すこと（ω を $\omega-i\epsilon$ と見なすこと）が放射条件を課すことと等価であるということが理解できよう。

【Note 4.1】レイリー の仮想摩擦係数

波数 $K-i\mu$ における微小な負の虚数部 μ は放射条件を満足するために重要な役割を果たしているが、その μ に対する別の物理的な説明方法として、**レイリーの仮想摩擦係数** (Rayleigh's artificial friction coefficient) の考え方[4.2]を紹介しておこう。

まず非粘性流体運動の支配方程式であるオイラー方程式 (3.3) まで立ち返り、実際には存在しないが、速度に比例する摩擦が流体に働いていると仮定しよう。この摩擦力は流体の速度と反対方向に働くので、その比例係数を μ と表すと、(3.3) における外力 $\boldsymbol{K}$ を

$$\boldsymbol{K} = -g\boldsymbol{k} - \mu\boldsymbol{u} \tag{4.34}$$

のように修正しておけばよい。このとき、渦なし流れに対するオイラー方程式は、$\boldsymbol{u}=\nabla\Phi$ を代入して変形すると

$$\frac{\partial\Phi}{\partial t} + \frac{1}{2}\nabla\Phi\cdot\nabla\Phi + \frac{p}{\rho} + gz + \mu\Phi = f(t) \tag{4.35}$$

となる。この圧力方程式を用いて自由表面条件式を求めるためには、(3.19) のように圧力の実質微分を考えればよい。その結果を更に線形化すると次式が得られる。

$$\frac{\partial^2\Phi}{\partial t^2} + \mu\frac{\partial\Phi}{\partial t} + g\frac{\partial\Phi}{\partial z} = 0 \quad \text{on } z=0 \tag{4.36}$$

Φ の時間項を $e^{i\omega t}$ として (4.1) のように表せば、(4.36) は

$$\frac{\partial G}{\partial z} - \frac{1}{g}\left(\omega^2 - i\omega\mu\right)G = 0 \quad \text{on } z=0 \tag{4.37}$$

となり、これは $\frac{\omega}{g}\mu$ を新たに μ と表せば (4.32) と同じ式である。

このように $K-i\mu$ における μ は、流体に仮想の摩擦力を考えたときの比例係数であると理解することもできる。このようなレイリーの仮想摩擦という考え方を用いれば、より物理的な考察が難しい複雑な問題、例えば前進しながら動揺する 3 次元グリーン関数を求める場合でも、数学的な変形のみで正しい放射条件を自動的に満足させることが可能となる。

4.2 グリーンの公式

本節では、グリーン関数を用いて任意形状浮体による撹乱速度ポテンシャルの表示式を求めるのが目的である。その基礎となるグリーンの公式の導出から始めよう。

まずガウスの定理を 2 次元問題に対して表すと、任意のベクトル $\boldsymbol{A}$ に対して

$$\iint_V \nabla \cdot \boldsymbol{A}\, dS = -\oint_S \boldsymbol{n} \cdot \boldsymbol{A}\, d\ell \tag{4.38}$$

である。ここで $\boldsymbol{n}$ は法線ベクトルであるが、考えている流体領域 V の内向き（浮体表面から流体方向）を正としているので、右辺にマイナスを付けている。まず任意のベクトル $\boldsymbol{A}$ として $\boldsymbol{A} = \phi \nabla G$ を考える。ϕ は求めるべき速度ポテンシャル、G は前節で説明した単位強さのわき出しによる速度ポテンシャル（自由表面グリーン関数）である。このとき (4.38) は

$$\iint_V \left(\nabla \phi \cdot \nabla G + \phi \nabla^2 G \right) dS = -\oint_S \phi \frac{\partial G}{\partial n}\, d\ell \tag{4.39}$$

となる。次に ϕ と G を入れ替えて $\boldsymbol{A} = G \nabla \phi$ を (4.38) に代入した式を作り、(4.39) との差を考える。その結果は次式となる。

$$\iint_V \left(\phi \nabla^2 G - G \nabla^2 \phi \right) dS = \oint_S \left\{ \frac{\partial \phi}{\partial n} G - \phi \frac{\partial G}{\partial n} \right\} d\ell \tag{4.40}$$

この式の左辺において、速度ポテンシャル ϕ は $\nabla^2 \phi = 0$ を満たしているが、グリーン関数はわき出し点を流体領域内に含むときには

$$\nabla^2 G = \delta(y - \eta)\delta(z - \zeta) \tag{4.41}$$

を満たす。したがって、デルタ関数の性質によって (4.40) は次式のように表すことができる。

$$\phi(\mathrm{P}) = \oint_S \left\{ \frac{\partial \phi(\mathrm{Q})}{\partial n_Q} - \phi(\mathrm{Q}) \frac{\partial}{\partial n_Q} \right\} G(\mathrm{P};\mathrm{Q})\, d\ell(\mathrm{Q}) \tag{4.42}$$

ただし $\mathrm{P} = (y, z)$ は流体内の点、$\mathrm{Q} = (\eta, \zeta)$ は境界面上の積分点を表すものとする。

この式によれば、流体領域を取り囲むすべての境界面上での法線速度 $\partial \phi / \partial n$、速度ポテンシャル ϕ の値から、流体領域内の任意の点での速度ポテンシャルの値 $\phi(\mathrm{P})$ が求められることになる。この関係式を**グリーンの公式** (Green's formula) [4.3] という。グリーン関数は単位強さのわき出しによる速度ポテンシャルであるから、$\partial \phi / \partial n$ はわき出し分布の強さ、また $\partial G(\mathrm{P};\mathrm{Q})/\partial n_Q$ は法線方向に軸を持つ二重わき出しを表すから、$\phi(\mathrm{Q})$ は二重わき出し分布のモーメントと解釈することもできる。後で述べるように、一般に法線速度 $\partial \phi / \partial n$ は物体表面境界条件によって既知であるが、物体表面上の速度ポテンシャル ϕ は未定であり、積分方程式を解くことによって初めて求められる。

(4.42) における境界面 S は、図 4.4 に示すように、浮体表面 S_H、自由表面 S_F、水底 S_B、および自由表面と水面とを結ぶ無限遠での境界面（放射境界面）$S_{\pm\infty}$ である。グリーン関数 $G(\mathrm{P};\mathrm{Q})$ は $\mathrm{P} = (y, z)$ と $\mathrm{Q} = (\eta, \zeta)$ を入れ替えても全く同じ式であるという**相反関係** (reciprocity relation)

$$G(\mathrm{P};\mathrm{Q}) = G(\mathrm{Q};\mathrm{P}) \tag{4.43}$$

4.2 グリーンの公式

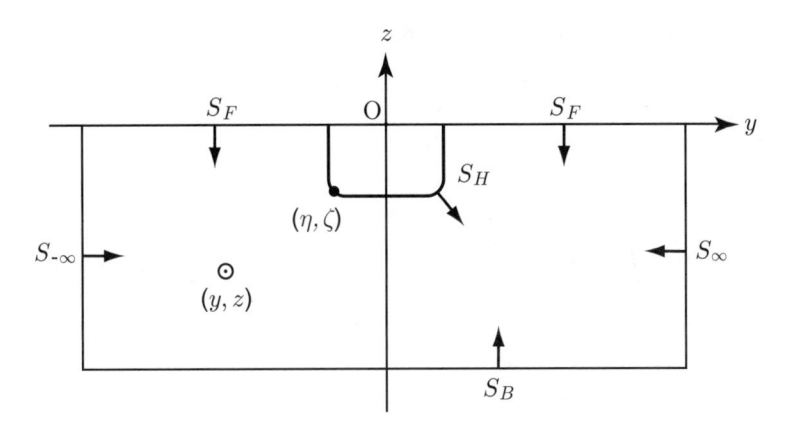

図4.4 速度ポテンシャル表示式における座標系と記号

が成り立っている。したがって求めるべき速度ポテンシャル $\phi(\mathrm{Q})$ と $G(\mathrm{P};\mathrm{Q})$ が満たしている境界条件は次のように表すことができる。

$$\left.\begin{array}{ll} [S_F] & \dfrac{\partial \phi}{\partial n} = -\dfrac{\partial \phi}{\partial \zeta} = -K\phi \;;\quad \dfrac{\partial G}{\partial n} = -\dfrac{\partial G}{\partial \zeta} = -KG \quad \text{on } \zeta=0 \\[2mm] [S_B] & \dfrac{\partial \phi}{\partial n} = \dfrac{\partial \phi}{\partial \zeta} = 0 \;;\quad \dfrac{\partial G}{\partial n} = \dfrac{\partial G}{\partial \zeta} = 0 \quad \text{as } \zeta \to -\infty \\[2mm] [S_{\pm\infty}] & \dfrac{\partial}{\partial n} = \mp \dfrac{\partial}{\partial \eta}\;, \quad \phi \sim A e^{K\zeta \mp iK\eta}\;;\quad G \sim B e^{K\zeta \mp iK\eta} \end{array}\right\} \quad (4.44)$$

これらを (4.42) に代入すれば、S_F, S_B, $S_{\pm\infty}$ 上での積分における被積分関数はすべてゼロとなり、浮体表面 S_H 上での積分だけが残ることが分かる。したがって (4.42) は

$$\phi(\mathrm{P}) = \int_{S_H} \left\{ \frac{\partial \phi(\mathrm{Q})}{\partial n_Q} - \phi(\mathrm{Q}) \frac{\partial}{\partial n_Q} \right\} G(\mathrm{P};\mathrm{Q})\, d\ell(\mathrm{Q}) \qquad (4.45)$$

のように書くことができる。

このように、求めるべき速度ポテンシャルが満足すべき同次の境界条件と全く同じ式を満足するようにグリーン関数を求めておけば、グリーンの公式によって、同次の境界条件式となる境界面上での積分はすべてゼロとなり、その境界面を積分範囲から除外できるという大きなメリットがある。

浮体表面上では、後で具体的に示されるように、流体の法線速度 $\partial \phi/\partial n$ は浮体動揺の法線速度に等しいという非同次の境界条件式で陽に与えられるが、浮体表面上の速度ポテンシャル ϕ は陽な形で与えられない。それを決めるために、(4.45) で点 $\mathrm{P}=(y,z)$ を浮体表面に置いた場合を考えると、左辺の $\phi(\mathrm{P})$ も右辺の被積分関数内にある $\phi(\mathrm{Q})$ も浮体表面上の値であるから、浮体表面上の速度ポテンシャルに関する積分方程式が得られる。ただし、点 P が境界面上にあるときは (4.45) の左辺には注意が必要である。グリーンの公式で (4.45) の左辺の係数が 1 となっているのは、(4.40)、(4.41) で示されたように、わき出し点から流体内への流量が $Q=1$ であったためである。点 P が滑らかな境界面上に置かれている場合、流体内への流量は半分になるは

ずであるから、その場合の (4.41) に相当する式は
$$\nabla^2 G = \frac{1}{2}\delta(y-\eta)\delta(z-\zeta)$$
である。したがって (4.40) より、点 P が浮体表面上にあるときには (4.45) の左辺の係数が 1/2 となった式となり、それは次のように表すことができる。

$$\frac{1}{2}\phi(\mathrm{P}) + \int_{S_H}\phi(\mathrm{Q})\frac{\partial}{\partial n_Q}G(\mathrm{P};\mathrm{Q})\,d\ell(\mathrm{Q}) = \int_{S_H}\frac{\partial\phi(\mathrm{Q})}{\partial n_Q}G(\mathrm{P};\mathrm{Q})\,d\ell(\mathrm{Q}) \qquad (4.46)$$

この式の右辺は境界条件式によって陽に与えられるから、(4.46) は浮体表面上の速度ポテンシャルに関する**積分方程式** (integral equation) である。これを数値的に解くことによって浮体表面上の速度ポテンシャルを求める方法は、**境界要素法** (boundary element method) による**直接法** (direct method) と言われている。

【Note 4.2】立体角の計算と間接法 _____

(4.46) の左辺第 1 項における係数 1/2 は、点 P が滑らかな境界面にあるときの値であるが、もし点 P が折れ線の頂点にある場合などは、その点での流体領域側の幾何学的な角度に依存した値となる。すなわち、その角度を θ_P とすれば、1/2 に対応する値は $C_P = \theta_P/2\pi$ である。この C_P は、特に 3 次元問題では**立体角** (solid angle) と呼ばれる。

この C_P を数値的に求める方法として、**等ポテンシャル条件** (equi-potential condition) を適用することが知られている。これは、流体を取り囲むすべての境界面で法線速度 $\partial\phi/\partial n = 0$ であるならば、境界面を含む流体内のすべての点で速度ポテンシャル ϕ は一定値でなければならないという結果を用いることである。

この証明は次のように行う。流体の運動エネルギーに関係した
$$E = \iint_V |\nabla\phi|^2 \,dS = \iint_V \nabla\phi\cdot\nabla\phi\,dS = \oint_S \phi\frac{\partial\phi}{\partial n}\,d\ell \qquad (4.47)$$
の式において、境界面 S 上で $\partial\phi/\partial n = 0$ ならば $E = 0$ となるが、$E \geq 0$ でなければならないことを考えれば、$E = 0$ となるためには流体領域 V 内で $\nabla\phi = 0$ でなければならず、これは ϕ が一定値であることを意味している。このことを (4.46) の S_H に対して適用すると
$$C_P + \int_{S_H}\frac{\partial}{\partial n_Q}G(\mathrm{P};\mathrm{Q})\,d\ell(\mathrm{Q}) = 0 \qquad (4.48)$$
の関係が得られ、これから C_P の値を数値的に計算することができる。

ところで、点 P における速度ポテンシャルを表す別の方法として、浮体の没水表面上に強さ $\sigma(\mathrm{Q})$ のわき出しを分布させることによって
$$\phi(\mathrm{P}) = \int_{S_H}\sigma(\mathrm{Q})G(\mathrm{P};\mathrm{Q})\,d\ell(\mathrm{Q}) \qquad (4.49)$$
と表すこともできる。物体表面 (S_H) 上での法線速度に関する境界条件を適用するために、点 P が流体内から境界面上に近づいていった極限での法線速度を考えると、
$$C_P\sigma(\mathrm{P}) + \int_{S_H}\sigma(\mathrm{Q})\frac{\partial}{\partial n_P}G(\mathrm{P};\mathrm{Q})\,d\ell(\mathrm{Q}) = \frac{\partial\phi(\mathrm{P})}{\partial n_P} \qquad (4.50)$$
が得られる。右辺の $\partial\phi/\partial n$ が S_H 上での境界条件によって与えられるとすると、(4.50) も $\sigma(\mathrm{P})$ に関する積分方程式であり、これを解いてわき出し分布の強さを求め、その結果を (4.49) に代入すれば、速度ポテンシャルを求めることができる。

このようにして速度ポテンシャルを求める方法は**間接法** (indirect method) と言われている。間接法による積分方程式の数値解法は直接法と殆ど同じであるが、(4.50) ではグリーン関数の法線微分が P = (y, z) に関する演算になっていることに注意する必要がある。

4.3 コチン関数

4.1 節では、わき出し点からの距離が遠くなると、わき出しによって造られる波のうち、局所波は減衰して進行波成分のみとなることを知った。その特性は任意形状浮体によって造られる波の場合でも全く同じである。ただ進行波の振幅や位相がわき出し単独のものとは異なるはずであるが、それを具体的に示しておこう。そのために、流体内の点 P = (y, z) が浮体から遠くにある場合の速度ポテンシャルの挙動を考える。(4.45) の右辺において P = (y, z) が含まれているのはグリーン関数 $G(P; Q)$ の部分だけである。したがって $|y| \to \infty$ での挙動は $G(P; Q)$ の $|y| \to \infty$ での漸近解を用いれば求められる。それは (4.31) より次のようになることが分かる。

$$G(P; Q) \sim i e^{K(z+\zeta) \mp i K(y-\eta)} = i e^{K\zeta \pm i K\eta} e^{Kz \mp i Ky} \quad \text{as } y \to \pm\infty \tag{4.51}$$

この式を (4.45) に代入すると、$|y| \to \infty$ での速度ポテンシャル $\phi(y, z)$ の漸近解は次のように表せることになる。

$$\phi(y, z) \sim i H^{\pm} e^{Kz \mp i Ky} \quad \text{as } y \to \pm\infty \tag{4.52}$$

ここで

$$H^{\pm} = \int_{S_H} \left(\frac{\partial \phi}{\partial n} - \phi \frac{\partial}{\partial n} \right) e^{K\zeta \pm i K\eta} \, d\ell(\eta, \zeta) \tag{4.53}$$

無限遠での進行波をこの式から求めてみる。線形理論では (3.18) によって自由表面変位が求められる。その結果は、時間項 $e^{i\omega t}$ を分離して表すと次のようになる。

$$\begin{cases} z_w(y, t) = \text{Re}\left[\zeta_w(y) e^{i\omega t} \right] \\ \zeta_w(y) = -\frac{i\omega}{g} \phi(y, 0) \sim \frac{\omega}{g} H^{\pm} e^{\mp i Ky} \quad \text{as } y \to \pm\infty \end{cases} \tag{4.54}$$

この式より、(4.53) で定義された $H^{\pm}$ は進行波の複素振幅に関係した値であることが分かる。よって、この $H^{\pm}$ は**波振幅関数** (wave-amplitude function) あるいは**コチン関数** (Kochin function) と呼ばれている。4.1 節で学んだように、波の放射条件を満足することからグリーン関数は複素数となり、したがってグリーンの公式 (4.46) から、浮体の撹乱による速度ポテンシャルの浮体表面上での値も一般に複素数となる。一方、浮体表面上の $\partial \phi / \partial n$ は、次節で説明されるように、浮体表面での境界条件から浮体形状と浮体の運動モードによって陽に与えられる。これらのことから、(4.53) によって計算されるコチン関数も複素数であり、その値は浮体形状や浮体の運動モードが変われば変化する。すなわち、浮体動揺によって造られる進行波が、波数 $K = \omega^2/g$ で外側に伝播するという性質は単一のわき出しによる波と同じであるが、その振幅、位相は浮体形状や動揺モードによって異なり、その影響を集約させた値としてコチン関数が与えられるということである。

4.4 浮体表面境界条件

浮体表面での境界条件式は、運動学的条件を考えることによって与えられる。すなわち境界面形状が分かっているなら、その実質微分 $=0$ を考えればよい。浮体は剛体と考えれば、その形状は浮体に固定した座標系では時間的に不変であるが、空間に固定した座標系でみると、浮体の動揺によって時々刻々変化している。実質微分は空間固定の慣性座標系での計算であるから、座標系の違いによる影響を考慮して計算しなければならない。

図4.5 に示すように空間固定の 2 次元座標系を $o\text{-}yz$、浮体固定の座標系を $\bar{o}\text{-}\bar{y}\bar{z}$ と表す。このとき、浮体の動揺振幅が小さいと仮定すると、両座標系間の関係は、$\boldsymbol{x}=(y,z)$, $\bar{\boldsymbol{x}}=(\bar{y},\bar{z})$ の位置ベクトルを用いて $\boldsymbol{x}=\bar{\boldsymbol{x}}+\boldsymbol{\alpha}(t)$ と表すことができる。ここで $\boldsymbol{\alpha}(t)$ は船体の動揺変位ベクトルで

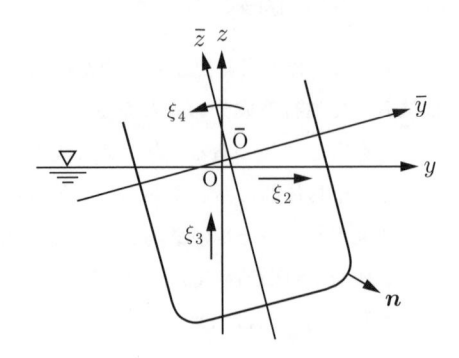

図 4.5 空間固定座標と浮体固定座標

$$\left.\begin{array}{c}\boldsymbol{\alpha}(t)=\xi_2(t)\,\boldsymbol{i}+\xi_3(t)\,\boldsymbol{j}+\xi_4(t)\,\boldsymbol{k}\times\bar{\boldsymbol{x}} \\ \xi_j(t)=\mathrm{Re}\left\{X_j e^{i\omega t}\right\}\end{array}\right\} \tag{4.55}$$

と表される。また、$\boldsymbol{i},\boldsymbol{j}$ は y,z 軸方向の単位ベクトル、モード番号 j は $j=2$ が sway、$j=3$ が heave、$j=4$ が roll であり、X_j は j モードの動揺変位における複素振幅である。

浮体形状は、浮体固定座標では時間不変であるから、それを $F(\bar{\boldsymbol{x}})=0$ と表そう。このとき慣性座標では $\bar{\boldsymbol{x}}=\boldsymbol{x}-\boldsymbol{\alpha}(t)$ の関係によって

$$F(\boldsymbol{x}-\boldsymbol{\alpha}(t))=0 \tag{4.56}$$

と表せる。したがって運動学的条件は次のように表すことができる。

$$\frac{DF}{Dt}=\frac{\partial F}{\partial t}+\nabla\Phi\cdot\nabla F=-\dot{\boldsymbol{\alpha}}(t)\cdot\nabla F+\nabla\Phi\cdot\nabla F=0 \tag{4.57}$$

この両辺を $|\nabla F|$ で割り、法線ベクトルが $\boldsymbol{n}=\nabla F/|\nabla F|$ で定義されることを考慮すると、(4.57) は次のように書き直すことができる。

$$\nabla\Phi\cdot\boldsymbol{n}=\frac{\partial\Phi}{\partial n}=\dot{\boldsymbol{\alpha}}(t)\cdot\boldsymbol{n}\equiv V_n \tag{4.58}$$

厳密には、上式における法線ベクトルは空間固定座標で定義されているが、これを浮体固定座標で考えても、その違いは浮体の動揺変位 $\boldsymbol{\alpha}(t)$ のオーダーであるから、座標系間の違いによる補正項は結果的に高次項となり、動揺振幅が小さいと仮定する線形理論では無視することができる。したがって以下では $\boldsymbol{x}$ と $\bar{\boldsymbol{x}}$ の区別もしなくてよいことになる。

速度ポテンシャル $\Phi(\boldsymbol{x},t)$ も $\Phi(\boldsymbol{x},t)=\mathrm{Re}\left\{\phi(\boldsymbol{x})e^{i\omega t}\right\}$ のように時間項 $e^{i\omega t}$ を除いて考えると (4.58) は次のように表すことができる。

$$\left.\begin{array}{c}\dfrac{\partial \phi}{\partial n} = \displaystyle\sum_{j=2}^{4} i\omega X_j\, n_j \\ n_2 = n_y,\ n_3 = n_z,\ n_4 = y\,n_3 - z\,n_2 = (\boldsymbol{x}\times\boldsymbol{n})_1 \end{array}\right\} \quad (4.59)$$

この式の右辺は各動揺モードの線形重ね合わせとなっているから、速度ポテンシャルも各動揺モードの速度ポテンシャルの和と考えれば都合が良さそうに思える。しかしながら、速度ポテンシャルには浮体動揺の外力として、入射波の速度ポテンシャル (それを $\phi_0(\boldsymbol{x})$ と表そう) が含まれていなければならない。そのような状態で (4.59) を満足させるためには、入射波による法線速度を打ち消す役割を果たす新たな速度ポテンシャル (それを $\phi_7(\boldsymbol{x})$ と表そう) を導入して

$$\begin{aligned}\phi(\boldsymbol{x}) &= \phi_0(\boldsymbol{x}) + \phi_7(\boldsymbol{x}) + \sum_{j=2}^{4}\phi_j(\boldsymbol{x}) \\ &= \frac{ig\zeta_a}{\omega}\big\{\varphi_0(\boldsymbol{x}) + \varphi_7(\boldsymbol{x})\big\} + \sum_{j=2}^{4} i\omega X_j\, \varphi_j(\boldsymbol{x})\end{aligned} \quad (4.60)$$

のように表すことにする。このとき、

$$\frac{\partial}{\partial n}\big(\varphi_0 + \varphi_7\big) = 0 \quad (4.61)$$

$$\frac{\partial \varphi_j}{\partial n} = n_j \quad (j = 2, 3, 4) \quad (4.62)$$

が満足されていれば、それらの和として (4.59) が満足されていることが分かる。

ここで φ_0 は ($ig\zeta_a/\omega$ で規格化された) 入射波の速度ポテンシャルであり、具体的には水深が無限大で y 軸の正方向から入射する場合には次式で与えられる。

$$\varphi_0(y,z) = e^{Kz+iKy} \quad (4.63)$$

φ_7 は、既に述べたように、φ_0 による浮体表面での法線速度を打ち消すための撹乱項であり、**スキャタリングポテンシャル** (scattering potential) という。これは浮体の動揺には全く関係せず、固定された浮体による入射波の散乱を考えればよい。本書では $\varphi_0 + \varphi_7 \equiv \varphi_D$ を**ディフラクションポテンシャル** (diffraction potential) と呼ぶことにするが、研究者によっては φ_7 のみをディフラクションポテンシャルということもあるので注意が必要である。一方、$\varphi_j\,(j = 2\sim 4)$ は (4.62) に示す非同次の境界条件を満たす項であり、j 方向の単位速度による速度ポテンシャルである。これは入射波には全く関係せず、静止水面上で j 方向の強制動揺を行うときの撹乱流場を表すものであり、これを **ラディエイションポテンシャル** (radiation potential) という。また $\varphi_D, \varphi_j\,(j=2\sim 4)$ を求める問題をそれぞれ**ディフラクション問題** (diffraction problem)、**ラディエイション問題** (radiation problem) というが、それらの様子を示すイメージ図を 図4.6 に示している。

4.5 コチン関数および進行波の成分分離

速度ポテンシャルを (4.60) のように成分ごとの線形重ね合わせで表したので、(4.53) で定義されたコチン関数も入射波ポテンシャル以外の撹乱速度ポテンシャルに対応した線形重ね合わせ

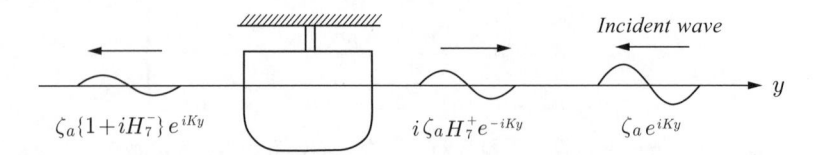

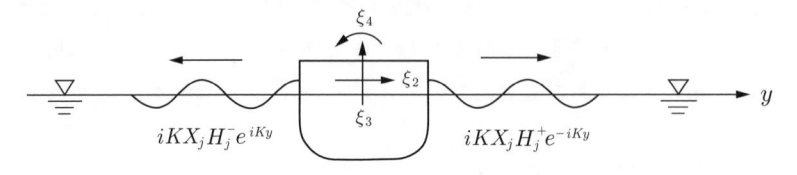

図 4.6 Diffraction 問題と radiation 問題の概念図

で表すことができる。すなわち

$$H^{\pm} = \frac{ig\zeta_a}{\omega} H_7^{\pm} + \sum_{j=2}^{4} i\omega X_j H_j^{\pm} = \frac{ig\zeta_a}{\omega} \left\{ H_7^{\pm} + K \sum_{j=2}^{4} \frac{X_j}{\zeta_a} H_j^{\pm} \right\} \tag{4.64}$$

ここで $H_j^{\pm}$ は φ_j ($j = 2 \sim 4, 7$) によって定義されるコチン関数であり、

$$\left.\begin{array}{l} \varphi_j(y, z) \sim i H_j^{\pm}(K) e^{Kz \mp iKy} \quad \text{as } y \to \pm \infty \\[6pt] H_j^{\pm} = \displaystyle\int_{S_H} \left(\frac{\partial \varphi_j}{\partial n} - \varphi_j \frac{\partial}{\partial n} \right) e^{K\zeta \pm iK\eta} \, d\ell(\eta, \zeta) \end{array}\right\} \tag{4.65}$$

と表すことができる。$j = 7$ の diffraction 問題に対しては更に式変形が可能である。浮体表面と浮体内部の $z = 0$ における自由表面で囲まれた領域に対してグリーンの公式を用いると、入射波ポテンシャル φ_0 に対しては

$$\int_{S_H} \left(\frac{\partial \varphi_0}{\partial n} - \varphi_0 \frac{\partial}{\partial n} \right) e^{K\zeta \pm iK\eta} \, d\ell(\eta, \zeta) = 0 \tag{4.66}$$

が成り立っている。したがって (4.65) での $j = 7$ の式と (4.66) を加え合わせ、境界条件 (4.61) を考慮すれば、$H_7^{\pm}$ は次のように表すこともできることが分かる。

$$H_7^{\pm} = -\int_{S_H} \varphi_D \frac{\partial}{\partial n} e^{K\zeta \pm iK\eta} \, d\ell(\eta, \zeta) \tag{4.67}$$

次に、自由表面での進行波も成分ごとに表しておくことにしよう。速度ポテンシャルとして (4.60) を用いて自由表面変位を求めると

$$\zeta_w(y) = \zeta_a e^{iKy} + \left\{ i\zeta_a H^{\pm} + iK \sum_{j=2}^{4} X_j H_j^{\pm} \right\} e^{\mp iKy} \quad \text{as } y \to \pm \infty \tag{4.68}$$

と表されるから、浮体の撹乱によって造られた進行波(右辺第 1 項の入射波以外)を次のように表しておく。

$$z_w(y, t) = \text{Re} \left\{ \left(\zeta_7^{\pm} + \sum_{j=2}^{4} \zeta_j^{\pm} \right) e^{i(\omega t \mp Ky)} \right\} \tag{4.69}$$

ここで
$$\zeta_7^\pm = i\zeta_a H_7^\pm, \quad \zeta_j^\pm = iKX_j H_j^\pm \quad (j = 2 \sim 4) \tag{4.70}$$

ところで radiation 問題では、浮体の j モードでの動揺による進行波の複素振幅を、**進行波振幅比** (amplitude ratio of progressive wave) $\bar{A}_j$、位相差 $\varepsilon_j^\pm$ を用いて表すことも多い。すなわち、動揺変位 $\xi_j(t)$ とそれによる波を次のように表す。

$$\xi_j(t) = \mathrm{Re}\left\{ X_j e^{i\omega t} \right\} \longrightarrow z_j(y,t) = \mathrm{Re}\left\{ X_j \bar{A}_j e^{i\varepsilon_j^\pm} e^{i(\omega t \mp Ky)} \right\}$$

これは (4.69)、(4.70) における radiation wave と同じであるから、両者の比較によって

$$\bar{A}_j e^{i\varepsilon_j^\pm} = iKH_j^\pm \tag{4.71}$$

の関係にあることが分かる。

(4.71) では暗黙のうちに浮体は左右対称を考えているので、左右に出ていく進行波の振幅は $\bar{A}_j$ で同じとしている。位相は heave ($j = 3$) の場合には $\varepsilon_3^+ = \varepsilon_3^-$ であるが、反対称運動の sway ($j = 2$)、roll ($j = 4$) の場合には、浮体の左右で位相が 180 deg ずれているので $\varepsilon_j^+ = \varepsilon_j^- + \pi$ の関係にある。

4.6 流体力の計算式

浮体に働く流体力は圧力を浮体の没水部分にわたって積分すれば求められる。圧力はベルヌーイの圧力方程式 (3.7) で計算されるが、線形理論では速度ポテンシャルの 2 乗以上の項は高次として省略するので、大気圧を基準として

$$P(y, z, t) = -\rho \frac{\partial \Phi}{\partial t} - \rho g z + O(\Phi^2) \tag{4.72}$$

となる。ここで右辺第 2 項は静水圧であるが、浮体は動揺するので、動揺変位による時間変動成分($e^{i\omega t}$ に比例する項)だけを考えることにする。これは $\boldsymbol{x} = \bar{\boldsymbol{x}} + \boldsymbol{\alpha}(t)$ の関係により、

$$z - \bar{z} = \xi_3(t) + y\,\xi_4(t) = \mathrm{Re}\left\{ (X_3 + yX_4)e^{i\omega t} \right\} \tag{4.73}$$

と与えられる。速度ポテンシャルの表示式として (4.60) を用いると、変動圧力の式は次のように求められる。

$$\left. \begin{aligned} P(\boldsymbol{x}, t) &= \mathrm{Re}\left\{ p(\boldsymbol{x})e^{i\omega t} \right\} \\ p(\boldsymbol{x}) &= p_D(\boldsymbol{x}) + p_R(\boldsymbol{x}) + p_S(\boldsymbol{x}) \end{aligned} \right\} \tag{4.74}$$

ここで

$$p_D(\boldsymbol{x}) = \rho g \zeta_a \left\{ \varphi_0(\boldsymbol{x}) + \varphi_7(\boldsymbol{x}) \right\} \tag{4.75}$$

$$p_R(\boldsymbol{x}) = -\rho i\omega \sum_{j=2}^{4} i\omega X_j\, \varphi_j(\boldsymbol{x}) \tag{4.76}$$

$$p_S(\boldsymbol{x}) = -\rho g \left(X_3 + yX_4 \right) \tag{4.77}$$

最初に diffraction 問題における (4.75) の積分について考える。これは浮体動揺には関係しないもので**波浪強制力** (wave-exciting force) を与える。i 方向に働く流体力は

$$E_i = -\int_{S_H} p_D\, n_i\, d\ell = -\rho g \zeta_a \int_{S_H} \{\varphi_0 + \varphi_7\} n_i\, d\ell \tag{4.78}$$

と計算できる。ここで n_i は法線ベクトルの i 方向成分であり、法線ベクトルは浮体表面から外向き、すなわち流体方向を正方向と定義している。

(4.78) のうち、入射波の圧力 $\rho g \zeta_a \varphi_0$ の積分によって得られる流体力は、研究者の名を冠して**フルード・クリロフ力** (Froude-Krylov force) と呼ばれる。一方、入射波の散乱に起因する変動圧力 $\rho g \zeta_a \varphi_7$ による流体力を**ディフラクション力** (diffraction force) あるいは**スキャタリング力** (scattering force) という。

次に radiation 問題での圧力 (4.76) の積分について考えると、i 方向に働く流体力は次のようになる。

$$F_i = -\int_{S_H} p_R n_i\, d\ell = \rho(i\omega)^2 \sum_{j=2}^{4} X_j \int_{S_H} \varphi_j n_i\, d\ell \equiv \sum_{j=2}^{4} f_{ij} \tag{4.79}$$

f_{ij} は j モードの動揺によって i 方向に働く流体力であり、(4.79) に示すように、一般的には全てのモードが i 方向に働く流体力に寄与する。速度ポテンシャル φ_j は自由表面上に発生する進行波のために複素数となる。それを $\varphi_j = \varphi_{jc} + i\varphi_{js}$ と表すことにすれば、(4.79) より f_{ij} は次のように表すことができる。

$$\begin{aligned} f_{ij} &= \rho(i\omega)^2 X_j \int_{S_H} \{\varphi_{jc} + i\varphi_{js}\} n_i\, d\ell \\ &= -(i\omega)^2 X_j \underbrace{\left[-\rho \int_{S_H} \varphi_{jc} n_i\, d\ell\right]}_{A_{ij}} - i\omega X_j \underbrace{\left[\rho\omega \int_{S_H} \varphi_{js} n_i\, d\ell\right]}_{B_{ij}} \end{aligned} \tag{4.80}$$

ここで $(i\omega)^2 X_j$ は加速度項であり、それに比例する流体力係数に負符号を付けた A_{ij} は**付加質量** (added mass) と定義されている。同様に速度 $i\omega X_j$ に比例する流体力係数に負符号を付けた B_{ij} が**減衰力係数** (damping coefficient) である。減衰力係数は速度ポテンシャルの虚数部から計算されるが、4.2 節、4.3 節での説明で分かるように、速度ポテンシャルの虚数部は浮体の動揺によって自由表面上に進行波が造られるがゆえに存在する。したがってここでの減衰力は**造波減衰力** (wave-making damping force) と言われ、減衰力によって流体に為した仕事が進行波のエネルギーとして伝わり、全体としてエネルギーが保存されていることを意味している。

(4.80) を (4.79) に代入して次のようにまとめておく。

$$F_i = -\sum_{j=2}^{4} \Big[(i\omega)^2 A_{ij} + i\omega B_{ij}\Big] X_j \equiv \sum_{j=2}^{4} T_{ij}\, X_j \tag{4.81}$$

$$T_{ij} = -(i\omega)^2 \Big\{A_{ij} + \frac{1}{i\omega} B_{ij}\Big\} = -(i\omega)^2 \Big\{-\rho \int_{S_H} \varphi_j n_i\, d\ell\Big\} \tag{4.82}$$

上記のように、radiation 問題では $i \neq j$ のときでも一般には $T_{ij} \neq 0$ であり、モード間に連成運動が起こり得る。しかし浮体が左右対称であれば、縦運動モード ($j = 3$) と横運動モード

($j=2,4$) の間には連成が起こらないが、それは (4.82) の被積分関数の y に関する対称性を考えれば、数式的にも理解することができる。

ところで、これまでの流体力の計算式（特に $j=4$ の roll が関係したもの）は、静止水面上に置かれた座標原点（O 点）に関するものであった。波浪中での浮体運動を考える際には、重心 G まわりの運動方程式を考えることが多いので、その時の計算式への変換方法を示しておくことにする。

変換方法のポイントは, 法線ベクトルのうち、roll に関係した n_4 の変換である。座標原点 O で考えた値を n_j ($j=2\sim 4$) と表し、重心 G で考えた値を n_j^G ($j=2\sim 4$) と表すことにすると、両者の関係は

$$\left.\begin{array}{l} n_2^G = n_2\,,\quad n_3^G = n_3 \\ n_4^G = y\,n_3 - (z+\overline{OG})\,n_2 = n_4 - \overline{OG}\,n_2 \end{array}\right\} \quad (4.83)$$

である。ただし重心 G は水面下にあると仮定し、その距離を $\overline{OG}$ と表している。

単位速度による radiation ポテンシャル φ_j ($j=2\sim 4$) の境界条件式は (4.62) であるから、重心 G を原点として考えたときの radiation ポテンシャルを φ_j^G と表すことにすれば、(4.83) によって直ちに

$$\varphi_2^G = \varphi_2\,,\quad \varphi_3^G = \varphi_3\,,\quad \varphi_4^G = \varphi_4 - \overline{OG}\,\varphi_2 \quad (4.84)$$

と与えられることが分かる。

これらを波浪強制力の計算式 (4.78)、付加質量・減衰力係数の計算式 (4.82) に代入すれば、roll が関係する次のような変換公式を容易に導くことができる。

$$\left.\begin{array}{l} E_4^G = E_4 - \overline{OG}\,E_2 \\ T_{i4}^G = T_{i4} - \overline{OG}\,T_{i2} \quad (i=2,3) \\ T_{4j}^G = T_{4j} - \overline{OG}\,T_{2j} \quad (j=2,3) \\ T_{44}^G = T_{44} - \overline{OG}\left(T_{24}+T_{42}\right) + \overline{OG}^2\,T_{22} \end{array}\right\} \quad (4.85)$$

最後に、(4.77) で与えられる静水圧の変動分 $p_S(\boldsymbol{x})$ について考えておく。静水圧による流体力は鉛直上向きにしか働かないので、これによる寄与があるのは $j=3$ の heave と $j=4$ の roll である。ここでも重心 G まわりでの計算をすることにする。まず heave の復原力は

$$\begin{aligned} S_3^G &= -\int_{S_H} p_S(\boldsymbol{x})\,n_3\,d\ell = \rho g\int_{S_H}\left(X_3 + yX_4\right)n_3\,d\ell \\ &= -\rho g\int_{-B/2}^{B/2}\left(X_3 + yX_4\right)dy = -\rho g B_w\,X_3 \equiv -C_{33}\,X_3 \end{aligned} \quad (4.86)$$

である。ここで B_w は水線面での浮体の幅である。

次に roll の復原モーメントは

$$\begin{aligned} S_4^G &= = \rho g\int_{S_H}\left(X_3 + yX_4\right)\Big\{y\,n_3 - (z+\overline{OG})\,n_2\Big\}d\ell \\ &= -\rho g X_4\int_{-B/2}^{B/2} y^2\,dy - \rho g X_4\iint_V (z+\overline{OG})\,dS \\ &= -\rho g \nabla\big\{\overline{BM} - \overline{OB} + \overline{OG}\big\}X_4 = -W\overline{GM}\,X_4 \equiv -C_{44}\,X_4 \end{aligned} \quad (4.87)$$

によって与えられる。ここで点 B は浮心、点 M は横メタセンタを表し、∇ は排水容積、$W = \rho g \nabla$ は排水重量、$\overline{GM}$ は重心 G とメタセンタ M との距離である。

4.7 反射波、透過波の計算式

浮体が造る波に関連して、反射波、透過波を考えておこう。簡単のために浮体の形状は左右対称としておく。入射波は、図4.7 に示すように y 軸の正方向から入射する場合を考える。そのときの反射波、透過波の進行方向を考慮して、反射波を $\mathrm{Re}\left\{\zeta_R e^{i(\omega t - Ky)}\right\}$、透過波を $\mathrm{Re}\left\{\zeta_T e^{i(\omega t + Ky)}\right\}$ と表す。

このとき、(4.69) より反射波係数 C_R、透過波係数 C_T は次式で定義することができる。

$$C_R = \frac{\zeta_R}{\zeta_a} = R + iK \sum_{j=2}^{4} \frac{X_j}{\zeta_a} H_j^+ \tag{4.88}$$

$$C_T = \frac{\zeta_T}{\zeta_a} = T + iK \sum_{j=2}^{4} \frac{X_j}{\zeta_a} H_j^- \tag{4.89}$$

ここで R, T は浮体が固定されている場合（diffraction 問題）の反射波係数、透過波係数であり、次式で与えられる。

$$R = iH_7^+, \quad T = 1 + iH_7^- \tag{4.90}$$

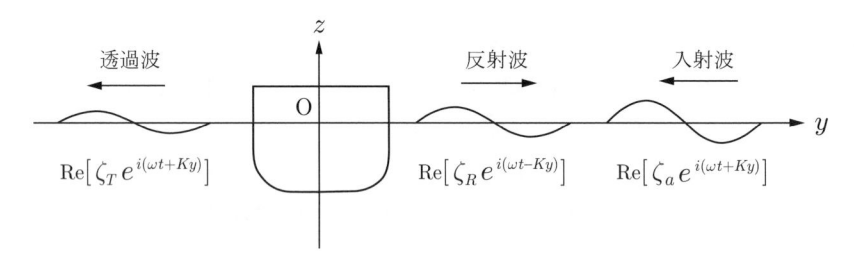

図 4.7 反射波、透過波の定義

4.8 グリーンの公式の適用

図4.8 に示すように、考えている浮体の外部流体領域を一周する積分路を考える。法線は流体の内向きを正として定義している。流体領域内のいたるところでラプラス方程式 $\nabla^2 \phi = 0$、$\nabla^2 \psi = 0$ を満たす 2 種類の速度ポテンシャル ϕ と ψ を導入すると、(4.40) で示したグリーンの公式によって次式が成り立つ。

$$\oint_S \left\{ \phi \frac{\partial \psi}{\partial n} - \psi \frac{\partial \phi}{\partial n} \right\} d\ell = 0 \tag{4.91}$$

ϕ と ψ に対する更なる条件として、同じ線形自由表面条件および水底条件を満たすことを要求する。しかし $y \to \pm\infty$ で波は外方へ伝播するという放射条件は必ずしも満足していなくても良いとしよう。このとき、(4.91) 左辺の一周線積分のうち、S_F および S_B 上の積分は (4.44) の説明と同じ理由でゼロとなり、浮体表面 (S_H) 上の積分と、$y \to \pm\infty$ での放射境界面 ($S_{\pm\infty}$) 上

4.9 流体力係数の対称性、エネルギー関係式

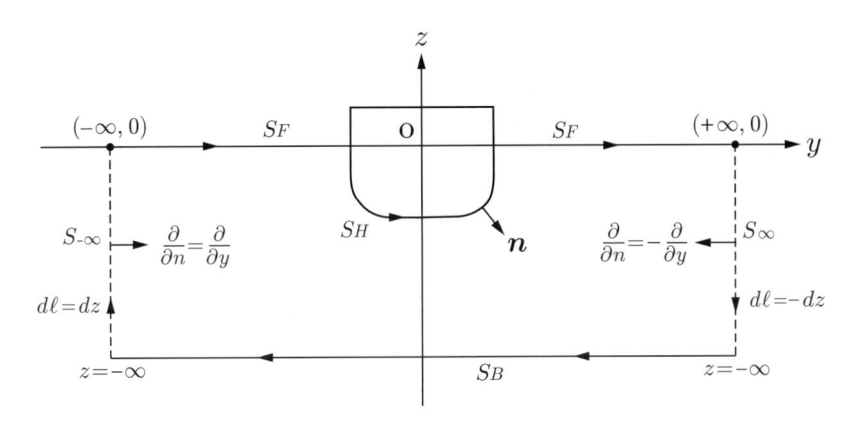

図4.8 流体力学的関係式を導くためのグリーンの公式

の積分が残るだけとなる。よって

$$\int_{S_H}\left\{\phi\frac{\partial\psi}{\partial n}-\psi\frac{\partial\phi}{\partial n}\right\}d\ell = -\int_{S_{\pm\infty}}\left\{\phi\frac{\partial\psi}{\partial n}-\psi\frac{\partial\phi}{\partial n}\right\}d\ell \tag{4.92}$$

となる。$S_{\pm\infty}$ 上での積分は z に関する積分となり、そこでの ϕ, ψ の z に関する依存性は、(4.63) や (4.65) で示されているように、必ず e^{Kz} の指数関数である。したがってそれらの積を先に実行することができるが、その結果は

$$\int_{-\infty}^{0} e^{2Kz}\,dz = \frac{1}{2K} \tag{4.93}$$

であるから、(4.92) は結局次のように変形することができる。

$$\int_{S_H}\left\{\phi\frac{\partial\psi}{\partial n}-\psi\frac{\partial\phi}{\partial n}\right\}d\ell = \frac{1}{2K}\left[\left(\phi\frac{\partial\psi}{\partial y}-\psi\frac{\partial\phi}{\partial y}\right)\right]_{(-\infty,0)}^{(+\infty,0)} \tag{4.94}$$

右辺の [ ] は、括弧内の値の $(y,z)=(+\infty,0)$ での値と $(-\infty,0)$ での値との差を計算するという意味である。(4.94) を造波理論における**グリーンの公式** (Green's formula) という。

ϕ と ψ として、これまでに考えてきた radiation 問題や diffraction 問題での速度ポテンシャル、あるいはそれらの複素共役など、いろいろな組み合わせを考えれば、(4.94) から流体力学的に興味ある重要な関係式を次々と導くことができる。

4.9 流体力係数の対称性、エネルギー関係式

まず radiation 問題の解として $\phi=\varphi_i,\ \psi=\varphi_j$ の組み合わせを考えよう。このとき ϕ,ψ ともに外方へ波が伝播するという放射条件を満たしているので、(4.94) の右辺はゼロとなっているはずである。具体的には、(4.65) より $y\to\pm\infty$ で

$$\left.\begin{array}{l}\phi=\varphi_i(y,0)\sim iH_i^{\pm}e^{\mp iKy}\\ \psi=\varphi_j(y,0)\sim iH_j^{\pm}e^{\mp iKy}\end{array}\right\} \tag{4.95}$$

であるから、これらを (4.94) 右辺に代入して確かめることができる。浮体表面 (S_H) 上では、境界条件として (4.62) が成り立つ。したがって (4.82) の定義式によって $T_{ji}=T_{ij}$ となる。この実数部、虚数部を分けて示すと

$$A_{ji} = A_{ij}, \quad B_{ji} = B_{ij} \tag{4.96}$$

の関係が得られる。これらは、異なる運動モード間における流体力の**対称関係** (symmetry relation) を表している。

次に $\phi = \varphi_i$, $\psi = \overline{\varphi_j}$ としてみよう。ここで、関数の上の横線 (overbar) は複素共役を表すと約束する。ちなみに、この複素共役は、時間項も含めて考えると

$$\Phi = \mathrm{Re}\left\{\overline{\varphi_j} e^{i\omega t}\right\} = \mathrm{Re}\left\{\varphi_j e^{-i\omega t}\right\} \tag{4.97}$$

と表すこともできる。すなわち、時間 t を逆にした速度ポテンシャルを考えていることと等価であり、**逆時間速度ポテンシャル** (reverse-time velocity potential) [4.4] とも呼ばれている。また複素共役を考えると、(4.95) から分かるように、波の進行方向が逆となるので、波は内向きに伝播してくることになり、本来の放射条件は満たしていないことに注意しよう。

さて、この組み合わせでは、(4.62) 右辺の法線ベクトル成分は実数であることから、(4.94) の左辺は

$$\begin{aligned}
\mathcal{L} &\equiv \int_{S_H} \left\{ \varphi_i \frac{\partial \overline{\varphi_j}}{\partial n} - \overline{\varphi_j} \frac{\partial \varphi_i}{\partial n} \right\} d\ell = \int_{S_H} \varphi_i n_j \, d\ell - \int_{S_H} \overline{\varphi_j} n_i \, d\ell \\
&= -\frac{1}{\rho}\left\{ A_{ji} + \frac{1}{i\omega} B_{ji} - \left(A_{ij} - \frac{1}{i\omega} B_{ij} \right) \right\} = i\frac{2}{\rho\omega} B_{ij}
\end{aligned} \tag{4.98}$$

となる。ここで (4.82) および (4.96) の関係式を用いた。

一方、(4.94) の右辺（$\mathcal{R}$ と表す）は、(4.95) を代入することによって次式となる。

$$\mathcal{R} = i\left\{ H_i^+ \overline{H_j^+} + H_i^- \overline{H_j^-} \right\} \tag{4.99}$$

(4.98) と (4.99) を等置し、左右対称浮体では $H_j^+ = (-1)^{j+1} H_j^-$ の関係があることに注意すれば

$$B_{ij} = \rho\omega\, H_i^+ \overline{H_j^+} = \frac{\rho g^2}{\omega^3} \bar{A}_i \bar{A}_j \tag{4.100}$$

の関係を得る。ただし最後の式変形には (4.71) の関係を用いた。

この関係式は、**Note 4.3** で説明しているように、強制動揺によって減衰力のなす仕事が、進行波のもつエネルギーの時間変化率に等しいという**エネルギー関係式** (energy conservation relation) を示している。

【**Note 4.3**】強制動揺のエネルギー保存則 _____

浮体の強制動揺によって流体に対してなす仕事 W_D の時間平均値を求めてみる。これは作用・反作用の法則により、次式で計算できる。（時間平均の計算には (1.132) を用いる。）

$$W_D = \frac{1}{T}\int_0^T \left[\int_{S_H} P V_n \, d\ell \right] dt = \frac{1}{2} \mathrm{Re} \int_{S_H} p(\boldsymbol{x})\left(-i\omega X_j n_j\right) d\ell$$

$$p(\boldsymbol{x}) = -\rho i\omega(i\omega X_j)\{\varphi_{jc} + i\varphi_{js}\}$$

よって
$$W_D = \frac{1}{2}(\omega X_j)^2 \rho\omega \int_{S_H} \varphi_{js} n_j \, d\ell = \frac{1}{2}(\omega X_j)^2 B_{jj} \tag{4.101}$$

を得る。これより、仕事には減衰力だけが関係していることが分かる。

次に $y \to \pm\infty$ での進行波エネルギーの時間変化率を考える。(3.83) で示されたように、振幅 ζ_a の進行波のエネルギー密度は $\frac{1}{2}\rho g \zeta_a^2$ であり、j モードの動揺によって発生する波の振幅は (4.70) の $|\zeta_j^\pm|$ で与えられる。したがって $y \to \pm\infty$ での進行波のエネルギー密度を $\overline{E^\pm}$ で表すと

$$\overline{E^\pm} = \frac{1}{2}\rho g (KX_j)^2 \left|H_j^\pm\right|^2 = \frac{1}{2}\rho\omega(\omega X_j)^2 \left|H_j^\pm\right|^2 \frac{\omega}{g} \tag{4.102}$$

である。このエネルギー密度は群速度 $c_g = \frac{1}{2}c = \frac{1}{2}\frac{g}{\omega}$ で伝播するので、進行波のエネルギー密度の時間変化率は

$$\overline{\frac{dE}{dt}} = \left(\overline{E^+} + \overline{E^-}\right) c_g = \frac{1}{2}\left(\omega X_j\right)^2 \frac{1}{2}\rho\omega\left\{\left|H_j^+\right|^2 + \left|H_j^-\right|^2\right\} \tag{4.103}$$

で与えられる。エネルギー保存則によって (4.101) と (4.103) が等しいとすれば、減衰力係数 B_{jj} と強制動揺によって造られる波の振幅との関係式が得られるが、この結果は、左右対称浮体の場合には既に求めた (4.100) と同じである。

次に diffraction 問題でのエネルギー保存則について考えよう。これは $\phi = \varphi_D, \psi = \overline{\varphi_D}$ と選ぶことによって導かれる。この場合には浮体表面での積分は、φ_D に関する同次の境界条件 (4.61) によってゼロである。したがって (4.94) の右辺の値がゼロとならなければならない。$y \to \pm\infty$ では (4.90) の反射波係数 R、透過波係数 T を用いて

$$\varphi_D = \begin{cases} e^{iKy} + Re^{-iKy} & \text{as } y \to +\infty \\ Te^{iKy} & \text{as } y \to -\infty \end{cases} \tag{4.104}$$

と表される。これを用いて (4.94) を計算すると次の関係式が得られる。

$$\boxed{\left|R\right|^2 + \left|T\right|^2 = 1} \tag{4.105}$$

R, T は入射波振幅 ζ_a で無次元化した係数であるから、進行波のエネルギー密度の形で (4.105) を書き直すと

$$\frac{1}{2}\rho g \left|\zeta_R\right|^2 + \frac{1}{2}\rho g \left|\zeta_T\right|^2 = \frac{1}{2}\rho g \zeta_a^2 \tag{4.106}$$

となる。右辺の $\frac{1}{2}\rho g\zeta_a^2$ は入射波のエネルギー密度の時間平均値であるから、(4.105) あるいは (4.106) は、浮体によって入射波が散乱されても、反射波・透過波のエネルギー密度の和は、入力である入射波のエネルギー密度と同じであることを示している。これは diffraction 問題での**エネルギー保存則** (energy conservation principle) である。

ところで、入射波の方向が逆（y 軸の負の方向からの入射）となった場合の diffraction 問題についても考えてみよう。このときの速度ポテンシャルを ψ_D と表すと $y \to \pm\infty$ では

$$\psi_D = \begin{cases} Te^{-iKy} & \text{as } y \to +\infty \\ e^{-iKy} + Re^{iKy} & \text{as } y \to -\infty \end{cases} \tag{4.107}$$

となっている。この式の R, T は、浮体は左右対称としているので (4.104) での値と同じである。

(4.94) における ϕ と ψ の組み合わせとして、$\phi = \varphi_D, \psi = \overline{\psi_D}$ を考えてみる。このときも左辺の浮体表面上での積分は同次境界条件式によってゼロである。一方、(4.104) と (4.107) を用

いて右辺の計算を行うと次の関係式が得られる。

$$R\overline{T} + \overline{R}T = 0 \longrightarrow \mathrm{Re}\{R\overline{T}\} = 0 \tag{4.108}$$

(4.105) のエネルギー保存則と (4.108) より、次の関係式を得ることができる。

$$\left| R \pm T \right| = 1 \tag{4.109}$$

反射波係数 R は $y \to +\infty$ での波振幅、透過波係数 T は $y \to -\infty$ での波振幅であるから、$\frac{1}{2}(R+T)$ は浮体の左右で対称な波の複素振幅を、$\frac{1}{2}(R-T)$ は浮体の左右で反対称な波の複素振幅を表している。このことを考慮すれば (4.109) が意味することは、入射波が浮体によって散乱された後も、浮体の左右で対称な波と反対称な波の振幅は等しく、入射波振幅の $\frac{1}{2}$ であり、したがってそれぞれのエネルギー密度も等しいということである。このことから (4.109) の関係は**エネルギー等分配則** (wave-energy equally splitting law) [4.5] と呼ばれている。

4.10 ハスキント・ニューマンの関係

Radiation 問題と diffraction 問題の相互の関係は、(4.94) の ϕ, ψ の組み合わせとして、radiation ポテンシャル φ_j $(j = 2 \sim 4)$ と diffraction ポテンシャル φ_D、あるいはそれらの複素共役を考えれば導くことができる。そこでまず、$\phi = \varphi_j, \psi = \varphi_D$ としてみる。このとき (4.94) の左辺（$\mathcal{L}$ と表す）は、境界条件式 (4.61), (4.62) ならびに波浪強制力の計算式 (4.78) によって、

$$\mathcal{L} = -\int_{S_H} \varphi_D \, n_j \, d\ell = \frac{E_j}{\rho g \zeta_a} \tag{4.110}$$

となる。一方、(4.94) の右辺（$\mathcal{R}$ と表す）は、(4.95), (4.104) によって

$$\mathcal{R} = \frac{1}{2K}\{-2K H_j^+\} = -H_j^+ \tag{4.111}$$

となるから、両者を等置すれば次の関係式を得る。

$$E_j = -\rho g \zeta_a H_j^+ \tag{4.112}$$

この関係は**ハスキント・ニューマンの関係** (Haskind-Newman's relation) [4.6] として知られている。この関係式によれば、y 軸の正方向からの入射波による j 方向の波浪強制力は、j モードの強制動揺によって発生して入射波と反対方向へ進む進行波の複素振幅 H_j^+ を知ることで求めることができる。言わば波を計って流体力を求める関係式である。

(4.100), (4.112) は、コチン関数を通して、造波減衰力係数 B_{jj} と波浪強制力 E_j にも重要な関係が成り立つことを意味している。すなわち j 方向成分について示すと次式を得る。

$$B_{jj} = \rho\omega \left|\frac{E_j}{\rho g \zeta_a}\right|^2 = \frac{\omega}{\rho g^2}\left|\frac{E_j}{\zeta_a}\right|^2 = \frac{1}{2\rho g c_g}\left|\frac{E_j}{\zeta_a}\right|^2 \tag{4.113}$$

これまでの説明でも明らかなように、(4.94) は各種の重要な関係式を比較的容易に導いてくれる。そこで次に $\phi = \overline{\varphi_j}, \psi = \varphi_D$ の組み合わせを考えてみよう。このときの (4.94) の左辺は

(4.110) と同じである。一方、右辺の計算では φ_j の複素共役を考えるので、(4.95)、(4.104) を用いると

$$\mathcal{R} = -\left\{ \overline{H_j^+} R + \overline{H_j^-} T \right\} \tag{4.114}$$

となる。よって、これを (4.110) の $\mathcal{L}$ と等置すれば次の関係式が得られる。

$$E_j = -\rho g \zeta_a \left\{ \overline{H_j^+} R + \overline{H_j^-} T \right\} \tag{4.115}$$

したがって (4.112) と (4.115) から次の関係式が求められたことになる。

$$H_j^+ = \overline{H_j^+} R + \overline{H_j^-} T \tag{4.116}$$

ここで $R = iH_7^+$, $T = 1 + iH_7^-$ であるから、上式は radiation 問題での波 $H_j^\pm$ ($j = 2 \sim 4$) と diffraction 問題での波 $H_7^\pm$ との関係式を与えていることが分かる。この関係を左右対称浮体について、もう少し詳しく考えてみよう。

4.11 浮体によって造られる波の関係

浮体が左右対称であれば、(4.71) に関連して述べたように、heave ($j = 3$) では $H_3^+ = H_3^-$、一方 sway ($j = 2$)、roll ($j = 4$) では $H_j^+ = -H_j^-$ である。したがって、(4.116) を radiation 問題の運動モードで分けて示すと次のようになる。

$$H_3^+ = \overline{H_3^+} \left(i H_7^+ + 1 + i H_7^- \right) \tag{4.117}$$

$$H_j^+ = \overline{H_j^+} \left(i H_7^+ - 1 - i H_7^- \right) \quad (j = 2, 4) \tag{4.118}$$

ところで、(2.125) で示したように、どんな関数 $f(y)$ も

$$f(y) = \frac{1}{2}\left\{ f(y) + f(-y) \right\} + \frac{1}{2}\left\{ f(y) - f(-y) \right\} \tag{4.119}$$

のようにすれば、y について偶関数部分と奇関数部分に分けることができる。これはすでにエネルギー等分配則でも述べたことであるが、diffraction 問題での波、すなわち $H_7^\pm$ についても然りである。その対称な成分を C_7、反対称な成分を S_7 と表すことにすれば、$H_7^\pm = C_7 \pm S_7$ と書くことができる。

そこでまず (4.117) について考えると、$1 + 2iC_7 = H_3^+/\overline{H_3^+}$ となり、浮体の左右で対称な波成分だけの関係式となる。これから C_7 を表す関係式に変形し、さらに (4.71) の関係を代入すると次の関係を得る。

$$C_7 = \mathrm{Im}\left(H_3^+ \right)/\overline{H_3^+} = ie^{i\varepsilon_3} \cos \varepsilon_3 \tag{4.120}$$

同様にして (4.118) を考えると、今度は反対称波成分だけの関係式として $-1 + 2iS_7 = H_j^+/\overline{H_j^+}$ を得る。これを変形して (4.71) を代入すると

$$S_7 = -i\,\mathrm{Re}\left(H_j^+ \right)/\overline{H_j^+} = -e^{i\varepsilon_j} \sin \varepsilon_j \tag{4.121}$$

の関係式を得る。したがって (4.120)、(4.121) によって、diffraction 問題のコチン関数 $H_7^\pm = C_7 \pm S_7$ が強制動揺 (radiation 問題) によって発生する波の位相差だけを用いて、次のように表されることが示されたことになる。

$$H_7^{\pm} = \frac{\text{Im}(H_3^+)}{\overline{H_3^+}} \mp i\frac{\text{Re}(H_j^+)}{\overline{H_j^+}} = ie^{i\varepsilon_3}\cos\varepsilon_3 \mp e^{i\varepsilon_j}\sin\varepsilon_j \tag{4.122}$$

ただし、この式における動揺モード j は $j=2$ または 4 である。この関係式は別所 [4.7] によって初めて示され、後に別の方法を用いてニューマン (Newman) [4.8] によっても示されたので、**別所・ニューマンの関係** (Bessho-Newman's relation) と呼んでおこう。

4.12 減衰力係数間の関係

前節の証明で用いた (4.118) は $j=2$ の sway でも $j=4$ の roll でも良いわけであるから、sway と roll のコチン関数にも簡単な関係式が存在するはずである。そこで (4.118) を $j=2$ と $j=4$ で考えると

$$H_2^+/\overline{H_2^+} = H_4^+/\overline{H_4^+}$$

したがって
$$H_4^+/H_2^+ = \overline{H_4^+}/\overline{H_2^+} \equiv \ell_w \tag{4.123}$$

の関係式が得られる。これは複素共役が元の値に等しいことを示しているので、その比である ℓ_w は実数値のレバーとして与えられることになる。

この式を減衰力係数の計算式 (4.100) に代入すれば、次に示す関係式が得られる。

$$B_{24} = B_{42} = B_{22}\ell_w, \quad B_{44} = B_{22}\ell_w^2 \tag{4.124}$$

すなわち、sway の減衰力係数と roll の減衰力係数には $B_{44} = B_{22}\ell_w^2$ の関係があり、その ℓ_w は (4.123) で与えられるということである。この関係も**別所の関係** (Bessho's relation) [4.7] として知られている。

4.13 流体力の計算例

2次元浮体に働く radiation 問題での流体力（付加質量、減衰力係数）と diffraction 問題での流体力（波浪強制力）の計算例を示し、それらの特徴について説明しておくことにする。

流体力を計算するためには、(4.75)、(4.76) で示したように、圧力と等価な浮体表面上での速度ポテンシャルをまず求める必要がある。その方法の一つとして、境界要素法（あるいはグリーン関数法ともいう）に基づく (4.46) の積分方程式を解けば良いが、その計算プログラムは参考文献 [4.1] に提供されている。その計算プログラムを用いて、断面形状の片側を 図4.9 に示している左右対称な 2次元浮体について数値計算を行った。

半幅・喫水比 H_0 はどれも 1.0 であり、断面積係数 σ が 1.0 は矩形、$\pi/4$ は円、0.5 は三角形である。これらに対しては、厳密な断面形状を入力として与えた。また $\sigma=0.9$, 0.65 に対しては、H_0, σ の値から**ルイスフォーム** (Lewis form) と言われる形状を解析的に求め、その断面形状浮体に対して計算を行った。ルイスフォームの計算手順に関しては **Note 4.4** を参照のこと。

流体力は、半幅を $b(=B_w/2)$ として、次のような無次元値で示している。

$$\left.\begin{aligned} A'_{ij} - i\,B'_{ij} &= \frac{A_{ij}}{\rho b^2 \epsilon_i \epsilon_j} - i\,\frac{B_{ij}}{\rho \omega b^2 \epsilon_i \epsilon_j} \\ E'_j &= \frac{E_j}{\rho g \zeta_a b \epsilon_j} \end{aligned}\right\} \tag{4.125}$$

ここで ϵ_j の記号は、$j=2,3$ に対しては $\epsilon_j=1$、roll モーメントの $j=4$ に対しては長さの次元として $\epsilon_4=b$ を意味する。

図4.10 の左側に sway モードの付加質量 A'_{22}、減衰力係数 B'_{22}、右側に波浪強制力の振幅 $|E'_2|$、入射波に対する位相差 $\arg(E_2)$ の計算結果を示している。同様にして 図4.11 には heave モードの流体力、図4.12 には roll モードの流体力の計算結果を示している。Sway と roll は連成するので、ゼロではない連成流体力も存在するが、ここでは省略している。また $\sigma = \pi/4$ の円断面では roll 運動によって流体に撹乱が生じないし、圧力の働く方向は常に円の中心であるから、roll に関係する流体力はポテンシャル理論ではすべてゼロである。

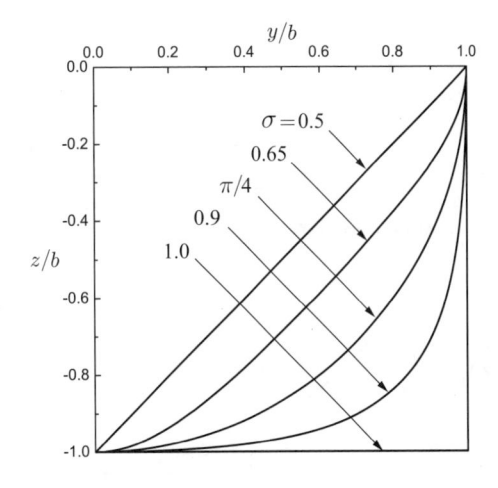

図4.9 計算に用いた浮体の断面形状（片側のみ）

横軸の $Kb \to 0$ すなわち $\omega \to 0$ の極限では、sway の付加質量 A'_{22}、roll の付加慣性モーメント A'_{44} は有限値となっている。これらの値は、ルイスフォーム断面浮体に対しては次のように与えられることが知られている [4.9]。

$$A'_{22} = \frac{\pi}{2}\frac{(1-a_1)^2 + 3a_3^2}{(1+a_1+a_3)^2} \tag{4.126}$$

$$A'_{44} = \frac{16}{\pi}\frac{a_1^2(1+a_3^2) + \frac{8}{9}a_1 a_3(1+a_3) + \frac{16}{9}a_3^2}{(1+a_1+a_3)^4} \tag{4.127}$$

一方、heave の付加質量 A'_{33} は $Kb \to 0$ で無限大になっている。円断面浮体 ($\sigma = \pi/4$) に対する理論解析の結果によると、$Kb \to 0$ での付加質量の漸近解が無次元値で次のように与えられることが知られている。

$$A'_{22} \simeq \frac{\pi}{2}\left[\,1 + \frac{4}{\pi}Kb - (Kb)^2\left(\ln Kb + \gamma - 1\right)\right] \tag{4.128}$$

$$A'_{33} \simeq \frac{4}{\pi}\left[\,-\left(\ln Kb + \gamma\right) + \frac{3}{2} - 2\ln 2\,\right] \tag{4.129}$$

ただし γ はオイラー定数 ($= 0.57721 \cdots$) である。この式から分かるように、A'_{33} が無限大となるのは $-\ln Kb$ の対数項の存在が理由である。この特徴は円断面以外の浮体でも同じであるが、そのことは 図4.11 の結果から理解できる。

一方 $Kb \to \infty$ すなわち $\omega \to \infty$ では、ルイスフォーム断面浮体に対する付加質量の解析結果によると

$$A'_{22} = \frac{2}{\pi}\frac{(1-a_1+a_3)^2 + \frac{16}{3}a_3^2}{(1+a_1+a_3)^2} \tag{4.130}$$

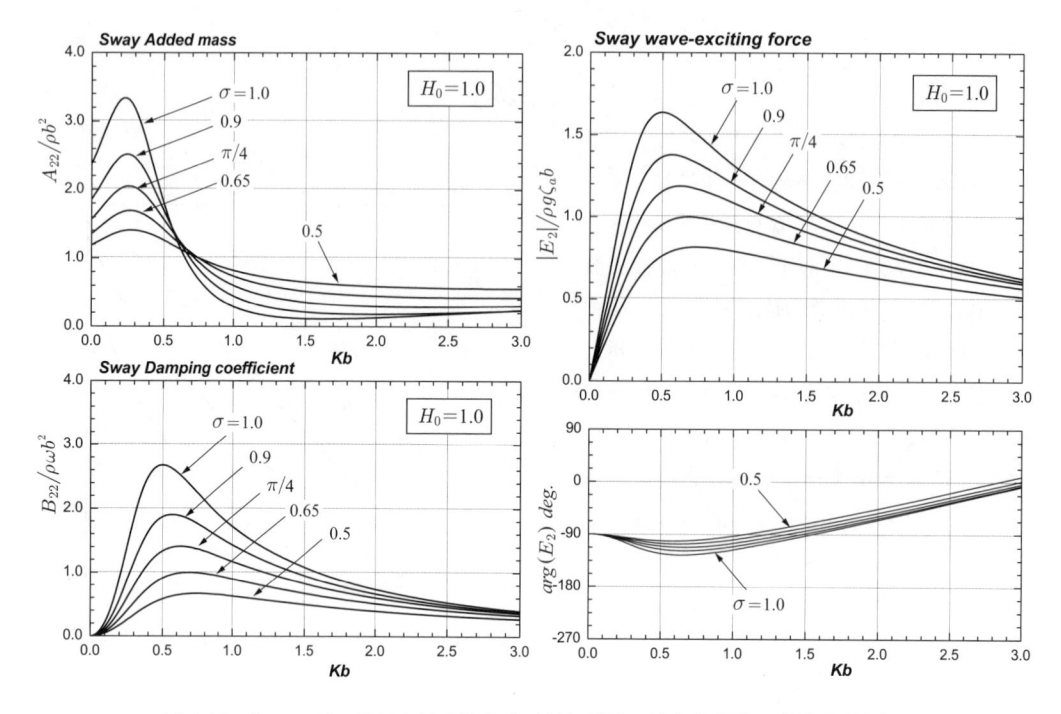

図 4.10 Sway モードにおける流体力（付加質量、減衰力係数、波浪強制力）

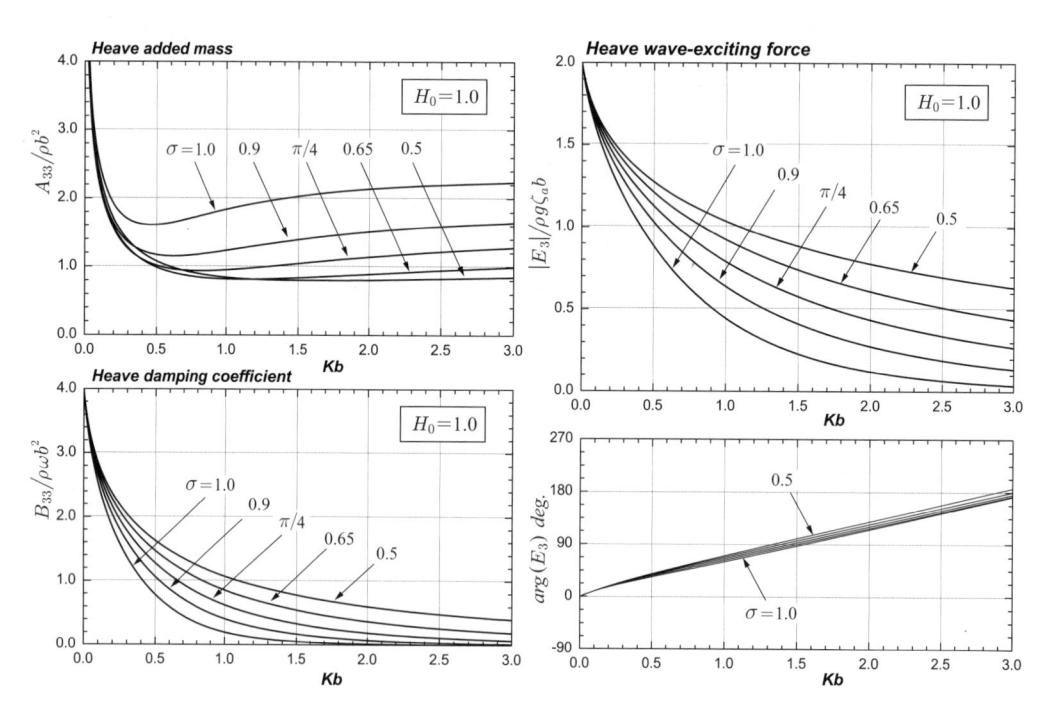

図 4.11 Heave モードにおける流体力（付加質量、減衰力係数、波浪強制力）

4.13 流体力の計算例

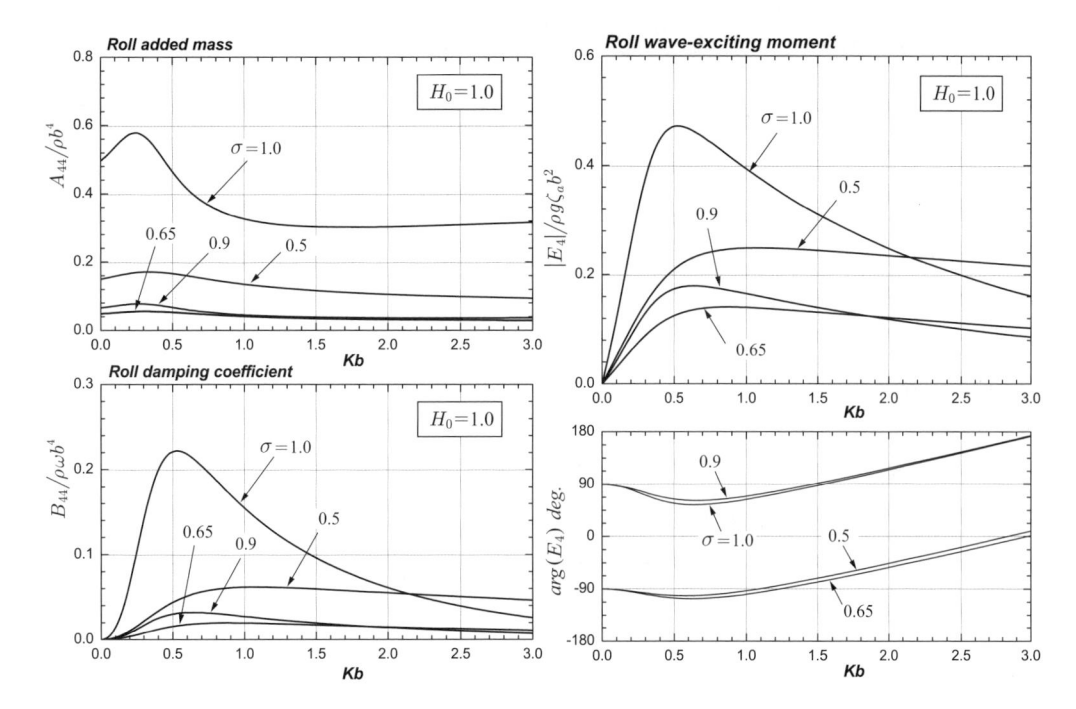

図 4.12 Roll モードにおける流体力（付加質量、減衰力係数、波浪強制力）

$$A'_{33} = \frac{\pi}{2} \frac{(1+a_1)^2 + 3a_3^2}{(1+a_1+a_3)^2} \left\{ 1 - \frac{4}{3\pi} \frac{1}{Kb} \right\} \tag{4.131}$$

$$A'_{44} = \pi \frac{a_1^2(1+a_3)^2 + 2a_3^2}{(1+a_1+a_3)^4} \tag{4.132}$$

となることが知られている [4.9]。

また減衰力係数および波浪強制力は、(4.100)、(4.112) で示されたように、コチン関数 $H_j^{\pm}$（それと等価な進行波係数 $\bar{A}_j e^{i\varepsilon_j^{\pm}}$）から計算することができる。すなわち (4.125) の無次元値では次のように与えられる。

$$B'_{ij} = \frac{\bar{A}_i \bar{A}_j}{(Kb)^2}, \quad E'_j = \frac{i}{Kb} \bar{A}_j e^{i\varepsilon_j} \tag{4.133}$$

したがって
$$B'_{jj} = \left| E'_j \right|^2 \tag{4.134}$$

が成り立つということであるが、これは (4.113) で示した関係である。

進行波係数に関する $\omega \to 0$ および $\omega \to \infty$ での漸近解析によると、次のような結果となることが知られている [4.10]。

$Kb \to 0$ では
$$\left.\begin{array}{l} \bar{A}_2 \sim \pi(Kb)^2 \dfrac{1-a_1}{(1+a_1+a_3)^2}, \quad \varepsilon_2 \sim \pi \\[2mm] \bar{A}_3 \sim 2Kb, \quad \varepsilon_3 \sim -\dfrac{\pi}{2} \end{array}\right\} \tag{4.135}$$

$Kb \to \infty$ では
$$\left.\begin{array}{c} \bar{A}_2 \sim 2 \\[2mm] \bar{A}_3 \sim \dfrac{4}{Kb} \dfrac{(1+a_1+a_3)(1+a_1+9a_3)}{(1-a_1-3a_3)^3} \end{array}\right\} \tag{4.136}$$

したがって (4.135) と (4.133) によれば、$Kb \to 0$ での heave の減衰力係数、波浪強制力は、

(4.125) の無次元値ではともに有限値

$$B'_{33} \to 4.0, \quad |E'_3| \to 2.0 \quad \text{as } Kb \to 0 \tag{4.137}$$

となることが分かる。この $\bar{A}_3 \sim 2Kb$ の値、すなわち (4.137) の極限値は水線面の幅だけで決まり、水面下の浮体形状には依らないということである。一方、sway の減衰力係数、波浪強制力は、(4.135) と (4.133) から分かるように、$Kb \to 0$ ではともにゼロである。また $Kb \to \infty$ の高周波数（短波長）域では、heave の流体力がゼロに漸近する度合いは、(4.136) から分かるように sway のそれよりも早い。さらに、(4.134) の関係が数値的に成り立っていることも 図4.10、図4.11 から確かめられる。

最後に、図4.10 と 図4.12 の波浪強制力の位相差を見ると分かるように、sway の波浪強制力 E_2 と roll の波浪強制モーメント E_4 は、それぞれの位相が同じか 180 deg ずれているだけであるが、これは (4.123) の関係が成り立っていることを示している。

演習 4.2

Radiation 問題におけるコチン関数の定義式 (4.65)、すなわち

$$H_j^\pm = \int_{S_H} \left(n_j - \varphi_j \frac{\partial}{\partial n} \right) e^{Kz \pm iKy} \, d\ell(y, z)$$

に対して K の値が小さいときの指数関数の展開式を考えることによって、$\bar{A}_j e^{i\epsilon_j^\pm} = iKH_j^\pm$ の関係より、(4.135) の漸近解が正しいことを示しなさい。

【Note 4.4】ルイスフォームの計算

実際の物理平面（$z = x + iy$ 座標）における断面形状と写像平面（$\zeta = \xi + i\eta$ 座標）の単位円断面の間の写像関数は、縮率を M として次のように表すことができる。

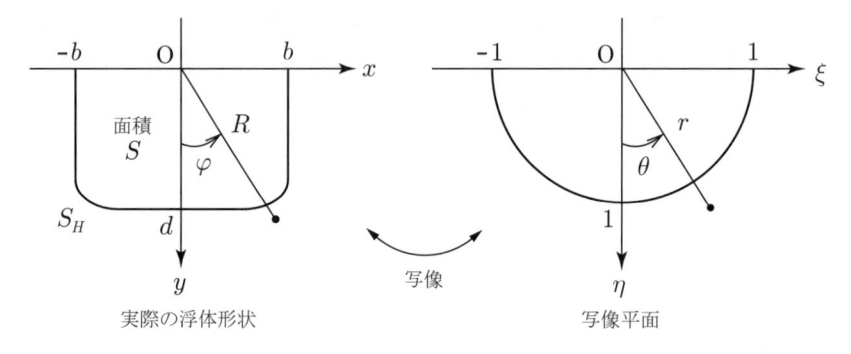

図 4.13 Lewis Form 近似における座標系

$$z = x + iy = M\left\{ \zeta + \frac{a_1}{\zeta} + \frac{a_3}{\zeta^3} \right\} \tag{4.138}$$

物体表面上は半径 1 であるから $\zeta = \sin\theta + i\cos\theta = ie^{-i\theta}$ を代入して、

$$\left. \begin{array}{l} x = M\left\{ (1 + a_1)\sin\theta - a_3 \sin 3\theta \right\} \\ y = M\left\{ (1 - a_1)\cos\theta + a_3 \cos 3\theta \right\} \end{array} \right\} \tag{4.139}$$

を得るが、(4.139) で表される物体形状が**ルイスフォーム** (Lewis form) と呼ばれている。

未知数は、M, a_1, a_3 の 3 個であるが、

1) 半幅　　$b = M(1 + a_1 + a_3)$　　　　　　　　　　　　　　　(4.140)

2) 喫水　　$d = M(1 - a_1 + a_3)$　　　　　　　　　　　　　　　(4.141)

3) 断面積　$S = \dfrac{\pi}{2} M^2 \left(1 - a_1^2 - 3a_3^2\right)$　　　　　　　　　　　(4.142)

の関係式を得るので、b, d, S を与えれば M, a_1, a_3 の未知数が決定できる。計算の手順は次のとおりである。まずデータとして、半幅・喫水比 H_0 および断面積係数 σ を与える。

$$H_0 = \frac{b}{d} = \frac{1 + a_1 + a_3}{1 - a_1 + a_3} \tag{4.143}$$

$$\sigma = \frac{S}{2bd} = \frac{\pi}{4} H_0 \frac{1 - a_1^2 - 3a_3^2}{(1 + a_1 + a_3)^2} \tag{4.144}$$

次に (4.140), (4.141) より

$$a_1 = \frac{H_0 - 1}{2(M/d)}, \quad a_3 = \frac{H_0 + 1}{2(M/d)} - 1 \tag{4.145}$$

を得るので、これらを (4.144) に代入し、M/d について解く。このとき、複号は物理的考察によって決定する。すなわち、特別に平板の場合（$a_1 = -1, a_3 = 0$ よって $b = 0, H_0 = \sigma = 0$）を考えると、$M/d = 1/2$ でなければならないことから

$$\frac{M}{d} = \frac{3(H_0 + 1) - \sqrt{(H_0 + 1)^2 + 8H_0(1 - 4\sigma/\pi)}}{4} \tag{4.146}$$

が得られる。

一方、(4.139) は無次元値で

$$\left.\begin{aligned} x' \equiv \frac{x}{b} = \frac{1}{H_0}\left(\frac{M}{d}\right)\left\{(1 + a_1)\sin\theta - a_3 \sin 3\theta\right\} \\ y' \equiv \frac{y}{b} = \frac{1}{H_0}\left(\frac{M}{d}\right)\left\{(1 - a_1)\cos\theta + a_3 \cos 3\theta\right\} \end{aligned}\right\} \tag{4.147}$$

のように表すことができる。

したがって、H_0, σ から (4.146) によって M/d を求め、(4.145) から a_1, a_3 を求めると、(4.147) によって無次元座標 (x', y') が計算できる。

4.14　2 次元浮体の動揺特性

ここでも簡単のために左右対称な浮体を考える。このとき、左右対称モードの heave は、反対称モードの sway, roll とは連成しないので、別々に考えることができる。そこで、まず heave について考えよう。円周波数 ω の周期的動揺のみを考え、$\xi_3(t) = \mathrm{Re}\left\{X_3 e^{i\omega t}\right\}$ と表すと、複素振幅 X_3 に関する運動方程式は次式で与えられる。

$$m(i\omega)^2 X_3 = F_3 + E_3 + S_3$$
$$= -\left\{(i\omega)^2 A_{33} + i\omega B_{33}\right\} X_3 + E_3 - C_{33} X_3$$

したがって

$$\left[-\omega^2 (m + A_{33}) + i\omega B_{33} + C_{33}\right] X_3 = E_3 \tag{4.148}$$

ここで m は浮体の質量、A_{33}, B_{33} は付加質量、減衰力係数、C_{33} は (4.86) で与えられる復原力係数、E_3 は波浪強制力である。

これまでに証明したハスキント・ニューマンの関係式 (4.112)、減衰力に関するエネルギー関係式 (4.100) を代入する。すなわち

$$E_3 = -\rho g \zeta_a H_3^+, \quad B_{33} = \rho\omega \left| H_3^+ \right|^2$$

である。さらに (4.148) の式変形において次の記号を用いる。

$$\left.\begin{array}{c} C_{33} - \omega^2(m+A_{33}) \equiv \rho\omega^2 E^2 \\ \tan^{-1}\dfrac{E^2}{|H_3^+|^2} \equiv \alpha_H, \quad H_{3E}^+ = \dfrac{H_3^+}{E} \end{array}\right\} \quad (4.149)$$

このとき (4.148) は

$$i\omega X_3 \rho\omega \left\{ \left| H_3^+ \right|^2 - i E^2 \right\} = -\rho g \zeta_a H_3^+$$

よって

$$\frac{X_3}{\zeta_a} = \frac{|\cos\alpha_H|}{-iK\overline{H_3^+}} e^{i\alpha_H} = \frac{-H_{3E}^+}{KE\left\{1+i\left|H_{3E}^+\right|^2\right\}} \quad (4.150)$$

と表される。さらに H_3^+ として (4.71) の関係を代入すると、動揺の振幅、位相を明確に分けることができる。

$$\left.\begin{array}{c} X_3 = Z_A e^{i\delta_z} \\ \dfrac{Z_A}{\zeta_a} = \dfrac{|\cos\alpha_H|}{\bar{A}_3}, \; \delta_z = \varepsilon_3 + \alpha_H \end{array}\right\} \quad (4.151)$$

ちなみに、固有周波数では (4.149) から $E=0$ であり、このとき $\alpha_H = 0$ であるから

$$\frac{Z_A}{\zeta_a} = \frac{1}{\bar{A}_3}, \; \delta_z = \varepsilon_3 \quad \text{for } E=0 \quad (4.152)$$

となることが分かる。

次に横運動である sway と roll の連成運動方程式について考える。Sway を $\xi_2(t) = \text{Re}\left\{X_2 e^{i\omega t}\right\}$、roll を $\xi_4(t) = \text{Re}\left\{X_4 e^{i\omega t}\right\}$ と表し、heave のときと同様に、ハスキント・ニューマンの関係式、減衰力に関するエネルギー関係式を代入する。さらにコチン関数 H_4^+ と H_2^+ の関係式 (4.123) や別所の関係 (4.124) を用いると、heave の (4.148) に対応する sway と roll の運動方程式は次のように表すことができる。

$$\left[S^2 + i|H_2^+|^2 \right] X_2 + \left[Q^2 + i|H_2^+|^2 \right]\ell_n X_4 = -\frac{\zeta_a}{K} H_2^+ \quad (4.153)$$

$$\left[Q^2 + i|H_2^+|^2 \right]\ell_n X_2 + \left[R^2 + i|H_2^+|^2 \right]\ell_n^2 X_4 = -\frac{\zeta_a}{K} H_2^+ \ell_n \quad (4.154)$$

ただし

$$\left.\begin{array}{c} -\omega^2(m+A_{22}) \equiv \rho\omega^2 S^2, \\ -\omega^2 A_{24} = -\omega^2 A_{42} \equiv \rho\omega^2 Q^2 \ell_n \\ W\overline{GM} - \omega^2(I_{44}+A_{44}) \equiv \rho\omega^2 R^2 \ell_n^2 \end{array}\right\} \quad (4.155)$$

によって S, Q, R の記号を定義している。運動方程式を静止水面に原点を置いた座標系で考える際には、(4.153)、(4.154) における ℓ_n は (4.123) の ℓ_w である ($\ell_n = \ell_w$)。また重心 G に原点

を置いた座標系で運動方程式を考える際には、流体力係数を (4.85) によって変換すればよいから、結果的には (4.153)、(4.154) における ℓ_n は $\ell_n = \ell_w - \overline{OG}$ とすればよい。

さて、S, Q, R を用いて、さらに

$$\left.\begin{aligned} F^2 &\equiv \frac{S^2 R^2 - Q^4}{S^2 + R^2 - 2Q^2} \\ \tan^{-1}\frac{F^2}{|H_2^+|^2} &\equiv \alpha_Q, \ H_{2F}^+ = \frac{H_2^+}{F} \end{aligned}\right\} \quad (4.156)$$

なる記号を定義すると、(4.153)、(4.154) の解は、heave の (4.150) と同じ形にまとめることができる。その結果は次のようになる。

$$\frac{X_2 + \ell_n X_4}{\zeta_a} = \frac{|\cos\alpha_Q|}{-iK\overline{H_2}^+}e^{i\alpha_Q} = \frac{-H_{2F}^+}{KF\{1+i|H_{2F}^+|^2\}} \quad (4.157)$$

また H_2^+ として (4.71) を代入すると、heave の (4.151) に対応する式として次の結果を得る。

$$\left.\begin{aligned} X_2 + \ell_n X_4 &= Y_A e^{i\delta_y} \\ \frac{Y_A}{\zeta_a} &= \frac{|\cos\alpha_Q|}{\bar{A}_2}, \ \delta_y = \varepsilon_2 + \alpha_Q \end{aligned}\right\} \quad (4.158)$$

固有周波数における同調時では、$F = 0$ であるから (4.156) より $\alpha_Q = 0$ であり、

$$\frac{Y_A}{\zeta_a} = \frac{1}{\bar{A}_2}, \ \delta_y = \varepsilon_2 \quad \text{for } F = 0 \quad (4.159)$$

となることが分かる。

浮体の動揺特性に関する数値計算例を 図 4.14 に示している。これは、半幅・喫水比が $H_0 = 1.0$、断面積係数が $\sigma = 0.9$ の左右対称なルイスフォーム断面 (図 4.9 参照) の 2 次元浮体に対するものであり、横軸に $Kb = \omega^2 b/g = 2\pi b/\lambda$ をとり、sway, heave, roll の振幅、位相の結果を無次元値で示したものである。計算では重心位置 $\overline{OG}$, roll の慣動半径 κ_{xx} を入力として与える必要があるが、この計算例では $\overline{OG} = 0.3d, \kappa_{xx} = 0.65b$ としている。

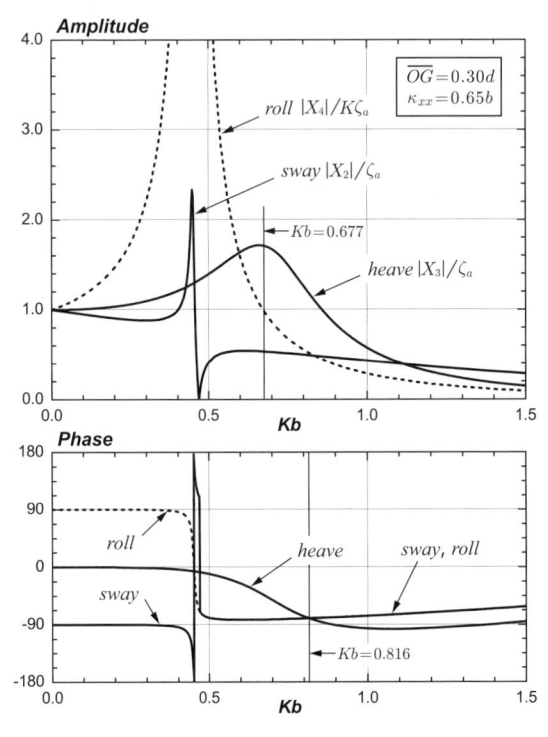

図 4.14 ルイスフォーム断面左右対称浮体の動揺特性

計算結果を見ると、roll の振幅が $Kb = 0.45$ 付近で非常に大きくなっているが、これは roll の同調周波数に対応する値である。減衰力として造波成分しか考慮しておらず、その値は 図 4.12 に示すように相対的に小さいので、有限値ではあるものの roll の振幅は非現実的な大きな値となっている。

Sway モード自体には復原力は存在しないが、sway と roll は連成しているので、roll の同調周波数付近で sway の振幅も大きく変動している。また、入射波に対する sway と roll の位相差は同じか 180 deg ずれているだけであるが、それは 図 4.14 から見て取れることである。

浮体は左右対称なので、heave は単独モードで計算されている。Heave の固有周波数に対応する Kb の値は $Kb \simeq 0.677$ である。また、後で述べる反射波・透過波に関連して重要となるが、heave の位相差 δ_z と sway および roll の位相差 δ_y が $Kb \simeq 0.816$（ならびに $Kb \simeq 0.4515$）で等しくなっていることに注意しておこう。

本節では左右対称な 2 次元浮体に限定したので、解を解析的にコンパクトな形で表わすことができた。この結果は、浮体が動揺しているときの反射波、透過波を考える際には非常に役に立つ。しかし左右非対称な浮体や 3 次元問題では、本質は同じとは言え、やはり数値計算に頼ることになるであろう。

4.15 反射波、透過波の特性

浮体動揺の複素振幅が解析的に求まったので、(4.88)～(4.90) に従って反射波・透過波係数について考えよう。まず浮体が固定されている diffraction 問題の場合を考えると、そのときの計算式は (4.90) である。$H_7^\pm$ は (4.117)、(4.118) によって radiation 問題でのコチン関数を用いて表すことができ、

$$R = iH_7^+ = \frac{1}{2}\left[\frac{H_3^+}{H_3^+} + \frac{H_2^+}{H_2^+}\right] \tag{4.160}$$

$$T = 1 + iH_7^- = \frac{1}{2}\left[\frac{H_3^+}{H_3^+} - \frac{H_2^+}{H_2^+}\right] \tag{4.161}$$

を得る。上式の H_2^+ は H_4^+ でも良いが、(4.123) によって $H_4^+ = H_2^+ \ell_w$ であり、ℓ_w は実数であるから、結局 H_2^+ だけで表すことができる。

(4.160)、(4.161) の括弧内の第 1 項は対称波成分、第 2 項は反対称波成分であることに注意しよう。また (4.160)、(4.161) から、R, T はコチン関数（進行波）の振幅には関係なく、位相のみで表されることが分かるが、それを具体的に示すために (4.71) を代入してみる。その結果は次式となる。

$$R = -\frac{1}{2}\left(e^{i2\varepsilon_3} + e^{i2\varepsilon_2}\right) = -\cos(\varepsilon_2 - \varepsilon_3)e^{i(\varepsilon_2+\varepsilon_3)} \tag{4.162}$$

$$T = -\frac{1}{2}\left(e^{i2\varepsilon_3} - e^{i2\varepsilon_2}\right) = i\sin(\varepsilon_2 - \varepsilon_3)e^{i(\varepsilon_2+\varepsilon_3)} \tag{4.163}$$

これらから、(4.105) として示したエネルギー保存則 $|R|^2 + |T|^2 = 1$ が成り立っていることは容易に確かめられるし、(4.109) として示したエネルギー等分配則 $|R \pm T| = 1$ が成り立っていることも明らかである。

次に浮体が動揺している場合を考えよう。まず動揺によって発生する対称波成分について先に考えると、heave ($j = 3$) によって発生する波が対称波であるから、(4.150) で表される X_3/ζ_a を (4.88)、(4.89) の右辺に代入すればよい。その結果は次のようになる。

4.15 反射波、透過波の特性

$$\mathcal{A} \equiv \frac{1}{2}\frac{H_3^+}{\overline{H}_3^+} + iK\left(\frac{X_3}{\zeta_a}\right)H_3^+ = \frac{1}{2}\frac{H_3^+}{\overline{H}_3^+} - i\frac{(H_{3E}^+)^2}{1+i|H_{3E}^+|^2}$$

$$= \frac{1}{2}\frac{H_3^+}{\overline{H}_3^+}\frac{(1-i|H_{3E}^+|^2)}{(1+i|H_{3E}^+|^2)} \tag{4.164}$$

次に、動揺によって発生する反対称波成分について考える。Sway ($j=2$)、roll ($j=4$) によって発生する波は反対称波であり、$H_4^+ = H_2^+ \ell_w$ によって

$$X_2 H_2^+ + X_4 H_4^+ = \left(X_2 + \ell_w X_4\right)H_2^+ = \left(X_2^G + \ell_n X_4^G\right)H_2^+$$

となるから、動揺の複素振幅として (4.157) を代入することができる。このとき (4.164) の式変形と同様にして次式を得る。

$$\mathcal{B} = \frac{1}{2}\frac{H_2^+}{\overline{H}_2^+} + iK\frac{X_2+\ell_n X_4}{\zeta_a}H_2^+ = \frac{1}{2}\frac{H_2^+}{\overline{H}_2^+}\frac{(1-i|H_{2F}^+|^2)}{(1+i|H_{2F}^+|^2)} \tag{4.165}$$

以上の結果を用いると、浮体が波浪中で動揺しているときの反射波係数 C_R、透過波係数 C_T は次のように表すことができる。

$$C_R = \mathcal{A} + \mathcal{B} = \frac{1}{2}\left[\frac{H_3^+}{\overline{H}_3^+}\frac{(1-i|H_{3E}^+|^2)}{(1+i|H_{3E}^+|^2)} + \frac{H_2^+}{\overline{H}_2^+}\frac{(1-i|H_{2F}^+|^2)}{(1+i|H_{2F}^+|^2)}\right] \tag{4.166}$$

$$C_T = \mathcal{A} - \mathcal{B} = \frac{1}{2}\left[\frac{H_3^+}{\overline{H}_3^+}\frac{(1-i|H_{3E}^+|^2)}{(1+i|H_{3E}^+|^2)} - \frac{H_2^+}{\overline{H}_2^+}\frac{(1-i|H_{2F}^+|^2)}{(1+i|H_{2F}^+|^2)}\right] \tag{4.167}$$

ここで (4.149)、(4.151) ならびに (4.156)、(4.158) によって

$$\left.\begin{array}{l}\tan^{-1}\left|H_{3E}^+\right|^2 = \dfrac{\pi}{2} - \alpha_H = \dfrac{\pi}{2} + \varepsilon_3 - \delta_z \\[6pt] \tan^{-1}\left|H_{2F}^+\right|^2 = \dfrac{\pi}{2} - \alpha_Q = \dfrac{\pi}{2} + \varepsilon_2 - \delta_y\end{array}\right\} \tag{4.168}$$

と表すことができる。これを用いると、(4.166)、(4.167) で示された浮体が動揺しているときの C_R, C_T の式もやはり位相だけを用いて表すことができ、結果は次式となる。

$$C_R = \frac{1}{2}\left(e^{i2\delta_z} + e^{i2\delta_y}\right) = \cos(\delta_y - \delta_z)e^{i(\delta_y+\delta_z)} \tag{4.169}$$

$$C_T = \frac{1}{2}\left(e^{i2\delta_z} - e^{i2\delta_y}\right) = -i\sin(\delta_y - \delta_z)e^{i(\delta_y+\delta_z)} \tag{4.170}$$

この式から、波浪中で浮体の動揺を完全に自由にした場合でもエネルギー保存則 $|C_R|^2 + |C_T|^2 = 1$ が成り立っていることは明らかである。また $|C_R \pm C_T| = 1$ も成り立っており、エネルギー等分配則は、左右対称浮体が波浪中で自由に動揺している場合にも成り立っていることが分かる。

さて、以上の結果を用いれば、浮体による入射波の**完全反射** (perfect reflection) の条件、あるいは**完全透過** (perfect transmission) の条件を求めることは容易である。(4.169)、(4.170) より

$$\left.\begin{array}{ll}完全反射: & \delta_y - \delta_z = n\pi \quad (n=0,\pm 1,\cdots) \\[6pt] 完全透過: & \delta_y - \delta_z = \dfrac{\pi}{2} + n\pi\end{array}\right\} \tag{4.171}$$

がその条件式であることが分かる。

このことから、浮き消波堤の性能として必要な完全反射を実現させるためには、浮体の動揺振幅は全く関係なく、対称運動 (heave) と反対称運動 (sway, roll) の位相差のみで決まり、(4.171) によれば、その位相差がゼロまたは π のときに完全反射となることが分かる。これは浮体の造波理論を学んだ人でないと理解できない重要な結果である。

動揺特性の計算で用いた浮体と同じ半幅・喫水比 $H_0 = 1.0$、断面積係数 $\sigma = 0.9$ のルイスフォーム断面浮体による反射波、透過波の計算結果を 図 4.15 に示している。

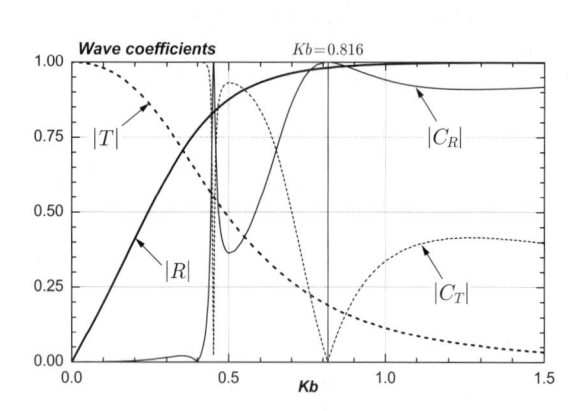

図 4.15 ルイスフォーム断面左右対称浮体による反射波・透過波係数の計算結果（sway, heave, roll 自由）

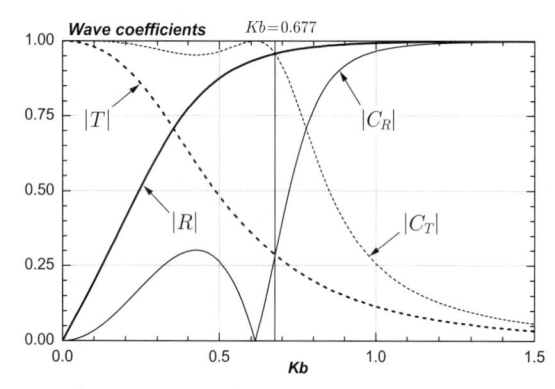

図 4.16 ルイスフォーム断面左右対称浮体による反射波・透過波係数の計算結果（heave のみ自由）

浮体が固定された状態（diffraction 問題）での反射波係数 R、透過波係数 T の振幅の変化は比較的単純であるが、浮体が規則波中で動揺 (sway, heave, roll) しているときの反射波係数 C_R、透過波係数 C_T の振幅の変化はやや複雑である。$Kb \to 0\,(\lambda \to \infty)$ では完全透過 ($T=1,\ R=0$)、逆に $Kb \to \infty\,(\lambda \to 0)$ では完全反射 ($T=0,\ R=1$) という極限値は、浮体形状、動揺の有無に関係なく同じである。図 4.15 を見ると、$Kb \to \infty$ 以外の有限な周波数では、$Kb \simeq 0.816$ で $|C_R|=1.0$ の完全反射が実現されている。この Kb の値では 図 4.14 で示したように運動の位相差は $\delta_y = \delta_z$ の関係にあり、これは (4.171) で示された完全反射の条件式である。また、非常に狭い周波数帯ではあるが、$Kb \simeq 0.4515$ でも $\delta_y = \delta_z$ となっており、ここでも確かに $|C_R|=1.0$ となっていることが見て取れる。

ところで、対称モードである heave のみを自由とした場合の計算結果を 図 4.16 に示した。$Kb \simeq 0.677$ は heave の固有周波数に対応した値であり、図 4.14 から分かるように、この周波数付近では確かに heave の振幅は大きくなっている。この特別な固有周波数では

$$C_R = -T, \quad C_T = -R \tag{4.172}$$

となることが理論的に示される（演習 4.3 参照）ので、振幅は $|C_R|=|T|$, $|C_T|=|R|$ のように、heave 同調時の反射波・透過波係数が浮体固定時の値と入れ替わった形となるが、図 4.16 から確かにその関係が成り立っていることが分かる。同様の性質は、反対称運動（sway, roll）だけ自由にした場合にも成り立つが、その確認は読者の演習問題としておこう。

> **演習 4.3**
>
> 浮体が heave のみ自由となっている場合の反射波係数 C_R、透過波係数 C_T が
> $$\begin{cases} C_R = -i\sin(\varepsilon_2 - \delta_z)e^{i(\varepsilon_2+\delta_z)} \\ C_T = \cos(\varepsilon_2 - \delta_z)e^{i(\varepsilon_2+\delta_z)} \end{cases}$$
> のように与えられることを示しなさい。この結果から、heave の固有周波数では $C_R = -T$, $C_T = -R$ となることを導きなさい。

4.16 波漂流力

これまでに説明してきた浮体の造波理論は、入射波および浮体動揺の振幅が小さいと仮定し、それらの 1 次の項だけを扱う線形理論であった。**波漂流力** (wave drfit force) は、実は入射波振幅の 2 乗に比例する 2 次の流体力のうちの時間平均定常成分である。本節でこの波漂流力について敢えて述べるのは、2 次の定常流体力の計算には高次の境界値問題を解く必要がなく、線形問題の速度ポテンシャルだけから求められ、また後で示されるように、波漂流力が反射波係数によって計算できるからである。

【Note 4.5】運動量保存の原理

3.4 節では、エネルギー保存の原理によって導かれる式を示したが、それとほぼ同じ式変形方法によって、ここでは**運動量保存の原理** (principle of momentum conservation) を考えてみよう。

運動量はベクトルであるから、その i 方向成分を M_i と表す。その時間変化率を考えるには、(3.73) の式変形と同様にラグランジュ的な微分を考えなければならない。したがって一般的な 3 次元問題に対する式を書くと次式となる。

$$\frac{dM_i}{dt} = \frac{d}{dt}\iiint_{V(t)} \rho\, u_i\, dV = \rho\iiint_V \frac{\partial u_i}{\partial t}\, dV + \rho\iint_S u_i U_n\, dS \tag{4.173}$$

ここで u_i は流体の i 方向成分、U_n は流体領域からみて境界面 S の外向き法線速度を表す。

流体運動の支配方程式である連続の方程式 (3.2) ならびにオイラーの方程式 (3.3) を用いると

$$\frac{\partial u_i}{\partial t} = -\frac{\partial}{\partial x_i}\left(\frac{p}{\rho} + gz\right) - \frac{\partial}{\partial x_j}\left(u_j u_i\right) \tag{4.174}$$

と変形できるので、これを (4.173) に代入してガウスの定理を適用する。その結果は

$$\frac{dM_i}{dt} = -\rho\iint_S \left[\frac{p}{\rho}n_i + u_i(u_n - U_n)\right] dS \tag{4.175}$$

となる。ただし、上式で水平面内の成分 ($i = 1, 2$) を考えることを前提にして、gz の項の寄与はゼロとしている。それは (4.174) の gz に対する微分を考えれば明らかであろう。

次に、(4.175) で流体を取り囲む境界面として、$S = S_H + S_F + S_\infty$ を考えると、(3.77) と同様に

$$\left.\begin{array}{ll} \text{on } S_\infty & U_n = 0 \\ \text{on } S_H & u_n = V_n = U_n \\ \text{on } S_F & u_n = U_n, \quad p = 0 \end{array}\right\} \tag{4.176}$$

となっているはずである。したがって (4.175) は次式となる。

$$\frac{dM_i}{dt} = -\iint_{S_H} p\, n_i\, dS - \iint_{S_\infty} \left[p\, n_i + \rho u_i u_n\right] dS \tag{4.177}$$

次に、この1周期時間平均値を考えよう。流体領域全体で考えれば、運動量の時間変化率の平均値はゼロのはずである。またここでの解析では、法線が流体から見て外向きを正として式変形していることに注意すると、(4.177)の右辺第1項は流体から受ける力の符号反対（$-\overline{F}_i$ と表す）である。したがって次の関係式を得ることができる。

$$\overline{F}_i = \overline{\iint_{S_H} p\, n_i\, dS} = -\overline{\iint_{S_\infty} \left[p\, n_i + \rho u_i u_n \right] dS} \tag{4.178}$$

ここで overbar は時間平均値を意味する。この式は、浮体に働く力が無限遠での固定検査面 S_∞ における積分だけから求められることを示している。浮体の近傍では流場は一般に複雑であるが、無限遠では進行波成分だけが残るので、無限遠での積分の方が簡単となる場合が多い。この関係式を用いれば、浮体に働く時間平均値である波漂流力を比較的容易に求めることができる。

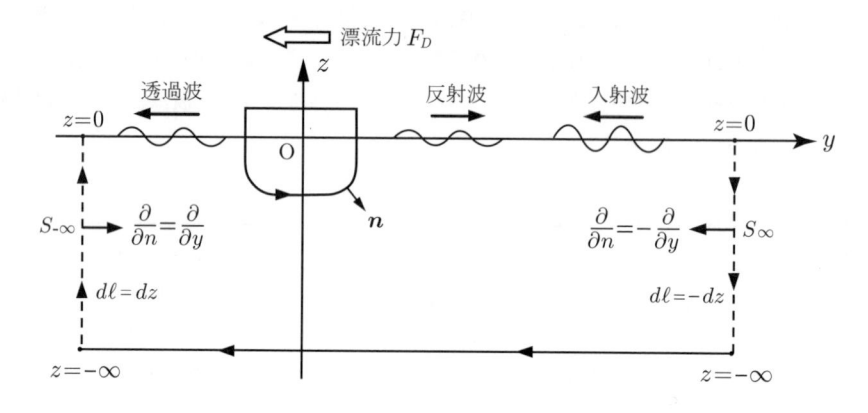

図4.17 漂流力の解析における座標系

さて、図4.17に示された流体領域に対して、**Note 4.5** で解説した運動量保存の原理を適用してみよう。浮体は左右対称でなくても必要な式変形は同じであるが、ここでは左右対称浮体を前提としておく。入射波は y 軸の正方向から伝播してくるとする。このときの波漂流力は入射波の進行方向に働くが、その方向（y 軸の負方向）に働く波漂流力を F_D と表すことにする。図4.17に示している法線の正方向は、境界面から流体の内向きとしており、これは **Note 4.5** での解析における正方向と逆向きである。このことに注意すれば、2次元波漂流力 F_D を計算する式は (4.178) より次のように与えられる。

$$F_D = -\overline{\int_{S_{\pm\infty}} \left[p\, n_y + \rho u_y u_n \right] d\ell} \tag{4.179}$$

ここで p は圧力、u_y, u_n は流速の y 方向成分および法線方向成分であるから

$$\left.\begin{aligned} p &= -\rho\left[\frac{\partial \Phi}{\partial t} + \frac{1}{2}\nabla\Phi\cdot\nabla\Phi + gz \right] \\ u_y u_n &= \frac{\partial \Phi}{\partial y}\frac{\partial \Phi}{\partial y} n_y \end{aligned}\right\} \tag{4.180}$$

を (4.179) に代入し、積分は水底 ($z=-\infty$) から水面 ($z=\zeta_{\pm\infty}$) まで行う。$O(\Phi^2)$ の項まで考え、それより高次項は微小量として無視する。このとき線積分の方向、法線の方向に注意して式

変形すると

$$F_D = -\rho \overline{\left[\int_0^{\zeta+\infty} - \int_0^{\zeta-\infty}\right]\left(\frac{\partial \Phi}{\partial t} + gz\right)dz} + \frac{1}{2}\rho \int_{-\infty}^0 dz \overline{\left[\left(\frac{\partial \Phi}{\partial y}\right)^2 - \left(\frac{\partial \Phi}{\partial z}\right)^2\right]}\bigg|_{y=-\infty}^{y=+\infty}$$

$$= \frac{1}{2}\rho g \left(\overline{\zeta_{+\infty}^2} - \overline{\zeta_{-\infty}^2}\right) + \frac{1}{2}\rho \int_{-\infty}^0 dz \overline{\left[\left(\frac{\partial \Phi}{\partial y}\right)^2 - \left(\frac{\partial \Phi}{\partial z}\right)^2\right]}\bigg|_{y=-\infty}^{y=+\infty} \tag{4.181}$$

となる。ただし $y=\pm\infty$ での水面変位 $\zeta_{\pm\infty}$ は (3.18) によって

$$\zeta_{\pm\infty} = -\frac{1}{g}\frac{\partial \Phi}{\partial t}\bigg|_{z=0} \tag{4.182}$$

で計算できるとしている。

(4.181) の時間平均を (1.132) の公式によって計算するために

$$\Phi(\boldsymbol{x},t) = \text{Re}\{\phi(\boldsymbol{x})e^{i\omega t}\}, \quad \zeta_{\pm\infty} = \text{Re}\{a_{\pm\infty}e^{i\omega t}\} \tag{4.183}$$

と表すことにしよう。このとき (4.181) は次式となる。

$$F_D = \frac{1}{4}\rho g \left(|a_{+\infty}|^2 - |a_{-\infty}|^2\right) + \frac{1}{4}\rho \int_{-\infty}^0 dz \left[\left|\frac{\partial \phi}{\partial y}\right|^2 - \left|\frac{\partial \phi}{\partial z}\right|^2\right]_{y=-\infty}^{y=+\infty} \tag{4.184}$$

$y=+\infty$ では入射波と反射波が存在し、$y=-\infty$ では透過波が存在するから、

$$\left.\begin{array}{l} a_{+\infty} = \zeta_a e^{iKy} + \zeta_R e^{-iKy}, \quad \phi = \dfrac{iga_{+\infty}}{\omega}e^{Kz} \quad \text{at } y=+\infty \\[2mm] a_{-\infty} = \zeta_T e^{iKy}, \quad \phi = \dfrac{iga_{-\infty}}{\omega}e^{Kz} \quad \text{at } y=-\infty \end{array}\right\} \tag{4.185}$$

と表すことができる。ここで ζ_R, ζ_T は反射波、透過波の複素振幅である。これらを用いて (4.184) の計算を行うが、$y=+\infty$ と $y=-\infty$ での結果を別々に示すために

$$F_D^{\pm\infty} \equiv \frac{1}{4}\rho g \left|a_{\pm\infty}\right|^2 + \frac{1}{4}\rho \int_{-\infty}^0 dz \left[\left|\frac{\partial \phi}{\partial y}\right|^2 - \left|\frac{\partial \phi}{\partial z}\right|^2\right]_{y=\pm\infty}$$

と表せば、少しの式変形を経て、最後結果は

$$F_D^{+\infty} = \frac{1}{4}\rho g \left(\zeta_a^2 + |\zeta_R|^2\right) \tag{4.186}$$

$$F_D^{-\infty} = \frac{1}{4}\rho g |\zeta_T|^2 \tag{4.187}$$

となる。したがって (4.184) の結果は次のように表される。

$$F_D = F_D^{+\infty} - F_D^{-\infty} = \frac{1}{4}\rho g \left(\zeta_a^2 + |\zeta_R|^2 - |\zeta_T|^2\right)$$

$$= \frac{1}{4}\rho g \zeta_a^2 \left(1 + |C_R|^2 - |C_T|^2\right) \tag{4.188}$$

ところで、4.15 節で示したように、浮体が波浪中で動揺している場合でもエネルギー保存則 $|C_R|^2 + |C_T|^2 = 1$ が成り立っている。この関係式を用いると、波漂流力は反射波係数 C_R だけで計算できることになり、その結果を次のように表しておく。

$$F_D = \frac{1}{2}\rho g \zeta_a^2 \bigl|C_R\bigr|^2 \;\longrightarrow\; \frac{F_D}{\frac{1}{2}\rho g \zeta_a^2} \equiv F_D' = \bigl|C_R\bigr|^2 \qquad (4.189)$$

この式によれば、波漂流力（の無次元値）は、反射波係数 $|C_R|$ の 2 乗で与えられる。これは正の値であり、必ず $0 \leq F_D' \leq 1$ である。したがって、浮体は入射波を反射させながら波下側（入射波の進行方向）へ流されていくことになる。

既に (4.169) で示したように、反射波係数は浮体動揺の振幅には関係せず、位相だけで決まる。したがって波漂流力も同じで、浮体動揺の位相（対称運動と反対称運動の位相差）だけで決まるということに再度注意しておこう。

浮き消波堤のように、透過波を小さくして波を殆ど反射させてしまうように設計された浮体では、(4.189) が示すように、反射性能が良い浮体ほど波漂流力も大きく、したがって係留索などにかかる張力も大きくなるということに注意しなければならない。

演習 4.4

水深が $z = -h$ で一定の有限水深の場合に対して、運動量保存の原理に基づく同様の解析を行うと、波漂流力は次式のように与えられることを示しなさい。

$$F_D = \frac{1}{2}\rho g \zeta_a^2 \bigl|C_R\bigr|^2 \left\{ 1 + \frac{2kh}{\sinh 2kh} \right\} \qquad (4.190)$$

ただし、k は有限水深の場合の分散関係式 (3.36) を満たす進行波の波数である。(4.190) における有限水深影響項は、(3.61) で示した群速度に対する有限水深影響項と同じであり、この値は 1.0 より大きくなることに注意しよう。

第5章 細長船に対するストリップ法

波浪中での船体運動をはじめとする耐航性能の計算法としてストリップ法が提唱されたのは、50年以上も前のことである。最初は船が細長いということを基に直感的な説明が行われていたが、その後、細長船理論の手法によって境界値問題を近似し、その解である速度ポテンシャルを求め、船体に働く圧力、その積分値である流体力を求めるという理論的な説明や理解の方法が行われるようになった。それによると、ストリップ法は動揺周波数が比較的高い場合に適用できる計算手法ということであるが、その理論的な適用範囲を越え、実際上必要となる周波数のほぼ全領域で実用上満足できる結果を与えるということが、いろいろな実験結果との比較を通じて認識されている。もちろん何もかも十分という訳ではなく、3次元影響や前進速度影響のより合理的な考慮など改良すべき点があるが、それらを克服するためには、より高度な細長船理論や次章で述べる3次元計算法などに頼る必要がある。本章では、前章で述べた2次元造波理論の応用として、ストリップ法による計算式の説明を試みることにしよう。

5.1 境界値問題と速度ポテンシャルの近似

前章で解説した2次元問題は、船などの3次元問題には役に立たないと考えるかもしれない。しかしそうではなく、以下に述べるように、これまでに得られた知識をもう少し拡張するだけで、実用計算法として定着しているストリップ法を理解することができる。

3次元問題では運動は6自由度となるので、前章の2次元問題と異なる点は、

1) surge, pitch, yaw の動揺モードが加わる

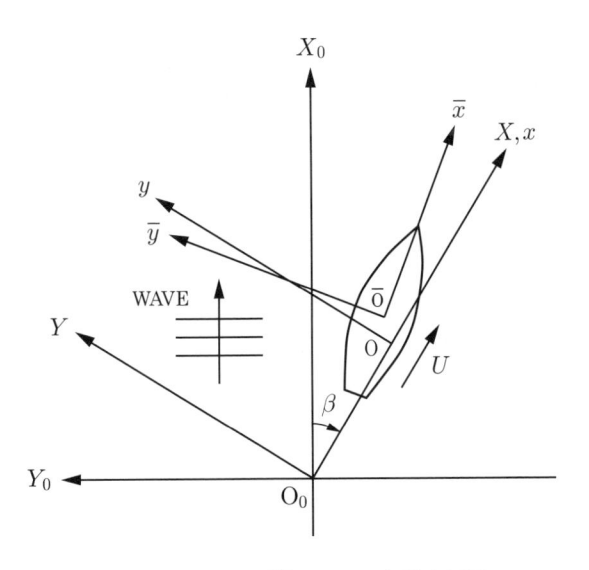

図5.1 ストリップ法における各種座標系

2) 入射波は y 軸方向からの横波だけではなく、あらゆる方向から入射する

3) 船は前進速度を有する

ということである。これらを考慮しながら、3 次元問題での支配方程式、境界条件式を細長船理論の手法によって近似することを考えよう。

5.1.1 境界条件式

まず図 5.1 に示したいくつかの座標系の関係について調べよう。O_0-$X_0Y_0Z_0$ とそれと β の角度をなす O_0-XYZ は空間固定の座標系であり、o-xyz は X 軸方向に船速 U で等速移動する座標系とする。この o-xyz 座標系で質量と加速度を考えても、空間固定座標での値と全く同じであるから、この等速移動座標系も慣性座標系である。このとき、

$$X_0 = (x + Ut)\cos\beta + y\sin\beta \tag{5.1}$$

の関係がある。したがって X_0 軸の方向へ伝播する入射波の速度ポテンシャルは次のように表すことができる。

$$\Phi_0(\boldsymbol{x},t) = \mathrm{Re}\left\{\frac{ig\zeta_a}{\omega}e^{k_0 z - ik_0(x\cos\beta + y\sin\beta)}e^{i\omega_e t}\right\} \equiv \mathrm{Re}\left\{\frac{ig\zeta_a}{\omega}\varphi_0(\boldsymbol{x})e^{i\omega_e t}\right\} \tag{5.2}$$

ここで

$$\varphi_0(\boldsymbol{x}) = e^{k_0 z - ik_0(x\cos\beta + y\sin\beta)} \tag{5.3}$$

$$\omega_e = \omega - k_0 U\cos\beta, \quad k_0 = \omega^2/g \tag{5.4}$$

であり、3 次元問題では $\boldsymbol{x} = (x,y,z)$ としている。

(5.4) の ω_e は**出会い円周波数** (circular frequency of encounter) と呼ばれ、入射波の円周波数 ω とは異なる。前進速度があるときの船体運動やそれに関連した流場の変動円周波数は ω_e であることに注意しよう。(入射波の波数をこれまでの K ではなく、k_0 と表していることにも注意のこと。) β は図 5.1 に示すように船に対する入射角であり、$\beta = 0\,\mathrm{deg}$ が追い波、$\beta = 180\,\mathrm{deg}$ が正面向い波と定義している。

x 軸の正方向へ一定速度 U で移動する座標系 o-xyz からすると、相対的に速度 U の一様な流れが x 軸の負方向へ流入していることになるから、船体まわりの流場を表す速度ポテンシャルを次のように表しておく。

$$\left.\begin{array}{l} \Phi(\boldsymbol{x},t) = -Ux + \Phi_U(\boldsymbol{x},t) \\ \Phi_U(\boldsymbol{x},t) = \mathrm{Re}\left[\phi(\boldsymbol{x})e^{i\omega_e t}\right] \end{array}\right\} \tag{5.5}$$

厳密に言えば、船が速度 U で定常航走すれば、一様流れに加えて、船体による定常撹乱流れを表すための定常速度ポテンシャルも含めて考えなければならない。しかし船が細長いと考えれば、この定常速度ポテンシャルによる流速は一様流れに比べて小さいと考えられるので、(5.5) では定常速度ポテンシャルを最初から無視している。速度ポテンシャルとして (5.5) を用いて実質微分を考えると

$$\frac{D}{Dt} = \frac{\partial}{\partial t} + \nabla\Phi \cdot \nabla = \frac{\partial}{\partial t} - U\frac{\partial}{\partial x} + \nabla\Phi_U \cdot \nabla \tag{5.6}$$

となることから、等速移動座標で時間微分を考える際には、これまでの 2 次元問題で考えていた時間微分を

$$\frac{\partial}{\partial t} \longrightarrow \frac{\partial}{\partial t} - U\frac{\partial}{\partial x} \tag{5.7}$$

と変換すればよいことが分かる。以上のような準備のもと、まずは (5.5) で定義された非定常速度ポテンシャル $\phi(\boldsymbol{x})$ に対する支配方程式である 3 次元ラプラス方程式から考えてみよう。

船体が細長いと仮定する細長船理論では、船の長さ、幅、喫水をそれぞれ L, B, d と表すとき、ある微小パラメータを ϵ として、B/L あるいは d/L は $O(\epsilon)$ のオーダーであるとする。船が x 軸方向に細長いために、船体近傍では x 軸方向の流場の変化よりも yz 平面内での変化の方が大きいと考えられる。この船体近傍の流場を拡大して観察するために、y, z 座標を $y' = y/\epsilon$、$z' = z/\epsilon$ のように引き伸ばし、x, y', z' を同じオーダーとして取り扱えばよい。そうすると、撹乱速度ポテンシャル ϕ に対する 3 次元ラプラス方程式は

$$\epsilon^2 \frac{\partial^2 \phi}{\partial x^2} + \left(\frac{\partial^2 \phi}{\partial y'^2} + \frac{\partial^2 \phi}{\partial z'^2} \right) = 0 \tag{5.8}$$

となる。したがって $\epsilon \to 0$ では yz 平面内での 2 次元のラプラス方程式で近似でき、省略される 3 次元影響は $O(\epsilon^2)$ であることが理解できる。

次に線形自由表面条件式について考える。(3.17) において時間微分を (5.7) のように考えれば、(5.5) の $\phi(\boldsymbol{x})$ に関する線形自由表面条件式は次式のようになる。

$$\left(i\omega_e - U\frac{\partial}{\partial x} \right)^2 \phi + g\frac{\partial \phi}{\partial z} = 0 \qquad \text{on } z = 0 \tag{5.9}$$

この式を船体近傍で考えるために $z = \epsilon z'$ を代入して展開すると次式となる。

$$\epsilon \left(-\omega_e^2 \phi - 2i\omega_e U \frac{\partial \phi}{\partial x} + U^2 \frac{\partial^2 \phi}{\partial x^2} \right) + g\frac{\partial \phi}{\partial z'} = 0 \tag{5.10}$$

ここで、ストリップ法では動揺円周波数 ω_e が比較的高い場合を想定し、形式的には $\omega_e = O(1/\sqrt{\epsilon})$、$U = O(1)$ と仮定する。このとき (5.10) の各項のオーダーは

$$\underset{O(1)}{-\omega_e^2 \phi} \underset{O(\sqrt{\epsilon})}{- 2i\omega_e U \frac{\partial \phi}{\partial x}} \underset{O(\epsilon)}{+ U^2 \frac{\partial^2 \phi}{\partial x^2}} \underset{O(1)}{+ g\frac{\partial \phi}{\partial z}} = 0 \tag{5.11}$$

となるから、支配的な項は

$$-\omega_e^2 \phi + g\frac{\partial \phi}{\partial z} = 0 \quad \text{on } z = 0 \tag{5.12}$$

である。これは 2 次元問題での ω を ω_e と置き換えれば、2 次元問題と全く同じ自由表面条件式であることが分かる。また (5.11) において高次項として省略した項（前進速度影響項）は、支配的な項に比べて高々 $O(\sqrt{\epsilon})$ および $O(\epsilon)$ 異なるだけであり、したがってストリップ法で補正を考えなければならないとすれば、それは 3 次元影響よりも自由表面条件における前進速度影響を優先させるべきであることが理解できる。

同様にして船体表面条件式について考える。まず (4.55) で示した 2 次元問題での船体の動揺変位ベクトル $\boldsymbol{\alpha}(t)$ は、3 次元問題では次のように表わされる。

$$\boldsymbol{\alpha}(t) = \sum_{j=1}^{3} \left\{ \xi_j(t)\, \boldsymbol{e}_j + \xi_{j+3}(t)\, \boldsymbol{e}_j \times \bar{\boldsymbol{x}} \right\} \tag{5.13}$$

ここで、$e_j\,(j=1\sim3)$ はそれぞれ x,y,z 軸方向の単位ベクトルである。

境界条件が運動学的条件によって与えられることは 3 次元問題でも同じであり、その結果は、前進速度がない場合には (4.58) である。それを等速移動座標で表す場合には、時間微分に対して (5.7) の変換を行えばよいので、撹乱速度ポテンシャル Φ_U に対する線形化された船体表面境界条件式は

$$\frac{\partial \Phi_U}{\partial n} = \left(\frac{\partial}{\partial t} - U\frac{\partial}{\partial x}\right)\boldsymbol{\alpha}\cdot\boldsymbol{n} \equiv \sum_{j=1}^{3} V_j\,n_j \tag{5.14}$$

ここで

$$\left.\begin{aligned} V_1 &= \dot{\xi}_1 + z\,\dot{\xi}_5 - y\,\dot{\xi}_6 \\ V_2 &= \dot{\xi}_2 + x\,\dot{\xi}_6 - z\,\dot{\xi}_4 - U\,\xi_6 \\ V_3 &= \dot{\xi}_3 + y\,\dot{\xi}_4 - x\,\dot{\xi}_5 + U\,\xi_5 \end{aligned}\right\} \tag{5.15}$$

と表される。ここで $\boldsymbol{n}$ は法線ベクトルであるが、細長船理論では

$$n_1 = n_x = O(\epsilon),\quad n_2 = n_y = O(1),\quad n_3 = n_z = O(1) \tag{5.16}$$

のように、n_x は n_y, n_z より $O(\epsilon)$ だけ小さいと考えることができる(演習 3.1 参照)。そこで (5.14) において、取り敢えず x 方向成分を高次項として省略することにしよう。さらに周期的動揺を仮定して $\xi_j(t) = \mathrm{Re}\left\{X_j e^{i\omega_e t}\right\}$ と表す。それを (5.14) に代入し、時間項 $e^{i\omega_e t}$ を除いて表すと

$$\begin{aligned}\frac{\partial \phi}{\partial n} &= i\omega_e\Big[X_2\,n_y + X_3\,n_z + X_4(y\,n_z - z\,n_y)\Big] \\ &\quad - i\omega_e X_5\left(x - \frac{U}{i\omega_e}\right)n_z + i\omega_e X_6\left(x - \frac{U}{i\omega_e}\right)n_y\end{aligned} \tag{5.17}$$

となることが分かる。そこで 2 次元問題と同様に、撹乱速度ポテンシャルを

$$\phi(\boldsymbol{x}) = \frac{ig\zeta_a}{\omega}\Big\{\varphi_0(\boldsymbol{x}) + \varphi_7(\boldsymbol{x})\Big\} + \sum_{j=2}^{6} i\omega_e X_j\,\varphi_j(\boldsymbol{x}) \tag{5.18}$$

と表す。このとき、個別の $\varphi_j\,(j=2\sim7)$ が

$$\frac{\partial}{\partial n}\big(\varphi_0 + \varphi_7\big) = 0 \tag{5.19}$$

$$\frac{\partial \varphi_j}{\partial n} = n_j \quad (j = 2,3,4) \tag{5.20}$$

$$\left.\begin{aligned}\frac{\partial \varphi_5}{\partial n} &= -\left(x - \frac{U}{i\omega_e}\right)n_3 \\ \frac{\partial \varphi_6}{\partial n} &= \left(x - \frac{U}{i\omega_e}\right)n_2\end{aligned}\right\} \tag{5.21}$$

の境界条件式を満たしていれば、それらの和として (5.17) が満足されていることになる。

5.1.2 Radiation ポテンシャル

Radiation ポテンシャル $\varphi_j\,(j=2,3,4)$ に対する船体表面条件 (5.20) は 2 次元問題の (4.62) と全く同じである。既に述べたように、ラプラス方程式も yz 平面内の 2 次元で考えれば良く、

自由表面条件式も ω を ω_e と読み換えれば 2 次元問題の場合と同じである。したがって $j = 2, 3, 4$ の sway, heave, roll に関しては、2 次元問題の解がそのまま使えるということになる。また $j = 5$ の pitch、$j = 6$ の yaw に対する (5.21) についても、$x - U/i\omega_e$ の値は、x の値で決まる船体長手方向の各横断面、すなわち yz 平面内では一定値であるから、(5.20) を満たす φ_3, φ_2 の解を用いて

$$\left.\begin{array}{l} \varphi_5 = -\left(x - \dfrac{U}{i\omega_e}\right)\varphi_3 \\ \varphi_6 = \left(x - \dfrac{U}{i\omega_e}\right)\varphi_2 \end{array}\right\} \tag{5.22}$$

のように与えられることが分かる。結局のところ、前章での 2 次元解から surge ($j = 1$) を除くすべての radiation ポテンシャルが求められるのである。

船体表面条件における surge 運動の寄与は、(5.16) で示したように、法線ベクトルの x 軸方向成分が $n_x = O(\epsilon)$ であることから省略されている。しかし、細長船理論では y, z も $y = O(\epsilon)$、$z = O(\epsilon)$ であるから、roll モードの $n_4 = y n_z - z n_y$ も実は $O(\epsilon)$ である。ところが、このオーダーの違いに関係なく、速度ポテンシャル φ_4 は 2 次元理論によって難なく計算されている。したがって surge モードに対しても $O(\epsilon)$ だけのオーダーの違いはあるものの、(5.15) における V_1 で高次項を除き $V_1 \simeq \dot{\xi}_1$ と近似して境界条件式に含め、(5.18) の radiation ポテンシャルの和を $j = 1 \sim 6$ とすることにし、φ_1 に対しては

$$\frac{\partial \varphi_1}{\partial n} = n_1 \tag{5.23}$$

を満足するように解を求めれば、特段の問題はない。これまでのストリップ法において、surge モードの φ_1 を計算しなかったのは、単に法線ベクトルの n_x 成分の計算が少し煩雑であるからというのが実際の理由ではないかと考えられる。もし適当な方法で n_x の値が各横断面で与えられれば、それ以降の境界値問題の解法は sway ($j = 2$) や heave ($j = 3$) と全く同じである。実際問題として船首や船尾付近では n_x の値は必ずしも小さくはないので、単純に n_x を高次として無視することは適当ではない。

5.1.3 Diffraction ポテンシャル

次に diffraction ポテンシャルの近似計算法について考えよう。まず入射波の速度ポテンシャル φ_0 は、何の近似をすることもなく、解析的に (5.3) で与えられる。一方、scattering ポテンシャル φ_7 は数値的に求めなければならない。船体表面条件式は (5.19) であるから、正確には

$$\begin{aligned} \frac{\partial \varphi_7}{\partial n} &= -\frac{\partial \varphi_0}{\partial n} = -\left(\frac{\partial \varphi_0}{\partial x} n_x + \frac{\partial \varphi_0}{\partial y} n_y + \frac{\partial \varphi_0}{\partial z} n_z\right) \\ &= k_0 \varphi_0(x, y, z) \left\{i \cos\beta\, n_x + i\sin\beta\, n_y - n_z\right\} \end{aligned} \tag{5.24}$$

となる。ここで φ_0 は (5.3) で与えられる入射波の速度ポテンシャルである。左右対称な船では、(5.24) における n_x, n_z は左右で対称であり、n_y は反対称であることに注意しよう。

通常、ストリップ法では n_x の項は高次項として省略する。また従来のストリップ法では、2 次元断面内での入射波による流速の値を $(y, z) = (0, z_s)$ での値で代表させる。これを**相対運動**

の仮定 (relative motion hypothesis) あるいは渡辺の近似 [5.1] という。そうすると、(5.24) は次のように近似される。

$$\frac{\partial \varphi_7}{\partial n} \simeq k_0 e^{k_0 z_s - ik_0 x \cos\beta} \left\{ i \sin\beta\, n_y - n_z \right\} \tag{5.25}$$

この式で $e^{k_0 z_s - ik_0 x \cos\beta} = \varphi_0(x, 0, z_s)$ の値は、横断面内では一定値であるから、横断面内の船体表面上で変化するのは n_y, n_z のみである。一方、細長船理論では φ_7 に対する支配方程式は 2 次元ラプラス方程式であり、自由表面条件式は (5.12) であるとするから、これらは radiation ポテンシャルが満足すべきものと全く同じである。よって (5.20)、(5.25) より、φ_7 は radiation ポテンシャルの φ_2, φ_3 を用いて次のように近似できることになる。

$$\varphi_7 = k_0 e^{k_0 z_s - ik_0 x \cos\beta} \left(i \sin\beta\, \varphi_2 - \varphi_3 \right) \tag{5.26}$$

このようにして diffraction 問題を直接解くことなく、radiation ポテンシャルを用いて計算する方法を **NSM (New Strip Method)** [5.2] [5.3] と称している。この方法は、波数 k_0 の値が相対的に小さい長波長域では非常に良い近似解を与えるが、波数 k_0 の値が大きい短波長域では誤差を生じると考えられる。これに対し、(5.24) を

$$\frac{\partial \varphi_7}{\partial n} \simeq k_0 \varphi_0(x, y, z) \left\{ i \sin\beta\, n_y - n_z \right\} \tag{5.27}$$

とし、横断面内の船体表面上における入射波による流速の値も y, z の関数として (2 次元ポテンシャル理論の枠内で) 厳密に解く方法も考えられる。この方法は **STF (Salvesen-Tuck-Faltinsen) 法** (STF method) [5.4] と言われている。

さらに surge モードの radiation 速度ポテンシャルと同様に、各横断面で法線ベクトルの n_x 成分が与えられれば、(5.24) を φ_7 に対する船体表面条件式として用いることもできる。細長船理論によるオーダー評価では、$n_x = O(\epsilon)$ ではあるが、diffraction 問題における n_x の寄与は、船首での波の反射を考える際には実際問題として非常に重要である。数値計算の点でも STF 法による計算プログラムで n_z の代わりに $n_z - i \cos\beta\, n_x$ と置き換えれば良いだけだし、NSM のように radiation ポテンシャルを用いて計算する方法でも、φ_1 が求まっているなら、(5.26) の代わりに

$$\varphi_7 = k_0 e^{k_0 z_s - ik_0 x \cos\beta} \left(i \cos\beta\, \varphi_1 + i \sin\beta\, \varphi_2 - \varphi_3 \right) \tag{5.28}$$

とすれば良いだけである。

ストリップ法がベースとしている細長船理論では、流場の x 軸方向の変化は、y-z 平面内での変化より緩やかであるというのが前提である。しかし入射波の速度ポテンシャル φ_0 の式 (5.3) や φ_7 の近似式 (5.26) から分かるように、diffraction 問題での x 軸方向の流場の変化は $e^{-ik_0 x \cos\beta}$ に比例していると考えられ、したがって k_0 の値が大きい高周波数域では、φ_7 は x 軸方向に必ずしも緩やかに変化しているとは言えない。このことから、最近の新しいストリップ法 [5.5] では、diffraction ポテンシャルを

$$\varphi_7(x, y, z) = e^{i\ell x} \psi_7(x; y, z), \quad \ell = -k_0 \cos\beta \tag{5.29}$$

の形で仮定する。ストリップ法における比較的高周波の仮定によって $\ell = O(1/\epsilon)$ であるが、$\psi_7(x; y, z)$ は x 方向に緩やかに変化するという前提を満たすものとする。このときに ψ_7 が満た

すべき支配方程式は
$$-\ell^2 \psi_7 + 2i\ell \frac{\partial \psi_7}{\partial x} + \frac{\partial^2 \psi_7}{\partial x^2} + \frac{\partial^2 \psi_7}{\partial y^2} + \frac{\partial^2 \psi_7}{\partial z^2} = 0 \tag{5.30}$$
$$O(1) \quad O(\epsilon) \quad O(\epsilon^2) \quad O(1) \quad O(1)$$

となるから、オーダー評価によって支配的な項を残すと
$$\frac{\partial^2 \psi_7}{\partial y^2} + \frac{\partial^2 \psi_7}{\partial z^2} - \ell^2 \psi_7 = 0 \tag{5.31}$$

になる。これはラプラス方程式ではなく、2次元**変形ヘルムホルツ方程式** (modified Helmholtz equation) である。

一方、自由表面条件式は、(5.29) を (5.9) の ϕ として代入すると、(5.4) によって
$$\omega_e - U\ell = \omega_e - U(-k_0 \cos\beta) = \omega$$

であるから、ψ_7 に対する自由表面条件式は (5.11) において $\omega_e \to \omega$, $\phi \to \varphi_7$ とした式となる。したがって $\omega = O(1/\sqrt{\epsilon})$ の仮定によって
$$-\omega^2 \psi_7 + g \frac{\partial \psi_7}{\partial z} = 0 \quad \text{on } z = 0 \tag{5.32}$$

となることが分かる。

以上のことから、(5.29) の形を仮定して ψ_7 を数値的に求めるためには、(5.31) の変形ヘルムホルツ方程式を解かなければならない。これは2次元ラプラス方程式を解くことに比べると計算が煩雑になるので、実用的な折衷案 [5.5] として
$$\left. \begin{array}{l} \dfrac{\partial^2 \psi_7}{\partial y^2} + \dfrac{\partial^2 \psi_7}{\partial z^2} = 0 \\[6pt] \dfrac{\partial \psi_7}{\partial z} - k_0 \psi_7 = 0 \quad \text{on } z = 0 \\[6pt] \dfrac{\partial \psi_7}{\partial n} = k_0 e^{k_0 z - i k_0 y \sin\beta} \left\{ i \sin\beta\, n_y - n_z \right\} \quad \text{on } S_H \end{array} \right\} \tag{5.33}$$

を解くことが提案されている。すなわち従来のストリップ法における自由表面条件式で ω_e の代わりに ω とした2次元境界値問題を解き、(5.29) によって φ_7 を得るという方法である。しかし本章では NSM による計算式の説明を行うことにし、以下に述べる流体力の計算では (5.26) の近似式を用いる。

5.2 流体力の計算

5.2.1 変動圧力

速度ポテンシャルが求まったとして、2次元問題のときと同様に、線形化されたベルヌーイの圧力方程式によって圧力を求める。非定常圧力の計算で必要な速度ポテンシャルの時間微分は (5.7) の変換式によって等速移動座標で表す。また動揺変位による静水圧の時間変動項は、(5.13) の z 方向成分を考えればよい。それらの結果を2次元問題の (4.74) と同じように整理して、次のように表す。
$$\left. \begin{array}{l} P(\boldsymbol{x}, t) = \text{Re}\left\{ p(\boldsymbol{x}) e^{i\omega_e t} \right\} \\[4pt] p(\boldsymbol{x}) = p_D(\boldsymbol{x}) + p_R(\boldsymbol{x}) + p_S(\boldsymbol{x}) \end{array} \right\} \tag{5.34}$$

ここで

$$p_D(\boldsymbol{x}) = -\rho \left(i\omega_e - U \frac{\partial}{\partial x} \right) \frac{ig\zeta_a}{\omega} \left\{ \varphi_0(\boldsymbol{x}) + \varphi_7(\boldsymbol{x}) \right\} \tag{5.35}$$

$$p_R(\boldsymbol{x}) = -\rho \left(i\omega_e - U \frac{\partial}{\partial x} \right) \sum_{j=1}^{6} i\omega_e X_j \, \varphi_j(\boldsymbol{x}) \tag{5.36}$$

$$p_S(\boldsymbol{x}) = -\rho g \left(X_3 + y\, X_4 - x\, X_5 \right) \tag{5.37}$$

であり、p_D, p_R はそれぞれ diffraction 問題、radiation 問題での変動圧力、p_S は動揺変位による静水圧の変動成分である。

5.2.2 付加質量、造波減衰力

まず radiation 問題での流体力について考えよう。2 次元問題での (4.81)、(4.82) に対応する形でまとめると、i 方向に働く流体力 F_i は次のように表すことができる。

$$F_i = -\sum_{j=1}^{6} \left[(i\omega_e)^2 a_{ij} + i\omega_e\, b_{ij} \right] X_j \equiv \sum_{j=1}^{6} T_{ij}\, X_j \tag{5.38}$$

ここで T_{ij} は j モードの動揺によって i 方向に働く流体力であり、(5.36) の j モード成分に $-n_i$ を掛けて船体の没水表面上で積分すると

$$\begin{aligned}
T_{ij} &= \rho i\omega_e \int_L dx \int_{S_H} n_i \left(i\omega_e - U \frac{\partial}{\partial x} \right) \varphi_j\, d\ell \\
&= \rho (i\omega_e)^2 \int_L dx \int_{S_H} \varphi_j\, n_i\, d\ell - \rho i\omega_e U \int_L dx \int_{S_H} n_i \frac{\partial \varphi_j}{\partial x}\, d\ell
\end{aligned} \tag{5.39}$$

のように計算できる。ここで x に関する積分は船尾から船首まで行うという意味である。

(5.39) では x に関する速度ポテンシャルの微分項が前進速度の影響項として加わっているが、この項に関して部分積分を適用してみよう。その際、船は船首および船尾の端で完全に閉じており、したがって部分積分によって得られる積分済みの項は、船首および船尾でゼロになると考える。そうすると、次のように式変形することができる。

$$T_{ij} = \rho (i\omega_e)^2 \int_L dx \int_{S_H} \varphi_j\, n_i\, d\ell + \rho i\omega_e U \int_L dx \int_{S_H} \varphi_j \frac{\partial n_i}{\partial x}\, d\ell \tag{5.40}$$

この式における n_i は $i = 4, 5, 6$ の回転運動モードまで表されるように拡張した法線ベクトルであり、その式とオーダーは

$$\left.\begin{aligned}
&n_1 = O(\epsilon), \quad n_2 = O(1), \quad n_3 = O(1) \\
&n_4 = y\, n_3 - z\, n_2 = O(\epsilon) \\
&n_5 = z\, n_1 - x\, n_3 \simeq -x\, n_3 = O(1) \\
&n_6 = x\, n_2 - y\, n_1 \simeq +x\, n_2 = O(1)
\end{aligned}\right\} \tag{5.41}$$

である。n_2, n_3 の船長方向の変化は緩やかであるから、ストリップ法では法線ベクトルの x に関する微分は次のように近似することができる。

$$\frac{\partial n_i}{\partial x} = 0 \quad (i = 1 \sim 4), \quad \frac{\partial n_5}{\partial x} = -n_3, \quad \frac{\partial n_6}{\partial x} = n_2 \tag{5.42}$$

したがって、(5.40) 右辺の第 2 項が圧力積分における前進速度影響として陽な形で存在するのは、$i = 5$ の pitch モーメントと $i = 6$ の yaw モーメントだけである。いずれにしても、各横断

面内における 2 次元問題の結果だけから、(5.40) によって船体に働く $j=1\sim 6$ のすべてのモードの radiation 流体力を計算することができる。(5.40) における横断面内での計算は、(4.82) によって 2 次元の付加質量 A_{ij}、減衰力係数 B_{ij} と

$$-\rho \int_{S_H} \varphi_j n_i \, d\ell = A_{ij} + \frac{1}{i\omega_e} B_{ij} \tag{5.43}$$

の関係にある。これを (5.40) に代入し、x 軸方向の積分を行えば、細長い 3 次元物体である船体に働く付加質量 a_{ij}、減衰力係数 b_{ij} が求められるが、その関係は (5.38) によって次式で与えられる。

$$T_{ij} = -(i\omega_e)^2 \left\{ a_{ij} + \frac{1}{i\omega_e} b_{ij} \right\} \tag{5.44}$$

5.2.3 波浪強制力

次に diffraction 問題での波浪強制力の計算式について考える。(5.35) の圧力を積分すればよいが、入射波による φ_0 の寄与と浮体の散乱による φ_7 の寄与を別々に取り扱い、前者を有名な研究者の名を冠して**フルード・クリロフ力** (Froude-Krylov force)、後者を**スキャタリング力** (scattering force) という。φ_0 は (5.3) として解析的に与えられており、φ_7 は (5.26) の近似式を用いよう。そのとき、j 方向に働く波浪強制力の計算式は次のようにまとめられる。

$$E_j = E_j^{FK} + E_j^S \tag{5.45}$$

ここで

$$\begin{aligned} E_j^{FK} &= \frac{i\rho g \zeta_a}{\omega} \int_L dx \int_{S_H} n_j \left(i\omega_e - U \frac{\partial}{\partial x} \right) \varphi_0 \, d\ell \\ &= -\rho g \zeta_a \int_L e^{-ik_0 x \cos\beta} \left\{ \int_{S_H} e^{k_0 z - ik_0 y \sin\beta} n_j \, d\ell \right\} dx \end{aligned} \tag{5.46}$$

$$\begin{aligned} E_j^S &= \frac{i\rho g \zeta_a}{\omega} \int_L dx \int_{S_H} n_j \left(i\omega_e - U \frac{\partial}{\partial x} \right) \varphi_7 \, d\ell \\ &= \zeta_a \omega \omega_e \int_L e^{k_0 z_s - ik_0 x \cos\beta} \\ &\quad \times \left\{ -\rho \int_{S_H} (i\sin\beta \, \varphi_2 - \varphi_3) \left(n_j + \frac{U}{i\omega_e} \frac{\partial n_j}{\partial x} \right) d\ell \right\} dx \end{aligned} \tag{5.47}$$

である。(5.47) の式変形には、radiation 問題の (5.40) と同様に部分積分の結果を代入しており、ストリップ法では法線ベクトルの x に関する微分に対しては (5.42) を用いる。また (5.47) の計算で、φ_2 は sway による速度ポテンシャルであるから浮体の左右で反対称であり、φ_3 は heave による速度ポテンシャルであるから浮体の左右で対称である。したがって $j=1,3,5$ のときには φ_2 の寄与はなく、

$$\left. \begin{aligned} E_j^S &= -\zeta_a \omega \omega_e \int_L e^{k_0 z_s - ik_0 x \cos\beta} \left\{ -\rho \int_{S_H} \varphi_3 n_j \, d\ell \right\} dx \quad (j=1,3) \\ E_5^S &= \zeta_a \omega \omega_e \int_L e^{k_0 z_s - ik_0 x \cos\beta} \left(x + \frac{U}{i\omega_e} \right) \left\{ -\rho \int_{S_H} \varphi_3 n_3 \, d\ell \right\} dx \end{aligned} \right\} \tag{5.48}$$

となる。逆に $j=2,4,6$ に対しては φ_3 の寄与はなく、

$$
\left.
\begin{aligned}
E_j^S &= i\zeta_a \omega \omega_e \sin\beta \int_L e^{k_0 z_s - ik_0 x \cos\beta} \left\{ -\rho \int_{S_H} \varphi_2 n_j \, d\ell \right\} dx \quad (j=2,4) \\
E_6^S &= i\zeta_a \omega \omega_e \sin\beta \int_L e^{k_0 z_s - ik_0 x \cos\beta} \left(x + \frac{U}{i\omega_e} \right) \left\{ -\rho \int_{S_H} \varphi_2 n_2 \, d\ell \right\} dx
\end{aligned}
\right\} \quad (5.49)
$$

となる。これらの計算式における $\{\ \}$ で表された横断面内での計算は、(5.43) によって 2 次元の付加質量 A_{ij}、減衰力 B_{ij} を用いて表されることが分かる。

5.2.4 復原力係数

最後に (5.37) で与えられる静水圧の時間変動成分を船体の没水部分にわたって積分することによって復原力を計算する。i 方向に働く復原力を S_i と表すと、それは次のようにまとめることができる。

$$
\begin{aligned}
S_i &= -\int_L dx \int_{S_H} p_S(\boldsymbol{x}) n_i \, d\ell = \rho g \int_L dx \int_{S_H} \left(X_3 + y X_4 - x X_5 \right) n_i \, d\ell \\
&\equiv -c_{i3} X_3 - c_{i4} X_4 - c_{i5} X_5
\end{aligned}
\quad (5.50)
$$

よって、復原力係数 c_{ij} は次のように計算することができる。

$$
\left.
\begin{aligned}
c_{i3} &= -\rho g \int_L dx \int_{S_H} n_i \, d\ell \quad (i=3,5) \\
c_{i4} &= -\rho g \int_L dx \int_{S_H} y n_i \, d\ell \quad (i=4) \\
c_{i5} &= +\rho g \int_L dx \int_{S_H} x n_i \, d\ell \quad (i=3,5)
\end{aligned}
\right\} \quad (5.51)
$$

静水圧による流体力は、空間固定座標で鉛直上向きに働くだけであるから、(5.51) でゼロ以外の成分が得られるのは、既に第 1 章の (1.24) で示したように、$c_{33}, c_{53}, c_{44}, c_{35}, c_{55}$ だけである。

5.3 上下揺、縦揺に関する流体力

ここで、以上に示してきたストリップ法による流体力の計算式における特徴を知るために、左右対称船型の heave ($j=3$) と pitch ($j=5$) だけに限定して考え、具体的に流体力係数の計算式を求めてみよう。

まず (5.43) の $i=j=3$ の場合を次のように表すことにする。

$$
-\rho \int_{S_H} \varphi_3 n_3 \, d\ell = A_H + \frac{1}{i\omega_e} B_H \quad (5.52)
$$

このとき、(5.40) の T_{ij} の計算式は i と j の値の組み合わせによって次のように書き下すことができる。

$i=j=3$ のとき

$$
\begin{aligned}
T_{33} &= \rho (i\omega_e)^2 \int_L dx \int_{S_H} \varphi_3 n_3 \, d\ell = -(i\omega_e)^2 \int_L \left(A_H + \frac{1}{i\omega_e} B_H \right) dx \\
&= -(i\omega_e)^2 \int_L A_H \, dx - (i\omega_e) \int_L B_H \, dx
\end{aligned}
\quad (5.53)
$$

$i = 3, j = 5$ のとき

$$T_{35} = \rho(i\omega_e)^2 \int_L dx \int_{S_H} \left(-x + \frac{U}{i\omega_e}\right) \varphi_3 n_3 \, d\ell$$

$$= -(i\omega_e)^2 \int_L \left(-x + \frac{U}{i\omega_e}\right) \left(A_H + \frac{1}{i\omega_e} B_H\right) dx$$

$$= -(i\omega_e)^2 \left[-\int_L x A_H \, dx - \frac{U}{\omega_e^2} \int_L B_H \, dx\right] - (i\omega_e) \left[-\int_L x B_H \, dx + U \int_L A_H \, dx\right] \tag{5.54}$$

$i = 5, j = 3$ のとき

$$T_{53} = \rho(i\omega_e)^2 \int_L dx \int_{S_H} \varphi_3 \left(-x n_3\right) d\ell + \rho i\omega_e U \int_L dx \int_{S_H} \varphi_3 \left(-n_3\right) d\ell$$

$$= -(i\omega_e)^2 \int_L \left(-x - \frac{U}{i\omega_e}\right) \left(A_H + \frac{1}{i\omega_e} B_H\right) dx$$

$$= -(i\omega_e)^2 \left[-\int_L x A_H \, dx + \frac{U}{\omega_e^2} \int_L B_H \, dx\right] - (i\omega_e) \left[-\int_L x B_H \, dx - U \int_L A_H \, dx\right] \tag{5.55}$$

$i = j = 5$ のとき

$$T_{55} = \rho(i\omega_e)^2 \int_L dx \int_{S_H} \left(-x + \frac{U}{i\omega_e}\right) \varphi_3 \left(-x n_3\right) d\ell$$

$$+ \rho i\omega_e U \int_L dx \int_{S_H} \left(-x + \frac{U}{i\omega_e}\right) \varphi_3 \left(-n_3\right) d\ell$$

$$= -(i\omega_e)^2 \int_L \left(x^2 + \frac{U^2}{\omega_e^2}\right) \left(A_H + \frac{1}{i\omega_e} B_H\right) dx$$

$$= -(i\omega_e)^2 \left[\int_L x^2 A_H \, dx + \left(\frac{U}{\omega_e}\right)^2 \int_L A_H \, dx\right]$$

$$- (i\omega_e) \left[\int_L x^2 B_H \, dx + \left(\frac{U}{\omega_e}\right)^2 \int_L B_H \, dx\right] \tag{5.56}$$

これらの結果を (5.44) のように3次元の付加質量 a_{ij}、減衰力 b_{ij} としてまとめると、次のように表すことができる。

$$\left.\begin{aligned}
a_{33} &= \int_L A_H \, dx, & b_{33} &= \int_L B_H \, dx \\
a_{35} &= -\int_L x A_H \, dx - \frac{U}{\omega_e^2} \int_L B_H \, dx, & b_{35} &= -\int_L x B_H \, dx + U \int_L A_H \, dx \\
a_{53} &= -\int_L x A_H \, dx + \frac{U}{\omega_e^2} \int_L B_H \, dx, & b_{53} &= -\int_L x B_H \, dx - U \int_L A_H \, dx \\
a_{55} &= \int_L x^2 A_H \, dx + \left(\frac{U}{\omega_e}\right)^2 \int_L A_H \, dx, & b_{55} &= \int_L x^2 B_H \, dx + \left(\frac{U}{\omega_e}\right)^2 \int_L B_H \, dx
\end{aligned}\right\} \tag{5.57}$$

これらの結果から次のことが分かる。

- Heave の流体力の対角項 ($i=j$ のとき) には、陽な形での前進速度影響は存在しない。(ただし、出会い円周波数 ω_e に前進速度の項が含まれるので、境界値問題を解いた後に得られる流体力は間接的には前進速度の影響を受ける。)

- Heave と pitch の連成流体力では、前進速度の影響が $O(U)$ の項、すなわち U に線形比例して現れている。前進速度に関係しない項では、対称関係 $a_{35} = a_{53}$, $b_{35} = b_{53}$ が成り立っている。一方前進速度に比例する項では $a_{35}^U = -a_{53}^U$, $b_{35}^U = -b_{53}^U$ のように符号が逆となる関係が成り立っている。この関係は**ティムマン・ニューマンの関係** (Timman-Newman's relation) [5.2] として知られている。

- Pitch の流体力の対角項では、前進速度の影響が U^2 に比例する項として現れている。a_{55} におけるこの項は、$(i\omega_e)^2 = -\omega_e^2$ を掛けることによって復原モーメントとして解釈することもできるが、その場合には値が負になることから、この U^2 に比例する復原モーメントは**不安定ムンクモーメント** (unstable Munk moment) と言われることもある。

次に heave ($j=3$)、pitch ($j=5$) に対する波浪強制力の計算式をまとめてみる。フルード・クリロフ力 E_j^{FK} は (5.46)、スキャタリング力 E_j^S は (5.48) によって計算できる。E_j^S に対する横断面内での計算には (5.52) を使えばよいので、具体的な計算式は次のように表わされる。

$j=3$ のとき

$$\left.\begin{aligned}
E_3^{FK} &= -\rho g \zeta_a \int_L e^{-ik_0 x \cos\beta} \left\{ \int_{S_H} e^{k_0 z} \cos(k_0 y \sin\beta) \, n_3 \, d\ell \right\} dx \\
E_3^S &= -\zeta_a \omega \omega_e \int_L e^{k_0 z_s - ik_0 x \cos\beta} \left(A_H + \frac{1}{i\omega_e} B_H \right) dx
\end{aligned}\right\} \quad (5.58)$$

$j=5$ のとき

$$\left.\begin{aligned}
E_5^{FK} &= \rho g \zeta_a \int_L x e^{-ik_0 x \cos\beta} \left\{ \int_{S_H} e^{k_0 z} \cos(k_0 y \sin\beta) \, n_3 \, d\ell \right\} dx \\
E_5^S &= \zeta_a \omega \omega_e \int_L e^{k_0 z_s - ik_0 x \cos\beta} \left(x + \frac{U}{i\omega_e} \right) \left(A_H + \frac{1}{i\omega_e} B_H \right) dx
\end{aligned}\right\} \quad (5.59)$$

船の運動方程式を完成させるためには、復原力係数を具体的に求めておく必要があるが、その計算式は (5.51) である。Heave ($i=3$), pitch ($i=5$) に関係した係数を求めるためには、n_5 に対する細長船近似 $n_5 \simeq -x n_3$ を用い、さらに

$$\int_{S_H} n_3 \, d\ell = -\int_{S_F} n_3 \, d\ell = -\int_{S_F} dy = -B_w(x) \quad (5.60)$$

の関係を使えばよい。ここで、$B_w(x)$ は、x の位置における水線面での浮体の幅である。これを (5.51) に代入することによって

$$\left.\begin{aligned}
c_{33} &= \rho g \int_L B_w(x) \, dx = \rho g A_w \\
c_{35} &= -\rho g \int_L x B_w(x) \, dx = c_{53} \\
c_{55} &= \rho g \int_L x^2 B_w(x) \, dx
\end{aligned}\right\} \quad (5.61)$$

のように復原力係数を求めることができる。

(5.61) の c_{55} における積分は、y 軸まわりの水線面 2 次モーメントの式であるから、$W \overline{BM}_L$ (W は排水量、$\overline{BM}_L$ は浮心 B と縦メタセンタ M_L との距離）と表すことができる。しかしながら、より厳密に pitch の 復原モーメントを重心 G まわりで考え、法線ベクトルも厳密に $n_5^G = (z+\overline{OG})n_1 - x\,n_3$ として計算すれば

$$\begin{aligned} S_5^G &= S_5 + \rho g \int_L dx \int_{S_H} \left(X_3 + y X_4 - x X_5\right)(z+\overline{OG})\,n_1\,d\ell \\ &= S_5 - \rho g \int_L dx \iint_V X_5 (z+\overline{OG})\,dS \\ &= S_5 + W\left(\overline{OB} - \overline{OG}\right) X_5 \end{aligned} \tag{5.62}$$

となるから、S_5 として (5.50) を代入すると、X_5 に比例する復原モーメント係数 c_{55} は

$$c_{55} = W\,\overline{BM}_L - W\left(\overline{OB} - \overline{OG}\right) = W\,\overline{GM}_L \tag{5.63}$$

となる。ただ、復原モーメントの計算だけをこのように厳密に行っても、運動方程式における左辺と右辺の近似のバランスからはあまり意味がなく、フルード・クリロフモーメント E_5^{FK} の計算においても n_5 に対して同じ取り扱いをしなければ、長波長での漸近値において正しい結果が得られないことに注意する必要がある [5.6]。

ところで船の運動方程式は重心 G について考えることが多いので、重心 G に働く流体力に換算しておこう。座標原点 O から x 軸の正方向へ ℓ_x のところに重心 G があると仮定する。2 次元問題で考えたように、pitch に関係した法線ベクトル n_5 の変換とそれに対応する radiation ポテンシャルを考えればよいだけである。重心 G で考えた値を $n_j^G,\ \varphi_j^G$ のように表すと

$$\left.\begin{aligned} n_3^G &= n_3, \quad n_5^G = -(x-\ell_x) n_3 = n_5 + \ell_x\, n_3 \\ \varphi_3^G &= \varphi_3, \quad \varphi_5^G = \varphi_5 + \ell_x\, \varphi_3 \end{aligned}\right\} \tag{5.64}$$

の関係がある。したがって radiation 流体力は

$$\left.\begin{aligned} T_{33}^G &= T_{33} \\ T_{35}^G &= T_{35} + \ell_x T_{33}, \quad T_{53}^G = T_{53} + \ell_x T_{33} \\ T_{55}^G &= T_{55} + \ell_x\left(T_{53} + T_{35}\right) + \ell_x^2\, T_{33} \end{aligned}\right\} \tag{5.65}$$

のように求められる。波浪強制力、復原力係数も同様にして換算することができ、その結果は

$$E_3^G = E_3, \quad E_5^G = E_5 + \ell_x\, E_3 \tag{5.66}$$

$$\left.\begin{aligned} c_{33}^G &= c_{33} \\ c_{35}^G &= c_{35} + \ell_x\, c_{33}, \quad c_{53}^G = c_{53} + \ell_x\, c_{33} \\ c_{55}^G &= c_{55} + \ell_x\left(c_{53} + c_{35}\right) + \ell_x^2\, c_{33} \end{aligned}\right\} \tag{5.67}$$

のようになる。

5.4 上下揺、縦揺の運動方程式

重心 G に関する heave, pitch の連成運動方程式は、時間項 $e^{i\omega_e t}$ を省略し、複素振幅に関して表すと

$$\left[-\omega_e^2 (m + Z_{33}^G) + c_{33}^G \right] X_3^G + \left[-\omega_e^2 Z_{35}^G + c_{35}^G \right] X_5^G = E_3^G \tag{5.68}$$

$$\left[-\omega_e^2 Z_{53}^G + c_{53}^G \right] X_3^G + \left[-\omega_e^2 (I_{yy} + Z_{55}^G) + c_{55}^G \right] X_5^G = E_5^G \tag{5.69}$$

となる。ここで Z_{ij} は

$$T_{ij} = -(i\omega_e)^2 Z_{ij}, \quad Z_{ij} = a_{ij} + \frac{1}{i\omega_e} b_{ij} \tag{5.70}$$

と表した radiation 流体力であり、I_{yy} は pitch の慣性モーメントである。

(5.68) および (5.69) の両辺をそれぞれ $\rho\nabla$, $\rho\nabla a$（∇ は排水容積、a は代表長さで $L/2$ とする）で割ると、無次元値で表した運動方程式が次のように得られる。

$$\left[-(m' + Z_{33}^{G'}) + \alpha c_{33}^{G'} \right] \left(\frac{X_3^G}{\zeta_a} \right) + \left[-Z_{35}^{G'} + \alpha c_{35}^{G'} \right] \left(\frac{X_5^G a}{\zeta_a} \right) = \alpha E_3^{G'} \tag{5.71}$$

$$\left[-Z_{53}^{G'} + \alpha c_{53}^{G'} \right] \left(\frac{X_3^G}{\zeta_a} \right) + \left[-(I_{yy}' + Z_{55}^{G'}) + \alpha c_{55}^{G'} \right] \left(\frac{X_5^G a}{\zeta_a} \right) = \alpha E_5^{G'} \tag{5.72}$$

ここで

$$m' = \frac{m}{\rho\nabla} = 1.0, \quad I_{yy}' = m'\kappa_{yy}'^2, \quad \kappa_{yy}' = \frac{\kappa_{yy}}{a}, \quad \alpha = \frac{A_w}{K\nabla}, \quad K = \frac{\omega_e^2}{g} \tag{5.73}$$

であり、流体力係数の無次元化は

$$\left.\begin{array}{l} Z_{ij}' = \dfrac{Z_{ij}}{\rho\nabla\epsilon_i\epsilon_j} = \dfrac{a_{ij}}{\rho\nabla\epsilon_i\epsilon_j} - i\dfrac{b_{ij}}{\rho\nabla\omega_e\epsilon_i\epsilon_j} \\[2mm] c_{ij}' = \dfrac{c_{ij}}{\rho g A_w \epsilon_i\epsilon_j}, \quad E_j' = \dfrac{E_j}{\rho g \zeta_a A_w \epsilon_j} \end{array}\right\} \tag{5.74}$$

としている。ただし A_w は水線面積であり、ϵ_j は

$$\epsilon_j = \begin{cases} 1 & \text{for } j = 1 \sim 3 \\ a & \text{for } j = 4 \sim 6 \end{cases} \tag{5.75}$$

を表す記号である。

(5.71)、(5.72) 式を連立方程式として解けば、heave の複素振幅の無次元値 X_3^G/ζ_a、pitch の複素振幅の無次元値 $X_5^G a/\zeta_a$ が求まることになる。このうち pitch の振幅は、入射波の最大波傾斜 $k_0\zeta_a$ で無次元化（$X_5^G/k_0\zeta_a$）することが多いので、そのためには求まった値をさらに $k_0 a = \omega^2 a/g$ で割ればよい。

重心 G での動揺の複素振幅の計算結果 X_j^G から座標原点 O での動揺複素振幅 X_j を求めることが必要になることがある。両者の関係は、回転運動（$j = 4 \sim 6$）の角変位が微小な場合には、(5.13) に平行移動の座標変換式を代入することによっても理解することができるが、(5.64) の関係を使って radiation ポテンシャルを書き直すことによっても見い出される。すなわち、heave と pitch だけの場合なら

$$X_3\varphi_3 + X_5\varphi_5 = X_3\varphi_3^G + X_5(\varphi_5^G - \ell_x\varphi_3^G)$$
$$= (X_3 - \ell_x X_5)\varphi_3^G + X_5\varphi_5^G \equiv X_3^G\varphi_3^G + X_5^G\varphi_5^G \tag{5.76}$$

となるから、これから次の関係式を得ることができる。

$$X_3 = X_3^G + \ell_x X_5^G, \quad X_5 = X_5^G \tag{5.77}$$

5.5 ストリップ法による計算例

これまでの説明では、計算法の要点や流れを理解してもらうために、heave と pitch の連成運動の解析に限定して行ってきた。しかし、計算する船体長手方向に直角な横断面内での輪郭線上の各点において法線ベクトルの x 方向成分 n_1 が与えられるならば、surge に関する計算も heave と全く同様に行うことができるし、sway, roll, yaw の横運動もほぼ同様に計算することができる。実際、第 5 章の付録として添付している計算プログラムでは、6 自由度の全ての運動成分が取り扱えるようになっている。しかしそのためには、法線ベクトルの x 方向成分 n_1 の値が何らかの方法で与えられていることが前提である。

5.5.1 計算対象モデル

計算例は、実験結果との比較もなされている modified Wigley モデル [5.7] である。このモデルは前後対称であり、既に演習 1.4 でも取り扱ったように、船体表面形状は次式で与えられる。

$$\eta = \left(1 - \xi^2\right)\left(1 - \zeta^2\right)\left(1 + 0.2\xi^2\right) + \zeta^2\left(1 - \zeta^8\right)\left(1 - \xi^2\right)^4 \tag{5.78}$$

ただし
$$\xi = x/a, \; \eta = y/b, \; \zeta = z/d$$

である。船体表面形状が一般的に $F(x,y,z) = 0$ の数式で与えられているならば、(4.58) 式の物体表面条件でも説明したように、法線ベクトルは解析的に $\boldsymbol{n} = \nabla F/|\nabla F|$ によって計算することができる。(5.78) 式の場合には

$$F \equiv \eta - \left(1 - \xi^2\right)\left(1 - \zeta^2\right)\left(1 + 0.2\xi^2\right) - \zeta^2\left(1 - \zeta^8\right)\left(1 - \xi^2\right)^4$$

とおき、

$$\left.\begin{aligned}
\frac{\partial F}{\partial x} &= \frac{2\xi}{a}\Big\{(1-\zeta^2)(0.8+0.4\xi^2) + 4\zeta^2(1-\zeta^8)(1-\xi^2)^3\Big\} \\
\frac{\partial F}{\partial z} &= \frac{2\zeta}{d}(1-\xi^2)\Big\{1 + 0.2\xi^2 - (1-5\zeta^8)(1-\xi^2)^3\Big\} \\
\frac{\partial F}{\partial y} &= \frac{1}{b}
\end{aligned}\right\} \tag{5.79}$$

と計算できるから、これらから法線ベクトルが求められる。この方法によって求められた法線の x 方向成分 n_1 は実際に添付の計算プログラムで用いられている。

また (5.78) 式を用いれば、排水容積 ∇、水線面積 A_w、浮心 $\overline{OB}$、縦メタセンタ $\overline{BM}_L$、横メタセンタ $\overline{BM}$ なども解析的に求めることができる。∇, A_w は既に演習 1.4 で計算しているが、

$$\nabla = 0.5607\,LBd, \quad A_w = 0.6933\,LB, \quad \overline{OB} = 0.4299\,d \tag{5.80}$$

などの結果が得られる。実験に用いられた modified Wigley モデルの主要目は Table 5.1 に示している。

表5.1 Modified Wigley モデルの主要目

Length: L	2.000 m
Breadth: B	0.300 m
Draft: d	0.125 m
Weight: $\rho g \nabla$	412.12 N
Water-Plane Area: A_w	0.416 m^2
Center of Gravity: $\overline{OG}$	0.024 m
Gyrational Radius: κ_{yy}	0.465 m

この modified Wigley モデルに対してストリップ法 (NSM) で計算した結果は、参考論文 [5.7] と同じであるが、付録として添付している計算プログラムでは surge に関係した流体力・運動も計算できるので、その結果を新たに追加して示している。前進速度は水槽実験に対応させて、フルード数 ($Fn = U/\sqrt{Lg}$) で $Fn = 0.2$ である。また入射波はすべて正面向い波 ($\beta = 180 \deg$) である。

5.5.2 付加質量、減衰力係数

最初に、強制動揺試験によって得られた付加質量、減衰力係数のうち、heave ($j = 3$), pitch ($j = 5$) に関する結果を計算値とともに 図5.2〜図5.5 に示している。横軸は $KL = \omega_e^2 L/g$ であり、流体力の無次元化は (5.74) とは少し異なるが、図中の縦軸に明示している。(Radiation 問題での強制動揺では、入射波は関係しないので"出会い"周波数という概念は必要ないが、強制動揺の円周波数が ω_e に対応している。) 図中の ⊙ 印が実験値であり、点線が NSM による計算結果を示している。また実線は、ストリップ法をベースとしながらも、細長船理論によって3次元影響、前進速度影響を考慮した Enhanced Unified Theory (EUT) [5.8] による計算結果である。

実験および EUT による結果では、 $KL \simeq 1.56$ 付近で急激な変化が見られるが、これは $\tau \equiv U\omega_e/g = Fn\sqrt{KL} = 1/4$ となる波数 ($Fn = 0.2$ では $KL = 1.5625$) に対応している。この τ は 花岡パラメータ (Hanaoka's parameter) と言われ、第6章で説明されるように、$\tau = 1/4$ となる周波数を境として、前進しながら動揺する船が造る波のパターンが急変するので、$\tau = 1/4$ となる周波数を 臨界周波数 (critical frequency) と呼ぶことがある。ストリップ法ではこのような波形の3次元性は考慮していないので、$\tau = 1/4$ の前後でも流体力に急激な変化はなく、連続である。EUT では、船体近くでのみ成り立つ"内部解"にも前進速度影響や流場の3次元影響を合理的に考慮できるように解が構成されているので、$\tau = 1/4$ 近傍での（特に pitch に関する）流体力に変化が見られ、その傾向は実験結果にも見られる。

図5.4 と図5.5 に示す連成流体力は、供試モデルが前後対称であるので、(5.57) より分かるように、流体力はすべて前進速度影響によるものである。したがって、ティムマン・ニューマンの関係によって、$a_{53} = -a_{35}$, $b_{53} = -b_{35}$ の関係が成り立っているはずであるが、実験値においてもこの関係は良い精度で満足されていることが分かる。よく見ると、連成流体力に関しては、EUT より NSM による結果の方が実験値に近い。いずれにしても、ストリップ法による計算結果は、実用上十分な精度で実験値と一致していることが分かる。

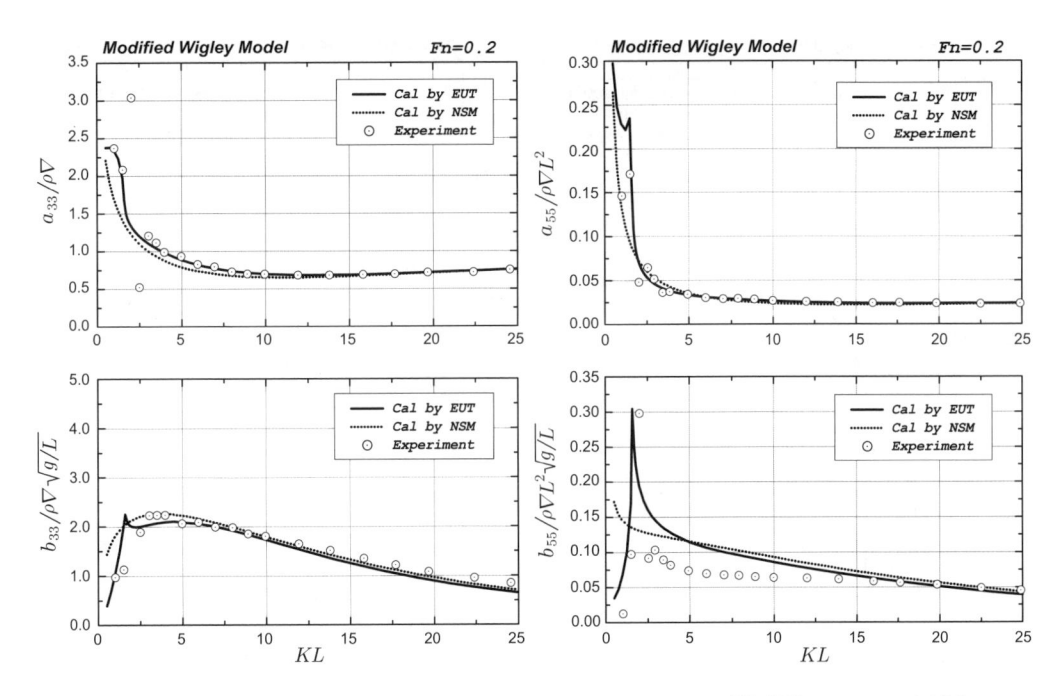

図 5.2 Heave の付加質量と減衰力係数

図 5.3 Pitch の付加慣性モーメントと減衰モーメント係数

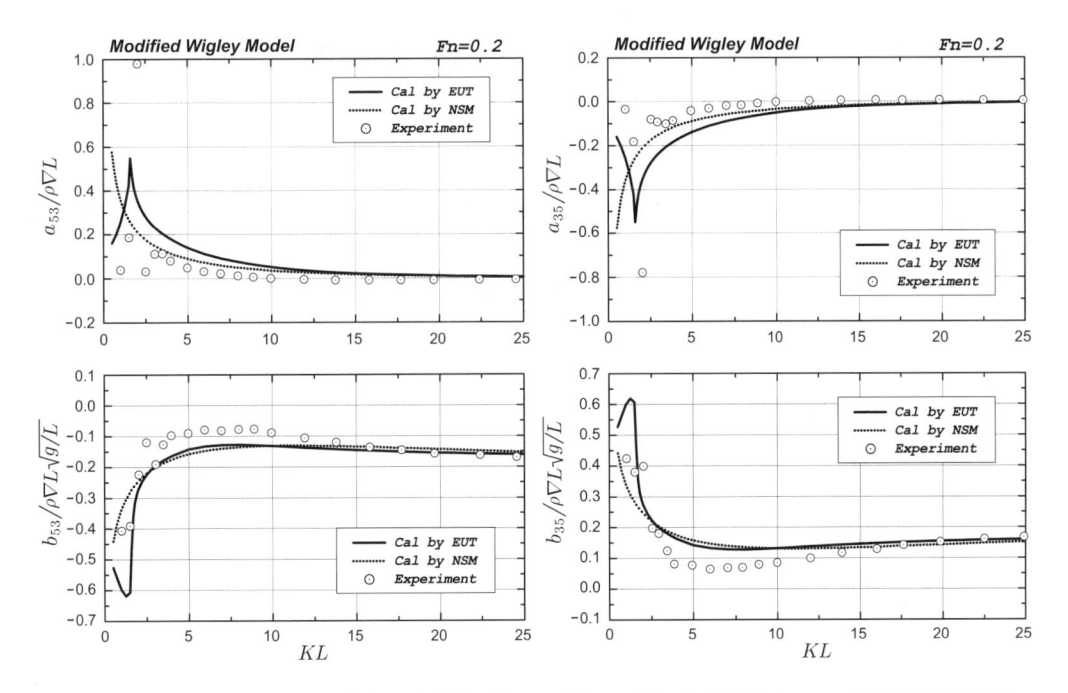

図 5.4 Heave による pitch 方向の連成付加質量と連成減衰力係数

図 5.5 Pitch による heave 方向の連成付加質量と連成減衰力係数

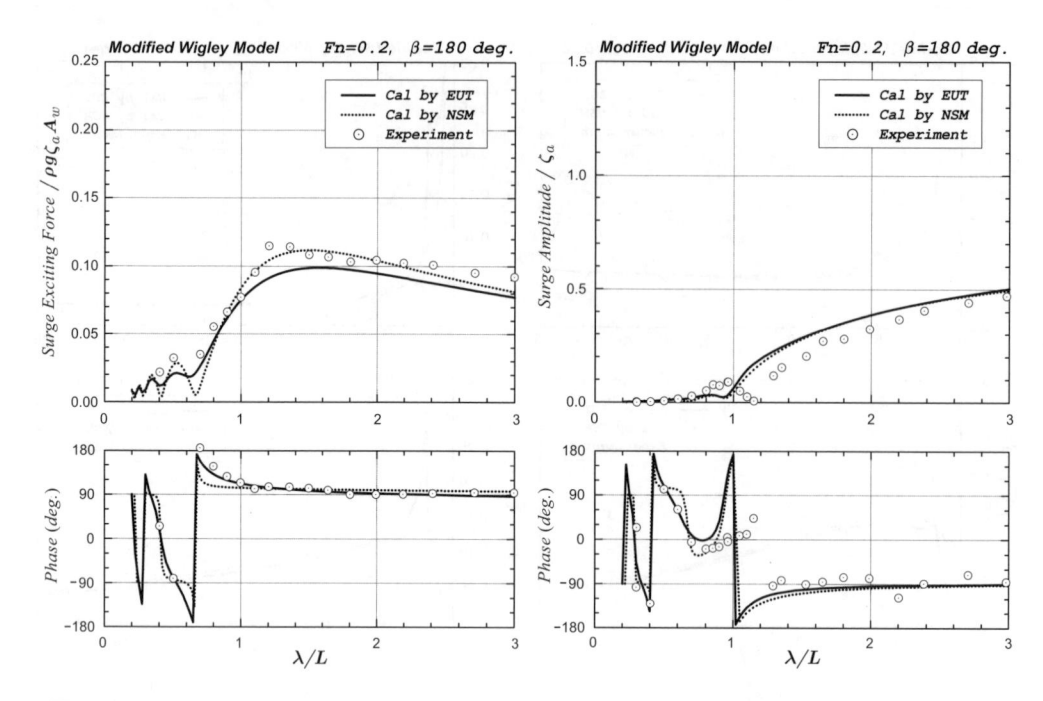

図 5.6 Modified Wigley モデルに働く向い波中での surge の波浪強制力

図 5.7 Modified Wigley モデルの向い波中での surge の動揺特性

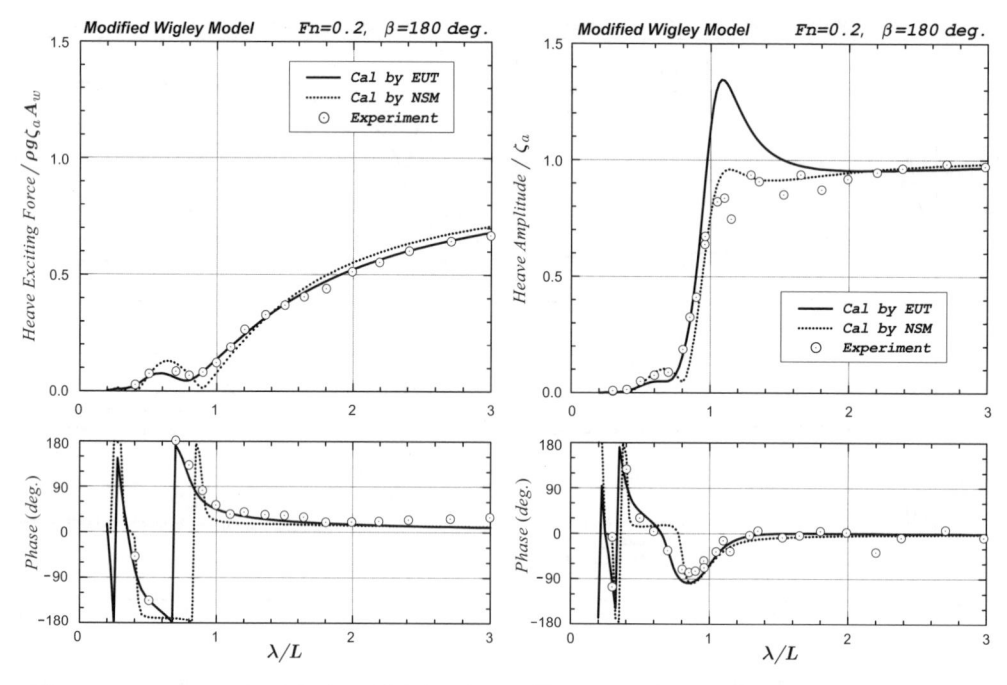

図 5.8 Modified Wigley モデルに働く向い波中での heave の波浪強制力

図 5.9 Modified Wigley モデルの向い波中での heave の動揺特性

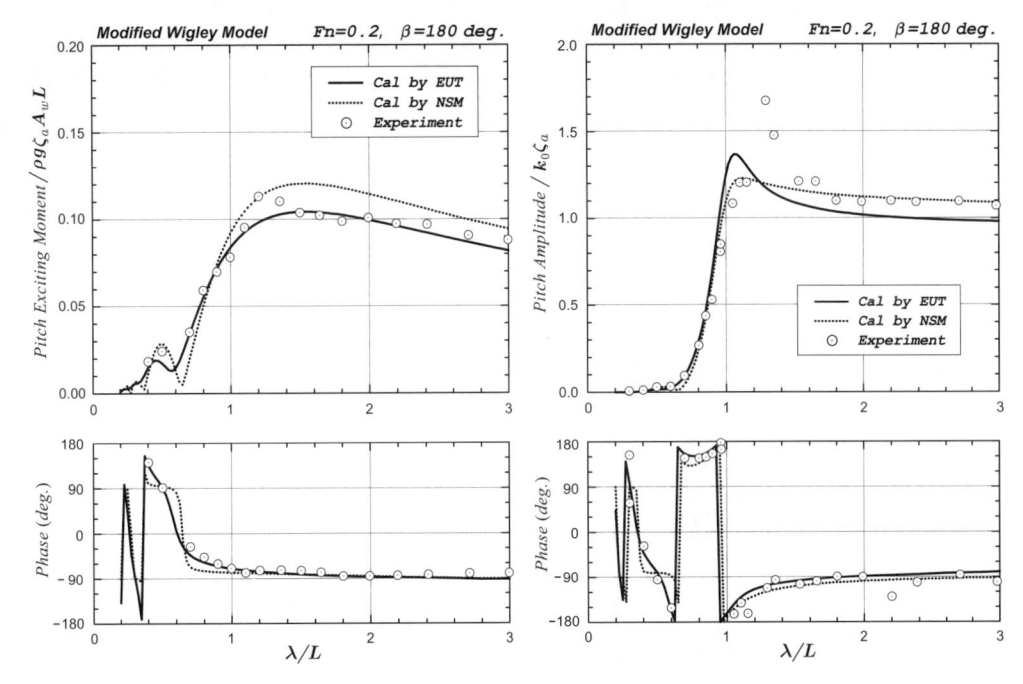

図 5.10 Modified Wigley モデルに働く向い波中での pitch の波浪強制モーメント

図 5.11 Modified Wigley モデルの向い波中での pitch の動揺特性

5.5.3 波浪強制力、船体運動

波浪強制力の複素振幅 E_j、船体運動の複素振幅 X_j はモードごとに横並びで示している。図 5.6～図 5.7 が surge $(j=1)$、図 5.8～図 5.9 が heave $(j=3)$、図 5.10～図 5.11 が pitch $(j=5)$ の結果である。横軸は入射波の波長 λ と船長 L との比である。E_j, X_j はともに複素数であるので、振幅、位相に分けて、縦軸に示す無次元値で表している。(ここでの位相差は、入射波の山が船体中央に来たときを時間の基準としたときの位相進みを正としている。)

波浪強制力の結果を見ると、実験値と NSM および EUT による計算結果はほぼ一致しており、大差はないと思われるが、船体運動の結果 (特に振幅) を見ると、NSM による結果の方が実験値に近いと思われる。特に運動振幅が大きくなる同調周波数付近では、減衰力や連成流体力における少しの違いが運動振幅の大きな違いとなって現れる [5.7] ので注意が必要である。

5.6 変動水圧と波浪荷重

5.6.1 計算式

波浪中での船の運動方程式に現れる力およびモーメントの各項は、船長にわたって船尾端 $(x = x_A)$ から船首端 $(x = x_F)$ まで積分した値である。これらを船尾端から、例えば x 方向のある任意の横断面位置 $(x = x_0)$ まで積分した値を考えると、その位置での剪断力 (あるいは軸力) や曲げモーメント (あるいは捩りモーメント) が得られるが、これらを**波浪荷重** (wave loads) と呼んでいる。

波浪荷重を船首端 ($x_0 = x_F$) まで積分すれば、運動方程式と全く同じ計算をしていることになるから、力およびモーメントの合計は釣合っており、したがって船尾端、船首端での波浪荷重の値はゼロとなっているはずである。もし船首端でゼロとなっていなければ、計算式のどこかに運動方程式と整合性の取れていない部分があるということである。

まず、流体力計算の出発点である変動水圧について考えよう。それは既に (5.34)〜(5.37) に与えられている。(5.76) および (5.77) の関係式を用いれば、重心 G に関する式あるいは座標原点 O に関する式のどちらでも同じ結果となるが、ここでは表記の簡潔さを考慮して、座標原点 O に関する表示式を用いることにする。

入射波による圧力では、x に関する微分は解析的に行い、$\omega_e + U k_0 \cos\beta = \omega$ の関係を用いる。そうすると (5.35)〜(5.37) は、無次元値として次のように表すことができる。

$$\frac{p_D(\boldsymbol{x})}{\rho g \zeta_a} = \varphi_0(\boldsymbol{x}) + \frac{\omega_e}{\omega}\left(1 - \frac{U}{i\omega_e}\frac{\partial}{\partial x}\right)\varphi_7(\boldsymbol{x}) \tag{5.81}$$

$$\frac{p_R(\boldsymbol{x})}{\rho g \zeta_a} = K\left(1 - \frac{U}{i\omega_e}\frac{\partial}{\partial x}\right)\sum_{j=1}^{6}\frac{X_j}{\zeta_a}\varphi_j(\boldsymbol{x}) \tag{5.82}$$

$$\frac{p_S(\boldsymbol{x})}{\rho g \zeta_a} = -\left\{\frac{X_3}{\zeta_a} + y\frac{X_4}{\zeta_a} - x\frac{X_5}{\zeta_a}\right\} \tag{5.83}$$

これらの圧力に法線ベクトルの成分を掛けて積分したものが流体力であり、さらにダランベールの原理によって、慣性力も力の成分の一つと見なして加え合わせたものが波浪荷重である。

一般的に 6 自由度の船体運動を考えれば、図5.12 に示すように、各横断面で 6 成分の力・モーメントを考えることになるが、ここでは前節までの説明との対応から、heave ($j = 3$), pitch ($j = 5$) に関係する上下方向の**垂直剪断力** (vertical shearing force) と**縦曲げモーメント** (vertical bending moment) についてのみ考えることにする。

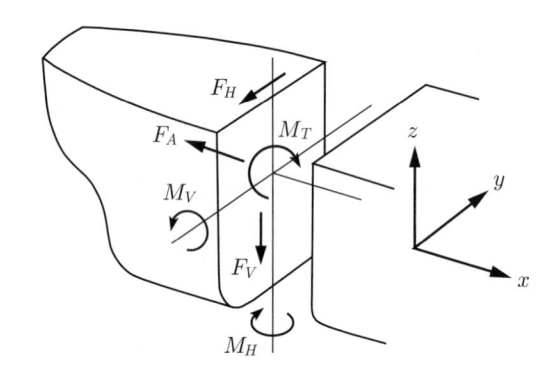

図 **5.12** 波浪荷重の成分と方向の定義

まず x 軸方向の $x = x_0$ での横断面における垂直剪断力を $F_V(x_0)$ と表し、これと船尾端 ($x = x_a$) から $x = x_0$ の断面までに働く流体力、慣性力の釣合いを考えると次式を得ることができる。

$$\begin{aligned}F_V(x_0) = &-\int_{x_A}^{x_0} dx \int_{S_H}\left(p_D + p_R + p_S\right) n_3\, d\ell \\ &-\int_{x_A}^{x_0} \frac{w(x)}{g}(i\omega_e)^2\left\{X_3 - x X_5\right\} dx\end{aligned} \tag{5.84}$$

ここで $w(x)$ は重量分布であり、これは船長全体にわたって積分すれば船の重量と等しくなって

いるはずである。すなわち船の質量を m として

$$\int_{x_A}^{x_F} w(x)\,dx \equiv \int_L w(x)\,dx = mg \tag{5.85}$$

と表すことができる。また、(5.84) を慣性力も力の一成分と見なした力の釣合い式と考えれば、垂直剪断力 $F_V(x_0)$ は z 軸の負方向（鉛直下向き）に働く場合を正の値として定義していることになる。

(5.84) で $x_0 = x_F$ としたときには、運動方程式の釣合いによって $F_V(x_F) = 0$ となっていないければならない。そのためには、(5.84) の計算、特に速度ポテンシャルの x に関する微分に関しても、整合性の観点から運動方程式における流体力と同じ細長船近似を用いる必要がある。すなわち、法線ベクトルの成分が n_3 の場合には、変動圧力の式における $\varphi_j\,(j=3,5,7)$ の x に関する微分に対して部分積分を考えると、(5.42) のようにその寄与は微小量と見なすことができるので、(5.84) は次のように表すことができる。

$$\begin{aligned}
\frac{F_V(x_0)}{\rho g \zeta_a} = & -\int_{x_A}^{x_0} dx \int_{S_H} \left\{ \varphi_0(\boldsymbol{x}) + \frac{\omega_e}{\omega}\varphi_7(\boldsymbol{x}) \right\} n_3\,d\ell \\
& - K \sum_{j=3,5} \frac{X_j}{\zeta_a} \int_{x_A}^{x_0} dx \int_{S_H} \varphi_j(\boldsymbol{x})\,n_3\,d\ell \\
& - \int_{x_A}^{x_0} \left\{ B_w(x) - \frac{w(x)}{\rho g} K \right\} \left\{ \frac{X_3}{\zeta_a} - x\frac{X_5}{\zeta_a} \right\} dx
\end{aligned} \tag{5.86}$$

ここで (5.86) 右辺第 1 行目は diffraction 問題での波浪強制力に対応する項、第 2 行目は radiation 流体力に対応する項、第 3 行目は復原力と慣性力に対応する項である。したがって、各横断面内における $\varphi_j(\boldsymbol{x})\,n_3$ の積分は、(5.52) のように 2 次元断面の heave の付加質量 A_H および減衰力係数 B_H を用いて表すことができる。

同様にして、次に $x = x_0$ での横断面における縦曲げモーメントについて考えよう。サギングモーメント（y 軸まわりの負方向）を正として $M_V(x_0)$ と表すと、モーメントの釣合いを考えることによって次式を得ることができる。

$$\begin{aligned}
M_V(x_0) = & +\int_{x_A}^{x_0} dx\,(x-x_0) \int_{S_H} \left(p_D + p_R + p_S \right) n_3\,d\ell \\
& + \int_{x_A}^{x_0} \frac{w(x)}{g} (i\omega_e)^2 (x-x_0)\{X_3 - xX_5\}\,dx
\end{aligned} \tag{5.87}$$

運動方程式における pitch の復原モーメント係数 c_{55} を (5.63) で示したように n_1 の寄与も含めて計算している場合には、(5.87) における静水圧の変動分 p_S の計算においても同様の扱いをしておく必要があるが、ここではストリップ法の仮定によって省略していることに注意されたい。また、pitch の運動方程式における動的な流体力の計算と整合性を取るためには、変動圧力の式における $\varphi_j\,(j=3,5,7)$ の x に関する微分、すなわち前進速度影響の項に対して部分積分を適用し、(5.40), (5.42) に対応する近似を行う必要がある。これは

$$\int_{x_A}^{x_0} (x-x_0) \frac{\partial \varphi_j}{\partial x} n_3\,dx \simeq -\int_{x_A}^{x_0} \varphi_j\,n_3\,dx \tag{5.88}$$

と式変形することで実現される。この式変形を用いて (5.87) をさらに書き下すと次式を得ることができる。

$$
\begin{aligned}
\frac{M_V(x_0)}{\rho g \zeta_a} =& + \int_{x_A}^{x_0} dx\,(x - x_0) \int_{S_H} \varphi_0(\boldsymbol{x}) n_3\, d\ell \\
& + \frac{\omega_e}{\omega} \int_{x_A}^{x_0} dx \left\{ (x - x_0) + \frac{U}{i\omega_e} \right\} \int_{S_H} \varphi_7(\boldsymbol{x}) n_3\, d\ell \\
& + K \sum_{j=3,5} \frac{X_j}{\zeta_a} \int_{x_A}^{x_0} dx \left\{ (x - x_0) + \frac{U}{i\omega_e} \right\} \int_{S_H} \varphi_j(\boldsymbol{x}) n_3\, d\ell \\
& + \int_{x_A}^{x_0} (x - x_0) \left\{ B_w(x) - \frac{w(x)}{\rho g} K \right\} \left\{ \frac{X_3}{\zeta_a} - x \frac{X_5}{\zeta_a} \right\} dx \quad (5.89)
\end{aligned}
$$

この式で $x_0 = x_F$ とすれば、heave と pitch の連成運動方程式と整合性が取れている限り $M_V(x_F) = 0$ となっているはずであり、船首端で曲げモーメントはゼロとなる。ただしそのためには、重量分布 $w(x)$ から計算される慣性モーメントが、運動方程式に使われている慣動半径 κ_{yy} の値と

$$
\int_{x_A}^{x_F} (x - \ell_x)^2 w(x)\, dx = mg\kappa_{yy}^2 \tag{5.90}
$$

の関係にあることが必要である。

5.6.2 計算例

まず変動水圧に関する数値計算結果と実験計測値との比較例として、参考論文 [5.9] に示された結果の一例を 図5.13 として再掲する。これは $C_b = 0.807$ の VLCC (超大型タンカー) の対する結果であり、$\beta = 0$ deg の追い波と $\beta = 180$ deg の向い波を含む斜め規則波中をフルード数 $Fn = 0.131$ で航走している場合である。規則波の波長は $\lambda/L_{pp} = 0.75$ (λ は波長、L_{pp} は船の垂線間長) である。計算および計測位置は L_{pp} の 1/10 を 1 つの単位とする S.S. (Square Station) を用いて、船尾 (A.P.) から S.S. 4.22 の垂直断面であり、横軸の $\theta = -90$ deg が波上側 (weather side)、$\theta = +90$ deg が波下側 (lee side) である。波上側では、動的な影響によって $\rho g \zeta_a$ で無次元化した圧力の値が 2 ~ 3 になることがあることを示している。

次に曲げモーメントに関する比較例として、参考論文 [5.9] に示されている結果を 図5.14 に再掲している。これは $L/B = 6.45$, $C_b = 0.59$ のコンテナ船がフルード数 $Fn = 0.215$ で斜波中を航走するときの、船体中央断面 (S.S. 5) における縦曲げモーメントの無次元値である。縦曲げモーメントは、船首尾端ではゼロ、船体中央断面付近では最大となる特性があるので、図5.14 は船長方向の縦曲げモーメント分布における最大値に近い値である。

数値計算は、ストリップ法の 1 つである STF 法 [5.4]、およびストリップ法をベースとして 3 次元影響、前進速度影響を考慮した細長船理論である EUT (Enhanced Unified Theory) [5.8] によって行われているが、実験計測値との一致度は必ずしも良くない。追い波や斜め追い波中での長波長域では、$\tau = U\omega_e/g = 1/4$ となったり、出会い周波数がゼロ近くになったりするので、EUT による計算結果の変化が大き過ぎるようである。これは、細長船理論による波浪荷重の推定精度にまだ改良の余地があることを示すものである。

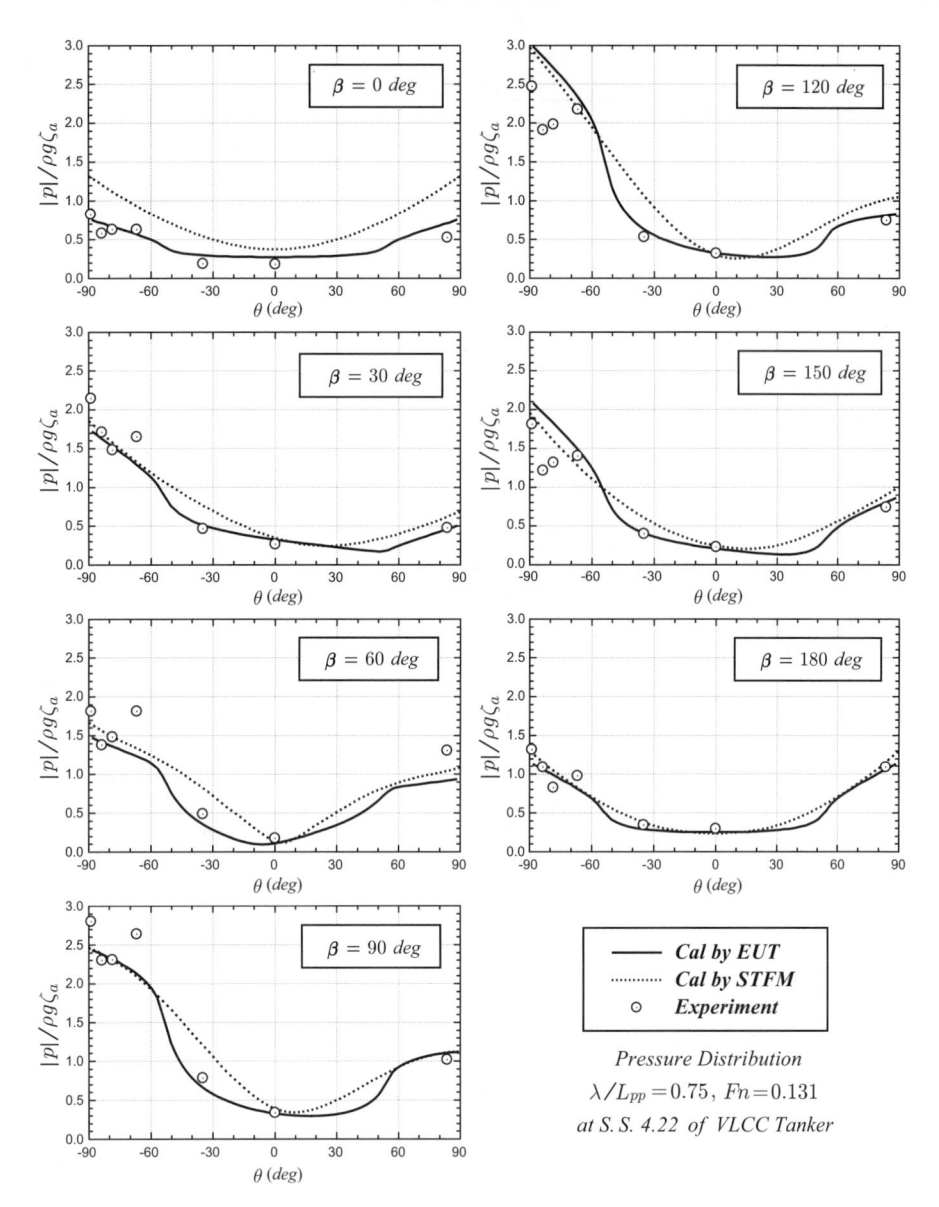

図 5.13 大型タンカーの S.S. 4.22 断面における動的圧力分布の例 ($\lambda/L_{pp} = 0.75$, $Fn = 0.131$)

5.7 相対水位変動

波浪中で動揺する船の船側における相対水位変動は、スラミング、海水打ち込み、プロペラレーシングの発生を推定する上で重要な船舶耐航性の基本要素の一つである。

相対水位変動に寄与する成分は、船体の動揺による船側の上下変位、入射波の上下変位、さらには radiation 問題および diffraction 問題での動的な水位変動である。これらは、線形理論では $z = 0$ での圧力の値から計算することができる。すなわち、時間項 $e^{i\omega_e t}$ を除いた変動水圧の複素振幅を (5.34) のように $p(\boldsymbol{x})$、相対水位変動の複素振幅を z_r と表すと、水面上では

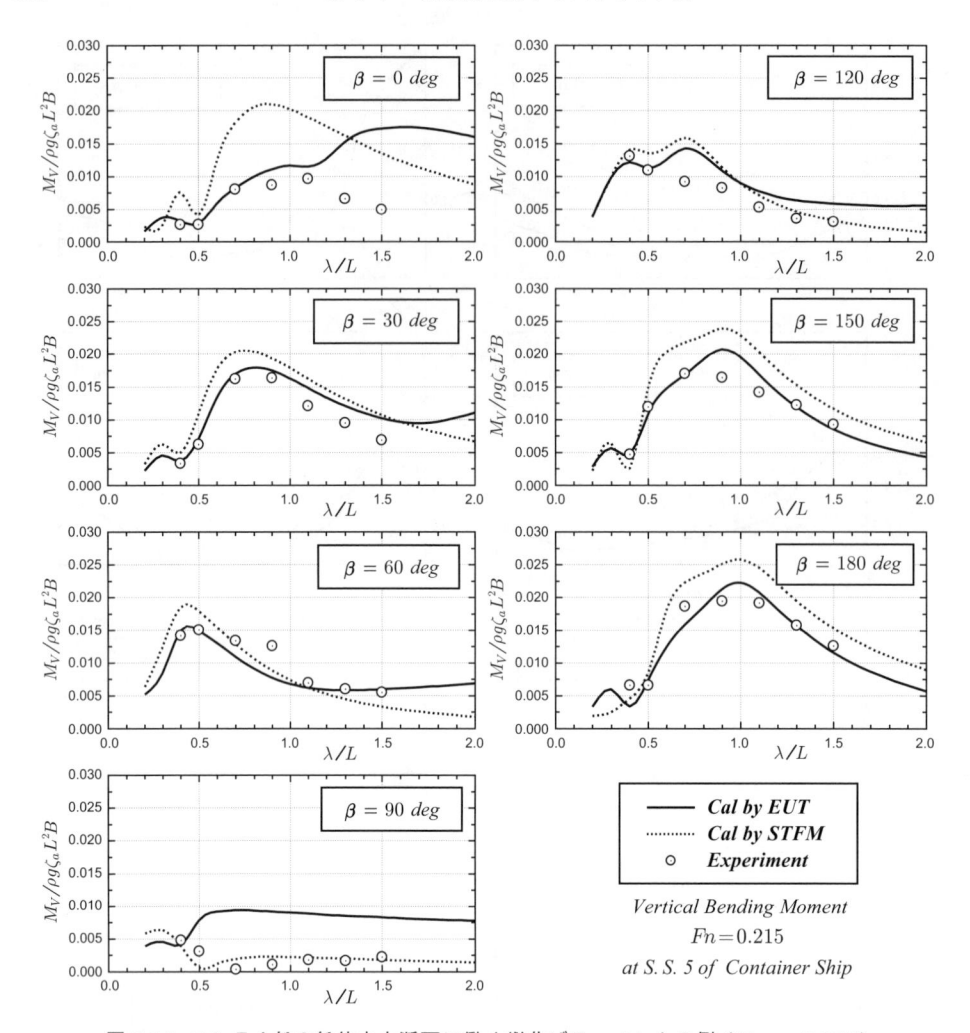

図 5.14 コンテナ船の船体中央断面に働く縦曲げモーメントの例 ($Fn = 0.215$)

$p(x, y, 0) + \rho g z_r = 0$ であるから、船側 (x_p, y_p) における値は

$$z_r = -\frac{1}{\rho g} p(x_p, y_p, 0) \tag{5.91}$$

によって計算することができる。圧力の計算式は既に (5.81)〜(5.83) で示されているから、それらを (5.91) に代入すると、入射波の振幅 ζ_a で無次元化した計算式は

$$\begin{aligned}\frac{z_r}{\zeta_a} =\ & \frac{X_3}{\zeta_a} + y_p \frac{X_4}{\zeta_a} - x_p \frac{X_5}{\zeta_a} \\ & - \varphi_0(x_p, y_p, 0) - \frac{\omega_e}{\omega}\left(1 - \frac{U}{i\omega_e}\frac{\partial}{\partial x}\right)\varphi_7(x_p, y_p, 0) \\ & - K\left(1 - \frac{U}{i\omega_e}\frac{\partial}{\partial x}\right)\sum_{j=1}^{6}\frac{X_j}{\zeta_a}\varphi_j(x_p, y_p, 0) \end{aligned} \tag{5.92}$$

によって与えられる。この式の右辺第 1 行目は船体動揺による水位変動を表しており、$X_3 > 0$ のときに $z_r > 0$ と定義されていることに注意されたい。入射波の上下変位は $\varphi_0(x_p, y_p, 0)$ で計

算され、φ_7 に関係する項は波の散乱 (scattering) による動的な水位変動、φ_j $(j = 1 \sim 6)$ に関係する項は radiation による動的な水位変動を表している。

付録　NSM による計算ソースプログラム

```
0001  C MAIN: FILE NAME( LECTURE/NSM.F )                          2007 8/20
0002  C     +++++++++++++++++++++++++++++++++++++++++++++++++++++++++++++
0003  C     +                                                             +
0004  C     +                  NEW STRIP METHOD (NSM)                     +
0005  C     +            FOR RADIATION AND DIFFRACTION PROBLEMS           +
0006  C     +      OF A SHIP OSCILLATING AND ADVANCING IN OBLIQUE WAVES   +
0007  C     +                                                             +
0008  C     +        2-D HYDRODYNAMIC FORCES AT TRANSVERSE SECTIONS       +
0009  C     +          ARE OBTAINED BY INTEGRAL-EQUATION METHOD           +
0010  C     +             WITH THERAPY FOR IRREGULAR FREQUENCIES          +
0011  C     +                                                             +
0012  C     +            (SURGE, HEAVE, PITCH) & (SWAY, ROLL, YAW)         +
0013  C     +        SHIP MOTIONS AND HYDRODYNAMIC FORCES ARE COMPUTED    +
0014  C     +                                                             +
0015  C     +           (( FOR MODIFIED WIGLEY MODEL AS A SAMPLE ))       +
0016  C     +                                                             +
0017  C     +                          CODED BY M.KASHIWAGI '07 8/20      +
0018  C     +                                                             +
0019  C     +++++++++++++++++++++++++++++++++++++++++++++++++++++++++++++
0020        IMPLICIT DOUBLE PRECISION (A-H,K,O-Z)
0021  C
0022        PARAMETER (MNX=81,MNQ=51)
0023        COMMON /PAI/ PI,PI05,PI2
0024        COMMON /DAT/ ALEN,BRED,DRFT,GML,GMB,KXX,KYY,KZZ
0025        COMMON /LEN/ A,B,C,VOL,WAREA
0026        COMMON /NXB/ NX,NB
0027  C
0028        PI   =3.14159265358979D0
0029        PI05 =PI*0.5D0
0030        PI2  =PI*2.0D0
0031        IPRINT =1
0032        NPRINT =0
0033        ISELECT=1
0034  C    /
0035        NX = 60
0036        NB = 30
0037        NT = NB+2
0038  C
0039  C+++++++++++++++++++++++++( INPUT DATA )+++++++++++++++++++++++++++
0040  C
0041  C     ALEN : LENGTH    (METER)
0042  C     BRED : BREADTH   (METER)
0043  C     DRFT : DRAFT     (METER)
0044  C     GML  : METACENTRIC HEIGHT IN PITCH (METER)
0045  C     GMB  :     DO.   IN ROLL (METER): <PUT ZERO, IF UNKNOWN>
0046  C     KXX  : NONDIM. GYRATIONAL RADIUS ABOUT X-AXIS (=KXX/B)
0047  C     KYY  : NONDIM. GYRATIONAL RADIUS ABOUT Y-AXIS (=KYY/L)
0048  C     KZZ  : NONDIM. GYRATIONAL RADIUS ABOUT Z-AXIS (=KZZ/L)
0049  C
0050  C     FR   : FROUDE NUMBER     U/SQRT(G*L)
0051  C     RL   : NONDIM. WAVELENGTH  RAMDA/L <FOR DIFFRACTION PROBLEM>
0052  C     AKL  : NONDIM. WAVENUMBER  W*W*L/G <FOR RADIATION PROBLEM>
0053  C     DKAI : INCIDENCE ANGLE OF PLANE WAVE (IN DEGREE)
0054  C
0055  C+++++++++++++++++++++++++++++++++++++++++++++++++++++++++++++++++
0056  C
0057        ALEN= 2.0D0
0058        BRED= 0.3D0
0059        DRFT= 0.125D0
0060        GML = 2.03509D0
0061        GMB = 0.001D0
0062        KXX = 0.25D0
0063        KYY = 0.2324D0
0064        KZZ = 0.2324D0
0065  C    /
0066        WRITE(6,600) NX,NB,ALEN,BRED,DRFT
0067  C +-+-+-+-+-+-+-+-+-+-+-+-+-+-+-+-+-+-+-+-+-+
0068        CALL OFFSET(NX,NB,NT,NPRINT)
```

```
0069      C +-+-+-+-+-+-+-+-+-+-+-+-+-+-+-+-+-+-+-+-+-+-+-+
0070          1 READ(5,*,END=9) FR,RL,DKAI
0071      C      /
0072              FN2=2.0D0*FR*FR
0073              GOTO 20
0074      C +++++++++++++++ RADIATION PROBLEM +++++++++++++++++++++++
0075         13 AKA =AKL/2.0D0
0076              WNON=DSQRT(AKL)
0077              TAU =DSQRT(AKA*FN2)
0078              SUB =2.0D0*WNON/(1.0D0+DSQRT(1.0D0+4.0D0*TAU))
0079              WKL =SUB*SUB
0080              RL  =PI2/WKL
0081              KAI =DKAI*PI/180.0D0
0082              GOTO 30
0083      C +++++++++++++++ DIFFRACTION PROBLEM +++++++++++++++++++++++
0084         20 KAI =DKAI*PI/180.0D0
0085              WKL =PI2/RL
0086              WNON=DSQRT(WKL)-WKL*FR*DCOS(KAI)
0087              AKL =WNON**2
0088              AKA =AKL/2.0D0
0089              TAU =DSQRT(AKA*FN2)
0090      C +++++++++++++++++++++++++++++++++++++++++++++++++++++++++++
0091         30 WKA =WKL/2.0D0
0092              WKB =WKA*B/A
0093              AKB =AKA*B/A
0094              UWE =DSQRT(FN2/AKA)
0095      C      /
0096              WRITE(6,610) FR,RL,DKAI,WKA,AKA,TAU,UWE
0097      C
0098              CALL TWORAD (NX,NB,NT,AKB)
0099              CALL RFORCE (NX,AKL,UWE,IPRINT)
0100              CALL DFORCE (NX,NB,AKA,UWE,WKA,KAI,IPRINT)
0101              CALL MSTRIP (ISELECT,AKA,WKA,IPRINT)
0102      C
0103              GO TO 1
0104          9 STOP
0105        600 FORMAT(3(/),10X,47('*'),
0106           &   /12X,'         NEW STRIP METHOD (NSM)',
0107           &   /12X,' RADIATION & DIFFRACTION THEORY FOR A SHIP',
0108           &   /12X,'   WITH FORWARD SPEED IN OBLIQUE WAVES',/10X,47('*'),
0109           &   //10X,'NUMBER OF DIVISION IN THE X-DIRECTION (NX)=',I4,
0110           &   /10X,'NUMBER OF DIVISION OVER BODY SURFACE   (NB)=',I4,
0111           &   //10X,'LENGTH IN THE X-AXIS--------ALEN(IN METER)=',F8.4,
0112           &   /10X,' DO.  IN THE Y-AXIS--------BRED(IN METER)=',F8.4,
0113           &   /10X,' DO.  IN THE Z-AXIS--------DRFT(IN METER)=',F8.4)
0114        610 FORMAT(
0115           &   /10X,'FROUDE NUMBER-------------FR=U/SQRT(G*LPP)=',F9.4,
0116           &   /10X,'RATIO OF WAVE-LENGTH TO SHIP-LENGTH---RLPP=',F9.4,
0117           &   /10X,'INCIDENT ANGLE OF WAVE------------KAI(DEG)=',F8.3,
0118           &   //10X,'NONDIM. INCIDENT WAVE NUMBER--------WK*L/2=',E11.4,
0119           &   /10X,'NONDIM. ENCOUNTER WAVE NUMBER--------K*L/2=',E11.4,
0120           &   //10X,'HANAOKA''S PARAMETER (W*U/G)-------------TAU=',E11.4,
0121           &   /10X,'VALUE TO BE USED IN DFORCE--------U/(WE*A)=',E11.4)
0122              END
0123      C ***********************************************************************
0124      C ********     OFFSET SUBROUTINE FOR A MODIFIED WIGLEY MODEL     ********
0125      C ***********************************************************************
0126              SUBROUTINE OFFSET(NX,NB,NT,IPRINT)
0127              IMPLICIT DOUBLE PRECISION (A-H,O-Z)
0128              DOUBLE PRECISION  KXX,KYY,KZZ,IXX,IYY,IZZ,LZB,LXA
0129      C
0130              PARAMETER (MNX=81,MNB=50,MNQ=51,MNP=53)
0131              COMMON /PAI/ PI,PI05,PI2
0132              COMMON /LEN/ A,B,C,VOL,WAREA
0133              COMMON /DAT/ ALEN,BRED,DRFT,GML,GMB,KXX,KYY,KZZ
0134              COMMON /MDT/ IXX,IYY,IZZ,LZB,LXA,C35,C53,C55,C44
0135              COMMON /XXX/ X(MNX)
0136              COMMON /SEC/ YP(MNX,MNP),ZP(MNX,MNP),YQ(MNX,MNQ),ZQ(MNX,MNQ)
0137              COMMON /NOR/ VNX(MNX,MNB),VNY(MNX,MNB),VNZ(MNX,MNB)
0138      C
0139              A=ALEN/2.0D0
0140              B=BRED/2.0D0
0141              C=DRFT
0142      C      /
0143              VOL  =ALEN*BRED*DRFT*0.56073112D0
0144              WAREA=ALEN*BRED*0.69333333D0
```

```
0145          BML  =A**2/C*0.25816635D0
0146          BMB  =B**2/C*0.29088452D0
0147          OB   =C*0.429899808D0
0148   C      /
0149          OG  =GML-BML+OB
0150          IF(GMB.LE.0.0D0) GMB=BMB-OB+OG
0151          LZB=OG/B
0152          LXA=0.0D0
0153          C35=0.0D0
0154          C53=0.0D0
0155          C55=VOL*GML/WAREA/A**2
0156          C44=VOL*GMB/WAREA/B**2
0157          IXX=4.0D0*KXX**2
0158          IYY=4.0D0*KYY**2
0159          IZZ=4.0D0*KZZ**2
0160   C      /
0161          WRITE(6,600) OG,GML,GMB,KXX,KYY,KZZ,C35,C55,C44
0162   C +-+-+-+-+-+-+-+-+-+-+-+-+-+-+-+-+-+-+-+-+-+-+-+-+-+-+-+-+-+-+-+
0163          IAD=NT-NB
0164          DX =2.0D0/DFLOAT(NX)
0165   C      /
0166          DO 1000 I=1,NX+1
0167          X(I)=-1.0D0+DX*DFLOAT(I-1)
0168          XS1 = 1.0D0-X(I)**2
0169          XS2 = 1.0D0+0.2D0*X(I)**2
0170          XS4 = XS1**4
0171   C      /
0172          DZ  =1.0D0/DFLOAT(500)
0173          YOLD=0.0D0
0174          ZOLD=1.0D0
0175          WAR =0.0D0
0176          DO 110 J=1,500
0177          ZNEW=1.0D0-DZ*DFLOAT(J)
0178          ZS1 =1.0D0-ZNEW**2
0179          ZS2 =1.0D0-ZNEW**8
0180          YNEW=XS1*ZS1*XS2+ZNEW**2*ZS2*XS4
0181          DR  =DSQRT((YNEW-YOLD)**2+(ZNEW-ZOLD)**2)
0182          WAR =WAR+DR
0183          YOLD=YNEW
0184          ZOLD=ZNEW
0185      110 CONTINUE
0186          DRR=WAR/DFLOAT(NB)
0187   C      /
0188          YQ(I,1)=0.0D0
0189          ZQ(I,1)=C/B
0190          YOLD=0.0D0
0191          ZOLD=1.0D0
0192          SUM =0.0D0
0193          JN=1
0194          DO 120 J=1,500
0195          ZNEW=1.0D0-DZ*DFLOAT(J)
0196          ZS1 =1.0D0-ZNEW**2
0197          ZS2 =1.0D0-ZNEW**8
0198          YNEW=XS1*ZS1*XS2+ZNEW**2*ZS2*XS4
0199          DR  =DSQRT((YNEW-YOLD)**2+(ZNEW-ZOLD)**2)
0200          SUM =SUM+DR
0201            IF(SUM.GE.DRR) THEN
0202            JN=JN+1
0203            SUM=SUM-DRR
0204            YQ(I,JN)=YNEW
0205            ZQ(I,JN)=ZNEW*C/B
0206            ENDIF
0207          YOLD=YNEW
0208          ZOLD=ZNEW
0209      120 CONTINUE
0210          YQ(I,NB+1)=XS1*XS2
0211          ZQ(I,NB+1)=0.0D0
0212   C +++++++++++++++++++++++++++++++++++++++++++++++++++++++++++++++
0213   C             NUMERICAL CALCULATION OF NORMAL VECTOR
0214   C +++++++++++++++++++++++++++++++++++++++++++++++++++++++++++++++
0215          DO 150 J=1,NB
0216          YP(I,J)=(YQ(I,J+1)+YQ(I,J))/2.0D0
0217          ZP(I,J)=(ZQ(I,J+1)+ZQ(I,J))/2.0D0
0218          DY=YQ(I,J+1)-YQ(I,J)
0219          DZ=ZQ(I,J+1)-ZQ(I,J)
0220          D =DSQRT(DY**2+DZ**2)
```

```
0221            IF(I.EQ.1.OR.I.EQ.NX+1) THEN
0222            VNY(I,J)= 0.0D0
0223            VNZ(I,J)= 0.0D0
0224            ELSE
0225            VNY(I,J)=-DZ/D
0226            VNZ(I,J)= DY/D
0227            ENDIF
0228        150 CONTINUE
0229   C +++++++++++++++++++++++++++++++++++++++++++++++++++++++++++++++
0230   C               ANALYTICAL CALCULATION OF NORMAL VECTOR
0231   C +++++++++++++++++++++++++++++++++++++++++++++++++++++++++++++++
0232            EBA=B/A
0233            EBC=B/C
0234            DO 160 J=1,NB
0235            ZZ = ZP(I,J)*B/C
0236            ZS1= 1.0D0-ZZ**2
0237            ZS2= 1.0D0-ZZ**8
0238            DFX= 2.0D0*X(I)*ZS1*(XS2-0.2D0*XS1)
0239       &       +8.0D0*X(I)*ZZ**2*ZS2*XS1**3
0240            DFZ= 2.0D0*ZZ*(XS1*XS2-ZS2*XS4)
0241       &       +8.0D0*ZZ**9*XS4
0242            DDD=DSQRT((EBA*DFX)**2+1.0D0+(EBC*DFZ)**2)
0243            VNX(I,J)=EBA*DFX/DDD
0244   CCC      VNY(I,J)=1.0D0/DDD
0245   CCC      VNZ(I,J)=EBC*DFZ/DDD
0246        160 CONTINUE
0247   C +++++++++++++++++++++++++++++++++++++++++++++++++++++++++++++++
0248            IF(IAD.EQ.0) GOTO 1000
0249            DS=(YQ(I,NB+1)-YQ(I,1))/DFLOAT(IAD+1)
0250            DO 200 J=1,IAD
0251            YP(I,NB+J)=YQ(I,1)+DS*DFLOAT(J)
0252            ZP(I,NB+J)=0.0D0
0253        200 CONTINUE
0254   C   /
0255       1000 CONTINUE
0256            RETURN
0257        600 FORMAT(/10X,
0258       &      'CENTER OF GRAVITY (IN METER)----------(OG)=',F10.5,
0259       &   /10X,'METACENTRIC HEIGHT IN PITCH (IN METER)----=',F10.5,
0260       &   /10X,'METACENTRIC HEIGHT IN ROLL  (IN METER)----=',F10.5,
0261       &  //10X,'RADIUS OF GYRATION ABOUT X-AXIS (KXX/B)----=',E12.5,
0262       &   /10X,'RADIUS OF GYRATION ABOUT Y-AXIS (KYY/L)----=',E12.5,
0263       &   /10X,'RADIUS OF GYRATION ABOUT Z-AXIS (KZZ/L)----=',E12.5,
0264       &  //10X,'NONDIM.VALUE   C35/WAREA/(L/2)     (C35)----=',E12.5,
0265       &   /10X,'NONDIM.VALUE   C55/WAREA/(L/2)**2  (C55)----=',E12.5,
0266       &   /10X,'NONDIM.VALUE   C44/WAREA/(B/2)**2  (C44)----=',E12.5//)
0267            END
0268   C *****************************************************************
0269   C *****   SOLUTION OF RADIATION PROBLEM AT TRANSVERSE SECTIONS   *****
0270   C *****************************************************************
0271            SUBROUTINE TWORAD(NX,NB,NT,AKB)
0272            IMPLICIT DOUBLE PRECISION (A-H,O-Y)
0273            IMPLICIT COMPLEX*16 (Z)
0274            DOUBLE PRECISION ZP,ZQ
0275   C
0276            PARAMETER (MNX=81,MNB=50,MNQ=51,MNP=53)
0277            DIMENSION  ZFAB(4,4),ZHN(4),CHEK(3)
0278   C
0279            COMMON /PAI/ PI,PI05,PI2
0280            COMMON /XXX/ X(MNX)
0281            COMMON /SEC/ PY(MNX,MNP),PZ(MNX,MNP),QY(MNX,MNQ),QZ(MNX,MNQ)
0282            COMMON /NOR/ VNX(MNX,MNB),VNY(MNX,MNB),VNZ(MNX,MNB)
0283            COMMON /ELM/ YP(MNP),ZP(MNP),YQ(MNQ),ZQ(MNQ)
0284            COMMON /VN2/ VN(4,MNB)
0285            COMMON /FAB/ ZAB11(MNX),ZAB13(MNX),ZAB31(MNX),ZAB33(MNX),
0286       &                 ZAB22(MNX),ZAB24(MNX),ZAB42(MNX),ZAB44(MNX)
0287   C
0288            Z0=(0.0D0,0.0D0)
0289            ZI=(0.0D0,1.0D0)
0290            DO 100 I=1,NX+1
0291            ZAB11(I)=Z0
0292            ZAB13(I)=Z0
0293            ZAB31(I)=Z0
0294            ZAB33(I)=Z0
0295            ZAB22(I)=Z0
0296            ZAB24(I)=Z0
```

```
0297          ZAB42(I)=Z0
0298          ZAB44(I)=Z0
0299      100 CONTINUE
0300   C
0301          DO 200 I=2,NX
0302   C
0303          DO 250 J=1,NT
0304          YP(J)=PY(I,J)
0305          ZP(J)=PZ(I,J)
0306          IF(J.GT.NB+1) GO TO 250
0307          YQ(J)=QY(I,J)
0308          ZQ(J)=QZ(I,J)
0309          IF(J.GT.NB) GO TO 250
0310          VN(1,J)=VNX(I,J)
0311          VN(2,J)=VNY(I,J)
0312          VN(3,J)=VNZ(I,J)
0313          VN(4,J)=YP(J)*VNZ(I,J)-ZP(J)*VNY(I,J)
0314      250 CONTINUE
0315   C +-+-+-+-+-+-+-+-+-+-+-+-+-+-+-+-+-+-+-+
0316          NTT=NT
0317          IF(YQ(NB+1).LT.1.0D-5) NTT=NB
0318          CALL SOLRAD(NB,NTT,AKB,ZFAB,ZHN,CHEK)
0319   C +-+-+-+-+-+-+-+-+-+-+-+-+-+-+-+-+-+-+-+
0320          DO 260 MD=1,2
0321          DDD=-DIMAG(ZFAB(MD+1,MD+1))
0322          IF(CHEK(MD).GT.1.0D0) WRITE(6,600) I,MD+1,CHEK(MD),DDD
0323      600 FORMAT(10X,'+++++ INACCURATE 2-D CAL: ''I'' OF DANMEN=',I3,
0324         &   3X,'MODE=',I2,3X,'CHECK=',F8.3,' %',3X,'DAMP=',E11.4//)
0325      260 CONTINUE
0326   C
0327          ZAB11(I)=ZFAB(1,1)
0328          ZAB13(I)=ZFAB(1,3)
0329          ZAB31(I)=ZFAB(3,1)
0330          ZAB33(I)=ZFAB(3,3)
0331          ZAB22(I)=ZFAB(2,2)
0332          ZAB24(I)=ZFAB(2,4)
0333          ZAB42(I)=ZFAB(4,2)
0334          ZAB44(I)=ZFAB(4,4)
0335   C
0336      200 CONTINUE
0337          RETURN
0338          END
0339   C **********************************************************************
0340   C *********   CALCULATION OF ADDED-MASS & DAMPING COEFFICIENTS *********
0341   C **********************************************************************
0342          SUBROUTINE RFORCE(NX,AKL,UWE,IPRINT)
0343          IMPLICIT DOUBLE PRECISION (A-H,O-Y)
0344          IMPLICIT COMPLEX*16 (Z)
0345   C
0346          PARAMETER (MNX=81)
0347          DIMENSION ZE1(MNX),ZE2(MNX),ZE3(MNX),ZE4(MNX),ZE5(MNX)
0348          DIMENSION ZE6(MNX),ZE7(MNX),ZE8(MNX),ZE9(MNX)
0349   C
0350          COMMON /PAI/ PI,PI05,PI2
0351          COMMON /LEN/ A,B,C,VOL,WAREA
0352          COMMON /XXX/ X(MNX)
0353          COMMON /FAB/ ZAB11(MNX),ZAB13(MNX),ZAB31(MNX),ZAB33(MNX),
0354         &             ZAB22(MNX),ZAB24(MNX),ZAB42(MNX),ZAB44(MNX)
0355          COMMON /S35/ ZAB11S,ZAB13S,ZAB15S,ZAB31S,ZAB33S,ZAB35S,
0356         &             ZAB51S,ZAB53S,ZAB55S
0357          COMMON /S26/ ZAB22S,ZAB24S,ZAB26S,ZAB42S,ZAB44S,ZAB46S,
0358         &             ZAB62S,ZAB64S,ZAB66S
0359   C
0360          ZI =(0.0D0,1.0D0)
0361          NMX=NX+1
0362          H  =2.0D0/DFLOAT(NX)
0363          RNON=A*B*B/VOL
0364          WNON=DSQRT(AKL)
0365          BNON=WNON
0366   C      /
0367          DO 100 I=1,NMX
0368          ZE1 (I)= RNON*ZAB11(I)
0369          ZE2 (I)= RNON*ZAB13(I)
0370          ZE3 (I)=-RNON*ZAB13(I)*(X(I)+ZI*UWE)
0371          ZE4 (I)= RNON*ZAB31(I)
0372          ZE5 (I)= RNON*ZAB33(I)
```

```
0373          ZE6 (I)=-RNON*ZAB33(I)*(X(I)+ZI*UWE)
0374          ZE7 (I)=-RNON*ZAB31(I)*(X(I)-ZI*UWE)
0375          ZE8 (I)=-RNON*ZAB33(I)*(X(I)-ZI*UWE)
0376          ZE9 (I)= RNON*ZAB33(I)*(X(I)**2+UWE**2)
0377      100 CONTINUE
0378             CALL SIMP(H,NMX,ZE1,ZAB11S)
0379             CALL SIMP(H,NMX,ZE2,ZAB13S)
0380             CALL SIMP(H,NMX,ZE3,ZAB15S)
0381             CALL SIMP(H,NMX,ZE4,ZAB31S)
0382             CALL SIMP(H,NMX,ZE5,ZAB33S)
0383             CALL SIMP(H,NMX,ZE6,ZAB35S)
0384             CALL SIMP(H,NMX,ZE7,ZAB51S)
0385             CALL SIMP(H,NMX,ZE8,ZAB53S)
0386             CALL SIMP(H,NMX,ZE9,ZAB55S)
0387    C
0388          IF(IPRINT.EQ.0) GO TO 10
0389    C +++++++++++++++++++++( PRINT OUT AIJ & BIJ )++++++++++++++++++++++
0390          A11 = DREAL(ZAB11S) ; B11 =-DIMAG(ZAB11S)*BNON
0391          A13 = DREAL(ZAB13S) ; B13 =-DIMAG(ZAB13S)*BNON
0392          A15 = DREAL(ZAB15S) ; B15 =-DIMAG(ZAB15S)*BNON
0393          A31 = DREAL(ZAB31S) ; B31 =-DIMAG(ZAB31S)*BNON
0394          A33 = DREAL(ZAB33S) ; B33 =-DIMAG(ZAB33S)*BNON
0395          A35 = DREAL(ZAB35S) ; B35 =-DIMAG(ZAB35S)*BNON
0396          A51 = DREAL(ZAB51S) ; B51 =-DIMAG(ZAB51S)*BNON
0397          A53 = DREAL(ZAB53S) ; B53 =-DIMAG(ZAB53S)*BNON
0398          A55 = DREAL(ZAB55S) ; B55 =-DIMAG(ZAB55S)*BNON
0399    C     /
0400          WRITE(6,600) AKL,WNON,
0401         &  A11,B11,A13,B13,A15,B15,A31,B31,A33,B33,A35,B35,
0402         &  A51,B51,A53,B53,A55,B55
0403      600 FORMAT(//14X,'KLPP=',F8.4,' ( W*SQRT(L/G)=',F8.4,' )',
0404         &        //11X,'+++++ ADDED-MASS & DAMPING COEFFICIENTS +++++',
0405         &        //22X,'ADDED-MASS',5X,'DAMP.COEF.',
0406         &        /15X,'(1,1) ',E12.5,3X,E12.5, /15X,'(1,3) ',E12.5,3X,E12.5,
0407         &        /15X,'(1,5) ',E12.5,3X,E12.5,//15X,'(3,1) ',E12.5,3X,E12.5,
0408         &        /15X,'(3,3) ',E12.5,3X,E12.5, /15X,'(3,5) ',E12.5,3X,E12.5,
0409         &       //15X,'(5,1) ',E12.5,3X,E12.5, /15X,'(5,3) ',E12.5,3X,E12.5,
0410         &        /15X,'(5,5) ',E12.5,3X,E12.5)
0411       10 CONTINUE
0412    C +++++++++++++++++++ ANTISYMMETRIC MODE ++++++++++++++++++++++++++
0413    C     /
0414          DO 200 I=1,NMX
0415          ZE1 (I)=RNON*ZAB22(I)
0416          ZE2 (I)=RNON*ZAB24(I)
0417          ZE3 (I)=RNON*ZAB22(I)*(X(I)+ZI*UWE)
0418          ZE4 (I)=RNON*ZAB42(I)
0419          ZE5 (I)=RNON*ZAB44(I)
0420          ZE6 (I)=RNON*ZAB42(I)*(X(I)+ZI*UWE)
0421          ZE7 (I)=RNON*ZAB22(I)*(X(I)-ZI*UWE)
0422          ZE8 (I)=RNON*ZAB24(I)*(X(I)-ZI*UWE)
0423          ZE9 (I)=RNON*ZAB22(I)*(X(I)**2+UWE**2)
0424      200 CONTINUE
0425             CALL SIMP(H,NMX,ZE1,ZAB22S)
0426             CALL SIMP(H,NMX,ZE2,ZAB24S)
0427             CALL SIMP(H,NMX,ZE3,ZAB26S)
0428             CALL SIMP(H,NMX,ZE4,ZAB42S)
0429             CALL SIMP(H,NMX,ZE5,ZAB44S)
0430             CALL SIMP(H,NMX,ZE6,ZAB46S)
0431             CALL SIMP(H,NMX,ZE7,ZAB62S)
0432             CALL SIMP(H,NMX,ZE8,ZAB64S)
0433             CALL SIMP(H,NMX,ZE9,ZAB66S)
0434    C
0435          IF(IPRINT.EQ.0) GO TO 20
0436    C +++++++++++++++++++++( PRINT OUT AIJ & BIJ )++++++++++++++++++++++
0437          A22 = DREAL(ZAB22S) ; B22 =-DIMAG(ZAB22S)*BNON
0438          A24 = DREAL(ZAB24S) ; B24 =-DIMAG(ZAB24S)*BNON
0439          A26 = DREAL(ZAB26S) ; B26 =-DIMAG(ZAB26S)*BNON
0440          A42 = DREAL(ZAB42S) ; B42 =-DIMAG(ZAB42S)*BNON
0441          A44 = DREAL(ZAB44S) ; B44 =-DIMAG(ZAB44S)*BNON
0442          A46 = DREAL(ZAB46S) ; B46 =-DIMAG(ZAB46S)*BNON
0443          A62 = DREAL(ZAB62S) ; B62 =-DIMAG(ZAB62S)*BNON
0444          A64 = DREAL(ZAB64S) ; B64 =-DIMAG(ZAB64S)*BNON
0445          A66 = DREAL(ZAB66S) ; B66 =-DIMAG(ZAB66S)*BNON
0446    C
0447          WRITE(6,620) AKL,WNON,
0448         &  A22,B22,A24,B24,A26,B26,A42,B42,A44,B44,A46,B46,
```

```
0449            &    A62,B62,A64,B64,A66,B66
0450          620 FORMAT(//14X,'KLPP=',F8.4,' ( W*SQRT(L/G)=',F8.4,' )',
0451            &           //11X,'+++++ ADDED-MASS & DAMPING COEFFICIENTS +++++',
0452            &           //22X,'ADDED-MASS',5X,'DAMP.COEF.',
0453            &           /15X,'(2,2) ',E12.5,3X,E12.5, /15X,'(2,4) ',E12.5,3X,E12.5,
0454            &           /15X,'(2,6) ',E12.5,3X,E12.5,//15X,'(4,2) ',E12.5,3X,E12.5,
0455            &           /15X,'(4,4) ',E12.5,3X,E12.5, /15X,'(4,6) ',E12.5,3X,E12.5,
0456            &          //15X,'(6,6) ',E12.5,3X,E12.5, /15X,'(6,4) ',E12.5,3X,E12.5,
0457            &           /15X,'(6,6) ',E12.5,3X,E12.5)
0458           20 CONTINUE
0459              RETURN
0460              END
0461    C ***********************************************************************
0462    C **********     CALCULATION OF WAVE EXCITING FORCE AND MOMENT    *********
0463    C ***********************************************************************
0464              SUBROUTINE DFORCE(NX,NB,AKA,UWE,WKA,KAI,IPRINT)
0465              IMPLICIT DOUBLE PRECISION (A-H,K-L,O-Y)
0466              IMPLICIT COMPLEX*16 (Z)
0467              DOUBLE PRECISION ZP,ZQ
0468    C
0469              PARAMETER (MNX=81,MNB=50,MNQ=51,MNP=53)
0470              DIMENSION ZF1(MNX),ZF2(MNX),ZF3(MNX),ZF4(MNX),ZF5(MNX),ZF6(MNX)
0471              DIMENSION EAMP(6),EPHA(6)
0472              CHARACTER*5 NAME(6)
0473    C
0474              COMMON /PAI/ PI,PI05,PI2
0475              COMMON /LEN/ A,B,C,VOL,WAREA
0476              COMMON /XXX/ X(MNX)
0477              COMMON /SEC/ PY(MNX,MNP),PZ(MNX,MNP),QY(MNX,MNQ),QZ(MNX,MNQ)
0478              COMMON /NOR/ VNX(MNX,MNB),VNY(MNX,MNB),VNZ(MNX,MNB)
0479              COMMON /ELM/ YP(MNP),ZP(MNP),YQ(MNQ),ZQ(MNQ)
0480              COMMON /FAB/ ZAB11(MNX),ZAB13(MNX),ZAB31(MNX),ZAB33(MNX),
0481            &              ZAB22(MNX),ZAB24(MNX),ZAB42(MNX),ZAB44(MNX)
0482              COMMON /WEX/ ZEX(6)
0483              DATA NAME/'SURGE','SWAY ','HEAVE','ROLL ','PITCH','YAW  '/
0484    C
0485              Z0=(0.0D0,0.0D0)
0486              ZI=(0.0D0,1.0D0)
0487    C     /
0488              DO 100 MD=1,6
0489              ZEX(MD)=Z0
0490          100 CONTINUE
0491    C     /
0492              H=2.0D0/DFLOAT(NX)
0493              DNON=A*B/WAREA
0494    C ++++++++++++++++++++ BY NEW STRIP METHOD ++++++++++++++++++++++
0495              WKB =WKA*B/A
0496              SKI =DSIN(KAI)
0497              COEF=DSQRT(AKA*WKA)*B/A
0498              LL  =-WKA*DCOS(KAI)
0499              DO 110 I=1,NX+1
0500              ZF1(I)=Z0
0501              ZF2(I)=Z0
0502              ZF3(I)=Z0
0503              ZF4(I)=Z0
0504              ZF5(I)=Z0
0505              ZF6(I)=Z0
0506          110 CONTINUE
0507    C     /
0508              DO 200 I=2,NX
0509    C
0510                DO 210 J=1,NB+1
0511                YQ(J)=QY(I,J)
0512                ZQ(J)=QZ(I,J)
0513          210   CONTINUE
0514                SUM1=0.0D0
0515                SUM2=0.0D0
0516                SUM3=0.0D0
0517                SUM4=0.0D0
0518                KOT =0.0D0
0519                DO 220 J=1,NB
0520                EA=WKB
0521                EB=WKB*SKI
0522                  CALL EJCS(J,EA,EB,EJC,EJS)
0523                SUM1=SUM1+2.0D0*VNX(I,J)*EJC
0524                SUM2=SUM2+2.0D0*VNY(I,J)*EJS
```

```
0525            SUM3=SUM3+2.0D0*VNZ(I,J)*EJC
0526            VN4 =PY(I,J)*VNZ(I,J)-PZ(I,J)*VNY(I,J)
0527            SUM4=SUM4+2.0D0*VN4*EJS
0528            KOT =KOT+(ZQ(J+1)-ZQ(J))*(YQ(J+1)+YQ(J))
0529    220 CONTINUE
0530 C
0531        AZH=-0.5D0/YQ(NB+1)*KOT
0532        AZS= 0.5D0*ZQ(1)
0533        EH =DEXP (-WKB*AZH)
0534        ES =DEXP (-WKB*AZS)
0535        ZEL=CDEXP(ZI*LL*X(I))
0536        ZABX=0.5D0*(ZAB13(I)+ZAB31(I))
0537        ZABS=ZAB22(I)
0538        ZABH=ZAB33(I)
0539        ZABR=0.5D0*(ZAB24(I)+ZAB42(I))
0540 C      /
0541        ZF1(I)= ZEL*(SUM1-COEF*ZABX*EH)
0542        ZF2(I)=-ZEL*(SUM2+COEF*ZABS*ES*SKI)*ZI
0543        ZF3(I)= ZEL*(SUM3-COEF*ZABH*EH)
0544        ZF4(I)=-ZEL*(SUM4+COEF*ZABR*ES*SKI)*ZI
0545        ZF5(I)=-X(I)*ZF3(I)-ZEL*COEF*UWE*ZABH*EH*ZI
0546        ZF6(I)= X(I)*ZF2(I)-ZEL*COEF*UWE*ZABS*ES*SKI
0547 C
0548    200 CONTINUE
0549            CALL SIMP(H,NX+1,ZF1,ZEX(1))
0550            CALL SIMP(H,NX+1,ZF2,ZEX(2))
0551            CALL SIMP(H,NX+1,ZF3,ZEX(3))
0552            CALL SIMP(H,NX+1,ZF4,ZEX(4))
0553            CALL SIMP(H,NX+1,ZF5,ZEX(5))
0554            CALL SIMP(H,NX+1,ZF6,ZEX(6))
0555 C +++++++++++++++++++++++++++++++++++++++++++++++++++++++++++++++
0556 C
0557        DO 250 M=1,6
0558        ZEX(M)=ZEX(M)*DNON
0559    250 CONTINUE
0560 C      /
0561        DEG=180.0D0/PI
0562        DO 260 M=1,6
0563        EAMP(M)=CDABS(ZEX(M))
0564        ER=DREAL(ZEX(M))
0565        EI=DIMAG(ZEX(M))
0566        IF(ER.EQ.0.0D0.AND.EI.EQ.0.0D0) THEN
0567        EPHA(M)=0.0D0
0568        ELSE
0569        EPHA(M)=DATAN2(EI,ER)*DEG
0570        ENDIF
0571    260 CONTINUE
0572 C
0573 C ++++++++++++++++++++(( PRINT OUT ))+++++++++++++++++++++++++++++
0574        IF(IPRINT.EQ.0) RETURN
0575        RL=PI/WKA
0576        KI=KAI*DEG
0577        WRITE(6,600) RL,KI
0578        DO 270 M=1,5,2
0579        WRITE(6,610) NAME(M),ZEX(M),EAMP(M),EPHA(M)
0580    270 CONTINUE
0581        WRITE(6,611)
0582        DO 280 M=2,6,2
0583        WRITE(6,610) NAME(M),ZEX(M),EAMP(M),EPHA(M)
0584    280 CONTINUE
0585 C      /
0586    600 FORMAT(//5X,'DIFFRACTION FORCE & MOMENT',2X,
0587       &   '(( RAMDA/LPP=',F8.4,'  KAI=',F8.3,' DEG ))',
0588       &   //26X,'REAL',8X,'IMAG',12X,'AMP',9X,'PHASE')
0589    610 FORMAT(5X,'*** ',A5,' ***',2X,2E13.4,4X,E11.4,3X,F8.3,' (DEG)')
0590    611 FORMAT(' ')
0591 C      /
0592        RETURN
0593        END
0594 C *****************************************************************
0595 C ************   MOTION CALCULATION BY NEW STRIP METHOD  **************
0596 C *****************************************************************
0597        SUBROUTINE MSTRIP(ISELECT,AKA,WKA,IPRINT)
0598        IMPLICIT DOUBLE PRECISION (A-H,O-Y)
0599        IMPLICIT COMPLEX*16 (Z)
0600        DOUBLE PRECISION  IXX,IYY,IZZ,LX,LZ
```

```
0601      C
0602            PARAMETER(NDIM=3,SML=1.0D-14)
0603            DIMENSION AMP(6),PHA(6),ZAA(NDIM,NDIM),ZBB(NDIM)
0604            DIMENSION ZXJ(6),ZXJG(6)
0605            CHARACTER*5 NAME(6)
0606      C
0607            COMMON /PAI/ PI,PI05,PI2
0608            COMMON /LEN/ A,B,C,VOL,WAREA
0609            COMMON /MDT/ IXX,IYY,IZZ,LZ,LX,C35,C53,C55,C44
0610            COMMON /S35/ ZAB11,ZAB13,ZAB15,ZAB31,ZAB33,ZAB35,
0611           &             ZAB51,ZAB53,ZAB55
0612            COMMON /S26/ ZAB22,ZAB24,ZAB26,ZAB42,ZAB44,ZAB46,
0613           &             ZAB62,ZAB64,ZAB66
0614            COMMON /WEX/ ZEX(6)
0615            DATA NAME/'SURGE','SWAY ','HEAVE','ROLL ','PITCH','YAW  '/
0616      C
0617            ZI =(0.0D0,1.0D0)
0618            EPS=1.0D-5
0619            WKB=WKA*B/A
0620            SUB=WAREA*A/VOL/AKA
0621            RL =PI/WKA
0622      C
0623      C +-+-+-+-+-+-+-+-+-+-+-+-+-+-+-+-+-+-+-+-+-+-+
0624      C    ISELECT=0 : SURGE IS NOT CALCULATED
0625      C +-+-+-+-+-+-+-+-+-+-+-+-+-+-+-+-+-+-+-+-+-+-+
0626            IF(ISELECT.NE.0) GOTO 10
0627      C    /
0628            ZXJG(1)=(0.0D0,0.0D0)
0629            ZXJ (1)=(0.0D0,0.0D0)
0630      C ++++++++++++++ HEAVE & PITCH (WITHOUT SURGE) MOTIONS ++++++++++++++
0631            Z33G=ZAB33
0632            C33G=SUB
0633            Z35G=ZAB35+LX*ZAB33
0634            C35G=SUB*(C35+LX)
0635            Z53G=ZAB53+LX*ZAB33
0636            C53G=SUB*(C53+LX)
0637            Z55G=ZAB55+LX*(ZAB53+ZAB35)+LX**2*ZAB33
0638            C55G=SUB*(C55+2.0D0*LX*C35+LX**2)
0639      C    /
0640            Z11=-(1.0D0+Z33G)+C33G
0641            Z12=-Z35G+C35G
0642            Z21=-Z53G+C53G
0643            Z22=-(IYY+Z55G)+C55G
0644            ZD =Z11*Z22-Z12*Z21
0645      C    /
0646            ZE3=ZEX(3)
0647            ZE5=ZEX(5)+LX*ZEX(3)
0648            ZXJG(3)=SUB*(ZE3*Z22-ZE5*Z12)/ZD
0649            ZXJG(5)=SUB*(ZE5*Z11-ZE3*Z21)/ZD/WKA
0650            GOTO 20
0651      C    /
0652         10 CONTINUE
0653      C ++++++++++++++++ SURGE, HEAVE & PITCH MOTIONS ++++++++++++++++++++++
0654            Z11G=ZAB11
0655            Z13G=ZAB13
0656            Z15G=ZAB15+LX*ZAB13
0657            Z31G=ZAB31
0658            Z33G=ZAB33
0659            C33G=SUB
0660            Z35G=ZAB35+LX*ZAB33
0661            C35G=SUB*(C35+LX)
0662            Z51G=ZAB51+LX*ZAB31
0663            Z53G=ZAB53+LX*ZAB33
0664            C53G=SUB*(C53+LX)
0665            Z55G=ZAB55+LX*(ZAB53+ZAB35)+LX**2*ZAB33
0666            C55G=SUB*(C55+2.0D0*LX*C35+LX**2)
0667      C    /
0668            ZAA(1,1)=-(1.0D0+Z11G)
0669            ZAA(1,2)=-Z13G
0670            ZAA(1,3)=-Z15G
0671            ZAA(2,1)=-Z31G
0672            ZAA(2,2)=-(1.0D0+Z33G)+C33G
0673            ZAA(2,3)=-Z35G+C35G
0674            ZAA(3,1)=-Z51G
0675            ZAA(3,2)=-Z53G+C53G
0676            ZAA(3,3)=-(IYY+Z55G)+C55G
```

```
0677            ZBB(1  )=SUB*ZEX(1)
0678            ZBB(2  )=SUB*ZEX(3)
0679            ZBB(3  )=SUB*(ZEX(5)+LX*ZEX(3)-LZ*B/A*ZEX(1))
0680      C      /
0681            CALL ZSWEEP(NDIM,3,ZAA,ZBB,1,SML)
0682            IF(CDABS(ZAA(1,1)).LT.SML) WRITE(6,600)
0683        600 FORMAT(5(/),20X,'+++++ ERROR IN SUBR.''MOTION'' +++++')
0684      C      /
0685            ZXJG(1)=ZBB(1)
0686            ZXJG(3)=ZBB(2)
0687            ZXJG(5)=ZBB(3)/WKA
0688      C ++++++++++++++++++++++++++++++++++++++++++++++++++++++++++++++
0689         20 DO 100 M=1,5,2
0690            AMP(M)=CDABS(ZXJG(M))
0691              DR=DREAL(ZXJG(M))
0692              DI=DIMAG(ZXJG(M))
0693            IF(DABS(DR).LT.EPS.AND.DABS(DI).LT.EPS) THEN
0694            PHA(M)=0.0D0
0695            ELSE
0696            PHA(M)=DATAN2(DI,DR)*180.0D0/PI
0697            ENDIF
0698        100 CONTINUE
0699            ZXJG(5)=ZXJG(5)*WKA
0700            ZXJ (1)=ZXJG(1)-ZXJG(5)*LZ*B/A
0701            ZXJ (3)=ZXJG(3)+ZXJG(5)*LX
0702            ZXJ (5)=ZXJG(5)
0703      C
0704      C ++++++++++++++++++ SWAY, ROLL & YAW MOTIONS ++++++++++++++++++++++
0705            Z22G=ZAB22
0706            Z24G=ZAB24+LZ*ZAB22
0707            Z26G=ZAB26-LX*ZAB22
0708            Z42G=ZAB42+LZ*ZAB22
0709            Z44G=ZAB44+LZ*(ZAB24+ZAB42)+LZ**2*ZAB22
0710            Z46G=ZAB46+LZ*ZAB26-LX*(ZAB42+LZ*ZAB22)
0711            Z62G=ZAB62-LX*ZAB22
0712            Z64G=ZAB64-LX*ZAB24+LZ*(ZAB62-LX*ZAB22)
0713            Z66G=ZAB66-LX*(ZAB26+ZAB62)+LX**2*ZAB22
0714      C      /
0715            ZAA(1,1)=-(1.0D0+Z22G)
0716            ZAA(1,2)=-Z24G
0717            ZAA(1,3)=-Z26G
0718            ZAA(2,1)=-Z42G
0719            ZAA(2,2)=-(IXX+Z44G)+SUB*C44
0720            ZAA(2,3)=-Z46G
0721            ZAA(3,1)=-Z62G
0722            ZAA(3,2)=-Z64G
0723            ZAA(3,3)=-(IZZ+Z66G)
0724            ZBB(1  )=SUB* ZEX(2)
0725            ZBB(2  )=SUB*(ZEX(4)+LZ*ZEX(2))
0726            ZBB(3  )=SUB*(ZEX(6)-LX*ZEX(2))
0727      C      /
0728            CALL ZSWEEP(NDIM,3,ZAA,ZBB,1,SML)
0729            IF(CDABS(ZAA(1,1)).LT.SML) WRITE(6,611)
0730        611 FORMAT(5(/),20X,'+++++ ERROR IN SUBR.''MOTION'' +++++')
0731      C      /
0732            ZXJG(2)=ZBB(1)
0733            ZXJG(4)=ZBB(2)/WKB
0734            ZXJG(6)=ZBB(3)/WKA
0735            DO 200 M=2,6,2
0736            AMP(M)=CDABS(ZXJG(M))
0737              DR=DREAL(ZXJG(M))
0738              DI=DIMAG(ZXJG(M))
0739            IF(DABS(DR).LT.EPS.AND.DABS(DI).LT.EPS) THEN
0740            PHA(M)=0.0D0
0741            ELSE
0742            PHA(M)=DATAN2(DI,DR)*180.0D0/PI
0743            ENDIF
0744        200 CONTINUE
0745            ZXJG(4)=ZXJG(4)*WKB
0746            ZXJG(6)=ZXJG(6)*WKA
0747            ZXJ (2)=ZXJG(2)+ZXJG(4)*LZ-ZXJG(6)*LX
0748            ZXJ (4)=ZXJG(4)
0749            ZXJ (6)=ZXJG(6)
0750      C      /
0751            IF(IPRINT.EQ.0) RETURN
0752            WRITE(6,610) (NAME(I),AMP(I),PHA(I),I=1,6)
```

```
0753        610 FORMAT(/8X,'##### SOLUTION OF MOTIONS BY NEW STRIP ',
0754           &        'METHOD #####',//28X,'AMP',8X,'PHASE',
0755           &        6(/14X,A5,2X,E13.4,3X,F8.3,' (DEG)'))
0756            RETURN
0757            END
0758     C **********************************************************************
0759     C *********        NUMERICAL INTEGRATION BY SIMPSON RULE        *********
0760     C **********************************************************************
0761            SUBROUTINE SIMP(H,N,ZE,ZSE)
0762            IMPLICIT DOUBLE PRECISION (A-H,O-Y)
0763            IMPLICIT COMPLEX*16 (Z)
0764            DIMENSION ZE(N)
0765     C
0766            N2=N-2
0767            ZSB=(0.0D0,0.0D0)
0768            DO 100 I=1,N2,2
0769            ZSB=ZSB+ZE(I)+4.0D0*ZE(I+1)+ZE(I+2)
0770        100 CONTINUE
0771            ZSE=ZSB*H/3.0D0
0772            RETURN
0773            END
0774     C **********************************************************************
0775     C **********      ANALYTICAL INTEGRAL OVER J-TH ELEMENT      **********
0776     C **********************************************************************
0777            SUBROUTINE EJCS(J,A,B,EJC,EJS)
0778            IMPLICIT DOUBLE PRECISION (A-H,O-Z)
0779     C
0780            PARAMETER (MNQ=51,MNP=53)
0781            COMMON /ELM/ YP(MNP),ZP(MNP),YQ(MNQ),ZQ(MNQ)
0782     C
0783            DY=YQ(J+1)-YQ(J)
0784            DZ=ZQ(J+1)-ZQ(J)
0785            D =DSQRT(DY**2+DZ**2)
0786            ADEL=A*DZ/D
0787            BDEL=B*DY/D
0788            DENO=ADEL**2+BDEL**2
0789     C
0790            IF(DENO.EQ.0.0D0) THEN
0791            EZ=DEXP(-A*ZQ(J))
0792            CY=DCOS( B*YQ(J))
0793            SY=DSIN( B*YQ(J))
0794            EJC=D*EZ*CY
0795            EJS=D*EZ*SY
0796            RETURN
0797            ENDIF
0798     C
0799            SUMC=0.0D0
0800            SUMS=0.0D0
0801            F =1.0D0
0802            DO 100 I=J,J+1
0803            F =-F
0804            EZ=DEXP(-A*ZQ(I))
0805            CY=DCOS( B*YQ(I))
0806            SY=DSIN( B*YQ(I))
0807            CSUB=ADEL*CY-BDEL*SY
0808            SSUB=ADEL*SY+BDEL*CY
0809            SUMC=SUMC+F*EZ*CSUB
0810            SUMS=SUMS+F*EZ*SSUB
0811        100 CONTINUE
0812     C   /
0813            EJC=-SUMC/DENO
0814            EJS=-SUMS/DENO
0815            RETURN
0816            END
0817     C **********************************************************************
0818     C *********      SOLUTION OF 2-D RADIATION PROBLEM BY BEM      *********
0819     C **********************************************************************
0820            SUBROUTINE SOLRAD(NB,NT,AK,ZFAB,ZHR,CHEK)
0821            IMPLICIT DOUBLE PRECISION (A-H,O-Y)
0822            IMPLICIT COMPLEX*16 (Z)
0823     C
0824            PARAMETER (MNB=50,MNQ=51,MNP=53,SML=1.0D-14)
0825            DIMENSION ZFIR(4,MNB),ZFAB(4,4),ZHR(4),CHEK(3)
0826            DIMENSION SOT(MNB,MNB),DOT(MNB,MNB),SOY(MNB,MNB),DOY(MNB,MNB)
0827            DIMENSION ZSAT(MNP,MNB),ZSBT(MNP,2)
0828            DIMENSION ZAAT(MNB,MNB),ZBBT(MNB,2)
```

```
0829            DIMENSION ZSAY(MNP,MNB),ZSBY(MNP,2)
0830            DIMENSION ZAAY(MNB,MNB),ZBBY(MNB,2)
0831            DIMENSION ZFTT(MNQ),ZFTY(MNQ)
0832      C
0833            COMMON /PAI/ PI,PI05,PI2
0834            COMMON /VN2/ VN(4,MNB)
0835            COMMON /FIR/ ZFIR
0836      C
0837            Z0=(0.0D0,0.0D0)
0838            ZI=(0.0D0,1.0D0)
0839            DO 110 I=1,NB
0840            DO 111 MD=1,2
0841            ZBBT(I,MD)=Z0
0842            ZBBY(I,MD)=Z0
0843        111 CONTINUE
0844            DO 110 J=1,NB
0845            ZAAT(I, J)=Z0
0846            ZAAY(I, J)=Z0
0847        110 CONTINUE
0848      C     /
0849            DO 120 I=1,NT
0850            DO 121 MD=1,2
0851            ZSBT(I,MD)=Z0
0852            ZSBY(I,MD)=Z0
0853        121 CONTINUE
0854            DO 122 J=1,NB
0855            ZSAT(I, J)=Z0
0856            ZSAY(I, J)=Z0
0857        122 CONTINUE
0858            IF(I.LE.NB) THEN
0859            ZSAT(I,I)=DCMPLX(PI,0.0D0)
0860            ZSAY(I,I)=DCMPLX(PI,0.0D0)
0861            ENDIF
0862        120 CONTINUE
0863      C +-+-+-+-+-+-+-+-+-+-+-+-+-+-+-+-+-+-+-+-+
0864            CALL SDBASE(NB,SOT,DOT,SOY,DOY)
0865      C +-+-+-+-+-+-+-+-+-+-+-+-+-+-+-+-+-+-+-+-+
0866            DO 1000 I=1,NT
0867      C +++++++++++++++++(LEFT-HAND SIDE OF MATRIX)+++++++++++++++++
0868            DO 210 K=1,NB+1
0869            CALL TCAL(I,K,AK,ZFTT(K),ZFTY(K))
0870        210 CONTINUE
0871            DO 220 J=1,NB
0872             IF(I.LE.NB) THEN
0873            SUMT=DOT(I,J)
0874            SUMY=DOY(I,J)
0875            ELSE
0876            SUMT=0.0D0
0877            SUMY=0.0D0
0878            ENDIF
0879            ZSAT(I,J)=ZSAT(I,J)+SUMT+ZFTT(J+1)-ZFTT(J)
0880            ZSAY(I,J)=ZSAY(I,J)+SUMY+ZFTY(J+1)-ZFTY(J)
0881        220 CONTINUE
0882      C +++++++++++++++(RIGHT-HAND SIDE OF MATRIX)+++++++++++++++++
0883            DO 230 K=1,NB
0884            CALL GINTEG(I,K,AK,ZWAT,ZWAY)
0885             IF(I.LE.NB) THEN
0886            SUMT=SOT(I,K)
0887            SUMY=SOY(I,K)
0888            ELSE
0889            SUMT=0.0D0
0890            SUMY=0.0D0
0891            ENDIF
0892            ZSBT(I,1)=ZSBT(I,1)+(SUMT+ZWAT)*VN(1,K)
0893            ZSBT(I,2)=ZSBT(I,2)+(SUMT+ZWAT)*VN(3,K)
0894            ZSBY(I,1)=ZSBY(I,1)+(SUMY+ZWAY)*VN(2,K)
0895            ZSBY(I,2)=ZSBY(I,2)+(SUMY+ZWAY)*VN(4,K)
0896        230 CONTINUE
0897      C     /
0898       1000 CONTINUE
0899      C +++++++++++++++++ LEAST-SQUARES METHOD +++++++++++++++++
0900            DO 240 I=1,NB
0901            DO 250 J=1,NB
0902            DO 250 K=1,NT
0903            ZAAT(I,J)=ZAAT(I,J)+ZSAT(K,I)*ZSAT(K,J)
0904            ZAAY(I,J)=ZAAY(I,J)+ZSAY(K,I)*ZSAY(K,J)
```

```
0905        250 CONTINUE
0906            DO 260 K=1,NT
0907            DO 270 MD=1,2
0908            ZBBT(I,MD)=ZBBT(I,MD)+ZSAT(K,I)*ZSBT(K,MD)
0909        270 ZBBY(I,MD)=ZBBY(I,MD)+ZSAY(K,I)*ZSBY(K,MD)
0910        260 CONTINUE
0911        240 CONTINUE
0912     C ++++++++++++++++++++++++++++++++++++++++++++++++++++++++
0913     C
0914            CALL ZSWEEP(MNB,NB,ZAAT,ZBBT,2,SML)
0915            IF(CDABS(ZAAT(1,1)).LT.SML) WRITE(6,600) 'TATE'
0916            CALL ZSWEEP(MNB,NB,ZAAY,ZBBY,2,SML)
0917            IF(CDABS(ZAAY(1,1)).LT.SML) WRITE(6,600) 'YOKO'
0918        600 FORMAT(/////,'***** ERROR: ZSWEEP FOR (',A,') WAS',
0919          &         ' UNSUCCESSFUL *****'///)
0920     C
0921            DO 300 I=1,NB
0922            ZFIR(1,I)=ZBBT(I,1)
0923            ZFIR(2,I)=ZBBY(I,1)
0924            ZFIR(3,I)=ZBBT(I,2)
0925            ZFIR(4,I)=ZBBY(I,2)
0926        300 CONTINUE
0927            CALL F2DRAD(NB,AK,ZFIR,ZFAB,ZHR,CHEK)
0928     C    /
0929            RETURN
0930            END
0931     C ***********************************************************************
0932     C *********** CALCULATIONS OF FORCES AND KOCHIN FUNCTION  ************
0933     C ***********************************************************************
0934            SUBROUTINE F2DRAD(NB,AK,ZFIR,ZAB,ZHN,CHEK)
0935            IMPLICIT DOUBLE PRECISION (A-H,O-Y)
0936            IMPLICIT COMPLEX*16 (Z)
0937     C
0938            PARAMETER (MNB=50,MNQ=51,MNP=53)
0939            DIMENSION ZFIR(4,MNB),ZAB(4,4),ZHN(4),CHEK(3)
0940     C
0941            COMMON /PAI/ PI,PI05,PI2
0942            COMMON /ELM/ XP(MNP),YP(MNP),XQ(MNQ),YQ(MNQ)
0943            COMMON /VN2/ VN(4,MNB)
0944     C
0945            Z0=(0.0D0,0.0D0)
0946            ZI=(0.0D0,1.0D0)
0947            DO 100 I=1,4
0948            ZHN(I)=Z0
0949            DO 100 J=1,4
0950            ZAB(I,J)=Z0
0951        100 CONTINUE
0952     C    /
0953            ZETA =-AK*YQ(1)+ZI*AK*XQ(1)
0954            ZEOLD=CDEXP(ZETA)
0955            DO 200 J=1,NB
0956            DX=XQ(J+1)-XQ(J)
0957            DY=YQ(J+1)-YQ(J)
0958            D =DSQRT(DX*DX+DY*DY)
0959            CDEL=DX/D
0960            SDEL=DY/D
0961            ZSUB =-(SDEL+ZI*CDEL)/AK
0962            ZETA =-AK*YQ(J+1)+ZI*AK*XQ(J+1)
0963            ZENEW=CDEXP(ZETA)
0964            ZFH  =2.0D0*ZSUB*(ZENEW-ZEOLD)
0965            ZFG  =2.0D0*ZI*(ZENEW-ZEOLD)
0966            ZEOLD=ZENEW
0967     C    /
0968            ZHN(1)=ZHN(1)+VN(1,J)*DREAL(ZFH)-ZFIR(1,J)*DREAL(ZFG)
0969            ZHN(2)=ZHN(2)+VN(2,J)*DIMAG(ZFH)-ZFIR(2,J)*DIMAG(ZFG)
0970            ZHN(3)=ZHN(3)+VN(3,J)*DREAL(ZFH)-ZFIR(3,J)*DREAL(ZFG)
0971            ZHN(4)=ZHN(4)+VN(4,J)*DIMAG(ZFH)-ZFIR(4,J)*DIMAG(ZFG)
0972            DO 250 MI=1,4
0973            DO 250 MJ=1,4
0974            ZAB(MI,MJ)=ZAB(MI,MJ)-ZFIR(MJ,J)*VN(MI,J)*D*2.0D0
0975        250 CONTINUE
0976        200 CONTINUE
0977     C    /
0978            DO 300 I=1,3
0979            CK1=CDABS(ZHN(I+1))**2
0980            CK2=-DIMAG(ZAB(I+1,I+1))
```

```
0981           CHEK(I)=DABS(CK1-CK2)/DABS(CK1+CK2)*200.0D0
0982           IF(CK1.LT.1.D-3.AND.CK2.LT.1.D-3) CHEK(I)=0.0D0
0983       300 CONTINUE
0984   C       /
0985           RETURN
0986           END
0987   C ***********************************************************************
0988   C          INFLUENCE COEFFICIENTS DUE TO LOG-TYPE SINGULAR TERM
0989   C ***********************************************************************
0990           SUBROUTINE SDBASE(NB,SOT,DOT,SOY,DOY)
0991           IMPLICIT DOUBLE PRECISION (A-H,O-Z)
0992   C
0993           PARAMETER (MNB=50,MNQ=51,MNP=53)
0994           DIMENSION SOT(MNB,MNB),DOT(MNB,MNB)
0995           DIMENSION SOY(MNB,MNB),DOY(MNB,MNB)
0996   C
0997           COMMON /PAI/ PI,PI05,PI2
0998           COMMON /ELM/ XP(MNP),YP(MNP),XQ(MNQ),YQ(MNQ)
0999   C
1000           DO 100 I=1,NB
1001   C       /
1002           DO 130 J=1,NB
1003           GTATE=0.0D0
1004           GYOKO=0.0D0
1005           TTATE=0.0D0
1006           TYOKO=0.0D0
1007             DX=XQ(J+1)-XQ(J)
1008             DY=YQ(J+1)-YQ(J)
1009             D =DSQRT(DX*DX+DY*DY)
1010             CDEL=DX/D
1011             SDEL=DY/D
1012           SK=-1.0D0
1013           DO 140 K=1,2
1014           SK=-SK
1015           XA=SK*XP(I)-XQ(J)
1016           XB=SK*XP(I)-XQ(J+1)
1017             SL=-1.0D0
1018             DO 140 L=1,2
1019             SL=-SL
1020           YA=SL*YP(I)-YQ(J)
1021           YB=SL*YP(I)-YQ(J+1)
1022           SUBA=XA*CDEL+YA*SDEL
1023           SUBB=XB*CDEL+YB*SDEL
1024           COEF=XA*SDEL-YA*CDEL
1025           ABSC=DABS(COEF)
1026           WA1=0.5D0*(SUBA*DLOG(XA*XA+YA*YA)-SUBB*DLOG(XB*XB+YB*YB))
1027           IF(ABSC.LT.1.0D-10) THEN
1028           WA2=0.0D0
1029           WA3=0.0D0
1030           ELSE
1031           WA2=ABSC*(DATAN(SUBA/ABSC)-DATAN(SUBB/ABSC))
1032           WA3=WA2/COEF
1033           END IF
1034           GTATE=GTATE+(WA1+WA2)*SL
1035           GYOKO=GYOKO+(WA1+WA2)*SL*SK
1036           TTATE=TTATE+ WA3*SL
1037           TYOKO=TYOKO+ WA3*SL*SK
1038       140 CONTINUE
1039           SOT(I,J)=GTATE
1040           SOY(I,J)=GYOKO
1041           DOT(I,J)=TTATE
1042           DOY(I,J)=TYOKO
1043       130 CONTINUE
1044   C       /
1045       100 CONTINUE
1046           RETURN
1047           END
1048   C ***********************************************************************
1049   C         INTEGRAL OF NORMAL DIPOLE OF FREE-SURFACE GREEN FUNCTION
1050   C ***********************************************************************
1051           SUBROUTINE TCAL(I,J,AK,ZT,ZY)
1052           IMPLICIT DOUBLE PRECISION (A-H,O-Y)
1053           IMPLICIT COMPLEX*16 (Z)
1054   C
1055           PARAMETER (MNQ=51,MNP=53)
1056           COMMON /PAI/ PI,PI05,PI2
```

```
1057          COMMON /ELM/ XP(MNP),YP(MNP),XQ(MNQ),YQ(MNQ)
1058    C
1059          ZI=(0.0D0,1.0D0)
1060          ZT=(0.0D0,0.0D0)
1061          ZY=(0.0D0,0.0D0)
1062          SK=-1.0D0
1063          DO 100 K=1,2
1064          SK=-SK
1065          Y =YP(I)+YQ(J)
1066          X =XP(I)-XQ(J)*SK
1067            XE=-AK*Y
1068            YE= AK*DABS(X)
1069            CALL EZE1Z(XE,YE,EC,ES)
1070          ZSUB=PI2*CDEXP(XE-ZI*YE)
1071          IF(X.EQ.0.0D0) GO TO 100
1072          ZT=ZT-X/DABS(X)*(2.0D0*ES+ZSUB)*SK
1073          ZY=ZY-X/DABS(X)*(2.0D0*ES+ZSUB)
1074      100 CONTINUE
1075          RETURN
1076          END
1077    C ******************************************************************
1078    C              INTEGRAL OF FREE-SURFACE GREEN FUNCTION
1079    C ******************************************************************
1080          SUBROUTINE GINTEG(I,J,AK,ZWAT,ZWAY)
1081          IMPLICIT DOUBLE PRECISION (A-H,O-Y)
1082          IMPLICIT COMPLEX*16 (Z)
1083    C
1084          PARAMETER (MNQ=51,MNP=53)
1085          DIMENSION WW(2),UU(2)
1086          COMMON /PAI/ PI,PI05,PI2
1087          COMMON /ELM/ XP(MNP),YP(MNP),XQ(MNQ),YQ(MNQ)
1088    C
1089          W =1.0D0
1090          U =0.577350269189626D0
1091          ZI=(0.0D0,1.0D0)
1092          Z0=(0.0D0,0.0D0)
1093    C     /
1094          DX=XQ(J+1)-XQ(J)
1095          DY=YQ(J+1)-YQ(J)
1096          C =0.0D0
1097          D =DSQRT(DX*DX+DY*DY)
1098          CDEL=DX/D
1099          SDEL=DY/D
1100    C     /
1101          C1=(D+C)/2.0D0
1102          C2=(D-C)/2.0D0
1103          UU(1)=C1-C2*U
1104          UU(2)=C1+C2*U
1105          WW(1)=W*C2
1106          WW(2)=W*C2
1107    C     /
1108          ZWAT=Z0
1109          ZWAY=Z0
1110          SK=-1.0D0
1111          DO 100 K=1,2
1112          SK=-SK
1113          DO 200 L=1,2
1114          QX=(XQ(J)+UU(L)*CDEL)*SK
1115          QY= YQ(J)+UU(L)*SDEL
1116            XE=-AK*(YP(I)+QY)
1117            YE= AK*DABS(XP(I)-QX)
1118            CALL EZE1Z(XE,YE,EC,ES)
1119          ZG=-2.0D0*EC+ZI*PI2*CDEXP(XE-ZI*YE)
1120          ZWAT=ZWAT+WW(L)*ZG
1121          ZWAY=ZWAY+WW(L)*ZG*SK
1122      200 CONTINUE
1123      100 CONTINUE
1124          RETURN
1125          END
1126    C ******************************************************************
1127    C **          SUBROUTINE OF THE EXPONENTIAL INTEGRAL              **
1128    C ******************************************************************
1129          SUBROUTINE EZE1Z(XX,YY,EC,ES)
1130          IMPLICIT DOUBLE PRECISION (A-H,O-Y)
1131          IMPLICIT COMPLEX*16   (Z)
1132          DOUBLE PRECISION   NEW
```

```fortran
1133  C
1134        DATA PI,GAMMA/3.14159265358979D0,0.5772156649015D0/
1135  C
1136        X =XX
1137        Y =DABS(YY)
1138        R =DSQRT(X*X+Y*Y)
1139        C =DATAN2(Y,X)
1140  C
1141        IF(R.GT.25.0D0)  GO TO 30
1142        IF(X.GT.0.0D0.AND.R.GT.8.0D0)  GO TO 20
1143        IF(X.LE.0.0D0.AND.Y.GT.10.0D0) GO TO 20
1144  C+++++++++++++ SERIES EXPANSION ++++++++++++++++++++++++++
1145        ER=-GAMMA-DLOG(R)+R*DCOS(C)
1146        EI=-C+R*DSIN(C)
1147        SB=-R
1148          DO 100 N=2,100
1149          FN=DFLOAT(N)
1150          CN=C*FN
1151          SB=-SB*R*(FN-1.0D0)/FN/FN
1152          ER=ER-SB*DCOS(CN)
1153          EI=EI-SB*DSIN(CN)
1154          IF(N.EQ.100)  GO TO 1
1155          IF(EI.EQ.0.0D0)  GO TO 10
1156          IF(DABS(SB/EI).LE.1.0D-8) GO TO 10
1157          GO TO 100
1158     10   IF(DABS(SB/ER).LE.1.0D-8) GO TO 1
1159    100 CONTINUE
1160      1 CC=DEXP(X)*DCOS(Y)
1161        SS=DEXP(X)*DSIN(Y)
1162        EC=CC*ER-SS*EI
1163        ES=CC*EI+SS*ER
1164        IF(YY.LT.0.0D0) ES=-ES
1165        RETURN
1166  C+++++++++++++ CONTINUED FRACTION ++++++++++++++++++++++++
1167     20 Z =DCMPLX(X,Y)
1168        Z1=(1.0D0,0.0D0)
1169        ZSUB=(10.0D0,0.0D0)
1170        ZS  =Z+ZSUB/(Z1+ZSUB/Z)
1171          DO 200 J=1,9
1172          ZSUB=DCMPLX(DFLOAT(10-J),0.0D0)
1173          ZS  =Z+ZSUB/(Z1+ZSUB/ZS)
1174    200 CONTINUE
1175        ZSUB=Z1/ZS
1176        EC=DREAL(ZSUB)
1177        ES=DIMAG(ZSUB)
1178        IF(YY.LT.0.0D0) ES=-ES
1179        RETURN
1180  C++++++++++++ ASYMPTOTIC EXPANSION ++++++++++++++++++++++++
1181     30 OLD=-1.0D0/R
1182        EXC=OLD*DCOS(C)
1183        EXS=OLD*DSIN(C)
1184          DO 300 N=2,100
1185          NEW=-OLD/R*DFLOAT(N-1)
1186          IF(EXS.EQ.0.0D0) GO TO 31
1187          IF(DABS(NEW/EXS).LE.1.0D-8) GO TO 31
1188          GO TO 32
1189     31   IF(EXC.EQ.0.0D0) GO TO 32
1190          IF(DABS(NEW/EXC).LE.1.0D-8) GO TO 33
1191     32   IF(DABS(OLD).LT.DABS(NEW))  GO TO 33
1192          OLD=NEW
1193          EXC=EXC+OLD*DCOS(C*DFLOAT(N))
1194          EXS=EXS+OLD*DSIN(C*DFLOAT(N))
1195    300 CONTINUE
1196     33 EC=-EXC
1197        ES= EXS
1198        IF(DABS(PI-DABS(C)).LT.1.0D-10) ES=-PI*DEXP(X)
1199        IF(YY.LT.0.0D0) ES=-ES
1200        RETURN
1201        END
1202  C ********************************************************************
1203  C **     SIMPLE GAUSS SWEEPING METHOD FOR SOLVING COMPLEX MATRIX    **
1204  C ********************************************************************
1205        SUBROUTINE ZSWEEP(NDIM,N,ZA,ZB,NEQ,EPS)
1206        IMPLICIT DOUBLE PRECISION (A-H,O-Y)
1207        IMPLICIT COMPLEX*16 (Z)
1208  C
```

```
1209          DIMENSION ZA(NDIM,NDIM),ZB(NDIM,NEQ)
1210          DO 5 K=1,N
1211          P=0.0D0
1212          DO 1 I=K,N
1213          IF(P.GE.CDABS(ZA(I,K)))   GO TO 1
1214          P=CDABS(ZA(I,K))
1215          IP=I
1216        1 CONTINUE
1217          IF(P.LE.EPS) GO TO 6
1218          IF(IP.EQ.K)   GO TO 7
1219            DO 2 J=K,N
1220            ZW=ZA(K,J)
1221            ZA(K,J)=ZA(IP,J)
1222        2   ZA(IP,J)=ZW
1223            DO 20 J=1,NEQ
1224            ZW=ZB(K,J)
1225            ZB(K,J)=ZB(IP,J)
1226       20   ZB(IP,J)=ZW
1227        7 CONTINUE
1228          IF(K.EQ.N) GO TO 70
1229          DO 3 J=K+1,N
1230        3 ZA(K,J)=ZA(K,J)/ZA(K,K)
1231       70   DO 30 J=1,NEQ
1232       30   ZB(K,J)=ZB(K,J)/ZA(K,K)
1233          DO 5 I=1,N
1234          IF(I.EQ.K)   GO TO 5
1235          IF(K.EQ.N)   GO TO 40
1236            DO 4 J=K+1,N
1237        4   ZA(I,J)=ZA(I,J)-ZA(I,K)*ZA(K,J)
1238       40   CONTINUE
1239            DO 45 J=1,NEQ
1240       45   ZB(I,J)=ZB(I,J)-ZA(I,K)*ZB(K,J)
1241        5 CONTINUE
1242          ZA(1,1)=(1.0D0,0.0D0)
1243          RETURN
1244        6 ZA(1,1)=DCMPLX(DABS(P),0.0D0)
1245          RETURN
1246          END
```

第6章 3次元耐航性理論

　前章において、2次元の造波問題を基礎としてストリップ法による耐航性能の計算法について述べてきた。これに引き続き本章では、船型に対して細長船という仮定を特に設けずに成り立つ3次元の耐航性理論について述べる。3次元理論の重要性は、ストリップ法などでは十分に考慮されない前進速度影響や定常流場との干渉影響、そして波動場の3次元性がより精度良く捉えられることにある。これらを精緻に考慮していくわけであるから、3次元理論は前章までと比べてより複雑となるが、本章では複雑な理論式の導出よりは、むしろ3次元の波動場と数値計算例に力点を置いて解説していくことにする。

6.1 3次元境界値問題

　3次元問題で扱う境界値問題の境界条件等については、前章でも船体が細長であるとの仮定の下に導いているが、本節ではそうした仮定を用いない、より厳密性の高い境界条件を示していこう。

6.1.1 座標系

　本章で用いる座標系は前章で採用した座標系と同じものである。ただし、既に空間固定座標系 O_0-$X_0Y_0Z_0$ と、それと β の角度をなし一定速度 U で前進する等速移動座標系 o-xyz 間の座標変換を通じて、例えば無限水深における入射波の速度ポテンシャルが

$$\Phi_0(\bm{x};t) = \mathrm{Re}\left[\frac{ig\zeta_a}{\omega}\varphi_0(\bm{x})\,e^{i\omega_e t}\right], \quad \varphi_0(\bm{x}) = e^{k_0 z - ik_0(x\cos\beta + y\sin\beta)} \tag{6.1}$$

ただし
$$\omega_e = \omega - k_0 U \cos\beta, \quad k_0 = \omega^2/g \tag{6.2}$$

のように表わせることが分かったので、今後は o-xyz 座標系と船体に固定された $\bar{o}$-$\bar{x}\bar{y}\bar{z}$ 座標系のみを用いることにする。(6.1) 中の $\bm{x}$ は o-xyz 座標系における位置ベクトル $\bm{x} = (x, y, z)$ を表している。同様に $\bar{o}$-$\bar{x}\bar{y}\bar{z}$ 座標系における位置ベクトルを $\bar{\bm{x}} = (\bar{x}, \bar{y}, \bar{z})$ で表す。

　図 6.1 に示すように、流体として非回転の理想流体を考え、船体浸水表面 S_H、自由表面 S_F、無限遠方に設けられた仮想境界面 S_∞、無限水深と見なせる水底面 S_B とで取り囲まれた流体領域を考える。振幅 ζ_a、波数 k_0、円周波数 $\omega = \sqrt{gk_0}$、波長 $\lambda = 2\pi/k_0$ の無限水深の規則波（その速度ポテンシャルは (6.1) で表される）の中を、出会い角 β、一定速度 U で前進する船舶を考える。この船の速度と同じ一定速度 U で前進する等速移動座標系 o-xyz およびそのまわりに出会い円周波数 ω_e で周期的に微小振幅の 6 自由度運動

$$\xi_j = \mathrm{Re}\left[X_j\, e^{i\omega_e t}\right], \quad (j = 1 \sim 6) \tag{6.3}$$

を行う船体固定座標系 $\bar{o}$-$\bar{x}\bar{y}\bar{z}$ を取る。

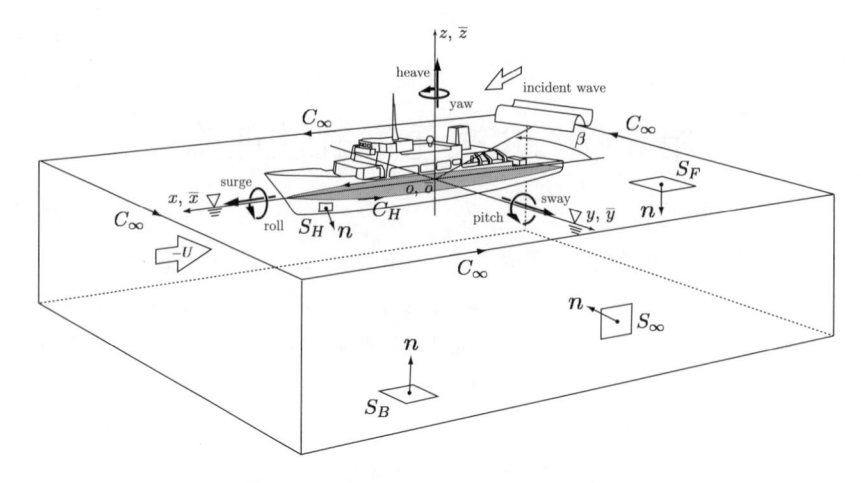

図6.1 3次元耐航性理論に用いる座標系

6.1.2 自由表面条件

流場全体の速度ポテンシャル $\Phi(\boldsymbol{x};t)$ を

$$\left.\begin{array}{l}\Phi(\boldsymbol{x};t) = U\left[\Phi_D(\boldsymbol{x}) + \phi_S(\boldsymbol{x})\right] + \Phi_U(\boldsymbol{x};t) \\ \Phi_U(\boldsymbol{x};t) = \mathrm{Re}\left[\phi(\boldsymbol{x})\,e^{i\omega_e t}\right]\end{array}\right\} \quad (6.4)$$

のように表すことにする。右辺第1項目は時間に依存しない定常流場を表す速度ポテンシャルで、**二重模型流れ** (double-body flow) を表す Φ_D とその**基礎流場** (basis flow) の上での撹乱（造波）を表す ϕ_S で構成されているとする。二重模型流れを表す Φ_D は**一様流れ** (uniform flow) を表す速度ポテンシャル $-x$ と、船体の存在により一様流れが湾曲する影響を表す速度ポテンシャル ϕ_D との和として

$$\Phi_D = -x + \phi_D \tag{6.5}$$

で表すことができる。(6.4) の右辺第2項目の Φ_U は入射波の速度ポテンシャル Φ_0 を含んだ時間に依存する速度ポテンシャルである。

ところで、二重模型流れを表す Φ_D は船体とその鏡像（二重模型）が無限流体中を前進する際の流場の速度ポテンシャルを表しているから、

$$\frac{\partial \Phi_D}{\partial z} = 0 \quad \text{on } z=0,\ \frac{\partial \Phi_D}{\partial n} = 0 \quad \text{on } S_H \tag{6.6}$$

の条件を満足している。これより (6.5) の ϕ_D は

$$\frac{\partial \phi_D}{\partial z} = 0 \quad \text{on } z=0,\ \frac{\partial \phi_D}{\partial n} = n_1 \quad \text{on } S_H \tag{6.7}$$

を満足しなくてはならないことになるが、これらの条件を満足する ϕ_D や Φ_D は船体形状が与えられれば、3次元境界要素法等の数値計算手法（例えば参考文献 [4.1]）により比較的容易に求めることができるので、以降これらは既知であるとして扱う。

自由表面条件式を求める準備として、まず圧力を求めておく。**Note 4.1** に示したように、圧力式に**レイリーの仮想摩擦係数** (Rayleigh's artificial friction coefficient) 項 $\mu\Phi$ を加えて計算すれば、**放射条件** (radiation condition) を含んだ自由表面条件式が得られる。その際、μ の掛かった

Φ としては、放射条件に関係する速度ポテンシャルだけを考えることに注意する。ベルヌーイの圧力方程式を船体から十分離れた $z=0$ 上の点で考えると、(4.35) において $f(t) = p_a/\rho + U^2/2$ とおけるから、大気圧 p_a を基準とした圧力を $P(\boldsymbol{x};t) \equiv p - p_a$ と表すと、

$$-\frac{P(\boldsymbol{x};t)}{\rho} = -\frac{U^2}{2} + gz + \frac{\partial \Phi}{\partial t} + \frac{1}{2}\nabla\Phi \cdot \nabla\Phi + \mu(U\phi_S + \Phi_U) \tag{6.8}$$

となる。これに (6.4) を代入して、次のように表すことにしよう。

$$-\frac{P(\boldsymbol{x};t)}{\rho} = gz - \frac{P^S(\boldsymbol{x})}{\rho} - \frac{P^U(\boldsymbol{x};t)}{\rho} + \mu(U\phi_S + \Phi_U) \tag{6.9}$$

ただし、

$$\frac{P^S}{\rho} = \frac{U^2}{2}(1 - \boldsymbol{V} \cdot \boldsymbol{V}) \tag{6.10}$$

$$= \frac{U^2}{2}\Big(1 - \nabla\Phi_D \cdot \nabla\Phi_D - 2\nabla\Phi_D \cdot \nabla\phi_S\Big) + O(\phi_S^2) \tag{6.11}$$

$$\frac{P^U}{\rho} = -\Big(\frac{\partial}{\partial t} + U\boldsymbol{V} \cdot \nabla\Big)\Phi_U - \frac{1}{2}\nabla\Phi_U \cdot \nabla\Phi_U \tag{6.12}$$

$$= -\Big(\frac{\partial}{\partial t} + U\nabla\Phi_D \cdot \nabla\Big)\Phi_U + O(\phi_S\Phi_U, \Phi_U^2) \tag{6.13}$$

であり、P^S は時間に依存しない定常項、P^U は時間に依存する非定常項である。ここで (6.10)、(6.12) 中の $\boldsymbol{V}$ は前進速度 U で規格化された定常流場の流速ベクトルを表わしており、

$$\boldsymbol{V} \equiv \nabla(\Phi_D + \phi_S) \tag{6.14}$$

と定義している。一方、自由表面での**波の変位（隆起量）**(wave elevation) $\zeta(x,y;t)$ は、(6.8) において、$z=\zeta$ で $P=0$ として

$$\zeta(x,y;t) = -\frac{1}{g}\Big(\frac{\partial \Phi}{\partial t} + \frac{1}{2}\nabla\Phi \cdot \nabla\Phi - \frac{U^2}{2}\Big) \quad \text{on } z=\zeta \tag{6.15}$$

となる。(6.15) に (6.4) を代入して $z=0$ まわりにテイラー展開し、$O(\phi_S^2, \phi_S\Phi_U, \Phi_U^2)$ の項を無視すると、$z=0$ で $\partial\Phi_D/\partial z = 0$ であることを考慮して

$$\zeta(x,y;t) = \zeta^{(0)}(x,y) + \zeta^{(1)}(x,y;t) \tag{6.16}$$

ただし、

$$\zeta^{(0)} = \frac{U^2}{2g}\Big(1 - \nabla\Phi_D \cdot \nabla\Phi_D - 2\nabla\Phi_D \cdot \nabla\phi_S\Big) \quad \text{on } z=0 \tag{6.17}$$

$$\zeta^{(1)} = -\frac{1}{g}\Big(\frac{\partial}{\partial t} + U\nabla\Phi_D \cdot \nabla\Big)\Phi_U \equiv \text{Re}\big[\zeta_w(x,y)\,e^{i\omega_e t}\big],$$

$$\zeta_w = -\frac{1}{g}\Big(i\omega_e + U\nabla\Phi_D \cdot \nabla\Big)\phi \quad \text{on } z=0 \tag{6.18}$$

となる。$\zeta^{(0)}$ は時間に依存しない定常な波の変位を表し、$\zeta^{(1)}$ は時間に依存する非定常な波の変位の Φ_U に関して 1 次項（線形項）を表している。(6.17)、(6.18) における ∇ については、Φ_D の $z=0$ における条件 (6.6) により、x と y についてのみ行えばよいことに注意されたい。

自由表面条件は、(3.19) に従い、(6.9) を実質微分することによって得られるから、

$$\frac{D}{Dt}\Big(-\frac{P}{\rho}\Big) = \Big(\frac{\partial}{\partial t} + \nabla\Phi \cdot \nabla\Big)\Big[gz - \frac{P^S}{\rho} - \frac{P^U}{\rho} + \mu(U\phi_S + \Phi_U)\Big] = 0 \quad \text{on } z=\zeta \tag{6.19}$$

となる。Φ に (6.4) を代入し、P^S と P^U には既に ϕ_S および Φ_U について線形化された (6.11)、(6.13) を代入、さらに (6.19) を ϕ_S および Φ_U について線形化する。

まず、時間に依存しない項について考える。ζ として (6.17) の $\zeta^{(0)}$ を用いて $z=0$ まわりにテイラー展開を行い、ϕ_S について 2 次以上の項を無視すると次式を得ることができる。

$$\frac{U^2}{2}\nabla\Phi_D \cdot \nabla(\nabla\Phi_D \cdot \nabla\Phi_D) + U^2 \nabla\Phi_D \cdot \nabla(\nabla\Phi_D \cdot \nabla\phi_S)$$
$$+\frac{U^2}{2}\nabla(\nabla\Phi_D \cdot \nabla\Phi_D)\cdot\nabla\phi_S + g\frac{\partial\phi_S}{\partial z} + \mu U \nabla\Phi_D \cdot \nabla\phi_S = 0 \quad \text{on } z=0 \qquad (6.20)$$

この (6.20) は、放射条件に関連する最後の項を除けば Dawson [6.1] により用いられた自由表面条件式である。同様にして、時間に関連する項のみを取り出し、ζ として (6.18) の $\zeta^{(1)}$ を用いて $z=0$ まわりにテイラー展開を行い、Φ_U^2 や $\phi_S\Phi_U$ の項を高次として無視すると

$$-\omega_e^2\phi + 2iU\omega_e\nabla\Phi_D\cdot\nabla\phi + U^2\nabla\Phi_D\cdot\nabla(\nabla\Phi_D\cdot\nabla\phi)$$
$$+\frac{U^2}{2}\nabla(\nabla\Phi_D\cdot\nabla\Phi_D)\cdot\nabla\phi + U\nabla^2\Phi_D\Big(i\omega_e + U\nabla\Phi_D\cdot\nabla\Big)\phi$$
$$+g\frac{\partial\phi}{\partial z} + \mu\Big(i\omega_e + U\nabla\Phi_D\cdot\nabla\Big)\phi = 0 \quad \text{on } z=0 \qquad (6.21)$$

を得ることができる。(6.21) は放射条件に関連する最後の項を除けば Sclavounos & Nakos [6.2] により用いられた自由表面条件式となる。(6.20)、(6.21) における ∇ も (6.17)、(6.18) 中の ∇ の演算と同様の理由により x と y についてのみ行えばよい。

以上のようにして、基礎流場として二重模型流れを仮定した場合の**定常問題** (steady problem) に関する線形自由表面条件式 (6.20)、**非定常問題** (unsteady problem) に関する線形自由表面条件式 (6.21)、および各々の問題における波の変位 (6.17)、(6.18) が得られたことになる。これらの式において、基礎流場を二重模型流れではなく、一様流れとして近似する場合には

$$\nabla\Phi_D \sim -\boldsymbol{e}_1 \qquad (6.22)$$

とすればよい。$\boldsymbol{e}_1$ は x 軸方向の単位ベクトルである。このとき (6.20)、(6.21) は

$$U^2\frac{\partial^2\phi_S}{\partial x^2} + g\frac{\partial\phi_S}{\partial z} - \mu U\frac{\partial\phi_S}{\partial x} = 0 \quad \text{on } z=0 \qquad (6.23)$$

$$\Big(i\omega_e - U\frac{\partial}{\partial x}\Big)^2\phi + g\frac{\partial\phi}{\partial z} + \mu\Big(i\omega_e - U\frac{\partial}{\partial x}\Big)\phi = 0 \quad \text{on } z=0 \qquad (6.24)$$

のように簡素化される。(6.23)、(6.24) は**ノイマン・ケルビン** (Neumann-Kelvin) **型自由表面条件** として知られる条件式となる。この場合、波の変位を求める (6.17)、(6.18) も (6.22) の近似の下に簡略化され、各々以下のようになる。

$$\zeta^{(0)} = \frac{U^2}{g}\frac{\partial\phi_S}{\partial x} \quad \text{on } z=0 \qquad (6.25)$$

$$\zeta_w = -\frac{1}{g}\Big(i\omega_e - U\frac{\partial}{\partial x}\Big)\phi \quad \text{on } z=0 \qquad (6.26)$$

ここで、基礎流場の考え方の相違について述べておこう。(6.23)、(6.24) の自由表面条件における基礎流場としては一様流のみが考慮されている。これは図 6.2 (a) に示すように、船体の存在を無視して一様な流れが存在し、その上に定常造波に関連する流場や非定常造波に関連するが

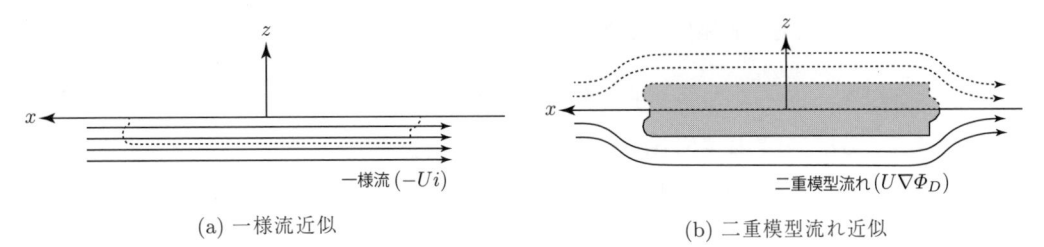

図 6.2 基礎流場の考え方

(a) 一様流近似　　　(b) 二重模型流れ近似

重なっているとする考え方であり、船体が細長く、船体による流場の湾曲が無視できる場合に成立する。一方、(6.20)、(6.21) の自由表面条件における基礎流場には、図 6.2 (b) に示すように、船体の存在により流場が湾曲して流れている影響（非一様な流れの影響）が考慮されている。

非定常問題の自由表面条件式 (6.21)、(6.24) における定常流場の影響は前進速度 U の掛かった項を通して考慮されているので、これらの項は**前進速度影響** (forward speed effect) の考慮のレベルを示していると言える。(6.21) では前進速度影響を二重模型流れ $U\nabla\Phi_D$ のレベルで考慮しているし、(6.24) では一様流れ $-Ue_1$ のレベルで考慮している。

自由表面条件に関連してもう一つ分かることは、一様流近似の自由表面条件 (6.23)、(6.24)、二重模型流れ近似の自由表面条件 (6.20)、(6.21) いずれにおいても、定常問題において ϕ_S を求める問題と非定常問題において ϕ を求める問題とは独立に扱うことができるということである。なお、定常流場と非定常流場の干渉影響をより高次のレベルまで考慮した定式化も行われている [6.3]。その場合、定常造波の影響を表す ϕ_S が非定常問題の自由表面条件に現れることになり、非定常問題は定常問題と独立の問題ではなくなる。

演習 6.1

空間固定座標系 O_0-$X_0Y_0Z_0$ から等速移動座標系 o-xyz への変換を通じて、入射波の速度ポテンシャル φ_0 が座標系 o-xyz において (6.1) で表わせることを示した。この φ_0 は (6.24) において 放射条件に関わる μ の項を除去した線形自由表面式を満足するはずである。具体的に計算を行うことによりこれを確認しなさい。加えて、(6.26) から入射波の変位を求めなさい。

6.1.3　船体表面条件

第 4 章で述べたように、2 次元浮体に対する船体表面条件は (4.58) で与えられる。3 次元の場合も基本的には同様に計算すればよいが、時間に依存しない定常流場と時間に依存する非定常流場との干渉項が存在するので、これに留意して条件式を求めていこう。船体形状が $F(\bar{x}) = 0$ で表されるとき、船体表面条件は $F(\bar{x})$ の実質微分をゼロとおくことによって求めることができる。よって、$\bar{x}$ に関する偏微分演算子を $\bar{\nabla}$ で表すと、

$$\frac{DF(\bar{x})}{Dt} = \left(\frac{\partial}{\partial t} + \nabla\Phi(\boldsymbol{x};t)\cdot\nabla\right)F(\bar{x})$$
$$= \bar{\nabla}F(\bar{x})\cdot\frac{\partial \bar{x}}{\partial t} + \nabla\Phi(\boldsymbol{x};t)\cdot\left\{\left(\bar{\nabla}F(\bar{x})\cdot\frac{\partial \bar{x}}{\partial x}\right)e_1 \right.$$
$$\left. +\left(\bar{\nabla}F(\bar{x})\cdot\frac{\partial \bar{x}}{\partial y}\right)e_2 + \left(\bar{\nabla}F(\bar{x})\cdot\frac{\partial \bar{x}}{\partial z}\right)e_3\right\} = 0 \quad (6.27)$$

が得られる。ここで等速移動座標系と船体固定座標系の間には

$$\boldsymbol{x} = \bar{\boldsymbol{x}} + \boldsymbol{\alpha}(t) \tag{6.28}$$

の関係がある。ちなみに動揺変位 $\boldsymbol{\alpha}(t)$ は既に (5.13) で定義されているが、これを並進運動の変位ベクトル $\boldsymbol{\alpha}_T(t)$ と回転運動の変位ベクトル $\boldsymbol{\alpha}_R(t)$ を使って

$$\boldsymbol{\alpha}(t) = \boldsymbol{\alpha}_T(t) + \boldsymbol{\alpha}_R(t) \times \bar{\boldsymbol{x}}, \quad \boldsymbol{\alpha}_T(t) = \sum_{j=1}^{3} \xi_j(t)\, \boldsymbol{e}_j, \quad \boldsymbol{\alpha}_R(t) = \sum_{j=1}^{3} \xi_{j+3}(t)\, \boldsymbol{e}_j \tag{6.29}$$

と表しておくことにする。この表記法は 6.1.5 節で用いられるであろう。(6.28) より

$$\frac{\partial \bar{\boldsymbol{x}}}{\partial t} = -\dot{\boldsymbol{\alpha}}(t), \quad \frac{\partial \bar{\boldsymbol{x}}}{\partial x_j} = \left(1 - \frac{\partial \boldsymbol{\alpha}(t)}{\partial x_j}\right) \boldsymbol{e}_j, \quad (x_1, x_2, x_3) = (x, y, z) \tag{6.30}$$

の関係を得るから、これを (6.27) に代入して

$$-\dot{\boldsymbol{\alpha}}(t) \cdot \bar{\nabla} F(\bar{\boldsymbol{x}}) + \nabla \Phi(\boldsymbol{x}; t) \cdot \bar{\nabla} F(\bar{\boldsymbol{x}})$$
$$- \left[(\nabla \Phi(\boldsymbol{x}; t) \cdot \nabla) \boldsymbol{\alpha}(t)\right] \cdot \bar{\nabla} F(\bar{\boldsymbol{x}}) = 0 \quad \text{on } F(\bar{\boldsymbol{x}}) = 0 \tag{6.31}$$

が得られる。両辺を $|\bar{\nabla} F(\bar{\boldsymbol{x}})|$ で除して、船体表面座標系上での法線ベクトル $\bar{\boldsymbol{n}}$ の定義 $\bar{\boldsymbol{n}} = \bar{\nabla} F(\bar{\boldsymbol{x}})/|\bar{\nabla} F(\bar{\boldsymbol{x}})|$ を用いると (6.31) は

$$-\dot{\boldsymbol{\alpha}}(t) \cdot \bar{\boldsymbol{n}} + \nabla \Phi(\boldsymbol{x}; t) \cdot \bar{\boldsymbol{n}} - \left[(\nabla \Phi(\boldsymbol{x}; t) \cdot \nabla) \boldsymbol{\alpha}(t)\right] \cdot \bar{\boldsymbol{n}} = 0 \quad \text{on } F(\bar{\boldsymbol{x}}) = 0 \tag{6.32}$$

となる。$\nabla \Phi$ は (6.4) および (6.14) より

$$\nabla \Phi(\boldsymbol{x}; t) = U \boldsymbol{V}(\boldsymbol{x}) + \nabla \Phi_U(\boldsymbol{x}; t) \tag{6.33}$$

と表すことができる。$\boldsymbol{V}$ および $\nabla \Phi_U$ の $\boldsymbol{x} = \bar{\boldsymbol{x}}$ まわりのテイラー展開は

$$\boldsymbol{V}(\boldsymbol{x}) = \boldsymbol{V}(\bar{\boldsymbol{x}} + \boldsymbol{\alpha}(t)) = \boldsymbol{V}(\bar{\boldsymbol{x}}) + (\boldsymbol{\alpha}(t) \cdot \nabla) \boldsymbol{V}(\bar{\boldsymbol{x}}) + O(\boldsymbol{\alpha}^2) \tag{6.34}$$

$$\nabla \Phi_U(\boldsymbol{x}; t) = \nabla \Phi_U(\bar{\boldsymbol{x}} + \boldsymbol{\alpha}(t); t) = \nabla \Phi_U(\bar{\boldsymbol{x}}; t) + (\boldsymbol{\alpha}(t) \cdot \nabla) \nabla \Phi_U(\bar{\boldsymbol{x}}; t) + O(\boldsymbol{\alpha}^2) \tag{6.35}$$

となるので、これらを (6.33) に用いて (6.32) に代入し、定常項と非定常項に分離して非定常項については線形項のみを抽出する。その際、$\boldsymbol{x}$ と $\bar{\boldsymbol{x}}$ との相違および $\bar{\boldsymbol{n}}$ と $\boldsymbol{n}$ の相違は高次となり、それらの相違は無視できるので、$\boldsymbol{x}$ および $\boldsymbol{n}$ を用いて表記することにする。まず、定常項のみを取り出すと (6.6) を用いて

$$\boldsymbol{V} \cdot \boldsymbol{n} = \nabla(\Phi_D + \phi_S) \cdot \boldsymbol{n} = \frac{\partial \Phi_D}{\partial n} + \frac{\partial \phi_S}{\partial n} = \frac{\partial \phi_S}{\partial n} = 0 \quad \text{on } S_H \tag{6.36}$$

が得られる。続いて非定常な線形項を抽出すると

$$\nabla \Phi_U \cdot \boldsymbol{n} = \frac{\partial \Phi_U}{\partial n} = \dot{\boldsymbol{\alpha}}(t) \cdot \boldsymbol{n} + U \left[(\boldsymbol{V} \cdot \nabla) \boldsymbol{\alpha}(t) - (\boldsymbol{\alpha}(t) \cdot \nabla) \boldsymbol{V} \right] \cdot \boldsymbol{n} \quad \text{on } S_H \tag{6.37}$$

のようになる。$\boldsymbol{\alpha}(t)$ に (6.29) を代入し、(6.37) に対して若干の変形を行うと

$$\frac{\partial \Phi_U}{\partial n} = \sum_{j=1}^{3} \left\{ \dot{\xi}_j \boldsymbol{n} + \dot{\xi}_{j+3} (\boldsymbol{x} \times \boldsymbol{n}) \right\} \cdot \boldsymbol{e}_j$$
$$+ \sum_{j=1}^{3} U \left\{ \xi_j \left[-(\boldsymbol{n} \cdot \nabla) \boldsymbol{V} \right] + \xi_{j+3} \left[-(\boldsymbol{n} \cdot \nabla)(\boldsymbol{x} \times \boldsymbol{V}) \right] \right\} \cdot \boldsymbol{e}_j \tag{6.38}$$

を得ることができる。ここで、

$$
\left.\begin{aligned}
&(n_1, n_2, n_3) = \boldsymbol{n}, \quad & (n_4, n_5, n_6) &= \boldsymbol{x} \times \boldsymbol{n} \\
&(m_1, m_2, m_3) = -(\boldsymbol{n} \cdot \nabla)\boldsymbol{V} \equiv \boldsymbol{m}, \quad & (m_4, m_5, m_6) &= -(\boldsymbol{n} \cdot \nabla)(\boldsymbol{x} \times \boldsymbol{V}) \\
& & &= \boldsymbol{V} \times \boldsymbol{n} + \boldsymbol{x} \times \boldsymbol{m}
\end{aligned}\right\} \quad (6.39)
$$

のように定義して、(6.3) の ξ_j および (6.4) の Φ_U のように時間項 $e^{i\omega_e t}$ を分離して表すと、(6.38) は次のように簡潔にまとめることができる。

$$
\frac{\partial \phi}{\partial n} = i\omega_e \sum_{j=1}^{6} X_j \left(n_j + \frac{U}{i\omega_e} m_j \right) \quad (6.40)
$$

以上のようにして、定常問題に対する船体表面条件が (6.36)、非定常問題に対する線形化された船体表面条件が (6.40) のように求められた。(6.40) は、一見、複雑な条件式のように見えるが、2 次元浮体問題における船体表面条件式 (4.59) と比べると円周波数 ω が出会い円周波数 ω_e と置き換わり、m_j の項が追加されているだけであることが分かる。m_j の項は (6.39) の定義式から分かるように定常流場の流速ベクトル $\boldsymbol{V} = \nabla(\Phi_D + \phi_S)$ から計算されるから、この項は定常流場の非定常流場への干渉影響を表していることになる。また、前進速度 U に関連する項でもあるので、船体表面条件における前進速度影響を表しているとも言える。

基礎流場を一様流近似する場合は、$\nabla \Phi_D = -\boldsymbol{e}_1$ となるから、(6.36) において $\nabla \Phi_D \cdot \boldsymbol{n} = -n_1$ となり ϕ_S の満たすべき条件は

$$
\frac{\partial \phi_S}{\partial n} = n_1 \quad (6.41)
$$

となる。一方、非定常問題に対する船体表面条件は、本来 $\boldsymbol{V} = \nabla(\Phi_D + \phi_S)$ として (6.39) に従い計算しなくてはならない。したがって、定常問題を解いて ϕ_S が求まっていなくては計算できないが、先の自由表面条件の導出の際に ϕ_S の影響を無視しているという理由から、ここでも ϕ_S を無視できるとすると、基礎流場である二重模型流れ場 $\nabla \Phi_D$ のみから計算することができる。さらに基礎流場が一様流近似できるとすると $\boldsymbol{V} = -\boldsymbol{e}_1$ となるから、(6.39) に従い計算すると m_j は n_j から計算できるようになり、具体的には次式で与えられる。

$$
\left.\begin{aligned}
\boldsymbol{V} &= \nabla(-x) = (-1, 0, 0) \\
(m_1, m_2, m_3) &= (0, 0, 0) \\
(m_4, m_5, m_6) &= (0, n_3, -n_2)
\end{aligned}\right\} \quad (6.42)
$$

自由表面条件と船体表面条件をまとめると以下のようになる (表 6.1 参照)。基礎流れとして二重模型流れを仮定する場合には、定常問題の ϕ_S に関する自由表面条件は (6.20)、船体表面条件は (6.36) となる。非定常問題の ϕ に関する自由表面条件は (6.21)、船体表面条件は (6.40) において m_j を $\boldsymbol{V} = \nabla(\Phi_D + \phi_S)$ として計算するか、ϕ_S を無視して $\boldsymbol{V} = \nabla \Phi_D$ から計算すればよい。基礎流場として一様流れを仮定する場合には、定常問題の ϕ_S に関する自由表面条件は (6.23)、船体表面条件は (6.41) となる。非定常問題の ϕ に関する自由表面条件は (6.24)、船体表面条件は (6.40) において m_j を $\boldsymbol{V} = -\boldsymbol{e}_1$ として計算した (6.42) を用いることになる。

演習 6.2

(6.37) の右辺が (6.38) の右辺のようになることを確認しなさい。

表6.1 境界条件のまとめ

	二重模型流れ近似		一様流れ近似	
	自由表面条件	船体表面条件	自由表面条件	船体表面条件
定常問題：ϕ_S	(6.20)	(6.36)	(6.23)	(6.41)
非定常問題：ϕ	(6.21)	(6.40)+(6.39)	(6.24)	(6.40)+(6.42)

6.1.4 船体表面上の圧力

圧力式 (6.9) を用いて、振幅 $\boldsymbol{\alpha}(t)$ で時々刻々運動する船体表面 $\boldsymbol{x} = \bar{\boldsymbol{x}} + \boldsymbol{\alpha}(t)$ の平均位置 $\boldsymbol{x} = \bar{\boldsymbol{x}}$ における圧力を計算する。船体表面条件を求めた際と同様に $\boldsymbol{x} = \bar{\boldsymbol{x}}$ まわりにテイラー展開を行って、$\boldsymbol{\alpha}(t), \Phi_U$ に関する 3 次以上の項を無視すると、

$$P(\boldsymbol{x}; t) = -\rho g \bar{z} + P_S(\bar{\boldsymbol{x}}; t) + P^{(0)}(\bar{\boldsymbol{x}}) + P^{(1)}(\bar{\boldsymbol{x}}; t) + P^{(2)}(\bar{\boldsymbol{x}}; t) \quad \text{on } S_H \tag{6.43}$$

ただし

$$P_S = -\rho g (z - \bar{z}) = -\rho g (\xi_3 + \bar{y}\xi_4 - \bar{x}\xi_5) \tag{6.44}$$

$$P^{(0)} = \frac{\rho U^2}{2}[1 - \boldsymbol{V}(\bar{\boldsymbol{x}}) \cdot \boldsymbol{V}(\bar{\boldsymbol{x}})] \tag{6.45}$$

$$P^{(1)} = -\rho \left(\frac{\partial}{\partial t} + U\boldsymbol{V}(\bar{\boldsymbol{x}}) \cdot \nabla\right) \Phi_U(\bar{\boldsymbol{x}}; t) - \frac{\rho U^2}{2} \big(\boldsymbol{\alpha}(t) \cdot \nabla\big)[\boldsymbol{V}(\bar{\boldsymbol{x}}) \cdot \boldsymbol{V}(\bar{\boldsymbol{x}})] \tag{6.46}$$

$$P^{(2)} = -\frac{\rho}{2}\nabla\Phi_U(\bar{\boldsymbol{x}}; t) \cdot \nabla\Phi_U(\bar{\boldsymbol{x}}; t) - \rho\big(\boldsymbol{\alpha}(t) \cdot \nabla\big)\left(\frac{\partial}{\partial t} + U\boldsymbol{V}(\bar{\boldsymbol{x}}) \cdot \nabla\right)\Phi_U(\bar{\boldsymbol{x}}; t) \tag{6.47}$$

のように表すことができる。(6.43) の右辺第 1 項目の $-\rho g \bar{z}$ を船体表面上で積分して得られる力とモーメントは、重力による力とモーメントと静的に釣り合っている。右辺第 2 項目の P_S は動揺変位による静水圧の変動成分であり、時間項を分離して $P_S = \text{Re}[p_S e^{i\omega_e t}]$ と書くと、座標系の違いは高次として無視できるので、p_S は (5.37) と同じ式となる。p_S を船体表面上で積分して得られる力とモーメントより、(1.24) の復原力マトリックス c_{ij} が得られる。

$P^{(0)}$ は時間に依存しない定常圧力である。基礎流場として二重模型流れ近似を行う場合には、$\boldsymbol{V} = \nabla(\Phi_D + \phi_S)$ とおいて ϕ_S について線形項のみを取り出し

$$P^{(0)} = \frac{\rho U^2}{2}\Big(1 - \nabla\Phi_D \cdot \nabla\Phi_D - 2\nabla\Phi_D \cdot \nabla\phi_S\Big) \quad \text{on } S_H \tag{6.48}$$

と計算され、式としては (6.11) と同じ形になる。また、基礎流場として一様流近似を用いる場合には、この式で $\nabla\Phi_D = -\boldsymbol{e}_1$ とおいて次式となる。

$$P^{(0)} = \rho U^2 \frac{\partial \phi_S}{\partial x} \quad \text{on } S_H \tag{6.49}$$

$P^{(1)}$ は 1 次の非定常圧力である。$P^{(1)}$ の右辺第 1 項目は (6.12) の P^U のテイラー展開から、右辺第 2 項目は (6.10) の P^S のテイラー展開から得られた項である。後者は動揺変位 $\boldsymbol{\alpha}(t)$ に比例しており、定常流場に起因する復原力項とも解釈できる項[†]である。基礎流場として一様流れ

[†] この項を復原力項に含める考え方と、動揺による静水圧の変動成分 P_S に関係する力のみを復原力項とする考え方がある。本書では後者の考え方に立ち、この項はこのまま $P^{(1)}$ に入れて考える。次節で示されるように、結果としてこの項は付加質量として寄与することになる。

近似を行う場合にはこの項はゼロとなる。$P^{(2)}$ は 2 次の非定常圧力であり、6.3.4 節において抵抗増加を算出する際に用いられる。

演習 6.3

次式で与えられる 3 次元回転楕円体

$$x = a\cos\theta, \quad y = b\sin\theta\cos\varphi, \quad z = b\sin\theta\sin\varphi \quad (0 \leq \theta \leq \pi, \; -\pi < \varphi \leq \pi)$$

が $z = 0$ の面を水線面として浮かんでいる。このとき、水線面積 $S_0(=A_w)$、水線面の y 軸まわりの 2 次モーメント S_{11} および x 軸まわりの 2 次モーメント S_{22}、体積 ∇、横メタセンタ高さ $\overline{BM}$ および縦メタセンタ高さ $\overline{BM}_L$ を計算しなさい。加えて浮心位置 $\boldsymbol{x}_B = (x_B, y_B, z_B)$、および重心が原点にある場合の復原力係数 c_{33}, c_{44}, c_{55} を計算しなさい。

6.1.5 Radiation 問題と diffraction 問題

6.1.2 節において、船体まわりの流場を定常流場と非定常流場に分離して線形化を行ったところ、定常流場については、基礎流場として二重模型流れを用いる自由表面条件 (6.20)、あるいは基礎流場を一様流近似した (6.23) が得られた。6.1.3 節では船体表面条件を導出し、(6.20) に対応する船体表面条件として (6.36) が、また (6.23) に対応する船体表面条件として (6.41) が得られた。これらの境界条件に加えて無限水深を仮定した水底での境界条件 $\partial\phi_S/\partial n = 0$ on S_B を満足するようにすると、考えている流体領域の全境界面での境界条件式が揃うことになる (S_∞ での条件は自由表面条件中の μ の項を通じて満足されるとする)。この時間に関係しない境界値問題を **定常問題** (steady problem) という。

定常問題の概念図を図 6.3 に示す。静水中を一定速度で前進する船は、(6.17) もしくは (6.25) により計算される定常な波 $\zeta^{(0)}$ を造波する。この定常な波を **ケルビン波** (Kelvin wave) と呼び、定常問題はこのケルビン波動場を求める問題であると解釈できる。船体に作用する定常な圧力は、自由表面条件 (6.20) と船体表面条件 (6.36) に対応する (6.48)、もしくは自由表面条件 (6.23) と船体表面条件 (6.41) に対応する (6.49) により計算される。この圧力を船体表面上で積分すれば船体に作用する j 方向の力とモーメント $F_j^{(0)}$ が

$$F_j^{(0)} = -\iint_{S_H} P^{(0)} n_j \, dS \quad (j = 1, 3, 5) \tag{6.50}$$

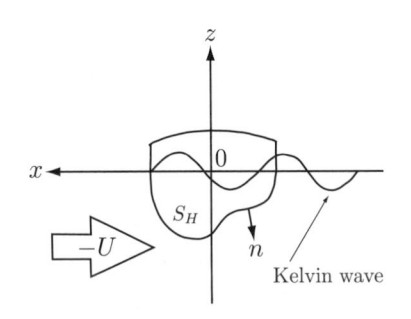

図 6.3 定常問題の概念図

のように求められる。$-F_1^{(0)}$ は船体がケルビン波を造波することに起因する **造波抵抗** (wave resistance) となる。一方、$F_3^{(0)}$ と $F_5^{(0)}$ を、運動方程式 (1.32) において $\xi_j(t)$ を時間の関数ではない定数値とすることで得られる船体姿勢の平衡方程式

$$\left.\begin{array}{r} c_{33}\xi_3 + c_{35}\xi_5 = F_3^{(0)} \\ c_{53}\xi_3 + c_{55}\xi_5 = F_5^{(0)} \end{array}\right\} \tag{6.51}$$

に用いることで、船体の定常姿勢である**沈下量** (sinkage) ξ_3 と**トリム量** (trim) ξ_5 が得られる。

次に、時間に依存した問題、すなわち**非定常問題** (unsteady problem) について見てみよう。6.1.2 節において、非定常速度ポテンシャル ϕ は定常攪乱場の影響を含む線形自由表面条件 (6.21)、あるいは定常流場を一様流近似した (6.24) を満足しなくてはならないことが分かった。また、6.1.3 節より ϕ は船体表面条件 (6.40) を満足しなくてはならない。上述の定常問題と同様に、これらに加えて無限水深を仮定した水底での境界条件を満足するようにすると、考えている流体領域全境界面での境界条件式が揃うことになる。

(6.40) で与えられる船体表面条件式の右辺が、運動モード j ごとにまとめられていることに着目して、速度ポテンシャル ϕ をいくつかの成分に分離して考えると都合がよいことに気付くであろう。すなわち、速度ポテンシャル ϕ を

$$\phi = \frac{ig\zeta_a}{\omega}(\varphi_0 + \varphi_7) + i\omega_e \sum_{j=1}^{6} X_j \varphi_j \tag{6.52}$$

のように φ_j ($j = 1 \sim 7$) に分離して線形重ね合わせの形で表わすと、船体表面条件は、φ_j ($j = 1 \sim 6$) に対して

$$\frac{\partial \varphi_j}{\partial n} = n_j + \frac{U}{i\omega_e} m_j \quad (j = 1 \sim 6) \quad \text{on } S_H \tag{6.53}$$

を、φ_7 に対して

$$\frac{\partial \varphi_7}{\partial n} = -\frac{\partial \varphi_0}{\partial n} \quad \text{on } S_H \tag{6.54}$$

を適用すれば、ϕ 全体として船体表面条件 (6.40) を満足することができる。このとき、φ_j の満足すべき自由表面条件については次のようになる。定常流場を一様流近似する場合、φ_0 が $\mu \to 0$ において (6.24) を満足するので、φ_j ($j = 1 \sim 7$) は (6.24) において ϕ を φ_j で置き換えた自由表面条件を満足すればよい。定常流場を二重模型流れ近似する場合には、まず φ_j ($j = 1 \sim 6$) については (6.21) の ϕ を φ_j で置き換えた式を課し、φ_7 については (6.21) の ϕ を $\varphi_0 + \varphi_7$ と置いた式を課せばよい。後者の式において φ_0 に関する項を右辺に移項すれば、結果として φ_7 の満足すべき自由表面条件は、その右辺に二重模型流れと入射波の速度ポテンシャルの干渉影響が入った非斉次の自由表面条件となる。

船体表面条件 (6.53) を見てみると、これは周期的に単位速度で j モードの動揺をしながら一定速度で前進する船の船体表面条件を表わしていると解釈することができる。一方、船体表面条件 (6.54) は、運動を固定されて前進する船に入射波が入射する問題であると解釈できる。こうして、入射波中を自由に動揺しながら一定速度で前進する船の問題は、上記 2 つの問題を個々に解いて重ね合わせることで得られるという知見を得る。前者の境界値問題を**ラディエイション問題** (radiation problem)、後者の境界値問題を**ディフラクション問題** (diffraction problem) と呼んでいる。Radiation 問題 (例として heave 運動) と diffraction 問題のイメージ図を図 6.4 に示している。Radiation 問題は、一定速度で前進している船 (船体固定座標系から見ると一様流中に置かれた船) が周期的に動揺する際の造波問題となる。Diffraction 問題は、船体運動が固定された船に入射波が入射し反射・回折される造波問題となる。いずれの場合においても、船体により 6.2.5 節で詳述する非定常波（k_1 波および k_2 波）が造波される。船体表面条件の観点から 2 つに分離された非定常問題、すなわち radiation 問題と diffraction 問題は、これらの造波問題

6.1 3次元境界値問題

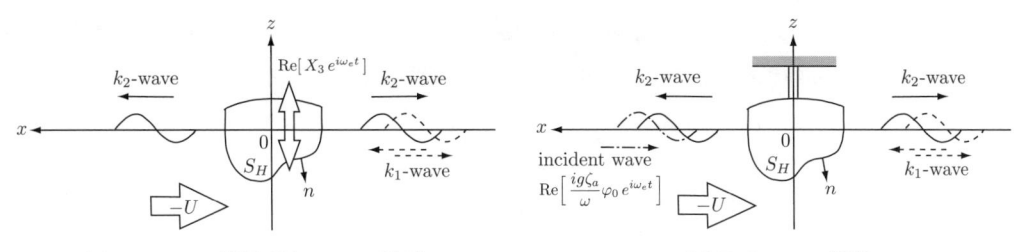

(a) Radiation 問題 (例：Heave 運動) (b) Diffraction 問題

図 6.4 非定常問題の概念図

を解くことに対応していると言える。

(6.46) で表わされる非定常な線形圧力 $P^{(1)}$ は、右辺の速度ポテンシャル Φ_U として (6.4) の $\Phi_U = \text{Re}[\phi e^{i\omega_e t}]$ と (6.52) を、また運動変位 $\boldsymbol{\alpha}(t)$ として (5.13) と (6.3) を代入してまとめると、時間項を分離して次式のようになる。

$$P^{(1)}(\boldsymbol{x};t) = \text{Re}\left[\left\{p_D(\boldsymbol{x}) + p_R(\boldsymbol{x})\right\}e^{i\omega_e t}\right] \tag{6.55}$$

$$p_D = \rho g \zeta_a \frac{\omega_e}{\omega}\left(1 + \frac{U}{i\omega_e}\boldsymbol{V}\cdot\nabla\right)(\varphi_0 + \varphi_7) \tag{6.56}$$

$$p_R = -\rho(i\omega_e)^2 \sum_{j=1}^{6} X_j \left\{\left(1 + \frac{U}{i\omega_e}\boldsymbol{V}\cdot\nabla\right)\varphi_j - \frac{1}{2}\left(\frac{U}{\omega_e}\right)^2(\boldsymbol{\beta}_j\cdot\nabla)(\boldsymbol{V}\cdot\boldsymbol{V})\right\} \tag{6.57}$$

$$\boldsymbol{\beta}_j = \begin{cases} \boldsymbol{e}_j & (j=1,2,3) \\ \boldsymbol{e}_{j-3}\times\boldsymbol{x} & (j=4,5,6) \end{cases}$$

p_D は diffraction 問題、p_R は radiation 問題における流体力を計算する際の圧力となる。次に、以上のようにして分離された diffraction 問題と radiation 問題から計算される流体力について個々に述べていく。

Radiation 問題

Radiation 問題で考慮すべき線形な圧力は (6.57) であるが、これを船体表面上で積分する際には、時々刻々移動する船体表面上の法線の扱いに注意する必要がある。(6.43) の圧力の内、静水圧に関係した $-\rho g \bar{z}$ と P_S による力とモーメントついては復原力として別途考えられているから、それを除いた圧力による力 $\boldsymbol{F}$ およびモーメント $\boldsymbol{M}$ を計算し、時間に依存する 1 次の非定常項を抽出することになる。2 次の圧力 $P^{(2)}$ は高次となり無視できるので、次式を計算すればよい。

$$\left.\begin{array}{c}\boldsymbol{F}\\\boldsymbol{M}\end{array}\right\} = -\iint_{S_H}(P^{(0)} + P^{(1)})\left\{\begin{array}{c}\boldsymbol{n}\\\boldsymbol{x}\times\boldsymbol{n}\end{array}\right\}dS \tag{6.58}$$

Radiation 問題を考えるので、$P^{(1)}$ として (6.55) の p_R に関する項のみを考えればよい。ここで、(6.28)、(6.29) より $\boldsymbol{x} = \bar{\boldsymbol{x}} + \boldsymbol{\alpha}_T + \boldsymbol{\alpha}_R\times\bar{\boldsymbol{x}}$ であるから、$\boldsymbol{n}$ および $\boldsymbol{x}\times\boldsymbol{n}$ を船体固定座標系で表すと

$$\boldsymbol{n} = \bar{\boldsymbol{n}} + \boldsymbol{\alpha}_R\times\bar{\boldsymbol{n}} \tag{6.59}$$

$$\begin{aligned}\boldsymbol{x}\times\boldsymbol{n} &= (\bar{\boldsymbol{x}} + \boldsymbol{\alpha}_T + \boldsymbol{\alpha}_R\times\bar{\boldsymbol{x}})\times(\bar{\boldsymbol{n}} + \boldsymbol{\alpha}_R\times\bar{\boldsymbol{n}})\\ &= \bar{\boldsymbol{x}}\times\bar{\boldsymbol{n}} + \boldsymbol{\alpha}_T\times\bar{\boldsymbol{n}} + \boldsymbol{\alpha}_R\times(\bar{\boldsymbol{x}}\times\bar{\boldsymbol{n}}) + O(\boldsymbol{\alpha}^2)\end{aligned} \tag{6.60}$$

となる。$\bar{\boldsymbol{n}} = \partial\bar{\boldsymbol{x}}/\partial n$ は船体固定座標系上での法線ベクトルである。これらを (6.58) に代入して線形項を抽出し、その線形流体力およびモーメントを $\boldsymbol{F}^R$, $\boldsymbol{M}^R$ と表すことにすると

$$\boldsymbol{F}^R = -\iint_{S_H} \left\{ P^{(0)}(\boldsymbol{\alpha}_R \times \bar{\boldsymbol{n}}) + P^{(1)}\bar{\boldsymbol{n}} \right\} dS \tag{6.61}$$

$$\boldsymbol{M}^R = -\iint_{S_H} \left\{ P^{(0)}[\boldsymbol{\alpha}_T \times \bar{\boldsymbol{n}} + \boldsymbol{\alpha}_R \times (\bar{\boldsymbol{x}} \times \bar{\boldsymbol{n}})] + P^{(1)}(\bar{\boldsymbol{x}} \times \bar{\boldsymbol{n}}) \right\} dS \tag{6.62}$$

となる。$\bar{\boldsymbol{x}}$ と $\boldsymbol{x}$ および $\bar{\boldsymbol{n}}$ と $\boldsymbol{n}$ の相違は高次となるので $\boldsymbol{x}$ や $\boldsymbol{n}$ を用いて計算すればよい。ここで、$\boldsymbol{\alpha}_T$, $\boldsymbol{\alpha}_R$ に (6.29) および (6.3) を代入し、$P^{(0)}$ に (6.45)、$P^{(1)}$ に $P^{(1)} = \text{Re}[p_R e^{i\omega_e t}]$ と (6.57) を用いて式を整理する。力およびモーメントをまとめて F_i^R $(i = 1 \sim 6)$ と表すことにし、さらに時間項を分離して $F_i^R = \text{Re}[F_i e^{i\omega_e t}]$ と表すと、流体力の i 方向成分の複素振幅 F_i については次式のようにまとめることができる。

$$F_i = \sum_{j=1}^{6} X_j \left\{ T_{ij} + S_{ij} \right\} \quad (i = 1 \sim 6) \tag{6.63}$$

$$T_{ij} = \rho(i\omega_e)^2 \iint_{S_H} \left\{ \left(1 + \frac{U}{i\omega_e}\boldsymbol{V} \cdot \nabla\right)\varphi_j - \frac{1}{2}\left(\frac{U}{\omega_e}\right)^2 (\boldsymbol{\beta}_j \cdot \nabla)(\boldsymbol{V} \cdot \boldsymbol{V}) \right\} n_i \, dS \tag{6.64}$$

$$\simeq \rho(i\omega_e)^2 \iint_{S_H} \left\{ \left(n_i - \frac{U}{i\omega_e}m_i\right)\varphi_j - \frac{1}{2}\left(\frac{U}{\omega_e}\right)^2 (\boldsymbol{\beta}_j \cdot \nabla)(\boldsymbol{V} \cdot \boldsymbol{V})n_i \right\} dS \tag{6.65}$$

$$S_{ij} = \begin{cases} S_{15} = -S_{24} = f_3, S_{26} = -S_{35} = f_1, S_{46} = -f_5 \\ \text{上記以外はゼロで } S_{ij} = -S_{ji} \text{ が成立} \end{cases} \tag{6.66}$$

$$f_i = \rho(i\omega_e)^2 \frac{1}{2}\left(\frac{U}{\omega_e}\right)^2 \iint_{S_H} (1 - \boldsymbol{V} \cdot \boldsymbol{V}) n_i \, dS \quad (i = 1, 3, 5) \tag{6.67}$$

S_{ij} が (6.61)、(6.62) の $P^{(0)}$ に関する積分から得られる項であり、T_{ij} が $P^{(1)}$ に関する積分から得られる項である。これらは j モードの動揺により i 方向に作用する流体力を表している。

【Note 6.1】タック (Tuck) の定理

(6.64) から (6.65) の変形にはタックの定理 (Tuck's theorem)[6.4]

$$\iint_{S_H} [m_i + n_i(\boldsymbol{V} \cdot \nabla)] \phi \, dS = \int_{C_H} n_i \phi (\boldsymbol{V} \cdot \boldsymbol{e}_3) \, d\ell \quad (i = 1 \sim 6) \tag{6.68}$$

において、右辺の線積分項を無視して用いている。C_H は図 6.1 に示す自由表面と船体表面との交線を表わしている。タックの定理は、$\boldsymbol{n} \cdot \boldsymbol{V} = 0$ が成立すると仮定して導出されている。したがって、定常撹乱を小さいとして無視し $\boldsymbol{V} \simeq -\boldsymbol{e}_1$ と近似してしまうと、$\boldsymbol{n} \cdot \boldsymbol{V} = -n_1 \neq 0$ となってこの条件を満足できないため、(6.68) は使えない。この仮定が満足され線積分項が無視できる場合には、(6.65) に見るように、φ_j の偏微分を計算することなく T_{ij} を求めることができる。しかし逆にディメリットとしては、(6.39) から分かるように m_i を計算するためには $\boldsymbol{V}$ の微分、すなわち $\varPhi_D$ の 2 階微分を計算しなければならない。この計算を一般の船体形状に対して精度良く行うことは、実は簡単なことではない。

(6.68) 右辺の線積分項は、船側が垂直に立ち上がった wall side の船型では $n_3 \simeq 0$, $n_5 \simeq 0$ であるから、$i = 3, 5$ については殆どゼロとなり無視できる。また、二重模型流れ近似の場合には $\boldsymbol{V} \cdot \boldsymbol{e}_3 \simeq 0$ であるから、やはり線積分項は実用上無視できる。

(1.26) に示したように、F_i^R は**付加質量** (added mass) a_{ij} および**減衰力係数** (damping coefficient) b_{ij} を用いて

$$F_i^R \equiv -\sum_{j=1}^{6}\left[a_{ij}\ddot{\xi}_j + b_{ij}\dot{\xi}_j\right] = \text{Re}\left\{-\sum_{j=1}^{6} X_j \left[(i\omega_e)^2 a_{ij} + i\omega_e b_{ij}\right] e^{i\omega_e t}\right\} \quad (6.69)$$

と表すことができるので、複素振幅部分に対しては (5.38) と同じ関係式

$$F_i = -\sum_{j=1}^{6} X_j \left[(i\omega_e)^2 a_{ij} + i\omega_e b_{ij}\right] \quad (6.70)$$

が成り立つ。これと (6.63) を等置することにより a_{ij}, b_{ij} は

$$a_{ij} = \text{Re}\left[\frac{T_{ij} + S_{ij}}{\omega_e^2}\right], \quad b_{ij} = -\text{Im}\left[\frac{T_{ij}}{\omega_e}\right] \quad (6.71)$$

と計算することができる。(6.64) 右辺の被積分関数第 2 項目および (6.66) の S_{ij} は実数値であるので、共に付加質量として寄与することになる。これらの項は、船体表面上の定常攪乱流場の復原力項と解釈することもできるが、6.1.4 節の脚注にも記したように、本書ではこれらを付加質量に含めて扱っている。式から分かるように、定常流場を一様流近似した計算、すなわち $\boldsymbol{V} \simeq -\boldsymbol{e}_1$ とする計算ではこれらの項はゼロとなる。

Diffraction 問題

Diffraction 問題において船体に作用する力とモーメントは、(6.58) の圧力 $P^{(1)}$ として (6.56) の p_D を用いて計算すればよい。また、diffraction 問題では船体は動揺しないので、(6.59)、(6.60) より $\boldsymbol{n} = \bar{\boldsymbol{n}}, \boldsymbol{x} \times \boldsymbol{n} = \bar{\boldsymbol{x}} \times \bar{\boldsymbol{n}}$ である。したがって、(6.58) から線形な非定常項を抽出するのは簡単であり、i 方向に作用する**波浪強制力** (wave-exciting force) を $F_i^W = \text{Re}[E_i e^{i\omega_e t}]$ と表すと、複素振幅部分 E_i として次式が得られる。

$$\frac{E_i}{\rho g \zeta_a} = -\frac{\omega_e}{\omega}\iint_{S_H}\left(1 + \frac{U}{i\omega_e}\boldsymbol{V}\cdot\nabla\right)(\varphi_0 + \varphi_7) n_i \, dS \quad (i = 1 \sim 6) \quad (6.72)$$

このうち入射波の速度ポテンシャル φ_0 に関連する**フルード・クリロフ力** (Froude-Krylov force) E_i^{FK} は通常 $\boldsymbol{V}$ として一様流れとの干渉のみを考慮して

$$\frac{E_i^{FK}}{\rho g \zeta_a} = -\frac{\omega_e}{\omega}\iint_{S_H}\left(1 - \frac{U}{i\omega_e}\frac{\partial}{\partial x}\right)\varphi_0 \, n_i \, dS = -\iint_{S_H}\varphi_0 \, n_i \, dS \quad (i = 1 \sim 6) \quad (6.73)$$

で定義される。

本節を通じて、非定常攪乱速度ポテンシャルを船体表面条件に留意して整理すると、結果的に非定常問題は radiation 問題と diffraction 問題とに分けて別々の独立した問題として考えることができることが分かった。Radiation 問題、diffraction 問題いずれにおいても、船体は時間的に変動する非定常な波を造波し、この造波に起因して、船体には静水中の抵抗に加えて新たな造波抵抗が加わることになる。この抵抗の増加分を**抵抗増加** (added resistance) という。抵抗増加は、船体に作用する非定常な圧力を、速度ポテンシャルの 2 次のオーダーまで考慮して積分し、その時間平均値を取ることで求められる定常成分であるが、船体から造波され遠方へと伝播する波の情報からも計算することができる。この抵抗増加についてはもう少し詳しく後述することにする。

6.2 速度ポテンシャルの表示式

6.1 節において、波浪中を航走する船体まわりの速度ポテンシャルに関する境界値問題の設定と流体力の計算法について示してきた。そこでは我々の関心のある非定常流場を解く際に、定常流場との干渉項が自由表面条件や船体表面条件に含まれていて、精度の高い理論推定を行うためにはそれらを考慮する必要があることが分かった。こうして得られた流体力を第 1 章に示した線形運動方程式に代入して解くことにより、6 自由度の船体運動を求めることができる。

非定常流場の解析において定常流場との干渉影響を考慮することは確かに重要であるが、最も近似精度の低い定常流場の一様流れ近似を用いることで、非定常流場のメカニズムや流体力間で近似的に成立する重要な関係式など多くの貴重な知見を得ることができる。非定常流場の解析における定常流場との干渉影響については 6.4 節の具体的な数値計算例によって示すことにし、6.2 節と 6.3 節では、定常流場を一様流れ近似することにより得られる非定常流場に関わる種々の知見について述べることにする。

6.2.1 グリーンの定理の適用

定常流場を一様流れ近似する場合、6.1 節で求めたように、ラプラス方程式を満足する非定常撹乱速度ポテンシャル φ_j ($j = 1 \sim 7$) は図 6.1 に示す流体を取り囲む境界面、すなわち自由表面 S_F、船体表面 S_H、無限水深の水底 S_B、無限遠方の検査面 S_∞ の各境界面上で次式の境界条件を満足しなくてはならない。

$$[F] \quad \left(i\omega_e - U\frac{\partial}{\partial x}\right)^2 \varphi_j + g\frac{\partial \varphi_j}{\partial z} + \mu\left(i\omega_e - U\frac{\partial}{\partial x}\right)\varphi_j = 0 \quad \text{on } z = 0 \qquad (6.74)$$

$$[H] \quad \frac{\partial \varphi_j}{\partial n} = n_j + \frac{U}{i\omega_e}m_j \quad (j = 1 \sim 6), \quad \frac{\partial \varphi_7}{\partial n} = -\frac{\partial \varphi_0}{\partial n} \quad \text{on } S_H \qquad (6.75)$$

$$[B] \quad \frac{\partial \varphi_j}{\partial z} = 0 \quad \text{on } z = -\infty \qquad (6.76)$$

S_∞ での放射条件は、自由表面条件 (6.74) 中のレイリーの仮想摩擦係数 μ の掛かった項を通じて考慮されている。これらの条件を満足する速度ポテンシャルは、2 次元問題で述べたように、グリーンの定理を用いることで境界面上の φ_j およびその法線微分値と**自由表面グリーン関数** (free-surface Green function) を用いて表わすことができる。

流体領域に対してグリーンの定理を適用すると、2 次元問題の (4.42) と同様の速度ポテンシャルの表示式として次式が得られる。

$$\varphi_j(\mathrm{P}) = \iint_S \left(\frac{\partial \varphi_j(\mathrm{Q})}{\partial n_\mathrm{Q}} - \varphi_j(\mathrm{Q})\frac{\partial}{\partial n_\mathrm{Q}}\right) G(\mathrm{P};\mathrm{Q})\, dS(Q) \qquad (6.77)$$

ただし、$S = S_H + S_F + S_B + S_\infty$, $\mathrm{P} = (x, y, z)$, $\mathrm{Q} = (x', y', z')$ であり、$\partial/\partial n_\mathrm{Q}$ は Q 点に関する法線微分を表している。$G(\mathrm{P};\mathrm{Q})$ は自由表面グリーン関数であり、流体領域内の Q 点にあって円周波数 ω_e で周期的に強さが変動するわき出しによる速度ポテンシャルを表している。以降、簡単のために自由表面グリーン関数のことをグリーン関数と呼ぶことにする。$G(\mathrm{P};\mathrm{Q})$ は数学的には次式のように、右辺にデルタ関数を含むラプラス方程式および φ_j と同じ自由表面条件と水底条件を満足する関数として定義される。

$$\nabla^2 G(\mathrm{P};\mathrm{Q}) = \delta(x-x')\delta(y-y')\delta(z-z') \tag{6.78}$$

$$\left\{\left(i\omega_e - U\frac{\partial}{\partial x}\right)^2 + g\frac{\partial}{\partial z} + \mu\left(i\omega_e - U\frac{\partial}{\partial x}\right)\right\}G(\mathrm{P};\mathrm{Q}) = 0 \quad \text{on } z=0 \tag{6.79}$$

$$\frac{\partial}{\partial z}G(\mathrm{P};\mathrm{Q}) = 0 \quad \text{at } z \to -\infty \tag{6.80}$$

これらの条件を満足するグリーン関数に対して、一様流の向きが逆の自由表面条件

$$\left\{\left(i\omega_e + U\frac{\partial}{\partial x}\right)^2 + g\frac{\partial}{\partial z} + \mu\left(i\omega_e + U\frac{\partial}{\partial x}\right)\right\}G^-(\mathrm{P};\mathrm{Q}) = 0 \quad \text{on } z=0 \tag{6.81}$$

および (6.78)、(6.80) を満足するグリーン関数 $G^-(\mathrm{P};\mathrm{Q})$ を定義すると、2 次元の場合の (4.43) に対応する相反定理として次式が成立する [6.5]。

$$G(\mathrm{P};\mathrm{Q}) = G^-(\mathrm{Q};\mathrm{P}) \tag{6.82}$$

この相反定理の物理的に示すところは、点 Q に置かれたわき出しによる P 点の速度ポテンシャルが、一様流の向きを逆にして考えたときの P 点に置かれたわき出しによる Q 点の速度ポテンシャルに等しいと言うことである。(6.81) において単に P と Q の役割を入れ替えれば

$$\left\{\left(i\omega_e + U\frac{\partial}{\partial x'}\right)^2 + g\frac{\partial}{\partial z'} + \mu\left(i\omega_e + U\frac{\partial}{\partial x'}\right)\right\}G^-(\mathrm{Q};\mathrm{P}) = 0 \quad \text{on } z'=0 \tag{6.83}$$

となるが、これに相反定理 (6.82) を用いると

$$\left\{\left(i\omega_e + U\frac{\partial}{\partial x'}\right)^2 + g\frac{\partial}{\partial z'} + \mu\left(i\omega_e + U\frac{\partial}{\partial x'}\right)\right\}G(\mathrm{P};\mathrm{Q}) = 0 \quad \text{on } z'=0 \tag{6.84}$$

の関係を得ることができる。

(6.77) の表面積分は Q に関して行われる点に注意する。(6.78) ~ (6.80) を満足する $G(\mathrm{P};\mathrm{Q})$ を用いて (6.77) の表面積分を実行すると、無限水深の水底 S_B および無限遠方における検査面 S_∞ の各境界面上での積分は、S_B および S_∞ において $\varphi_j(Q), G(\mathrm{P};\mathrm{Q})$ の満足すべき境界条件を用いてゼロとなる。続いて自由表面 S_F 上での (6.77) の積分について計算してみる。いま $\mu \to 0$ を考えると、(6.74)、(6.84) より $\varphi_j(Q)$ および $G(\mathrm{P};\mathrm{Q})$ は S_F 上で、各々次の自由表面条件を満足している。

$$\left\{\left(i\omega_e - U\frac{\partial}{\partial x'}\right)^2 + g\frac{\partial}{\partial z'}\right\}\varphi_j(\mathrm{Q}) = 0 \quad \text{on } z'=0 \tag{6.85}$$

$$\left\{\left(i\omega_e + U\frac{\partial}{\partial x'}\right)^2 + g\frac{\partial}{\partial z'}\right\}G(\mathrm{P};\mathrm{Q}) = 0 \quad \text{on } z'=0 \tag{6.86}$$

(6.85)、(6.86) を用いて、S_F 上での (6.77) の積分は次のようになる。

$$\iint_{S_F}\left\{G(\mathrm{P};\mathrm{Q})\frac{\partial \varphi_j(\mathrm{Q})}{\partial n_Q} - \varphi_j(\mathrm{Q})\frac{\partial G(\mathrm{P};\mathrm{Q})}{\partial n_Q}\right\}dS(Q)$$

$$= -\iint_{S_F}\left\{G(\mathrm{P};\mathrm{Q})\frac{\partial \varphi_j(\mathrm{Q})}{\partial z'} - \varphi_j(\mathrm{Q})\frac{\partial G(\mathrm{P};\mathrm{Q})}{\partial z'}\right\}_{z'=0}dx'\,dy'$$

$$= \frac{1}{g}\iint_{S_F}\left\{G(\mathrm{P};\mathrm{Q})\left(i\omega_e - U\frac{\partial}{\partial x'}\right)^2\varphi_j(\mathrm{Q}) - \varphi_j(\mathrm{Q})\left(i\omega_e + U\frac{\partial}{\partial x'}\right)^2 G(\mathrm{P};\mathrm{Q})\right\}_{z'=0}dx'\,dy'$$

$$= \frac{U^2}{g}\iint_{S_F}\frac{\partial}{\partial x'}\left(\frac{\partial \varphi_j(\mathrm{Q})}{\partial x'}G(\mathrm{P};\mathrm{Q}) - \varphi_j(\mathrm{Q})\frac{\partial G(\mathrm{P};\mathrm{Q})}{\partial x'} - \frac{2i\omega_e}{U}\varphi_j(\mathrm{Q})G(\mathrm{P};\mathrm{Q})\right)_{z'=0}dx'\,dy'$$

$$= -\frac{U^2}{g}\oint_{C_H}\left(\frac{\partial \varphi_j(\mathrm{Q})}{\partial x'} - \varphi_j(\mathrm{Q})\frac{\partial}{\partial x'} - \frac{2i\omega_e}{U}\varphi_j(\mathrm{Q})\right)G(\mathrm{P};\mathrm{Q})\Big|_{z'=0}dy' \tag{6.87}$$

最後の変形にはストークス (Stokes) の定理を用いており，線積分の方向は図 6.1 に示す C_H の方向である．船体が自由表面を貫通する場合には，(6.87) に見るように自由表面と船体との交線に沿った積分項が残ることになる．この積分項を**線積分項** (line integral term) と呼んでいる．この結果を用いて (6.77) は次式のように書けることになる．

$$\varphi_j(\mathrm{P}) = \iint_{S_H} \left(\frac{\partial \varphi_j(\mathrm{Q})}{\partial n_\mathrm{Q}} - \varphi_j(\mathrm{Q}) \frac{\partial}{\partial n_\mathrm{Q}} \right) G(\mathrm{P};\mathrm{Q}) \, dS(\mathrm{Q})$$
$$- \frac{U^2}{g} \oint_{C_H} \left(\frac{\partial \varphi_j(\mathrm{Q})}{\partial x'} - \varphi_j(\mathrm{Q}) \frac{\partial}{\partial x'} - \frac{2i\omega_e}{U} \varphi_j(\mathrm{Q}) \right) G(\mathrm{P};\mathrm{Q}) \Big|_{z'=0} dy' \quad (6.88)$$

こうして，流体領域内部の任意点 P での速度ポテンシャルは，船体表面上の積分および船体表面と自由表面との交線に沿う積分を用いて表わすことができることが分かった．積分面が船体表面上に限定されたことになり，数値計算上の負荷が大幅に低減されることが理解されるであろう．その反面，(6.78) 〜 (6.80) を満足するグリーン関数を計算する必要があり，一般にこの関数は積分を含んだ複雑な関数となるので，その計算法に工夫が必要となる．

(6.88) は，2 次元問題の (4.45) に対応する表示式であり，境界要素法の直接法で用いられる．これとは別に間接法で用いられる表示式もあり，これは 2 次元問題の (4.49) に対応する．いま，物体内部にも流体を考え，その速度ポテンシャルを φ_I で表す．このとき φ_I に対してグリーンの定理を適用した結果は，考えている流体領域内部の点 P が物体に対しては外部であることから次のようになる（グリーンの定理では計算点が領域外部にあるとき，その値はゼロである）．

$$0 = \iint_{S_H} \left(\frac{\partial \varphi_I(\mathrm{Q})}{\partial n_\mathrm{Q}} - \varphi_I(\mathrm{Q}) \frac{\partial}{\partial n_\mathrm{Q}} \right) G(\mathrm{P};\mathrm{Q}) \, dS$$
$$- \frac{U^2}{g} \oint_{C_H} \left(\frac{\partial \varphi_I(\mathrm{Q})}{\partial x'} - \varphi_I(\mathrm{Q}) \frac{\partial}{\partial x'} - \frac{2i\omega_e}{U} \varphi_I(\mathrm{Q}) \right) G(\mathrm{P};\mathrm{Q}) \Big|_{z'=0} dy' \quad (6.89)$$

(6.88) から (6.89) を差し引いて，物体表面上での φ_I の境界条件を

$$\left. \begin{array}{c} \varphi_j(\mathrm{Q}) = \varphi_I(\mathrm{Q}) \\ \dfrac{\partial \varphi_j(\mathrm{Q})}{\partial n_\mathrm{Q}} - \dfrac{\partial \varphi_I(\mathrm{Q})}{\partial n_\mathrm{Q}} \equiv \sigma_j(\mathrm{Q}) \end{array} \right\} \quad \text{on } S_H \quad (6.90)$$

のように設定するとき，φ_j は次式で表すことができる．

$$\varphi_j(\mathrm{P}) = \iint_{S_H} \sigma_j(\mathrm{Q}) \, G(\mathrm{P};\mathrm{Q}) \, dS - \frac{U^2}{g} \oint_{C_H} \sigma_j(\mathrm{Q}) \, G(\mathrm{P};\mathrm{Q}) \, n_{x'} \, dy' \quad (6.91)$$

(6.88)，(6.91) の表示式のいずれを用いても，境界値問題を解いて船に作用する流体を求めることができる．(6.88)，(6.91) において，流体領域中の点 P が物体表面上にあるときを考えると積分方程式を得ることができる．それらは，グリーン関数の主要解の特異性を考慮して各々次式となる．

$$\frac{\varphi_j(\mathrm{P})}{2} = \iint_{S_H} \left(\frac{\partial \varphi_j(\mathrm{Q})}{\partial n_\mathrm{Q}} - \varphi_j(\mathrm{Q}) \frac{\partial}{\partial n_\mathrm{Q}} \right) G(\mathrm{P};\mathrm{Q}) \, dS$$
$$- \frac{U^2}{g} \oint_{C_H} \left(\frac{\partial \varphi_j(\mathrm{Q})}{\partial x'} - \varphi_j(\mathrm{Q}) \frac{\partial}{\partial x'} - \frac{2i\omega_e}{U} \varphi_j(\mathrm{Q}) \right) G(\mathrm{P};\mathrm{Q}) \Big|_{z'=0} dy' \quad (6.92)$$

$$\frac{\partial \varphi_j(\mathrm{P})}{\partial n_\mathrm{P}} = \frac{\sigma_j(\mathrm{Q})}{2} + \iint_{S_H} \sigma_j(\mathrm{Q}) \frac{\partial G(\mathrm{P};\mathrm{Q})}{\partial n_\mathrm{P}} \, dS - \frac{U^2}{g} \oint_{C_H} \sigma_j(\mathrm{Q}) \frac{\partial G(\mathrm{P};\mathrm{Q})}{\partial n_\mathrm{P}} n_{x'} \, dy' \quad (6.93)$$

n_P は P 点に関する法線微分を表わしている。

例として (6.91) と (6.93) を用いる、いわゆる間接法により船体運動を求める計算手順を示せば次のようになる。(6.93) に船体表面上での境界条件 (6.75) を適用し $\sigma_j(Q)$ について解けば、船体表面上のわき出し分布 $\sigma_j(Q)$ が得られる。得られた $\sigma_j(Q)$ を (6.91) に代入することで、任意の境界面上および流体内部点での速度ポテンシャル $\varphi_j(P)$ や流速場 $\nabla\varphi_j(P)$ が求められるから、それらを 6.1.5 節に示した圧力の式に代入して船体表面上で積分することにより、船体に作用する流体力 a_{ij}, b_{ij}, E_i が求められる。得られた流体力を第 1 章に示した 6 自由度の線形運動方程式に代入して解くことによって最終的に船体運動が得られることになる。

6.2.2 グリーン関数

(6.78) ~ (6.80) を満足するグリーン関数は、4.1 節で示した**フーリエ変換** (Fourier transform) を用いた方法で求めることができる。まず、簡単のためにわき出し点の位置を $Q = (0, 0, z')$ とする。最終的に得られた解において $x \to x - x'$, $y \to |y - y'|$ と読み替えを行うことで解の一般性を損なうことはない。ここで、x と y に関する二重のフーリエ変換および**逆フーリエ変換** (inverse Fourier transform) を次式で定義しておく。

$$G^{**}(k, \ell, z; 0, 0, z') = \int_{-\infty}^{\infty}\int_{-\infty}^{\infty} G(x, y, z; 0, 0, z')\, e^{-i(kx+\ell y)}\, dx\, dy \tag{6.94}$$

$$G(x, y, z; 0, 0, z') = \frac{1}{(2\pi)^2} \int_{-\infty}^{\infty}\int_{-\infty}^{\infty} G^{**}(k, \ell, z; 0, 0, z')\, e^{i(kx+\ell y)}\, dk\, d\ell \tag{6.95}$$

(6.78) ~ (6.80) において $x - x' \to x$、$y - y' \to y$ とした後、各式に対してフーリエ変換 (6.94) を施すと次式を得る。

$$-(k^2 + \ell^2)G^{**} + \frac{d^2 G^{**}}{dz^2} = \delta(z - z') \tag{6.96}$$

$$\left[(\omega_e - kU)^2 - i\mu(\omega_e - kU)\right]G^{**} - g\frac{dG^{**}}{dz} = 0 \quad \text{on } z = 0 \tag{6.97}$$

$$\frac{dG^{**}}{dz} = 0 \quad \text{on } z = -\infty \tag{6.98}$$

これらは G^{**} の z に関する常微分方程式となっている。この解法としては、4.1 節で行ったように、流体領域を $z' < z < 0$ と $z < z'$ の 2 つの領域に分けて考え、前者では (6.97) が、後者では (6.98) が満足されるように (6.96) を解き、その後 $z = z'$ で両方の解が連続になるように未知数を決定する、という方法を用いる。

$z' < z < 0$ の領域での解を G_1^{**} とすると (6.96) の一般解は

$$G_1^{**} = C_1 e^{\lambda z} + C_2 e^{-\lambda z}, \quad \lambda \equiv \sqrt{k^2 + \ell^2} \tag{6.99}$$

であり、これを (6.97) に代入すると、未知係数 C_1, C_2 間には

$$C_2 = -\frac{m - g\lambda}{m + g\lambda} C_1, \quad m \equiv (\omega_e - kU)^2 - i\mu(\omega_e - kU) \tag{6.100}$$

の関係があることが分かるから、C_1 を C と表記し直すと G_1^{**} は次式のように与えられる。

$$G_1^{**} = C\left(e^{\lambda z} - e^{-\lambda z} + \frac{2g\lambda}{m + g\lambda}e^{-\lambda z}\right) \quad \text{for } z' < z < 0 \tag{6.101}$$

一方、$z<z'$ の領域での解を G_2^{**} とすると、G_2^{**} の一般解も (6.99) と同じ形となるが、(6.98) を満足する解を考えると

$$G_2^{**} = D\,e^{\lambda z} \quad \text{for } z < z' \tag{6.102}$$

で与えられることが分かる。ここで、2 つの領域での解 (6.101)、(6.102) は $z=z'$ において (4.12) と (4.13) を満足しなくてはならないから次式を得る。

$$\left.\begin{array}{l} G_1^{**} - G_2^{**} = 0 \\ \dfrac{dG_1^{**}}{dz} - \dfrac{dG_2^{**}}{dz} = 1 \end{array}\right\} \quad \text{at } z = z' \tag{6.103}$$

そこで (6.101)、(6.102) を (6.103) に代入して C と D を求めると

$$C = \frac{(m+g\lambda)}{2\lambda(m-g\lambda)}e^{\lambda z'}, \quad D = -\frac{1}{2\lambda}\left(e^{-\lambda z'} - e^{\lambda z'}\right) + \frac{g}{m-g\lambda}e^{\lambda z'}$$

となる。これらを (6.101)、(6.102) 代入して G_1^{**} と G_2^{**} を整理すると、それらは次式により統一して表すことができる。

$$G^{**} = \frac{-1}{2\lambda}\left\{e^{-\lambda|z-z'|} - e^{-\lambda|z+z'|}\right\} + \frac{g}{m-g\lambda}e^{\lambda(z+z')} \tag{6.104}$$

λ, m に (6.99)、(6.100) で定義した値を代入し、逆フーリエ変換 (6.95) を行うと

$$\begin{aligned} G = &-\frac{1}{8\pi^2}\int_{-\infty}^{\infty}\int_{-\infty}^{\infty} \frac{1}{\sqrt{k^2+\ell^2}}\left[e^{-\sqrt{k^2+\ell^2}|z-z'|} - e^{-\sqrt{k^2+\ell^2}|z+z'|}\right]e^{i(kx+\ell y)}\,dk\,d\ell \\ &-\frac{g}{4\pi^2}\lim_{\mu\to 0}\int_{-\infty}^{\infty}\int_{-\infty}^{\infty}\frac{e^{\sqrt{k^2+\ell^2}(z+z')+i(kx+\ell y)}}{g\sqrt{k^2+\ell^2} - (\omega_e-kU)^2 + i\mu(\omega_e-kU)}\,dk\,d\ell \end{aligned} \tag{6.105}$$

となる。ここで変数変換

$$\left.\begin{array}{l} k = k'\cos\theta, \ \ell = k'\sin\theta, \\ dk\,d\ell = k'\,dk'\,d\theta, \ (0 < k' < \infty, \ -\pi < \theta < \pi) \end{array}\right\} \tag{6.106}$$

を行った後、k' を改めて k と表記すると (6.105) は

$$\begin{aligned} G = &-\frac{1}{8\pi^2}\int_0^\infty\int_{-\pi}^{\pi}\left\{e^{-k|z-z'|} - e^{-k|z+z'|}\right\}e^{ik(x\cos\theta+y\sin\theta)}\,d\theta\,dk \\ &+\frac{g}{4\pi^2}\lim_{\mu\to 0}\int_0^\infty\int_{-\pi}^{\pi}\frac{k\,e^{k(z+z')+ik(x\cos\theta+y\sin\theta)}}{(kU\cos\theta-\omega_e)^2 - gk + i\mu(kU\cos\theta-\omega_e)}\,d\theta\,dk \end{aligned} \tag{6.107}$$

となる。(6.107) の右辺第 1 項はリプシッツ（Lipschitz）の積分として知られており、ランキンソースを表わしている。この関係を用い、また $x \to x-x'$, $y \to |y-y'|$ の読み替えを行うと (6.107) は最終的に次式となる。

$$G(\mathrm{P};\mathrm{Q}) = -\frac{1}{4\pi}\left(\frac{1}{r} - \frac{1}{r'}\right) + T(X,Y,Z) \tag{6.108}$$

ただし、

$$\left.\begin{array}{l} r \\ r' \end{array}\right\} = \sqrt{(x-x')^2 + (y-y')^2 + (z\mp z')^2} \tag{6.109}$$

$$T(X,Y,Z) = \frac{g}{4\pi^2}\lim_{\mu\to 0}\int_{-\pi}^{\pi}d\theta\int_0^\infty\frac{k\,e^{k(Z+i\varpi)}}{(kU\cos\theta-\omega_e)^2 - gk + i\mu(kU\cos\theta-\omega_e)}\,dk \tag{6.110}$$

$$\varpi = X\cos\theta + Y\sin\theta, \ X = x-x', \ Y = |y-y'|, \ Z = z+z' \tag{6.111}$$

(6.108) が示すように、グリーン関数は右辺第 1 項目のランキンソース部分（r' は $z=0$ の自由表面に関して鏡像点に位置するわき出しである）と右辺第 2 項目の T に関する項で構成されている。この第 2 項目は、強さを周期的に変動させるわき出しによる造波を表しており**波動部** (wave term) と呼ばれている。これは、2 次元の自由表面グリーン関数と同様に、撹乱源から遠ざかるとすぐに減衰する局所波と、外方へ伝播する進行波から構成されている。

演習 6.4

リプシッツ積分と呼ばれている次の関係式が成り立つことを示しなさい。
$$\frac{1}{r} = \frac{1}{2\pi}\iint_{-\infty}^{\infty}\frac{1}{\sqrt{k^2+\ell^2}}e^{-\sqrt{k^2+\ell^2}|z|+i(kx+\ell y)}\,dk\,d\ell$$
$$= \frac{1}{2\pi}\int_0^{\infty}dk\int_{-\pi}^{\pi}e^{-k|z|+ik(x\cos\theta+y\sin\theta)}\,d\theta$$

入射波の速度ポテンシャル (6.1) の指数関数部は $e^{-ik_0(x\cos\beta+y\sin\beta)}$ で表されていて、図 6.1 あるいは図 6.5 左図に示すように、正の x 軸から反時計方向に角度 β で進行する（あるいは角度 $\pi+\beta$ で入射すると言ってもよい）[†]波数 k_0 の波を表していた。この入射波の速度ポテンシャルの指数関数部と (6.110) の被積分関数に現れる $e^{ik\varpi}$ を比較することで容易に分かるように、$e^{ik\varpi}$ は正の x 軸から反時計方向に角度 θ で入射する（あるいは角度 $\pi+\theta$ で進行する）波数 k の波を表している（図 6.5 右図参照）。これを**素成波** (elementary wave) という。(6.110) は、グリーン関数の波動部が、θ 方向から入射する（$\pi+\theta$ 方向に進行する）波数 k の素成波の重ね合わせによって表されることを示している。

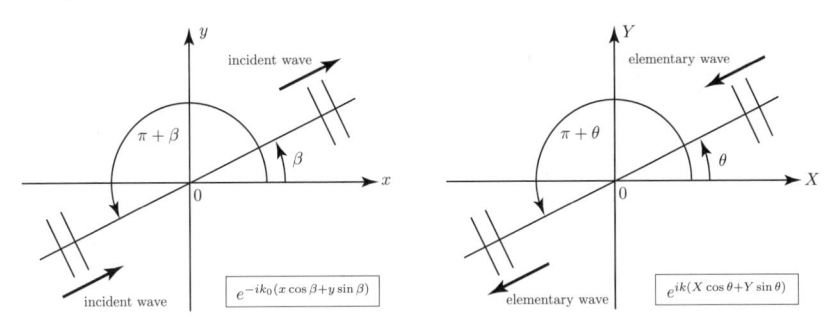

図 6.5 入射波と素成波の進行方向

6.2.3 グリーン関数の計算例

ここでグリーン関数の計算例を示しておこう。(6.110) で示した二重積分で表されるグリーン関数の波動部 T をこのままの形で数値積分するのは効率的ではない。そのため数値計算に便利なように変形した表示式がいくつか示されている。多くは積分指数関数を用いた表示式（例えば参考文献 [6.6]）であるが、これとは全く異なる表示式として、次式で示す別所の一重積分表示式がある [6.7]。

[†] ここで言う「進行する」、「入射する」とは、原点に対して「出て行く」、「入って来る」という意味である。

(a) $F_n = 0.5, Kf = 0.2, \tau = 0.224$ のとき

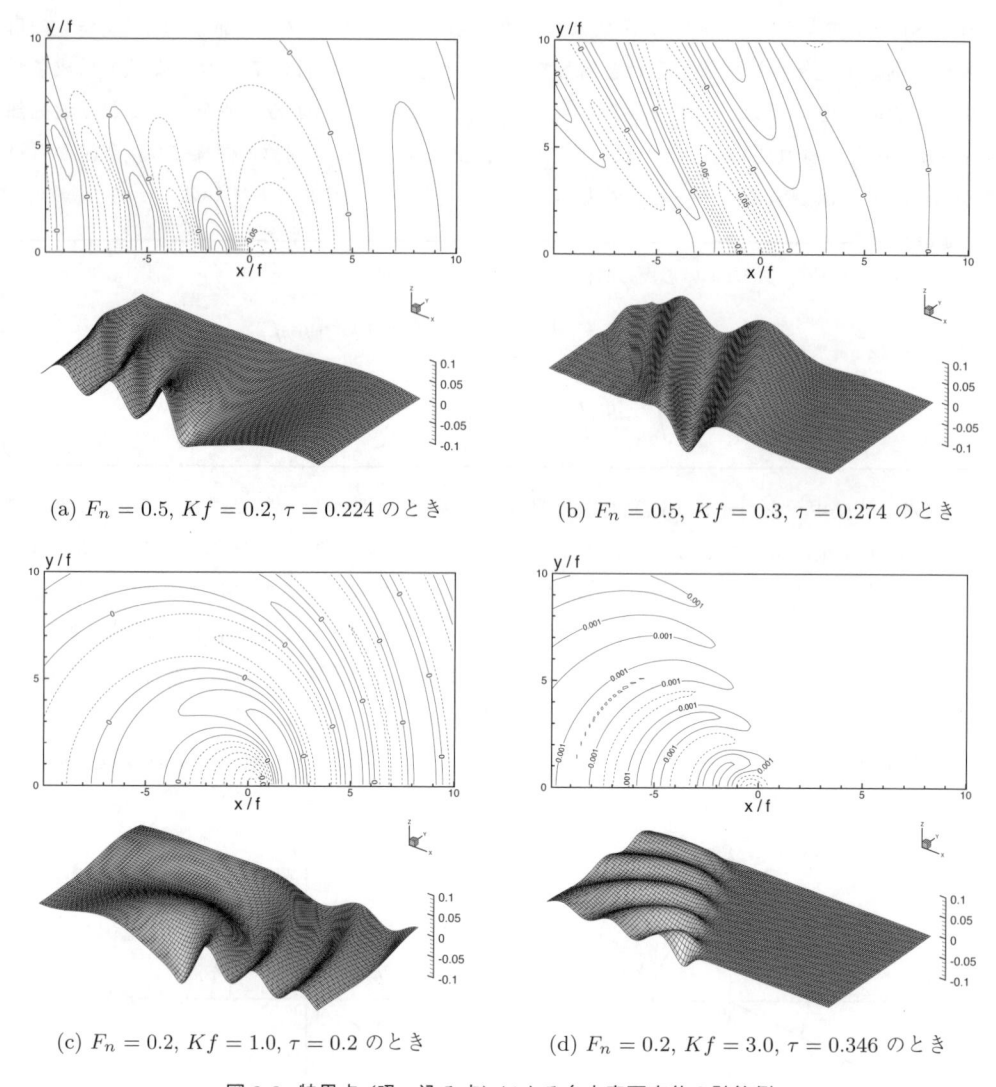

(b) $F_n = 0.5, Kf = 0.3, \tau = 0.274$ のとき

(c) $F_n = 0.2, Kf = 1.0, \tau = 0.2$ のとき

(d) $F_n = 0.2, Kf = 3.0, \tau = 0.346$ のとき

図 **6.6** 特異点 (吸い込み点) による自由表面変位の計算例

$$T(X,Y,Z) = \frac{i}{2\pi} \int_{\alpha-\pi}^{-\frac{\pi}{2}+\Theta-i\varepsilon} \frac{d\theta}{\sqrt{1+4\tau\cos\theta}} \left[k_2 e^{k_2(Z+i\varpi)} - \text{sgn}(\cos\theta) k_1 e^{k_1(Z+i\varpi)} \right] \quad (6.112)$$

ただし、

$$\left.\begin{matrix} k_1 \\ k_2 \end{matrix}\right\} = \frac{K_0}{2\cos^2\theta}(1 + 2\tau\cos\theta \pm \sqrt{1+4\tau\cos\theta}), \quad K_0 = \frac{g}{U^2}, \quad \tau = \frac{U\omega_e}{g}, \quad (6.113)$$

$$\Theta = \cos^{-1}\frac{X}{\sqrt{X^2+Y^2}}, \quad \varepsilon = \sinh^{-1}\frac{|Z|}{\sqrt{X^2+Y^2}}, \quad \alpha = \begin{cases} \cos^{-1}\dfrac{1}{4\tau} & (4\tau > 1) \\ -i\cosh^{-1}\dfrac{1}{4\tau} & (4\tau < 1) \end{cases}$$

式中の花岡パラメータ (Hanaoka's parameter) τ は、5.5.2 節で説明しているように、非定常な波動場の特徴を支配する重要なパラメータである。(6.112) の被積分関数は、単純な初等関数だけで表されているが、積分は複素平面上の曲線に沿って実行しなくてはならない。この複素平面

6.2 速度ポテンシャルの表示式

上の積分を数値的に探索された最急降下線に沿って高速に高精度で数値積分する方法が提案されている [6.8] ので、本節ではこの方法を用いた計算例を示すことにする。

先駆的な計算例では、(6.108) の右辺の符号を逆にして、グリーン関数を吸い込み点による速度ポテンシャルとして定義したものも多いので、ここではそれに倣った計算を行うことにする。そのためには、単位強さ $1(\mathrm{m}^3/\mathrm{s})$ のわき出しの速度ポテンシャルとして定義されている G の強さを $-1(\mathrm{m}^3/\mathrm{s})$ に替えればよいので、計算上は単に $G \to -G$ とすればよい。わき出し点の位置を $(x', y', z') = (0, 0, -f)$ とし、わき出し点の深さ f を用いて無次元量

$$F_n = \frac{U}{\sqrt{gf}}, \quad Kf = \frac{\omega_e^2}{g}f \tag{6.114}$$

を定義し、自由表面上の座標点 $(x, y, 0)$ に対してわき出し点による波の変位を計算する。波の変位は (6.26) において $\phi \to -G$ とすればよいので

$$\zeta_w = \frac{1}{g}\left(i\omega_e - U\frac{\partial}{\partial x}\right)G = \frac{i\tau}{F_n\sqrt{gf}}\left(1 + \frac{i}{K_0\tau}\frac{\partial}{\partial x}\right)T \tag{6.115}$$

で与えられる。波の変位は $z = 0$ の面上で計算されるので、G のうちランキンソース部分はゼロとなり T のみの計算となることに注意されたい。

こうして計算された ζ_w/f の結果を図 6.6 に示す。(6.115) のうち実部のみ ($t = 0$ の波形に相当する) を描いている。F_n や Kf の値は文献 [6.9] で用いられた値をそのまま使用しているので、当該文献中の結果と比較することもできるであろう。わき出し点や吸い込み点など、特異点が造る波については後述するが、(a), (b) は k_1 波の成分が、(c), (d) は k_2 波の成分が顕著に現れている例になっている。ちなみに計算時間は x 軸方向に 100 点、y 軸方向に 50 点の計 5000 点を計算して、ノートパソコンで 1 秒足らずである。

6.2.4 速度ポテンシャルの漸近表示式

(3.83) で波のエネルギー密度は $\rho g \zeta^2/2$ で計算されることが分かっている。例えば、座標原点を中心とした半径 $R = \sqrt{X^2 + Y^2}$ の円筒を考え、円筒を通り抜ける波のエネルギーを計算しようとすれば $(\rho g \zeta^2 /2) R\, d\theta$ を θ について積分することになる。ζ が R に関して $\zeta \sim 1/\sqrt{R}$ で漸近するとすれば、この積分値は R に関係なくなり、進行波のエネルギーは保存されていることが分かる。

このように、速度ポテンシャル (6.108) の $R \to \infty$ での関数の挙動を調べることは重要であり、$R \to \infty$ での関数の挙動を示した式を**漸近表示式** (asymptotic expression) と呼ぶ。数学的には (6.108) の波動部 T の積分において留数の寄与を抽出すればよい。結果として $G(\mathrm{P};\mathrm{Q})$ の漸近表示式として次式を得ることができる (付録参照)。

$$\begin{aligned}G(\mathrm{P};\mathrm{Q}) \sim &\frac{i}{2\pi}\left\{\int_{\frac{\pi}{2}}^{\frac{\pi}{2}+\Theta} - \int_{-\frac{\pi}{2}}^{-\frac{\pi}{2}+\Theta}\right\}\frac{k_1\, e^{k_1(Z+i\varpi)}}{\sqrt{1 + 4\tau\cos\theta}}d\theta \\ &+ \frac{i}{2\pi}\left\{\int_{\frac{\pi}{2}+\Theta}^{\pi-\alpha_0} + \int_{\alpha_0-\pi}^{-\frac{\pi}{2}+\Theta}\right\}\frac{k_2\, e^{k_2(Z+i\varpi)}}{\sqrt{1+4\tau\cos\theta}}d\theta, \end{aligned} \tag{6.116}$$

ただし

$$\alpha_0 = \begin{cases} \cos^{-1}\dfrac{1}{4\tau} & (4\tau > 1) \\ 0 & (4\tau < 1) \end{cases} \tag{6.117}$$

これを (6.88) 式に用いると、船体から十分に離れた場所の速度ポテンシャルは

$$\varphi_j(\mathrm{P}) \sim \frac{i}{2\pi}\left\{\int_{\frac{\pi}{2}}^{\frac{\pi}{2}+\Theta} - \int_{-\frac{\pi}{2}}^{-\frac{\pi}{2}+\Theta}\right\} H_j(k_1,\theta)\frac{k_1\, e^{k_1[z+i(x\cos\theta+y\sin\theta)]}}{\sqrt{1+4\tau\cos\theta}}d\theta$$

$$+\frac{i}{2\pi}\left\{\int_{\frac{\pi}{2}+\Theta}^{\pi-\alpha_0} + \int_{\alpha_0-\pi}^{-\frac{\pi}{2}+\Theta}\right\} H_j(k_2,\theta)\frac{k_2\, e^{k_2[z+i(x\cos\theta+y\sin\theta)]}}{\sqrt{1+4\tau\cos\theta}}d\theta \quad (6.118)$$

と表すことができる。式中 $H_j(k_m,\theta)$ $(m=1,2; j=1\sim 7)$ は**コチン関数** (Kochin function) であり、

$$H_j(k_m,\theta) = \iint_{S_H}\left(\frac{\partial\varphi_j}{\partial n} - \varphi_j\frac{\partial}{\partial n}\right) e^{k_m[z'-i(x'\cos\theta+y'\sin\theta)]}dS$$

$$-\frac{U^2}{g}\oint_{C_H}\left(\frac{\partial\varphi_j}{\partial x'} - \varphi_j\frac{\partial}{\partial x'} - \frac{2i\omega_e}{U}\varphi_j\right) e^{-ik_m(x'\cos\theta+y'\sin\theta)}dy' \quad (6.119)$$

で定義される。物理的には、船体から θ 方向へ造波され、遠方へと進行する素成波の振幅や位相を表している。同様に (6.117) 式を (6.91) 式に適用した場合のコチン関数は次式となる。

$$H_j(k_m,\theta) = \iint_{S_H}\sigma_j(x',y',z')\, e^{k_m[z'-i(x'\cos\theta+y'\sin\theta)]}dS$$

$$-\frac{U^2}{g}\oint_{C_H}\sigma_j(x',y',0)\, e^{-ik_m(x'\cos\theta+y'\sin\theta)}n_{x'}\, dy' \quad (6.120)$$

非定常速度ポテンシャル ϕ 全体は (6.52) 式で定義されているから、これに対応して全体のコチン関数は次式で計算すればよい。

$$H(k_m,\theta) = \frac{ig\zeta_a}{\omega}H_7(k_m,\theta) + i\omega_e\sum_{j=1}^{6}X_j H_j(k_m,\theta) \quad (m=1,2) \quad (6.121)$$

6.2.5 漸近波動場

前節において、船体から十分離れた場所における速度ポテンシャルが、グリーン関数の漸近表示式に、コチン関数を重み関数として乗じた形で表せることが示された。コチン関数を通じて船体形状の違いや動揺特性の違いが反映されるわけであるが、その遠方場での挙動は基本的にはグリーン関数の挙動と同じであることが分かる。そこで、グリーン関数の遠方場での挙動を調べることで船体の造波する非定常な波動場について理解してみよう。

6.2.2 節の末部でも述べたように、グリーン関数の波動部は θ 方向から入射する ($\pi+\theta$ 方向に進行する) 波数 k の素成波の重ね合わせで表されている。その一重積分表示式である (6.112) や漸近表示式 (6.117) の被積分関数を見ると、素成波の波数が $k_1(\theta)$ および $k_2(\theta)$ で表されている。各々を $\boldsymbol{k_1}$ **波** (k_1 wave)、$\boldsymbol{k_2}$ **波** (k_2 wave) と呼んでいる。このことは、船の造る波が大きく $\boldsymbol{k_1}$ **波系** (k_1 wave system) と $\boldsymbol{k_2}$ **波系** (k_2 wave system) の二つの**波系** (wave system) で構成されていることを示している。任意点の波は θ 方向から入射する ($\pi+\theta$ 方向に進行する) 波数 k_1 と k_2 の素成波の重ね合わせで表せることになる。

(6.112)、(6.117) の漸近値を数値積分することなしに電卓レベルで概算する手法として、**停留位相法** (stationary phase method) という方法がある。いま次式のような積分を評価しようとする。

6.2 速度ポテンシャルの表示式

$$J(R) = \int_A^B \psi(\theta) e^{iRf(\theta)} d\theta \tag{6.122}$$

$\psi(\theta)$ は $A<\theta<B$ で緩やかに変化する関数とする。$A<\theta<B$ において

$$f'(\theta_0) = 0, \ f''(\theta_0) \neq 0 \qquad (A<\theta_0<B) \tag{6.123}$$

となる θ_0 が単一に存在したとするとき、この点を**停留点** (stationary point) という。被積分関数の位相部分はこの点の近傍で緩やかに変化して積分への寄与が大きくなる。したがって、この点の近傍での積分を評価すればそれが近似値となるというのが停留位相法の考え方である。$\theta = \theta_0 + v$ とおいて $f(\theta)$ を $\theta = \theta_0$ まわりにテイラー展開すると

$$f(\theta) = f(\theta_0) + \frac{f''(\theta_0)}{2}v^2 + O(v^3) \tag{6.124}$$

となり、このとき停留位相法による (6.122) の評価は

$$\begin{aligned}
J(R) &\sim \psi(\theta_0) e^{iRf(\theta_0)} \left\{ \int_{-\delta}^0 + \int_0^\delta \right\} e^{iR\frac{f''(\theta_0)}{2}v^2} dv \\
&\simeq 2\psi(\theta_0) e^{iRf(\theta_0)} \int_0^\infty e^{iR\frac{f''(\theta_0)}{2}v^2} dv = \frac{\sqrt{2\pi}\psi(\theta_0)}{\sqrt{R|f''(\theta_0)|}} e^{i[Rf(\theta_0)+\text{sgn}(f''(\theta_0))\frac{\pi}{4}]}
\end{aligned} \tag{6.125}$$

となる。δ は正の微小量を表している。積分区間内に $f'(\theta_0)=0$ となる θ_0 が存在しない場合、あるいは存在しても $f''(\theta_0)=0$ となる場合には、更に高次までの展開が必要であるが本書では扱わない。(6.125) が示すように、この停留位相法により得られる主要項は $O(1/\sqrt{R})$ である。

演習 6.5

(6.125) の最後の積分 (v に関する半無限区間積分) を複素 v 平面内で実施してこの評価式を導きなさい。$f''(\theta_0) > 0$ の場合、複素 v 平面内で、実軸に沿って r ($r \to \infty$) まで行き、次に $v = re^{i\theta}$ ($0 \leq \theta \leq \pi/4$) に沿い、最後に $re^{i\pi/4}$ より原点に至る経路に沿って積分すればよい。計算においては次の積分公式 (**Note 8.1** に証明あり) を用いるとよい。

$$\int_0^\infty e^{-x^2} dx = \frac{\sqrt{\pi}}{2}$$

上記の停留位相法を (6.112) もしくは (6.117) に適用する。いずれでも結果は一緒になるので、ここでは (6.112) に適用してみよう。この表示式は、積分径路を実軸に沿って取ると波数 k_j が実数として変化するので進行波を表すことになる。簡単のために特異点位置を $Q=(0,0,0)$ として、(6.112) において実軸に沿った積分のみを書き出すと

$$\begin{aligned}
T \sim &\frac{i}{2\pi} \left\{ \int_{-\pi+\alpha_0}^{-\frac{\pi}{2}} - \int_{-\frac{\pi}{2}}^{-\frac{\pi}{2}+\Theta} \right\} \frac{k_1 e^{k_1[z+i(x\cos\theta+y\sin\theta)]}}{\sqrt{1+4\tau\cos\theta}} d\theta \\
&+ \frac{i}{2\pi} \int_{-\pi+\alpha_0}^{-\frac{\pi}{2}+\Theta} \frac{k_2 e^{k_2[z+i(x\cos\theta+y\sin\theta)]}}{\sqrt{1+4\tau\cos\theta}} d\theta
\end{aligned} \tag{6.126}$$

が得られる。被積分関数の指数関数部分は $x = R\cos\Theta$, $y = R\sin\Theta$ とおくと $e^{k_j z + iRk_j \cos(\theta-\Theta)}$ と書けるので、(6.126) と (6.122) との指数関数部分の対応は

$$Rf(\theta) = Rk_j \cos(\theta - \Theta) = k_j(x\cos\theta + y\sin\theta) \qquad (j=1,2) \tag{6.127}$$

となる。ここで k_j の微分に関し、(6.113) で定義されている k_j の式の、両辺の対数を取って微分することにより、$k'_j(\theta)$ は $k_j(\theta)$ を用いて

$$k'_j = \frac{\sin\theta}{\cos\theta} \frac{(\sqrt{1+4\tau\cos\theta} \pm 1)}{\sqrt{1+4\tau\cos\theta}} k_j \tag{6.128}$$

と表せることが分かる。複合は $j=1$ のとき上側、$j=2$ のとき下側を取るものとしている。この関係を用いて、(6.123) に従い (6.127) の微分計算を行って停留点の条件式を求めると

$$Rf'(\theta) = \frac{d}{d\theta} k_j (x\cos\theta + y\sin\theta)$$
$$= \frac{\pm k_j \{x\cos\theta\sin\theta + y(\sin^2\theta \pm \sqrt{1+4\tau\cos\theta})\}}{\cos\theta\sqrt{1+4\tau\cos\theta}} = 0 \quad (j=1,2) \tag{6.129}$$

を得る。よって停留点を与える式として次式が得られる。

$$\tan\Theta = \frac{y}{x} = \frac{-\cos\theta\sin\theta}{\sin^2\theta \pm \sqrt{1+4\tau\cos\theta}} \tag{6.130}$$

── 演習 6.6 ────────────────────────
(6.128) の関係を導きなさい。
──────────────────────────────────

まず、$\tau<1/4$ の場合、$\tau>1/4$ の場合について、(6.130) で得られる停留点の値を Θ ($0<\Theta<\pi$) の関数としてグラフにすると図 6.7 を得る。図は θ について周期性を持っているので、例えば図示した $-\pi<\theta<\pi$ の範囲以外に $\pi<\theta<2\pi$ の区間の図が必要になった場合には、図 6.7 の $-\pi<\theta<0$ の区間の図を複写して考えればよい。実際、(6.117) を用いる場合にはこの操作が必要になる。

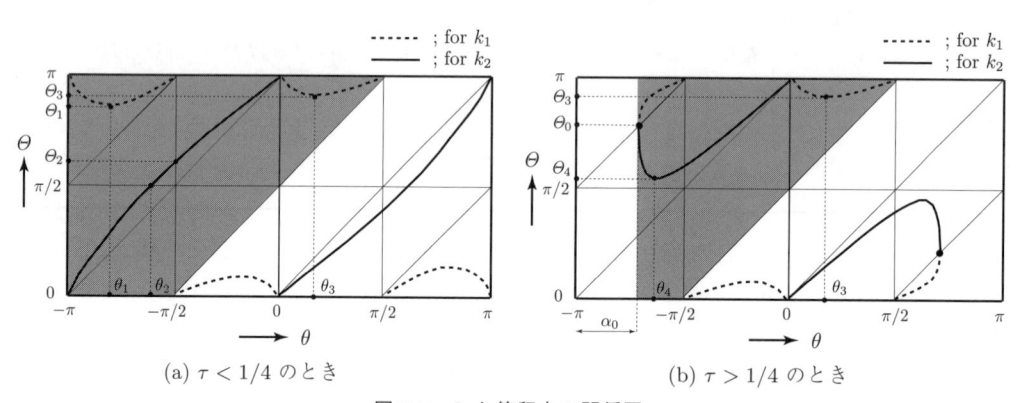

(a) $\tau<1/4$ のとき

(b) $\tau>1/4$ のとき

図 6.7 Θ と停留点の関係図

$\tau<1/4$ の場合を考えてみよう。このとき $\alpha_0=0$ であるから、図 6.7(a) において停留点として考慮しなくてはならないのは (6.126) の積分範囲、すなわち図中陰影を施した部分のみとなる。停留点の図 6.7(a) を用いて k_1 波および k_2 波各々について波形の概略図を示すと図 6.8 のようになることが分かる。図 6.7(a) に示した観察点の x, y 平面上での位置 Θ と、図から得られる停留点における素成波の進行方向 θ との関係を確認して頂きたい。その際、本節冒頭で記したように「素成波の進行方向は考えている点に向かって入射してくる方向を正として定義して

(a) k_2 波
(b) k_1 波

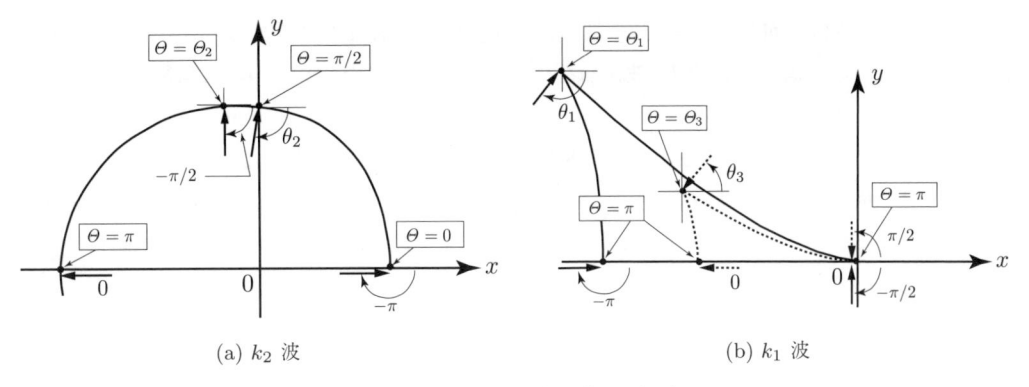

図 6.8 $\tau < 1/4$ の場合の波形の概略図

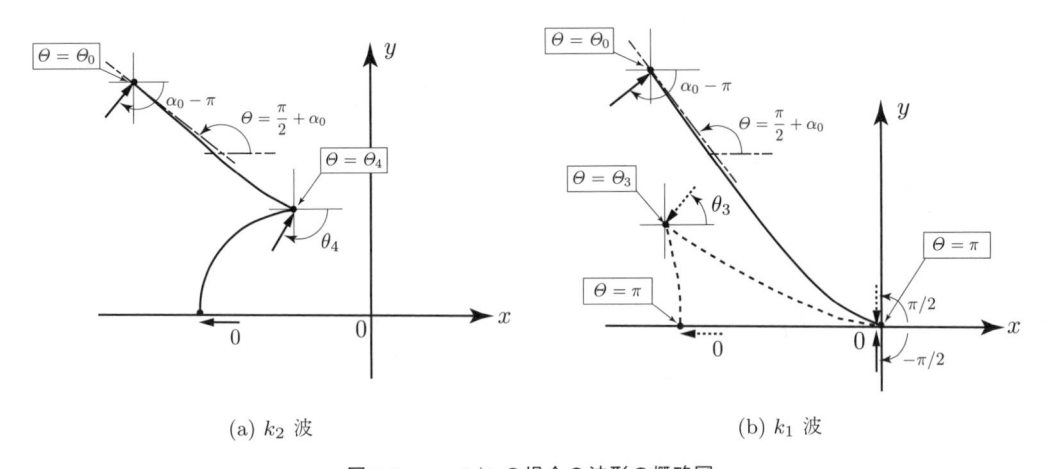

(a) k_2 波
(b) k_1 波

図 6.9 $\tau > 1/4$ の場合の波形の概略図

いる」点に注意する。$\tau < 1/4$ の場合には、図 6.8(a) のように k_2 波は原点から全周方向へと進行して行く。これは、船体が前進速度なしで動揺してできる円筒波が、前進速度の影響を受け変形した形の波になっていると解釈することができる。また、$k_2(\theta)$ の関数形から、その波数は θ が $-\pi$ から 0 へと大きくなるにつれて小さくなるから、波長は逆に短くなる。すなわち原点前方での波長の方が、後方での波長よりも短くなる。実際、$k_2(\theta)$ において、前方 ($\theta = -\pi$) へと進む k_2 波の波数 $k_2(-\pi)$ と、後方 ($\theta = 0$) へと進む k_2 波の波数 $k_2(0)$ は、$4\tau < 1$ において

$$\begin{aligned} k_2(-\pi) - k_2(0) &= 1 - 2\tau - \sqrt{1-4\tau} - (1 + 2\tau - \sqrt{1+4\tau}) \\ &= -4\tau + \sqrt{1+4\tau} - \sqrt{1-4\tau} = (4\tau)^3/8 + O(\tau^5) > 0 \end{aligned} \quad (6.131)$$

の関係にあることが確認できる。

いま正面向い波中の問題を考えると、出会い角は $\beta = \pi$ であるから、出会い円周波数は $\omega_e = \omega + k_0 U$ となる。この関係は $\nu = U\omega/g$ を定義すると $\tau = \nu + \nu^2$ と書けるから、

$$\begin{aligned} k_2(0) = \frac{K_0}{2}(1 + 2\tau - \sqrt{1+4\tau}) &= \frac{K_0}{2}\left\{1 + 2(\nu + \nu^2) - \sqrt{1 + 4(\nu + \nu^2)}\right\} \\ &= K_0 \nu^2 = \frac{\omega^2}{g} = k_0 \end{aligned} \quad (6.132)$$

となり、x 軸の負の方向へ伝播する k_2 波の波数 $k_2(0)$ は入射波の波数と同じである。つまり船体後方には入射波と同じ波長の k_2 波が伝播するということになる。このことは後述の $\tau > 1/4$ の場合にも成立する。

一方、k_1 波について見てみると、図 6.8(b) に示すように、図中点線で示した波長の短い k_1 波と、実線で示した波長の長い k_1 波の 2 つの波系で構成されていることが分かる。共に定常問題で造波されるケルビン波と類似の形をしており、定常問題におけるケルビン波が、船体の非定常な動揺によって変形した波系と解釈することができる。

次に $\tau > 1/4$ の場合 ($\alpha_0 \neq 0$) について、停留点の図 6.7(b) を用いて $\tau < 1/4$ の場合と同様に波形図を描いてみると、図 6.9 のようになる。k_2 波、および波長の長い方の k_1 波が割れたような波形が形成される。いずれの波系も $\Theta < \Theta_0 (= \pi/2 + \alpha_0)$ の範囲には波が存在しなくなる。素成波の伝播方向も $-\pi + \alpha_0$ より小さい範囲へは伝播しなくなる。こうした波の伝播範囲は $\alpha_0 = \cos^{-1}(1/4\tau)$ に依存しており、船速が大きくなる、あるいは出会い円周波数が大きくなるなどして τ が大きくなると、造波される波の範囲は船体後方の狭い領域へと限定されていく。

図 6.7 の中で $\theta_1, \theta_3, \theta_4$ で示された点を**カスプ** (cusp) と呼び、波形図 6.8 の k_1 波、波形図 6.9 の k_2 波の波形が屈曲する点に対応する。カスプは、図 6.7 のグラフにおいて極大・極小値を与える点であるから (6.130) の θ に関する微分値がゼロとなる点として求めることができる。実際に計算を行ってみると

$$\frac{d}{d\theta}\left(\frac{y}{x}\right) = \frac{\pm \cos^2\theta \{2k_j \sin^2\theta - K_0(1+4\tau\cos\theta)\}}{K_0(\sin^2\theta \pm \sqrt{1+4\tau\cos\theta})^2 \sqrt{1+4\tau\cos\theta}} = 0 \quad (6.133)$$

より

$$2k_j \sin^2\theta - K_0(1+4\tau\cos\theta) = 0 \quad (6.134)$$

の条件を得る。

例として $\omega_e = 0$ の定常問題を考えてみる。このとき $\tau = 0$, $k_1 = K_0/\cos^2\theta$, $k_2 = 0$ とすればよいから (6.134) より

$$\tan^2\theta = \tan^2(\theta \pm \pi) = \frac{1}{2} \quad (6.135)$$

を得る。これより複数の θ の値が得られることになるが、Θ と停留点の関係図として、$\tau < 1/4$ の場合の図 6.7(a) を参照しなくてはならないことに注意し、図 6.7(a) 中の θ_1, θ_3 に対応する値を選ぶと

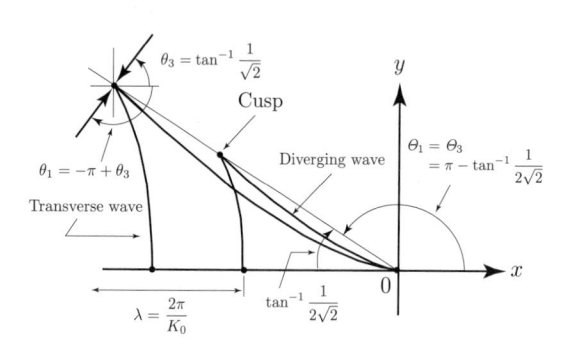

図 **6.10** 定常問題のケルビン波形とカスプ

$$\theta_3 = \tan^{-1}(1/\sqrt{2}) = 35°16', \quad \theta_1 = -\pi + \theta_3 = -144°44' \quad (6.136)$$

となる。この結果とケルビン波形との関係は図 6.10 のようになる。カスプ点において、θ_3 方向から入ってくる波と θ_1 方向から入ってくる波とがキャンセルし、時間と共に進行する波は存在しなくなる。これは船と共に移動する座標系から観察すると、定常波は座標系に対して移動し

ないことを意味している。波形の観点からは、定常問題の場合、図 6.8(b) の 2 つの k_1 波が重なり $\theta_3 - \theta_1 = \pi$ の関係になると考えればよい。

また、(6.130) より
$$\tan \Theta = \tan(\Theta \pm \pi) = \frac{y}{x} = \frac{-\tan\theta}{1 + 2\tan^2\theta} \tag{6.137}$$

の関係があるから、(6.136) を用いて図 6.7(a) の Θ_1, Θ_3 に対応する値を選ぶと
$$\Theta_1 = \Theta_3 = \pi - \tan^{-1}\frac{1}{2\sqrt{2}} = 180° - 19°28' \tag{6.138}$$

を得る。図 6.10 に示すように、船体を、座標原点に存在する特異点と考えて遠方場を観察すると、ケルビン波の存在する範囲は船体後方の $\pm 19°28'$ という範囲に限定されるということが分かる。この限界角は船舶流体力学分野では常識として知っておくべき値なので記憶しておきたい。非定常問題の場合には、図 6.7 の中で θ_4 で示すように、カスプは k_2 波にも存在する。

さて、停留位相法により (6.125) で与えられる概算値を得るためには、(6.130) を満足する停留点 θ に対して $f''(\theta)$ を計算するとよい。この計算の結果は次のようになる。
$$Rf''(\theta) = \frac{d^2}{d\theta^2}k_j(x\cos\theta + y\sin\theta) = \frac{k_jy\{2k_j\sin^2\theta - K_0(1+4\tau\cos\theta)\}}{K_0\sin\theta(1+4\tau\cos\theta)} \tag{6.139}$$

カスプでは (6.134) が満足されるから、(6.139) はゼロとなることが確認できる。つまりカスプでは $f''(\theta) = 0$ となって (6.125) は適用できない。この場合、より高次の項を考慮した展開が必要となる。

最後に停留位相法に基づいて漸近波紋（等位相線図）を描いてみよう。そのためには、(6.122) の位相部分 $Rf(\theta)$ が 2π の倍数として変化する条件と、停留点の条件 (6.130) を連立して解けばよい。具体的には
$$\left.\begin{array}{l} k_j(x\cos\theta + y\sin\theta) = 2\pi n \quad (n = 1, 2, 3, \cdots) \\[6pt] \dfrac{y}{x} = \dfrac{-\cos\theta\sin\theta}{\sin^2\theta \pm \sqrt{1+4\tau\cos\theta}} \end{array}\right\} \tag{6.140}$$

を解けばよい。これを x, y について解くと、k_2 波については
$$\left.\begin{array}{l} x = \dfrac{2\pi n(\sin^2\theta - \sqrt{1+4\tau\cos\theta})}{k_2\cos\theta\sqrt{1+4\tau\cos\theta}} \quad (n = 1, 2, 3, \cdots) \\[6pt] y = -\dfrac{2\pi n\sin\theta}{k_2\sqrt{1+4\tau\cos\theta}} \end{array}\right\} \tag{6.141}$$

k_1 波については
$$\left.\begin{array}{l} x = -\mathrm{sgn}(\cos\theta)\dfrac{2\pi n(\sin^2\theta + \sqrt{1+4\tau\cos\theta})}{k_1\cos\theta\sqrt{1+4\tau\cos\theta}} \quad (n = 1, 2, 3, \cdots) \\[6pt] y = \mathrm{sgn}(\cos\theta)\dfrac{2\pi n\sin\theta}{k_1\sqrt{1+4\tau\cos\theta}} \end{array}\right\} \tag{6.142}$$

を得る。

図 6.7 で示した積分区間の中で停留点の存在する範囲を抽出し、(6.141) を $-\pi + \alpha_0 < \theta < 0$ の θ に対して、また (6.142) を $-\pi + \alpha_0 < \theta < -\pi/2, 0 < \theta < \pi/2$ の θ に対して計算することで、$y > 0$ の領域の漸近波形を描くことができる。

(a) $\tau = 0.24$ の場合

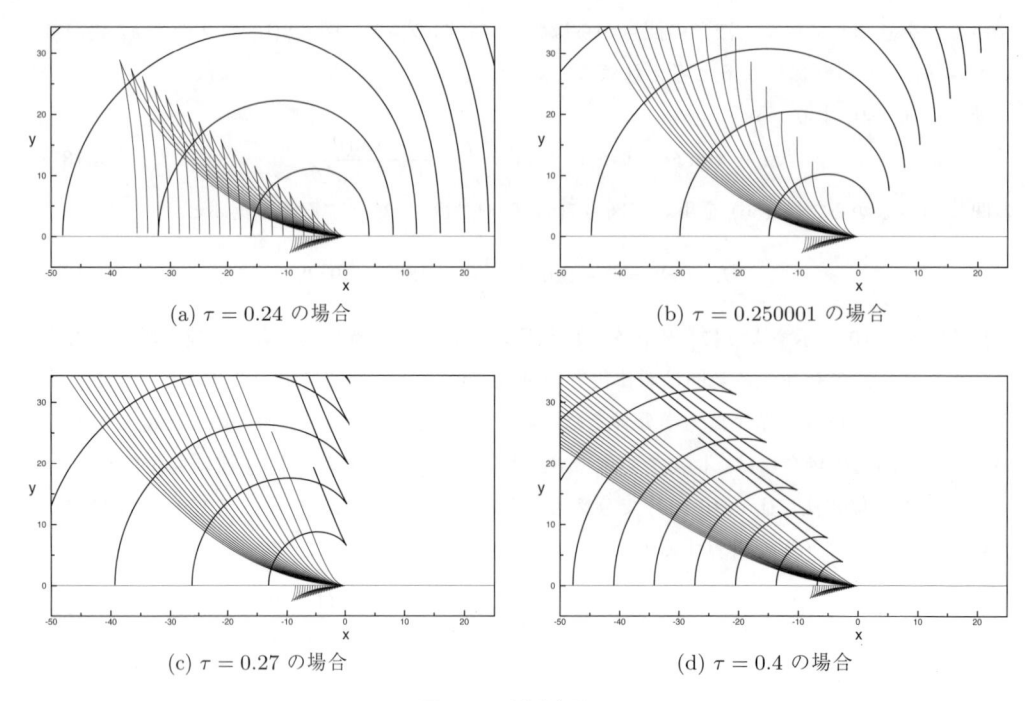

(b) $\tau = 0.250001$ の場合

(c) $\tau = 0.27$ の場合

(d) $\tau = 0.4$ の場合

図 **6.11** 漸近波形図

図 6.11 に (6.141)、(6.142) から計算された漸近波形の例を示す。$U = 1.0$ と規格化して τ の値を変えて計算している。k_1 波については見易くするために、波長の短い k_1 波、すなわち $0 < \theta < \pi/2$ の範囲に停留点が存在する k_1 波を $y < 0$ の領域に描いている。$\tau = 0.25$ の場合、$1 + 4\tau\cos\theta = 0$ が $\theta = -\pi$ でゼロとなり計算できなくなるため、代わりに $\tau = 0.250001$ として計算している。図からは τ の値に応じて波の伝播する範囲が変化していく様子が明瞭に把握できる。船体から造波される波の波形は、船型や運動特性の相違に起因して船体近傍では異なるわけであるが、船体から十分に離れた場所での「波系」の様子は τ という無次元パラメータにのみ依存するということが理解されよう。

6.3 流体力に関する関係式

6.3.1 ティムマン・ニューマンの関係

付加質量や減衰力係数など radiation 流体力の間に成立する関係式について述べておこう。いま、船体が後進する問題、すなわち船体へ流入する流れが逆になった問題（逆流れ問題という）を考え、その定常流場を $\boldsymbol{V}^-(\boldsymbol{x})$ で表わす。このとき、船が前進する通常の問題（順流れ問題という）における定常流場 $\boldsymbol{V}(\boldsymbol{x})$ と $\boldsymbol{V}^-(\boldsymbol{x})$ との間に

$$\boldsymbol{V}(\boldsymbol{x}) = -\boldsymbol{V}^-(\boldsymbol{x}) \tag{6.143}$$

の関係が精度良く成立すると仮定する。この仮定は、船型が前後対称に近く、船体による造波が微小であれば精度良く成立する。

(6.52) における radiation 速度ポテンシャル φ_j $(j = 1 \sim 6)$ は、基礎流場として一様流れ近似

を用いた線形自由表面条件式 (6.74) および船体表面条件 (6.75)、加えて無限水深条件を満足しているとする。ここでは放射条件に関わる議論はないので、自由表面条件におけるレイリーの仮想摩擦係数はゼロとおいて考える。この radiation 速度ポテンシャルについても逆流れ問題を考え、その速度ポテンシャルを φ_j^- で表わすと、φ_j^- の満足する線形自由表面条件と船体表面条件は次式となる。

$$[F] \quad \left(i\omega_e + U\frac{\partial}{\partial x}\right)^2 \varphi_j^- + g\frac{\partial \varphi_j^-}{\partial z} = 0 \quad \text{on } z = 0 \tag{6.144}$$

$$[H] \quad \frac{\partial \varphi_j^-}{\partial n} = n_j + \frac{U}{i\omega_e}m_j^- = n_j - \frac{U}{i\omega_e}m_j \quad (j=1 \sim 6) \quad \text{on } S_H \tag{6.145}$$

(6.145) の m_j^- については、(6.143) と m_j の定義式の関係から $m_j^- = -m_j$ が成立している点に注意する。

(6.65) で定義される T_{ij} において、定常攪乱は小さいとして $\boldsymbol{V} \cdot \boldsymbol{V}$ の項を無視し、(6.145) の関係を用いると

$$\frac{T_{ij}}{\rho(i\omega_e)^2} \simeq \iint_{S_H} \left(n_i - \frac{U}{i\omega_e}m_i\right) \varphi_j \, dS = \iint_{S_H} \frac{\partial \varphi_i^-}{\partial n} \varphi_j \, dS \tag{6.146}$$

を得る。逆流れ問題における T_{ij} を T_{ij}^- と記すことにすれば、T_{ji}^- は (6.65) の導出と同様にして次のようになる。

$$\frac{T_{ji}^-}{\rho(i\omega_e)^2} = \iint_{S_H} \left(1 + \frac{U}{i\omega_e}\boldsymbol{V}^- \cdot \nabla\right) \varphi_i^- \, n_j \, dS = \iint_{S_H} \left(n_j - \frac{U}{i\omega_e}m_j^-\right) \varphi_i^- \, dS$$

$$= \iint_{S_H} \left(n_j + \frac{U}{i\omega_e}m_j\right) \varphi_i^- \, dS = \iint_{S_H} \frac{\partial \varphi_j}{\partial n} \varphi_i^- \, dS \tag{6.147}$$

式変形の途中で (6.145) と (6.75) を用いている。ここで、φ_j と φ_i^- に対してグリーンの定理を適用すると、無限水深面および無限遠方の検査面上での積分は寄与しないから

$$\iint_{S_H} \left(\varphi_j \frac{\partial \varphi_i^-}{\partial n} - \varphi_i^- \frac{\partial \varphi_j}{\partial n}\right) dS + \iint_{S_F} \left(\varphi_j \frac{\partial \varphi_i^-}{\partial n} - \varphi_i^- \frac{\partial \varphi_j}{\partial n}\right) dS = 0 \tag{6.148}$$

が満足されている。このうち S_F 上での積分は、φ_j が (6.74)、φ_i^- が (6.144) の自由表面条件を満足することから

$$\iint_{S_F} \left(\varphi_j \frac{\partial \varphi_i^-}{\partial n} - \varphi_i^- \frac{\partial \varphi_j}{\partial n}\right) dS = -\iint_{S_F} \left(\varphi_j \frac{\partial \varphi_i^-}{\partial z} - \varphi_i^- \frac{\partial \varphi_j}{\partial z}\right) dx\, dy$$

$$= \frac{1}{g} \iint_{S_F} \left\{2iU\omega_e\left(\varphi_j \frac{\partial \varphi_i^-}{\partial x} + \varphi_i^- \frac{\partial \varphi_j}{\partial x}\right) + U^2\left(\varphi_j \frac{\partial^2 \varphi_i^-}{\partial x^2} - \varphi_i^- \frac{\partial^2 \varphi_j}{\partial x^2}\right)\right\} dx\, dy$$

$$= \frac{U^2}{g} \iint_{S_F} \frac{\partial}{\partial x} \left\{\frac{2i\omega_e}{U}\varphi_j\varphi_i^- + \left(\varphi_j \frac{\partial \varphi_i^-}{\partial x} - \varphi_i^- \frac{\partial \varphi_j}{\partial x}\right)\right\} dx\, dy$$

$$= -\frac{1}{K_0}\int_{C_H} \left\{2iK_0\tau\varphi_j\varphi_i^- + \left(\varphi_j \frac{\partial \varphi_i^-}{\partial x} - \varphi_i^- \frac{\partial \varphi_j}{\partial x}\right)\right\} dy \tag{6.149}$$

となる。(6.149) を (6.148) に代入し、(6.148) 左辺第 1 項目に (6.146)、(6.147) を用いれば次式が得られる。

$$T_{ij} - T_{ji}^- = -\rho g\tau^2 \int_{C_H} \left\{2iK_0\tau\varphi_j\varphi_i^- + \left(\varphi_j \frac{\partial \varphi_i^-}{\partial x} - \varphi_i^- \frac{\partial \varphi_j}{\partial x}\right)\right\} dy \tag{6.150}$$

船体は細長であると仮定して、(6.150) の線積分項が無視できるとすると、

$$T_{ij} = T_{ji}^- \tag{6.151}$$

なる関係が得られる。

いま (6.143) が精度良く成立している流場を考えており、船体は前後対称に近い。この場合、例えば $i=5, j=3$ の場合を考えると、heave 方向に船体が動揺したときに pitch 方向に作用する流体力（モーメントを含めて流体力と呼んでいる）T_{53} と、逆流れ問題における同様の流体力 T_{53}^- との間には、$T_{53} = -T_{53}^-$ の関係が高い精度で成立すると考えられる。よって (6.151) より

$$T_{53} = -T_{53}^- = -T_{35} \tag{6.152}$$

の関係を見出すことができる。同様にして他の運動モードについても考察すれば

$$\left. \begin{array}{l} T_{13} = -T_{31}, \ T_{35} = -T_{53}, \ T_{26} = -T_{62}, \ T_{46} = -T_{64} \\ T_{15} = T_{51}, \ T_{24} = T_{42} \end{array} \right\} \tag{6.153}$$

なる関係を得る。この関係式は**ティムマン・ニューマンの関係** (Timman-Newman's relation) と呼ばれている。ストリップ法の場合には、(5.57) で示されたように、この関係が陽な形で満たされている。言うまでもないが、船体が左右対称であればこの関係とは別に

$$T_{ij} = T_{ji} = 0 \qquad (i=1,3,5; \ j=2,4,6) \tag{6.154}$$

が満足される。T_{ij} から付加質量および減衰力係数が得られるのであるから、(6.153)、(6.154) の関係が付加質量 a_{ij}、減衰力係数 b_{ij} に対しても成立することは言うに及ばない。

6.3.2 ハスキント・ニューマンの関係

前節と同様の計算を (6.72) の波浪強制力の計算についても行ってみる。(6.72) に、線積分項を無視したタックの定理 (6.68) を適用すると、船体表面条件 (6.145) を用いて

$$\frac{E_i}{\rho g \zeta_a} = -\frac{\omega_e}{\omega} \iint_{S_H} \left(1 + \frac{U}{i\omega_e}\boldsymbol{V}\cdot\nabla\right)(\varphi_0 + \varphi_7) n_i \, dS$$
$$= -\frac{\omega_e}{\omega} \iint_{S_H} \left(n_i - \frac{U}{i\omega_e} m_i\right)(\varphi_0 + \varphi_7) \, dS = -\frac{\omega_e}{\omega} \iint_{S_H} \frac{\partial \varphi_i^-}{\partial n}(\varphi_0 + \varphi_7) \, dS \tag{6.155}$$

を得る。ここで、φ_7 と φ_i^- にグリーンの定理を適用すると

$$\iint_{S_H}\left(\varphi_7 \frac{\partial \varphi_i^-}{\partial n} - \varphi_i^- \frac{\partial \varphi_7}{\partial n}\right) dS + \iint_{S_F}\left(\varphi_7 \frac{\partial \varphi_i^-}{\partial n} - \varphi_i^- \frac{\partial \varphi_7}{\partial n}\right) dS = 0 \tag{6.156}$$

となる。自由表面上で φ_7 および φ_i^- が満足する条件 (6.74)、(6.144) を用いると (6.149) において φ_j を φ_7 に置き換えた式が得られるであろう。その結果を (6.156) 左辺第 2 項目に用いて

$$\iint_{S_H}\left(\varphi_7 \frac{\partial \varphi_i^-}{\partial n} - \varphi_i^- \frac{\partial \varphi_7}{\partial n}\right) dS = \frac{1}{K_0}\int_{C_H}\left\{2iK_0\tau\varphi_7\varphi_i^- + \left(\varphi_7 \frac{\partial \varphi_i^-}{\partial x} - \varphi_i^- \frac{\partial \varphi_7}{\partial x}\right)\right\} dy \tag{6.157}$$

を得る。線積分項を無視して、φ_7 が満足する船体表面境界条件 (6.75) を用いると

$$\iint_{S_H} \varphi_7 \frac{\partial \varphi_i^-}{\partial n} \, dS = -\iint_{S_H} \varphi_i^- \frac{\partial \varphi_0}{\partial n} \, dS \tag{6.158}$$

なる関係を得ることができる。これを (6.155) に用い、入射波の速度ポテンシャル φ_0 として (6.1) を用いると次式が得られる。

$$\frac{E_i}{\rho g \zeta_a} = -\frac{\omega_e}{\omega} \iint_{S_H} \left(\frac{\partial \varphi_i^-}{\partial n} - \varphi_i^- \frac{\partial}{\partial n} \right) \varphi_0 \, dS$$

$$= -\frac{\omega_e}{\omega} \iint_{S_H} \left(\frac{\partial \varphi_i^-}{\partial n} - \varphi_i^- \frac{\partial}{\partial n} \right) e^{k_0 z - i k_0 (x \cos \beta + y \sin \beta)} \, dS \tag{6.159}$$

ここで、(6.159) の船体表面積分の部分は、(6.119) において線積分項を無視したコチン関数の形になっていることに気付く。そこで、(6.119) と同様に逆流れ問題のコチン関数を

$$H_i^-(k,\theta) = \iint_{S_H} \left(\frac{\partial \varphi_i^-}{\partial n} - \varphi_i^- \frac{\partial}{\partial n} \right) e^{k z' - i k (x' \cos \theta + y \sin \theta)} \, dS \tag{6.160}$$

と定義すると、(6.159) は

$$\frac{E_i}{\rho g \zeta_a} = -\frac{\omega_e}{\omega} H_i^-(k_0, \beta) \tag{6.161}$$

で計算できる。つまり、i 方向に作用する波浪強制力は、逆流れ問題における i モードの radiation 問題のコチン関数から計算できることになる。そのコチン関数における波の進行方向が $\theta = \beta$ であるということは、図 6.5 を参照することによって、入射波の進行方向とは反対方向へ進行する波のコチン関数である点にも注意しよう。こうして radiation 問題と diffraction 問題は、流体力の間に関係性を有することが分かる。この関係をハスキント・ニューマンの関係 (Haskind-Newman's relation) という。実際の計算において、逆流れ問題を解いて (6.161) から波浪強制力を計算することはないであろうが、流体力間の関連性について知っておくことは重要である。

6.3.3 減衰力係数の計算

3.4 節でエネルギー保存則により (3.79) が成立することを示した。いま radiation 問題を考えると (3.79) は船体に働く造波減衰力と進行波のもつエネルギーとの関係を与えている。本節ではこの関係を具体的に示すことにする。

船体運動は (6.3) で表しているから、それを時間に関して微分した運動速度を

$$U_j = \mathrm{Re} \left[i \omega_e X_j e^{i \omega_e t} \right] \tag{6.162}$$

で表すことにする。Radiation 流体力を $F_i^R = \mathrm{Re}[F_i e^{i \omega_e t}]$ と書くと (6.69) より

$$F_i^R = -\sum_{j=1}^{6} \left[a_{ij} \dot{U}_j + b_{ij} U_j \right] \tag{6.163}$$

の関係になる。F_i^R は船体が流体から受けた力であり、作用反作用の法則により、船体から流体に対して作用させた力は $-F_i^R$ となることに注意しよう。いま運動として単一モードのみを考えることにして $j = i$ とすると、船体が流体に対してした単位時間当たりの仕事 W_D は、1 周期平均として

$$W_D = \overline{(-F_i^R) U_i} = a_{ii} \overline{\dot{U}_i U_i} + b_{ii} \overline{U_i U_i} \tag{6.164}$$

となる。ここで時間平均の計算公式 (1.131)、(1.132) を用いて (6.164) の時間平均の計算を行うと次のようになる。

$$\left.\begin{aligned}\overline{\dot{U}_i U_i} &= \overline{\text{Re}\bigl[(i\omega_e)^2 X_i\,e^{i\omega_e t}\bigr]\cdot\text{Re}\bigl[(i\omega_e X_i)\,e^{i\omega_e t}\bigr]}\\ &= \frac{-\omega_e^2}{4}\bigl[X_i(i\omega_e X_i)^* + X_i^*(i\omega_e X_i)\bigr] = 0\\ \overline{U_i U_i} &= \frac{1}{2}(i\omega_e X_i)(i\omega_e X_i)^* = \frac{\omega_e^2}{2}X_i X_i^* = \frac{\omega_e^2}{2}|X_i|^2\end{aligned}\right\} \quad (6.165)$$

この結果を (6.164) に用いると

$$W_D = \frac{\omega_e^2}{2}|X_i|^2 b_{ii} \qquad (6.166)$$

を得る。右辺の b_{ii} は (6.63) 〜 (6.65) および (6.71) のように、船体表面上の圧力積分により得られる値である。(6.166) は 3.4 節で説明した**エネルギー保存則** (energy conservation principle) (3.79) でいうところの

$$W_D = -\overline{\iint_{S_H} p V_n\, dS} \qquad (6.167)$$

に対応しており、(6.166) との関係は、2 次元問題における (4.101) に相当している。一方、(3.79) が示すように、W_D は無限遠方での検査面上の積分からも計算できる。基礎流場として一様流れを考えると $\Phi = -Ux + \Phi_U$ であるから、(3.79) の無限遠方での検査面上の積分は

$$W_D = -\rho\iint_{S_\infty}\overline{\frac{\partial\Phi}{\partial t}\frac{\partial\Phi}{\partial n}}\,dS = -\rho\iint_{S_\infty}\overline{\frac{\partial\Phi_U}{\partial t}\left(\frac{\partial\Phi_U}{\partial n} - Un_x\right)}\,dS \qquad (6.168)$$

となる。いま非定常速度ポテンシャル Φ_U としては、i モードの radiation 速度ポテンシャルのみを考えているから、$\Phi_U = \text{Re}[i\omega_e X_i\varphi_i]$ とおいて (6.168) の積分を実行すると、無限遠方での検査面上の積分からも W_D を求めることができる。この計算は φ_i の漸近展開式を用いて行うことができるが、その計算過程は本書のレベルを超えるので、ここでは結果のみ示しておくことにする。(6.168) の計算結果は次式となる。

$$\begin{aligned}W_D = \frac{\rho\omega_e}{8\pi}&\left\{\int_{\frac{\pi}{2}}^{\pi-\alpha_0} + \int_{-\pi+\alpha_0}^{-\frac{\pi}{2}} - \int_{-\frac{\pi}{2}}^{\frac{\pi}{2}}\right\}|H(k_1,\theta)|^2\frac{k_1\,d\theta}{\sqrt{1+4\tau\cos\theta}}\\ &+ \frac{\rho\omega_e}{8\pi}\int_{-\pi+\alpha_0}^{\pi-\alpha_0}|H(k_2,\theta)|^2\frac{k_2\,d\theta}{\sqrt{1+4\tau\cos\theta}}\end{aligned} \qquad (6.169)$$

ここで、$H(k_m,\theta)$ は (6.119) あるいは (6.120) で定義されるコチン関数であり、いまは i モードの運動のみを考えているから、(6.121) より

$$H(k_m,\theta) = i\omega_e X_i\, H_i(k_m,\theta) \qquad (6.170)$$

である。これを (6.169) に代入して、その結果を (6.166) と等置することにより

$$\begin{aligned}b_{ii} = \frac{\rho\omega_e}{4\pi}&\left\{\int_{\frac{\pi}{2}}^{\pi-\alpha_0} + \int_{-\pi+\alpha_0}^{-\frac{\pi}{2}} - \int_{-\frac{\pi}{2}}^{\frac{\pi}{2}}\right\}|H_i(k_1,\theta)|^2\frac{k_1\,d\theta}{\sqrt{1+4\tau\cos\theta}}\\ &+ \frac{\rho\omega_e}{4\pi}\int_{-\pi+\alpha_0}^{\pi-\alpha_0}|H_i(k_2,\theta)|^2\frac{k_2\,d\theta}{\sqrt{1+4\tau\cos\theta}}\end{aligned} \qquad (6.171)$$

の関係式を得る。船体表面上の圧力積分 (6.71) から計算された減衰力係数 b_{ii} と、(6.171) から計算された減衰力係数を比較することにより、数値計算精度の確認等が行えることになる。

本書では割愛したが、i モードと j モードの運動が連成している場合についても、同様の計算を行うことで、圧力積分から得られる減衰力係数と、コチン関数から計算される減衰力係数との関係式を導くことができる。

6.3.4 波浪中抵抗増加

船舶が波浪中を航走するとき、波浪により船体が運動したり船体が入射波を反射・回折したりすることで、radiation wave や diffraction wave といった非定常波を新たに造波する。そのことに起因して、波浪中での造波抵抗は、静水中を航走するときに働く定常抵抗よりも増加する。この抵抗の増加分を**波浪中抵抗増加** (added wave resistance)、あるいは単に**抵抗増加** (added resistance) という。船舶が前進速度を有さない場合には特に**波漂流力** (wave drift force) と呼ばれ、その 2 次元問題に対する解析は 4.16 節で示された。

波浪中抵抗増加は、非定常な流体力の時間平均から生じる定常成分であり、1 次の変動成分を掛け合わせた 2 次の流体力を時間平均することで算出される。その解析には、船体から遠方での波動情報を用いた運動量理論からのアプローチ（丸尾理論）と、船体近傍流場の情報に基づく圧力積分からのアプローチの仕方がある[†]。

まず、後者の解析例を示しておこう。簡単のために、船体運動が拘束された状態、すなわち diffraction 問題について考える。船体は動揺しないので、船体表面上の圧力 (6.43) ～ (6.47) において $\alpha(t) = 0$ として計算する。また、同じ理由から、位置ベクトルおよび法線に関する等速移動座標系と船体固定座標系間の違いはなくなり $x = \bar{x}$, $n = \bar{n}$ となる。このとき (6.43) の圧力 P の各成分は

$$P_S = 0, \quad P^{(1)} = -\rho\Big(\frac{\partial}{\partial t} + U\boldsymbol{V}\cdot\nabla\Big)\Phi_U, \quad P^{(2)} = -\frac{\rho}{2}\nabla\Phi_U\cdot\nabla\Phi_U \tag{6.172}$$

となる。船体に作用する j 方向の流体力 F_j は、(6.43) の圧力 P を船体表面上で積分することにより得られる。ここでは流体力として $O(\Phi_U^2)$ の項まで考慮しようとしているので、この船体表面積分領域としては、$S_H(z<0)$ に加えて非定常な波変位 $\zeta^{(1)}$ までの濡れ面 $0<z<\zeta^{(1)}$ の領域を考えなくてはならないことに注意する。濡れ面を含めた船体表面を S_H' と記すと、この積分は次のようになる。

$$F_j = -\iint_{S_H'} P n_j\,dS = -\iint_{S_H}\big\{-\rho g z + P^{(0)} + P^{(1)} + P^{(2)}\big\} n_j\,dS$$
$$-\int_{C_H} d\ell \int_0^{\zeta^{(1)}} \big\{-\rho g z + P^{(0)} + P^{(1)} + P^{(2)}\big\} n_j\,dz \tag{6.173}$$

右辺第 1 項目は $z<0$ の領域の面積分、右辺第 2 項目の積分は図 6.1 に示す $z=0$ の水線面と船体との交線 C_H に沿う $0<z<\zeta^{(1)}$ の面内での積分を示している。(6.173) の中で、$O(\Phi_U^2)$ の流体力の時間平均値が抵抗増加として寄与する。これら 2 次の項を $F_j^{(2)}$ と表して、該当する項を取り出すと

$$F_j^{(2)} = \rho g \int_{C_H} d\ell \int_0^{\zeta^{(1)}} z\,n_j\,dz - \int_{C_H} d\ell \int_0^{\zeta^{(1)}} P^{(1)} n_j\,dz - \iint_{S_H} P^{(2)} n_j\,dS \tag{6.174}$$

となる。(6.18) より、(6.172) の $P^{(1)}$ は、C_H 上で $P^{(1)} = \rho g \zeta^{(1)}$ と書けることに注意して z に関する積分を行うと、$F_j^{(2)}$ の一周期時間平均は

[†] 前者を Far-field method、後者を Near-field method と呼ぶことがある。

$$\overline{F_j^{(2)}} = \frac{\rho g}{2} \int_{C_H} \overline{\zeta^{(1)2}} n_j \, d\ell - \rho g \int_{C_H} \overline{\zeta^{(1)2}} n_j \, d\ell + \frac{\rho}{2} \iint_{S_H} \overline{\nabla \Phi_U \cdot \nabla \Phi_U} n_j \, dS$$

$$= -\frac{\rho g}{2} \int_{C_H} \overline{\zeta^{(1)2}} n_j \, d\ell + \frac{\rho}{2} \iint_{S_H} \overline{\nabla \Phi_U \cdot \nabla \Phi_U} n_j \, dS \qquad (6.175)$$

となる。いま diffraction 問題を考えているので Φ_U および $\zeta^{(1)}$ は

$$\Phi_U = \text{Re}\left[\phi e^{i\omega_e t}\right], \quad \phi = \frac{ig\zeta_a}{\omega}(\varphi_0 + \varphi_7) \qquad (6.176)$$

$$\zeta^{(1)} = \text{Re}\left[\zeta_w e^{i\omega_e t}\right], \quad \zeta_w = \frac{\omega_e}{\omega}\zeta_a \tilde{\zeta}_w, \quad \tilde{\zeta}_w = \left(1 + \frac{U}{i\omega_e}\boldsymbol{V}\cdot\nabla\right)(\varphi_0 + \varphi_7) \qquad (6.177)$$

である。これらを (6.175) に代入して (1.131)、(1.132) の時間平均の公式を用いると最終的に次式が得られる。

$$\frac{\overline{F_j^{(2)}}}{\rho g \zeta_a^2} = -\frac{1}{4}\left(\frac{\omega_e}{\omega}\right)^2 \int_{C_H} |\tilde{\zeta}_w|^2 n_j \, d\ell$$

$$+ \frac{1}{4k_0} \iint_{S_H} |\nabla(\varphi_0 + \varphi_7)|^2 n_j \, dS \quad (j = 1 \sim 6) \qquad (6.178)$$

抵抗増加は通常 R_{AW} と表され、抵抗となる方向を正とするので、(6.178) の結果から $R_{AW} = -\overline{F_1^{(2)}}$ が得られる。(6.178) の被積分関数は n_j を除けば正の値である。例えば右辺第 1 項目の C_H に沿う線積分について考えると、一般に船首部で $n_1 > 0$、船尾部で $n_1 < 0$ である。船首部での $|\tilde{\zeta}_w|^2$ が船尾部でのそれに比べて大きいほど抵抗増加は大きくなることを示している。船首部に着目して式全体を見ると、船首部では一般に $n_1 > 0$ であるから、線積分項は正の抵抗増加を、面積分は負の抵抗増加を算出することになり、その差が抵抗増加となることも分かる。実際の数値計算において、こうした船首部、船尾部の積分値の差や線積分値と面積分値との差を精度良く計算することは現在でもそれほど容易なことではない。

以上は船体運動が拘束された状態に対する抵抗増加の計算式の導出であった。船体が自由に動揺する場合には、抵抗増加にも船体運動 $\boldsymbol{\alpha}(t)$ の影響が入ってくることになり、$O(\Phi_U^2)$ に加えて $O(\boldsymbol{\alpha}^2)$ や $O(\Phi_U, \boldsymbol{\alpha})$ の項も考慮した計算が必要となる。それゆえにこの導出は非常に煩雑になるので、詳細は割愛し最終の計算式だけを示すと次のようになる。

$$R_{AW} = \frac{\rho g}{2} \int_{C_H} \overline{\left\{\zeta^{(1)2} - 2\zeta^{(1)}(\xi_3 + y\xi_4 - x\xi_5)\right\}n_1} \, d\ell$$

$$- \rho \iint_{S_H} \overline{(\boldsymbol{\alpha} \cdot \nabla)\left(\frac{\partial}{\partial t} + U\boldsymbol{V}\cdot\nabla\right)\Phi_U \, n_1} \, dS$$

$$- \rho \iint_{S_H} \overline{\left\{\left(\frac{\partial}{\partial t} + U\boldsymbol{V}\cdot\nabla\right)\Phi_U + \frac{U^2}{2}(\boldsymbol{\alpha}\cdot\nabla)(\boldsymbol{V}\cdot\boldsymbol{V})\right\}(\boldsymbol{\alpha}_R \times \boldsymbol{n})\cdot \boldsymbol{i}} \, dS$$

$$- \frac{\rho}{2} \iint_{S_H} \overline{\nabla\Phi_U \cdot \nabla\Phi_U \, n_1} \, dS \qquad (6.179)$$

右辺第 1 項は (6.178) の右辺第 1 項に対応する項であり、$-\rho g z$ の C_H に沿う積分と (6.46) の右辺第 1 項の C_H に沿う積分から出てくる項である。右辺第 4 項は (6.47) の右辺第 1 項からの寄与であり、(6.178) の右辺第 2 項に対応している。右辺第 2 項は (6.47) の右辺第 2 項、右辺第 3 項は (6.46) と (6.59) の右辺第 2 項からの寄与である。当然ではあるが、(6.179) において $\boldsymbol{\alpha} = \boldsymbol{\alpha}_R = 0$ とおけば (6.178) に帰着することが確認されよう。

6.3 流体力に関する関係式

一方、運動量保存則もしくはエネルギー保存則を用いると、船体から遠方へと造波される進行波の情報から抵抗増加を計算することができる。まず、空間固定座標系に対して成立するエネルギー保存則 (3.79) において、一様流 $-Ux$ が流入する場合を考える。船体が外部からエネルギーの供給を受けない場合、(3.79) はゼロとなるから $\Phi = -Ux + \Phi_U$ とおいて

$$\iint_{S_\infty} \overline{\frac{\partial \Phi}{\partial t}\frac{\partial \Phi}{\partial n}} dS = \iint_{S_\infty} \overline{\frac{\partial \Phi_U}{\partial t}\left(\frac{\partial \Phi_U}{\partial n} - U n_1\right)} dS = 0 \qquad (6.180)$$

が成立する。次に船体および S_∞ の検査面が x 軸の正方向に一定速度 U で前進する場合を考え、(3.76) 式を移動する座標系に対して適用する。時間微分項については実質微分を考えればよいので、(3.78) は

$$\frac{dE}{dt} = -\rho \iint_S \left[\left(\frac{\partial \Phi_U}{\partial t} - U\frac{\partial \Phi_U}{\partial x}\right)\frac{\partial \Phi_U}{\partial n} - \left\{\frac{P}{\rho} + \left(\frac{\partial \Phi_U}{\partial t} - U\frac{\partial \Phi_U}{\partial x}\right)\right\}U_n\right] \qquad (6.181)$$

となる。それぞれの境界面上での条件は

$$\left.\begin{array}{l} U_n = U n_1 \qquad \text{on } S_\infty \\ \dfrac{\partial \Phi_U}{\partial n} = U_n = V_n \qquad \text{on } S_H \\ \dfrac{\partial \Phi_U}{\partial n} = U_n, \ P = 0 \qquad \text{on } S_F \end{array}\right\} \qquad (6.182)$$

となるので、(6.181) より

$$\frac{dE}{dt} = -\iint_{S_H} P V_n \, dS + \rho \iint_{S_\infty} \left[\left(\frac{\partial \Phi_U}{\partial t} - U\frac{\partial \Phi_U}{\partial x}\right)\left(\frac{\partial \Phi_U}{\partial n} - U n_1\right) - \frac{P}{\rho} U n_1\right] dS \qquad (6.183)$$

を得る。時間平均を取ってエネルギーが保存されるとすると、抵抗増加 R_{AW} を与える式として

$$\begin{aligned} R_{AW} \cdot U &\equiv -\iint_{S_H} \overline{P V_n} \, dS \\ &= -\rho \iint_{S_\infty} \left[\overline{\left(\frac{\partial \Phi_U}{\partial t} - U\frac{\partial \Phi_U}{\partial x}\right)\left(\frac{\partial \Phi_U}{\partial n} - U n_1\right) - \frac{P}{\rho} U n_1}\right] dS \end{aligned} \qquad (6.184)$$

を得るが、(6.180) が成立することを用いると最終的には次式となる。

$$R_{AW} = \iint_{S_\infty} \left[\rho \overline{\frac{\partial \Phi_U}{\partial x}\left(\frac{\partial \Phi_U}{\partial n} - U n_1\right)} + \overline{P n_1}\right] dS \qquad (6.185)$$

丸尾 [6.10] [6.11] は、S_∞ の検査面として半径無限大の円筒面を考え、速度ポテンシャルの漸近表示式 (6.118) とその漸近展開式を用いて抵抗増加の計算公式を導出している。その過程は、やはり本書のレベルを超えることから結果のみを示しておくことにすると、次のようになる。

$$\begin{aligned} R_{AW} = \frac{\rho}{8\pi}&\left\{\int_{-\frac{\pi}{2}}^{\frac{\pi}{2}} - \int_{-\pi+\alpha_0}^{-\frac{\pi}{2}} - \int_{\frac{\pi}{2}}^{\pi-\alpha_0}\right\} |H(k_1,\theta)|^2 \frac{k_1(k_1\cos\theta + k_0\cos\beta)}{\sqrt{1+4\tau\cos\theta}} d\theta \\ &- \frac{\rho}{8\pi}\int_{-\pi+\alpha_0}^{\pi-\alpha_0} |H(k_2,\theta)|^2 \frac{k_2(k_2\cos\theta + k_0\cos\beta)}{\sqrt{1+4\tau\cos\theta}} d\theta \end{aligned} \qquad (6.186)$$

式中のコチン関数は (6.119) 〜 (6.121) で定義されたものである。丸尾の式とは別に、柏木は検査面として直方体領域を考え、二重フーリエ変換とパーシヴァルの定理を用いて、抵抗増加、定常横力に加え、定常回頭モーメントの計算公式も導いている [6.12]。

6.4 数値計算例

6.1 節では、基礎流場の仮定の相違に応じた自由表面条件と船体表面条件を示し、6.2 節では基礎流場が一様流れ近似できる場合の積分方程式や漸近波動場について述べた。また 6.3 節では流体力間に成立する関係式や抵抗増加の計算公式などを示した。本節では、自由表面条件や船体表面条件など定式化の相違が最終的な流体力や船体運動などの理論推定に与える影響について、具体的な数値計算例を示しながら述べることにする。

6.2 節に示した速度ポテンシャルの表示式や積分方程式は、一様流れ近似による線形自由表面条件を満足するグリーン関数を用いて定式化したものであった。この定式化に基づく数値計算法を耐航性能分野では**グリーン関数法** (Green function method) と呼んでいる。積分面を船体表面上に限定することができ、数値計算上の未知数を大幅に低減できる、複雑な放射条件が解析的に満足されるという利点がある一方、(6.107) や (6.112) で与えられる複雑なグリーン関数を計算しなくてはならない、基本的に一様流れ近似の自由表面条件しか扱うことができないなどの欠点も有している。

これらの欠点を克服する方法として、1990 年前後に多くの研究者によって**ランキンパネル法** (Rankine panel method) あるいは**ランキンソース法** (Rankine source method) と呼ばれる計算法が提案された。これらのランキンパネル法は、グリーン関数としてランキンソースのみを用い、これを船体表面上および自由表面上に分布させて境界値問題を解く方法である。基礎流場として二重模流れ近似の自由表面条件を扱うことができるなど、より精緻に定常流場と非定常流場との干渉影響を取り入れた計算が可能である一方、複雑な放射条件は数値的に満足させるしかなく、この数値的な方法の違いこそが各種ランキンパネル法の相違点となっている。これらのランキンパネル法については、既に詳細な解説 [6.13] があるので本書では詳しくは述べないが、本節の数値計算に使用するランキンパネル法については必要最小限のことを述べておく必要があると思われるので、まずはその概説から示していこう。

6.4.1 ランキンパネル法

本書で使用するランキンパネル法は、自由表面上で境界条件を満足させる点を 1 パネル上流側へシフトさせることにより放射条件を満足させる**パネルシフト法** (panel shift method) と呼ばれる計算法である。定常問題では Jensen [6.14]、安東ら [6.15]、Jensen ら [6.16] が用いた方法で、非定常問題では Bertram [6.3] が用いている。

流体の非定常な速度ポテンシャル φ_j ($j = 1 \sim 7$) は、船体表面上および自由表面上のわき出し分布 $\sigma_j(Q)$ を用いて

$$\varphi_j(P) = \iint_{S_H + S_F} \sigma_j(Q) \, G(P;Q) \, dS \tag{6.187}$$

と表わすことができる。ここで、$G(P;Q)$ はグリーン関数であり

$$G(P;Q) = \begin{cases} -\dfrac{1}{4\pi}\left(\dfrac{1}{r} + \dfrac{1}{r'}\right) & Q \in S_H \\ -\dfrac{1}{4\pi r} & Q \in S_F \end{cases} \tag{6.188}$$

のように定義されている。P が S_H および S_F 上にある場合を考えると、$1/r$ の特異性を考慮

して
$$\frac{\partial \varphi_j(\mathrm{P})}{\partial n_\mathrm{P}} = \frac{\sigma_j(\mathrm{P})}{2} + \iint_{S_H+S_F} \sigma_j(\mathrm{Q}) \frac{\partial G(\mathrm{P};\mathrm{Q})}{\partial n_\mathrm{P}} dS \quad (\text{for } \mathrm{P} \in S_H, S_F) \tag{6.189}$$

なる積分方程式を得る。(6.189) を離散化し、左辺に船体表面上および自由表面上の境界条件を用いて $\sigma_j(\mathrm{Q})$ について解けば、境界値問題が解けることになる。自由表面条件および船体表面条件については、基礎流場の仮定に応じて表 6.1 に示す組み合わせから選択すればよい。

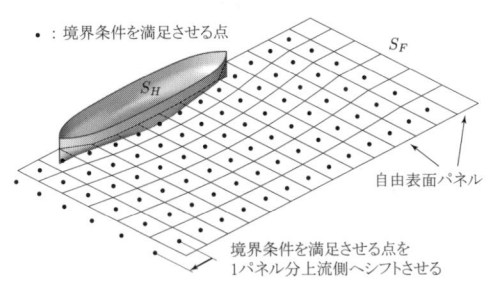

図 6.12 パネルシフト法

ランキンパネル法を用いて実際に数値計算を行うためには、船体表面上および自由表面上を有限個のパネル要素に分割する必要がある。簡単のために、分割された各パネル内でわき出し強さが一定であると仮定し、各パネルの図心点において境界条件を満足することにする。このような計算を一定要素に基づく計算と呼ぶ。

パネルシフト法では、自由表面上に配置されたパネルにおいて、図 6.12 に示すように境界条件を満足する点を上流側へ 1 パネル分だけシフトする。この操作が上流差分に相当するということが 2 次元問題に対して瀬戸[6.17]により証明されている。x 軸方向については等間隔でパネルを配置する必要がある。

6.4.2 単一特異点の計算例

放射条件を満足させる方法としてパネルシフト法を用いたランキンパネル法により、周期的に強さが変化する単一特異点（わき出し点）による速度ポテンシャルの計算を行った例を示しておこう。(6.187) において、船体表面上の積分部分を $\mathrm{Q} = \mathrm{Q}_0$ の位置にある単位強さの特異点で置き換え、速度ポテンシャルの表示式として

$$\phi(\mathrm{P}) = G_0(\mathrm{P};\mathrm{Q}_0) + \iint_{S_F} \sigma(\mathrm{Q}) G(\mathrm{P};\mathrm{Q}) dS,$$
$$G_0(\mathrm{P};\mathrm{Q}_0) = -\frac{1}{4\pi}\left(\frac{1}{r}+\frac{1}{r'}\right) \tag{6.190}$$

を考えればよい。いま特異点の位置は $\mathrm{Q}_0 = (0,0,-d)$ $(d>0)$ とする。自由表面条件として一様流れ近似を用いるとき、ϕ は (6.24) から μ の掛かった項を除いた

$$-K\phi - 2i\tau\frac{\partial \phi}{\partial x} + \frac{1}{K_0}\frac{\partial^2 \phi}{\partial x^2} + \frac{\partial \phi}{\partial z} = 0 \quad \text{on } z=0 \tag{6.191}$$

を満足しなくてはならない。ここで $K=\omega_e^2/g$ である。(6.190) を (6.191) に代入すると自由表面上のわき出し分布を未知数とする積分方程式として次式が得られる。

$$\iint_{S_F} \sigma(\mathrm{Q})\Big\{-K-2i\tau\frac{\partial}{\partial x}+\frac{1}{K_0}\frac{\partial^2}{\partial x^2}+\frac{\partial}{\partial z}\Big\} G(\mathrm{P};\mathrm{Q}) dS$$
$$= -\Big\{-K-2i\tau\frac{\partial}{\partial x}+\frac{1}{K_0}\frac{\partial^2}{\partial x^2}+\frac{\partial}{\partial z}\Big\} G_0(\mathrm{P};\mathrm{Q}_0) \quad (\text{for } \mathrm{P} \in S_F) \tag{6.192}$$

これを一定要素の仮定で離散化して連立一次方程式へ帰着させ、それを $\sigma(\mathrm{Q})$ について解く。その際、分割された各パネル面内での $G(\mathrm{P};\mathrm{Q})$ やその微分値の Q に関する積分計算は、パネルが

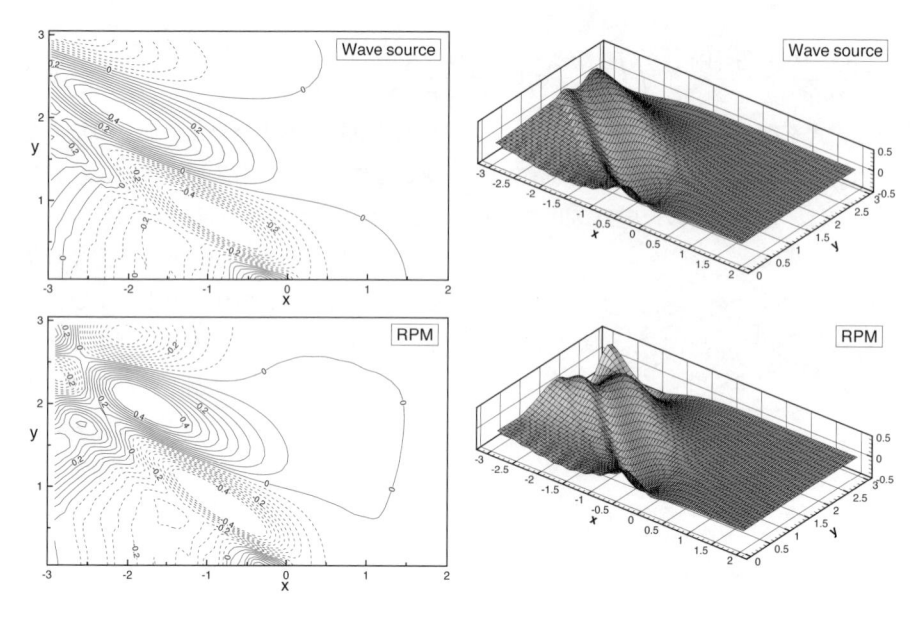

図6.13 ランキンパネル法による単一特異点の計算 ($F_n = 0.2$, $KL = 5.0$, $\tau = 0.447$)

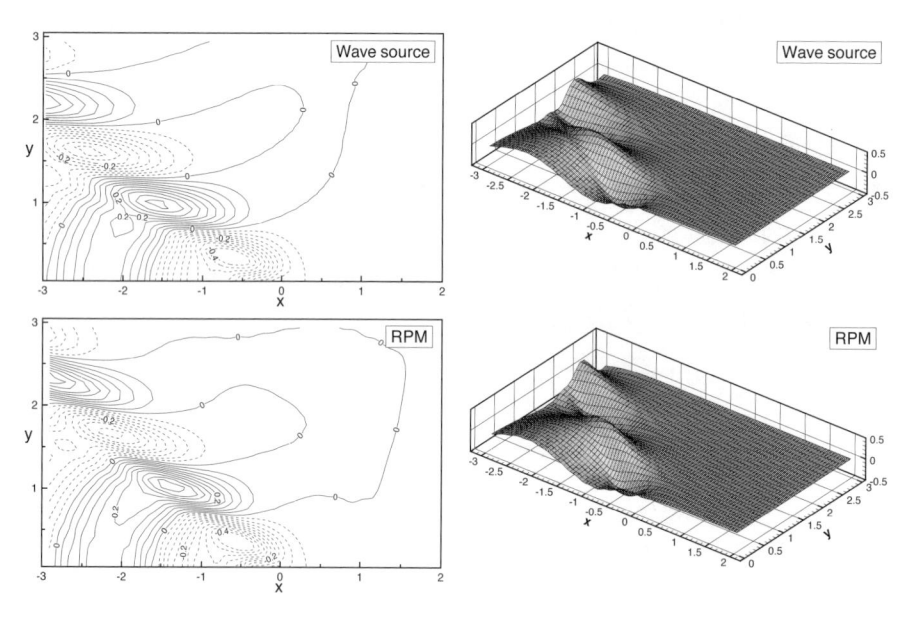

図6.14 ランキンパネル法による単一特異点の計算 ($F_n = 0.2$, $KL = 10$, $\tau = 0.633$)

平面であれば解析的に行うことができる。具体的な計算方法については、参考文献 [4.1] に詳細な解説とともにプログラムが添付されているので利用すればよいであろう。こうして得られた $\sigma(Q)$ を用いて (6.190) を計算すると、任意点 P における速度ポテンシャルが得られる。

計算例では、船長 $L = 2.0$ の船の計算を想定して必要となるパラメータを設定している。$F_n = U/\sqrt{gL} = 0.2$ および特異点位置 $d = L/10$ は固定とし、KL を変化させて自由表面 $z = 0$ での速度ポテンシャルの値を計算する。F_n と KL が与えられれば、(6.192) の計算に必要なパ

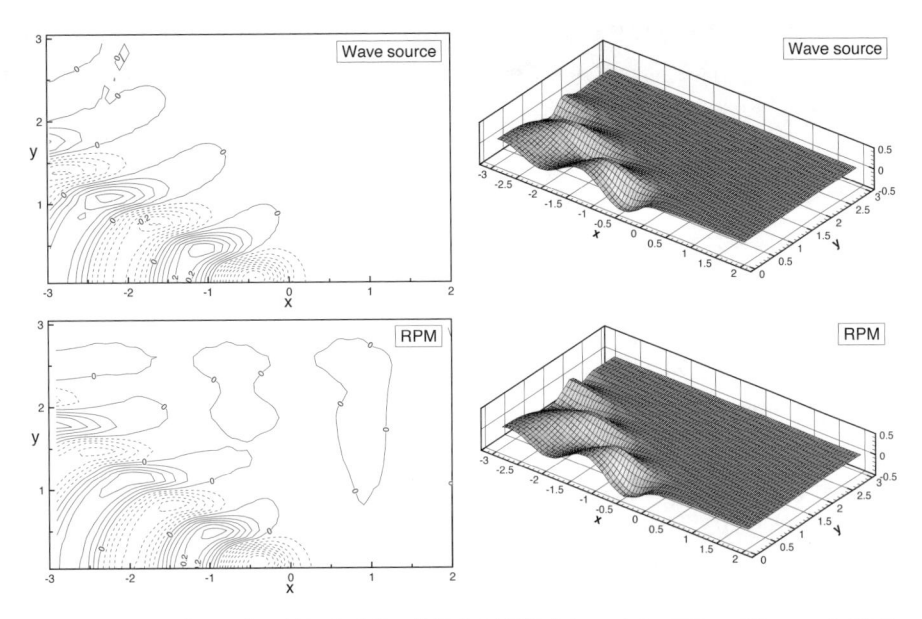

図 6.15 ランキンパネル法による単一特異点の計算 ($F_n = 0.2,\ KL = 20,\ \tau = 0.894$)

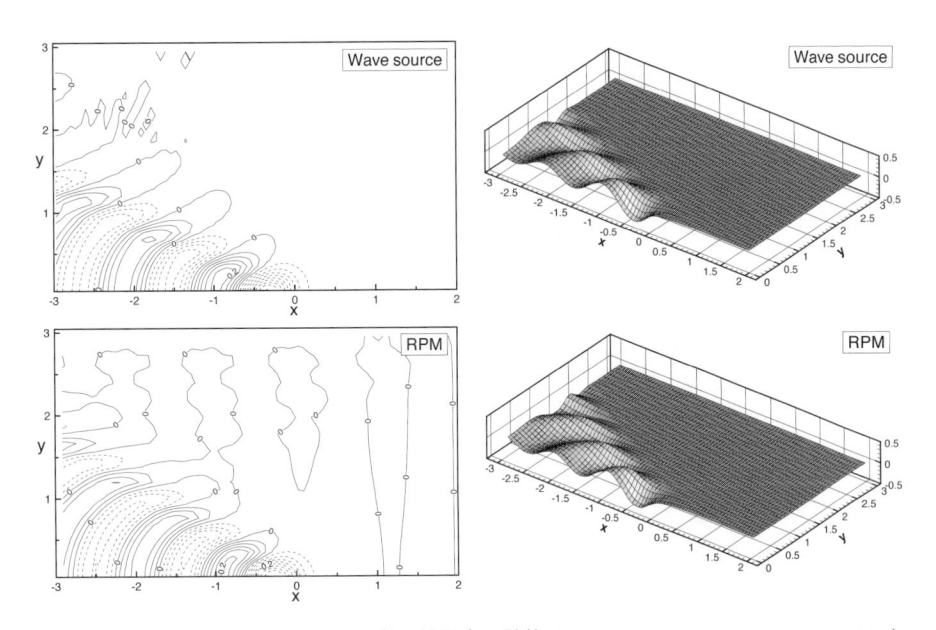

図 6.16 ランキンパネル法による単一特異点の計算 ($F_n = 0.2,\ KL = 30,\ \tau = 1.095$)

ラメータは $K_0 = 1/(F_n^2 L)$、$\tau = F_n\sqrt{KL}$、$K = KL/L$ のように定まる。得られた計算結果を、(6.108)、(6.112) から得られる結果 (厳密解) と比較して、図 6.13 〜 6.16 に示している。自由表面上の計算領域は、x 方向に $2.5L$、y 方向に $1.5L$ としている。船体があるとすると、船尾が $x = -1.0$ に、船首が $x = 1.0$ に位置すると考えればよい。

図から分かるように、τ の値が 0.5 に近くなると計算領域の y 方向から反射波のような波が現れてしまう。パネルシフト法によるランキンパネル法の適用範囲は、前方へ進行する素成波が

存在しないという意味で $\tau > 1/4$ であると言われるが、この例に示すような計算領域を使用した場合、実際には $\tau > 0.5$ くらいである。6.2.5 節で示したように、$\tau = 1/4$ という値は、前方に進行する素成波が存在するか否かを分ける値であって、進行波の伝搬領域について言及しているものではない。$\tau > 1/4$ であっても斜め方向へ進行する波の領域は広く、計算領域からの数値的な反射が混入してくることになる。この反射をなくすためには τ の値が小さくなるに応じて y 方向の計算領域を大きくしていく必要があるが、現実的にはパネル数には、計算機能力による上限値がある。

τ の値が大きい場合には波核関数の計算結果とランキンパネル法の計算結果はよく一致しているが、全体的にランキンパネル法による波形の方が波長が短くなる傾向が見受けられる。数値的な放射条件の精度、計算領域の打ち切り誤差等に起因するものと考えられる。

6.4.3 比較計算のための供試船型

数値計算を適用した船は、その船型が次式で表される modified Wigley モデルである。

$$\bar{y}(\bar{x}, \bar{z}) = (1 - \bar{z}^2)(1 - \bar{x}^2)(1 + a_2 \bar{x}^2 + a_4 \bar{x}^4) + \bar{z}^2(1 - \bar{z}^8)(1 - \bar{x}^2)^4 \quad (6.193)$$

ただし、$a_2 = 0.6$, $a_4 = 1.0$, $\bar{x} = \dfrac{x}{L/2}$, $\bar{y} = \dfrac{y}{B/2}$, $\bar{z} = \dfrac{z}{d}$

ちなみに、5.5.1 節の (5.78) で示した船型は、(6.193) で $a_2 = 0.2$, $a_4 = 0.0$ とおいた船型である。本節で用いる (6.193) の船型は、(5.78) の船型を肥大化させた形状と考えればよい。5.5.1 節の modified Wigley モデルを slender Wigley モデル、(6.193) で表される modified Wigley モデルを blunt Wigley モデルと呼ぶことにする。これらの船型の水面上の形状は、水線面の形状が模型船のデッキまで維持された形状 (wall sided) となっている。

表 6.2 Blunt Wigley モデルの諸次元

L	(m)	2.000	x_B	(m)	0.000
B	(m)	0.400	z_B	(m)	-0.059
d	(m)	0.140	z_G	(m)	-0.024
∇	(m^3)	0.071	GM_L	(m)	2.211
A_w	(m^2)	0.643	κ_{yy}/L		0.236

本船型に対しては水槽試験も実施している。実際の実験に使用した模型は $L = 2.5$ (m) であるが、$L = 2.0$ (m) と規格化して主要目を示すと表 6.2 となる。水槽試験は、九州大学応用力学研究所深海機器力学実験水槽において行った。試験項目は、強制動揺試験 (heave, pitch モード)、波浪強制力計測試験、運動・抵抗増加計測試験である。強制動揺の heave、pitch の振幅は各々 1 cm、1.364 deg としている。波浪強制力計測および運動・抵抗増加計測における波姐度は基本的に $H/\lambda = 1/30$ 以下とし、必要に応じて何種類か変化させて計測している。

全ての試験において波形の計測も行っている。計測法は大楠により提案された Multifold 計測法 [6.18][6.19] であり、計測に使用した水槽固定の波高計は容量式波高計で合計 12 本である。流体力、運動・抵抗増加の計測は別途大阪大学船型試験水槽においても行い、両水槽で行った実験結果が良好な精度で合致していることを確認している。

図 6.17 にランキンパネル法による数値計算に用いた計算格子を示している。船体表面は片舷について船長方向へ 60 分割、ガース方向へ 18 分割の合計 1080 要素、自由表面は船長方向へ 140 分割、船幅方向へ 38 分割の合計 5320 要素としている。理論計算としてはこの他にも EUT

(a) 船体表面上のパネル分割　　　　　(b) 計算領域全体のパネル分割

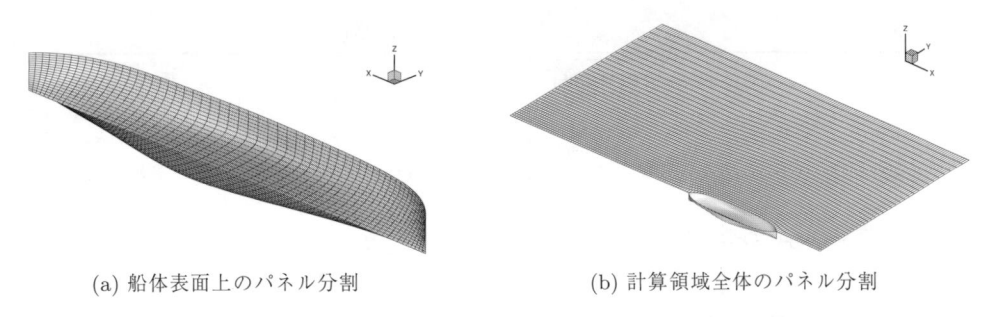

図6.17 ランキンパネル法による片舷の計算格子 ($N_H = 1080(60 \times 18)$, $N_F = 5320(140 \times 38)$)

(Enhanced Unified Theory) [5.8]、ストリップ法 (STF 法) による数値計算も行い比較している。

ランキンパネル法による計算については、6.1 節で述べた基礎流れとして二重模型流れを仮定した場合（図中 DBF で表記）と一様流を仮定した場合（図中 NK で表記）とを示している。二重模型流れの定式化における m_j の項の計算には $\boldsymbol{V} = \nabla \Phi_D$ を、一様流れの定式化においては $\boldsymbol{V} = (-1, 0, 0)$ とおいて得られる (6.42) を用いている。

6.4.4 付加質量および減衰力係数

図 6.18 と図 6.19 に実験および数値計算によって得られた付加質量および減衰力係数を示している。ここで得られた付加質量と表 6.2 の値を用いて heave と pitch の固有周期を求めておこう。まず heave の固有周期は (1.81) で計算できる。図 6.18 の $a_{33}/\rho\nabla$ は概ね 1.0 であるから (1.81) で $k_3 = 1.0$ とし、C_b, C_w については表 6.2 中の諸量を用いて計算すると固有周期として $T_h = 0.94$ (sec) を得る。対応する KL の値は $KL = (L/g)(2\pi/T_h)^2 = 9.06$ となる。正面向い波中の動揺を考えると $\omega_e = \omega + k_0 U$ もしくは無次元パラメーターを用いて $\tau = \nu + \nu^2$ の関係があるから、$\tau = F_n\sqrt{KL}$ から τ を計算し、ν を求めると $\nu = (-1 + \sqrt{1 + 4\tau})/2 = 0.423$ を得る。これより $kL = (\nu/F_n)^2 = 4.47$, $\lambda/L = 2\pi/kL = 1.405$ となる。正面向い波であれば $\lambda/L = 1.405$ の入射波に対応する周波数が固有周波数となる。同様の計算を pitch についても行うと、図 6.19 から $a_{55}/\rho\nabla L^2 = 0.04$ として表 6.2 の諸量を用いて (1.85) を計算すると $T_p = 0.84$ (sec)、$KL = 11.55$, $kL = 5.39$, $\lambda/L = 1.166$ を得る。実際の波の中での運動では、heave および pitch 運動に関連して造波減衰力も作用するし、surge も含め 3 つの運動が連成するので運動の同調点は固有周波数とは一致しないが、概ね固有周波数の近くにあると考えられる。つまりこの船の場合、同調点は $\lambda/L = 1.2 \sim 1.4$ 近傍、KL でいうと $KL = 10$ 前後にあると思われる。

図 6.18 と図 6.19 を見てみると、全般的には高周波数域においてはどの計算法も実験値と一致しているが、$KL = 20$ 以下の低周波数域域においては実験値との相違が顕著となっている。数値計算法同士の相違も大きい。上述のように、heave と pitch の固有周波数は $KL = 10$ 近傍にあるので、船体運動の同調点も概ねこの周波数の近くにあると考えてよい。したがって、この周波数近傍の流体力に見られる相違は船体運動の同調点近傍の結果にも影響を与えてくるものと推察される。

EUT の結果とストリップ法の結果とに大きな相違は見られないが、b_{55} については前進速度

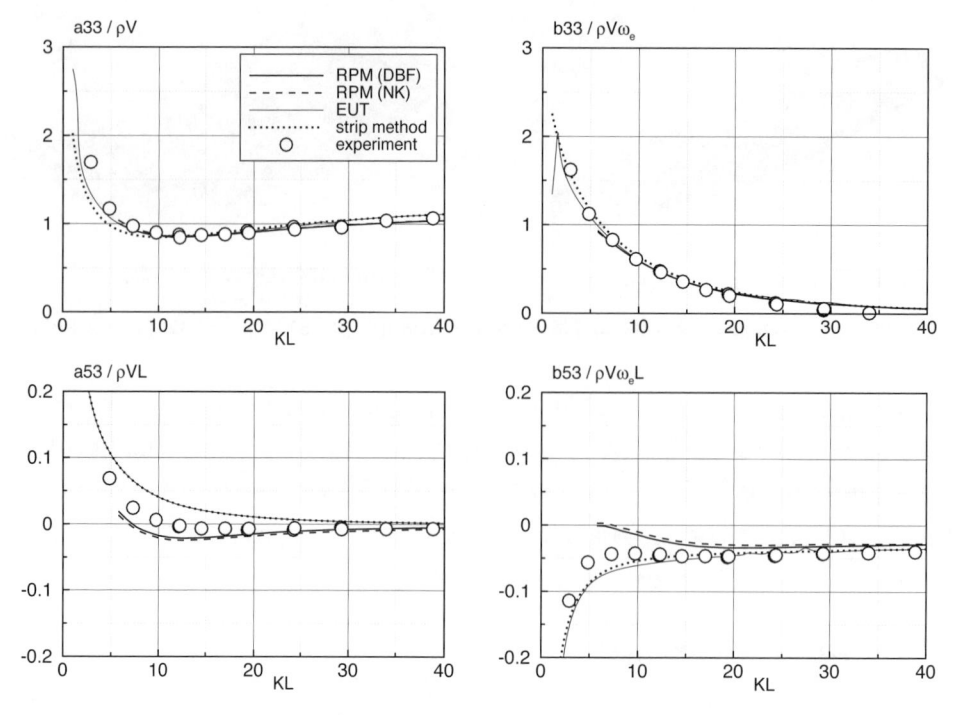

図 6.18 Heave 方向の強制動揺による付加質量および減衰力係数 ($F_n = 0.2$)

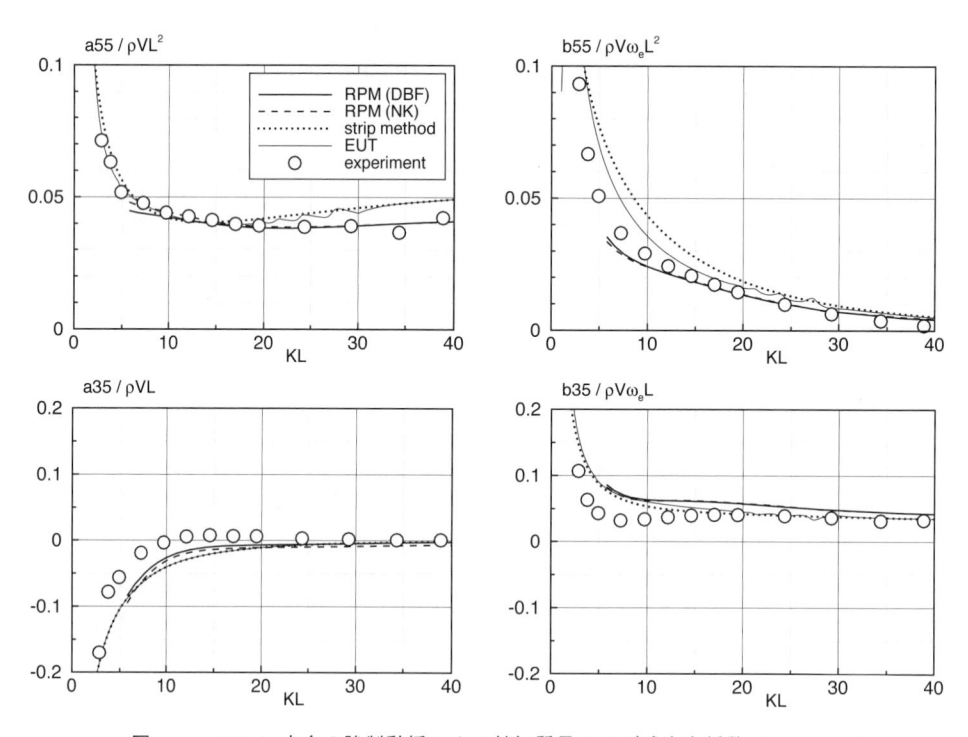

図 6.19 Pitch 方向の強制動揺による付加質量および減衰力係数 ($F_n = 0.2$)

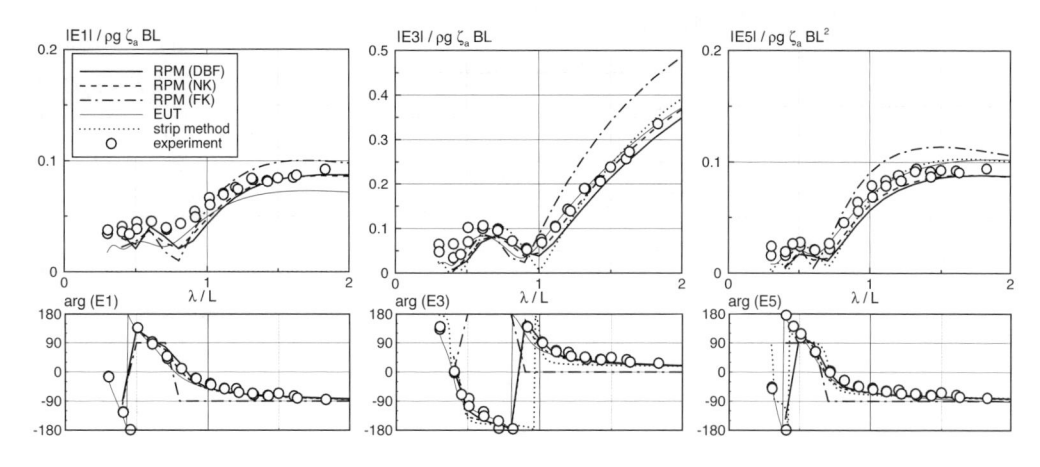

図 6.20 波浪強制力およびモーメント ($F_n = 0.2, \beta = 180°$)

影響の考慮の仕方がより正確な EUT の推定の方が実験値に近い結果を与えている。低周波数域において EUT の b_{33} や b_{55} の結果に現れる屈曲点は $\tau = 1/4$ となる KL の値、すなわち $KL = (\tau/F_n)^2|_{\tau=0.25} = 1.5625$ で現れており、この周波数は 6.2.5 節で説明したように、波動場が大きく変化する周波数に相当する。前節でも書いたように、ここで使用したランキンパネル法の適用範囲は概ね $\tau > 0.5$ であるので、ランキンパネル法の計算結果はこの範囲、すなわち $KL > (\tau/F_n)^2|_{\tau=0.5} = 6.25$ の範囲しか示していない。この周波数域の a_{55}、低周波数域の b_{55} などを見ると、前進速度影響や 3 次元影響の考慮の精度が高いランキンパネル法の実験値との合致度が、他の計算法と比べて良いようである。

連成項を見ると、供試模型が前後対称船であることもあり、6.3.1 節で述べたティムマン・ニューマンの関係、$a_{35} = -a_{53}$, $b_{35} = -b_{53}$ が良い精度で満足されていることも確認されよう。

6.4.5 波浪強制力

図 6.20 に波浪強制力の結果を示している。波浪強制力については、どの数値計算法も概ね実験結果と一致している。細かく見れば、surge の強制力について 3 次元計算であるランキンパネル法の推定精度が良いようである。5.5 節に示したストリップ法の結果には surge 方向の力も計算して示しているが、ここの結果では船体表面上の x 軸方向の方向余弦を計算していないことから、ストリップ法による surge の波浪強制力は計算していない。

図中には (6.73) で計算されるフルード・クリロフ力（モーメントも含め広義にこう呼んでいる）を一点鎖線でプロットしている。フルード・クリロフ力を含めた波浪強制力とを比較すると、船体による入射波の反射・回折の影響の度合いが分かるであろう。

図 6.20 には波浪強制力の位相も示してあるので、ここで少し位相について説明しておく。演習 6.1 において入射波の変位 ζ_0 を計算すると、その結果は正面向い波 $\beta = 180°$ の場合 $\zeta_0 = \zeta_a \cos(k_0 x + \omega_e t)$ となる。この式から $t = 0$ のとき波頂は $x = 0$ にあることになるから、位相の基準は $t = 0$ で入射波の波頂が座標原点（通常は船体中央に取られ、この例でも船体中央）に来た時であるということになる。6.1.5 節に示したように波浪強制力は $F_i^W = \text{Re}[E_i e^{i\omega_e t}]$ で表さ

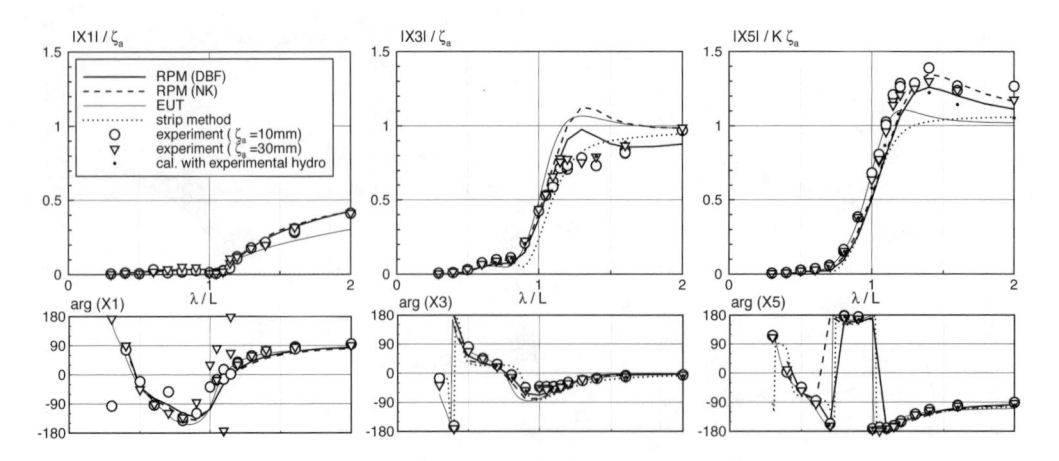

図 6.21 船体運動 ($F_n = 0.2, \beta = 180°$)

れている。例えば図 6.20 の E_5 における長波長域での位相は $-\pi/2$ であるから、$E_5 = |E_5|e^{-i\pi/2}$ と書ける。このとき F_5^W は

$$F_5^W = \mathrm{Re}\bigl[|E_5|e^{-i\pi/2}e^{i\omega_e t}\bigr] = |E_5|\mathrm{Re}\bigl[e^{i\omega_e(t-T_e/4)}\bigr]$$
$$= |E_5|\cos\{\omega_e(t - T_e/4)\}, \quad T_e = 2\pi/\omega_e \quad (6.194)$$

となる。よって、波浪強制力の位相が $-\pi/2$ であるということは、上記の入射波を用いた位相基準に対して、時刻が $T_e/4$ だけ遅れて最大の力が作用するということを意味する。逆に最大の力が作用する時刻 $t = T_e/4$ における入射波は

$$\zeta_0 = \zeta_a \cos(k_0 x + \omega_e T_e/4) = \zeta_a \cos\{k_0(x + \lambda/4)\}, \quad \lambda = 2\pi/k_0 \quad (6.195)$$

となるから、その時刻における波頂は $x = -\lambda/4$ の位置にあるということになる。特に実験計測では位相の関係は混乱を招きやすい点でもあるので、物理的な意味を良く理解しておく必要がある。

6.4.6 船体運動

図 6.21 に船体運動の結果を示している。船体運動の結果では、各種数値計算法の相違に起因する違いが、特に同調点近傍で明瞭に現れている。波浪強制力での各種計算法の違いは少なかったことから、この相違は前述の付加質量および減衰力係数の $KL = 20$ 以下の低周波数域での推定の違いに起因していると言えよう。

同じランキンパネル法であっても定式化の違いによって船体運動には相応の違いが生じている。定常流場の湾曲を考慮する二重模型流れ近似による定式化の方が、特に heave 運動振幅の推定精度が良い。この定式化は、二重模型流れの速度ポテンシャルを $O(1)$ と見積もって非定常速度ポテンシャルについて線形化したものであるから、二重模型流れの速度ポテンシャルと非定常速度ポテンシャルの積のオーダー項も考慮されていて、一様流れ近似の定式化と比べると若干の非線形性が考慮されていると言える。計算結果に見るように、肥大度が大きく二重模型流れが無視できなくなる船型に対して有効な定式化である。

数値計算には $\lambda/L = 1.3$ 近傍に同調点が見られるが、実験値には顕著には見られない。入射波の波振幅 $\zeta_a = 10\,\mathrm{mm}$（白丸）と $30\,\mathrm{mm}$（白三角）の 2 種類の実験結果にも大きな差は見られないことから、非線形な運動により同調点が鈍ったとも考えられないが、念のために実験で得られた付加質量・減衰力係数、および波浪強制力を用いて線形運動方程式（surge を無視して heave, pitch のみの連成）を解き、得られた結果を図中黒丸でプロットしてある。黒丸の結果は白丸および白三角で示した実験結果と良く一致していることから、白丸および白三角で示した実験値が、線形の仮定の枠内で得られていると考えて良いことが確認できる。結局のところ、運動の同調点近傍の理論計算と実験との相違は、付加質量・減衰力係数、および波浪強制力など流体力の相違に原因しているということになる。同調点近傍である $\lambda/L = 1.2 \sim 1.4$, $KL = 10$ 前後での流体力の推定精度向上のための理論計算の改善が課題となろう。同調点近傍の推定には、特に前進速度影響が強く現れる heave と pitch の連成流体力の推定精度が重要であることが示されており [6.14]、理論計算においては特にこの部分の推定精度向上を図るべく改善が必要となるであろう。

6.4.7　非定常波動場

非定常な波の変位は、(6.18) の ϕ に、(6.52) を代入して

$$\frac{\zeta_w}{\zeta_a} \equiv \frac{\zeta_7}{\zeta_a} + \sum_{j=1}^{6}\left(\frac{X_j}{\zeta_a}\right)\frac{\zeta_j}{X_j} \tag{6.196}$$

のように、各モードに対応した非定常波に分離して表すことができる。ここで、ζ/ζ_a は diffraction wave、ζ_j/X_j は j モードの動揺による radiation wave であり、各々次式で計算される。

$$\frac{\zeta_7}{\zeta_a} = \frac{\omega_e}{\omega}\left(1 + \frac{U}{i\omega_e}\nabla\Phi_D\cdot\nabla\right)\varphi_7\,,\quad \frac{\zeta_j}{X_j} = K\left(1 + \frac{U}{i\omega_e}\nabla\Phi_D\cdot\nabla\right)\varphi_j \quad (j=1\sim 6) \tag{6.197}$$

いま、複素振幅が (6.197) で表される実際の波の変位を (6.18) に倣って $\zeta_j^{(1)}$ で表すことにする。(6.197) の ζ_j を $\zeta_j = \zeta_{jc} - i\zeta_{js}$ のように実部と虚部に分離すれば、

$$\zeta_j^{(1)} = \mathrm{Re}\left[\zeta_j e^{i\omega_e t}\right] = \zeta_{jc}\cos\omega_e t + \zeta_{js}\sin\omega_e t \quad (j=1\sim 7) \tag{6.198}$$

となるので、ζ_{jc} を cos 成分、ζ_{js} を sin 成分と呼んでいる。このように、非定常波や後述の波浪変動圧などでは、得られた結果を cos 成分と sin 成分に分けて表すことが多い。(6.198) から、ζ_{jc} は $t=0$ での波形を、ζ_{js} は $t=T_e/4$ だけ後の波形を表していると考えることもできる。

図 6.22 と図 6.23 に船体まわりの heave radiation wave ζ_3/X_3 と diffraction wave ζ_7/ζ_a の等高線図を示している。数値計算は二重模型流れ近似の定式化に基づくランキンパネル法の結果である。理論計算の図の中で、x 軸に平行な黒線間 $(0.25 < y/(L/2) < 1.0)$ を実験結果と比較すればよい。

Heave radiation wave については、cos 成分、sin 成分ともに全体的には、実験結果と数値計算結果は一致していると言える。船体近傍において実験値の波振幅が数値計算よりも大き目であり、後方へ伝播する波については逆に数値計算の方が若干大き目の傾向にある。特に船首近傍で数値計算の波振幅が小さい原因としては、船首部の数値計算格子の細かさが不十分で分解能が低

(a) cos component　　　　　　　　　(b) sin component

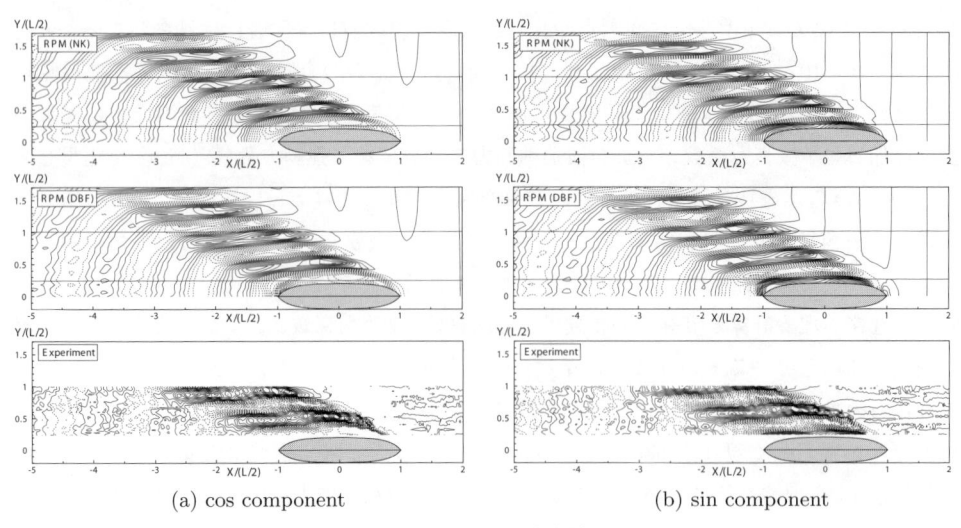

図 6.22　Heave radiation wave の等高線図 ($F_n = 0.2$, $KL = 30$)

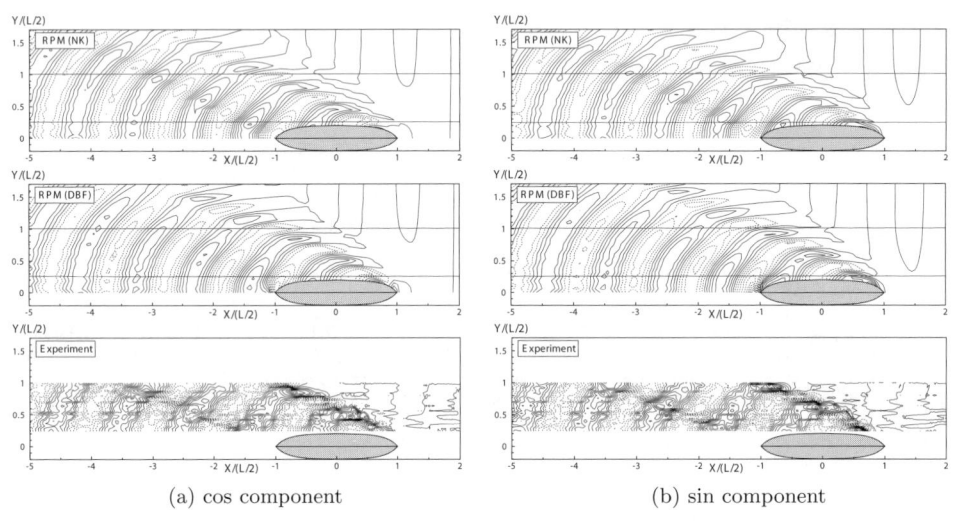

(a) cos component　　　　　　　　　(b) sin component

図 6.23　Diffraction wave の等高線図 ($F_n = 0.2$, $\lambda/L = 0.5$, $\beta = 180°$)

いことなどが考えられる。上述のように sin 成分は cos 成分に比べて $t = T_e/4$ だけ後の波形を表していることに留意して波形を見れば、波の伝播方向も分かる。この例では $\tau = 1.095 > 1/4$ であるから漸近波形としては図 6.9 に示した概略図と比べれば、波形パターンやその伝播方向が一致していることが確認できる。

　Diffraction wave については、特に船首近傍で実験と計算との波振幅の相違が大きい。Heave radiation wave と同様に、数値計算格子の分解能の不足に起因していると思われる。この例も $\tau = 1.212 > 1/4$ なので図 6.9 の波形パターンが形成されている。

　船から後方に視点を移すと、波の位相面でも実験と計算には相違が見られる。Diffraction wave の場合、x 軸上の船の後方へ造波される波は入射波と波長の同じ k_2 波となることが 6.2.5 節の漸近波形理論から分かっている。いまの場合、$\lambda/L = 0.5$ であるから、後方の波長は図の横軸で

図 6.24 非定常波形 ($F_n = 0.2, \lambda/L = 0.6$ ($KL = 28.4$), $y/(B/2) = 1.4$)

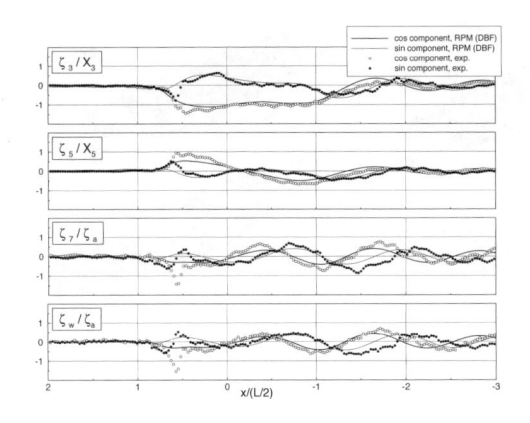

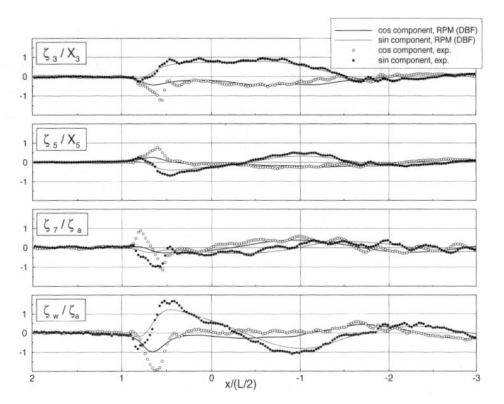

図 6.25 非定常波形 ($F_n = 0.2, \lambda/L = 1.2$ ($KL = 11.1$), $y/(B/2) = 1.4$)

丁度 1.0 となっているはずである。この点に注意して結果を見ると、実験波形での波長が 1.0 よりも若干長くなっていることに気付く。一方、数値計算の方はほぼ 1.0 となっている。この相違の原因についても今後の研究が待たれるところである。

図 6.24 と図 6.25 には $y/(B/2) = 1.4$ の線上の heave radiation wave、pitch radiation wave、diffraction wave およびそれらを 3 つを (6.196) に従い運動の影響を入れて重ね合わせた全非定常波形 ζ_w/ζ_a を示している。ただし、計測波形は、船体の運動計測時に直接計測した波形であるから、surge radiation wave の影響も若干入っている。2 つの図の計算（実験）条件は、各々 $\tau = 1.066$ と $\tau = 0.667$ に相当している。上記の等高線図の結果で得られた知見が波形の断面分布の視点からもより詳細に確認できるであろう。

6.4.8 波浪変動圧

図 6.26 は $F_n = 0.2, \lambda/L = 0.5, \beta = 180°$ のときの船体表面上の**波浪変動圧** (wave pressure) の分布を示している。これは (6.56) から得られる $p_D/\rho g\zeta_a$ を cos 成分と sin 成分とに分離して各々を鳥瞰図の中で等高線で示したものである。鳥瞰図では分かり難い各計算法による違いを示すために、各断面 (ord.=1.0, 5.0, 9.0) における圧力を振幅と位相に分けて図 6.27 に示しておいた。

前節の非定常波の場合と同じように、cos 成分は $t = 0$ の瞬間の変動圧を、sin 成分はそれから $t = T_e/4$ だけ遅れた時刻の変動圧を表していると理解すればよいので、図 6.26 からは船首から船尾に向かって圧力が時間的に移動して行っていることが分かる。また $\lambda/L = 0.5$ であることに対応して、船長方向に圧力のピークが 2 山（2 波長分）現れていることも分かる。

図 6.27 を見ると、ストリップ法とランキンパネル法の結果には、船首尾の圧力において顕著な相違が見られる。すなわち、ストリップ法による計算結果は船首尾での圧力がほぼ同じであるが、ランキンパネル法による計算結果では、船尾へ行くにつれて圧力の振幅が小さくなるという 3 次元影響が示されており、合理的な結果である。このように、ストリップ法は船体運動全般についてはそこそこの推定をすることができるが、圧力レベルで見てみると、定常流場の影響や

(a) RPM (DBF)　　　　　　　(b) RPM (NK)　　　　　　　(c) Strip method

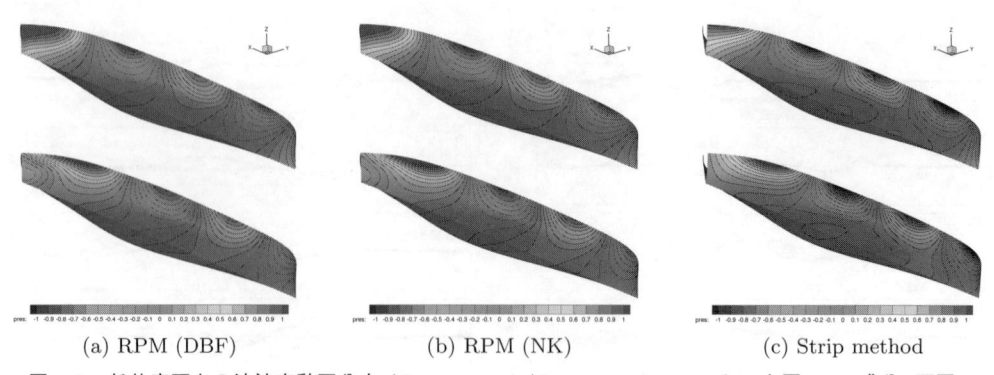

図 6.26　船体表面上の波浪変動圧分布 ($F_n = 0.2$, $\lambda/L = 0.5$, $\beta = 180°$：上図; cos 成分, 下図; sin 成分)

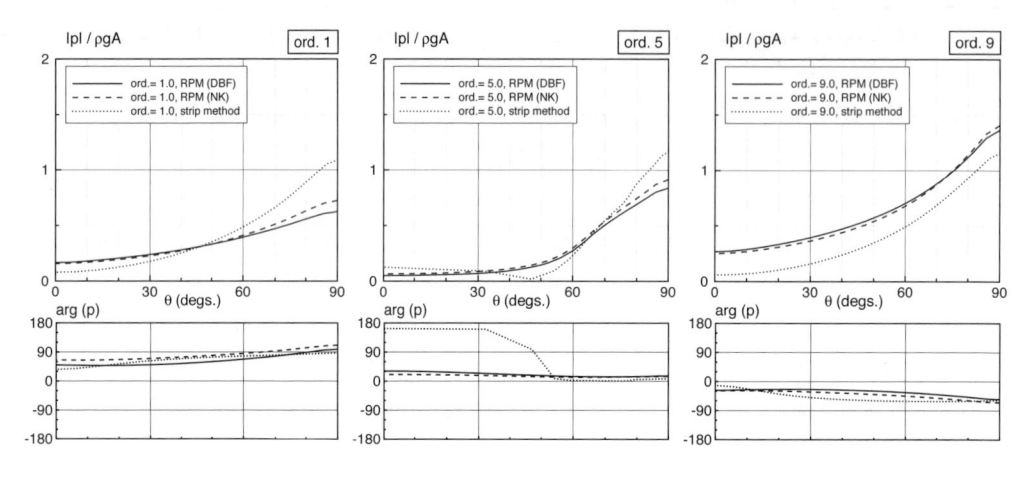

図 6.27　船体断面上の波浪変動圧分布 ($F_n = 0.2$, $\lambda/L = 0.5$, $\beta = 180°$)

3 次元影響の取入れ方が不十分であり、精度の高い推定を行うのは難しい。ランキンパネル法においても、基礎流場を二重模型流れ近似した計算結果と一様流近似した計算結果とには若干の相違が現れている。

6.4.9　波浪中抵抗増加

図 6.28 に抵抗増加の結果を示している。ランキンパネル法の結果は (6.179) の船体表面積分により得られたものである。

実験結果として入射波の波振幅をいくつか変更して計測した結果を示しているが、図中黒三角で示した $H/\lambda = 1/30$ の結果は $\zeta_a = 30$ mm の結果に類する結果であると考えてよいので、$\zeta_a = 10$ mm と $\zeta_a = 30$ mm の都合 2 種類の結果を示していると見てよい。抵抗増加は理論上、波振幅の 2 乗に比例するとして無次元化して示されているにも関わらず、実際には入射波の波振幅（波岨度 H/λ）に影響を受けることが分かる。波振幅が大きいと全体的に小さ目の値となっており、この現象は非線形性の影響に因ると思われる。ただし、$\lambda/L > 1.5$ の領域では、波振幅が小さい場合、計測される抵抗増加の値が非常に微小量となるために、計測精度上の問題も多分に含んだ結果であることを注記しておく。

図 6.28 Blunt Wigley モデルの波浪中抵抗増加 ($F_n = 0.2$, $\beta = 180°$)

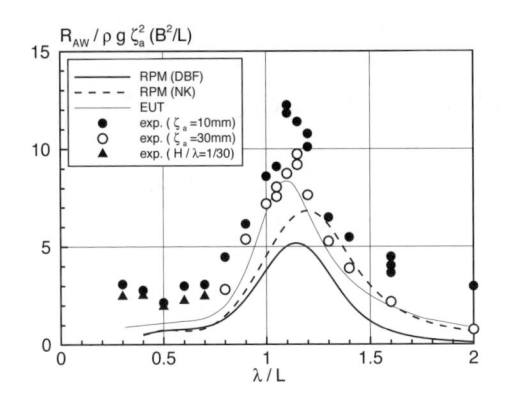

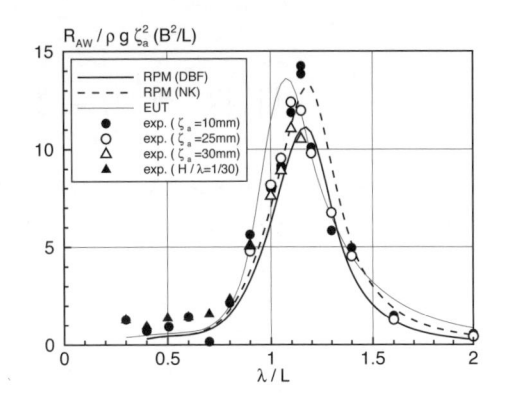

図 6.29 Slender Wigley モデルの波浪中抵抗増加 ($F_n = 0.2$, $\beta = 180°$)

2種類のランキンパネル法の結果は、二重模型流れ近似の結果の方が一様流れ近似の結果よりも低くなっている。ランキンパネル法の結果は、3次元影響が EUT よりもより厳密に取り入れられているにも関わらず EUT の結果よりも劣っている。これは、供試船型が blunt であるために水線面に沿って自由表面上の計算格子が強く湾曲し、本方法で採用した放射条件（パネルシフト法）との関係で格子を密にできなかったことに起因していると思われる。

Slender Wigley モデルに対する同様の結果を図 6.29 に示している。Blunt Wigley モデルの場合と異なり、いずれの数値計算法も概ね実験結果と良い合致を示していることが確認できよう。このようにランキンパネル法の計算精度は肥大度が高くなると低下する傾向にある。この辺の改善が今後の研究課題の一つでもある。

付録　グリーン関数の漸近表示式

(6.110) で表されるグリーン関数の波動部 T の被積分関数は $f(k,\theta)\,e^{ik\varpi}$ の形をしている。二重積分のうち、k に関する積分を複素 k 平面上の積分へ拡張して実行すれば、留数の寄与として

$$J \equiv \sum_{j=1}^{N} \int_{\theta_1}^{\theta_2} f(k_j,\theta)\,e^{ik_j\varpi}\,d\theta \quad (k_j \text{ は留数点で } N \text{ はその総数}) \tag{A-6.1}$$

の形の式を得ることができると推察される。θ_1, θ_2 は積分の下限と上限である。この形の積分に 6.2.5 節に示す停留位相法を用いれば、$R \to \infty$ のときの主要項として $O(1/\sqrt{R})$ の項を抽出することができるであろう。以上の推察に基づき、まずは T の二重積分から留数の寄与項を抽出することを考える。(6.110) の被積分関数の分母を U^2 で括り出して $\mu' \equiv \mu/U$, $K_0 \equiv g/U^2$ とおくと、(6.110) は被積分関数の分母を因数分解して次のように書ける。

$$T(X,Y,Z) = \frac{K_0}{4\pi^2} \lim_{\mu' \to 0} \int_{-\pi}^{\pi} d\theta \int_0^{\infty} \frac{k e^{k(Z+i\varpi)}}{(k-k_1')(k-k_2')\cos^2\theta}\,dk \tag{A-6.2}$$

ただし、

$$\left.\begin{array}{c} k_1' \\ k_2' \end{array}\right\} = \frac{K_0}{2\cos^2\theta}\left(1 + 2\tau\cos\theta \pm \sqrt{1 + 4\tau\cos\theta}\,\right)$$
$$\qquad -\frac{i\mu'}{2\cos\theta}\left(1 \pm \frac{1}{\sqrt{1 + 4\tau\cos\theta}}\right) \equiv \left\{\begin{array}{c} k_1 + i\mu_1 \\ k_2 + i\mu_2 \end{array}\right. \tag{A-6.3}$$

(A-6.2) の k に関する積分を複素 k 平面内の積分へと拡張して考えるとき、被積分関数は $k = k_1', k_2'$ に 1 位の極を有することが分かる。そこで、1 位の極である k_1', k_2' の位置について調べておくために、$s = 1 + 4\tau\cos\theta$, $s' = 1 + 2\tau\cos\theta$ と置いて τ の値に対する極の位置の場合分けを行う。s と s' の $\cos\theta$ に対するグラフは図 A-6.1 となるので、これを参照しながら各 τ の値に対する留数点の位置について調べていく。

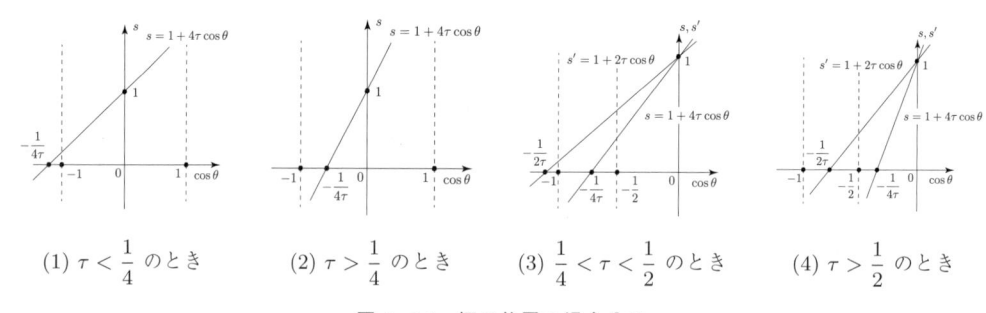

(1) $\tau < \dfrac{1}{4}$ のとき　　(2) $\tau > \dfrac{1}{4}$ のとき　　(3) $\dfrac{1}{4} < \tau < \dfrac{1}{2}$ のとき　　(4) $\tau > \dfrac{1}{2}$ のとき

図 **A-6.1**　極の位置の場合分け

(1) $\tau < 1/4$ のとき

このとき $-1/4\tau < -1$ となり、図 A-6.1(1) を参照すると、$\cos\theta > 0$ のとき $s > 1$ であるから $\mu_1 < 0, \mu_2 < 0$ となり k_1', k_2' は共に第 4 象限に存在する。一方、$\cos\theta < 0$ のとき $1 > s > 0$ であるから $\mu_1 > 0, \mu_2 < 0$ となり k_1' は第 1 象限、k_2' は第 4 象限に存在する。この結果を図示す

(1) $\cos\theta > 0$ のとき   (2) $\cos\theta < 0$ のとき

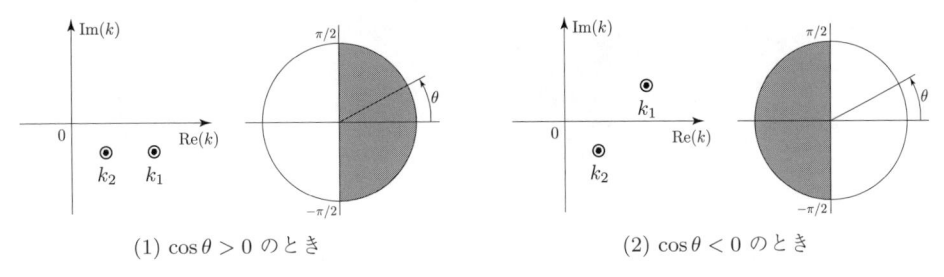

図 **A-6.2** θ と極位置の関係 ($\tau < 1/4$ の場合)

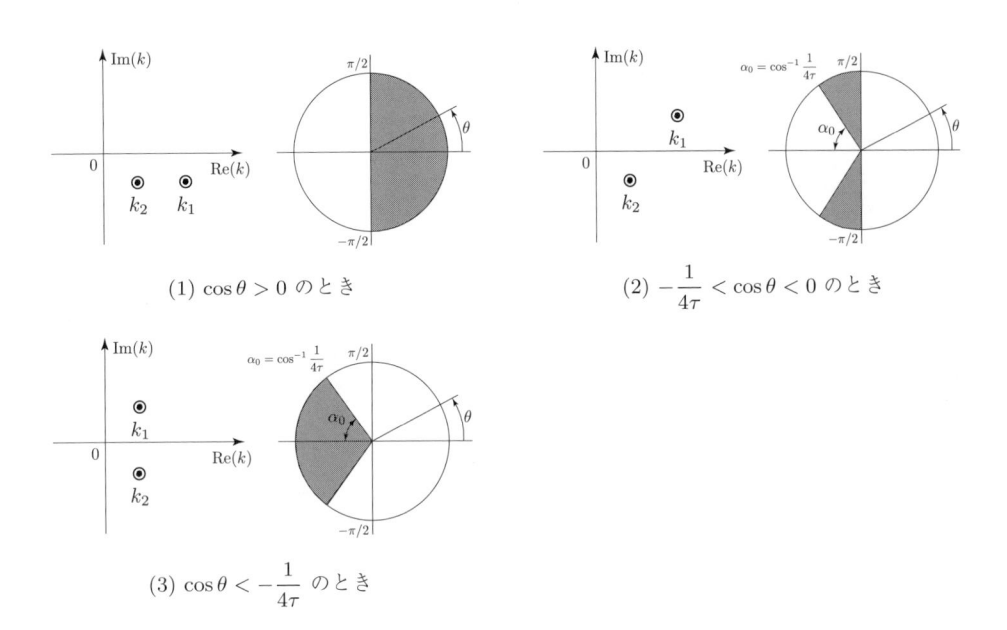

(1) $\cos\theta > 0$ のとき   (2) $-\dfrac{1}{4\tau} < \cos\theta < 0$ のとき

(3) $\cos\theta < -\dfrac{1}{4\tau}$ のとき

図 **A-6.3** θ と極位置の関係 ($1/4 < \tau < 1/2$ の場合)

ると図 A-6.2 となる。既にレイリーの仮想摩擦係数の役割（極のシフト方向を与える）は終えているので、図中の極の値の表記においては k_1', k_2' ではなく k_1, k_2 と記載している。この操作は以下でも同様である。

(2) $\tau > 1/4$ のとき

図 A-6.1(2) を参照して、$\cos\theta > 0$ のとき $s > 1$ であるから $\mu_1 < 0, \mu_2 < 0$ となり k_1', k_2' は共に第 4 象限に存在する。$-1/4\tau < \cos\theta < 0$ のとき $1 > s > 0$ であるから $\mu_1 > 0, \mu_2 < 0$ となり k_1' は第 1 象限、k_2' は第 4 象限に存在する。$-1 < \cos\theta < -1/4\tau$ のとき $s < 0$ であるから $\sqrt{s}$ は純虚数となる。従って、k_1, k_2 はそれ自身複素数となるため、極の位置情報を得るために導入されたレイリーの仮想摩擦係数 μ' は意味を失う。よって $\mu' = 0$ として k_1, k_2 自身の位置について考えればよい。このとき k_1 と k_2 は

$$\left.\begin{matrix} k_1 \\ k_2 \end{matrix}\right\} = \frac{K_0}{2\cos\theta}(1 + 2\tau\cos\theta \pm i\sqrt{|1 + 4\tau\cos\theta|})$$

となる。ここで、k_1 と k_2 の実部の位置について考えると $1 - 2\tau < 1 + 2\tau < 1/2$ であるから、

(1) $\cos\theta > 0$ のとき

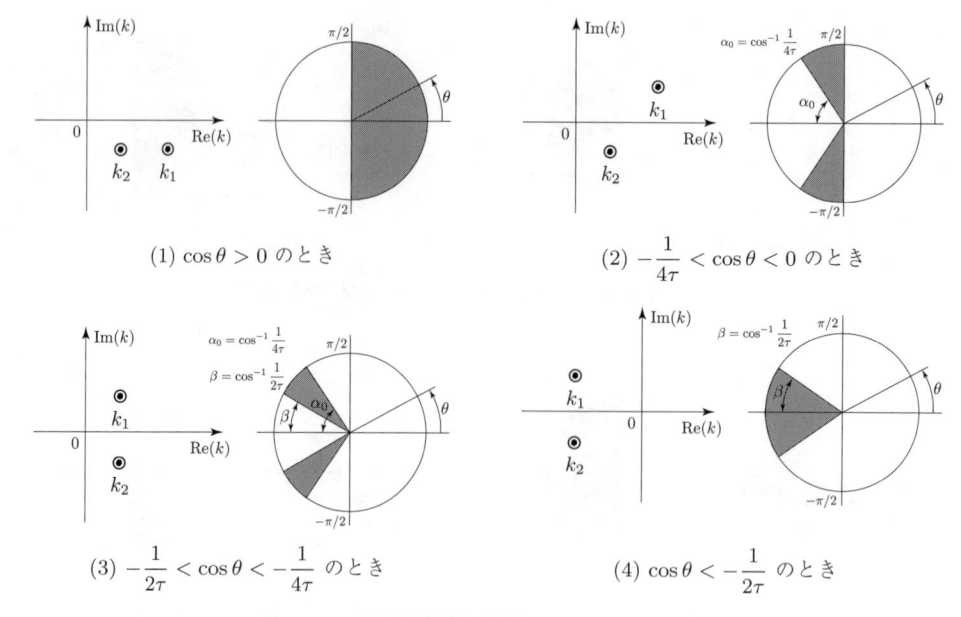

(2) $-\dfrac{1}{4\tau} < \cos\theta < 0$ のとき

(3) $-\dfrac{1}{2\tau} < \cos\theta < -\dfrac{1}{4\tau}$ のとき

(4) $\cos\theta < -\dfrac{1}{2\tau}$ のとき

図 **A-6.4** θ と極位置の関係 ($\tau > 1/2$ の場合)

$1 - 2\tau$ の値に関して更に場合分けが必要となる。$\cos\theta < -1/4\tau$ に注意して場合分けを行うと次のようになる。

(i) $1/4 < \tau < 1/2$ のとき

このとき $-1 < -1/4\tau < -1/2\tau$ であり、図 A-6.1(3) より $0 < 1 + 2\tau\cos\theta < 1/2$ となるから k_1 は第 1 象限、k_2 は第 4 象限に存在することになる。この結果を図示すると図 A-6.3 となる。

(ii) $\tau > 1/2$ のとき

このとき $-1/4\tau > -1/2$ であり、$s - \cos\theta$ のグラフは図 A-6.1(4) のようになる。$-1/2\tau < \cos\theta < -1/4\tau$ のときは $0 < 1 + 2\tau\cos\theta < 1/2$ となるから k_1 は第 1 象限、k_2 は第 4 象限に存在することになる。$\cos\theta < -1/2\tau$ のときは $1 + 2\tau\cos\theta < 0$ となるから k_1 は第 2 象限、k_2 は第 3 象限に存在することになる。この結果を図示すると図 A-6.4 となる。

極の位置に関する考察を終えたところで、次に積分径路について考える。(A-6.2) の二重積分項において被積分関数の指数関数部に着目して $X = R\cos\Theta, Y = R\sin\Theta$ と置けば $\varpi = R\cos(\theta - \Theta)$ と書ける。複素 k 平面上で $k = re^{i\phi}$ と置くと、指数部は

$$\begin{aligned}
j &\equiv kZ + ik\varpi \\
&= kZ - Rr\cos(\theta - \Theta)\sin\phi \\
&\quad + iRr\cos(\theta - \Theta)\cos\phi
\end{aligned} \quad \text{(A-6.4)}$$

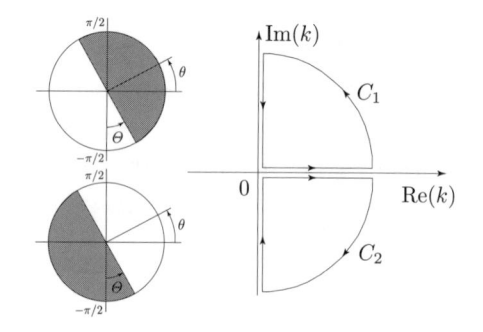

図 **A-6.5** 積分径路

と表すことができる。$r \to \infty$ において (A-6.2) の k に関する積分が収束するためには、積分径

付録 グリーン関数の漸近表示式

路を θ に対して次のように取ればよい。

$$-\frac{\pi}{2} < \theta - \Theta < \frac{\pi}{2} \text{ のとき } \sin\phi > 0\text{、すなわち径路 } C_1$$

$$\left.\begin{array}{l} \dfrac{\pi}{2} < \theta - \Theta < \pi \\ -\pi < \theta - \Theta < -\dfrac{\pi}{2} \end{array}\right\} \text{ のとき } \sin\phi < 0\text{、すなわち径路 } C_2$$

極位置の場合分けについては、最も場合分けの多い $\tau > 1/2$ について考えると、他の τ の場合についても全く同様であることが分かるので、以後 $\tau > 1/2$ の場合について考えることにしよう。図 A-6.4 と図 A-6.5 とを重ねて場合分けを行うことにより、$\tau > 1/2$ の場合の極位置と積分径路の取り方は図 A-6.6 のようにまとめることができる。図では $\pi - \alpha_0 > \pi/2 + \Theta$ を仮定しているが、任意の α_0, Θ についても同様に場合分けを行える。

(1) $-\dfrac{\pi}{2} + \Theta < \theta < \dfrac{\pi}{2}$

(2) $\dfrac{\pi}{2} < \theta < \dfrac{\pi}{2} + \Theta$

(3) $\dfrac{\pi}{2} + \Theta < \theta < \pi - \alpha_0,$
$-\pi + \alpha_0 < \theta < -\dfrac{\pi}{2}$

(4) $\pi - \alpha_0 < \theta < \pi - \beta,$
$-\pi + \beta < \theta < -\pi + \alpha_0$

(5) $\pi - \beta < \theta < \pi,$
$-\pi < \theta < -\pi + \beta$

(6) $-\dfrac{\pi}{2} < \theta < -\dfrac{\pi}{2} + \Theta$

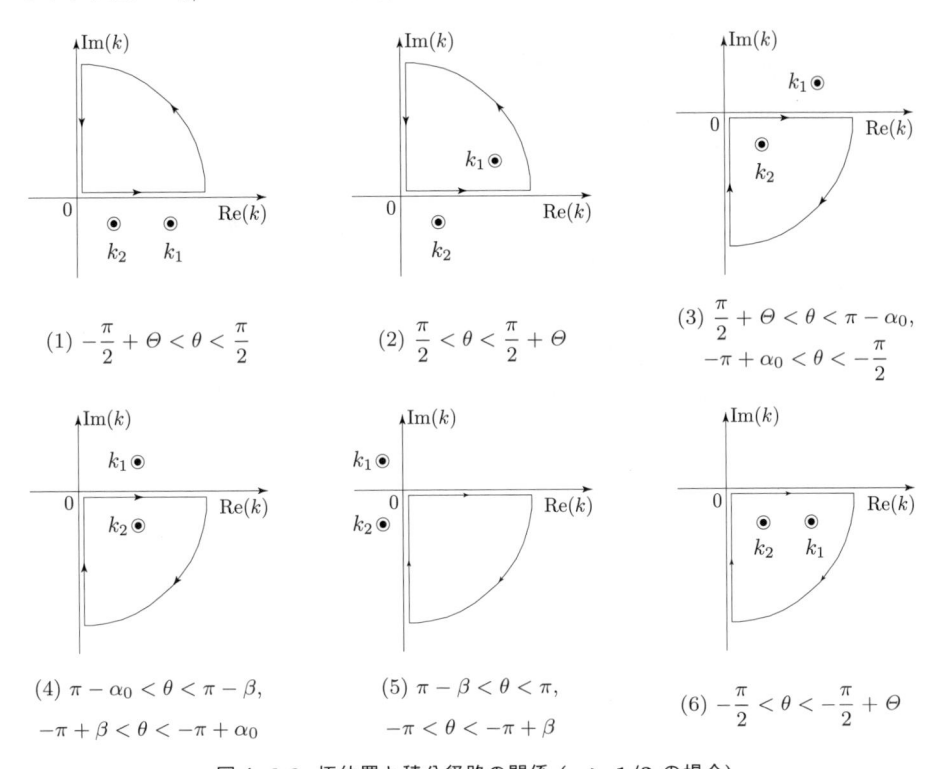

図 A-6.6 極位置と積分径路の関係 ($\tau > 1/2$ の場合)

図 A-6.6 の中で、留数点が積分径路内に存在しない場合については漸近式への寄与はない。つまり (1)、(5) は考える必要がない。また (4) の場合については、k_2 が複素数となるため留数計算を行った結果は指数関数的に減衰する波となり、漸近式で扱うオーダーよりも小さくなる。従って、積分径路内部に留数点が存在して漸近式に寄与するのは (2)、(3)、(6) のみとなる。これらの場合について留数の寄与を計算すると

$$-\frac{\pi}{2} < \theta < -\frac{\pi}{2} + \Theta \text{ のとき} \quad -2\pi i \left\{ \frac{k_2}{k_2 - k_1} e^{k_2(Z + i\varpi)} + \frac{k_1}{k_1 - k_2} e^{k_1(Z + i\varpi)} \right\}$$

$$\left.\begin{array}{l}\dfrac{\pi}{2}+\Theta<\theta<\pi-\alpha_0\\-\pi+\alpha_0<\theta<-\dfrac{\pi}{2}\end{array}\right\} \text{ のとき } \quad -2\pi i\dfrac{k_2}{k_2-k_1}e^{k_2(Z+i\varpi)}$$

$$\dfrac{\pi}{2}<\theta<\dfrac{\pi}{2}+\Theta \text{ のとき } \qquad 2\pi i\dfrac{k_1}{k_1-k_2}e^{k_1(Z+i\varpi)}$$

となる。以上より、求める漸近式は $\dfrac{1}{k_1-k_2}=\dfrac{\cos^2\theta}{K_0\sqrt{1+4\tau\cos\theta}}$ の関係を用いて次式となる。

$$G(\mathrm{P},\mathrm{Q})\sim\dfrac{i}{2\pi}\Big\{\int_{\frac{\pi}{2}}^{\frac{\pi}{2}+\Theta}-\int_{-\frac{\pi}{2}}^{-\frac{\pi}{2}+\Theta}\Big\}\dfrac{k_1\,e^{k_1(Z+i\varpi)}}{\sqrt{1+4\tau\cos\theta}}d\theta$$
$$+\dfrac{i}{2\pi}\Big\{\int_{\frac{\pi}{2}+\Theta}^{\pi-\alpha_0}+\int_{\alpha_0-\pi}^{-\frac{\pi}{2}+\Theta}\Big\}\dfrac{k_2\,e^{k_2(Z+i\varpi)}}{\sqrt{1+4\tau\cos\theta}}d\theta \qquad (\text{A-6.5})$$

なお、(6.108) の右辺第一項目のランキンソース部分は $R\to\infty$ のとき $O(1/R)$ ですぐに減衰してしまうので、上記の漸近式には関与しない。

ところで、図 A-6.6(4) の場合には漸近式への留数の寄与はないと述べた。その理由を示しておこう。(4) の場合の留数の寄与を $G_{(4)}$ と書くと

$$G_{(4)}=\dfrac{1}{2\pi}\Big\{\int_{\pi-\alpha_0}^{\pi-\beta}+\int_{\beta-\pi}^{\alpha_0-\pi}\Big\}\dfrac{k_2\,e^{k_2(Z+i\varpi)}}{\sqrt{|1+4\tau\cos\theta|}}d\theta$$

となる。いま

$$k_2=\dfrac{K_0}{2\cos^2\theta}\big(1+2\tau\cos\theta-i\sqrt{|1+4\tau\cos\theta|}\,ss\big)\equiv a-ib$$

と表すとき、積分範囲において $a>0,\,b>0$ である。$\pi-\alpha_0>\pi/2+\Theta$ を仮定していたので積分範囲では $\cos(\theta-\Theta)<0$、すなわち $\varpi=R\cos(\theta-\Theta)<0$ である。これらに注意すると

$$G_{(4)}=\dfrac{1}{2\pi}\Big\{\int_{\pi-\alpha_0}^{\pi-\beta}+\int_{\beta-\pi}^{\alpha_0-\pi}\Big\}\dfrac{(a-ib)\,e^{aZ+b\varpi+i(a\varpi-bZ)}}{\sqrt{|1+4\tau\cos\theta|}}d\theta$$

の被積分関数の指数部から分かるように、$R\to\infty$ で $G_{(4)}$ は指数関数的に減衰してしまい漸近式への寄与はないということになる。

第7章 船の横揺れと安定性

　船の復原性や横揺れに関する研究は、船の安定性や波浪中での安全性に関連して重要であることから、船舶工学に関する長い研究の歴史の中でも早くから行われてきた。本書でも、船が横傾斜したときの復原モーメントや周期的な横揺れ運動に関連した動的な流体力、さらにはそれらを用いた線形運動方程式とその解の基本特性については既に説明してきた。しかし、それらは横揺れ角が小さいことを仮定した線形理論であった。実際の船の横揺れにおいては、横揺れ角が大きくなると復原モーメントにも減衰力にも非線形性が顕著に現れる。本章では、それらの非線形流体力の表し方とその推定法、横揺れ運動における重要な非線形影響などについて述べる。まずは復習を兼ねて、浮体の静的な横傾斜時における釣合いと復原性に関連したことを述べ、次に横揺れ運動における非線形減衰力係数、パラメトリック横揺れの非線形運動方程式とその解の性質、それによる横揺れの安定性などについて解説する。

7.1 浮心と浮面心

7.1.1 浮心

　浮体の静的な釣合いについて考えるために、まず静水圧を浮体の没水表面上で積分することによって浮力を計算する。その計算のために、本節では、浮体の重心 G を通り鉛直下方に z 軸の正方向をとる。座標の原点 O は、z 軸と静水面との交点とし、静水面上に直交して x 軸、y 軸をとる（図7.1 参照）。静水圧 p は、大気圧を基準とすると

$$p = \rho g z \qquad (7.1)$$

と与えられる。ここで ρ は流体の密度、g は重力加速度である。原点 O から浮体の没水表面

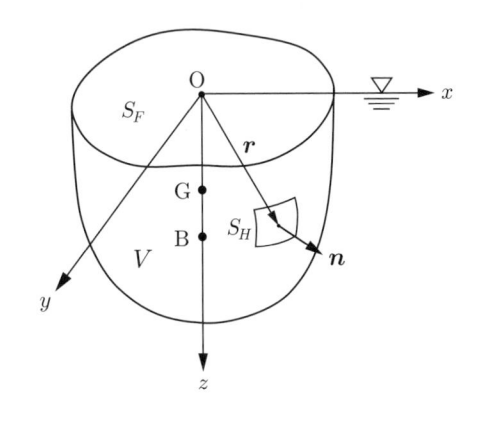

図7.1 静的釣合い解析の座標と記号

(S_H) の点までの位置ベクトルを $\bm{r} = (x, y, z)$、そこでの外向き法線を $\bm{n}$ と表すことにすると、静水圧 (7.1) による各座標軸方向の流体力 $\bm{F}$ および各座標軸まわりのモーメント $\bm{M}$ は

$$\bm{F} = -\iint_{S_H} p\bm{n}\, dS \qquad (7.2)$$

$$\bm{M} = -\iint_{S_H} \bm{r} \times p\bm{n}\, dS = \iint_{S_H} \bm{n} \times (p\bm{r})\, dS \qquad (7.3)$$

によって計算される。静水圧は、$z = 0$ の水線面 (S_F) 上では $p = 0$ であるから、(7.2)、(7.3) の積分面は、$S_H + S_F$ としてもよく、これは浮体の水面下の体積 V をとり囲む全表面である。し

たがってガウス (Gauss) の定理を (7.2)、(7.3) に適用することができ、

$$\boldsymbol{F} = -\iiint_V \nabla(\rho g z)\, dV = (0,\, 0,\, -\rho g V) \tag{7.4}$$

$$\boldsymbol{M} = \iiint_V \nabla \times (\rho g z \boldsymbol{r})\, dV = \left(-\rho g \iiint_V y\, dV,\, \rho g \iiint_V x\, dV,\, 0\right) \tag{7.5}$$

の結果が得られる。(7.4) から、浮体の没水表面上における静水圧の積分によって得られる**浮力** (buoyancy) は、鉛直上向きにしか働かないことが分かる。

これらと釣合う力は、重心 G に鉛直下向き（z 軸方向）に働く重力のみであり、これは浮体の全重量 W である。したがって静水圧による合力との釣合いによって得られる関係は

$$W - \rho g V = 0 \tag{7.6}$$

$$\iiint_V y\, dV = 0, \quad \iiint_V x\, dV = 0 \tag{7.7}$$

である。(7.6) は、浮体の重量 W と浮体に働く浮力が等しいことを示している。また (7.7) は浮体の水面下の体積 V の中心が、z 軸上になければならないことを意味している。浮力の作用点すなわち**浮心** (center of buoyancy) が z 軸上のどこにあるかは決まらず、言わば体積中心を通る鉛直軸上であるなら、どこで考えても不都合は生じない [3.2]。そこで一般的には、体積中心（B の記号で表す）を浮心と定義する。(7.7) は、静的な釣合い状態にあるときには、単に浮心 B と重心 G が同じ鉛直線上になければならないことを示している。

7.1.2 浮面心

次に浮体が x 軸のまわりに微小角 ϕ だけ横傾斜した場合を考えよう。静的な釣合い状態にあれば、傾斜の前後で浮体の没水部分の体積（これは**排水容積** (displacement volume) と呼ばれる）V は不変のはずである。この排水容積 V は、(7.2)、(7.4) での計算のように、直立状態では

$$V = \iiint_V dV = \iint_{S_H} z n_z\, dS = \iint_{S_F} z(x,y)\, dx\, dy \tag{7.8}$$

と計算できる。ここで水面下の浮体表面形状を $z = z(x,y)$ と表しており、S_F は $z = 0$ の xy 平面内における浮体の水線面部分である。同様にして、ϕ だけ微小傾斜したときの排水容積は

$$V = \iint_{S_F} \{ z(x,y) + y\phi \}\, dx\, dy \tag{7.9}$$

で表すことができるから、(7.8)、(7.9) より、排水容積が不変であるためには

$$\iint_{S_F} y\, dx\, dy = 0 \tag{7.10}$$

であることが必要である。

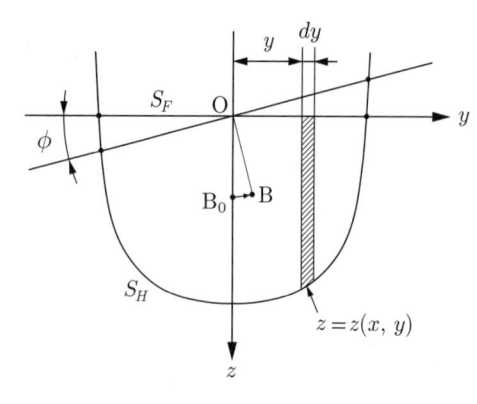

図 7.2 微小傾斜時の解析

同様に、y 軸まわりに微小傾斜した場合を考えると

$$\iint_{S_F} x\,dx\,dy = 0 \tag{7.11}$$

の関係が得られる。これらは水線面 S_F の面積中心 $(\overline{x}, \overline{y})$ が座標原点にあることを示している。水線面におけるこの面積中心を**浮面心** (center of floatation) という。したがって (7.8) と (7.9) の関係は浮面心を通る水平軸まわりに微小傾斜するとき、傾斜の前後で排水容積は一定に保たれる、ということができる。これを**オイラーの定理** (Euler's theorem) と呼んでいる。

7.1.3 傾斜による浮心の移動

次に、x 軸まわりの微小傾斜による浮心（体積中心）の移動について考えてみよう。直立状態での浮心の座標を一般的に $B_0 = (\overline{x}_0, \overline{y}_0, \overline{z}_0)$、また傾斜後の浮心の座標を $B = (\overline{x}, \overline{y}, \overline{z})$ と表すことにする。このとき、まず直立状態では

$$\left.\begin{aligned}
\overline{x}_0 V &= \iiint_V x\,dV = \iint_{S_F} x z(x,y)\,dx\,dy \\
\overline{y}_0 V &= \iiint_V y\,dV = \iint_{S_F} y z(x,y)\,dx\,dy \\
\overline{z}_0 V &= \iiint_V z\,dV = \iint_{S_F} \frac{1}{2} z^2(x,y)\,dx\,dy
\end{aligned}\right\} \tag{7.12}$$

であり、微小傾斜時は、(7.9) の計算のように

$$\left.\begin{aligned}
\overline{x} V &= \iint_{S_F} x\{z(x,y) + y\phi\}\,dx\,dy \\
\overline{y} V &= \iint_{S_F} y\{z(x,y) + y\phi\}\,dx\,dy \\
\overline{z} V &= \iint_{S_F} \frac{1}{2}\Big[z^2\Big]_{-y\phi}^{z(x,y)}\,dx\,dy = \iint_{S_F} \frac{1}{2}\{z^2(x,y) - y^2\phi^2\}\,dx\,dy
\end{aligned}\right\} \tag{7.13}$$

で与えられる。したがって浮心の移動量を (ξ, η, ζ) と表すことにすれば、それらは

$$\xi = \overline{x} - \overline{x}_0 = \frac{\phi}{V} \iint_{S_F} xy\,dx\,dy \tag{7.14}$$

$$\eta = \overline{y} - \overline{y}_0 = \frac{\phi}{V} \iint_{S_F} y^2\,dx\,dy \tag{7.15}$$

$$\zeta = \overline{z} - \overline{z}_0 = -\frac{\phi^2}{2V} \iint_{S_F} y^2\,dx\,dy \tag{7.16}$$

である。(7.14) の積分は、水線面 S_F の相乗モーメント（J_{xy} と表す）であり、(7.15)、(7.16) の積分は、水線面 S_F における x 軸まわりの二次モーメント（I_x と表す）である。通常の船舶のように左右対称な浮体では、浮面心は x 軸上にあり、(7.14) の相乗モーメントは $J_{xy} = 0$ であるから、浮心の移動曲線の形状は、(7.15)、(7.16) から ϕ を消去することによって

$$\zeta = -\frac{V}{2I_x}\eta^2 \tag{7.17}$$

となる。すなわち形状は yz 平面内における放物線であることが分かる。

7.2 微小傾斜時の復原モーメント

7.2.1 メタセンタ高さ

ここでも角度 ϕ の微小傾斜を考えよう。前節で示したように、横傾斜によって浮心は放物線を描きながら直立時の B_0 から B_1 に移動する。このときに働く力は、浮心 B_1 から鉛直上向きに浮力 $\rho g V = W$ と、重心 G から鉛直下向きに働く重力 $W = mg$ (m は浮体の質量) である。

直立時の B_0 を通る浮力の作用線と傾斜時の B_1 を通る浮力の作用線との交点 M は、既に 1.1.4 節で述べたように**メタセンタ** (metacenter) と呼ばれる。このメタセンタの位置は、幾何学的には浮心曲線の $\phi = 0$ (すなわち $\eta = 0$) における曲率中心である。直立時の浮心 B_0 からメタセンタ M までの距離を $\overline{BM}$ と表せば、$\overline{BM}$ は (7.17) で表される放物線の曲率半径である。曲線 $\zeta = \zeta(\eta)$ の曲率半径 R は **Note 7.1** に示しているように

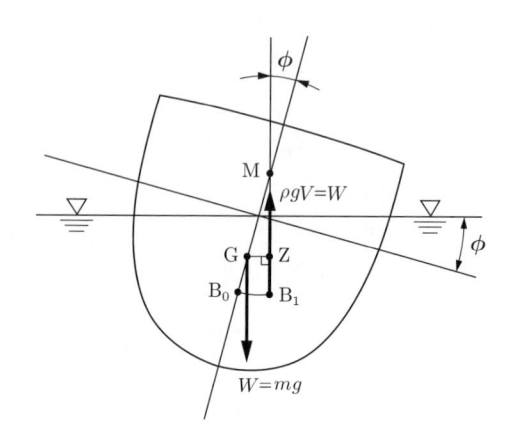

図 7.3 メタセンタ高さ

$$\frac{1}{R} = \left| \frac{d^2\zeta/d\eta^2}{\left\{1 + (d\zeta/d\eta)^2\right\}^{3/2}} \right| \tag{7.18}$$

で計算される。したがって横傾斜角 ϕ が小さいときの $\overline{BM}$ は、(7.17) を (7.18) に代入して計算し、$\eta = 0$ での R の値が $\overline{BM}$ であるから、

$$\overline{BM} = \frac{I_x}{V} \tag{7.19}$$

で与えられる。

$\overline{BM}$ は**メタセンタ高さ** (metacentric height) と言われるが、これが水線面での傾斜軸まわりの二次モーメント I_x と排水容積 V から計算され、これらは水面下の浮体形状から一義的に定まることが分かる。

ところで 図7.3 における復原モーメントは偶力のモーメントで与えられ、そのレバーは、重心 G から浮力の作用線 B_1M へ降ろした垂線の足を Z とすれば $\overline{GZ}$ である。重心 G がメタセンタ M より下にある場合には、偶力モーメントは横傾斜の方向とは逆方向に働くので、負符号を付けて表すと

$$M_x = -W\,\overline{GZ} = -W\,\overline{GM}\sin\phi \tag{7.20}$$

である。これは既に (1.21) として示した式であり、$W\,\overline{GM}$ を復原モーメント係数と呼ぶ。この値が正であれば、傾斜しても浮体は元の直立状態に戻ろうとするので安定である。(7.20) の復原モーメント M_x は、浮体が傾斜したときの静水圧によるモーメントを計算することによっても

7.2 微小傾斜時の復原モーメント

求めることができるが、それは 2 次元浮体に対して既に 4.6 節の (4.87) として示している。ここでは殆ど同じ計算を 3 次元浮体に対して行ってみよう。x 軸まわりの横傾斜角 ϕ による静水圧の変化分は (7.9) で既に使ったように

$$p_S = \rho g y \phi \tag{7.21}$$

であるから、これによる重心 G まわりのモーメントを (7.3) によって求めると

$$M_x = -\iint_{S_H} p_S \left\{ y n_z - (z - \overline{OG}) n_y \right\} dS \tag{7.22}$$

である。これに (7.21) を代入し、ガウスの定理を適用する。水線面 (S_F) 上では $n_z = -1$, $n_y = 0$ であるから、次のように式変形することができる。

$$\begin{aligned} M_x &= -\rho g \phi \left[\iint_{S_F} y^2 \, dx dy - \iiint_V (z - \overline{OG}) \, dV \right] \\ &= -\rho g \phi \left\{ I_x - V \overline{OB} + V \overline{OG} \right\} \\ &= -\rho g V \left\{ \overline{BM} - \overline{OB} + \overline{OG} \right\} \phi = -W \overline{GM} \phi \end{aligned} \tag{7.23}$$

この式変形には、(7.19)、(7.12)、(7.8) の関係を用いている。

【Note 7.1】 曲率と曲率半径

メタセンタの計算で曲線の曲率 κ (その逆数は曲率半径 R) の知識が必要になる。そこで、図 7.4 に示すような xy 平面内の一般的な曲線 $y = f(x)$ に対して曲率の解説をしておこう。

曲線が $y = f(x)$ で与えられているとき、図 7.4 において点 P での接線が x 軸となす角を θ とすると

$$\tan \theta = \frac{dy}{dx} = f'(x) \tag{7.24}$$

である。点 P から曲線に沿って ds だけ離れた点 Q を考え、そこでの接線ならびに法線を考えると、図に示すように、点 Q における接線と x 軸とのなす角は $\theta + d\theta$ となり、点 P, Q での法線がなす角は $d\theta$、交点までの距離が曲率半径 R である。このとき

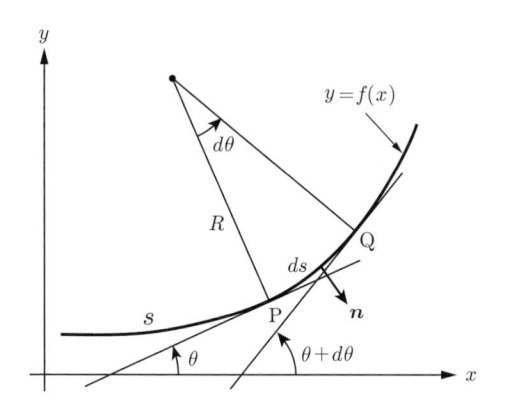

図 7.4 曲率の説明における座標系と記号

$$\left. \begin{array}{l} R \, d\theta = ds \\ ds = \sqrt{dx^2 + dy^2} = dx \sqrt{1 + (f')^2} \end{array} \right\} \tag{7.25}$$

であるから、これらを考慮すれば、以下のように $1/R$ を $f'(x)$ および $f''(x)$ を用いて表すことができる。

$$\tan \theta = f' \longrightarrow \frac{d\theta}{\cos^2 \theta} = f'' \, dx$$

よって

$$\frac{1}{R} = \frac{d\theta}{ds} = \frac{\cos^2 \theta \, f'' \, dx}{dx \sqrt{1 + (f')^2}} = \frac{\cos^2 \theta \, f''}{\sqrt{1 + (f')^2}} \tag{7.26}$$

$\cos^2 \theta$ の計算は、$\cos^2 \theta + \sin^2 \theta = 1$ より

$$\frac{1}{\cos^2 \theta} = 1 + \tan^2 \theta = 1 + (f')^2$$

であるから、(7.26) に代入すると

$$\frac{1}{R} = \frac{f''}{\left\{1+(f')^2\right\}^{3/2}} \tag{7.27}$$

を得る。図7.4 では $f'' > 0$ の場合を考えたが、曲率 $\kappa = 1/R$ は正の値であるから、曲線の曲がりが反対の場合（すなわち $f'' < 0$ の場合）には負符号を付けて定義される。

7.2.2　メタセンタ高さの近似推定法

水面下の浮体形状が与えられると、メタセンタ高さ $\overline{BM}$ は、(7.19) によって計算すればよいが、船の初期設計段階では、船の主要寸法などの情報だけから推定することが必要となることもある。

最も簡単な例として、長さ L、幅 B、喫水 d の直方体について考えてみると

$$V = LBd, \quad I_x = \frac{1}{12}B^3L \quad \longrightarrow \quad \overline{BM} = \frac{1}{12}\frac{B^2}{d} \tag{7.28}$$

である。実際の船は直方体より痩せているので (7.28) はそのまま使うことはできないが、船の肥痩度を表す**方形係数** (block coefficient) C_b と**水線面積係数** (waterline coefficient) C_w を用いて推定する以下のような近似式がある。

$$\overline{BM} = \frac{n}{C_b}\frac{B^2}{d} \tag{7.29}$$

この式の n の値は C_w の関数であり、図7.5 から与えられる [7.1]。

なお、この 図7.5 には、y 軸まわりの縦傾斜時におけるメタセンタ高さ（これを特に**縦メタセンタ高さ** (longitudinal metacentric height) と言い、$\overline{BM}_L$ の記号を付けて区別している）に対する近似式

$$\overline{BM}_L = \frac{I_y}{V} = \frac{m}{C_b}\frac{L^2}{d} \tag{7.30}$$

における係数 m の値も一緒に示されている。

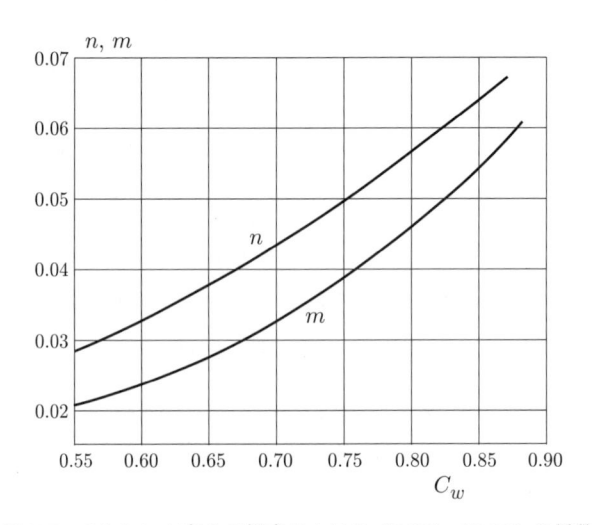

図 **7.5**　メタセンタ高さの推定における (**7.29**), (**7.30**) の係数

7.3 大傾斜時の復原モーメント

7.3.1 復原てこ

浮体に働く復原モーメントは、(7.20) で示したように、浮体の重量（排水量）W に **復原てこ** (righting lever) と呼ばれるモーメントレバー $\overline{GZ}$ を乗じて求められる。傾斜角 ϕ が小さいときは、(7.20) より

$$\overline{GZ}(\phi) = \overline{GM} \sin \phi \tag{7.31}$$

とすることができるが、ϕ が大きいときは (7.31) は正確ではない。ϕ だけ傾斜した時の没水部分に対して静水圧によるモーメント $M_x(\phi)$ を ϕ の関数として正確に計算し、

$$\overline{GZ}(\phi) = -\frac{M_x(\phi)}{W} \tag{7.32}$$

によって計算する必要がある。$\overline{GZ}$ の変化の様子を概念的に描いたのが 図7.6 である。

復原てこ $\overline{GZ}$ がゼロとなる傾斜角 ϕ_v を **復原力滅失角** (restoring force vanishing angle) と言い、復原力が正である傾斜角の範囲を復原性範囲と呼ぶ。ただし、多くの船では水密でない開口部が甲板上などにあるため、復原力滅失角まで復原力が有効であると期待できない。水密でない開口部が接水する角度（すなわち海水流入角）ϕ_f が 図7.6 に示すように ϕ_v より小さければ、その船の有効な復原力範囲は ϕ_f までであると考えるべきである。

7.3.2 静復原力と動復原力

(7.32) で示した復原てこ $\overline{GZ}(\phi)$ は、浮体の傾斜 ϕ に対する **静復原力** (statical stability) を規定するレバーであるから、**静復原てこ** (statical righting arm) と呼ばれている。風などの外力による傾斜モーメントが静的に作用する場合、そのモーメントレバーと 図7.6 に示す静復原てこが一致する角度で釣合う。しかし、このような静的な釣合いは、外力によるモーメントが作用する下で、浮体が徐々に傾斜していくという準静的な過程を経て実現されるものであり、変動する風や波などの作用によって動的な傾斜運動をしている浮体の復原性を検討するには、静復原力だけでは十分ではない。

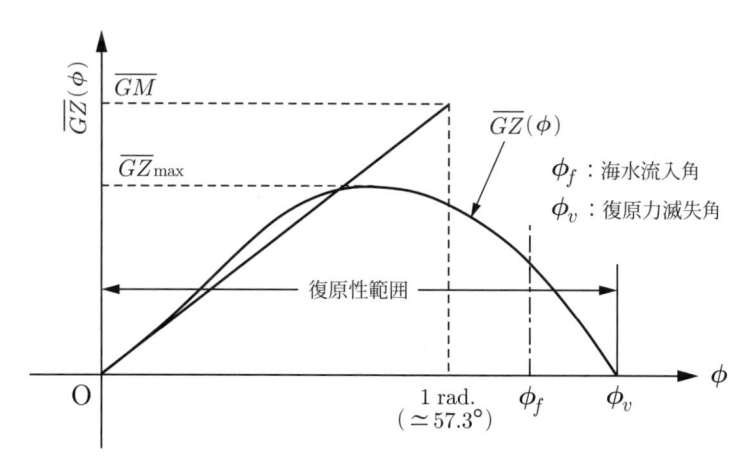

図7.6 復原力曲線

そこで、傾斜モーメントが浮体を釣合いの位置からある角度まで傾斜させるのに必要な仕事の大小を考えることにする。この仕事は、浮体を角度 0 から ϕ まで傾ける間に、復原モーメントに抗してなす仕事として定義することができ、これを**動復原力** (dynamical stability) と呼ぶ。また動復原力を浮体の重量 W で除したレバーを**動復原てこ** (dynamical righting arm) $\overline{GZ_d}(\phi)$ と言い

$$\overline{GZ_d}(\phi) = \int_0^\phi \overline{GZ}(\varphi)\,d\varphi \tag{7.33}$$

で計算することができる。

この式から明らかなように、ある角度 ϕ での $\overline{GZ_d}(\phi)$ は、$\overline{GZ}(\phi)$ 曲線を $0 \sim \phi$ まで積分した面積である。したがって $\phi = \phi_v$ で $\overline{GZ_d}$ が最大となることは言うまでもない。

図 7.7 に示すように浮体が大傾斜した場合を考えよう。この大傾斜の結果、PQO′ の部分は水面上に露出し、P′Q′O′ は逆に水面下に没した部分で、両者の体積は等しくなければならない。それを v と表しておく。傾斜のため、浮心 B が B′ に移動したのは PQO′ の体積が P′Q′O′ に移ったために、全体の体積中心が B から B′ に移ったと考えてよいから、浮心の水平移動量は図 7.7 より

$$\overline{BR} = \frac{v \times \overline{hh'}}{V} \tag{7.34}$$

である。したがって静復原てこは

$$\overline{GZ}(\phi) = \overline{BR} - \overline{BG}\sin\phi = \frac{v}{V}\overline{hh'} - \overline{BG}\sin\phi \tag{7.35}$$

で与えられる。ここで $\overline{hh'}$ は、PQO′ および P′Q′O′ の体積重心 g および g' より、傾斜後の水面に降ろした垂線の足 h, h' 間の水平距離である。(7.35) は**アトウッドの式** (Atowood's formula) と呼ばれている。

次に動復原てこ $\overline{GZ_d}(\phi)$ を考えよう。これは (7.33) によれば、(7.35) を ϕ に関して積分すれば求められるが、ここでは別の考え方によって $\overline{GZ_d}(\phi)$ の計算式を導いておく。動復原力は浮体

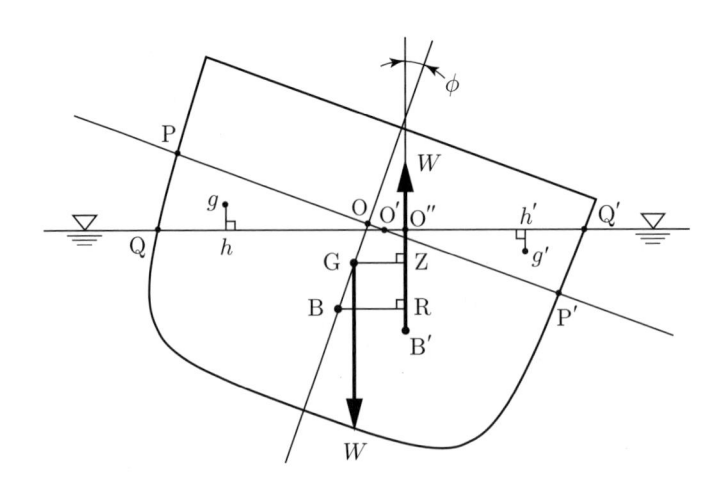

図 7.7 大傾斜時の静復原てこ

7.3 大傾斜時の復原モーメント

の傾斜に伴い、浮体になされた仕事であるから、

$$W\,\overline{GZ_d}(\phi) = 重量 \times 重心の上昇量 + 浮力 \times 浮心の下降量 \tag{7.36}$$

によって求められる。傾斜の前後における重心の上昇量、浮心の下降量は、図7.7 の場合

$$\left.\begin{array}{l} 重心の上昇量 = \overline{OG} - \overline{O''Z} \\ 浮心の下降量 = \overline{O''B'} - \overline{OB} \end{array}\right\} \tag{7.37}$$

で与えられる。これらを (7.36) に代入し、重力 = 浮力 = W, $\overline{O''B'} - \overline{O''Z} = \overline{B'Z}$, $\overline{OB} - \overline{OG} = \overline{BG}$ の関係を用いると

$$W\,\overline{GZ_d}(\phi) = W\left(\overline{B'Z} - \overline{BG}\right) = W\left(\overline{B'R} + \overline{RZ} - \overline{BG}\right) \tag{7.38}$$

を得る。ここで $\overline{B'R}$ は浮心の垂直移動量であるから (7.34) と同じ考え方によって

$$\overline{B'R} = \frac{v}{V}\left(\overline{gh} + \overline{g'h'}\right) \tag{7.39}$$

である。したがって、(7.38)、(7.39) により、動復原てこは

$$\overline{GZ_d}(\phi) = \frac{v}{V}\left(\overline{gh} + \overline{g'h'}\right) - \overline{BG}\left(1 - \cos\phi\right) \tag{7.40}$$

によって求められる。この式は**モズレーの式** (Moseley's formula) と呼ばれている。

以上をまとめると、大傾斜角での $\overline{GZ}(\phi)$, $\overline{GZ_d}(\phi)$ を知るには、露出部および没水部の体積 v、それらの体積中心 g, g' の水平距離 $\overline{hh'}$ および垂直距離 $\left(\overline{gh} + \overline{g'h'}\right)$ を求めればよい。

7.3.3 垂直舷側船の復原てこ

一般の船の場合には、水面下形状が与えられると、静復原てこの計算は (7.32) あるいは (7.35) に基づく数値計算に頼ることになるだろう。ところが**垂直舷側船** (wall-sided vessel) の場合には、傾斜によって露出または没水する部分の舷側線は、直立時にはすべて水面に垂直であるから、厳密に $\overline{GZ}(\phi)$ を求めることができる。また、その解析的な式は実用船型に対する近似推定式の一部にも利用されているので、以下ではその計算式を導いておく。

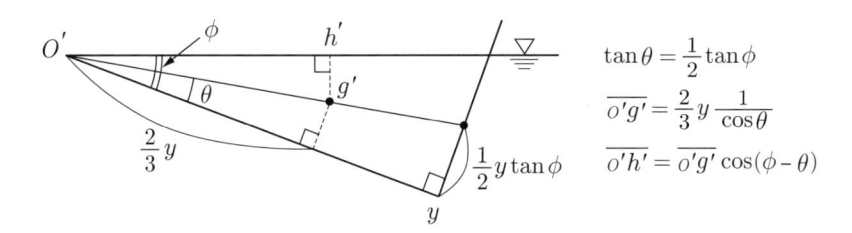

$$\tan\theta = \frac{1}{2}\tan\phi$$
$$\overline{o'g'} = \frac{2}{3}y\frac{1}{\cos\theta}$$
$$\overline{o'h'} = \overline{o'g'}\cos(\phi-\theta)$$

図 **7.8** 垂直舷側船の大傾斜時の没水部分

図7.7 が船体長さ方向における x の位置での横断面であり、露出および没水部分の舷側は直線であると考えよう。このとき、露出および没水部分は合同で、図7.8 に示すような直角三角形

となる。x での断面形状を有する厚み dx のストリップを考えると、露出部または没水部の体積 dv は

$$dv = \frac{1}{2} y^2(x) \tan\phi \, dx \tag{7.41}$$

である。また、図7.8 を参照することによって、x 断面での $\overline{o'h'}$ の長さは

$$\overline{o'h'}(x) = \frac{2}{3} y(x) \left(\cos\phi + \frac{1}{2} \tan\phi \sin\phi \right) \tag{7.42}$$

である。これらの積を x 方向に積分して体積 v で割れば、船全体の露出部または没水部の体積中心の水平距離 $\overline{o'h'}$ を求めることができ、$\overline{hh'} = 2\overline{o'h'}$ であるから

$$v \times \overline{hh'} = 2 \int_L \overline{o'h'}(x) \, dv = \frac{2}{3} \sin\phi \left(1 + \frac{1}{2} \tan^2\phi \right) \int_L y^3(x) \, dx \tag{7.43}$$

を得る。ここで上式の x に関する積分は、直立時の水線面での x 軸まわりの二次モーメント

$$I_x = 2 \iint_{S_F} y^2 \, dx dy = \frac{2}{3} \int_L y^3(x) \, dx \tag{7.44}$$

で表すことができる。したがって、(7.34) より

$$\overline{BR} = \frac{v \times \overline{hh'}}{V} = \frac{I_x}{V} \sin\phi \left(1 + \frac{1}{2} \tan^2\phi \right) \tag{7.45}$$

を得る。これを (7.35) に代入し、(7.19) の関係を用いれば、次に示す解析解を得ることができる。

$$\begin{aligned} \overline{GZ}(\phi) &= \overline{BM} \sin\phi \left(1 + \frac{1}{2} \tan^2\phi \right) - \overline{BG} \sin\phi \\ &= \sin\phi \left(\overline{GM} + \frac{1}{2} \overline{BM} \tan^2\phi \right) \end{aligned} \tag{7.46}$$

横傾斜角 ϕ が小さいときには、$\overline{GM}$ に比べて $\frac{1}{2}\overline{BM} \tan^2\phi$ は十分に小さいので、(7.46) は (7.31) のように近似できることがわかる。(7.46) の厳密解は、船の没水表面における静水圧によるモーメント M_x を計算し、(7.32) によっても導くことができるはずであるが、その式変形は **Note-7.2** に示している。

【**Note 7.2**】垂直舷側船の復原てこ

図7.9 のように空間固定座標 O-$y_0 z_0$ と物体固定座標 O-yz を考えると、静水圧は

$$p = \rho g z_0 = \rho g \left(z \cos\phi + y \sin\phi \right) \tag{7.47}$$

で与えられる。この圧力の積分によって重心 G まわりのモーメント M_x を計算するが、その計算式は (7.3) より

$$\begin{aligned} M_x &= -\iint_{S_H} p \left\{ y n_z - (z - \overline{OG}) n_y \right\} dS \\ &= -\rho g \iint_{S_H} (z \cos\phi + y \sin\phi) \left\{ y n_z - (z - \overline{OG}) n_y \right\} dS \end{aligned} \tag{7.48}$$

である。水線面 S_F では $z_0 = z \cos\phi + y \sin\phi = 0$ であるから、ガウスの定理によって

$$M_x = -\rho g \cos\phi \iiint_V y \, dV + \rho g \sin\phi \iiint_V (z - \overline{OG}) \, dV \tag{7.49}$$

となる。V は没水部分を表すが、これを直立時の没水部分 V_0 と傾斜したことによる変化分 ΔV（図 7.9 の斜線部分）に分けて考えよう。このとき

$$\iiint_V y\,dV = \iiint_{V_0} y\,dV + \iiint_{\Delta V} y\,dx\,dy\,dz \quad \longleftarrow \quad \iiint_{V_0} y\,dV = 0$$
$$= \int_L dx \int_{-y}^{y} y^2 \tan\phi\,dy = \tan\phi \frac{2}{3}\int_L y^3(x)\,dx \tag{7.50}$$

$$\iiint_V (z - \overline{OG})\,dV = \iiint_{V_0} (z - \overline{OG})\,dV + \iiint_{\Delta V} (z - \overline{OG})\,dx\,dy\,dz$$
$$= V\left(\overline{OB} - \overline{OG}\right) + \int_L dx \int_{-y}^{y} \left\{-\frac{1}{2}(y\tan\phi)^2 - \overline{OG}\,y\tan\phi\right\}dy$$
$$= V\,\overline{BG} - \frac{1}{2}\tan^2\phi\frac{2}{3}\int_L y^3(x)\,dx \tag{7.51}$$

これらの結果を (7.49) に代入する。x に関する積分は (7.44) によって水線面二次モーメント I_x で表すことができ、それは (7.19) によって $I_x = V\,\overline{BM}$ であるから

$$M_x = -\rho g \cos\phi \tan\phi V\,\overline{BM} + \rho g \sin\phi V\left\{\overline{BG} - \frac{1}{2}\tan^2\phi\,\overline{BM}\right\}$$
$$= -\rho g V \sin\phi \left\{\overline{GM} + \frac{1}{2}\overline{BM}\tan^2\phi\right\} \tag{7.52}$$

が得られる。$M_x = -W\,\overline{GZ}(\phi) = -\rho g V\,\overline{GZ}(\phi)$ であるから、

$$\overline{GZ}(\phi) = \sin\phi \left\{\overline{GM} + \frac{1}{2}\overline{BM}\tan^2\phi\right\} \tag{7.53}$$

となるが、これは (7.46) の結果と同じである。

続いて動復原てこ $\overline{GZ_d}(\phi)$ を (7.40) によって計算してみよう。x 断面での $\overline{g'h'}$ の長さは図 7.8 を参照することによって

$$\overline{g'h'}(x) = \frac{2}{3}y(x)\frac{\sin(\phi-\theta)}{\cos\theta} = \frac{1}{3}y(x)\sin\phi \tag{7.54}$$

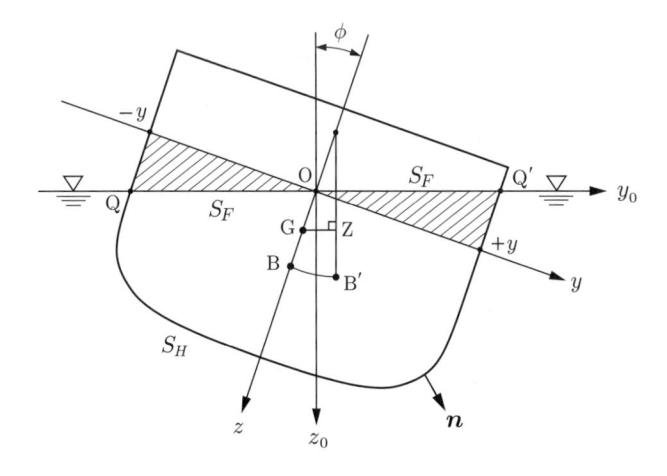

図 7.9 垂直舷側船に働く静水圧による復原モーメントの解析

であるから、これと (7.41) の dv との積を x 方向に積分すると

$$v \times \overline{g'h'} = \frac{1}{4}\sin\phi\tan\phi \frac{2}{3}\int_L y^3(x)\,dx = \frac{1-\cos^2\phi}{4\cos\phi}I_x \tag{7.55}$$

が得られる。$\overline{gh} = \overline{g'h'}$ であるから $v\left(\overline{gh}+\overline{g'h'}\right)$ は (7.55) の 2 倍である。それを (7.40) に代入し、(7.19) の関係式を用いると、次の結果が得られる。

$$\overline{GZ_d}(\phi) = \left(1-\cos\phi\right)\left\{\overline{GM} + \frac{1}{2}\overline{BM}\frac{1-\cos\phi}{\cos\phi}\right\} \tag{7.56}$$

演習 7.1

(7.56) の式は (7.33) の定義によれば、(7.46) を ϕ について積分することによっても導けるはずである。そのことを示しなさい。

7.4 横揺れ減衰係数

線形ポテンシャル理論による減衰係数の計算方法については、既に 4.6 節や 4.9 節で解説したが、それは浮体の動揺によって自由表面上に波を発生することに起因する造波減衰力であった。実際の横揺れでは、特に横揺れ角が大きくなってくると、造波減衰力よりも渦の放出などに起因する粘性減衰力の方が相対的に大きくなり、非線形性が顕著となる。通常、船体には横揺れを小さくする目的でビルジキールが付いているが、このビルジキールが付くことによって横揺れ減衰力は倍以上に増加する。また前進速度がある場合には、船体が横揺れすることによって揚力が働き、この揚力による横揺れ減衰力は船速が増すに従って増加する。このように、横揺れ減衰力はいくつかの成分に分離することができる。

本節では横揺れ減衰係数の表示法とその推定法について解説するが、まずは既に 1.3.2 節で述べた線形運動方程式の自由動揺解について復習し、自由横揺れの時間変化の計測値（減衰曲線）から減衰係数を求める方法について見直しておこう。

7.4.1 線形運動方程式

静水中での横揺れの自由動揺を記述する線形微分方程式は、(1.76)、(1.78) によれば次式で表される。

$$\ddot{\phi}(t) + 2\gamma\omega_0\dot{\phi}(t) + \omega_0^2\phi(t) = 0 \tag{7.57}$$

ここで

$$\omega_0^2 = \frac{W\overline{GM}}{I_{11}+a_{44}},\quad \gamma = \frac{b_{44}}{2\sqrt{(I_{11}+a_{44})W\overline{GM}}} \tag{7.58}$$

(7.57) の一般解は

$$\phi(t) = e^{-\gamma\omega_0 t}\left(A\cos qt + B\sin qt\right) \tag{7.59}$$

である。ただし $q = \omega_0\sqrt{1-\gamma^2}$ であり、A, B は初期条件から求まる未定係数である。例えば、$t=0$ において $\phi(0) = \phi_0$, $\dot{\phi}(0) = 0$ の場合を考えると

$$\phi(t) = \phi_0 e^{-\gamma\omega_0 t}\left\{\cos qt + \frac{\gamma}{\sqrt{1-\gamma^2}}\sin qt\right\} = \frac{\phi_0}{\sqrt{1-\gamma^2}}e^{-\gamma\omega_0 t}\cos(qt-\varepsilon) \tag{7.60}$$

7.4 横揺れ減衰係数

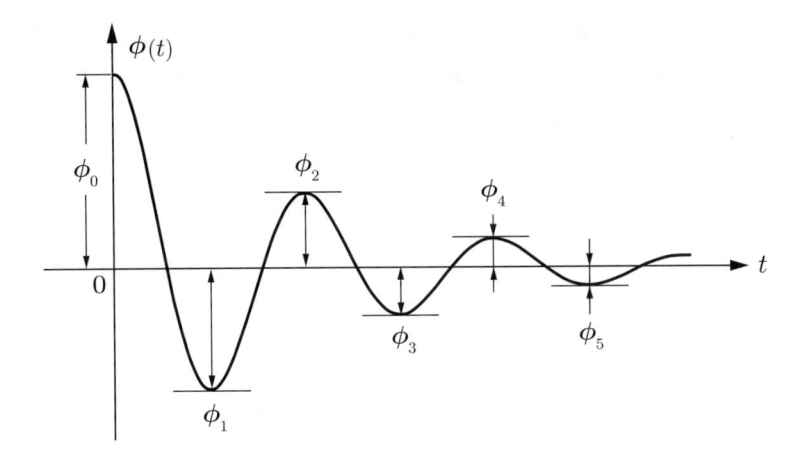

図 **7.10** 自由横揺れにおける振幅の減衰

となる。ただし $\varepsilon = \tan^{-1} \gamma/\sqrt{1-\gamma^2}$ である。

(7.58) で与えられる無次元の減衰係数 γ は、(1.95) によれば、相隣る振幅の極大値の比の対数、すなわち**対数減衰率** (logarithmic decrement) をとれば

$$\delta = \log \frac{\phi_n}{\phi_{n+2}} = \frac{2\pi\gamma}{\sqrt{1-\gamma^2}} \tag{7.61}$$

の関係にあるので、自由横揺れの時刻歴（減衰曲線）から算定することができる。ただし、ここでの ϕ_n $(n=0,1,2\cdots)$ は、図 7.10 に示すように相隣る振幅を表していることに注意されたい。

非線形減衰係数を含んだ場合でも適用できる減衰曲線の解析方法として、まず相隣る二つの振幅 ϕ_n, ϕ_{n+1} を用いて、それらの差 $\Delta\phi$ と平均値 $\overline{\phi}_n$

$$\Delta\phi = \phi_n - \phi_{n+1}, \quad \overline{\phi}_n = \frac{1}{2}\left(\phi_n + \phi_{n+1}\right) \tag{7.62}$$

を考える。$\overline{\phi}_n$ を横軸にとり、$\Delta\phi$ を縦軸にとったグラフを**減減曲線** (curve of extinction) という。後で示すように、減減曲線の形と減衰力の関数形は同じになるので、それから非線形減衰係数を含んだ減衰係数の値を求めることができる。

さて、線形の減衰力の場合から始めてみよう。(7.62) に自由動揺の厳密解 (7.60) を代入する。ただし減衰係数比 γ は相対的に小さいということを適宜用いて式変形すると、以下のような結果を得る。

$$\left.\begin{array}{l}\Delta\phi = \dfrac{\phi_0}{\sqrt{1-\gamma^2}} e^{-\gamma\omega_0 n \frac{T}{2}} \left(1 - e^{-\gamma\omega_0 \frac{T}{2}}\right) \simeq \phi_0 e^{-\gamma\omega_0 n \frac{T}{2}} \left(\gamma\omega_0 \dfrac{T}{2}\right) \\ \overline{\phi}_n = \dfrac{\phi_0}{2\sqrt{1-\gamma^2}} e^{-\gamma\omega_0 n \frac{T}{2}} \left(1 + e^{-\gamma\omega_0 \frac{T}{2}}\right) \simeq \phi_0 e^{-\gamma\omega_0 n \frac{T}{2}}\end{array}\right\} \tag{7.63}$$

ここで $T = 2\pi/q \simeq 2\pi/\omega_0$ である。よって

$$\Delta\phi = \frac{T}{2}\gamma\omega_0 \overline{\phi}_n \simeq \pi\gamma\overline{\phi}_n \equiv a\overline{\phi}_n \tag{7.64}$$

の関係を得ることができる。

このことから減滅曲線は直線であり、その傾きが $a = \pi\gamma$ であるから、減衰係数 γ を算定することができる。この係数 $a(=\pi\gamma)$ は減滅係数（の線形項）と言われる。ちなみに、このようにして求まる直線の傾き $\pi\gamma$ は (7.61) で示した対数減衰率 δ のほぼ半分であることが分かる。

7.4.2 非線形運動方程式

次に非線形の減衰係数を含んだ運動方程式として

$$\ddot{\phi}(t) + 2\gamma\omega_0\,\dot{\phi}(t) + \beta\left|\dot{\phi}(t)\right|\dot{\phi}(t) + \omega_0^2\,\phi(t) = 0 \tag{7.65}$$

を考えよう。減滅曲線を求めるために、(7.65) に対しては角度 ϕ_n から ϕ_{n+1} までの時間すなわち半周期 $T/2$ にわたって、自由動揺がなす仕事を計算してみる。それは (7.65) に $\dot{\phi}$ を掛け、$0 \sim T/2$ まで時間積分すればよい。すなわち

$$\int_0^{T/2} \ddot{\phi}\dot{\phi}\,dt + 2\gamma\omega_0 \int_0^{T/2} \dot{\phi}^2\,dt + \beta \int_0^{T/2} \left|\dot{\phi}\right|\dot{\phi}^2\,dt + \omega_0^2 \int_0^{T/2} \phi\dot{\phi}\,dt = 0 \tag{7.66}$$

である。この各項について計算をしてみる。

まず第1項（ΔE_1 と表す）は運動エネルギーであり、次のようにゼロである。

$$\Delta E_1 = \int_0^{T/2} \ddot{\phi}\dot{\phi}\,dt = \frac{1}{2}\left[\dot{\phi}^2\right]_0^{T/2} = 0 \tag{7.67}$$

第2項、第3項は減衰力によって散逸されるエネルギーである。この計算には

$$T = \frac{2\pi}{q} \simeq \frac{2\pi}{\omega_0}, \quad \phi \simeq \overline{\phi}_n \cos\omega_0 t \tag{7.68}$$

を近似式として用いてもよいであろうから、以下のような結果を得る。

$$\Delta E_2 \equiv \int_0^{T/2} \dot{\phi}^2\,dt = \overline{\phi}_n^2\,\omega_0^2 \int_0^{T/2} \sin^2\omega_0 t\,dt = \frac{\pi^2}{T}\overline{\phi}_n^2 \tag{7.69}$$

$$\Delta E_3 \equiv \int_0^{T/2} \left|\dot{\phi}\right|\dot{\phi}^2\,dt = \overline{\phi}_n^3\,\omega_0^3 \int_0^{T/2} \sin^3\omega_0 t\,dt = \frac{16}{3}\left(\frac{\pi}{T}\right)^2 \overline{\phi}_n^3 \tag{7.70}$$

(7.66) の最後の項は位置エネルギーであり、次のように式変形できる。

$$\Delta E_4 \equiv \int_0^{T/2} \phi\dot{\phi}\,dt = \int_{\phi_n}^{\phi_{n+1}} \phi\,d\phi = \frac{1}{2}\left(\phi_{n+1}^2 - \phi_n^2\right) = -\overline{\phi}_n\,\Delta\phi \tag{7.71}$$

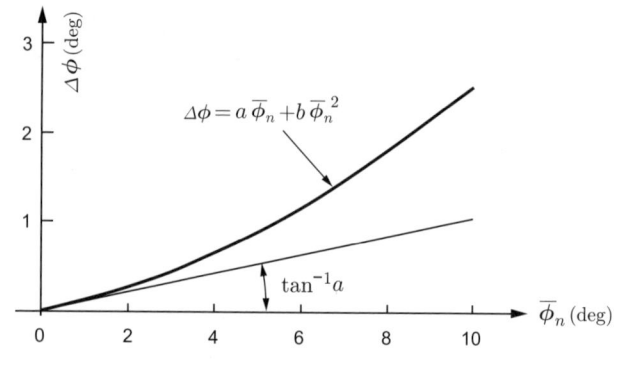

図 **7.11** 減滅曲線

以上のことを整理すると、(7.66) の結果は次のように表すことができる。

$$\Delta\phi = \pi\gamma\overline{\phi}_n + \frac{4}{3}\beta\overline{\phi}_n^2 \equiv a\overline{\phi}_n + b\overline{\phi}_n^2 \tag{7.72}$$

すなわち
$$a = \pi\gamma, \quad b = \frac{4}{3}\beta \tag{7.73}$$

であるから、図 7.11 のような減滅曲線の係数 a, b から減衰力係数 γ, β の値を算定することができる。(7.72) の線形項は、自由動揺の厳密解を用いて求めた近似式 (7.64) と同じになっていることが分かる。(7.72) のような 2 次関数は**フルードの表現** (Froude's expression) と呼ばれている。

(7.72) を**等価線形化** (equivalent linearization) して、次のように表すこともある。

$$\Delta\phi = \left(a + b\overline{\phi}_n\right)\overline{\phi}_n \equiv a_e\overline{\phi}_n \tag{7.74}$$

$$\gamma_e = \frac{a_e}{\pi} = \frac{1}{\pi}\left(a + b\overline{\phi}_n\right) = \gamma + \frac{4}{3\pi}\beta\overline{\phi}_n \tag{7.75}$$

一方、(7.72) を
$$\Delta\phi = \left(\frac{a}{\overline{\phi}_n} + b\right)\overline{\phi}_n^2 \equiv N\overline{\phi}_n^2 \tag{7.76}$$

のように表すこともある。これを**ベルタンの表現** (Bertin's expression) というが、この **N 係数** (N-coeffcient) は、(7.76) から明らかなように $\overline{\phi}_n$ の値によって変化するので、$N_{10°}$, $N_{20°}$ のように角度を明示して用いる必要がある。

表 7.1 減滅曲線における係数 a, b および N 係数の値の例

船名	B.K.	a	b	船名	B.K.	$N_{10°}$	$N_{20°}$
Revenge	無 有	0.0123 0.065	0.0025 0.017	あけぼの丸	無 有	0.0087 0.018	0.0083 0.015
Royal Sovereign	無 有	0.0184 0.105	0.0008 0.0175	小樽丸	無 有	0.0091 0.0237	0.0093 0.0180
Royal Oak	無 有	0.002 0.070	0.0067 0.022	洞爺丸	無 有	0.0075 0.0275	0.0053 0.0169
Hood	無 有	0.0088 0.045	0.0036 0.01	日光丸	無 有	0.0127 0.0300	0.0127 0.0240
Greyhound	無 有	0.044 0.035	0.0032 0.050	十勝山丸	無 有	0.0062 0.0155	0.0054 0.0134
Oregon	無 有	0.010 0.045	0.0021 0.023	駆潜艇 A	無 有	0.0091 0.0364	0.0070 0.0234

(7.72) の a, b の値、(7.76) の N の値の例を知るために、数隻に対するそれぞれの値を表 7.1 に示している [1.1]。普通の大きさのビルジキール（B.K.）を有する商船の N の値は $N_{20°} \approx 0.02$ であり、この値が復原性規則に用いられている。

7.4.3 横揺れ減衰係数の実用推定法

ストリップ法をベースとした非線形横揺れ減衰係数の推定法が藤井・高橋 [7.2] によって提案されている。これは線形ポテンシャル理論に基づくストリップ法によって求めた造波減衰係数 b_{44}^W に、粘性による非線形影響 b_{44}^V、前進速度の影響 b_{44}^U を加えた形で与えられるが、具体的には以下のようである。

$$b_{44}^e = b_{44}^W + b_{44}^V + b_{44}^U \tag{7.77}$$

ここで

$$b_{44}^W = k_W \int_L B_{22} \left(\ell_w - \overline{OG} \right)^2 dx \tag{7.78}$$

$$b_{44}^V = \left(k_V N_{10°} + N_{BK} \right) \left(I_{11} + a_{44} \right) \frac{2}{\pi} \phi_A \omega_e \tag{7.79}$$

$$b_{44}^U = k_U \frac{U}{L} \left(\overline{OG} - \frac{d}{2} \right)^2 \int_L A_{22} \, dx \tag{7.80}$$

であり、k_W, k_V, k_U はそれぞれの式における修正係数である。これらは、実験結果と計算結果の比較検討から

$$k_W = 0.5, \quad k_V = 0.5, \quad k_U = 1.0 \tag{7.81}$$

の値を設定しているが、明確な物理的な意味があるわけではない。また (7.79) の非線形粘性減衰係数は、N 係数を基礎とした式（N_{BK} はビルジキールによる N 係数の増分）であり、これらの N 係数の推定には渡辺・井上 [7.3] [7.4] による実験式を用いるとしている。ϕ_A は横揺れの振幅であり、これは運動方程式の解として与えられるべきものである。したがって、(7.79) のように非線形減衰力を採用した場合には、運動方程式を繰り返し法などによって解く必要がある。

以上のように、粘性影響や前進速度影響をどのように考慮するかが重要であるが、それらをすべて流体力学的に合理的な方法で求めることは容易ではない。池田・姫野らは横揺れ減衰力を流体力学の観点から物理的にもっともらしい幾つかの成分に分解し、それぞれの成分を推定する研究を行った。そして、それらの結果を足し合わせることによって横揺減衰力を推定するという**組立て推定法** (component assembly prediction method) [7.5] を提案している。

横揺れ減衰力を (7.77) と同じように等価線形化された減衰力の和として考えると、その成分

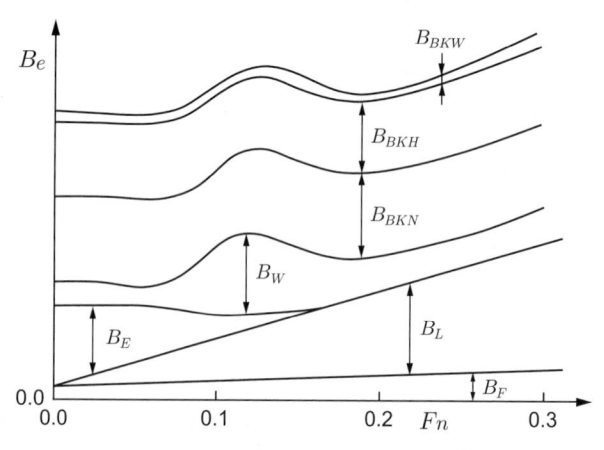

図 7.12　減衰力係数の成分に対する前進速度の影響

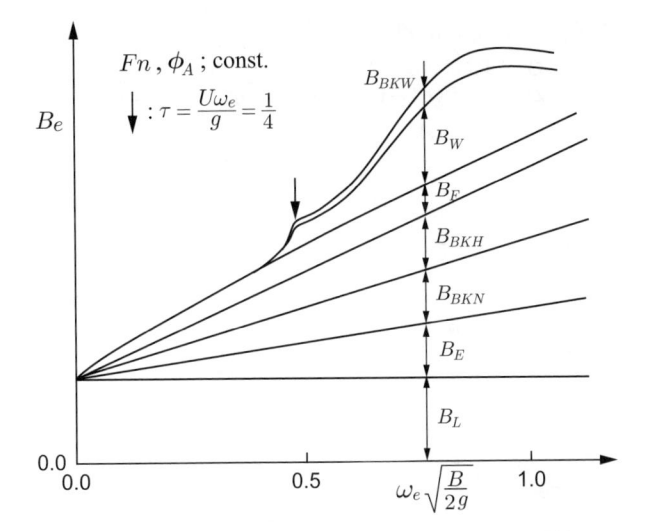

図 7.13 減衰力係数の成分に対する動揺周波数の影響

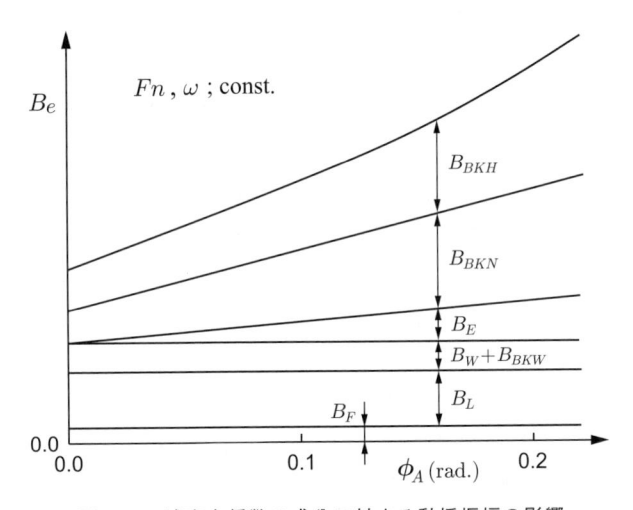

図 7.14 減衰力係数の成分に対する動揺振幅の影響

として、1) 裸殻の摩擦成分 B_F、2) 造渦成分 B_E、3) 揚力成分 B_L、4) 造波成分 B_W、5) ビルジキールの直圧力成分 B_{BKN}、6) ビルジキールによる船体表面圧力成分 B_{BKH}、7) ビルジキールによる造波成分 B_{BKW}、を取り上げている。すなわち

$$B_e = B_F + B_E + B_L + B_W + B_{BKN} + B_{BKH} + B_{BKW} \tag{7.82}$$

であるが、ビルジキールに関する成分をまとめて B_{BK} として

$$B_e = B_F + B_E + B_L + B_W + B_{BK} \tag{7.83}$$

とすることもできる。各成分の推定方法の詳細についてはここでは述べないので、姫野による解説論文 [7.5] を参照して頂きたい。

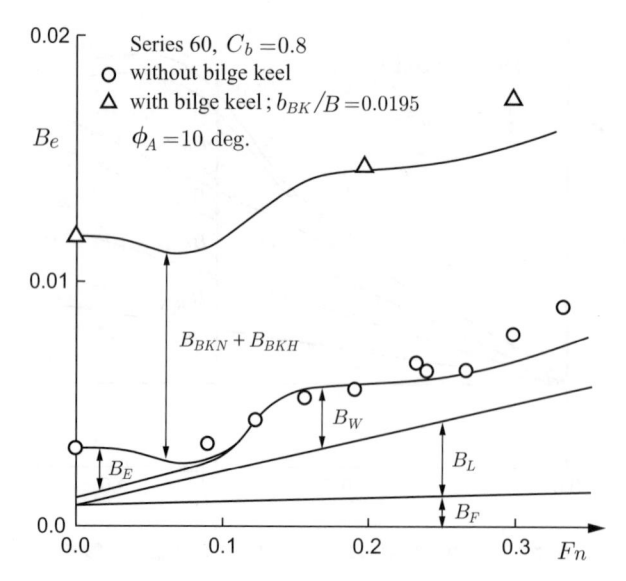

図7.15 組立て推定法による減衰力係数の計算と計測値の比較例

各成分の大体の大きさ、前進速度、動揺周波数、動揺振幅（非線形性）の影響度を模式的に表した図を 図7.12 から 図7.14 に示している。図7.12 は前進速度影響に関するもので、揚力成分 B_L は前進速度に比例して大きくなり、$Fn > 0.2$ では最も大きな成分となる。それとは逆に造渦成分 B_E は前進速度の増加とともに小さくなるが、これは、前進速度があると横揺によって放出された渦が船体後方へ流されてしまうためである。造波成分 B_W も前進速度影響があり、特に critical frequency である $\tau = U\omega_e/g = 1/4$ 付近で大きくなることが理論的にも実験的にも知られている。

図7.13 は周波数影響を示しており、造渦成分 B_E、ビルジキールによる成分 B_{BK} は ω に比例している。摩擦成分 B_F は $\sqrt{\omega}$ に比例するとともに、前進速度がある場合の増加分は reduced frequency $\omega L/U$ の逆数に比例するという推定式になっている。造波成分 B_W はポテンシャル理論で求められるように、自由表面影響によって ω の影響を複雑に受ける。非線形影響は 図7.14 に示しているが、B_E と B_{BK} はほぼ振幅に比例して大きくなるが、それは藤井・高橋による (7.79) の粘性による非線形影響項の推定式でも同じである。

図7.15 には、実用船型（シリーズ 60、$C_b = 0.8$）に対して組立て推定法を適用し、実験結果と比較した一例を示している。実験値との一致はかなり良く、定性的な傾向もよく表せているようである。さらに改良を積み重ねていけば、この成分分離による組立て推定法が、最も合理的な実用的推定法になるものと考えられる。

7.5 横揺れ周期と振幅への非線形影響

前節まで、横揺れの復原モーメントや減衰係数に対して、振幅に関する非線形影響を考えてきた。これらの非線形影響は、運動方程式の解としては横揺れの周期ならびに同調付近での振幅に現れるだろうということが、線形運動方程式から得られた知識によって想像できる。ここで

7.5 横揺れ周期と振幅への非線形影響

はそれらに対する簡易推定式について考えよう。

まず横揺れ周期についてである。これは線形理論では

$$T = \frac{2\pi}{\omega_0 \sqrt{1-\gamma^2}}, \quad \omega_0 = \sqrt{\frac{W\overline{GM}}{I_{11}+a_{44}}} \tag{7.84}$$

であったが、減衰係数 γ が小さいならば、(7.84) で示されているように、復原力と慣性力の釣合いによって決まる固有周波数 ω_0 によって周期が決まることが分かる。これは復原力による位置エネルギーと慣性力による運動エネルギーの釣合いによって決まるとも言えるので、非線形復原力を含んだ場合にも、これらのエネルギーの釣合いを考えることにしよう。

まず横揺れ角が ϕ_0 になるまでの位置エネルギーは次式で計算される。

$$PE = W \int_0^{\phi_0} \overline{GZ}(\phi)\, d\phi \tag{7.85}$$

この積分は、(7.33) で定義された動復原力の計算でもある。したがって水面付近の舷側線が垂直な垂直舷側船の場合には解析解が知られており、(7.56) によって

$$PE = W\left(1-\cos\phi_0\right)\left\{\overline{GM} + \frac{1}{2}\overline{BM}\,\frac{1-\cos\phi_0}{\cos\phi_0}\right\} \tag{7.86}$$

である。非線形影響を明示するために

$$\cos\phi = 1 - \frac{\phi^2}{2} + \frac{\phi^4}{24} - + \cdots$$

を (7.86) に代入して ϕ のべき級数の形で書くと次式を得る。

$$PE = \frac{1}{2}\phi_0^2 W\left\{\overline{GM} + \frac{1}{4}\left(\overline{BM} - \frac{1}{3}\overline{GM}\right)\phi_0^2 + \cdots\right\} \tag{7.87}$$

次に運動エネルギーの計算は、$I_{11}+a_{44}$ が一定値であると仮定すると

$$KE = \int_0^{t_0} \left(I_{11}+a_{44}\right)\ddot\phi\dot\phi\, dt = \left(I_{11}+a_{44}\right)\frac{1}{2}\dot\phi^2 = \left(I_{11}+a_{44}\right)\frac{1}{2}\left(\phi_0\frac{2\pi}{T}\right)^2 \tag{7.88}$$

となる。(7.86) の PE と (7.88) の KE が等しい場合を考えると、次式を得る。

$$T = 2\pi\left[\frac{I_{11}+a_{44}}{W\left\{\overline{GM}+\frac{1}{4}\left(\overline{BM}-\frac{1}{3}\overline{GM}\right)\phi_0^2\right\}}\right]^{1/2} \tag{7.89}$$

(7.84) より、微小横揺れのときの周期は、γ を小さいとして

$$T_0 = \frac{2\pi}{\omega_0} = 2\pi\sqrt{\frac{I_{11}+a_{44}}{W\overline{GM}}} \tag{7.90}$$

とできるから、これを用いると、(7.89) は次のように表すことができる。

$$T = \frac{T_0}{\sqrt{1+\frac{1}{4}\left(\frac{\overline{BM}}{\overline{GM}}-\frac{1}{3}\right)\phi_0^2}} \tag{7.91}$$

一般には $\overline{BM}/\overline{GM} - 1/3 > 0$ であるから、**振幅 ϕ_0 が大きくなれば、横揺れ周期は短くなる**。これが周期に対する非線形影響である。

次に同調付近での振幅の最大値について考えてみる。線形理論での結果は既に (1.121) で与えられているが、これは減衰係数 γ が小さいときには

$$\phi_0 = \frac{\phi_{st}}{2\gamma}, \quad \phi_{st} = \frac{\zeta_a}{W}\frac{E_4}{\overline{GM}} \tag{7.92}$$

と近似することができる。ここで ϕ_{st} は大きさ $\zeta_a E_4$ の静的な外力が働いたときの定常傾斜角である。減衰係数に非線形項を考慮した場合は、γ の値を等価線形化された値として用いれば近似値を得るので、(7.75) の γ_e を用いると

$$\phi_0 = \frac{\phi_{st}}{2\left(\gamma + \dfrac{4}{3\pi}\beta\phi_0\right)} \tag{7.93}$$

を得る。これを ϕ_0 について解くと、次式が得られる。

$$\phi_0 = \frac{\phi_{st}}{2\gamma}\frac{2}{\left\{1 + \sqrt{1 + \dfrac{8}{3\pi}\dfrac{\beta}{\gamma^2}\phi_{st}}\right\}} \tag{7.94}$$

非線形減衰係数は $\beta > 0$ であるから、(7.94) の値は線形理論による値である (7.92) より小さい。すなわち**非線形減衰力**によって**同調時の振幅は小さくなる**ことが分かる。

7.6　1自由度横揺れ運動方程式の妥当性

横揺れは、左右対称浮体でも一般には左右揺 (sway)、船首揺 (yaw) と連成するので、それらとの連成運動方程式を考えなければならない。ところが本章の殆どの解説では1自由度の横揺れ運動方程式を用いてきた。以下ではその妥当性 [5.2] について考えてみる。

まず 1.1 節で述べたように、横揺れの運動方程式は、一般に次のように表わされる。

$$\left(I_{11} + a_{44}\right)\ddot{\xi}_4 + b_{44}\dot{\xi}_4 + W\overline{GM}\,\xi_4$$
$$+a_{42}\ddot{\xi}_2 + b_{42}\dot{\xi}_2 + a_{46}\ddot{\xi}_6 + b_{46}\dot{\xi}_6 = F_4^W(t) \tag{7.95}$$

右辺の波浪強制力は、4.6 節ならびに 5.2 節で述べたように、フルード・クリロフ力とスキャタリング力の和で与えられるので、

$$F_4^W(t) = \text{Re}\left\{\left(E_4^{FK} + E_4^S\right)e^{i\omega_e t}\right\} \tag{7.96}$$

と表しておく。第 5 章のストリップ法の解説によれば、フルード・クリロフ力の E_4^{FK} は、線形理論では (5.46) によって厳密に計算することができる。一方、スキャタリング力の E_4^S は、ストリップ法では (5.49) に (5.43) の関係を代入して、次のように計算される。

$$\begin{aligned}E_4^S &= i\omega_e\zeta_a\omega\sin\beta\int_L e^{k_0 z_s - ik_0 x\cos\beta}\left\{A_{42} + \frac{1}{i\omega_e}B_{42}\right\}dx\\&= \zeta_a\omega\sin\beta\int_L e^{k_0 z_s - ik_0 x\cos\beta}B_{42}\,dx\\&\quad + i\omega_e\zeta_a\omega\sin\beta\int_L e^{k_0 z_s - ik_0 x\cos\beta}A_{42}\,dx\end{aligned} \tag{7.97}$$

7.6　1自由度横揺れ運動方程式の妥当性

また、入射波の速度ポテンシャルは (5.2)、(5.3) で与えられるから、これによって入射波による流体粒子の水平方向の速度を求めてみると、

$$\left. \begin{array}{l} \dfrac{\partial \Phi_0}{\partial y} = \mathrm{Re}\left\{ v_w e^{i\omega_e t} \right\} \equiv \dot{\eta}_w \\[6pt] v_w = \zeta_a \omega \sin\beta\, e^{k_0 z - i k_0 (x\cos\beta + y\sin\beta)} \end{array} \right\} \tag{7.98}$$

となっていることが分かる。よって水平方向の加速度は

$$\ddot{\eta}_w = \mathrm{Re}\left\{ i\omega_e v_w e^{i\omega_e t} \right\} \tag{7.99}$$

で与えられる。これらと (7.97) を見比べてみると、k_0 が小さいとき、すなわち長波長の波に対しては、次のような近似が成り立つと考えてよい。

$$\mathrm{Re}\left\{ E_4^S e^{i\omega_e t} \right\} \simeq \dot{\eta}_w \int_L B_{42}\, dx + \ddot{\eta}_w \int_L A_{42}\, dx = \dot{\eta}_w\, b_{42} + \ddot{\eta}_w\, a_{42} \tag{7.100}$$

一方、(7.95) における船首揺の連成の寄与は一般には無視できるほどに小さい。これらを考慮して (7.95) を書き直すと、近似的に次にように表すことができる。

$$\begin{aligned} \left(I_{11} + a_{44} \right) \ddot{\xi}_4 + b_{44} \dot{\xi}_4 + W\,\overline{GM}\,\xi_4 &= \mathrm{Re}\left\{ E_4^{FK} e^{i\omega_e t} \right\} \\ &\quad + \left(\dot{\eta}_w - \dot{\xi}_2 \right) b_{42} + \left(\ddot{\eta}_w - \ddot{\xi}_2 \right) a_{42} \end{aligned} \tag{7.101}$$

ここで長波長の波では、左右揺の変位は入射波による流体粒子の水平方向変位とほぼ等しいので $\xi_2 = \eta_w$ である。したがって (7.101) の第2行目は非常に小さいとして省略することができよう。以上のことから

$$\left(I_{11} + a_{44} \right) \ddot{\xi}_4 + b_{44} \dot{\xi}_4 + W\,\overline{GM}\,\xi_4 = \mathrm{Re}\left\{ E_4^{FK} e^{i\omega_e t} \right\} \tag{7.102}$$

とすることが近似的に許されるということが分かる。ここで注意すべきは、右辺の波浪強制力としてフルード・クリロフ力だけを使うということである。スキャタリング力を含めて計算するならば、左右揺の連成を省略することは本来は許されないことである。

フルード・クリロフ力の複素振幅 E_4^{FK} は (5.46) で計算されるが、特に横波 ($\beta = \pi/2$) 中での重心 G まわりのモーメントを考えると

$$E_4^{FK} = i\rho g \zeta_a \int_L \int_{S_H} e^{k_0 z} \sin(k_0 y) \left\{ y n_z - (z + \overline{OG}) n_y \right\} d\ell\, dx \tag{7.103}$$

である。ここで k_0 が小さい場合を考えて、$e^{k_0 z} \sin(k_0 y) \simeq k_0 y$ と近似すると

$$\begin{aligned} E_4^{FK} &= i\rho g k_0 \zeta_a \int_L \int_{S_H} y \left\{ y n_z - (z + \overline{OG}) n_y \right\} d\ell\, dx \\ &= -i\rho g k_0 \zeta_a V \left\{ \overline{BM} - \overline{OB} + \overline{OG} \right\} = -i W\,\overline{GM}\, k_0 \zeta_a \end{aligned} \tag{7.104}$$

が得られる。ここで $k_0 \zeta_a$ は 3.6 節で説明した正弦波の最大波傾斜である。$k_0 \to 0$ では (7.104) となるが、(7.103) の値は一般には (7.104) より小さく、k_0 の値だけでなく、船型や重心位置によっても値は変化する。それらの影響を**有効波傾斜係数** (effective wave slope) γ_F を用いて表すということが簡易計算を行う際に用いられることがある。すなわち (7.103) を次のように表す。

$$E_4^{FK} = -i W\,\overline{GM}\, \gamma_F\, k_0 \zeta_a \tag{7.105}$$

よって
$$\mathrm{Re}\{E_4^{FK} e^{i\omega_e t}\} = W\,\overline{GM}\,\gamma_F\,k_0\zeta_a \sin\omega_e t \tag{7.106}$$

のように (7.102) の波浪強制力を表す。しかし、(7.103) は船体の水面下の形状が与えられると厳密に計算できるのだから、本来は有効波傾斜係数を導入する必要がない。したがって (7.106) は、あくまで簡易計算を行うための近似式であると理解しておいた方がよい。

近似式と言えば、既に説明したように、(7.102) も横揺と左右揺の連成運動方程式に対する近似式である。元の運動方程式は
$$\left.\begin{array}{l}(m+a_{22})\ddot{\xi}_2 + b_{22}\dot{\xi}_2 + a_{24}\ddot{\xi}_4 + b_{24}\dot{\xi}_4 = F_2^W \\ a_{42}\ddot{\xi}_2 + b_{42}\dot{\xi}_2 + (I_{11}+a_{44})\ddot{\xi}_4 + b_{44}\dot{\xi}_4 + W\,\overline{GM}\,\xi_4 = F_4^W\end{array}\right\} \tag{7.107}$$

である。周期的な外力、それによる周期的動揺を考えて
$$\xi_j = \mathrm{Re}\left[X_j e^{i\omega_e t}\right],\quad F_j^W = \mathrm{Re}\left[E_j e^{i\omega_e t}\right]\quad (j=2,4) \tag{7.108}$$

を代入し、次の記号を定義しておく。
$$\left.\begin{array}{l}\mathcal{A} = (m+a_{22}) + \dfrac{1}{i\omega_e} b_{22} \\ \mathcal{B} = a_{24} + \dfrac{1}{i\omega_e} b_{24} \\ \mathcal{C} = (I_{11}+a_{44}) + \dfrac{1}{i\omega_e} b_{44}\end{array}\right\} \tag{7.109}$$

流体力の対称性によって $a_{24}=a_{42},\ b_{24}=b_{42}$ であるから、(7.107) は時間項 $e^{i\omega_e t}$ を除いて
$$\left.\begin{array}{l}(i\omega_e)^2\left[\mathcal{A}X_2 + \mathcal{B}X_4\right] = E_2 \\ (i\omega_e)^2\left[\mathcal{B}X_2 + \left\{\mathcal{C} + \dfrac{1}{(i\omega_e)^2}W\,\overline{GM}\right\}X_4\right] = E_4\end{array}\right\} \tag{7.110}$$

と表される。この連立方程式を解くことによって、横揺れの複素振幅 X_4 は次のように求められる。
$$\left[(i\omega_e)^2\left\{\mathcal{C} - \dfrac{\mathcal{B}^2}{\mathcal{A}}\right\} + W\,\overline{GM}\right]X_4 = E_4\left\{1 - \dfrac{\mathcal{B}}{\mathcal{A}}\dfrac{E_2}{E_4}\right\} \tag{7.111}$$

これの両辺に $e^{i\omega_e t}$ を掛けて実数部分をとると、ξ_4 に関する微分方程式の形で表すことができ、
$$\mathrm{Re}\left\{\mathcal{C} - \dfrac{\mathcal{B}^2}{\mathcal{A}}\right\}\ddot{\xi}_4 - \omega_e\mathrm{Im}\left\{\mathcal{C} - \dfrac{\mathcal{B}^2}{\mathcal{A}}\right\}\dot{\xi} + W\,\overline{GM}\,\xi_4 = \mathrm{Re}\left[E_4\left\{1 - \dfrac{\mathcal{B}}{\mathcal{A}}\dfrac{E_2}{E_4}\right\}e^{i\omega_e t}\right] \tag{7.112}$$

が得られる。これは左右揺との連成を考慮した厳密な横揺に関する 1 自由度の運動方程式である。ここで $\mathcal{B}^2/\mathcal{A}$ の値は $\mathcal{C}$ に比べて十分小さいであろうから、それを省略すると
$$(I_{11}+a_{44})\ddot{\xi}_4 + b_{44}\dot{\xi}_4 + W\,\overline{GM}\,\xi_4 = \mathrm{Re}\left[E_4\left\{1 - \dfrac{\mathcal{B}}{\mathcal{A}}\dfrac{E_2}{E_4}\right\}e^{i\omega_e t}\right] \tag{7.113}$$

が得られる。この右辺は左右揺との連成を考慮し、かつスキャタリング力も含んだ波浪強制力を表している。これを (7.106) と同様な形で、有効波傾斜係数 γ_W（γ_F とは値が異なる）を用いて表すことも研究された [7.6] が、より正確な計算をするなら、(7.113) の右辺を直接計算すればよい。

7.7 上下揺との連成運動による不安定横揺

線形理論では上下揺と横揺が連成することはないが、上下揺によって横揺の復原モーメントが周期的に変化するため、非線形の連成が起こり得る。特に、上下揺の周期が横揺固有周期の半分位の時に不安定な横揺が発生し、時間とともに振幅が大きくなるという現象が知られている。これを**パラメトリック横揺** (parametric rolling) と呼んでいる。この現象はマシューの微分方程式の解を考察することによって理解できるが、本節ではそれについて考えてみよう。

上下揺によって横揺の復原モーメントが周期的に変化する非線形の運動方程式として次式を考える。

$$\left(I_{11}+a_{44}\right)\ddot{\phi}+b_{44}^{e}\dot{\phi}+W\left(\overline{GM}+cz_A\cos\omega t\right)\phi=0 \tag{7.114}$$

ここで b_{44}^e は非線形影響を含む等価線形化された減衰係数とし、z_A, ω はそれぞれ上下揺の振幅、動揺円周波数である。係数 c は上下揺によって変動する復原モーメントの程度を表す無次元値であり、シリーズ 60 船型 ($C_b=0.7$) では約 0.2 位の値というデータ [7.7] がある。

(7.114) を $\left(I_{11}+a_{44}\right)$ で除して次のように表す。

$$\ddot{\phi}+2\gamma_e\omega_0\dot{\phi}+\omega_0^2\left(1+cz'_A\cos\omega t\right)\phi=0 \tag{7.115}$$

ただし

$$\omega_0^2=\frac{W\overline{GM}}{I_{11}+a_{44}},\quad \gamma_e=\frac{b_{44}^e}{2\sqrt{(I_{11}+a_{44})W\overline{GM}}},\quad z'_A=\frac{z_A}{\overline{GM}} \tag{7.116}$$

さらに次のような変数変換

$$\omega t=\tau,\quad \phi(t)=\varphi(\tau)e^{-\gamma_e\frac{\omega_0}{\omega}\tau} \tag{7.117}$$

を行うと、(7.115) は以下に示すような $\varphi(\tau)$ に関する微分方程式となる。

$$\frac{d^2\varphi}{d\tau^2}+\left(\delta+\epsilon\cos\tau\right)\varphi=0 \tag{7.118}$$

ここで

$$\left.\begin{array}{l}\delta=\left(\dfrac{\omega_0}{\omega}\right)^2\left(1-\gamma_e^2\right)\equiv\delta_0-\kappa_e^2 \\[2mm] \epsilon=cz'_A\left(\dfrac{\omega_0}{\omega}\right)^2=cz'_A\,\delta_0\end{array}\right\} \tag{7.119}$$

(7.118) は**マシューの微分方程式** (Mathieu's differential equation) として知られており、ϵ の値が非線形性の程度を表すパラメータである。この微分方程式の解が図 7.16 に示すように、δ-ϵ 平面の値によって安定であったり不安定であったりすることが知られている。(図 7.16 の陰影部分が不安定領域である。)

$\epsilon=0$ のときには (7.118) は線形微分方程式であるから、不安定領域の境界線は

$$\delta_c=\frac{n^2}{4},\quad (n=0,1,2,\cdots) \tag{7.120}$$

の点を横切ることが分かる。ここで $n=1$ ($\delta=1/4$) は周期 $T=4\pi$ に対応し、$n=2$ ($\delta=1$) は $T=2\pi$ に対応している。

(7.118) の解の特性をもう少し詳しく知るために、ここでは $\varphi\to y$, $\tau\to t$ と書き直して

$$\frac{d^2y}{dt^2}+\left(\delta+\epsilon\cos t\right)y=0 \tag{7.121}$$

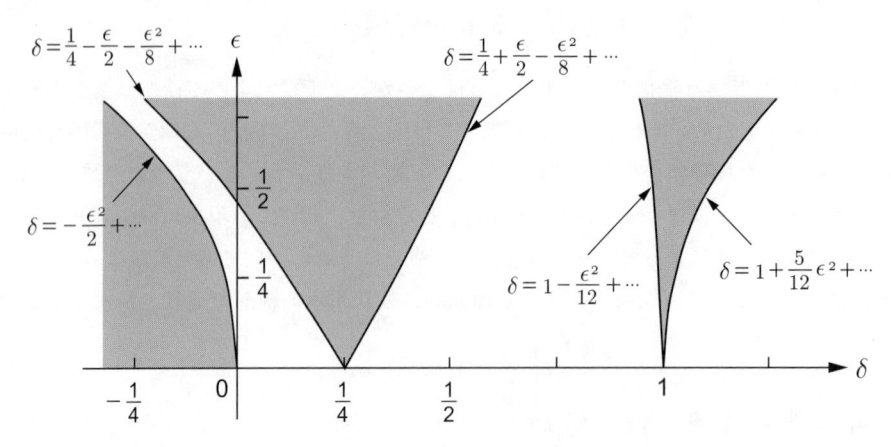

図**7.16** パラメトリック横揺れにおける安定・不安定領域

について考えることにする。この解における時間スケールは2種類ある。1つは $\epsilon=0$ での周期的変動に関係したもの（これを t と表す）であり、もう1つは復原力が $\epsilon\cos t$ によって微小変動することに起因してゆっくり変化する時間スケール（これを $\tilde{t}$ と表す）である。これを考慮に入れた摂動展開法 [7.8] によって解を求めてみる。

まず $\delta_c = 1/4$ の近傍について考えることにし、

$$\delta = \frac{1}{4} + \epsilon\delta_1 + \epsilon^2\delta_2 + \cdots \tag{7.122}$$

と表す。これを (7.121) に代入し、

$$\frac{d^2y}{dt^2} + \left\{ \frac{1}{4} + \epsilon\left(\delta_1 + \cos t\right) + \epsilon^2\delta_2 + \cdots \right\} y = 0 \tag{7.123}$$

の解を

$$y(t;\epsilon) \simeq y_0(t,\tilde{t}) + \epsilon y_1(t,\tilde{t}) + \epsilon^2 y_2(t,\tilde{t}) + \cdots \tag{7.124}$$

のように求めてみる。t と $\tilde{t}$ の関係は明らかではないが、ここでは $\tilde{t} = \epsilon t$ であると仮定する。また初期条件をとりあえず

$$y(0) = a, \quad \frac{dy}{dt}(0) = b \tag{7.125}$$

としておこう。

以上のことを用いて (7.123) を ϵ のオーダーごとに分離して表すと次式を得る。

$$\frac{\partial^2 y_0}{\partial t^2} + \frac{1}{4} y_0 = 0 \tag{7.126}$$

$$\frac{\partial^2 y_1}{\partial t^2} + \frac{1}{4} y_1 = -2\frac{\partial^2 y_0}{\partial t \partial \tilde{t}} - \left(\delta_1 + \cos t\right) y_0 \tag{7.127}$$

$$\frac{\partial^2 y_2}{\partial t^2} + \frac{1}{4} y_2 = -2\frac{\partial^2 y_1}{\partial t \partial \tilde{t}} - \left(\delta_1 + \cos t\right) y_1 - \frac{\partial^2 y_0}{\partial \tilde{t}^2} - \delta_2 y_0 \tag{7.128}$$

(7.126) の解は

$$y_0(t,\tilde{t}) = A_0(\tilde{t})\cos\frac{t}{2} + B_0(\tilde{t})\sin\frac{t}{2} \tag{7.129}$$

のように表すことができる。これを (7.127) の右辺に代入し、三角関数の積を和に直す公式を適用すると、次式を得ることができる。

$$\frac{\partial^2 y_1}{\partial t^2} + \frac{1}{4} y_1 = -\left\{ \frac{dB_0}{d\tilde{t}} + \left(\delta_1 + \frac{1}{2}\right) A_0 \right\} \cos \frac{t}{2} + \left\{ \frac{dA_0}{d\tilde{t}} - \left(\delta_1 - \frac{1}{2}\right) B_0 \right\} \sin \frac{t}{2}$$
$$- \frac{1}{2} \left\{ A_0 \cos \frac{3}{2}t + B_0 \sin \frac{3}{2}t \right\} \tag{7.130}$$

右辺の $\cos \frac{t}{2}, \sin \frac{t}{2}$ の係数がゼロでなければ、これらに対応する特解は求められないので、係数をゼロとおくと、以下のような $A_0(\tilde{t}), B_0(\tilde{t})$ に関する微分方程式が得られる。

$$\frac{dA_0}{d\tilde{t}} - \left(\delta_1 - \frac{1}{2}\right) B_0 = 0, \quad \frac{dB_0}{d\tilde{t}} + \left(\delta_1 + \frac{1}{2}\right) A_0 = 0 \tag{7.131}$$

これらから $A_0(\tilde{t}), B_0(\tilde{t})$ は次のような形の解

$$\left. \begin{array}{l} A_0(\tilde{t}) = c_1 e^{\gamma_1 \tilde{t}} + c_2 e^{-\gamma_1 \tilde{t}} \\ B_0(\tilde{t}) = d_1 e^{\gamma_1 \tilde{t}} + d_2 e^{-\gamma_1 \tilde{t}} \end{array} \right\} \tag{7.132}$$

をもち、固有値 γ_1 は微分方程式の特性方程式

$$\gamma_1^2 + \left(\delta_1^2 - \frac{1}{4}\right) = 0 \tag{7.133}$$

を満たす値である。したがって $|\delta_1| < 1/2$ ならば γ_1 は実数値となり、(7.132) によって (7.129) の係数である A_0, B_0 は発散し、**不安定** (unstable) である。一方、$|\delta_1| > 1/2$ ならば γ_1 は純虚数となり、(7.129) の係数はゆっくりと正弦振動するだけなので**安定** (stable) であると言える。その境界が $\delta_1 = \pm 1/2$ である。

ところで、初期条件 (7.125) によって、(7.129)、(7.132) より

$$A_0(0) = a = c_1 + c_2, \quad B_0(0) = 2b = d_1 + d_2 \tag{7.134}$$

であり、また (7.131) の微分方程式より

$$\left. \begin{array}{l} \gamma_1 (c_1 - c_2) - \left(\delta_1 - \frac{1}{2}\right)(d_1 + d_2) = 0 \\ \gamma_1 (d_1 - d_2) + \left(\delta_1 + \frac{1}{2}\right)(c_1 + c_2) = 0 \end{array} \right\} \tag{7.135}$$

であるから、(7.134)、(7.135) より c_1, c_2, d_1, d_2 を陽に決定することができる。したがって (7.132) によって $A_0(\tilde{t}), B_0(\tilde{t})$ の解が具体的に求まることになる（演習 7.2）。

演習 7.2

(7.132) の係数を初期条件と (7.135) から決め、$|\delta_1| < 1/2, \delta_1 = \pm 1/2, |\delta_1| > 1/2$ のそれぞれの場合について、$A_0(\tilde{t}), B_0(\tilde{t})$ の解を求めなさい。

(7.130) の微分方程式に立ち返ると、(7.131) が成り立つから、$y_1(t, \tilde{t})$ の特解は

$$y_1(t, \tilde{t}) = \frac{1}{4} \left(A_0 \cos \frac{3}{2}t + B_0 \sin \frac{3}{2}t \right) \tag{7.136}$$

のように求まる。そこで (7.129) と (7.136) を (7.128) の右辺に代入して整理すると $y_2(t, \tilde{t})$ に関する微分方程式は次式となる。

$$\frac{\partial^2 y_2}{\partial t^2} + \frac{1}{4} y_2 = -\left\{ \frac{d^2 A_0}{d\tilde{t}^2} + \left(\delta_2 + \frac{1}{8}\right) A_0 \right\} \cos\frac{t}{2} - \left\{ \frac{d^2 B_0}{d\tilde{t}^2} + \left(\delta_2 + \frac{1}{8}\right) B_0 \right\} \sin\frac{t}{2}$$

$$- \frac{1}{4}\left(3\frac{dB_0}{d\tilde{t}} + \delta_1 A_0\right) \cos\frac{3}{2}t + \frac{1}{4}\left(3\frac{dA_0}{d\tilde{t}} - \delta_1 B_0\right) \sin\frac{3}{2}t$$

$$- \frac{1}{8}\left(A_0 \cos\frac{5}{2}t + B_0 \sin\frac{5}{2}t\right) \tag{7.137}$$

ここでも $\cos\frac{t}{2}, \sin\frac{t}{2}$ の係数がゼロであることが求められる。それらの式に (7.131) を代入すると両方の係数とも同じ条件式となり、それは

$$\left(\frac{1}{4} - \delta_1^2\right) + \delta_2 + \frac{1}{8} = 0 \tag{7.138}$$

となる。安定・不安定の境界線では $\delta_1^2 = 1/4$ であったから、上式より $\delta_2 = -1/8$ であることが分かる。これらより、図7.16 に示しているように、$(\delta, \epsilon) = (1/4, 0)$ を起点とする安定・不安定の境界線は

$$\delta = \frac{1}{4} \pm \frac{1}{2}\epsilon - \frac{1}{8}\epsilon^2 + \cdots \tag{7.139}$$

のように与えられることが分かる。

図7.16 から分かるように、$\delta = 1/4$ を起点とする不安定領域は幅が広く、したがって実際に不安定横揺も起こり易い。$\delta = 1/4$ という値は、γ_e が相対的に小さいので (7.119) から $\omega_0/\omega \simeq 1/2$ である。ω_0 は横揺の同調円周波数、ω は上下揺（および入射波）の円周波数であるから、$\delta = 1/4$ 付近は横揺の同調周期 T_ϕ が、上下揺が大きくなる入射波の周期 T_w （これは上下揺の固有周期 T_h にほぼ等しい）のほぼ 2 倍 ($T_\phi \simeq 2T_h$) に相当する。このとき発生する不安定横揺が**パラメトリック横揺** (parametric rolling) と呼ばれている。

ついでに (7.137) の特解を求めておこう。それは (7.131) を考慮して

$$y_2(t,\tilde{t}) = -\frac{1}{4}\left\{ \left(\delta_1 + \frac{3}{4}\right) A_0 \cos\frac{3}{2}t + \left(\delta_1 - \frac{3}{4}\right) B_0 \sin\frac{3}{2}t \right\}$$

$$+ \frac{1}{48}\left(A_0 \cos\frac{5}{2}t + B_0 \sin\frac{5}{2}t\right) \tag{7.140}$$

のように求まる。したがって $y_0(t,\tilde{t})$ に対する (7.129)、$y_1(t,\tilde{t})$ に対する (7.136) と一緒に (7.124) へ代入すると、マシューの微分方程式の $\delta = 1/4$ 付近での近似解は

$$y(t;\epsilon) \simeq A_0 \left[\cos\frac{t}{2} + \frac{1}{4}\left\{\epsilon - \epsilon^2\left(\delta_1 + \frac{3}{4}\right)\right\} \cos\frac{3}{2}t + \frac{\epsilon^2}{48} \cos\frac{5}{2}t + \cdots \right]$$

$$+ B_0 \left[\sin\frac{t}{2} + \frac{1}{4}\left\{\epsilon - \epsilon^2\left(\delta_1 - \frac{3}{4}\right)\right\} \sin\frac{3}{2}t + \frac{\epsilon^2}{48} \sin\frac{5}{2}t + \cdots \right] \tag{7.141}$$

のように与えられる。A_0, B_0 は既に述べたように、ゆっくりと変動する係数であり、それらは初期条件によって決めることができる。A_0 が係数となっている関数は**余弦楕円関数** (cosine elliptic function) と言われ、また B_0 が係数となっている関数は**正弦楕円関数** (sine elliptic function) と言われている。

次に、(7.120) において $n = 2$ の場合、すなわち $\delta_c = 1$ の近傍について考える。今度はゆっくり変動する時間スケールを $\tilde{t} = \epsilon^2 t$ と選び、

$$\delta = 1 + \epsilon^2 \delta_2 + \cdots \tag{7.142}$$

と表すことにしよう。このとき元の微分方程式 (7.121) は次式となる。

$$\frac{d^2 y}{dt^2} + \left(1 + \epsilon \cos t + \epsilon^2 \delta_2 + \cdots \right) y = 0 \tag{7.143}$$

この解を (7.124) のように仮定する。ただし $\tilde{t} = \epsilon^2 t$ である。よって ϵ に関するオーダーごとの微分方程式は以下のようになる。

$$\frac{\partial^2 y_0}{\partial t^2} + y_0 = 0 \tag{7.144}$$

$$\frac{\partial^2 y_1}{\partial t^2} + y_1 = -y_0 \cos t \tag{7.145}$$

$$\frac{\partial^2 y_2}{\partial t^2} + y_2 = -2\frac{\partial^2 y_0}{\partial t \partial \tilde{t}} - \delta_2 y_0 - y_1 \cos t \tag{7.146}$$

まず (7.144) の解は

$$y_0(t, \tilde{t}) = A_0(\tilde{t}) \cos t + B_0(\tilde{t}) \sin t \tag{7.147}$$

である。これを (7.145) の右辺に代入して整理すると

$$\frac{\partial^2 y_1}{\partial t^2} + y_1 = -\frac{A_0}{2}\left(1 + \cos 2t\right) - \frac{B_0}{2}\sin 2t \tag{7.148}$$

となるから、この特解は次のように求められる。

$$y_1(t, \tilde{t}) = \frac{A_0}{6}\cos 2t - \frac{A_0}{2} + \frac{B_0}{6}\sin 2t \tag{7.149}$$

これらを (7.146) の右辺に代入して整理すると、次式を得る。

$$\frac{\partial^2 y_2}{\partial t^2} + y_2 = \left\{2\frac{dA_0}{d\tilde{t}} - \left(\delta_2 + \frac{1}{12}\right)B_0\right\}\sin t - \left\{2\frac{dB_0}{d\tilde{t}} + \left(\delta_2 - \frac{5}{12}\right)A_0\right\}\cos t$$
$$-\frac{1}{12}\left(A_0 \cos 3t + B_0 \sin 3t\right) \tag{7.150}$$

以前と同様に、$\cos t, \sin t$ の係数がゼロとならなければならないから

$$2\frac{dA_0}{d\tilde{t}} - \left(\delta_2 + \frac{1}{12}\right)B_0 = 0, \quad 2\frac{dB_0}{d\tilde{t}} + \left(\delta_2 - \frac{5}{12}\right)A_0 = 0 \tag{7.151}$$

が得られる。これより A_0, B_0 に関する微分方程式は同じ形になることが分かり、その特性方程式は

$$\gamma^2 + \frac{1}{4}\left(\delta_2 - \frac{5}{12}\right)\left(\delta_2 + \frac{1}{12}\right) = 0 \tag{7.152}$$

である。この式から γ が実数となる領域、すなわち解が不安定となるのは

$$-\frac{1}{12} < \delta_2 < \frac{5}{12} \tag{7.153}$$

であり、したがって安定・不安定の境界線は、図 7.16 に示しているように

$$\delta = 1 + \frac{5}{12}\epsilon^2 + \cdots, \quad \delta = 1 - \frac{1}{12}\epsilon^2 + \cdots \tag{7.154}$$

のように与えられるということが分かる。

同様な解析を行えば、$\delta_c = 0$ を起点とする不安定領域を見いだすことができるが、その結果は

$$\delta = -\frac{1}{2}\epsilon^2 + \cdots \tag{7.155}$$

となることが知られている。$\epsilon = 0$ で $\delta < 0$ ならば (7.121) の微分方程式の基本解は指数関数となるから、すべて不安定解となることは明らかであるが、そもそも浮体運動の場合には γ_e は相対的に小さいので、$\delta < 0$ となることは有り得ない。

第8章　不規則波中の船体応答

　船が遭遇する実際の海洋波は、波高も波周期も波向きも不規則である。しかしこの不規則波は、フーリエ解析の知識を使えば、異なった波高、波周期、波向きをもった幾つかの規則波の重ね合わせで表すことができる。したがって原則的には、不規則波中の船体応答も、船体応答が等価的に線形と仮定できるならば、個々の規則波に対する船体応答の線形重ね合わせで表すことができることになる。ところが実際の不規則波は、時間的にも空間的にも、まさにランダムに変化しているように見える。これを解析するためには、非常に多くの計測データを使って平均値や分散などの統計的特性値を考える必要がある。本章では、文献 [8.1] [8.2] を参考にしながら、不規則な現象の取り扱い方、特に相関関数とスペクトルの関係、海洋波の統計的特性などについて述べ、それらを基に、不規則波中での船体応答の解析法について解説する。

8.1　定常性とエルゴード性

　海洋波のような不規則現象の観測が、多くの地点で、しかも繰り返し長時間行われたとしよう。観測された不規則変動量は観測ごとに異なるが、その集合を**確率過程** (random process) と呼び、時間に依存するだけなら $X(t)$、位置 r にも依存するなら $X(r,t)$ のように表す。

　まず確率過程が時間のみに関係する場合 $X(t)$ を考えてみよう。観測データ（サンプル）の順ごとに番号 j を付けると、ある時刻 t_1 における平均値（期待値とも言う）および後で説明する自己相関関数は、次のような**アンサンブル平均** (ensemble mean) として定義できる。

$$E\bigl[X(t_1)\bigr] = \lim_{N \to \infty} \frac{1}{N} \sum_{j=1}^{N} X^{(j)}(t_1) \equiv \mu_X(t_1) \tag{8.1}$$

$$E\bigl[X(t_1)X(t_1+\tau)\bigr] = \lim_{N \to \infty} \frac{1}{N} \sum_{j=1}^{N} X^{(j)}(t_1) X^{(j)}(t_1+\tau) \equiv R_{XX}(t_1,\tau) \tag{8.2}$$

これらを初めとするすべての統計的特性が時刻 t_1 に無関係なとき、確率過程は**時間について定常** (stationary in time) であるという。

　さらに、確率過程 $X(r,t)$ が時間的に定常であるだけでなく、空間的にも定常である場合、すなわち位置ベクトル r の原点が変わっても統計的特性に変化が生じない場合は**均質** (homogeneous) であると言い、時間的および空間的に定常な過程を単に**定常確率過程** (stationary random process) と呼ぶ。このように定常確率過程では、統計的特性は時間 t、位置 r には無関係ではあるが、(8.2) のように時間間隔 $\tau = t_2 - t_1$ や位置間隔 $\rho = r_2 - r_1$ には依存しているということに注意しておこう。

　次に、定常確率過程 $X(t)$ の j 番目観測データ $X^{(j)}(t)$ に対して時間平均を求めてみよう。(8.1)、(8.2) に対応する式は

$$\bigl\langle X^{(j)}(t) \bigr\rangle = \lim_{T \to \infty} \frac{1}{T} \int_{-T/2}^{T/2} X^{(j)}(t)\, dt \equiv \mu_X(j) \tag{8.3}$$

$$\left\langle X^{(j)}(t)X^{(j)}(t+\tau)\right\rangle = \lim_{T\to\infty}\frac{1}{T}\int_{-T/2}^{T/2}X^{(j)}(t)X^{(j)}(t+\tau)\,dt \equiv R_{XX}(\tau,j) \qquad (8.4)$$

と計算することができる。これらがサンプル番号 j によらず、(8.1)、(8.2) において t_1 に依存しない値 μ_X, $R_{XX}(\tau)$ に等しいとき、この不規則変動は**エルゴード性** (ergodic) をもつと言われる。エルゴード的な確率過程は定常過程でなければならないが、定常確率過程だからと言って必ずしもエルゴード性をもつとは限らない。

もし確率過程が $X(\boldsymbol{r},t)$ のように空間的にも依存するならば、エルゴード性の仮定は、時間 T のみならず、空間 S についても平均操作が行われなければならないことを意味している。例えば $X^{(j)}(\boldsymbol{r},t)$ をエルゴード過程の一つのサンプルとするならば、自己相関関数は

$$R_{XX}(\boldsymbol{\rho},\tau) = \left\langle X^{(j)}(\boldsymbol{r},t)X^{(j)}(\boldsymbol{r}+\boldsymbol{\rho},t+\tau)\right\rangle$$
$$= \lim_{T,S\to\infty}\frac{1}{TS}\int_T\int_S X^{(j)}(\boldsymbol{r},t)X^{(j)}(\boldsymbol{r}+\boldsymbol{\rho},t+\tau)\,d\boldsymbol{r}\,dt \qquad (8.5)$$

のように定義されることになる。多くの実際の現象はエルゴード性の仮定が成り立つが、本章で取り扱う不規則現象でもその仮定を前提とするので、統計的特性は任意の観測データの時間平均（および空間平均）によって推定することができる。

8.2 相関関数

8.2.1 自己相関関数

時間に依存するエルゴード確率過程 $x(t)$ を考え、次のように時間 τ 隔たった変動の積の平均値

$$R_{xx}(\tau) = \left\langle x(t)x(t+\tau)\right\rangle = \lim_{T\to\infty}\frac{1}{T}\int_{-T/2}^{T/2}x(t)x(t+\tau)\,dt \qquad (8.6)$$

を考える。この統計的関数は**自己相関関数** (auto-correlation function) と呼ばれ、隔たり時間 τ を**ラグ** (lag) という。(8.6) の計算によって、時間 τ だけずらした波形が元の波形とどれだけ似ているかを調べ、変動中の周期成分を判別することができる。また $\tau=0$ は、次のように **2 乗平均値** (mean-squared value)、すなわち**平均パワー** (time-averaged power) を与える。

$$R_{xx}(0) = \left\langle x^2(t)\right\rangle = \lim_{T\to\infty}\frac{1}{T}\int_{-T/2}^{T/2}\bigl[x(t)\bigr]^2\,dt \qquad (8.7)$$

【例題】 最も簡単な例として正弦波の自己相関を求めてみよう。

$$x(t) = a_x\cos\omega t = \mathrm{Re}\bigl[a_x e^{i\omega t}\bigr] \qquad (8.8)$$

このとき
$$x(t+\tau) = \mathrm{Re}\bigl[a_x e^{i\omega\tau}e^{i\omega t}\bigr] \qquad (8.9)$$

これらの積の時間平均値は、(1.132) で示した時間平均の計算公式によって

$$R_{xx}(\tau) = \frac{1}{2}\mathrm{Re}\bigl[a_x^2 e^{i\omega\tau}\bigr] = \frac{a_x^2}{2}\cos\omega\tau \qquad (8.10)$$

となり、やはり元の正弦波と同じ周期関数となっていることが分かる。また 2 乗平均値は $R_{xx}(0) = a_x^2/2$ である。

8.2.2 自己相関関数の性質

(8.6) の積分変数を $t+\tau=\xi$ とおくと、

$$R_{xx}(\tau) = \lim_{T\to\infty} \frac{1}{T} \int_{-T/2+\tau}^{T/2+\tau} x(\xi-\tau)x(\xi)\,d\xi \tag{8.11}$$

となるが、$T\to\infty$ の極限を考えると、積分区間は $(-T/2, T/2)$ でも同じである。よって、(8.11) は次のようにも表される。

$$R_{xx}(\tau) = \lim_{T\to\infty} \frac{1}{T} \int_{-T/2}^{T/2} x(\xi)x(\xi-\tau)\,d\xi = R_{xx}(-\tau) \tag{8.12}$$

すなわち**自己相関関数は偶関数**である。

次のような平均を考えよう。

$$I \equiv \lim_{T\to\infty} \frac{1}{T} \int_{-T/2}^{T/2} \bigl[x(t) \pm x(t+\tau) \bigr]^2 dt \geq 0 \tag{8.13}$$

被積分関数を展開し、積分区間について (8.11) と同様に考えると、次の結果を得る。

$$I = 2\bigl\{ R_{xx}(0) \pm R_{xx}(\tau) \bigr\} \geq 0 \tag{8.14}$$

よって
$$\bigl| R_{xx}(\tau) \bigr| \leq R_{xx}(0) \tag{8.15}$$

となり、自己相関関数は $\tau=0$ で最大値をとり、それは 2 乗平均値である。

次に自己相関関数の微分について考えてみる。(8.6) より τ について微分すると

$$R'_{xx}(\tau) = \lim_{T\to\infty} \frac{1}{T} \int_{-T/2}^{T/2} x(t)x'(t+\tau)\,dt$$

$$= \lim_{T\to\infty} \frac{1}{T} \int_{-T/2}^{T/2} x(\xi-\tau)x'(\xi)\,d\xi \tag{8.16}$$

を得る。この第 2 行目への変換は (8.11) と同じ理由による。(8.16) をさらに τ について微分すると

$$R''_{xx}(\tau) = -\lim_{T\to\infty} \frac{1}{T} \int_{-T/2}^{T/2} x'(\xi-\tau)x'(\xi)\,d\xi$$

$$= -\lim_{T\to\infty} \frac{1}{T} \int_{-T/2}^{T/2} x'(t)x'(t+\tau)\,dt = -\bigl\langle x'(t)x'(t+\tau) \bigr\rangle \tag{8.17}$$

を得る。すなわち、不規則変動 $x(t)$ の微分 $x'(t)$ の自己相関関数は、$x(t)$ の自己相関関数の τ に関する 2 階微分に負符号を付けたものに等しい。これらの関係式は、後で述べる 8.6.3 節において、変位、速度、加速度の相関を考える際に用いられる。

ところで $x(t)$ の平均値 $\overline{x}$ がゼロでないときは、$x(t)-\overline{x}$ に関する相関を考えて、

$$C_{xx}(\tau) \equiv \bigl\langle \{x(t)-\overline{x}\}\{x(t+\tau)-\overline{x}\} \bigr\rangle$$

$$= \lim_{T\to\infty} \frac{1}{T} \int_{-T/2}^{T/2} \{x(t)-\overline{x}\}\{x(t+\tau)-\overline{x}\}\,dt \tag{8.18}$$

を**自己共分散関数** (auto-variance function) と呼ぶ。

(8.18) を展開して

$$\overline{x} = \lim_{T\to\infty} \frac{1}{T} \int_{-T/2}^{T/2} x(t)\,dt = \lim_{T\to\infty} \frac{1}{T} \int_{-T/2}^{T/2} x(t+\tau)\,dt$$

であることを用いると

$$C_{xx}(\tau) = R_{xx}(\tau) - \overline{x}^2 \tag{8.19}$$

となる。よって $C_{xx}(\tau)$ も τ に関して偶関数であり、$\tau = 0$ での値は

$$C_{xx}(0) = \left\langle \{x(t) - \overline{x}\}^2 \right\rangle = \left\langle x^2(t) \right\rangle - \overline{x}^2 \equiv \sigma_x^2 \tag{8.20}$$

となる。これは平均値まわりのデータのばらつきを表す量で**分散** (variance) と呼ばれ、この正の平方根 σ_x は**標準偏差** (standard deviation) という。

8.2.3 相互相関関数

2つの不規則変動 $x(t)$ と $y(t)$ との間の相関を調べるために、次のような**相互相関関数** (cross-correlation function) を考える。

$$R_{xy}(\tau) = \left\langle x(t)\,y(t+\tau) \right\rangle = \lim_{T\to\infty} \frac{1}{T} \int_{-T/2}^{T/2} x(t)\,y(t+\tau)\,dt \tag{8.21}$$

この関数の性質は、自己相関関数のときと同様に式変形して導くことができる。

まず $t + \tau = \xi$ とおくと次式を得る。

$$R_{xy}(\tau) = \lim_{T\to\infty} \frac{1}{T} \int_{-T/2}^{T/2} y(\xi)x(\xi - \tau)\,d\xi = R_{yx}(-\tau) \tag{8.22}$$

次に

$$J \equiv \lim_{T\to\infty} \frac{1}{T} \int_{-T/2}^{T/2} \bigl[\alpha\,x(t) \pm y(t+\tau)\bigr]^2 dt \geq 0 \tag{8.23}$$

を考える。これを展開すると

$$\alpha^2 R_{xx}(0) \pm 2\alpha\,R_{xy}(\tau) + R_{yy}(0) \geq 0 \tag{8.24}$$

となるが、これは α に関する2次方程式の判別式が0または負でなければならないことを意味する。したがって

$$R_{xy}^2(\tau) = \bigl|R_{xy}(\tau)\bigr|^2 \leq R_{xx}(0)\,R_{yy}(0) \tag{8.25}$$

を得る。また (8.24) で $\alpha = 1$ とおくと、次の関係式を得る。

$$\bigl|R_{xy}(\tau)\bigr| \leq \frac{1}{2}\bigl\{R_{xx}(0) + R_{yy}(0)\bigr\} \tag{8.26}$$

8.3 相関関数とスペクトルの関係

8.3.1 自己相関関数とパワースペクトル

自己相関関数のフーリエ変換を計算してみよう。フーリエ変換の定義式は (2.22)、(2.23) に示したものであり、$x(t)$ に対しては

$$\left.\begin{aligned}\mathcal{F}\bigl[x(t)\bigr] \equiv X(\omega) &= \int_{-\infty}^{\infty} x(t)e^{-i\omega t}\,dt \\ \mathcal{F}^{-1}\bigl[X(\omega)\bigr] = x(t) &= \frac{1}{2\pi} \int_{-\infty}^{\infty} X(\omega)e^{i\omega t}\,d\omega\end{aligned}\right\} \tag{8.27}$$

8.3 相関関数とスペクトルの関係

である。そこで (8.6) で示した $R_{xx}(\tau)$ のフーリエ変換は、$T \to \infty$ の極限を考えるということに注意すれば、次のように求められる。

$$\begin{aligned}
\mathcal{F}\bigl[R_{xx}(\tau)\bigr] &= \int_{-\infty}^{\infty} R_{xx}(\tau) e^{-i\omega\tau}\,d\tau \\
&= \int_{-\infty}^{\infty} \left\{ \lim_{T\to\infty} \frac{1}{T} \int_{-T/2}^{T/2} x(t)x(t+\tau)\,dt \right\} e^{-i\omega\tau}\,d\tau \\
&= \lim_{T\to\infty} \frac{1}{T} \int_{-T/2}^{T/2} x(t) e^{i\omega t}\,dt \int_{-\infty}^{\infty} x(t+\tau) e^{-i\omega(t+\tau)}\,d\tau \\
&= \lim_{T\to\infty} \frac{1}{T} X^*(\omega) X(\omega) = \lim_{T\to\infty} \frac{\bigl|X(\omega)\bigr|^2}{T} \equiv S_{xx}(\omega)
\end{aligned} \quad (8.28)$$

これは (2.82) で示したように、2 乗平均値のスペクトル、すなわち**パワースペクトル** (power spectrum) である。これと自己相関関数はフーリエ変換の対の関係にあり、次のようにまとめることができる。

$$S_{xx}(\omega) = \int_{-\infty}^{\infty} R_{xx}(\tau) e^{-i\omega\tau}\,d\tau \qquad (8.29)$$

$$R_{xx}(\tau) = \frac{1}{2\pi} \int_{-\infty}^{\infty} S_{xx}(\omega) e^{i\omega\tau}\,d\omega \qquad (8.30)$$

この関係を**ウィナー・ヒンチンの関係** (Wiener-Khintchine's relation) という。

$R_{xx}(\tau)$ は τ に関して偶関数であり、また $S_{xx}(\omega)$ は (8.28) より ω に関して偶関数であることが分かる。よって (8.30) を次のように表す。

$$R_{xx}(\tau) = \frac{1}{\pi} \int_0^{\infty} S_{xx}(\omega) \cos\omega\tau\,d\omega \equiv \int_0^{\infty} \Phi_{xx}(\omega) \cos\omega\tau\,d\omega \qquad (8.31)$$

ここで

$$\Phi_{xx}(\omega) = \begin{cases} \dfrac{1}{\pi} S_{xx}(\omega) & \text{for } \omega \geq 0 \\ 0 & \text{otherwise} \end{cases} \qquad (8.32)$$

は物理的に実現可能な片側スペクトル密度関数である。

$\tau = 0$ の場合、$R_{xx}(0)$ は 2 乗平均値、すなわち平均パワー $\langle x^2(t) \rangle$ を表すから、$x(t)$ がエルゴード的な確率過程であるとき

$$\bigl\langle x^2(t) \bigr\rangle = E\bigl[x^2(t)\bigr] = \frac{1}{2\pi} \int_{-\infty}^{\infty} S_{xx}(\omega)\,d\omega = \int_0^{\infty} \Phi_{xx}(\omega)\,d\omega \qquad (8.33)$$

と表されることになる。よって $\Phi_{xx}(\omega)$ は**パワースペクトル密度関数** (power spectrum density function) あるいは **2 乗平均スペクトル密度関数** (mean-squared spectrum density function) ともいう。

この 2 乗平均スペクトルに関連して、スペクトルの n 次モーメントを考えることがある。これは次のように定義される。

$$m_n \equiv \int_0^{\infty} \omega^n \Phi_{xx}(\omega)\,d\omega \qquad (8.34)$$

これによれば、2乗平均値は m_0 と表されることもあるということである。

8.3.2 パワースペクトルを用いた不規則変動のシミュレーション

不規則変動量 $x(t)$ のパワースペクトル $\Phi_{xx}(\omega)$ が与えられたとするとき、それを用いて逆に $x(t)$ の時系列をどのように作るかについて考えよう。(8.27) の第2式より

$$x(t) = \frac{1}{2\pi}\int_{-\infty}^{\infty} X(\omega)e^{i\omega t}\,d\omega = \frac{1}{2\pi}\int_{-\infty}^{\infty} \bigl|X(\omega)\bigr|e^{i\{\omega t+\varepsilon(\omega)\}}\,d\omega \tag{8.35}$$

ここで $\varepsilon(\omega)$ は $x(t)$ のフーリエ変換 $X(\omega)$ の位相であるから、$0 \leq \varepsilon(\omega) < 2\pi$ に分布する一様乱数であると考えてよい。(8.35) は実関数であるから cosine 成分のみを考え、ω に関する積分を、離散的な ω の値 $\omega_n\ (n=1,2,\cdots,N)$ を使った和に置き換える。このとき、

$$\begin{aligned}
x(t) &= \frac{1}{\pi}\int_0^{\infty} \bigl|X(\omega)\bigr|\cos\{\omega t+\varepsilon(\omega)\}\,d\omega \\
&\simeq \frac{1}{\pi}\sum_{n=1}^{N} \bigl|X(\omega_n)\bigr|\cos(\omega_n t+\varepsilon_n)\,\Delta\omega_n
\end{aligned} \tag{8.36}$$

と表すことができる。一方、(8.28)、(8.32) の関係から、

$$\Phi_{xx}(\omega) = \frac{1}{\pi}S_{xx}(\omega) = \frac{1}{\pi}\lim_{T\to\infty}\frac{\bigl|X(\omega)\bigr|^2}{T} = \frac{1}{2\pi^2}\bigl|X(\omega)\bigr|^2\Delta\omega \tag{8.37}$$

よって

$$\left(\frac{1}{\pi}\bigl|X(\omega_n)\bigr|\,\Delta\omega_n\right)^2 = 2\,\Phi_{xx}(\omega_n)\,\Delta\omega_n \tag{8.38}$$

であるから、これを (8.36) に代入することにより次式を得る。

$$x(t) = \sum_{n=1}^{N}\sqrt{2\,\Phi_{xx}(\omega_n)\,\Delta\omega_n}\,\cos(\omega_n t+\varepsilon_n) \tag{8.39}$$

これによって目的とする時系列が求められるが、$\Delta\omega_n$ を一定値にとると、$T=2\pi/\Delta\omega$ の周期で繰り返す波形となってしまう。これを避けるためには $\Phi_{xx}(\omega_n)\,\Delta\omega_n$ が一定となるように $\Delta\omega_n$ を決めるなどの工夫が必要である。

8.3.3 相互相関関数とクロススペクトル

次に (8.21) の相互相関関数 $R_{xy}(\tau)$ のフーリエ変換を求めてみよう。(8.28) の式変形と同様に行うことによって、次に示す結果を得ることができる。

$$\begin{aligned}
\mathcal{F}\bigl[R_{xy}(\tau)\bigr] &= \int_{-\infty}^{\infty} R_{xy}(\tau)e^{-i\omega\tau}\,d\tau \\
&= \lim_{T\to\infty}\frac{X^*(\omega)\,Y(\omega)}{T} \equiv S_{xy}(\omega)
\end{aligned} \tag{8.40}$$

これを**クロススペクトル** (cross spectrum) と呼ぶが、ウィンナー・ヒンチンの関係と同様に、$R_{xy}(\tau)$ と $S_{xy}(\omega)$ はフーリエ変換の対の関係にある。すなわち

$$S_{xy}(\omega) = \int_{-\infty}^{\infty} R_{xy}(\tau)e^{-i\omega\tau}\,d\tau \tag{8.41}$$

$$R_{xy}(\tau) = \frac{1}{2\pi}\int_{-\infty}^{\infty} S_{xy}(\omega)e^{i\omega\tau}\,d\omega \tag{8.42}$$

相互相関関数は、(8.22) のように $R_{xy}(-\tau) = R_{yx}(\tau)$ の関係があって実関数であるから、(8.41) より次のようなクロススペクトルの性質を導くことができる。

$$S_{xy}(-\omega) = \int_{-\infty}^{\infty} R_{xy}(\tau) e^{i\omega\tau} d\tau = S_{xy}^*(\omega) \tag{8.43}$$

$$= \int_{-\infty}^{\infty} R_{xy}(-\tau) e^{-i\omega\tau} d\tau = \int_{-\infty}^{\infty} R_{yx}(\tau) e^{-i\omega\tau} d\tau = S_{yx}(\omega) \tag{8.44}$$

また $S_{xy}(\omega)$ は複素数であるから、(8.41) を実数部、虚数部に分けて次のように表すことがある。

$$S_{xy}(\omega) = K_{xy}(\omega) - i Q_{xy}(\omega) = |S_{xy}(\omega)| e^{-i\theta_{xy}(\omega)} \tag{8.45}$$

ここで

$$\left. \begin{array}{l} |S_{xy}(\omega)| = \sqrt{K_{xy}^2(\omega) + Q_{xy}^2(\omega)} \\ \theta_{xy}(\omega) = \tan^{-1}\left\{ Q_{xy}(\omega)/K_{xy}(\omega) \right\} \end{array} \right\} \tag{8.46}$$

であり、$K_{xy}(\omega)$ を**コスペクトル** (cospectrum)、$Q_{xy}(\omega)$ を**クオドラチャスペクトル** (quadrature spectrum) と呼び、これらは (8.22) の関係を用いて次のように表すことができる。

$$K_{xy}(\omega) = \int_{-\infty}^{\infty} R_{xy}(\tau) \cos\omega\tau \, d\tau$$

$$= \int_{0}^{\infty} \left\{ R_{xy}(\tau) + R_{yx}(\tau) \right\} \cos\omega\tau \, d\tau = K_{xy}(-\omega) \tag{8.47}$$

$$Q_{xy}(\omega) = \int_{-\infty}^{\infty} R_{xy}(\tau) \sin\omega\tau \, d\tau$$

$$= \int_{0}^{\infty} \left\{ R_{xy}(\tau) - R_{yx}(\tau) \right\} \sin\omega\tau \, d\tau = -Q_{xy}(-\omega) \tag{8.48}$$

したがって $K_{xy}(\omega)$ は偶関数であり、$Q_{xy}(\omega)$ は奇関数である。

クロススペクトルの振幅（絶対値）に関連して、次に示す**コヒーレンス関数** (coherence) を定義する。

$$\gamma_{xy}(\omega) \equiv \frac{|S_{xy}(\omega)|^2}{S_{xx}(\omega) S_{yy}(\omega)} = \frac{|\Phi_{xy}(\omega)|^2}{\Phi_{xx}(\omega) \Phi_{yy}(\omega)} \tag{8.49}$$

(8.25) において $\tau = 0$ を考えると

$$|R_{xy}(0)|^2 \leq R_{xx}(0) R_{yy}(0) \tag{8.50}$$

の関係がある。これを逆フーリエ変換の式 (8.30) および (8.42) で表して整理すると、コヒーレンス関数 $\gamma_{xy}(\omega)$ の性質として次式が得られる。

$$0 \leq \gamma_{xy}(\omega) \leq 1 \tag{8.51}$$

8.4 海洋波スペクトル

8.4.1 海洋波の自己相関関数

海洋波は、時間 T だけでなく空間 S に対しても不規則な変動をする確率過程であるから、それを $x(\boldsymbol{r},t)$ のように表す。ここで $\boldsymbol{r} = (x,y)$ は自由表面上の位置ベクトルである。この確率過程 $x(\boldsymbol{r},t)$ もエルゴード的であるとすると、既に (8.5) で示したように、自己相互関数は時間 T

および空間 S についての平均を考えなければならない。このときの積分は t, x, y に関する 3 重積分である。x, y 方向の空間的周期を X, Y と表すことにすると、(8.5) は

$$R_{xx}(\boldsymbol{\rho}, \tau) = \lim_{\substack{T \to \infty \\ X \to \infty \\ Y \to \infty}} \frac{1}{TXY} \int_{-T/2}^{T/2} \int_{-X/2}^{X/2} \int_{-Y/2}^{Y/2} x(\boldsymbol{r}, t) x(\boldsymbol{r} + \boldsymbol{\rho}, t + \tau) \, d\boldsymbol{r} \, dt \tag{8.52}$$

と書くべきである。ただし $d\boldsymbol{r} = dx\,dy$ のことである。

これを少し簡略化して、次のように表すことにする。

$$R_{xx}(\boldsymbol{\rho}, \tau) = \lim_{T, X, Y \to \infty} \frac{1}{TXY} \iiint_{-\infty}^{\infty} x(\boldsymbol{r}, t) x(\boldsymbol{r} + \boldsymbol{\rho}, t + \tau) \, d\boldsymbol{r} \, dt \tag{8.53}$$

時間間隔 τ および位置間隔 $\boldsymbol{\rho}$ を両方ゼロとおけば、$x(\boldsymbol{r}, t)$ の 2 乗平均値であるから

$$R_{xx}(\boldsymbol{0}, 0) = \left\langle x^2(\boldsymbol{r}, t) \right\rangle = \lim_{T, X, Y \to \infty} \frac{1}{TXY} \iiint_{-\infty}^{\infty} \left[x(\boldsymbol{r}, t) \right]^2 d\boldsymbol{r} \, dt \tag{8.54}$$

の関係にある。

【例題】 海洋波の確率過程 $x(\boldsymbol{r}, t)$ の j 番目サンプルとして

$$x^{(j)}(\boldsymbol{r}, t) = a_x \cos\{\boldsymbol{k} \cdot \boldsymbol{r} - \omega t + \varepsilon_j\} = \text{Re}\left[a_x e^{-i\boldsymbol{k} \cdot \boldsymbol{r} - i\varepsilon_j} e^{i\omega t}\right] \tag{8.55}$$

を考えよう。ここで $\boldsymbol{k} = (k_x, k_y)$ は波数ベクトルであり、波数を k、波の進行方向を β とすれば、$k_x = k\cos\beta, k_y = k\sin\beta$ と表すこともできる。(8.55) より

$$x^{(j)}(\boldsymbol{r} + \boldsymbol{\rho}, t + \tau) = \text{Re}\left[a_x e^{-i\boldsymbol{k} \cdot (\boldsymbol{r} + \boldsymbol{\rho}) - i\varepsilon_j + i\omega\tau} e^{i\omega t}\right] \tag{8.56}$$

となるから、まず (1.132) に示した公式で時間平均を計算すると

$$\left\langle x^{(j)}(\boldsymbol{r}, t) x^{(j)}(\boldsymbol{r} + \boldsymbol{\rho}, t + \tau) \right\rangle = \frac{1}{2} \text{Re}\left[a_x^2 e^{i\boldsymbol{k} \cdot \boldsymbol{\rho} - i\omega\tau}\right] = \frac{a_x^2}{2} \cos(\boldsymbol{k} \cdot \boldsymbol{\rho} - \omega\tau) \tag{8.57}$$

となる。これは $\boldsymbol{r}$ には関係していないので空間に関する平均をとっても (8.57) の結果は同じである。したがって (8.53) は

$$R_{xx}(\boldsymbol{\rho}, \tau) = \frac{a_x^2}{2} \cos(\boldsymbol{k} \cdot \boldsymbol{\rho} - \omega\tau) \tag{8.58}$$

となる。よって 2 乗平均値は $R_{xx}(\boldsymbol{0}, 0) = a_x^2/2$ である。

(8.53) のように定義された自己相互関数のフーリエ変換を考えることによって、対応するパワースペクトルを定義してみよう。この解析に必要なフーリエ変換は、時間 t だけでなく、空間 x, y に関してもフーリエ変換しなければならない。すなわち次のような定義である。

$$X(\boldsymbol{k}, \omega) = \iiint_{-\infty}^{\infty} x(\boldsymbol{r}, t) e^{i(\boldsymbol{k} \cdot \boldsymbol{r} - \omega t)} \, d\boldsymbol{r} \, dt \tag{8.59}$$

$$x(\boldsymbol{r}, t) = \frac{1}{(2\pi)^3} \iiint_{-\infty}^{\infty} X(\boldsymbol{k}, \omega) e^{-i(\boldsymbol{k} \cdot \boldsymbol{r} - \omega t)} \, d\boldsymbol{k} \, d\omega \tag{8.60}$$

そこで、(8.59) に従って $R_{xx}(\boldsymbol{\rho}, \tau)$ のフーリエ変換を求めると、

$$\mathcal{F}\left[R_{xx}(\boldsymbol{\rho}, \tau)\right] = \iiint_{-\infty}^{\infty} R_{xx}(\boldsymbol{\rho}, \tau) e^{i(\boldsymbol{k} \cdot \boldsymbol{\rho} - \omega\tau)} \, d\boldsymbol{\rho} \, d\tau$$

$$= \lim_{T,X,Y \to \infty} \frac{1}{TXY} \iiint_{-\infty}^{\infty} x(\boldsymbol{r},t) e^{-i(\boldsymbol{k}\cdot\boldsymbol{r}-\omega t)} \, d\boldsymbol{r}\, dt$$

$$\times \iiint_{-\infty}^{\infty} x(\boldsymbol{r}+\boldsymbol{\rho}, t+\tau) e^{i\{\boldsymbol{k}\cdot(\boldsymbol{r}+\boldsymbol{\rho})-\omega(t+\tau)\}} \, d\boldsymbol{\rho}\, d\tau$$

$$= \lim_{T,X,Y \to \infty} \frac{|X(\boldsymbol{k},\omega)|^2}{TXY} \equiv S_{xx}(\boldsymbol{k},\omega) \tag{8.61}$$

のようになり、これを3次元パワースペクトルあるいは3次元波スペクトルと呼ぶことにする。これは円周波数 ω だけでなく、波数ベクトル $\boldsymbol{k}$ の関数である。

(8.61) の逆の関係、すなわち逆フーリエ変換は、(8.60) によって次のように表わされる。

$$R_{xx}(\boldsymbol{\rho},\tau) = \frac{1}{(2\pi)^3} \iiint_{-\infty}^{\infty} S_{xx}(\boldsymbol{k},\omega) e^{-i(\boldsymbol{k}\cdot\boldsymbol{\rho}-\omega\tau)} \, d\boldsymbol{k}\, d\omega$$

$$= \frac{1}{\pi^3} \iiint_0^{\infty} S_{xx}(\boldsymbol{k},\omega) \cos(\boldsymbol{k}\cdot\boldsymbol{\rho}-\omega\tau) \, d\boldsymbol{k}\, d\omega$$

$$\equiv \iiint_0^{\infty} \Phi_{xx}(\boldsymbol{k},\omega) \cos(\boldsymbol{k}\cdot\boldsymbol{\rho}-\omega\tau) \, d\boldsymbol{k}\, d\omega \tag{8.62}$$

上式において $\boldsymbol{\rho}=\boldsymbol{0},\ \tau=0$ の場合を考えると、(8.54) のように2乗平均値であるから、$x(\boldsymbol{r},t)$ がエルゴード確率過程であるとき、

$$\langle x^2(\boldsymbol{r},t) \rangle = E[x^2(\boldsymbol{r},t)] = \iiint_0^{\infty} \Phi_{xx}(\boldsymbol{k},\omega) \, d\boldsymbol{k}\, d\omega \tag{8.63}$$

と表されることになる。

ところで深い海における水波では、分散関係によって $k=\omega^2/g$ の関係があるから、波数 k は円周波数 ω で表すことができる。また $\boldsymbol{k}=(k\cos\beta, k\sin\beta)$ であることを考えると、3次元波スペクトルは ω と β の関数として表すことが現実的であり、次のような近似がよく用いられる。

$$\Phi_{\zeta\zeta}(\omega,\beta) = \Phi_{\zeta\zeta}(\omega) D(\beta) \tag{8.64}$$

すなわち、円周波数 ω だけに関する波の**周波数スペクトル** (frequency spectrum) $\Phi_{\zeta\zeta}(\omega)$ と波の**方向分布関数** (angular distribution function) $D(\beta)$ の積として表す。また $\Phi_{\zeta\zeta}(\omega,\beta)$ を波の**方向スペクトル** (directional spectrum) と呼ぶが、研究者によっては $D(\beta)$ を方向スペクトルと呼ぶこともあるので注意が必要である。

8.4.2 海洋波の周波数スペクトル

海洋での波は風によって発生すると考えられており、風が長時間吹いた後は、海洋波は完全発達の状態になる。ピアソン・モスコヴィッツ (Pierson-Moskowitz) は、北大西洋の完全発達波の広範なデータを解析して、周波数スペクトル $\Phi_{\zeta\zeta}(\omega)$ が次のような関数形になることを導いた。

$$\Phi_{\zeta\zeta}(\omega) = \frac{A}{\omega^5} \exp\left\{-\frac{B}{\omega^4}\right\} \tag{8.65}$$

ここで $A,\ B$ は定数である。

これらの定数は**平均波周期** (mean wave period) T_1 と**有義波高** (significant wave height) $H_{1/3}$ を用いて表すことができる。有義波高 $H_{1/3}$ のより詳しいことは後で述べるが、それによると、

T_1, $H_{1/3}$ は (8.34) で与えられるスペクトルの n 次モーメント m_n ($n = 0, 1, \cdots$) を用いて、次のように与えられる。

$$T_1 = 2\pi \frac{m_0}{m_1}, \quad H_{1/3} = 4.004\sqrt{m_0} \tag{8.66}$$

(8.65) の場合の n 次モーメントは解析的に求められて、次のように表わされる。

$$m_n = \int_0^\infty \omega^n \Phi_{\zeta\zeta}(\omega)\, d\omega = \int_0^\infty A\, \omega^{n-5} e^{-B/\omega^4}\, d\omega = \frac{A}{4} B^{\frac{n}{4}-1} \Gamma\left(1 - \frac{n}{4}\right) \tag{8.67}$$

ここで

$$\Gamma(z) \equiv \int_0^\infty e^{-t}\, t^{z-1}\, dt \tag{8.68}$$

はガンマ関数と言われるものであり、

$$\Gamma(1) = 1, \quad \Gamma\left(\frac{3}{4}\right) \simeq 1.2254, \quad \Gamma\left(\frac{1}{2}\right) = \sqrt{\pi} \tag{8.69}$$

などのような値になる。したがって (8.67) は $n = 0, 1, 2$ に対して

$$\left.\begin{array}{l} m_0 = \dfrac{A}{4B}\, \Gamma(1) = \dfrac{A}{4B} \\[6pt] m_1 = \dfrac{A}{4B}\, B^{\frac{1}{4}}\, \Gamma\left(\dfrac{3}{4}\right) \simeq 1.2254\, m_0\, B^{\frac{1}{4}} \\[6pt] m_2 = \dfrac{A}{4B}\, B^{\frac{1}{2}}\, \Gamma\left(\dfrac{1}{2}\right) = \sqrt{\pi}\, m_0\, B^{\frac{1}{2}} \end{array}\right\} \tag{8.70}$$

が得られる。そこで m_0, m_1 を (8.66) に代入して、A, B を T_1, $H_{1/3}$ で表してみよう。

まず m_0/m_1 は B だけで表されるから、T_1 の式より次式を得る。

$$B = \frac{1}{T_1^4}\left(\frac{2\pi}{1.2254}\right)^4 = \frac{691.2}{T_1^4} \tag{8.71}$$

よって

$$\frac{B}{\omega^4} = \frac{1}{T_1^4} \frac{691.2}{(2\pi)^4}\left(\frac{2\pi}{\omega}\right)^4 = \frac{0.44}{T_1^4}\frac{1}{f^4} \quad (\omega = 2\pi f) \tag{8.72}$$

が得られる。次に (8.66) の $H_{1/3}$ の式で $4.004 \simeq 4$ と近似すると、(8.70) の m_0 の式および (8.71) を使って次式を得る。

$$A = 4B\left(\frac{H_{1/3}}{4}\right)^2 = \frac{691.2}{4}\frac{H_{1/3}^2}{T_1^4} = 172.8\frac{H_{1/3}^2}{T_1^4} \tag{8.73}$$

よって

$$\frac{A}{\omega^5} = \frac{1}{2\pi}\frac{172.8}{(2\pi)^4}\frac{H_{1/3}^2}{T_1^4}\left(\frac{2\pi}{\omega}\right)^5 = \frac{0.11}{2\pi}\frac{H_{1/3}^2}{T_1^4}\frac{1}{f^5} \tag{8.74}$$

以上の結果をまとめると、ピアソン・モスコヴィッツ型の周波数スペクトル (Pierson-Moskowitz type frequency spectrum) は、円周波数 ω あるいは周波数 $f = \omega/2\pi$ を使って次のように表すことができる。

$$\left.\begin{array}{l} \Phi_{\zeta\zeta}(\omega) = \dfrac{A}{\omega^5} \exp\left\{-\dfrac{B}{\omega^4}\right\} \\[6pt] A = 172.8\, \dfrac{H_{1/3}^2}{T_1^4}, \quad B = \dfrac{691.2}{T_1^4} \end{array}\right\} \tag{8.75}$$

あるいは

$$\left. \begin{array}{l} \Phi_{\zeta\zeta}(f) = 2\pi\,\Phi_{\zeta\zeta}(\omega) = \dfrac{\alpha}{f^5}\exp\left\{-\dfrac{\beta}{f^4}\right\} \\[2mm] \alpha = \dfrac{A}{(2\pi)^4} = 0.11\,\dfrac{H_{1/3}^2}{T_1^4}, \quad \beta = \dfrac{B}{(2\pi)^4} = \dfrac{0.44}{T_1^4} \end{array} \right\} \quad (8.76)$$

ところで，(8.66) で与えられる平均波周期 T_1、有義波高 $H_{1/3}$ は，それぞれ目視観測波周期 T_V、目視波高 H_V に非常に近い値となると言われている。そこで，それらで代用する式が ISSC (International Ship Structure Congress) で推奨されている周波数スペクトルである。

平均波周期 T_1 の代わりに m_0, m_2 を用いて計算する周期

$$T_2 \equiv 2\pi\sqrt{\dfrac{m_0}{m_2}} = \dfrac{2\pi}{(\pi B)^{1/4}} = 0.920\,T_1 \qquad (8.77)$$

を用いることもある。これは 8.13.1 節で示されるようにゼロアップクロスの周期でもある。またスペクトルの極大値（ピーク）における円周波数 ω_p から計算されるピーク周期 $T_p = 2\pi/\omega_p$ を使うこともある。ω_p は $\Phi'_{\zeta\zeta}(\omega) = 0$ より求められ，B の値として (8.71) を用いると次式となる。

$$\omega_p = \left(\dfrac{4B}{5}\right)^{\frac{1}{4}} = \left(\dfrac{4}{5}\right)^{\frac{1}{4}}\dfrac{2\pi}{1.2254}\dfrac{1}{T_1} = 0.7718\,\dfrac{2\pi}{T_1}$$

よって

$$T_p = \dfrac{2\pi}{\omega_p} = 1.296\,T_1 = 1.408\,T_2 \qquad (8.78)$$

の関係にあることが分かる。

ところで ITTC (International Towing Tank Conference) が推奨している海洋波の周波数スペクトルは，有義波高 $H_{1/3}$ だけを用いたものであり，(8.75) における係数 A, B を次のように与えている。

$$A = 8.1\times 10^{-3}\,g^2, \quad B = \dfrac{3.11}{H_{1/3}^2} \qquad (8.79)$$

ただし $g = 9.8$ m/s^2 は重力加速度である。これと (8.75) を比較すると，A あるいは B どちらの係数の比較によっても，次の関係式が成り立っていることが分かる。

$$T_1 = 3.86\sqrt{H_{1/3}} \qquad (8.80)$$

表 8.1　ITTC スペクトルの標準風速と有義波高の関係

風速 (knots)	有義波高 (m)
20	3.1
30	5.1
40	8.1
50	11.1
60	14.6

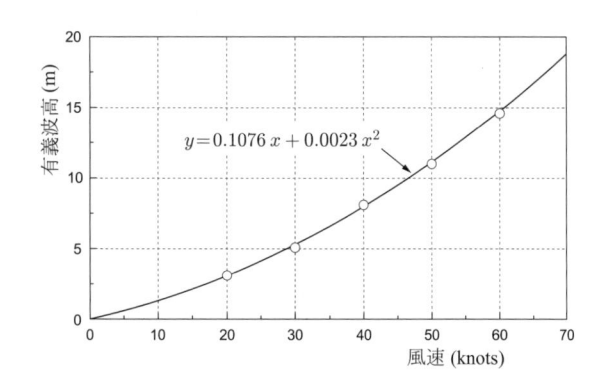

図 8.1　風速と有義波高の関係の最小 2 乗近似

(3.47) で示したように、深海での水波では、分散関係によって $T = 0.8\sqrt{\lambda}$ の関係がある。したがって (8.80) は、

$$0.8\sqrt{\lambda} = 3.86\sqrt{H_{1/3}} \longrightarrow \frac{H_{1/3}}{\lambda} \simeq \frac{1}{23.3} \quad (8.81)$$

の波岨度に相当する波を考えていることになる。

風速のみが分かっていて、波のデータが入手できない場合には、ITTC は風速と有義波高との間に 表 8.1 に示す近似的な関係があると仮定してスペクトルを推定するよう推奨している。表 8.1 の数値ならびにそれらを最小 2 乗法で近似した式

$$y = 0.1076x + 0.0023x^2 \quad (x: \text{風速 knots}, \ y: \text{有義波高 m}) \quad (8.82)$$

による値を 図 8.1 に示している。

また風の強さをビューフォート風力階級 (Beaufort scale) を用いて等級分けすることがあるが、表 8.2 は、その風力階級と風速の関係である。これらを用いるならば、風速あるいはビューフォート風力階級から $H_{1/3}$ が求められ、(8.79) あるいは (8.80) を用いて計算した A, B の値を (8.75) に代入すれば周波数スペクトルが求められる。ITTC 推奨の周波数スペクトルによる計算例を 図 8.2 に示しておく。有義波高が大きくなると平均波周期も大きくなり、したがってピーク周波数が小さくなる。また極大値は、有義波高の増加に伴って急激に大きくなることが分かる。

表 8.2　ビューフォート風力階級と風速の関係

Beaufort Scale	風速 (knots)	名称
0	0 – 1	Calm
1	2 – 3	Light air
2	4 – 7	Light breeze
3	8 – 11	Gentle breeze
4	12 – 16	Moderate breeze
5	17 – 21	Fresh breeze
6	22 – 27	Strong breeze
7	28 – 33	Moderate gale
8	34 – 40	Fresh gale
9	41 – 48	Strong gale
10	49 – 56	Whole gale
11	57 – 65	Storm
12	65 以上	Hurricane

8.4.3 海洋波スペクトルの方向分布関数

海洋波の方向スペクトルを (8.64) のように仮定すると、(8.63) で示した波の 2 乗平均値は

$$\left\langle \zeta^2(\boldsymbol{r}, t) \right\rangle = \int_{-\pi}^{\pi} \int_{0}^{\infty} \Phi_{\zeta\zeta}(\omega, \beta) \, d\omega d\beta = \int_{-\pi}^{\pi} D(\beta) \, d\beta \int_{0}^{\infty} \Phi_{\zeta\zeta}(\omega) \, d\omega \quad (8.83)$$

のように表されることになる。したがって方向分布関数 $D(\beta)$ は

$$\int_{-\pi}^{\pi} D(\beta) \, d\beta = 1 \quad (8.84)$$

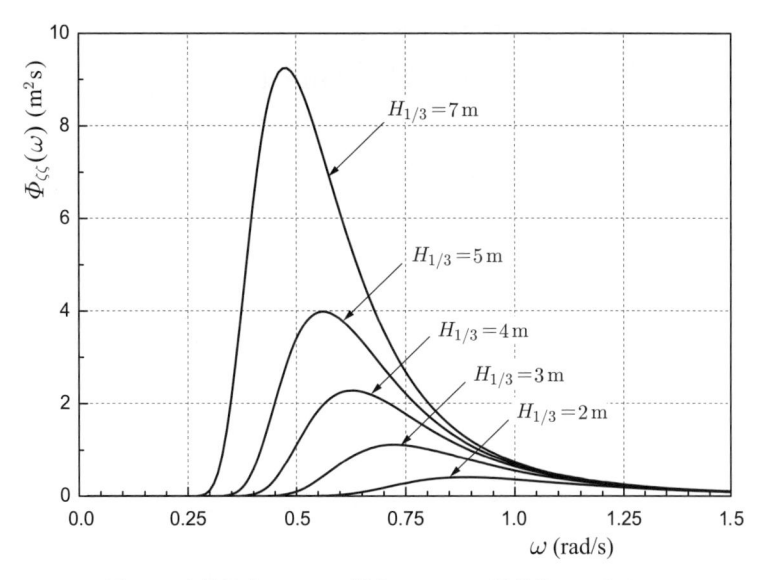

図 8.2 有義波高 $H_{1/3}$ に対する ITTC 周波数スペクトル

となっているような方向分布でなければならない。これを満足するものとして、よく用いられる分布関数は次式で表される。

$$D(\beta) = \frac{1}{\pi} \frac{(2n)!!}{(2n-1)!!} \cos^{2n}\beta, \quad |\beta| \leq \frac{\pi}{2} \tag{8.85}$$

$$(2n)!! = 2n(2n-2)\cdots 2 \cdot 1 = 2^n n!, \quad (2n-1)!! = (2n-1)(2n-3)\cdots 3 \cdot 1$$

特に $n=1$ あるいは $n=2$ が用いられる。すなわち

$$D(\beta) = \begin{cases} \dfrac{2}{\pi}\cos^2\beta & (n=1) \\ \dfrac{8}{3\pi}\cos^4\beta & (n=2) \end{cases} \tag{8.86}$$

あるいは光易・合田型 [8.3] [8.4] とも言われる次式

$$D(\beta) = \frac{2^{2s-1}}{\pi} \frac{\Gamma^2(s+1)}{\Gamma(2s+1)} \cos^{2s}\left(\frac{\beta}{2}\right), \quad |\beta| \leq \pi \tag{8.87}$$

が用いられることもある。ここで $\Gamma(z)$ はガンマ関数であり、s は波エネルギーの方向分布の集中度を示すパラメータである。$s=5$ の場合の形は、(8.85) での $n=1$ の場合に近い形となる。

8.5 確率分布関数、確率密度関数

不規則な変動量は連続な確率変数と考えることができる。その**確率変数** (random variable) をここでは $X(t)$ と表し、$-\infty < X(t) < \infty$ におけるすべての実数値をとるものとする。このとき、$X(t)$ がある任意の実数 x より小さい確率、すなわち $(-\infty, x]$ に属する確率 $F(x)$ を**確率分布関数** (probability distribution function) といい、

$$F(x) = P\big[X(t) \leq x\big] \tag{8.88}$$

と表す。これは確率であるから、次の性質がある。

$$\left.\begin{array}{l} F(-\infty) = 0, \quad F(\infty) = 1 \\ F(x) \geq 0, \quad F(x_1) \leq F(x_2) \quad \text{for } x_1 \leq x_2 \end{array}\right\} \quad (8.89)$$

よって図8.3 に示すように、$F(x)$ は $0 \leq F(x) \leq 1$ で変化する非減少単調関数である。

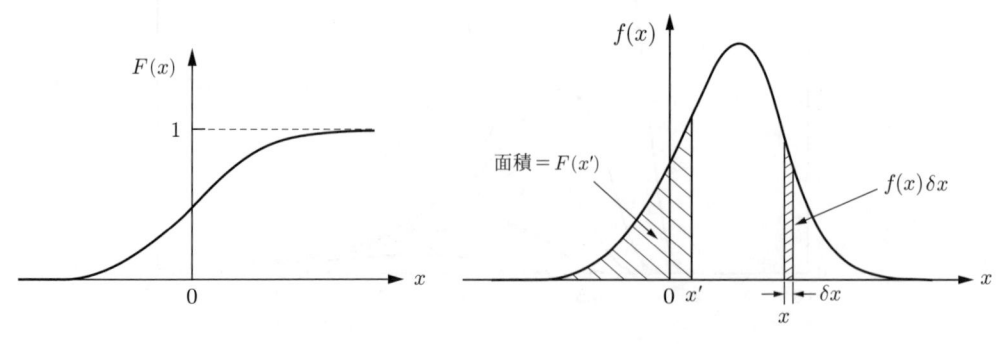

図 8.3 確率分布関数の例　　　図 8.4 確率密度関数の例

次に連続確率変数 $X(t)$ が $(x, x+\delta x)$ の限られた区間に属する確率を考えると、

$$P\left[x \leq X(t) \leq x + \delta x\right] = F(x + \delta x) - F(x) = f(x)\delta x \quad (8.90)$$

のように表すことができる。ここで関数 $f(x)$ は図8.4 に示すように、確率変数の密度を示すものであり、**確率密度関数** (probability density function) という。(8.90) で $\delta x \to 0$ の極限を考えれば

$$f(x) = \lim_{\delta x \to 0} \frac{F(x + \delta x) - F(x)}{\delta x} = \frac{dF(x)}{dx} \quad (8.91)$$

となり、これを積分すると

$$F(x) = \int_{-\infty}^{x} f(\xi)\,d\xi \quad (8.92)$$

の関係にあることが分かる。したがって、確率密度関数も $f(x) \geq 0$ の実関数であり、$f(x)$ の曲線下の全面積は

$$F(\infty) = \int_{-\infty}^{\infty} f(x)\,dx = 1 \quad (8.93)$$

となっていなければならない。

　確率変数の値の分布特性、すなわち拡がりや片寄りなどの統計的特性を知るためには、確率密度関数の積分を用いた、以下に示すような指標が有用である。

平均値（期待値）

$$\bar{x} = E\left[X\right] = \int_{-\infty}^{\infty} x f(x)\,dx \quad (8.94)$$

これは確率分布関数の重心、すなわち**平均値** (average, mean value) であり、**期待値** (expectation) とも言う。また $\bar{x}$ は μ_X と表すこともある。

2乗平均値

$$\overline{x^2} = E\left[X^2\right] = \int_{-\infty}^{\infty} x^2 f(x)\,dx \quad (8.95)$$

これは既に波の平均パワーに関連して用いられてき**2乗平均値** (mean-squared value) であり、確率分布関数の 2 次モーメントである。

分散と標準偏差

$$\sigma_X^2 = E\big[(X-\overline{x})^2\big] = \int_{-\infty}^{\infty} (x-\overline{x})^2 f(x)\,dx \tag{8.96}$$

これは平均値 $\overline{x}$ のまわりに確率変数 X の値がどの位ばらついているかの尺度を与え、**分散** (variance) と呼んでいる。(8.96) は非負である。また $(x-\overline{x})^2$ を展開すると

$$\sigma_X^2 = E\big[X^2\big] - \overline{x}^2 \geq 0 \tag{8.97}$$

の関係が得られる。σ_X^2 の正の平方根 σ_X を**標準偏差** (standard deviation) と呼んでいる。

n 次モーメント

$$E\big[X^n\big] = \int_{-\infty}^{\infty} x^n f(x)\,dx \tag{8.98}$$

$n=1, 2$ の場合は既に (8.94)、(8.95) として考えた。またパワースペクトルの n 次モーメントは (8.34) や (8.67) で取り扱ったが、それに類似したものである。後で示されるように、一般に n 次モーメントがすべて分かっていると、確率密度関数 $f(x)$ を求めることが可能になる。

ゆがみ

ここからは平均値がゼロ ($\overline{x}=0$)、もしくは $x=\overline{x}$ が座標原点（中心）となるように変数変換されているという前提で考えることにする。このとき、

$$\mathcal{S} \equiv \frac{E\big[X^3\big]}{\big\{E\big[X^2\big]\big\}^{3/2}} = \int_{-\infty}^{\infty} x^3 f(x)\,dx \Big/ \sigma_X^3 \tag{8.99}$$

を**ゆがみ** (skewness) という。

偏平度

$$\mathcal{F} \equiv \frac{E\big[X^4\big]}{\big\{E\big[X^2\big]\big\}^2} = \int_{-\infty}^{\infty} x^4 f(x)\,dx \Big/ \sigma_X^4 \tag{8.100}$$

を**偏平度** (flatness factor) という。後の 8.8 節で示されるように、確率密度関数として最もよく用いられている正規分布では $\mathcal{F}=3$ となるので、その値からのずれ

$$\mathcal{K} \equiv \mathcal{F} - 3 = \int_{-\infty}^{\infty} x^4 f(x)\,dx \Big/ \sigma_X^4 - 3 \tag{8.101}$$

を特に**尖度** (kurtosis) [8.2] と呼んでいる。

8.6 2つの確率変数に対する解析

8.6.1 結合確率密度関数

2 つの確率変数 $X(t)$ と $Y(t)$ が同時に発生する（あるいは同時に計測される）場合もある。この場合は、確率分布を xy 平面での 2 次元問題として考えればよい。したがって (8.88) や (8.91) の拡張として次式のような 2 次元関数を定義できる。

$$\left.\begin{aligned} F(x,y) &= P\big[\,X(t) \leq x;\ Y(t) \leq y\,\big] \\ f(x,y) &= \frac{\partial^2 F(x,y)}{\partial x\,\partial y} \\ F(x,y) &= \int_{-\infty}^{x}\int_{-\infty}^{y} f(\xi,\eta)\,d\xi\,d\eta \end{aligned}\right\} \quad (8.102)$$

ここで $F(x,y)$ を**結合確率分布関数** (joint probability distribution function)、$f(x,y)$ を**結合確率密度関数** (joint probability density function) と呼ぶ。これらにも 1 変数の場合と同様の性質があり、例えば

$$F(\infty,\infty) = \int_{-\infty}^{\infty}\int_{-\infty}^{\infty} f(x,y)\,dx\,dy = 1 \quad (8.103)$$

である。また

$$f(x,y) = f(x)\,f(y) \quad (8.104)$$

のように分離して表すことができるならば、確率変数 X と Y は**独立** (independent) であると言える。

8.6.2 共分散

2 つの確率変数の場合には

$$C_{XY} = E\big[\,(X-\overline{x})(Y-\overline{y})\,\big] = \int_{-\infty}^{\infty}\int_{-\infty}^{\infty} (x-\overline{x})(y-\overline{y})f(x,y)\,dx\,dy \quad (8.105)$$

を考えることがある。$x = y$ ならば、これは分散であるから、(8.105) は**共分散** (covariance) と呼ばれる。$(x-\overline{x})(y-\overline{y})$ を展開すると、次の関係がある。

$$C_{XY} = E\big[\,XY\,\big] - E\big[\,X\,\big]E\big[\,Y\,\big] \quad (8.106)$$

また共分散 C_{XY} と分散 σ_X^2, σ_Y^2 との関係は、相互相関関数のときと同様に、次式のような期待値を考えることによって導かれる。

$$E\Big[\,\big\{\alpha(X-\overline{x}) \pm (Y-\overline{y})\big\}^2\,\Big] = \alpha^2\sigma_X^2 \pm 2\alpha\,C_{XY} + \sigma_Y^2 \geq 0 \quad (8.107)$$

これより α に関する 2 次方程式の判別式が 0 または負でなければならず

$$C_{XY}^2 \leq \sigma_X^2\,\sigma_Y^2 \quad (8.108)$$

が得られる。確率変数 X と Y が独立であれば、(8.104)、(8.106) より $C_{XY} = 0$ となるので、$C_{XY} \neq 0$ のときには**相関係数** (correlation coefficient) ρ_{XY} を次のように定義する。

$$\rho_{XY} \equiv \frac{C_{XY}}{\sigma_X\,\sigma_Y} \quad (8.109)$$

このとき、(8.108) より相関係数は $-1 \leq \rho_{XY} \leq 1$ の範囲にあることが分かる。

8.6.3 変位、速度、加速度の相関

相関関数については、既に 8.2 節において、不規則変動量の時間平均（および空間平均）として説明したが、エルゴード性の仮定が成り立つときには、確率密度関数を用いた統計的期待値、

具体的には共分散として計算しても同じ結果を与える。例えば (8.6) で定義した自己相関関数は

$$R_{xx}(\tau) = E\big[\, x(t)x(t+\tau)\,\big] \tag{8.110}$$

と表すこともできる。これは平均値がゼロの不規則変動量である $x(t)$ と $x(t+\tau)$ に対する共分散である。

ここでは $x(t)$ を変位として考え、その速度を $\dot{x}(t)$ あるいは $x'(t)$、加速度を $\ddot{x}(t)$ あるいは $x''(t)$ と表すことにする。これらの平均はゼロであると仮定する。このとき、速度の自己相関関数は、(8.17) の結果を使うと

$$R_{\dot{x}\dot{x}}(\tau) = E\big[\, \dot{x}(t)\dot{x}(t+\tau)\,\big] = -R''_{xx}(\tau) \tag{8.111}$$

の関係があり、変位と速度および加速度の相互相関関数は、(8.16) によって

$$R_{x\dot{x}}(\tau) = E\big[\, x(t)\dot{x}(t+\tau)\,\big] = R'_{xx}(\tau) \tag{8.112}$$

$$R_{x\ddot{x}}(\tau) = E\big[\, x(t)\ddot{x}(t+\tau)\,\big] = R''_{xx}(\tau) \tag{8.113}$$

のように表すことができる。また 8.3 節の結果によれば、ウィナー・ヒンチンの関係 (8.30) によって、自己相関関数 $R_{xx}(\tau)$ はパワースペクトル $\Phi_{xx}(\omega)$ を用いて

$$R_{xx}(\tau) = \int_0^\infty \Phi_{xx}(\omega) \cos\omega\tau \, d\omega \tag{8.114}$$

のように表すこともできる。これらの関係式で $\tau=0$ の場合を考えると 2 乗平均値を求めることができるが、ここでは平均値自体がゼロであることを前提としているので、$\tau=0$ の結果は、分散あるいは共分散となる。

そこでまず、(8.110) および (8.114) で $\tau=0$ とすると

$$\begin{aligned}R_{xx}(0) &= E\big[\, x^2(t)\,\big] = \sigma_X^2 \\ &= \int_0^\infty \Phi_{xx}(\omega)\, d\omega = m_0\end{aligned} \tag{8.115}$$

となることがわかる。すなわち、(8.34) で定義したスペクトルの n 次モーメントのうちの 0 次モーメント m_0 は 2 乗平均値であり、ここでは変位の分散 σ_X^2 でもある。

同様にして (8.111) を使うと、

$$\begin{aligned}R_{\dot{x}\dot{x}}(0) &= E\big[\, \dot{x}^2(t)\,\big] \equiv \sigma_{\dot{X}}^2 \\ &= -R''_{xx}(0) = \int_0^\infty \omega^2 \Phi_{xx}(\omega)\, d\omega = m_2\end{aligned} \tag{8.116}$$

であるから $m_2 = \sigma_{\dot{X}}^2$、すなわちスペクトルの 2 次モーメント m_2 は速度の分散 $\sigma_{\dot{X}}^2$ に等しい。また速度の 2 乗平均値を (8.115) と同様に

$$R_{\dot{x}\dot{x}}(0) = E\big[\, \dot{x}^2(t)\,\big] = \int_0^\infty \Phi_{\dot{x}\dot{x}}(\omega)\, d\omega \tag{8.117}$$

のように速度のパワースペクトル $\Phi_{\dot{x}\dot{x}}(\omega)$ で表したとすると、(8.116) より

$$\Phi_{\dot{x}\dot{x}}(\omega) = \omega^2 \Phi_{xx}(\omega) \tag{8.118}$$

の関係にあることが分かる。

次に変位 $x(t)$ と速度 $\dot{x}(t)$ の相関について調べる。自己相関関数 $R_{xx}(\tau)$ は、(8.12) によって τ の偶関数であるから、その微係数 $R'_{xx}(\tau)$ は $\tau=0$ ではゼロ、すなわち $R'_{xx}(0)=0$ である。よって (8.112) より

$$R_{x\dot{x}}(0) = E\bigl[\,x(t)\dot{x}(t)\,\bigr] = R'_{xx}(0) = 0 \tag{8.119}$$

これは、変位と速度の共分散がゼロということであり、このことは (8.106) によれば、変位 $x(t)$ と速度 $\dot{x}(t)$ は独立な確率変数であるということである。

加速度についても同様の結果を導くことができ、それらをまとめると

$$\left.\begin{aligned} E\bigl[\,\ddot{x}^2(t)\,\bigr] &\equiv \sigma_{\ddot{X}}^2 = m_4 \\ E\bigl[\,\dot{x}(t)\ddot{x}(t)\,\bigr] &= 0 \\ E\bigl[\,x(t)\ddot{x}(t)\,\bigr] &= R''_{xx}(0) = -m_2 \end{aligned}\right\} \tag{8.120}$$

であり、加速度のパワースペクトルも (8.118) と同様にして、次のように与えられる。

$$\Phi_{\ddot{x}\ddot{x}}(\omega) = \omega^2 \Phi_{\dot{x}\dot{x}}(\omega) = \omega^4 \Phi_{xx}(\omega) \tag{8.121}$$

8.7 特性関数

確率変数を X とするとき、関数 $e^{i\theta X}$ の期待値

$$E\bigl[\,e^{i\theta X}\,\bigr] \equiv \psi(\theta) = \int_{-\infty}^{\infty} e^{i\theta x} f(x)\,dx \tag{8.122}$$

を確率変数 x の**特性関数** (characteristic function) と呼ぶ。これは $f(x)$ のフーリエ変換（の複素共役）でもあるから、特性関数 $\psi(\theta)$ が求まれば、逆フーリエ変換によって確率密度関数 $f(x)$ が求まることになる。すなわち

$$f(x) = \frac{1}{2\pi} \int_{-\infty}^{\infty} \psi(\theta) e^{-i\theta x}\,d\theta \tag{8.123}$$

である。また特性関数は、指数関数の級数展開式

$$e^{i\theta x} = \sum_{n=0}^{\infty} \frac{(i\theta x)^n}{n!} = 1 + i\theta x + \frac{(i\theta x)^2}{2!} + \cdots \tag{8.124}$$

を (8.122) に代入することによって

$$\psi(\theta) = \sum_{n=0}^{\infty} \frac{(i\theta)^n}{n!} E\bigl[\,X^n\,\bigr] \tag{8.125}$$

のように表されるから、n 次モーメント $E\bigl[\,X^n\,\bigr]$ が分かっていれば、それから特性関数 $\psi(\theta)$ が計算できることになる。また逆に、$\psi(\theta)$ が分かっていれば

$$E\bigl[\,X^n\,\bigr] = \frac{1}{i^n} \left.\frac{d^n \psi(\theta)}{d\theta^n}\right|_{\theta=0} \tag{8.126}$$

によって n 次モーメントを求めることができる。

結合分布をもつ 2 つの確率変数 X と Y に対しても同様の計算が可能であるが、ここでは 1 変数の場合だけにとどめておく。

8.8 正規確率密度関数

最もよく知られている確率密度関数として

$$f(x) = \frac{1}{\sigma\sqrt{2\pi}} e^{-\frac{(x-\mu)^2}{2\sigma^2}} \tag{8.127}$$

について考えよう。これは**正規分布** (normal distribution) あるいは**ガウス分布** (Gaussian distribution) と言われている確率密度関数である。海洋波の瞬時瞬時の振幅は、この正規分布に従うことが知られている。式中に含まれているパラメータ μ と σ は、後で示されるように平均値と分散であり、これらが確率密度関数の中に陽に含まれている。この関数は、$x = \mu$ を軸として左右対称であり、$x = \mu$ で最大値をとる。また σ の値によって、この最大値や左右の拡がりの程度が変わる。

正規分布を用いて n 次モーメントなどの特性値を計算する際、以下に示す積分公式がよく用いられる。

$$\int_{-\infty}^{\infty} e^{-u^2}\, du = \frac{1}{\sqrt{2}} \int_{-\infty}^{\infty} e^{-\frac{z^2}{2}}\, dz = \sqrt{\pi} \tag{8.128}$$

【Note 8.1】積分公式 (8.128) の証明

(8.128) の積分公式は次のように証明できる。まず (8.128) の積分を $\mathcal{I}$ とおいて

$$\mathcal{I}^2 = \int_{-\infty}^{\infty} e^{-x^2}\, dx \int_{-\infty}^{\infty} e^{-y^2}\, dy = \int_{-\infty}^{\infty}\int_{-\infty}^{\infty} e^{-(x^2+y^2)}\, dx\, dy \tag{8.129}$$

を考える。直交座標と極座標の関係 ($x^2 + y^2 = r^2$, $dx\,dy = r\,dr\,d\theta$) を使って式変形すると

$$\mathcal{I}^2 = \int_0^{2\pi}\int_0^{\infty} e^{-r^2} r\, dr\, d\theta = 2\pi \left[-\frac{1}{2}e^{-r^2}\right]_0^{\infty} = \pi \tag{8.130}$$

を得る。$\mathcal{I} > 0$ は明らかであるから、これより $\mathcal{I} = \sqrt{\pi}$ となることが分かる。

例えば、$(x-\mu)/\sigma = z$ とおけば

$$\int_{-\infty}^{\infty} f(x)\, dx = \frac{1}{\sqrt{2\pi}} \int_{-\infty}^{\infty} e^{-\frac{z^2}{2}}\, dz = 1 \tag{8.131}$$

$$E[X] = \int_{-\infty}^{\infty} x f(x)\, dx = \frac{1}{\sqrt{2\pi}} \int_{-\infty}^{\infty} (\mu + \sigma z) e^{-\frac{z^2}{2}}\, dz = \mu \tag{8.132}$$

$$E[(X-\mu)^2] = \int_{-\infty}^{\infty} (x-\mu)^2 f(x)\, dx = \frac{\sigma^2}{\sqrt{2\pi}} \int_{-\infty}^{\infty} z^2 e^{-\frac{z^2}{2}}\, dz = \sigma^2 \tag{8.133}$$

のように計算でき、確かに平均値が μ、分散は σ^2 となっていることが分かる。

$f(x)$ を積分することで得られる確率分布関数は次のように書くことができる。

$$F(x) = \int_{-\infty}^{x} f(\xi)\, d\xi = \frac{1}{\sigma\sqrt{2\pi}} \int_{-\infty}^{x} e^{-\frac{(\xi-\mu)^2}{2\sigma^2}}\, d\xi = \frac{1}{2} + \mathrm{erf}\left(\frac{x-\mu}{\sigma}\right) \tag{8.134}$$

ただし

$$\left.\begin{array}{c} \mathrm{erf}(z) = \dfrac{1}{\sqrt{2\pi}} \displaystyle\int_0^z e^{-\frac{t^2}{2}}\,dt \\ \mathrm{erf}(\infty) = \dfrac{1}{2}, \quad \mathrm{erf}(-z) = \mathrm{erf}(z) \end{array}\right\} \tag{8.135}$$

は**誤差関数** (error function) として知られているものである。

(8.131)〜(8.134) の計算でも用いているように、(8.127) を

$$f(z) = \frac{1}{\sqrt{2\pi}} e^{-\frac{z^2}{2}}, \quad z = \frac{x-\mu}{\sigma} \tag{8.136}$$

のように書き直しておくと計算上都合が良い。これは平均値 $\mu = 0$、分散 $\sigma = 1$ となるように変数変換したもので、(8.136) に示した z を標準化（された）**正規確率変数** (normal random variable)、$f(z)$ を確率変数 z の標準化（された）**正規確率密度関数** (normal probability density function) という。この関数の形を 図8.5 の左側に示している。

次に (8.122) で定義した特性関数を求めてみよう。(8.136) を用いると

$$\begin{aligned} \psi_Z(\theta) &= \int_{-\infty}^{\infty} e^{i\theta z} f(z)\,dz = \frac{1}{\sqrt{2\pi}} \int_{-\infty}^{\infty} e^{i\theta z - \frac{z^2}{2}}\,dz \\ &= e^{-\frac{1}{2}\theta^2} \frac{1}{\sqrt{2\pi}} \int_{-\infty}^{\infty} e^{-\frac{1}{2}(z-i\theta)^2}\,dz = e^{-\frac{1}{2}\theta^2} \end{aligned} \tag{8.137}$$

のように求まる。よって指数関数の級数展開式より

$$\psi_Z(\theta) = \sum_{m=0}^{\infty} \frac{\left(-\frac{1}{2}\theta^2\right)^m}{m!} = \sum_{m=0}^{\infty} \frac{(i\theta)^{2m}}{(2m)!!} \tag{8.138}$$

と表すことができるから、n 次モーメントは (8.126) によって直ちに計算できる。n が奇数のときは全てゼロであり、n が偶数すなわち $n = 2m$ のときには

$$E\left[Z^{2m}\right] = \frac{(2m)!}{(2m)!!} = (2m-1)!! = \frac{2^m}{\sqrt{\pi}}\,\Gamma\!\left(m+\frac{1}{2}\right) \tag{8.139}$$

と求まる。確率変数 X に対する n 次モーメントに戻すには $X - \mu = \sigma Z$ を代入すればよく、

$$E\left[(X-\mu)^{2m}\right] = (2m-1)!!\,\sigma^{2m} \tag{8.140}$$

となる。$m=1$ の場合が (8.133) である。また $m=2$ のときは (8.100) で定義した偏平度に関係しており、$\mu = 0$ で考えれば $\mathcal{F} = E[X^4]/\sigma^4 = 3$ である。

8.9 中心極限定理

n 個の統計的に独立な確率変数 $X_1, X_2, \cdots, X_n$ があったとする。個々の確率分布は分かっておらず、また互いに異なっていてもよい。このとき、個々の確率変数 X_j $(j = 1, 2, \cdots, n)$ の和である確率変数

$$X \equiv X_1 + X_2 + \cdots + X_n = \sum_{j=1}^{n} X_j \tag{8.141}$$

8.9 中心極限定理

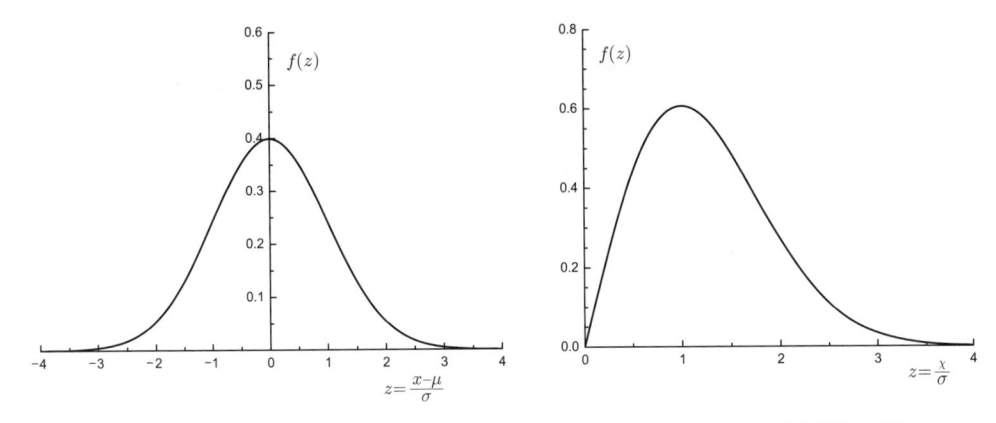

図 8.5 標準化された正規（ガウス）確率密度関数（左）とレイリー確率密度関数（右）

を考える。個々の確率変数 X_j $(j=1,2,\cdots,n)$ は平均値 μ_j、分散 σ_j^2 をもつとすると、(8.141) の平均値と分散は次式となる。

$$E[X] = \mu = \sum_{j=1}^{n} \mu_j, \quad E[(X-\mu)^2] = \sigma^2 = \sum_{j=1}^{n} \sigma_j^2 \tag{8.142}$$

このとき、確率変数 X の確率分布は、$n \to \infty$ のとき、(8.142) で与えられる平均値 μ、分散 σ^2 をもつ正規分布になるということが知られている。これは**中心極限定理** (central limit theorem) と言われている。この証明はやや複雑なので読み飛ばしても良いが、正規分布や特性関数に関係しているので、以下の **Note 8.2** に解説をしておく。

【Note 8.2】中心極限定理の証明

証明を簡単にするために、すべての確率変数 X_j は、各々の平均値がゼロ、分散がすべて等しいと仮定する。（確率分布は必ずしも正規分布である必要はない。）このとき (8.142) より

$$E[X] = \mu = 0, \quad E[X^2] = \sigma^2 = n\sigma_j^2 \tag{8.143}$$

である。確率変数 X の特性関数を考えるために、まず

$$Z = \frac{X}{\sigma} = \frac{1}{\sigma} \sum_{j=1}^{n} X_j \tag{8.144}$$

によって与えられる確率変数 Z を考えると、その特性関数は

$$\psi_Z(\theta) = E[e^{i\theta z}] = E\left[\exp\left(i\frac{\theta}{\sigma}\sum_{j=1}^{n} X_j\right)\right] = \prod_{j=1}^{n} \psi_{X_j}\left(\frac{\theta}{\sigma}\right) \tag{8.145}$$

よって

$$\log \psi_Z(\theta) = \sum_{j=1}^{n} \log \psi_{X_j}\left(\frac{\theta}{\sigma}\right) \tag{8.146}$$

である。確率変数 X_j の特性関数は、(8.125) によれば、$E[X_j] = 0$ であるから

$$\psi_{X_j}\left(\frac{\theta}{\sigma}\right) = 1 - \frac{\theta^2}{2!\,\sigma^2} E[X_j^2] - \frac{i\theta^3}{3!\,\sigma^3} E[X_j^3] + \cdots$$

$$= 1 - \frac{\theta^2}{2n} + O\left(\frac{1}{n^{3/2}}\right) \quad \text{as } n \to \infty \tag{8.147}$$

となる。ただし (8.143) を用いた。

この対数をとって $n \to \infty$ での展開式を考えると

$$\log \psi_{X_j}\left(\frac{\theta}{\sigma}\right) = -\frac{\theta^2}{2n} + O\left(\frac{1}{n^{3/2}}\right) \quad \text{as } n \to \infty \tag{8.148}$$

であるから、$n \to \infty$ での極限では、(8.146) より

$$\lim_{n \to \infty}\left[\log \psi_Z(\theta)\right] = \lim_{n \to \infty}\left[\sum_{j=1}^{n} \log \psi_{X_j}\left(\frac{\theta}{\sigma}\right)\right] = -\frac{\theta^2}{2} \tag{8.149}$$

よって

$$\lim_{n \to \infty} \psi_Z(\theta) = e^{-\frac{\theta^2}{2}} \tag{8.150}$$

となる。これは (8.137) と同じである。したがって、このような特性関数をもつ確率分布は (8.136) に示す標準化正規分布

$$f_Z(z) = \frac{1}{\sqrt{2\pi}} e^{-\frac{z^2}{2}} \tag{8.151}$$

である。(この計算は (8.123) として示した逆フーリエ変換によって求めてもよい。) (8.144) によって確率変数 X に戻すと、$n \to \infty$ のときには

$$f_X(x) = \frac{1}{\sigma\sqrt{2\pi}} e^{-\frac{x^2}{2\sigma^2}} \tag{8.152}$$

となることが分かる。

8.10 複数の確率変数に対する正規確率密度関数

n 個の確率変数 X_j $(j = 1, 2, \cdots, n)$ がそれぞれ正規分布に従っているとすると、これら n 個の確率変数の正規結合確率密度関数は、次のように与えられることが知られている。

$$f(x_1, x_2, \cdots, x_n) = \frac{1}{(2\pi)^{n/2}\sqrt{|\Delta|}} \exp\left\{-\frac{1}{2|\Delta|}\sum_{j=1}^{n}\sum_{k=1}^{n}|\Delta|_{jk}\left(x_j - \overline{x_j}\right)\left(x_k - \overline{x_k}\right)\right\} \tag{8.153}$$

ただし Δ は、分散 $\sigma_{X_j}^2$、共分散 $C_{X_j X_k}$ から成る行列

$$\Delta = \begin{bmatrix} \sigma_{X_1}^2 & C_{X_1 X_2} & \cdots & C_{X_1 X_n} \\ C_{X_2 X_1} & \sigma_{X_2}^2 & \cdots & C_{X_2 X_n} \\ \vdots & \vdots & \ddots & \vdots \\ C_{X_n X_1} & C_{X_n X_2} & \cdots & \sigma_{X_n}^2 \end{bmatrix} \tag{8.154}$$

であり、$|\Delta|$ はその行列式である。また共分散はその定義から明らかなように、対称性

$$C_{X_j X_k} = E\left[\left(X_j - \overline{x_j}\right)\left(X_k - \overline{x_k}\right)\right] = C_{X_k X_j} \quad (j \neq k) \tag{8.155}$$

が成り立っており、$|\Delta|_{jk}$ は行列 Δ の j 行、k 列要素の余因子を表す。

以上の具体例として、まず 2 変数の場合を考え、x_1 として波の変位 $x(t)$、x_2 としてその速度 $\dot{x}(t)$ としよう。これらの平均値はゼロであると仮定すると、8.6.3 節の解説により、$C_{X_1 X_2} = C_{X_2 X_1} = 0$, $\sigma_{X_1}^2 = m_0$, $\sigma_{X_2}^2 = m_2$ である。したがって行列式 $|\Delta|$ は

$$|\Delta| = m_0 m_2 \tag{8.156}$$

8.10 複数の確率変数に対する正規確率密度関数

となるから、(8.153) は次のように表わされる。

$$f(x,\dot{x}) = \frac{1}{2\pi\sqrt{m_0 m_2}} \exp\left\{-\frac{1}{2}\left(\frac{x^2}{m_0} + \frac{\dot{x}^2}{m_2}\right)\right\} \tag{8.157}$$

次に 3 変数の場合を考えよう。加速度を加えて $(x_1, x_2, x_3) = \{x(t), \dot{x}(t), \ddot{x}(t)\}$ としてみる。このときも平均値がゼロと仮定すると、分散、共分散に関しては 8.6.3 節の結果を用いることができて、$\sigma_{X_3}^2 = m_4$, $C_{X_1 X_3} = C_{X_3 X_1} = -m_2$ であるから行列式 $|\Delta|$ は

$$|\Delta| = \begin{vmatrix} m_0 & 0 & -m_2 \\ 0 & m_2 & 0 \\ -m_2 & 0 & m_4 \end{vmatrix} = m_2(m_0 m_4 - m_2^2) \tag{8.158}$$

となる。これを用いて (8.153) を具体的に書くと

$$f(x,\dot{x},\ddot{x}) = \frac{1}{(2\pi)^{3/2}\sqrt{|\Delta|}} \exp\left[-\frac{1}{2|\Delta|}\left\{m_2 m_4 x^2 + (m_0 m_4 - m_2^2)\dot{x}^2 + m_0 m_2 \ddot{x}^2 + 2m_2^2 x\ddot{x}\right\}\right] \tag{8.159}$$

となる。あるいは (8.158) を

$$|\Delta| = m_0 m_2 m_4 \left(1 - \frac{m_2^2}{m_0 m_4}\right) \equiv m_0 m_2 m_4 \varepsilon^2 \tag{8.160}$$

$$\varepsilon^2 \equiv 1 - \frac{m_2^2}{m_0 m_4} \tag{8.161}$$

と表すと、(8.159) は次のように表すこともできる。

$$f(x,\dot{x},\ddot{x}) = \frac{1}{(2\pi)^{3/2}\sqrt{m_0 m_2 m_4 \varepsilon^2}} \exp\left[-\frac{1}{2\varepsilon^2}\left(\frac{x^2}{m_0} + \frac{\varepsilon^2 \dot{x}^2}{m_2} + \frac{\ddot{x}^2}{m_4} + \frac{2m_2}{m_0 m_4}x\ddot{x}\right)\right] \tag{8.162}$$

(8.161) で定義した ε は**帯域幅パラメータ** (band-width parameter) と呼ばれる。共分散と分散の関係式は (8.108) として与えられているが、$X = x(t)$, $Y = \ddot{x}(t)$ として (8.108) を考えると、

$$m_2^2 \leq m_0 m_4 \longrightarrow 0 \leq \varepsilon \leq 1 \tag{8.163}$$

の関係にあることが分かる。

元々、スペクトルの n 次モーメントは、スペクトル形状の特徴を表す値であり、$\varepsilon \to 0$ は**狭帯域スペクトル** (narrow band spectrum) を与える。例えばその極端な例として、$\omega = \omega_0$ にのみ単位インパルスをもつパワースペクトル

$$\Phi_{\zeta\zeta}(\omega) = \Phi_0 \delta(\omega - \omega_0) \tag{8.164}$$

を考えてみよう。ここで $\delta(\omega - \omega_0)$ はディラック (Dirac) のデルタ関数である。

このときの n 次モーメントは

$$m_0 = \Phi_0, \quad m_2 = \omega_0^2 \Phi_0, \quad m_4 = \omega_0^4 \Phi_0 \tag{8.165}$$

であるから

$$\varepsilon^2 = 1 - \frac{m_2^2}{m_0 m_4} = 0$$

となり、$\varepsilon = 0$ であることが確かめられる。

8.11 レイリー確率密度関数

独立な確率変数 $X_1, X_2, \cdots$ と

$$\chi^2 \equiv X_1^2 + X_2^2 + \cdots$$

の関係にある確率変数 χ があり、$X_1, X_2, \cdots$ の各々は正規分布に従っているとする。このとき、確率変数 χ の確率密度関数 $f(\chi)$ を求めることがしばしば必要となる。ここでは簡単のため、2つの独立な確率変数 X_1 と X_2 を考え、その各々が平均値ゼロで、同一の分散 σ^2 をもつ正規分布に従うとする。このとき

$$\chi^2 = X_1^2 + X_2^2 \tag{8.166}$$

で定義される新しい確率変数 χ を考える。

8.11.1 確率密度関数の変換

一般に確率変数 X を $Y = r(X)$ の変換によって新しい確率変数を導入するとき、X と Y が1対1の対応をしているときには、既に (8.144) と (8.152) で用いたように、

$$f_Y(y)\delta y = f_X(x)\delta x \quad \longrightarrow \quad f_Y(y) = \frac{f_X(x)}{\left|\dfrac{dy}{dx}\right|} \tag{8.167}$$

の関係によって Y に関する確率密度関数を求めればよい。ただし (8.167) の分母の絶対値は、$f_Y(y) \geq 0$ を保証するためのものである。

ところが、(8.166) で考えようとしている変換は、1対1の対応ではないので注意が必要である。例えば $Y = X^2$ を考えると、x, y の値域は $-\infty < x < \infty$, $0 < y < \infty$ であるから

$$f_Y(y)\delta y = \bigl\{ f_X(x) + f_X(-x) \bigr\}\delta x \tag{8.168}$$

としなければならない。よって次の関係を得る。

$$f_Y(y) = \frac{f_X(x) + f_X(-x)}{\left|\dfrac{dy}{dx}\right|} = \begin{cases} \dfrac{f_X(\sqrt{y}) + f_X(-\sqrt{y})}{2\sqrt{y}} & \text{for } y > 0 \\ 0 & \text{for } y \leq 0 \end{cases} \tag{8.169}$$

また、確率変数 Y_1 と Y_2 は独立であり、その和

$$Z = Y_1 + Y_2$$

として新しい確率変数 Z を考えるとき、Y_1 と Y_2 の結合確率密度関数は (8.104) のように $f_{Y_1}(y_1)$ と $f_{Y_2}(y_2)$ の積で与えられる。また $y_1 = z - y_2$ であるから、Z と Y_2 の結合確率密度関数は

$$f_{ZY_2}(z, y_2) = f_{Y_1 Y_2}(y_1, y_2) = f_{Y_1}(z - y_2) f_{Y_2}(y_2) \tag{8.170}$$

となる。変数 y_2 は積分によって消去することができ、

$$f_Z(z) = \int_{-\infty}^{\infty} f_{Y_1}(z - y_2) f_{Y_2}(y_2)\, dy_2 \tag{8.171}$$

と書くことができる。Y_1, Y_2 の値域がともに $0 \leq y_1, y_2 < \infty$ である場合には、上式の y_2 に関する積分範囲は $0 \leq y_2 \leq z$ とすることができ、

$$f_Z(z) = \int_0^z f_{Y_1}(z - y_2) f_{Y_2}(y_2) \, dy_2 \tag{8.172}$$

が得られる。Y_1, Y_2 の値は非負であるから、Z の値域も $0 \leq z \leq \infty$ である。

8.11.2 レイリー分布の導出

以上の知識をもとに、(8.166) で定義される確率変数 χ の確率分布を求めてみよう。

$$\chi^2 = Z, \quad X_1^2 = Y_1, \quad X_2^2 = Y_2 \quad \longrightarrow \quad Z = Y_1 + Y_2$$

とおく。前提により X_1, X_2 は正規分布に従っているので

$$f_X(x) = \frac{1}{\sigma\sqrt{2\pi}} e^{-\frac{x^2}{2\sigma^2}} \qquad (-\infty < x < \infty) \tag{8.173}$$

である。$Y = X^2$ の関係にある確率変数の確率密度関数 $f_Y(y)$ は (8.169) によって求められ、結果は次式となる。

$$f_Y(y) = \frac{1}{\sigma\sqrt{2\pi}} \frac{e^{-\frac{y}{2\sigma^2}}}{\sqrt{y}} \qquad (0 \leq y < \infty) \tag{8.174}$$

これを (8.172) に代入して積分を実行すると

$$f_Z(z) = \frac{1}{2\pi\sigma^2} \int_0^z \frac{e^{-\frac{z}{2\sigma^2}}}{\sqrt{(z-y_2)y_2}} \, dy_2 = \frac{1}{2\sigma^2} e^{-\frac{z}{2\sigma^2}} \qquad (0 \leq z < \infty) \tag{8.175}$$

が得られる。ただし次式を用いた。

$$\int_0^z \frac{dy_2}{\sqrt{(z-y_2)y_2}} = \int_{-1}^1 \frac{d\xi}{\sqrt{1-\xi^2}} = \pi$$

最後に、$\chi^2 = Z$ の関係は 1 対 1 の対応であるから (8.167) によって

$$f_\chi(\chi) = \frac{\chi}{\sigma^2} e^{-\frac{\chi^2}{2\sigma^2}} \qquad (0 \leq \chi < \infty) \tag{8.176}$$

を得ることができる。

これが (8.166) で定義される確率変数 χ の確率密度関数であり、**レイリー分布** (Rayleigh distribution) として知られているものである。$z \equiv \chi/\sigma$ を横軸にとり、$f(z) = \sigma f_\chi(\chi)$ の関数形を示したものが図 8.5 の右側である。

8.11.3 レイリー分布の n 次モーメント

n 次モーメントの計算式は

$$E[\chi^n] = \frac{1}{\sigma^2} \int_0^\infty \chi^{n+1} e^{-\frac{\chi^2}{2\sigma^2}} \, d\chi \tag{8.177}$$

である。$\chi^2 = 2\sigma^2 t$ と変数変換すると、次のように表すことができる。

$$E[\chi^n] = 2^{\frac{n}{2}} \sigma^n \int_0^\infty e^{-t} t^{\frac{n}{2}} \, dt = 2^{\frac{n}{2}} \sigma^n \, \Gamma\left(\frac{n}{2} + 1\right) \tag{8.178}$$

ここで $\Gamma(z)$ はガンマ関数であり、(8.68) に示した定義式である。

$$\Gamma(n+1) = n!, \quad \Gamma\left(n+\frac{1}{2}\right) = \frac{(2n-1)!!}{2^n}\sqrt{\pi} \tag{8.179}$$

等の関係があるから、例えば $n = 1, 2, 3$ に対しては

$$\left. \begin{array}{l} E[\chi] = \sqrt{2}\,\sigma\,\Gamma\left(\dfrac{3}{2}\right) = \sqrt{\dfrac{\pi}{2}}\,\sigma \\[2mm] E[\chi^2] = 2\sigma^2\,\Gamma(2) = 2\sigma^2 \\[2mm] E[\chi^3] = 2\sqrt{2}\,\sigma^3\,\Gamma\left(\dfrac{5}{2}\right) = 3\sqrt{\dfrac{\pi}{2}}\,\sigma^3 \end{array} \right\} \tag{8.180}$$

のように求めることができる。

8.12 その他の確率密度関数

8.12.1 ポアソン分布

ランダムに分布している特定の事象の発生回数や、成功数、あるいは到着個数など、離散的な確率変数を X とし、連続時間間隔 $(0, t)$ 内に考えている事象が x 回発生する確率

$$P[X = x; t] = f(x; t) \tag{8.181}$$

を決定するという問題を考えてみよう。ここではその事象として到着個数を考えることにして、以下の状況を前提とする。

a) 到着するかどうかはまったく偶然であり、過去、未来の到着に対して独立である。

b) 単位時間あたりの平均到着個数（すなわち平均到着率）を λ とすると、非常に微小な時間間隔 δt の間に 1 個到着する確率は $\lambda \delta t$ と考えてよい。

c) 時間間隔 $(t, t + \delta t)$ に複数個が同時に到着する確率は、同じ時間間隔内に 1 個到着する確率に比べて無視できるほど小さい。

このとき、$(0, t + \delta t)$ 内に x 個到着する確率は

(1) $(0, t)$ 内に x 個到着し、$(t, t + \delta t)$ 内に到着がない。

(2) $(0, t)$ 内に $(x-1)$ 個到着し、$(t, t + \delta t)$ 内に 1 個到着する。

の和として考えればよい。よって

$$P[X = x; t + \delta t] = P[X = x; t]\,P[X = 0; \delta t] + P[X = x-1; t]\,P[X = 1; \delta t] \tag{8.182}$$

である。b) の条件により

$$P[X = 1; \delta t] = \lambda \delta t, \quad P[X = 0; \delta t] = 1 - \lambda \delta t \tag{8.183}$$

であるから、これを (8.182) に代入して整理すると次式を得る。

$$\frac{P[X = x; t + \delta t] - P[X = x; t]}{\delta t} = -\lambda \left\{ P[X = x; t] - P[X = x-1; t] \right\} \tag{8.184}$$

よって $\delta t \to 0$ の極限を考えると、左辺は時間 t に関する微分となり、次のような確率 $P[X = x; t]$ に関する微分方程式が得られる。

$$\frac{dP[X = x; t]}{dt} + \lambda P[X = x; t] = \lambda P[X = x-1; t] \tag{8.185}$$

この解は $x = 0, 1, 2, \cdots$ と順番に解くことで求められる。そこでまず $x = 0$ を考えると、$P[X = -1; t] = 0$ であるから、初期条件 $P[X = 0; 0] = 1$ を考慮して

$$P[X = 0; t] = e^{-\lambda t} \tag{8.186}$$

を得る。$x = 1$ のときには、初期条件を $P[X = 1; 0] = 0$ と考えて、(8.185)、(8.186) より

$$P[X = 1; t] = (\lambda t)e^{-\lambda t} \tag{8.187}$$

となる。同様な手順で $X = 2, 3, \cdots$ を求めていくと、$X = x$ では

$$P[X = x; t] = \frac{(\lambda t)^x}{x!} e^{-\lambda t} \tag{8.188}$$

が得られる。これが連続時間 $(0, t)$ 内に x 個到着する確率であり、確率密度関数でもある。すなわち

$$f(x; t) = \frac{(\lambda t)^x}{x!} e^{-\lambda t} \tag{8.189}$$

はポアソンの**確率密度関数** (Poisson probability density function) として知られている。

確率分布関数は $X = 0, 1, 2, \cdots, x$ の和であるから、次式で与えられる。

$$P[X \leq x; t] = F(x; t) = \sum_{r=0}^{x} \frac{(\lambda t)^r}{r!} e^{-\lambda t} \tag{8.190}$$

次にポアソン分布の特性関数を求め、(8.126) によって n 次モーメントのいくつかを計算してみよう。確率変数 X は離散的であるから、特性関数は x に関する無限級数和を考え、

$$\psi(\theta) = \sum_{x=0}^{\infty} e^{i\theta x} f(x; t) = e^{-\lambda t} \sum_{x=0}^{\infty} \frac{\{\lambda t \exp(i\theta)\}^x}{x!} = e^{-\lambda t\{1 - \exp(i\theta)\}} \tag{8.191}$$

のように求められる。これより

$$\left. \begin{array}{l} \psi'(\theta) = i\lambda t e^{i\theta} \psi(\theta) \\ \psi''(\theta) = -\lambda t e^{i\theta} \left(1 + \lambda t e^{i\theta}\right) \psi(\theta) \end{array} \right\} \tag{8.192}$$

であるから、(8.126) より次の結果が得られる。

$$\left. \begin{array}{l} E[X] = -i\psi'(0) = \lambda t \quad (\equiv \mu) \\ E[X^2] = -\psi''(0) = \lambda t + (\lambda t)^2 \\ E[(X - \mu)^2] = E[X^2] - \mu^2 = \lambda t \end{array} \right\} \tag{8.193}$$

すなわち、ポアソン分布の平均値、分散はともに λt であることが分かる。

8.12.2 ワイブル分布

前節で求めたポアソン分布において、平均到着率 λ も時間の関数 $\lambda(t)$ である場合には、微分方程式の特解を求める過程で明らかなように、(8.189) において

$$\lambda t \longrightarrow \int_0^t \lambda(\tau) \, d\tau$$

とすればよい。このような場合を前提として考えることにする。時間間隔 $(0, t)$ 内に全く到着がない確率は (8.189) で $x = 0$ とすればよく、したがって逆に $(0, t)$ 内に到着が1回でもある確率は

$$P[T \leq t] = 1 - e^{-\int_0^t \lambda(\tau)\,d\tau} = F_T(t) \tag{8.194}$$

である。これは $t = 0$ では $F_T(0) = 0$、$t \to \infty$ では $F_T(\infty) = 1$ となっており、確率分布関数を表している。

船舶工学に関連した例として、確率変数が波浪曲げモーメントの振幅である場合を考え、その確率変数を X と表すと、それが $X = x$ より小さい値になることが1回でも起こる確率は

$$P[X \leq x] = F_X(x) = 1 - e^{-\int_0^x \lambda(\xi)\,d\xi} \tag{8.195}$$

で与えられる。ここで仮に

$$\int_0^x \lambda(\xi)\,d\xi = \left(\frac{x}{k}\right)^r$$

ならば、確率分布関数 $F_X(x)$ ならびにその微分である確率密度関数 $f_X(x)$ は

$$F_X(x) = 1 - e^{-\left(\frac{x}{k}\right)^r} \tag{8.196}$$

$$f_X(x) = \frac{dF_X(x)}{dx} = \frac{r}{k}\left(\frac{x}{k}\right)^{r-1} e^{-\left(\frac{x}{k}\right)^r} \tag{8.197}$$

のように与えられる。(8.196) は**ワイブル確率分布関数** (Weibull probability distribution function)、(8.197) は**ワイブル確率密度関数** (Weibull probability density function) と呼ばれている。これらの定数パラメータ k と r は実験や理論によって定められる。特に $r = 2$, $k = \sqrt{2}\sigma$ のときには、(8.197) は

$$f_X(x) = \frac{x}{\sigma^2} e^{-\frac{x^2}{2\sigma^2}} \tag{8.198}$$

となるから、ワイブル分布はレイリー分布に等しくなることが分かる。

8.13 海象統計

これまで見てきたように、ある確率過程の確率密度関数が分かっていると、その平均値、分散などの統計的特性値を知ることができるが、確率密度関数によってすべてを記述できるわけではない。例えば、ある時間間隔 $(t_1 \leq t \leq t_2)$ における、確率過程のゼロクロスの分布とか、ピークあるいは極大の分布などについては直接の情報を与えてくれない。本節ではそれらに対する解析法 [8.1]、ならびに波スペクトルの n 次モーメントとの関係について示す。

8.13.1 ゼロアップクロスの期待値と周期

波の変位 $\zeta(t)$ が 図8.6 に示すように、時間 $(t_2 - t_1 = \tau)$ の間にあるレベル ζ_0 を上向きあるいは下向きに横切る回数の期待値について考える。単位ステップ関数 $u(x)$ を用いて、新しい確率過程

$$Y(t) = u\big(\zeta(t) - \zeta_0\big) \tag{8.199}$$

を考えると、単位ステップ関数の性質によって、$Y(t)$ は $\zeta(t) \geq \zeta_0$ のとき 1 で、それ以外はゼロとなる。さらに $Y(t)$ の微分を考えると、(2.44) によってステップ関数の微分はデルタ関数であ

8.13 海象統計

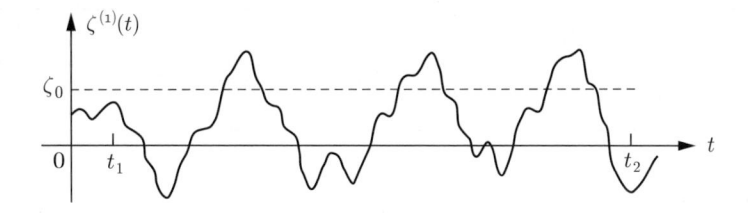

図8.6 計測された不規則波の時系列サンプル

るから、(8.199) より

$$\dot{Y}(t) = \dot{\zeta}(t)\,\delta\bigl(\zeta(t) - \zeta_0\bigr) \tag{8.200}$$

を得る。$\zeta = \zeta_0$ を上向きに横切るときは $\dot{\zeta}(t) > 0$ であり、下向きに横切るときは $\dot{\zeta}(t) < 0$ であるが、両方とも回数にカウントするとすれば、適切な計数汎関数として

$$n(\zeta_0, t) = \bigl|\dot{\zeta}(t)\bigr|\,\delta\bigl(\zeta(t) - \zeta_0\bigr) \tag{8.201}$$

を考えることができる。よって時間間隔 $t_1 \leq t \leq t_2$ の間に ζ_0 を横切る回数は

$$N(\zeta_0, t_1, t_2) = \int_{t_1}^{t_2} \bigl|\dot{\zeta}(t)\bigr|\,\delta\bigl(\zeta(t) - \zeta_0\bigr)\,dt \tag{8.202}$$

と表すことができる。$\zeta(t)$ は正規分布に従う確率過程であるとすると、横切る回数の期待値は、デルタ関数の性質によって

$$\begin{aligned} E\bigl[N(\zeta_0, t_1, t_2)\bigr] &= \int_{t_1}^{t_2}\int_{-\infty}^{\infty}\int_{-\infty}^{\infty} |\dot{\zeta}|\,\delta(\zeta - \zeta_0)\,f(\zeta, \dot{\zeta})\,d\zeta\,d\dot{\zeta}\,dt \\ &= (t_2 - t_1)\int_{-\infty}^{\infty} |\dot{\zeta}|\,f(\zeta_0, \dot{\zeta})\,d\dot{\zeta} \end{aligned} \tag{8.203}$$

となる。ここで $\zeta(t), \dot{\zeta}(t)$ は平均値ゼロの正規確率過程としているから、両者の結合確率密度関数は、(8.157) により

$$f(\zeta, \dot{\zeta}) = \frac{1}{2\pi\sqrt{m_0 m_2}} \exp\left\{ -\frac{1}{2}\left(\frac{\zeta^2}{m_0} + \frac{\dot{\zeta}^2}{m_2}\right)\right\} \tag{8.204}$$

で与えられる。

レベル ζ_0 を下から上へ横切る、いわゆるアップクロスだけの回数の単位時間あたりの期待値は、(8.203) を $(t_2 - t_1)$ で割り、さらにその半分であるから

$$\begin{aligned} E\bigl[N_+(\zeta_0)\bigr] &= \frac{E\bigl[N(\zeta_0, t_1, t_2)\bigr]}{2(t_2 - t_1)} = \frac{1}{2}\int_{-\infty}^{\infty} |\dot{\zeta}|\,f(\zeta_0, \dot{\zeta})\,d\dot{\zeta} \\ &= \frac{1}{2\pi\sqrt{m_0 m_2}} e^{-\frac{\zeta_0^2}{2m_0}} \int_0^{\infty} \dot{\zeta} e^{-\frac{\dot{\zeta}^2}{2m_2}}\,d\dot{\zeta} = \frac{1}{2\pi}\sqrt{\frac{m_2}{m_0}}\,e^{-\frac{\zeta_0^2}{2m_0}} \end{aligned} \tag{8.205}$$

のように求められる。もし横切るレベルが $\zeta_0 = 0$ であるなら、(8.205) に $\zeta_0 = 0$ を代入することによってゼロアップクロスの単位時間あたりの回数、すなわち周波数が求められる。周期はその逆数であるから、**ゼロアップクロスの周期** (period of zero-upcrossing) は次式で与えられることが分かる。

$$T_2 = 2\pi \sqrt{\frac{m_0}{m_2}} \tag{8.206}$$

8.13.2 極値間周期

確率過程 $\zeta(t)$ におけるピークすなわち極大値が現れる条件は、確率過程 $\dot{\zeta}(t)$ がゼロであり、確率過程 $\ddot{\zeta}(t)$ が負であることである。このことは、$\zeta(t)$ の極値分布に関する情報は、$\zeta(t)$, $\dot{\zeta}(t)$, $\ddot{\zeta}(t)$ の結合確率密度関数から得られることを示唆している。

このことから、$\zeta = \zeta_0$ より大なる極大値の個数を調べるためには、$\zeta(t) \geq \zeta_0$, $\dot{\zeta}(t) = 0$, $\ddot{\zeta}(t) \leq 0$ の条件を満たす回数をカウントすればよいから、そのような計数汎関数は

$$n(\zeta_0, t_1, t_2) = -\ddot{\zeta}(t)\,\delta\bigl(\dot{\zeta}(t)\bigr) u\bigl(\zeta(t) - \zeta_0\bigr) \tag{8.207}$$

で与えられる。これより、時間間隔 $t_2 - t_1 = \tau$ における極大値の総数は

$$N(\zeta_0, t_1, t_2) = -\int_{t_1}^{t_2} \ddot{\zeta}(t)\,\delta\bigl(\dot{\zeta}(t)\bigr) u\bigl(\zeta(t) - \zeta_0\bigr) dt \tag{8.208}$$

であるから、平均値ゼロの正規確率過程 $\zeta(t)$ に対して、ζ_0 より大きい極大値の個数の期待値は、単位時間当たりで考えるならば

$$\begin{aligned}E\bigl[\,N(\zeta_0, 0)\,\bigr] &= -\int_{-\infty}^{\infty}\int_{-\infty}^{\infty}\int_{-\infty}^{\infty} \ddot{\zeta}\,\delta(\dot{\zeta})\,u(\zeta - \zeta_0)\,f(\zeta, \dot{\zeta}, \ddot{\zeta})\,d\zeta\,d\dot{\zeta}\,d\ddot{\zeta} \\ &= -\int_{\zeta_0}^{\infty} d\zeta \int_{-\infty}^{0} \ddot{\zeta}\,f(\zeta, 0, \ddot{\zeta})\,d\ddot{\zeta}\end{aligned} \tag{8.209}$$

によって計算することができる。

ここで ζ, $\dot{\zeta}$, $\ddot{\zeta}$ の正規結合確率密度関数 $f(\zeta, \dot{\zeta}, \ddot{\zeta})$ は (8.159) で与えられており、$\dot{\zeta} = 0$ の場合には次式となる。

$$f(\zeta, 0, \ddot{\zeta}) = \frac{1}{(2\pi)^{3/2}\sqrt{|\Delta|}} \exp\left\{-\frac{1}{2|\Delta|}\left(m_2 m_4 \zeta^2 + m_0 m_2 \ddot{\zeta}^2 + 2m_2^2 \zeta\ddot{\zeta}\right)\right\} \tag{8.210}$$

ここで $|\Delta| = m_2\left(m_0 m_4 - m_2^2\right) = m_0 m_2 m_4 \varepsilon^2$ と表され、ε は (8.161) で与えられる帯域幅パラメータである。まず (8.209) において $\zeta_0 \to -\infty$ として、大きさに無関係な全ての極大値の数の単位時間あたりの期待値を求めてみると

$$\begin{aligned}E\bigl[\,N(-\infty, 0)\,\bigr] &= -\int_{-\infty}^{0} \ddot{\zeta}\left\{\int_{-\infty}^{\infty} f(\zeta, 0, \ddot{\zeta})\,d\zeta\right\} d\ddot{\zeta} \\ &= -\frac{1}{2\pi\sqrt{m_2 m_4}}\int_{-\infty}^{0} \ddot{\zeta}\,e^{-\frac{\ddot{\zeta}^2}{2m_4}}\,d\ddot{\zeta} = \frac{1}{2\pi}\sqrt{\frac{m_4}{m_2}}\end{aligned} \tag{8.211}$$

のようになる。これは周波数であるから、**極値間周期（ピーク間周期）**(peak-to-peak period) は、次式で与えられることが分かる。

$$T_m = 2\pi \sqrt{\frac{m_2}{m_4}} \tag{8.212}$$

8.13.3 極大値の確率密度関数

前節の結果から、$(x, x+\delta x)$ の範囲にある極大値の数の単位時間あたりの期待値は、

$$E[N(x,0)] = -\int_{x}^{x+\delta x} d\zeta \int_{-\infty}^{0} \ddot{\zeta} f(\zeta, 0, \ddot{\zeta}) d\ddot{\zeta} = -\delta x \int_{-\infty}^{0} \ddot{\zeta} f(x, 0, \ddot{\zeta}) d\ddot{\zeta} \quad (8.213)$$

によって計算することができる。この式と (8.211) で求めた $E[N(-\infty, 0)]$ の比を考えれば、極大値が $(x, x+\delta x)$ の範囲に入る確率を求めることができるから、

$$P[\,x < 極大値 < x+\delta x\,] = \frac{E[N(x,0)]}{E[N(-\infty, 0)]} = f_X(x)\delta x \quad (8.214)$$

と表すことができる。これから極大値分布を表す確率過程 $X(t)$ の確率密度関数 $f_X(x)$ が求められる。(8.212)、(8.213) を代入すると

$$\begin{aligned}
f_X(x) &= -2\pi\sqrt{\frac{m_2}{m_4}} \int_{-\infty}^{0} \ddot{\zeta} f(x, 0, \ddot{\zeta}) d\ddot{\zeta} \\
&= -\frac{1}{\sqrt{2\pi m_0}(m_4\varepsilon)} e^{-\frac{x^2}{2m_0}} \int_{-\infty}^{0} \ddot{\zeta} e^{-\frac{1}{2m_4\varepsilon^2}\left(\ddot{\zeta}+\frac{m_2}{m_0}x\right)^2} d\ddot{\zeta} \\
&= \frac{\varepsilon}{\sqrt{2\pi m_0}} e^{-\frac{x^2}{2m_0\varepsilon^2}} + \frac{\sqrt{1-\varepsilon^2}}{m_0} x e^{-\frac{x^2}{2m_0}} \frac{1}{\sqrt{2\pi}} \int_{-\infty}^{\frac{x}{\varepsilon}\sqrt{\frac{1-\varepsilon^2}{m_0}}} e^{-\frac{z^2}{2}} dz \\
&= \frac{\varepsilon}{\sqrt{2\pi m_0}} e^{-\frac{x^2}{2m_0\varepsilon^2}} + \frac{\sqrt{1-\varepsilon^2}}{m_0} x e^{-\frac{x^2}{2m_0}} \left\{\frac{1}{2} + \text{erf}\left(\frac{x}{\varepsilon}\sqrt{\frac{1-\varepsilon^2}{m_0}}\right)\right\}
\end{aligned} \quad (8.215)$$

のように表すことができる。ここで $\text{erf}(z)$ は (8.135) で定義された誤差関数である。ε は (8.161) で与えられる帯域幅パラメータであり、$\varepsilon \to 0$ のときは狭帯域スペクトルに対応する。$\varepsilon \to 0$ の場合には、(8.215) において $\text{erf}(\infty) = 1/2$ であるから

$$f_X(x) = \frac{x}{m_0} e^{-\frac{x^2}{2m_0}} \quad (8.216)$$

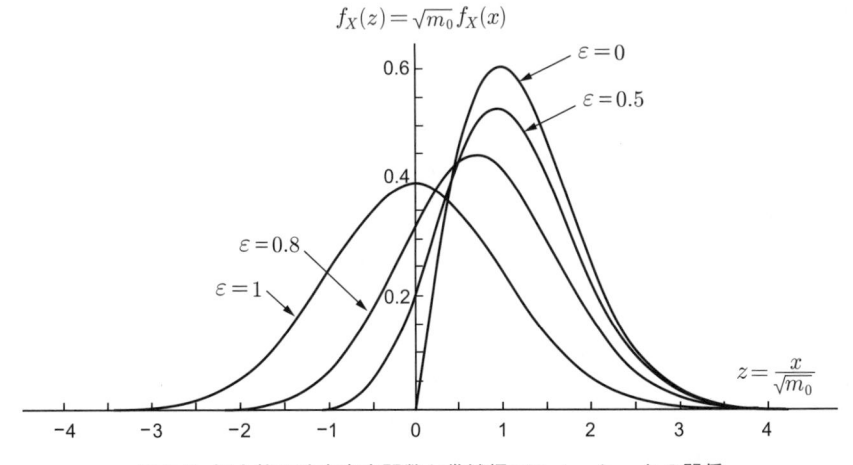

図 **8.7** 極大値の確率密度関数と帯域幅パラメータ ε との関係

となる。これは $0 \leq x \leq \infty$ に対する極大値 x の確率密度関数を与えるが、この分布形状はレイリー分布に他ならない。

一方 $\varepsilon \to 1$ の極限では広帯域スペクトルに対応するが、このときの極大値 x の確率密度関数は、$-\infty < x < \infty$ に対して

$$f_X(x) = \frac{1}{\sqrt{2\pi m_0}} e^{-\frac{x^2}{2m_0}} \tag{8.217}$$

となる。これは正規分布 (ガウス分布) である。これらの極限を含む幾つかの異なる ε の値に対する確率密度関数の形を 図8.7 に示している。

8.13.4　$1/n$ 最大波高

観測波形の最大波高を高い順に並べ換えて、高い方から全体の $1/n$ の波高を選び、その平均値をとったものを **$1/n$ 最大波高** (highest one-nth wave height) と呼ぶ。特に $n = 3$ のときの波高を $H_{1/3}$ と表し、これを**有義波高** (significant wave height) という。以下の解析では、極大値の確率密度関数として、前節で求めた $\varepsilon \to 0$ の狭帯域スペクトルに対応するレイリー分布 (8.216) を用いることにする。

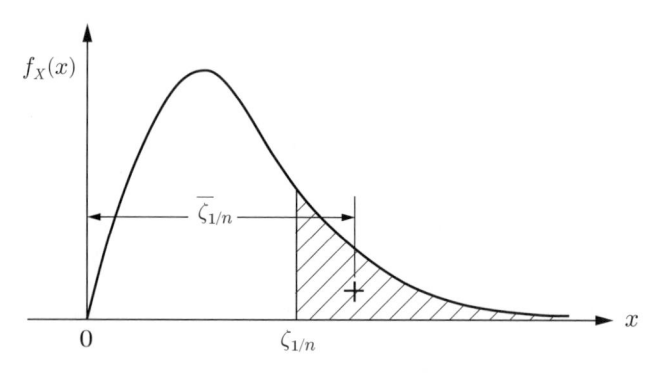

図8.8　最大観測波の $1/n$ 平均 $\overline{\zeta}_{1/n}$ の定義

(8.216) における x は、確率過程である観測波の振幅の極大値を表している。よってその $1/n$ 平均値 $\overline{\zeta}_{1/n}$ とは 図8.8 の斜線部の面積中心における x の値である。この斜線部の面積は $1/n$ であるから

$$P[X > \zeta_{1/n}] = \frac{1}{n} = \int_{\zeta_{1/n}}^{\infty} f_X(x)\,dx = e^{-\frac{\zeta_{1/n}^2}{2m_0}} \tag{8.218}$$

の関係が得られ、これより、

$$\zeta_{1/n} = \sqrt{2m_0 \log_e n} \tag{8.219}$$

を得る。次に 図8.8 の $\overline{\zeta}_{1/n}$ の値は、

$$\overline{\zeta}_{1/n} = \frac{\displaystyle\int_{\zeta_{1/n}}^{\infty} x f_X(x)\,dx}{\displaystyle\int_{\zeta_{1/n}}^{\infty} f_X(x)\,dx} = n \int_{\zeta_{1/n}}^{\infty} \frac{x^2}{m_0} e^{-\frac{x^2}{2m_0}}\,dx \tag{8.220}$$

によって求められるから、この積分を実行して、$\zeta_{1/n}$ には (8.219) を代入すると、次の結果を得ることができる。

$$\overline{\zeta}_{1/n} = \sqrt{2m_0}\left[\sqrt{\log_e n} + n\sqrt{\pi}\left\{\frac{1}{2} - \mathrm{erf}\left(\sqrt{2\log_e n}\right)\right\}\right] \tag{8.221}$$

ただし erf(z) は (8.135) で定義した誤差関数である。この式によって計算した n の値に対する $\overline{\zeta}_{1/n}/\sqrt{m_0}$ の結果を表8.3 に示している。波高は波振幅の 2 倍であるから、表8.3 より $1/n$ 最大波高に関して以下に示すような計算式が得られる。

$$\left.\begin{array}{ll}\text{平均波高} & H = 2.506\sqrt{m_0} \\ \text{有義波高} & H_{1/3} = 4.004\sqrt{m_0} \\ 1/10\text{ 最大波高} & H_{1/10} = 5.092\sqrt{m_0}\end{array}\right\} \tag{8.222}$$

表8.3 狭帯域スペクトル ($\varepsilon = 0$) での $1/n$ 最大波振幅の期待値

n	$\overline{\zeta}_{1/n}/\sqrt{m_0}$
1	1.253
2	1.776
3	2.002
5	2.250
10	2.546
100	3.336

8.13.5 最大波高の期待値

ある時間間隔に N 個の波 (極大値) が存在しているとし、その最大波振幅の期待値 $\overline{\zeta}_m$ を求めることにする。気象海象の巨視的条件が同じ多数 (例えば m 個) の標本海域を用意し、それぞれの海域で N 個の波のうちの最大波を求め、それらのアンサンブル平均をした値が最大波高の期待値 $\overline{\zeta}_m$ である。

これは前節での $\overline{\zeta}_{1/N}$ とは少し意味が異なっている。$n = N$ とした $\overline{\zeta}_{1/N}$ は、用意された m 個の海域で得られた N 個の波記録をすべてまとめて得られる mN 個の大きなサンプルに対して、波高の高い方から $1/N$ を選んでその平均をとったものである。したがって、一般には $\overline{\zeta}_{1/N} \geq \overline{\zeta}_m$ となっているはずである。

前節の結果から、ある 1 個の波振幅が、与えられた $\zeta_{1/n}$ を越える確率は

$$P\left[X > \zeta_{1/n}\right] = e^{-\frac{\zeta_{1/n}^2}{2m_0}} \equiv g\left(\zeta_{1/n}\right) \tag{8.223}$$

である。N 個の独立な波が全て $\zeta_{1/n}$ より小さい確率は次式となる。

$$P\left[X \leq \zeta_{1/n}\right] \equiv F_X\left(\zeta_{1/n}\right) = \left\{1 - g\left(\zeta_{1/n}\right)\right\}^N \tag{8.224}$$

最大波振幅 ζ_m が $\left(\zeta_{1/n}, \zeta_{1/n} + \delta\zeta_{1/n}\right)$ の間にある確率は、

$$P\left[\zeta_{1/n} < \zeta_m < \zeta_{1/n} + \delta\zeta_{1/n}\right] \equiv f_{\zeta_m}\left(\zeta_{1/n}\right)\delta\zeta_{1/n}$$
$$= P\left[\zeta_m < \zeta_{1/n} + \delta\zeta_{1/n}\right] - P\left[\zeta_m < \zeta_{1/n}\right]$$
$$= F_X\left(\zeta_{1/n} + \delta\zeta_{1/n}\right) - F_X\left(\zeta_{1/n}\right) \tag{8.225}$$

である。そこで以後 $\zeta_{1/n} = x$ と表して、確率密度関数 $f_{\zeta_m}(x)$ を求めると

$$f_{\zeta_m}(x) = \frac{dF_x(x)}{dx} = \frac{d}{dx}\left\{1 - e^{-\frac{x^2}{2m_0}}\right\}^N = N\left\{1 - e^{-\frac{x^2}{2m_0}}\right\}^{N-1}\frac{x}{m_0}e^{-\frac{x^2}{2m_0}} \tag{8.226}$$

を得る。したがって最大波振幅の期待値は

$$E\left[\zeta_m\right] \equiv \overline{\zeta}_m = \int_0^\infty x f_{\zeta_m}(x)\,dx$$
$$= \frac{N}{m_0}\int_0^\infty x^2 e^{-\frac{x^2}{2m_0}}\left\{1 - e^{-\frac{x^2}{2m_0}}\right\}^{N-1} dx$$
$$= N\sqrt{2m_0}\int_0^\infty \sqrt{u}e^{-u}\left(1 - e^{-u}\right)^{N-1} du \tag{8.227}$$

によって計算することができる。$\left(1 - e^{-u}\right)^{N-1}$ を級数展開し、次の積分公式

$$\int_0^\infty \sqrt{u}e^{-nu}\,du = \frac{1}{n\sqrt{n}}\int_0^\infty e^{-t}\sqrt{t}\,dt = \frac{1}{n\sqrt{n}}\Gamma\left(\frac{3}{2}\right) = \frac{1}{2n}\sqrt{\frac{\pi}{n}} \tag{8.228}$$

を用いると次の結果を得る。

$$\overline{\zeta}_m = \sqrt{m_0}\sqrt{\frac{\pi}{2}}\left[N - \frac{N(N-1)}{2!\sqrt{2}} + \frac{N(N-1)(N-2)}{3!\sqrt{3}} - + \cdots\right] \tag{8.229}$$

この式で $N = 2, 3$ の値を計算してみると、表8.4 の左側に示した値となる。表8.3 の値と比べると、確かに $\overline{\zeta}_m \leq \overline{\zeta}_{1/N}$ となっていることが分かる。

N が大きな値に対しては、ロンジェットヒギンズ (Longuet-Higgins) [8.5] によって以下の漸近表示が導かれている。

$$\overline{\zeta}_m = \sqrt{2m_0}\left\{\sqrt{\log_e N} + \frac{0.2886}{\sqrt{\log_e N}}\right\} \tag{8.230}$$

この式の第1項は $N \gg 1$ のときに確率密度関数 (8.226) が最大となるときの x の値である。(8.230) によって求められた $\overline{\zeta}_m$ の値は表8.4 の右側に示している。

表8.4　N 波中の最大波振幅の期待値

N	$\overline{\zeta}_m/\sqrt{m_0}$	N	$\overline{\zeta}_m/\sqrt{m_0}$
1	1.253	100	3.225
2	1.620	500	3.689
3	1.825	1000	3.872
5	2.068	5000	4.267
10	2.370	10000	4.426

8.14 線形システムの応答

8.14.1 確率過程の入出力関係

線形システムにおける入力 $x(t)$ と出力 $y(t)$ の関係は、既に 2.6 節で示したように、考えている線形システムのインパルス応答 $h(t)$ を用いて

$$y(t) = \int_{-\infty}^{\infty} x(\tau) h(t-\tau) d\tau = \int_{-\infty}^{\infty} x(t-\tau) h(\tau) d\tau \tag{8.231}$$

と表すことができる。入力 $x(t)$ が不規則変動の確率過程であれば、出力 $y(t)$ も確率過程になる。また入力の確率過程がエルゴード的であれば、出力の確率過程もエルゴード的であるが、そのことを以下に示しておこう。

まず出力 $y(t)$ の期待値を求めると、(8.231) より

$$E[y(t)] = E\left[\int_{-\infty}^{\infty} h(\tau) x(t-\tau) d\tau\right] = \int_{-\infty}^{\infty} h(\tau) E[x(t-\tau)] d\tau$$

であるが、入力 $x(t)$ がエルゴード的ならば、その期待値は時間差 τ によらないから

$$E[y(t)] = \int_{-\infty}^{\infty} h(\tau) d\tau \, E[x(t)] = H(0) E[x(t)] \tag{8.232}$$

と表すことができる。ただし

$$H(\omega) = \int_{-\infty}^{\infty} h(\tau) e^{-i\omega\tau} d\tau \tag{8.233}$$

はインパルス応答のフーリエ変換であり、システム関数あるいは周波数応答関数と言われるものである。

次に、出力の期待値を求める代わりに、時間平均を考えてみる。$y(t)$ の時間平均を $\langle y(t) \rangle$ と表すと、(8.231) を用いて

$$\langle y(t) \rangle = \lim_{T \to \infty} \frac{1}{T} \int_{-T/2}^{T/2} y(t) dt$$
$$= \left\langle \int_{-\infty}^{\infty} h(\tau) x(t-\tau) d\tau \right\rangle = \int_{-\infty}^{\infty} h(\tau) \langle x(t-\tau) \rangle d\tau$$

であるが、$T \to \infty$ を考えるので $\langle x(t-\tau) \rangle = \langle x(t) \rangle$ となり、したがって

$$\langle y(t) \rangle = \int_{-\infty}^{\infty} h(\tau) d\tau \langle x(t) \rangle = H(0) \langle x(t) \rangle \tag{8.234}$$

である。入力 $x(t)$ がエルゴード的、すなわち $E[x(t)] = \langle x(t) \rangle$ ならば、(8.232) と (8.234) から $E[y(t)] = \langle y(t) \rangle$ となり、これは出力もエルゴード的であることを示している。

8.14.2 相関関数による入出力関係

(8.231) を使って、まず入力と出力の相互相関関数を求めてみよう。

$$\left.\begin{aligned} y(t) &= \int_{-\infty}^{\infty} h(\xi) x(t-\xi) d\xi \\ y(t+\tau) &= \int_{-\infty}^{\infty} h(\eta) x(t+\tau-\eta) d\eta \end{aligned}\right\} \tag{8.235}$$

と表されるから、時間平均によって考えてみると

$$R_{xy}(\tau) = \lim_{T\to\infty} \frac{1}{T} \int_{-T/2}^{T/2} x(t) \int_{-\infty}^{\infty} h(\eta) \, x(t+\tau-\eta) \, d\eta dt$$

$$= \int_{-\infty}^{\infty} h(\eta) \left\{ \lim_{T\to\infty} \frac{1}{T} \int_{-T/2}^{T/2} x(t) \, x(t+\tau-\eta) \, dt \right\} d\eta$$

$$= \int_{-\infty}^{\infty} h(\eta) \, R_{xx}(\tau-\eta) \, d\eta \qquad (8.236)$$

となる。すなわち、入力の自己相関関数 $R_{xx}(\tau)$ とインパルス応答 $h(\tau)$ のたたみ込み積分によって、入力と出力の相互相関関数が与えられる。

次に出力の自己相関関数 $R_{yy}(\tau)$ を考えてみると、(8.235) を使って

$$R_{yy}(\tau) = \lim_{T\to\infty} \frac{1}{T} \int_{-T/2}^{T/2} y(t) \, y(t+\tau) \, dt$$

$$= \int_{-\infty}^{\infty} \int_{-\infty}^{\infty} h(\xi) h(\eta) \left\{ \lim_{T\to\infty} \frac{1}{T} \int_{-T/2}^{T/2} x(t-\xi) \, x(t+\tau-\eta) \, dt \right\} d\xi d\eta$$

$$= \int_{-\infty}^{\infty} \int_{-\infty}^{\infty} h(\xi) h(\eta) \, R_{xx}(\tau+\xi-\eta) \, d\xi d\eta \qquad (8.237)$$

の関係が得られる。

8.14.3 パワースペクトルによる入出力関係

上で求めた $R_{xy}(\tau)$, $R_{yy}(\tau)$ に対する (8.236)、(8.237) のフーリエ変換を求めてみよう。これらの左辺が

$$\mathcal{F}\left[R_{xy}(\tau)\right] = S_{xy}(\omega), \quad \mathcal{F}\left[R_{yy}(\tau)\right] = S_{yy}(\omega) \qquad (8.238)$$

のように、それぞれクロススペクトル $S_{xy}(\omega)$、パワースペクトル $S_{yy}(\omega)$ となることは既に 8.3 節で示された。たたみ込み積分のフーリエ変換については、(2.71) で示したように、それぞれのフーリエ変換の積となる。すなわち、(8.236) に対しては

$$S_{xy}(\omega) = H(\omega) \, S_{xx}(\omega) \qquad (8.239)$$

である。これよりシステム関数が

$$H(\omega) = \frac{S_{xy}(\omega)}{S_{xx}(\omega)} = \frac{|S_{xy}(\omega)|}{S_{xx}(\omega)} e^{-i\theta_{xy}(\omega)} \qquad (8.240)$$

として計算できることを示している。ここで $\theta_{xy}(\omega)$ は (8.46) で定義されたクロススペクトルの位相である。

次に (8.237) のフーリエ変換を求めてみると、

$$S_{yy}(\omega) = \int_{-\infty}^{\infty} R_{yy}(\tau) e^{-i\omega\tau} \, d\tau$$

$$= \int_{-\infty}^{\infty} h(\xi) e^{i\omega\xi} d\xi \int_{-\infty}^{\infty} h(\eta) e^{-i\omega\eta} d\eta \int_{-\infty}^{\infty} R_{xx}(\tau+\xi-\eta) e^{-i\omega(\tau+\xi-\eta)} d\tau$$

$$= H^*(\omega) \, H(\omega) \, S_{xx}(\omega) = |H(\omega)|^2 S_{xx}(\omega)$$

すなわち
$$S_{yy}(\omega) = \left| H(\omega) \right|^2 S_{xx}(\omega) \tag{8.241}$$

を得ることができる。これによって出力のパワースペクトルは、システム関数 (周波数応答関数) と入力のパワースペクトルとから求めることができることが分かる。

8.14.4 多入力多出力の関係

風波浪による船体の応答は、多入力多出力の線形システムである。その場合の前節までの結果に対応する式を求めておこう。

まず入力は m 個、それによる出力が n 個ある線形システム、すなわち

$$\boldsymbol{x}(t) = \left\{ \begin{array}{c} x_1(t) \\ x_2(t) \\ \vdots \\ x_m(t) \end{array} \right\}, \quad \boldsymbol{y}(t) = \left\{ \begin{array}{c} y_1(t) \\ y_2(t) \\ \vdots \\ y_n(t) \end{array} \right\} \tag{8.242}$$

を考える。これらに対応するインパルス応答 $\boldsymbol{h}(t)$ は n 行 m 列の行列となり、入力ベクトル $\boldsymbol{x}(t)$ と出力ベクトル $\boldsymbol{y}(t)$ の関係は

$$\boldsymbol{y}(t) = \int_{-\infty}^{\infty} \boldsymbol{h}(\xi)\, \boldsymbol{x}(t-\xi)\, d\xi \tag{8.243}$$

のように表すことができる。

入力、出力の相関関数も行列で表されることになり、それらを

$$\left. \begin{array}{l} \boldsymbol{R}_{xx}(\tau) = \left\langle \boldsymbol{x}(t)\, \boldsymbol{x}^T(t+\tau) \right\rangle \\ \boldsymbol{R}_{xy}(\tau) = \left\langle \boldsymbol{x}(t)\, \boldsymbol{y}^T(t+\tau) \right\rangle \\ \boldsymbol{R}_{yy}(\tau) = \left\langle \boldsymbol{y}(t)\, \boldsymbol{y}^T(t+\tau) \right\rangle \end{array} \right\} \tag{8.244}$$

と表すと、$\boldsymbol{R}_{xx}(\tau)$ は $m \times m$ の正方行列、$\boldsymbol{R}_{yy}(\tau)$ は $n \times n$ の正方行列、また $\boldsymbol{R}_{xy}(\tau)$ は $m \times n$ の行列である。ここで $\boldsymbol{x}^T$ は転置行列を表す。

これらに (8.243) を代入して式変形すると次の結果が得られる。

$$\boldsymbol{R}_{xy}(\tau) = \int_{-\infty}^{\infty} \boldsymbol{R}_{xx}(\tau - \eta)\, \boldsymbol{h}^T(\eta)\, d\eta \tag{8.245}$$

$$\boldsymbol{R}_{yy}(\tau) = \int_{-\infty}^{\infty} \boldsymbol{h}(\xi) \int_{-\infty}^{\infty} \boldsymbol{R}_{xx}(\tau + \xi - \eta)\, \boldsymbol{h}^T(\eta)\, d\eta d\xi \tag{8.246}$$

これらをさらにフーリエ変換すると、まず (8.245) に対して

$$\begin{aligned} \boldsymbol{S}_{xy}(\omega) &= \int_{-\infty}^{\infty} \boldsymbol{R}_{xy}(\tau)\, e^{-i\omega\tau}\, d\tau \\ &= \int_{-\infty}^{\infty} \boldsymbol{R}_{xx}(\tau - \eta)\, e^{-i\omega(\tau-\eta)}\, d\tau \int_{-\infty}^{\infty} \boldsymbol{h}^T(\eta)\, e^{-i\omega\eta}\, d\eta \\ &= \boldsymbol{S}_{xx}(\omega)\, \boldsymbol{H}^T(\omega) \end{aligned} \tag{8.247}$$

が得られる。これからシステム関数行列 $\boldsymbol{H}(\omega)$ を求めるためには、$\boldsymbol{S}_{xx}(\omega)$ の逆行列 $\boldsymbol{S}_{xx}^{-1}(\omega)$ を左から掛けて、さらに転置行列を求めればよいから、次式を得る。

$$\boldsymbol{H}(\omega) = \left[\boldsymbol{S}_{xx}^{-1}(\omega)\, \boldsymbol{S}_{xy}(\omega) \right]^T \tag{8.248}$$

同様にして (8.246) のフーリエ変換を求めると、

$$\boldsymbol{S}_{yy}(\omega) = \boldsymbol{H}^*(\omega)\,\boldsymbol{S}_{xx}(\omega)\,\boldsymbol{H}^T(\omega) \tag{8.249}$$

を得る。ここで $\boldsymbol{H}^*(\omega)$ は $\boldsymbol{H}(\omega)$ の複素共役である。

8.14.5 不規則波中での横揺れ等価減衰係数

既に 7.4 節で述べたように、横揺れの運動方程式においては、粘性に起因する非線形の減衰係数を考慮することが実用上不可欠となる。これは不規則波中での横揺れ運動の解析でも同じである。そこで、規則波中での運動方程式と同様に次式を考えよう。

$$\ddot{\phi} + 2\gamma\omega_0\dot{\phi} + \beta\left|\dot{\phi}\right|\dot{\phi} + \omega_0^2\phi = F_4^W(t) \tag{8.250}$$

この式における減衰力項を

$$2\gamma\omega_0\dot{\phi} + \beta\left|\dot{\phi}\right|\dot{\phi} \equiv N(\dot{\phi}) = 2\gamma_e\omega_0\dot{\phi} \tag{8.251}$$

と表すことができるとすれば、(8.251) における γ_e を**等価線形減衰係数** (equivalent linear damping coefficient) と呼び、このような近似を行うことを**等価線形化** (equivalent linearization) という。

規則波中では、振幅 ϕ_A、固有円周波数 ω_0 での周期的な横揺れ運動 $\phi(t) = \phi_A\cos\omega_0 t$ をしている場合を考え、1 周期間に減衰力が散逸するエネルギーを (8.251) の両辺で等置する方法が一般的である。この方法によれば

$$2\gamma\omega_0\int_0^T \dot{\phi}^2\,dt + \beta\int_0^T\left|\dot{\phi}\right|\dot{\phi}^2\,dt = 2\gamma_e\omega_0\int_0^T \dot{\phi}^2\,dt \tag{8.252}$$

$$\int_0^T \dot{\phi}^2\,dt = \pi\omega_0\phi_A^2\,,\quad \int_0^T\left|\dot{\phi}\right|\dot{\phi}^2\,dt = \frac{8}{3}\omega_0^2\phi_A^3 \tag{8.253}$$

であるから

$$2\gamma + \beta\frac{8}{3\pi}\phi_A = 2\gamma_e \quad\longrightarrow\quad \gamma_e = \gamma + \frac{4}{3\pi}\beta\phi_A \tag{8.254}$$

のように等価線形減衰係数 γ_e を求めることができる。これは減滅曲線の線形化によって求めた (7.75) と同じ結果である。

一方、不規則波中での等価線形化は次のようにして行われる。まず線形化による誤差

$$e(t) = N(\dot{\phi}) - b_e\dot{\phi} \qquad (2\gamma_e\omega_0 \equiv b_e) \tag{8.255}$$

を最小にするために、誤差の 2 乗平均値 $E\left[e^2(t)\right]$ の最小化を考える。これによる計算は、未定係数 b_e に関する微分値をゼロとおけば良いので、

$$\frac{\partial}{\partial b_e}E\left[e^2(t)\right] = 0 \quad\longrightarrow\quad b_e = \frac{E\left[\dot{\phi}\,N(\dot{\phi})\right]}{E\left[\dot{\phi}^2\right]} \tag{8.256}$$

と表すことができる。この計算を具体的に行うために、不規則波中での横揺角速度 $\dot{\phi}(t)$ が平均値ゼロの正規確率過程であると仮定すると、(8.251) より

$$E\left[\dot{\phi}\,N(\dot{\phi})\right] = 2\gamma\omega_0 E\left[\dot{\phi}^2\right] + \beta\frac{1}{\sqrt{2\pi}}\int_{-\infty}^{\infty}\left|\dot{\phi}\right|\dot{\phi}^2 e^{-\frac{\dot{\phi}^2}{2\sigma^2}}\,d\dot{\phi}$$

$$= 2\gamma\omega_0\sigma^2 + \beta\sqrt{\frac{2}{\pi}}\sigma^3 \int_0^\infty x^2 e^{-\frac{x^2}{2}}\,dx$$

$$= \sigma^2\left\{2\gamma\omega_0 + 2\beta\sqrt{\frac{2}{\pi}}\sigma\right\} \tag{8.257}$$

となる。したがって (8.256) より次の結果が得られる。

$$b_e = 2\gamma\omega_0 + 2\beta\sqrt{\frac{2}{\pi}}\sigma_{\dot\phi} \tag{8.258}$$

ここで $\sigma_{\dot\phi}$ は、(8.257) の計算で明らかなように横揺角速度の標準偏差である。この $\sigma_{\dot\phi}$ は、言わば応答計算の結果から得られる値であるから、実際の計算手順としては、線形の運動方程式によって求めた $\sigma_{\dot\phi}$ を初期値として、繰り返し法によって逐次近似的に計算する必要がある。

8.15 短期予測

8.15.1 短波頂不規則波中での入出力のパワースペクトル

8.14.3 節では、入力、出力のパワースペクトルと線形システムの周波数応答関数の関係を (8.241) のように求めたが、波スペクトルの方向性は考慮していなかった。これは長波頂不規則波の場合に相当する。

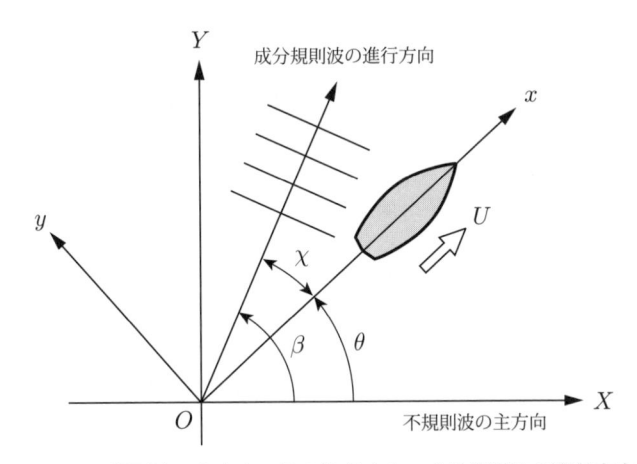

図 8.9 不規則波の主方向、船の進行方向、成分規則波の進行方向

実際の海洋波のスペクトルは方向スペクトルであり、既に 8.4.1 節で示したように方向スペクトルは $\Phi_{\zeta\zeta}(\omega,\beta) = \Phi_{\zeta\zeta}(\omega)D(\beta)$ と表すのが通常である。ここで β は、波だけを考えるときには、不規則波の主方向 (平均進行方向) を基準として測ったときの素成波 (成分規則波) の進行方向である。その不規則波中を船が航行するときには、船と波の出会い角を考えなければならない。そこで図 8.9 に示すように、不規則波の主方向から θ の方向へ船が進んでいるとすると、成分規則波である素成波と船の出会い角 χ は $\chi = \beta - \theta$ となっている。周波数応答関数 $H(\omega)$ は、周波数 ω の規則波に対する船の応答として計算されるので、出会い角 χ を明示すると

$$H(\omega,\chi) = H(\omega,\beta-\theta) \tag{8.259}$$

である。一方、方向スペクトルは $\Phi_{\zeta\zeta}(\omega, \beta)$ と表しておいた方が便利であるから、入力・出力の関するパワースペクトルの関係式 (8.241) は $\omega \geq 0$ のみで定義した片側波スペクトルを用いて表すと、

$$\Phi_{yy}(\omega, \beta, \theta) = \left| H(\omega, \beta - \theta) \right|^2 \Phi_{\zeta\zeta}(\omega, \beta) \tag{8.260}$$

のように表されることになる。さらに波の方向分布 β に関して積分すれば

$$\Phi_{yy}(\omega, \theta) = \int_{-\pi}^{\pi} \left| H(\omega, \beta - \theta) \right|^2 \Phi_{\zeta\zeta}(\omega, \beta) \, d\beta \tag{8.261}$$

として、応答のパワースペクトルを求めることができる。

ところで第5章で示したように、円周波数 ω の規則波中を船が前進速度 U で航行するときの応答円周波数は、ω ではなく

$$\omega_e = \omega - \frac{\omega^2}{g} U \cos \chi \tag{8.262}$$

で表される出会いの円周波数である。

もし波のスペクトルも ω でなく ω_e を用いて表すならば、海洋波のエネルギーは ω, ω_e の両領域において同じであるから

$$\Phi_{\zeta\zeta}(\omega) \, d\omega = \Phi_{\zeta\zeta}(\omega_e) \, d\omega_e \tag{8.263}$$

と表すことができる。したがって

$$\Phi_{\zeta\zeta}(\omega_e) = \frac{\Phi_{\zeta\zeta}(\omega)}{\left| \dfrac{d\omega_e}{d\omega} \right|} = \frac{\Phi_{\zeta\zeta}(\omega)}{\left| 1 - \dfrac{2\omega U}{g} \cos \chi \right|} \tag{8.264}$$

のように変換すればよい。

このとき、(8.261) は β ではなく χ に関する積分で表すことになり

$$\Phi_{yy}(\omega_e, \theta) = \int_{\chi} \left| H(\omega_e, \chi) \right|^2 \Phi_{\zeta\zeta}(\omega_e) D(\chi + \theta) \, d\chi \tag{8.265}$$

という計算式を得ることになる。ただ、ω_e は (8.262) のように χ の関数でもあり、(8.264) の分母は χ の値によって、あるいは $\tau_0 = \omega U/g$ の値によってゼロとなることがある。すなわち χ に関する積分においては、積分範囲、積分方向に注意が必要である。

応答のパワースペクトルが求まれば、波スペクトルの n 次モーメントと同様に、応答の n 次モーメント

$$m_n = \int_0^{\infty} \omega^n \Phi_{yy}(\omega, \theta) \, d\omega \tag{8.266}$$

を計算することができる。この中でも特に0次モーメント m_0、すなわち応答の分散 σ_Y^2 を求めることが重要である。また応答の時間微分、例えば応答として動揺変位を考えているなら、その速度の分散 $\sigma_{\dot{Y}}^2$ は、(8.116) のように m_2 によって求められる。

以上のように、線形重ね合せの原理に基づいたエネルギースペクトル法によって、短期の不規則波海面における船体応答の予測を行うことを**短期予測** (short-term prediction) と称しており、短期予測の主要部分は、(8.266) によって応答の n 次モーメントを求めることであると言っても過言ではない。

8.15.2 船体応答の短期予測

既に 8.13.3 節、8.13.4 節で述べたように、不規則波の極大値の分布は、帯域幅パラメータ ε が $\varepsilon \to 0$ の場合のレイリー分布に従うと考えてよい。このような不規則波は狭帯域スペクトルをもつと考えられるので、その波による船体応答もやはり狭帯域スペクトルをもち、応答の極大値の分布を記述する確率過程 $X(t)$ の確率密度関数 $f_X(x)$ はレイリー分布に従うと考えてよい。すなわち、(8.216) より

$$f_X(x) = \frac{x}{m_0} \exp\left\{-\frac{x^2}{2m_0}\right\} \quad (x > 0) \tag{8.267}$$

である。この式の m_0 は船体応答の 0 次モーメント（分散）である。

確率変数 X がある限界値 x_c を越える確率は、(8.218) より

$$P[X > x_c] = \int_{x_c}^{\infty} f_X(x)\,dx = \exp\left\{-\frac{x_c^2}{2m_0}\right\} \tag{8.268}$$

で与えられる。したがって両辺の対数をとると

$$\frac{x_c^2}{m_0} = -2\log_e P[X > x_c] = -4.605 \log_{10} P[X > x_c] \tag{8.269}$$

が得られる。この式は、限界値 x_c、それを越える確率 $P[X > x_c]$、応答の分散 m_0 の関係を示すものである。この関係から、例えば分散 m_0 と確率 $P[X > x_c]$ を与えれば、限界値 x_c を求めることができるし、あるいは限界値と許容確率を与えれば、限界値を越えないために必要な応答の分散を (8.269) から求めることができる。

また、船体応答の分散 m_0 が求められていると、8.13.4 節で示した $1/n$ 最大値の解析結果により、船体応答の平均値や $1/n$ 最大期待値を次式から推定することができる。

$$\left.\begin{array}{ll} \text{平均値} & = 1.253\sqrt{m_0} \\ 1/3\,\text{最大平均値（有義値）} & = 2.002\sqrt{m_0} \\ 1/10\,\text{最大平均値} & = 2.546\sqrt{m_0} \\ 1/100\,\text{最大平均値} & = 3.336\sqrt{m_0} \end{array}\right\} \tag{8.270}$$

この関係は、短期不規則波中での船の動揺角、加速度、波浪荷重などの推定に用いられる。

【例 1】 海水打ち込み

船首での**海水打ち込み** (deck wetness) は、船首での相対水位変動 z_r が、そこでの乾舷 f を越えるときに発生する。不規則波中での相対水位変動の分散が、0 次モーメント m_0 を計算することによって求められているとし、船の運航限界を与える海水打ち込みの発生確率が $P[z_r > f] = 0.05$ であるとすれば、海水打ち込みが運航限界を越えないために必要な乾舷 f の値は

$$f = \sqrt{-4.605 \log_{10} P[z_r > f]}\,\sqrt{m_0} = 2.448\sqrt{m_0} \tag{8.271}$$

のように求めることができる。

また、単位時間あたりの海水打ち込みの発生回数の期待値も 8.13.1 節での解析のようにして求めることができ、その結果は

$$E[N(f)] = \frac{1}{2\pi}\sqrt{\frac{m_2}{m_0}} \exp\left\{-\frac{f^2}{2m_0}\right\} = \frac{1}{2\pi}\sqrt{\frac{m_2}{m_0}} P[z_r > f] \tag{8.272}$$

のように書ける。この式における m_2 は、相対水位変動 z_r の 2 次モーメントであるが、これは (8.116) によれば、船首甲板と波面との相対速度の分散である。

【例 2】 プロペラレーシング

波面に対する船尾（プロペラ位置）の相対水位変動 z_r が、静水面とプロペラ回転面の上端との距離 d_p を越えると、プロペラ先端が空中に露出すると考えられる。これを**プロペラレーシング** (propeller racing) という。

プロペラレーシングの発生確率を $P[z_r > d_p]$ と表すと、やはり (8.269) の関係を適用することができる。したがって、プロペラレーシングを起こす d_p の限界値は

$$d_p = \sqrt{-4.605 \log_{10} P[z_r > d_p]} \sqrt{m_0} \tag{8.273}$$

で与えられる。例えば $P[z_r > d_p] = 0.1$ とすると、$d_p = 2.146 \sqrt{m_0}$ と与えられる。

【例 3】 スラミング

船が荒天波浪中を航行するとき、激しい上下揺・縦揺により、船首船底が水面上に露出した後に水面にぶつかり、激しい衝撃現象を生じることがある。この現象を**スラミング** (slamming) と呼ぶ。スラミングの発生条件として、1) 船首船底が露出すること、2) 船首船底と水面との相対速度がある限界値 (v_c) を越えること、が必要条件であり、相対速度の限界値は $v_c/\sqrt{gL} = 0.08 \sim 0.11$ と言われている。

船首での相対変位を z_r、その 0 次モーメント（分散）を m_0、船首での喫水を d_f と表すと、まず、船首船底が露出する確率は、海水打ち込みの場合と同様に次式で与えられる。

$$P[z_r > d_f] = \exp\left\{-\frac{d_f^2}{2m_0}\right\} \tag{8.274}$$

同様に、船首の水面に対する相対速度 v_r が限界値 v_c を越える確率は次式のように与えられる。

$$P[v_r > v_c] = \exp\left\{-\frac{v_c^2}{2m_2}\right\} \tag{8.275}$$

以上の 2 つの確率過程は独立と考えてよいので、スラミングの発生確率は (8.274) と (8.275) の積となり、

$$P[\text{Slam}] = \exp\left\{-\frac{1}{2}\left(\frac{d_f^2}{m_0} + \frac{v_c^2}{m_2}\right)\right\} \tag{8.276}$$

によって与えられることになる。

8.16 長期予測

船の一生のような長期間を考えると、船はその就航海域において種々の短期不規則海面に出会うので、長期にわたる船体応答を考えるためには、各短期不規則海面での船舶が経験する応答の極大値を長期にわたって確率的に把握する必要がある。このような長期にわたる船体応答の推定を行うことを**長期予測** (long-term prediction) と呼んでいる。長期予測にはつぎのような 2 つの方法がある。

1) 長期波浪統計資料を利用する方法

8.16 長期予測

船の就航海域での長期波浪統計資料を、有義波高と平均波周期の組み合わせの発現頻度の形に整理したものを用意し、各短期海面での応答の限界値を越える確率を加え合わせることによって、その長期の累積確率を求める [8.6]。この方法は、専ら数値積分法によって行われる。

2) 極値の確率分布関数を用いる方法

100 年というように非常に長い期間を考えると、適切な波浪統計資料がない場合が多い。このような場合、極値統計理論によって長期にわたる極値の確率分布が知られていると、普通はそれらは未定パラメータを含んでいるので、比較的短い期間の実船試験結果などを用いてその未定パラメータを定めることができ、長期に対する設計最大値を推定することができる。

8.16.1 長期波浪統計資料を利用する方法

まず最初に、海水打ち込み（やプロペラレーシングなど）に対する長期予測について考える。現象（海水打ち込み）の発生確率 P_s と、現象が発生するための相対水位変動の限界値 f_s が既知であるとすると、(8.269) によって相対水位変動の分散 $\sigma_s^2 (= m_0)$ が求められる。海洋波スペクトルとしてピアソン・モスコビッツ型の周波数スペクトル (8.75) を用いることにすると、$\Phi_{\zeta\zeta}(\omega)/H_{1/3}^2$ は平均波周期 T_1 だけの関数となるので、$\Phi_{\zeta\zeta}(\omega)/H_{1/3}^2$ に対する船体応答 $\Phi_{yy}(\omega,\theta)$ も有義波高には関係しない。よって (8.261) を ω について積分して

$$\left(\frac{\sigma_s}{H_{1/3}}\right)^2 = \int_0^\infty \int_{-\pi}^{\pi} |H(\omega, \beta-\theta)|^2 \frac{\Phi_{\zeta\zeta}(\omega,\beta)}{H_{1/3}^2} d\beta d\omega \tag{8.277}$$

のように書き直すと分かるように、現象の発生確率 P_s を越える有義波高の限界値 H_s は、(8.277) を満足する $H_{1/3}$ として与えられ、これは海面の平均波周期 T_1 と短期不規則波の主方向に対する船の針路 θ の関数として求められる。

したがって、就航海域での波高 H と波周期 T の長期波浪発現頻度が結合確率密度関数 $f(H,T)$ として与えられていれば、船が常に波の主方向に対して θ の針路を保って航海している場合、考えている現象の発生確率が P_s を越えるような航海状態に遭遇する**累積確率** (cumulative probability) $Q_{P_s}(\theta)$ は、次式で与えられる。

$$Q_{P_s}(\theta) = \int_{T=0}^{\infty} \int_{H=H_s}^{\infty} f(H,T) \, dH \, dT \tag{8.278}$$

波に対する船の針路の長期確率密度関数が仮に $p(\theta)$ と与えられたとすると、あらゆる針路を考慮した場合の長期の累積確率 Q_{P_s} は

$$Q_{P_s} = \int_0^{2\pi} Q_{P_s}(\theta) p(\theta) \, d\theta \tag{8.279}$$

であり、もし $p(\theta)$ が $0 \sim 2\pi$ の間に一様に分布しているとすれば、次のように簡単化される。

$$Q_{P_s} = \frac{1}{2\pi} \int_0^{2\pi} Q_{P_s}(\theta) \, d\theta \tag{8.280}$$

もう一つの例として、波浪縦曲げモーメントの異常値の長期予測を考えてみよう。船がある短期波浪海面（有義波高 H、波周期 T）を一定速度で航行しているときの分散 σ_M^2 は短期予測に

よって求められる。このとき、波浪縦曲げモーメントが限界値 M_c を越える確率 P_{M_c} は、(8.268) によって

$$P_{M_c} = \exp\left\{-\frac{M_c^2}{2\sigma_M^2}\right\} \tag{8.281}$$

と与えられる。そこで、波高 H、波周期 T の結合確率密度関数 $f(H,T)$ となる長期波浪統計資料が与えられているならば、船がその海域において常に波に対して一定の針路 θ を保って航行している場合、波浪縦曲げモーメントの極大値がある値 M_c を越える長期の累積確率 $Q_{M_c}(\theta)$ は

$$Q_{M_c}(\theta) = \int_0^\infty \int_0^\infty \exp\left\{-\frac{M_c^2}{2\sigma_M^2}\right\} f(H,T)\,dH\,dT \tag{8.282}$$

として与えられる。さらに波に対する船の針路 θ が確率密度関数 $p(\theta)$ として与えられている場合には (8.279) のように、また $p(\theta)$ が $0\sim 2\pi$ の間で一様分布であれば (8.280) のように計算すれば、長期の累積確率 Q_{M_c} を求めることができる。

8.16.2 極値の確率分布関数を用いる方法

再現期間と非超過確率

設計において仮に 100 年に 1 度の大波を考える場合、この 100 年という期間を**再現期間** (return period) と呼び、R と表すことにする。また再現期間 R の間に、ある波高 H を 1 回だけ越える確率を**超過確率** (exceedance probability) と言い、$Q(H)$ と表すことにする。このとき、波の極値（短期最大値）が 1 つ発生するのに要する時間（周期）を r とするならば、超過確率は

$$Q(H) = \frac{r}{R} \equiv 1 - P(H) \tag{8.283}$$

である。この超過確率は、1 回の試行で波高 H の波が現れる確率でもあり、波高 H の波の出現には平均 R/r の試行が必要であると言うこともできる。

いま、構造物の耐用年数を L とおくと、期間 L の間に極値波高が H を越えない確率（非超過確率）$q(H)$ は

$$q(H) = \{P(H)\}^{\frac{L}{r}} = \left\{1 - \frac{r}{R}\right\}^{\frac{L}{r}} \simeq \exp\left\{-\frac{L}{R}\right\} \tag{8.284}$$

となる。右辺最後の近似式は r/R が十分に小さいときに成り立つ。この式から R, L, q の関係は

$$R = \frac{r}{1 - q^{r/L}} \simeq -\frac{L}{\log_e q} \tag{8.285}$$

のように与えられる。

非超過確率 q は、構造物の重要度、建設費、維持費、社会的条件などにより定められるべきものであるが、現在のところ q を定めるための合理的な理論は確立していない。仮に耐用年数を 60 年とし、$q = 0.6$ とすれば、再現期間は (8.285) から $R = 117$ 年となる。

極値の確率分布関数

再現期間が分かると、それに対応する極値を求めることになるが、このとき極値の確率分布の傾向が分かっていると、比較的短期間の標本（計測データ）から、確率分布のパラメータを推定し、それによって再現期間 R に対応する極値（設計極値）を求めることができる。以下に代表的な極値の確率分布関数 [1.2] を示す。

(1) 対数正規分布

これによる累積確率分布関数 $F(H)$ は

$$F(H) = \frac{1}{\sqrt{2\pi}} \int_0^H \frac{1}{\alpha h} \exp\left\{-\frac{1}{2}\left(\frac{\log_e h - \theta}{\alpha}\right)^2\right\} dh \tag{8.286}$$

で与えられる。ただし α, θ はパラメータであり、それらの値域は

$$0 < \alpha < \infty, \quad -\infty < \theta < \infty$$

である。これらは計測データの平均と分散によって定められるが、それらは

$$\left.\begin{array}{l} \text{平均} = \exp\left(\theta + \dfrac{\alpha^2}{2}\right) \\ \text{分散} = \exp\left(2\theta + \alpha^2\right)\left\{\exp(\alpha^2) - 1\right\} \end{array}\right\} \tag{8.287}$$

によって与えられる。対数正規分布は、船体応答の短期分布の有義値などの長期分布や、波高の極値予測に用いられる。

(2) グンベルの III 型分布（ワイブル分布）

グンベル (Gumbel, 1958) が求めた理論式で、上限値をもつ場合と下限値をもつ場合があるが、船舶や海洋構造物では上限値をもつ式がよく使われる。この累積確率分布関数 $F(H)$ は

$$F(H) = \exp\left\{-\left(\frac{\varepsilon - H}{\theta}\right)^\alpha\right\} \tag{8.288}$$

で与えられる。パラメータ $\varepsilon, \theta, \alpha$ の値域は

$$-\infty < H < \varepsilon, \quad 0 < \theta < \infty, \quad 0 < \alpha < \infty$$

であり、平均および分散と

$$\left.\begin{array}{l} \text{平均} = \varepsilon - \theta\, \Gamma\left(1 + \dfrac{1}{\alpha}\right) \\ \text{分散} = \theta^2\left[\Gamma\left(1 + \dfrac{2}{\alpha}\right) - \Gamma^2\left(1 + \dfrac{1}{\alpha}\right)\right] \end{array}\right\} \tag{8.289}$$

の関係にある。3 個のパラメータの決定は、平均、分散および尖度を用いるか、計測データから最小自乗法で求める方法などが考えられている。(8.288) の分布は、船体動揺や加速度の極値の予測に有効であるとされている。

演習問題略解

第1章 波浪中での船体運動方程式

[演習 1.1] $x/a = r\cos\theta$, $y/b = r\sin\theta\cos\varphi$, $z/c = r\sin\theta\sin\varphi$ と表すと、$dV = abc\, r^2 \sin\theta\, dr\, d\theta\, d\varphi$, $0 \leq r \leq 1, 0 \leq \theta \leq \pi, 0 \leq \varphi \leq 2\pi$ である。まず質量 m の計算は、一様な密度 ρ を仮定して

$$m = \rho \iiint_V dV = \rho abc \int_0^1 r^2\, dr \int_0^\pi \sin\theta\, d\theta \int_0^{2\pi} d\varphi = \tfrac{4\pi}{3}\rho abc$$

となる。慣性モーメントは次のように計算される。

$$I_{xx} = \rho \iiint_V (y^2 + z^2)\, dV = \rho abc \int_0^1 r^4\, dr \int_0^{2\pi} (b^2 \cos^2\varphi + c^2 \sin^2\varphi)\, d\varphi \int_0^\pi \sin^3\theta\, d\theta$$
$$I_{yy} = \rho \iiint_V (z^2 + x^2)\, dV = \rho abc \int_0^1 r^4\, dr \int_0^{2\pi} d\varphi \int_0^\pi (c^2 \sin^2\theta \sin^2\varphi + a^2 \cos^2\theta) \sin\theta\, d\theta$$
$$I_{zz} = \rho \iiint_V (x^2 + y^2)\, dV = \rho abc \int_0^1 r^4\, dr \int_0^{2\pi} d\varphi \int_0^\pi (a^2 \cos^2\theta + b^2 \sin^2\theta \cos^2\varphi) \sin\theta\, d\theta$$

$\int_0^1 r^4\, dr = \tfrac{1}{5}$, $\int_0^\pi \sin^3\theta\, d\theta = \tfrac{4}{3}$, $\int_0^\pi \cos^2\theta \sin\theta\, d\theta = \tfrac{2}{3}$, $\int_0^{2\pi} \cos^2\varphi\, d\varphi = \int_0^{2\pi} \sin^2\varphi\, d\varphi = \pi$

を用いると　　　$I_{xx} = m\tfrac{1}{5}(b^2 + c^2)$, $I_{yy} = m\tfrac{1}{5}(c^2 + a^2)$, $I_{zz} = m\tfrac{1}{5}(a^2 + b^2)$

よって $b = c$ では、$B = 2b$, $L = 2a$ として次式のように書ける。

$$\kappa_{xx} = B\sqrt{\tfrac{1}{20}\left(1 + \tfrac{c^2}{b^2}\right)} = 0.316 B, \quad \kappa_{yy}(= \kappa_{zz}) = L\sqrt{\tfrac{1}{20}\left(1 + \tfrac{b^2}{a^2}\right)}$$

[演習 1.2] (1.58) あるいは (1.47) より次の結果が得られる。

1) $0 \leq t < t_1$ のとき

$$v(t) = \tfrac{f_0}{t_1} e^{-\beta t} \int_0^t \tau e^{\beta \tau}\, d\tau = \tfrac{f_0}{\beta t_1}\left\{t - \tfrac{1}{\beta}\left(1 - e^{-\beta t}\right)\right\}$$

2) $t_1 \leq t$ のとき

$$v(t) = e^{-\beta t}\left[\tfrac{f_0}{t_1}\int_0^{t_1} \tau e^{\beta \tau}\, d\tau + f_0 \int_{t_1}^t e^{\beta \tau}\, d\tau\right]$$
$$= \tfrac{f_0}{\beta}\left\{1 - \tfrac{1}{\beta t_1} e^{-\beta t}\left(e^{\beta t_1} - 1\right)\right\}$$

$t_1 < t$ に対する別解法としては、$f_2(t) = -\tfrac{f_0}{t_1}(t - t_1)$ のように、符号反対、時間遅れ t_1 の外力を考え、$0 < t$ での外力 $f_1(t) = \tfrac{f_0}{t_1} t$ と重ね合せると図 1.8 に示す入力となることを利用する。$f_2(t)$ に対する応答は、$0 \leq t < t_1$ で求めた解で $t \to t - t_1$ とし、全体にマイナスを付ければよい。あるいは（最初の計算と結局は同じであるが）、$t = t_1$ での値が $v(t_1)$ と与えられるとすれば、これを初期条件として

$$v(t) = e^{-\beta(t - t_1)} v(t_1) + e^{-\beta t} \int_{t_1}^t f_0 e^{\beta \tau}\, d\tau$$

のように考えてもよい。$v(t_1)$ は $0 \leq t < t_1$ のときの結果で $t = t_1$ とおいたもので与えられる。

[演習 1.3] 1) $e^{-t}\cos 2t = \text{Re}\left\{e^{(-1+2i)t}\right\}$ と書けるから、応答を $y(t) = \text{Re}\left\{Y e^{(-1+2i)t}\right\}$ と仮定して微分方程式に代入する。Y に関する方程式は $\left\{(-1 + 2i) + 2\right\} Y = 5 \to Y = 1 - 2i$
よって $y(t) = \text{Re}\left\{(1 - 2i) e^{-t} e^{i2t}\right\} = e^{-t}(\cos 2t + 2\sin 2t)$

2) インパルス応答は $h(t) = e^{-3t} u(t)$ であるから、外力に対する応答は

$$y(t) = \int_0^t e^{-3\tau} e^{-3(t - \tau)}\, d\tau = e^{-3t} \int_0^t d\tau = t e^{-3t}$$

3) インパルス応答は $h(t) = e^{-t} u(t)$ であるから、外力に対する応答は

$$y(t) = \int_0^t 2\tau e^{-(t - \tau)}\, d\tau = 2 e^{-t} \int_0^t \tau e^\tau\, d\tau = 2(t - 1 + e^{-t})$$

[演習 1.4]　C_w, C_b を求めるためには、水線面積 A_w、排水容積 V を求めなければならない。まず、ある x 断面での横断面積 $S(x)$ を求める。このとき、次式の計算が必要になる。

$$\int_0^1 (1-\zeta^2)\,d\zeta = \tfrac{2}{3}, \quad \int_0^1 \zeta^2(1-\zeta^8)\,d\zeta = \tfrac{8}{33}$$

さらに
$$\int_0^1 (1-\xi^2)(1+0.2\xi^2)\,d\xi = \tfrac{10.4}{15}, \quad \int_0^1 (1-\xi^2)^4\,d\xi = \tfrac{128}{315}$$

これらによって
$$V = \int_{-L/2}^{L/2} S(x)\,dx = L\int_0^1 S(x)\,d\xi = 0.5607\,LBd$$

水線面積は
$$A_w = LB\int_0^1 (1-\xi^2)(1+0.2\xi^2)\,d\xi = 0.6933\,LB$$

となる。Heave の固有周期 T_h は、$C_b = 0.5607, C_w = 0.6933, k_3 = 1.0, d = 0.125\,\mathrm{m}, g = 9.8\,\mathrm{m/s^2}$ を代入して、$T_h = 0.902$ sec となる。

[演習 1.5]
$$y(t) = \tfrac{1}{\omega_0^2} + e^{-\gamma\omega_0 t}\left(A\cos qt + B\sin qt\right)$$

とすると
$$\dot{y}(t) = e^{-\gamma\omega_0 t}\left\{(-A\gamma\omega_0 + Bq)\cos qt - (B\gamma\omega_0 + Aq)\sin qt\right\}$$

よって $y(0) = 0, \dot{y}(0) = 0$ より $A = -\tfrac{1}{\omega_0^2}, B = -\tfrac{\gamma}{q\omega_0}$ を得るから、これらを代入して
$$y(t) = \tfrac{1}{\omega_0^2} - \tfrac{1}{q\omega_0^2} e^{-\gamma\omega_0 t}\left\{q\cos qt + \gamma\omega_0 \sin qt\right\}$$

を得る。これを微分したものは $q^2 = \omega_0^2(1-\gamma^2)$ を用いて $\dot{y}(t) = \tfrac{1}{q} e^{-\gamma\omega_0 t} \sin qt \equiv h(t)$ となる。よってこれを積分すれば元のステップ応答 $y(t)$ となるはずであるが、それは読者で確認されたい。

[演習 1.6]
$$f(\lambda) \equiv (Y_0/Y_{st})^2 = \tfrac{1}{(1-\lambda^2)^2+(2\gamma\lambda)^2}$$

を考えて、λ について微分すると
$$f'(\lambda) = 4\lambda \tfrac{(1-\lambda^2-2\gamma^2)}{\left\{(1-\lambda^2)^2+(2\gamma\lambda)^2\right\}^2} = 0 \text{ より } \lambda^2 = 1-2\gamma^2 \ \rightarrow\ \lambda = \sqrt{1-2\gamma^2}$$

このとき
$$f(\lambda) = \tfrac{1}{(2\gamma^2)^2+4\gamma^2(1-2\gamma^2)} = \tfrac{1}{4\gamma^2(1-\gamma^2)} \ \rightarrow\ (Y_0/Y_{st})_{\max} = \tfrac{1}{2\gamma\sqrt{1-\gamma^2}}$$

[演習 1.7]　1) 特解を $y(t) = \mathrm{Re}\{Y e^{i2t}\}$ とおいて微分方程式に代入すると
$$(-4+4i+3)Y = 1 \ \rightarrow\ Y = \tfrac{1}{-1+4i} = -\tfrac{1}{17}(1+4i)$$

よって
$$y(t) = \mathrm{Re}\left\{-\tfrac{1}{17}(1+4i)\,e^{i2t}\right\} = -\tfrac{1}{17}(\cos 2t - 4\sin 2t)$$

2) $e^{-2t}\sin 3t = \mathrm{Im}\{e^{(-2+3i)t}\}$ だから、特解を $y(t) = \mathrm{Im}\{Y e^{(-2+3i)t}\}$ とおく。微分方程式に代入して $\{(-2+3i)^2 - 2 + 3i + 4\}Y = 2 \ \rightarrow\ Y = -\tfrac{1}{15}(1-3i)$ となる。よって
$$y(t) = \mathrm{Im}\left\{-\tfrac{1}{15}(1-3i)\,e^{-2t}\,e^{i3t}\right\} = -\tfrac{1}{15}e^{-2t}(\sin 3t - 3\cos 3t)$$

3) (1.128) 式で $\omega_0 = 2, \gamma = \tfrac{1}{2}, \mu = \tfrac{1}{2}, q = \sqrt{3}, \omega = \sqrt{3}$ の場合に相当するので、(1.128) 式の分母 $= 0$ である。そこでインパルス応答 $h(t) = \tfrac{1}{\sqrt{3}} e^{-t} \sin\sqrt{3}t$ と外力 $x(t) = 2\sqrt{3}\,e^{-t}\cos\sqrt{3}t$ のたたみ込み積分を考える。その結果は次式である。
$$y(t) = \int_0^t x(\tau)h(t-\tau)\,d\tau = 2e^{-t}\int_0^t \cos\sqrt{3}\tau \sin\sqrt{3}(t-\tau)\,d\tau = t\,e^{-t}\sin\sqrt{3}t$$

第2章　線形システムとしての船体運動

[演習 2.1]　$T = 2\pi, \omega_0 = 1$ であるから、$f(t) = e^t$ に対する複素フーリエ級数の係数 c_n は
$$c_n = \tfrac{1}{2\pi}\int_{-\pi}^{\pi} e^t\,e^{-int}\,dt = \tfrac{1}{2\pi(1-in)}(-1)^n\{e^\pi - e^{-\pi}\} = \tfrac{\sinh\pi}{\pi}\tfrac{(-1)^n}{1+n^2}(1+in)$$

よって
$$e^t = \tfrac{\sinh\pi}{\pi}\left[1 + 2\sum_{n=1}^{\infty}\tfrac{(-1)^n}{1+n^2}\left\{\cos nt - n\sin nt\right\}\right]$$

この式に $t = 0$ を代入すると
$$1 = \tfrac{\sinh\pi}{\pi}\left\{1 + 2\sum_{n=1}^{\infty}\tfrac{(-1)^n}{1+n^2}\right\} \ \rightarrow\ \sum_{n=1}^{\infty}\tfrac{(-1)^n}{1+n^2} = \tfrac{1}{2}\left\{\tfrac{\pi}{\sinh\pi} - 1\right\}$$

パーシヴァルの定理 (2.18) を使うと

$$\tfrac{1}{T}\int_{-T/2}^{T/2}\left[f(t)\right]^2 dt = \tfrac{1}{2\pi}\int_{-\pi}^{\pi} e^{2t}\, dt = \tfrac{1}{\pi}\sinh\pi\cosh\pi$$
$$= \left(\tfrac{\sinh\pi}{\pi}\right)^2 \sum_{n=-\infty}^{\infty}\tfrac{1}{1+n^2} = \left(\tfrac{\sinh\pi}{\pi}\right)^2\left\{1 + 2\sum_{n=1}^{\infty}\tfrac{1}{1+n^2}\right\}$$

よって
$$\sum_{n=1}^{\infty}\tfrac{1}{1+n^2} = \tfrac{1}{2}\left(\pi\coth\pi - 1\right)$$

[演習 2.2] $g(t) \equiv f_c(t) + jf_s(t) = e^{-(\alpha-j\beta)t}u(t)$ のフーリエ変換を考えると

$$\int_{-\infty}^{\infty} g(t)\, e^{-i\omega t}\, dt = \int_{0}^{\infty} e^{-(\alpha-j\beta+i\omega)t}\, dt = \tfrac{1}{\alpha+i\omega-j\beta}$$

であるから、j に関して実数部、虚数部を取ると、それぞれ $f_c(t),\, f_s(t)$ のフーリエ変換となっている。その結果は (2.61) に示すとおりである。

[演習 2.3] $f(t) = e^{-\alpha t}u(t)$ と $f_s(t) = e^{-\alpha t}\sin\beta t\, u(t)$ のたたみ込み積分を考えると

$$f(t)*f_s(t) = \int_{-\infty}^{\infty} e^{-\alpha x} u(x)\, e^{-\alpha(t-x)}\sin\beta(t-x)\, u(t-x)\, dx$$

$u(x)u(t-x) = 1$ for $0 < x < t$ であり、それ以外ではゼロであるから、

$$f(t)*f_s(t) = e^{-\alpha t}\int_{0}^{t}\sin\beta(t-x)\, dx = e^{-\alpha t}\tfrac{1}{\beta}\left(1-\cos\beta t\right)$$

一方、たたみ込み積分のフーリエ変換は、それぞれの関数のフーリエ変換の積であるから

$$\mathcal{F}\left[f(t)*f_s(t)\right] = \mathcal{F}\left[f(t)\right]\mathcal{F}\left[f_s(t)\right] = \tfrac{1}{\alpha+i\omega}\cdot\tfrac{\beta}{(\alpha+i\omega)^2+\beta^2} = \tfrac{1}{\beta}\left[\tfrac{1}{\alpha+i\omega} - \tfrac{\alpha+i\omega}{(\alpha+i\omega)^2+\beta^2}\right]$$

(2.61) の結果を使うと、この逆フーリエ変換は

$$f(t)*f_s(t) = \tfrac{1}{\beta}e^{-\alpha t}\left(1-\cos\beta t\right)u(t)$$

であり、直接計算の結果と同じになっている。

[演習 2.4] $H(\omega)$ として (2.86) を用いると

$$Y(\omega) = \tfrac{1}{(i\omega+\gamma\omega_0)^2+q^2}\left\{\pi\delta(\omega) + \tfrac{1}{i\omega}\right\}$$

ここで $A(\omega)\delta(\omega) = A(0)\delta(\omega),\ q^2 + \gamma^2\omega_0^2 = \omega_0^2$ により

$$Y(\omega) = \tfrac{1}{\omega_0^2}\pi\delta(\omega) + \tfrac{1}{i\omega\{(i\omega+\gamma\omega_0)^2+q^2\}}$$
$$= \tfrac{1}{\omega_0^2}\pi\delta(\omega) + \tfrac{1}{\omega_0^2}\left\{\tfrac{1}{i\omega} - \tfrac{i\omega+2\gamma\omega_0}{(i\omega+\gamma\omega_0)^2+q^2}\right\}$$
$$= \tfrac{1}{\omega_0^2}\left\{\pi\delta(\omega) + \tfrac{1}{i\omega}\right\} - \tfrac{1}{\omega_0^2}\left\{\tfrac{i\omega+\gamma\omega_0}{(i\omega+\gamma\omega_0)^2+q^2} + \tfrac{\gamma\omega_0}{q}\tfrac{q}{(i\omega+\gamma\omega_0)^2+q^2}\right\}$$

この逆フーリエ変換は (2.61) の結果などにより

$$y(t) = \tfrac{1}{\omega_0^2}u(t) - \tfrac{1}{\omega_0^2}e^{-\gamma\omega_0 t}\left\{\cos qt + \tfrac{\gamma\omega_0}{q}\sin qt\right\}u(t)$$

となる。これは (2.92) と同じである。

第3章 水波の基礎理論

[演習 3.1] 回転楕円体は $F(x,y,z) \equiv \left(\tfrac{x}{a}\right)^2 + \left(\tfrac{y}{b}\right)^2 + \left(\tfrac{z}{b}\right)^2 - 1 = 0$ と表すことができる．この時，

$$\nabla F = \left(\tfrac{2x}{a^2},\ \tfrac{2y}{b^2},\ \tfrac{2z}{b^2}\right) = \tfrac{2}{b}\left(\epsilon\cos\theta,\ \sin\theta\cos\varphi,\ \sin\theta\sin\varphi\right)$$

$|\nabla F| = \tfrac{2}{b}\sqrt{\epsilon^2\cos^2\theta + \sin^2\theta} \equiv \tfrac{2}{b}\Delta$ であるから、法線ベクトルは与式のようになる。

[演習 3.2] 分散関係式 $\omega^2 = gk\tanh kh$ の両辺の対数をとり、k について微分すると

$$2\log\omega = \log(gk) + \log\tanh kh$$
$$\to 2\tfrac{\omega'}{\omega} = \tfrac{1}{k} + \tfrac{1}{\tanh kh}\tfrac{h}{\cosh^2 kh} \to \omega' = \tfrac{d\omega}{dk} = \tfrac{1}{2}\tfrac{\omega}{k}\left\{1 + \tfrac{kh}{\sinh kh\cosh kh}\right\}$$

これを整理すると $c_g = d\omega/dk,\ c = \omega/k$ であるから (3.61) を得る。

[演習 3.3] $\partial\Phi/\partial x = \zeta_a\omega\, e^{kz}\cos(\omega t - kx),\ \zeta = \zeta_a\cos(\omega t - kx)$ であり、

$$\overline{M} = \overline{\int_{-\zeta_a}^{\zeta} \rho \frac{\partial \Phi}{\partial x} dz} \simeq \rho \overline{\left(\zeta + \zeta_a\right) \frac{\partial \Phi}{\partial x}\Big|_{z=0}} + O\left(\zeta_a^3\right)$$
$$= \rho \zeta_a \overline{\big\{\cos(\omega t - kx) + 1\big\} \zeta_a \omega \cos(\omega t - kx)} = \tfrac{1}{2} \rho \omega \zeta_a^2$$

と計算することができるが、これは (3.106) と同じである。

第4章　2次元浮体の造波理論

[演習 4.1]　(2.55) より
$$\int_0^\infty e^{-k\alpha} \sin ky \, dk = \frac{y}{y^2 + \alpha^2} \quad (\alpha > 0, \, y > 0)$$

これを y で積分すると
$$-\int_0^\infty e^{-k\alpha} \frac{\cos ky}{k} dk = \tfrac{1}{2} \log(y^2 + \alpha^2) + C$$

を得る (C は積分定数)。よって α として $|z - \zeta|$ と $-(z + \zeta)$ を考え、それらの差をとると (4.18) を得る。

[演習 4.2]　$\bar{A}_j e^{i\varepsilon_j^\pm} = iKH_j^\pm$ である。コチン関数 $H_j^\pm$ を $H_j^\pm \equiv \mathcal{I}_j + \mathcal{J}_j$ とおく。ここで
$$\mathcal{I}_j \equiv \int_{S_H} n_j \, e^{Kz \pm iKy} \, d\ell, \quad \mathcal{J}_j \equiv -\int_{S_H} \varphi_j \frac{\partial}{\partial n} e^{Kz \pm iKy} \, d\ell$$

としておく。ここで K の値が小さいとき、次の近似ができる。
$$e^{Kz \pm iKy} = 1 + Kz \pm iKy + \cdots$$
$$\frac{\partial}{\partial n} e^{Kz \pm iKy} = \frac{\partial}{\partial n}(1 + Kz \pm iKy + \cdots) = K(n_3 \pm in_2 + \cdots)$$

まず左右対称浮体の heave ($j = 3$) を考えると
$$\mathcal{I}_3 \simeq \int_{S_H} (1 + Kz) n_3 \, d\ell = -\int_{S_F} dy + K \iint_V dS = -2b + KS$$
$$\mathcal{J}_3 \simeq -\int_{S_H} \varphi_3 K n_3 \, d\ell = K A_{33}$$

よって $\bar{A}_3 e^{i\varepsilon_3} \simeq -i2Kb + i(Kb)^2 \{S' + A'_{33}\}$ となる。ここで S', A'_{33} はそれぞれ断面積、付加質量の無次元値である。これより leading term は $\bar{A}_3 \sim 2Kb$, $\varepsilon_3 \sim -\pi/2$ である。

次に sway ($j = 2$) に寄与する項を考えると、
$$\mathcal{I}_2 \simeq \pm iK \int_{S_H} n_2 \, y \, d\ell = \pm iK \iint_V dS = \pm iKS$$
$$\mathcal{J}_2 \simeq \pm iK \Big[-\int_{S_H} \varphi_2 \, n_2 \, d\ell \Big] = \pm iK A_{22}$$

よって $\bar{A}_2 e^{i\varepsilon_2^\pm} \simeq \mp (Kb)^2 \{S' + A'_{22}\}$ が leading term となる。ここで (4.144) および (4.126) より
$$S' + A'_{22} = \frac{\pi}{2} \frac{1 - a_1^2 - 3a_3^2}{(1 + a_1 + a_3)^2} + \frac{\pi}{2} \frac{(1 - a_1)^2 + 3a_3^2}{(1 + a_1 + a_3)^2} = \pi \frac{1 - a_1}{(1 + a_1 + a_3)^2}$$

であるから、これより次の結果を得る。
$$\bar{A}_2 \sim \pi(Kb)^2 \frac{1 - a_1}{(1 + a_1 + a_3)^2}, \quad \varepsilon_2^+ \sim \pi, \quad \varepsilon_2^- \sim 0$$

[演習 4.3]　Heave のみが自由となっているときは
$$C_R = \tfrac{1}{2}\left[\frac{H_3^+}{\overline{H_3^+}} \frac{\left(1 - i|H_{3E}^+|^2\right)}{\left(1 + i|H_{3E}^+|^2\right)} + \frac{H_2^+}{\overline{H_2^+}}\right], \quad C_T = \tfrac{1}{2}\left[\frac{H_3^+}{\overline{H_3^+}} \frac{\left(1 - i|H_{3E}^+|^2\right)}{\left(1 + i|H_{3E}^+|^2\right)} - \frac{H_2^+}{\overline{H_2^+}}\right]$$

ここで $KH_3^+ = \bar{A}_3 \, e^{i(\varepsilon_3 - \pi/2)}$, $\tan^{-1}|H_{3E}^+|^2 = \frac{\pi}{2} + \varepsilon_3 - \delta_z$ であるから
$$C_R = \tfrac{1}{2}\left(e^{i2\delta_z} - e^{i2\varepsilon_2}\right) = -i \sin(\varepsilon_2 - \delta_z) \, e^{i(\varepsilon_2 + \delta_z)}$$
$$C_T = \tfrac{1}{2}\left(e^{i2\delta_z} + e^{i2\varepsilon_2}\right) = \cos(\varepsilon_2 - \delta_z) \, e^{i(\varepsilon_2 + \delta_z)}$$

同調時は $\delta_z = \varepsilon_3$ となるから、その結果と (4.162), (4.163) を比べると $C_R = -T$, $C_T = -R$ となっていることが分かる。

[演習 4.4]　有限水深での波漂流力の計算式は、$F_D = F_D^{+\infty} - F_D^{-\infty}$ とすると、$F_D^{\pm\infty}$ は
$$F_D^{\pm\infty} = \tfrac{1}{4} \rho g \big|a_{\pm\infty}\big|^2 + \tfrac{1}{4} \rho \int_{-h}^0 dz \left[\left|\frac{\partial \phi}{\partial y}\right|^2 - \left|\frac{\partial \phi}{\partial z}\right|^2\right]_{y = \pm\infty}$$

ここで
$$\phi = \frac{iga_{\pm\infty}}{\omega} \frac{\cosh k(z + h)}{\cosh kh}$$
$$a_{+\infty} = \zeta_a \, e^{iky} + \zeta_R \, e^{-iky}, \quad a_{-\infty} = \zeta_T \, e^{iky} \quad (k \tanh kh = \omega^2/g)$$

であるから

演習問題略解   285

$$\frac{\partial \phi}{\partial z} = i\frac{gk}{\omega}a_{\pm\infty}\frac{\sinh k(z+h)}{\cosh kh}, \quad \frac{\partial \phi}{\partial y} = -\frac{gk}{\omega}b_{\pm\infty}\frac{\cosh k(z+h)}{\cosh kh}$$

$$b_{+\infty} = \zeta_a e^{iky} - \zeta_R e^{-iky}, \quad b_{-\infty} = \zeta_T e^{iky} \quad (=a_{-\infty})$$

まず $y = +\infty$ での計算を考えると

$$|a_{+\infty}|^2 = \zeta_a^2 + |\zeta_R|^2 + 2\,\mathrm{Re}\{\zeta_a\zeta_R e^{-i2ky}\}, \quad |b_{+\infty}|^2 = \zeta_a^2 + |\zeta_R|^2 - 2\,\mathrm{Re}\{\zeta_a\zeta_R e^{-i2ky}\}$$

$$\int_{-h}^0 \cosh 2k(z+h)\,dz = \frac{\sinh 2kh}{2k} \quad \int_{-h}^0 dz = h$$

$$\left(\frac{gk}{\omega}\right)^2 \frac{1}{\cosh^2 kh}\frac{\sinh 2kh}{2k} = -g, \quad \left(\frac{gk}{\omega}\right)^2 \frac{h}{\cosh^2 kh} = g\frac{2kh}{\sinh 2kh}$$

などから

$$F_D^{+\infty} = \tfrac{1}{4}\rho g\left(\zeta_a^2 + |\zeta_R|^2\right)\left\{1 + \frac{2kh}{\sinh 2kh}\right\}$$

同様に $y = -\infty$ での計算は、$|a_{+\infty}|^2 = |\zeta_T|^2$, $|b_{+\infty}|^2 = |\zeta_T|^2$ であるから

$$F_D^{-\infty} = \tfrac{1}{4}\rho g|\zeta_T|^2\left\{1 + \frac{2kh}{\sinh 2kh}\right\}$$

これらより

$$F_D = F_D^{+\infty} - F_D^{-\infty} = \tfrac{1}{4}\rho g\left(\zeta_a^2 + |\zeta_R|^2 - |\zeta_T|^2\right)\left\{1 + \frac{2kh}{\sinh 2kh}\right\}$$

エネルギー保存則 $|\zeta_R|^2 + |\zeta_T|^2 = \zeta_a^2$ の関係を代入し、$\zeta_R/\zeta_a = C_R$ と表すと、次の結果となる。

$$F_D = \tfrac{1}{2}\rho g\zeta_a^2|C_R|^2\left\{1 + \frac{2kh}{\sinh 2kh}\right\}$$

第6章　3次元耐航性理論

[演習 6.1] (6.24) において $\mu = 0$ とし、ϕ を ϕ_0 とおくと、無限水深での分散関係式 $\omega^2 = gk$ を用いて

$$\left(i\omega_e - U\frac{\partial}{\partial x}\right)^2 \phi_0 + g\frac{\partial \phi_0}{\partial z} = \left\{-(\omega_e + k_0 U\cos\beta)^2 + gk_0\right\}\phi_0 = (-\omega^2 + gk_0)\phi_0 = 0 \quad \text{on } z = 0$$

となる。(6.26) において ζ_u を ζ_{u0} と記し、ϕ を $(ig\zeta_a/\omega)\phi_0$ とおくと

$$\zeta_{u0} = -\frac{1}{g}\left(i\omega_e - U\frac{\partial}{\partial x}\right)\frac{ig\zeta_a}{\omega}\phi_0|_{z=0} = \frac{\zeta_a}{\omega}(\omega_e + k_0\cos\beta)\phi_0|_{z=0} = \zeta_a e^{-ik_0(x\cos\beta + y\sin\beta)}$$

となる。(6.18) の ζ_U を ζ_{U0} と記すと、入射波の波の隆起量として最終的に次の結果を得る。

$$\zeta_{U0} = \mathrm{Re}[\zeta_{u0} e^{i\omega_e t}] = \zeta_a \cos[-k_0(x\cos\beta + y\sin\beta) + \omega_e t]$$

[演習 6.2] $\bar{x}$ と x の相違は高次となるので、(6.29) における $\bar{x}$ は x とおいて計算する。まず、(6.38) の右辺第 1 項目については (6.29) の関係を代入して計算すると

$$\dot{\boldsymbol{\alpha}} \cdot \boldsymbol{n} = (\dot{\boldsymbol{\alpha}}_T + \dot{\boldsymbol{\alpha}}_R \times \boldsymbol{x}) \cdot \boldsymbol{n} = \dot{\xi}_1 \boldsymbol{n}\cdot\boldsymbol{e}_1 + \dot{\xi}_2 \boldsymbol{n}\cdot\boldsymbol{e}_2 + \dot{\xi}_3 \boldsymbol{n}\cdot\boldsymbol{e}_3 + (\dot{\boldsymbol{\alpha}}_R \times \boldsymbol{x})\cdot\boldsymbol{n}$$

となる。ここで

$$(\dot{\boldsymbol{\alpha}}_R \times \boldsymbol{x}) \cdot \boldsymbol{n} = (x_3\dot{\xi}_5 - x_2\dot{\xi}_6)n_1 + (x_1\dot{\xi}_6 - x_3\dot{\xi}_4)n_2 + (x_2\dot{\xi}_4 - x_1\dot{\xi}_5)n_3$$
$$= (x_2 n_3 - x_3 n_2)\dot{\xi}_4 + (x_3 n_1 - x_1 n_3)\dot{\xi}_5 + (x_1 n_2 - x_2 n_1)\dot{\xi}_6 = \sum_{j=1}^{3}(\boldsymbol{x}\times\boldsymbol{n})\dot{\xi}_{j+3}\cdot\boldsymbol{e}_j$$

と変形できるから、(6.38) 右辺第 1 項目は (6.39) 右辺第 1 項目と等しくなる。

次に (6.38) の右辺第 2 項目について考える。定常速度ポテンシャルを $\varphi \equiv (\Phi_D + \phi_S)$ とおき、φ の i 軸方向の偏微分を φ_i で表すと $\boldsymbol{V} = \nabla\varphi = (\varphi_1, \varphi_2, \varphi_3)$ と書ける。φ_i の j 方向に関する偏微分に関して $\varphi_{ij} = \varphi_{ji}$ が成立することに注意する。最初に $\boldsymbol{\alpha} = \boldsymbol{\alpha}_T$ の場合には

$$\boldsymbol{n}\cdot\left[(\boldsymbol{V}\cdot\nabla)\boldsymbol{\alpha}_T - (\boldsymbol{\alpha}_T\cdot\nabla)\boldsymbol{V}\right]$$
$$= -(\xi_1\varphi_{11} + \xi_2\varphi_{12} + \xi_3\varphi_{13})n_1 - (\xi_1\varphi_{21} + \xi_2\varphi_{22} + \xi_3\varphi_{23})n_2 - (\xi_1\varphi_{31} + \xi_2\varphi_{32} + \xi_3\varphi_{33})n_3$$
$$= -(n_1\varphi_{11} + n_2\varphi_{12} + n_3\varphi_{13})\xi_1 - (n_1\varphi_{21} + n_2\varphi_{22} + n_3\varphi_{23})\xi_2 - (n_1\varphi_{31} + n_2\varphi_{32} + n_3\varphi_{33})\xi_3$$
$$= -\sum_{j=1}^{3}[(\boldsymbol{n}\cdot\nabla)\boldsymbol{V}]\cdot\xi_j \boldsymbol{e}_j$$

となる。次に $\boldsymbol{\alpha} = \boldsymbol{\alpha}_R \times \boldsymbol{x}$ の場合、

$$\boldsymbol{n}\cdot\left[(\boldsymbol{V}\cdot\nabla)(\boldsymbol{\alpha}_R\times\boldsymbol{x}) - \{(\boldsymbol{\alpha}_R\times\boldsymbol{x})\cdot\nabla\}\boldsymbol{V}\right]$$
$$= \left(\varphi_1\frac{\partial}{\partial x_1} + \varphi_2\frac{\partial}{\partial x_2} + \varphi_3\frac{\partial}{\partial x_3}\right)\left\{(x_3\xi_5 - x_2\xi_6)n_1 + (x_1\xi_6 - x_3\xi_4)n_2 + (x_2\xi_4 - x_1\xi_5)n_3\right\}$$
$$- \left\{(x_3\xi_5 - x_2\xi_6)\frac{\partial}{\partial x_1} + (x_1\xi_6 - x_3\xi_4)\frac{\partial}{\partial x_2} + (x_2\xi_4 - x_1\xi_5)\frac{\partial}{\partial x_3}\right\}\cdot(\varphi_1 n_1 + \varphi_2 n_2 + \varphi_3 n_3)$$

となる。このうち ξ_4 に関係する項を抽出して整理すると次のようになる。

$$\left\{\varphi_2 n_3 - \varphi_3 n_2 - (x_2\varphi_{13}n_1 - x_3\varphi_{12}n_1 + x_2\varphi_{23}n_2 - x_3\varphi_{22}n_2 + x_2\varphi_{33}n_3 - x_3\varphi_{32}n_3)\right\}\xi_4$$
$$= -(n_1 x_2\varphi_{31} - n_1 x_3\varphi_{21} + n_2\varphi_3 + n_2 x_2\varphi_{32} - n_2 x_3\varphi_{22} + n_3 x_2\varphi_{33} - n_3\varphi_2 - n_3 x_3\varphi_{23})\xi_4$$
$$= -\left\{n_1\frac{\partial}{\partial x_1}(x_2\varphi_3 - x_3\varphi_2) + n_2\frac{\partial}{\partial x_2}(x_2\varphi_3 - x_3\varphi_2) + n_3\frac{\partial}{\partial x_3}(x_2\varphi_3 - x_3\varphi_2)\right\}\xi_4$$
$$= -(\boldsymbol{n}\cdot\nabla)(x_2\varphi_3 - x_3\varphi_2)\xi_4$$

ξ_5, ξ_6 についても同様に計算すると次式を得ることができる。

$$\boldsymbol{n}\cdot\bigl[(\boldsymbol{V}\cdot\nabla)(\boldsymbol{\alpha}_R\times\boldsymbol{x})-\bigl\{(\boldsymbol{\alpha}_R\times\boldsymbol{x})\cdot\nabla\bigr\}\boldsymbol{V}\bigr]=-\sum_{j=1}^{3}(\boldsymbol{n}\cdot\nabla)(\boldsymbol{x}\times\boldsymbol{V})\cdot\xi_{j+3}\boldsymbol{e}_j$$

以上より (6.38) 右辺第 2 項目が (6.39) 右辺第 2 項目のように表せることが分かる。

[演習 6.3] 半没回転楕円体内部において x, y, z を $x = ar\cos\theta$, $y = br\sin\theta\cos\varphi$, $z = br\sin\theta\sin\varphi$, $(0 \leq r \leq 1,\ 0 \leq \theta \leq \pi,\ -\pi \leq \varphi \leq 0)$ と置いて積分計算を行えばよい。計算に先立ってヤコビアン J を計算しておくと $J = ab^2 r^2 \sin\theta$ となる。排水体積 $\triangledown$ および z に関する体積の一次モーメントは

$$\triangledown = \iiint_V dV = \int_0^1 dr \int_0^\pi d\theta \int_{-\pi}^0 ab^2 r^2 \sin\theta\, d\varphi = \tfrac{2\pi}{3}ab^2$$

$$\iiint_V z\, dV = \int_0^1 dr \int_0^\pi d\theta \int_{-\pi}^0 (br\sin\theta\sin\varphi)(ab^2 r^2 \sin\theta)\, d\varphi = -\tfrac{\pi}{4}ab^3$$

のように得られるので、浮心位置 $\boldsymbol{x}_B = (0,0,z_B)$ の z_B は $z_B = \left(\iiint_V z\, dV\right)/\triangledown = -\tfrac{3}{8}b$ となる。次に水線面 ($z=0$ の楕円面) においては $x = ar\cos\theta$, $y = br\sin\theta$ $(0 \leq r \leq 1,\ -\pi \leq \theta \leq \pi)$ と置いて積分計算すればよいので、ヤコビアンは $J = abr$ となる。水線面積、y および x 軸周りの 2 次モーメントを各々 S_0, S_{11}, S_{22} とおくとそれらは次のように計算される。

$$S_0 = \iint_{S_0} dS = \int_0^1 dr \int_{-\pi}^\pi abr\, d\theta = \pi ab$$
$$S_{11} = \iint_{S_0} x^2\, dS = \int_0^1 dr \int_{-\pi}^\pi (ar\cos\theta)^2 (abr)\, d\theta = \tfrac{\pi}{4}a^3 b$$
$$S_{22} = \iint_{S_0} y^2\, dS = \int_0^1 dr \int_{-\pi}^\pi (br\sin\theta)^2 (abr)\, d\theta = \tfrac{\pi}{4}ab^3$$

重心は原点にあるとしているので $(x_G, y_G, z_G) = (0,0,0)$、また楕円体は浮かんでいるので $mg = \rho g \triangledown$ の関係にあること、また $\overline{BM} = S_{22}/\triangledown$, $\overline{BM}_L = S_{11}/\triangledown$ である。を考慮して復原力係数は次のようになる。

$$c_{33} = \rho g A_W = \rho g S_0 = \rho g \pi ab$$
$$c_{44} = mg\overline{GM} = \rho g \triangledown (\overline{BM} + z_B - z_G) = \rho g \triangledown (S_{22}/\triangledown + z_B - z_G) = 0$$
$$c_{55} = mg\overline{GM}_L = \rho g \triangledown (\overline{BM}_L + z_B - z_G) = \rho g \triangledown (S_{11}/\triangledown + z_B - z_G) = \rho g \tfrac{\pi}{4}ab(a^2 - b^2)$$

[演習 6.4] まず

$$\mathcal{L} \equiv \tfrac{1}{2\pi} \iiint_{-\infty}^{\infty} \tfrac{1}{\sqrt{k^2+\ell^2}} e^{-\sqrt{k^2+\ell^2}|z|+i(kx+\ell y)}\, dk d\ell$$

とおき、(2.57) から得られる関係式

$$e^{-\sqrt{k^2+\ell^2}|z|} = \tfrac{1}{\pi} \int_{-\infty}^{\infty} \tfrac{\sqrt{k^2+\ell^2}e^{im|z|}}{k^2+\ell^2+m^2}\, dm$$

を代入すると次式を得る。
$$\mathcal{L} \equiv \tfrac{1}{2\pi^2} \iiint_{-\infty}^{\infty} \tfrac{e^{i(kx+\ell y+m|z|)}}{k^2+\ell^2+m^2}\, dk d\ell dm$$

つぎに (k, ℓ, m) の直角座標での計算を球座標で考え、その主軸を位置ベクトル $\boldsymbol{r} = (x, y, |z|)$ の方向に一致させる。このとき

$$\begin{cases} dkd\ell dm = n^2 \sin\theta\, dn d\theta d\varphi, & n^2 = k^2 + \ell^2 + m^2 \\ kx + \ell y + m|z| = nr\cos\theta, & r^2 = x^2 + y^2 + z^2 \end{cases}$$

$(n: 0 \to \infty,\ \theta: 0 \to \pi,\ \varphi: 0 \to 2\pi)$ などの関係によって、次のように計算することができる。

$$\mathcal{L} = \tfrac{1}{2\pi^2} \int_0^\infty dn \int_0^\pi e^{inr\cos\theta} \sin\theta\, d\theta \int_0^{2\pi} d\varphi = \tfrac{1}{\pi} \int_0^\infty \left[\tfrac{-1}{inr} e^{inr\cos\theta}\right]_0^\pi dn$$
$$= \tfrac{2}{\pi r} \int_0^\infty \tfrac{\sin nr}{n}\, dn = \tfrac{2}{\pi r}\tfrac{\pi}{2} = \tfrac{1}{r}$$

最後の n に関する積分は、(2.57) の 2 番目の式で $\alpha = 0$ の場合を考えれば理解することができよう。

別解法としては、円筒座標で考えると、$R = \sqrt{x^2 + y^2}$, $x = R\cos\Theta$, $y = R\sin\Theta$ として

$$J_0(kR) = \tfrac{1}{2\pi} \int_{-\pi}^\pi e^{ikR\cos(\theta-\Theta)}\, d\theta,\quad \int_0^\infty e^{-k|z|}J_0(kR)\, dk = \tfrac{1}{r}$$

の関係式によっても求められる。ここで $J_0(x)$ は 0 次の第 1 種ベッセル (Bessel) 関数である。

さらには、最初の $\mathcal{L}$ の式で ℓ に関する積分を先に行うと

$$\int_{-\infty}^\infty \tfrac{1}{\sqrt{k^2+\ell^2}} e^{-\sqrt{k^2+\ell^2}|z|} e^{i\ell y}\, d\ell = 2K_0\left(|k|\sqrt{y^2+z^2}\right),\quad \tfrac{1}{\pi}\int_{-\infty}^\infty K_0\left(|k|\sqrt{y^2+z^2}\right) e^{ikx}\, dk = \tfrac{1}{r}$$

のように式変形することもできる。ここで $K_0(x)$ は 0 次の第 2 種変形ベッセル関数である。

[演習 6.5] (6.123) の積分は

$$J(R) = w(\theta_0) \int_0^\infty e^{ia(\theta_0)v^2}\, dv,\quad w(\theta_0) = 2\psi(\theta_0) e^{iRf(\theta_0)},\quad a(\theta_0) = R\tfrac{f''(\theta_0)}{2}$$

と書ける。このうち積分部分を

$$j \equiv \int_0^\infty e^{ia(\theta_0)v^2} dv$$

とおいて問題に指示された経路に沿って積分する。この積分はフレネル積分（Fresnel integral）としてよく知られている。経路内部に特異点は存在しないので、複素関数論におけるコーシーの積分定理が適用できる。$a > 0$ を仮定し、問題において指示された経路上で $v = re^{i\theta}$ とおいて積分を実施すると以下のようになる。

$$j = \lim_{r\to\infty} \Big\{ \int_0^r e^{iar} dr + \int_0^{\frac{\pi}{4}} e^{-ar^2 \sin 2\theta + iar^2 \cos 2\theta} (ire^{i\theta}) d\theta$$
$$+ \int_r^0 \{e^{-ar^2 \sin 2\theta + iar^2 \cos 2\theta}\}_{\theta=\frac{\pi}{4}} e^{i\frac{\pi}{4}} dr \Big\} = 0$$

右辺の 2 項目の θ に関する積分は $r \to \infty$ のときゼロになるから

$$\int_0^\infty e^{iar} dr = j = e^{i\frac{\pi}{4}} \int_0^\infty e^{-ar^2} dr$$

の関係を得る。$a < 0$ の場合には積分経路を $Re[v]$ 軸に対して反転させて第 4 象限に取り、上記と同様の積分計算を行えばよい。その結果と上記の結果をまとめて表すと次のようになる。

$$j = e^{i \operatorname{sgn}(a) \frac{\pi}{4}} \int_0^\infty e^{-|a|r^2} dr$$

ここで積分公式 $\int_0^\infty e^{-x^2} dx = \frac{\sqrt{\pi}}{2}$ を適用すると $j = \frac{1}{2} \sqrt{\frac{\pi}{|a|}} e^{i \operatorname{sgn}(a) \frac{\pi}{4}}$ を得る。最後に a および w として冒頭での定義を代入するとよい。

[演習 6.6] (6.112) で定義される k_j に対し両辺の対数を取ると

$$\log(k_j) = \log(K_0/2) - 2\log(\cos\theta) + \log(1 + 2\tau\cos\theta \pm \sqrt{1 + 4\tau\cos\theta})$$

となる。この両辺を θ について微分すると次のようになる。

$$\frac{k_j'}{k_j} = 2\frac{\sin\theta}{\cos\theta} + 2\tau\sin\theta \frac{(-\sqrt{1+4\tau\cos\theta} \mp 1)}{\sqrt{1+4\tau\cos\theta}\{1+2\tau\cos\theta \pm \sqrt{1+4\tau\cos\theta}\}}$$
$$= 2\frac{\sin\theta}{\cos\theta} - \frac{\sin\theta}{\cos\theta} \frac{\sqrt{1+4\tau\cos\theta} \mp 1}{\sqrt{1+4\tau\cos\theta}} = \frac{\sin\theta}{\cos\theta} \frac{\sqrt{1+4\tau\cos\theta} \pm 1}{\sqrt{1+4\tau\cos\theta}}$$

第 7 章 　船の横揺れと安定性

[演習 7.1] (7.46) の積分、すなわち以下の計算を考える。

$$\mathcal{I} = \int_0^\phi \sin\varphi \left(\overline{GM} + \frac{1}{2}\overline{BM}\tan^2\varphi\right) d\varphi$$

ここでまず $\cos\varphi = u$ と変数変換すると、$-\sin\varphi d\varphi = du$ であり、積分範囲は $\varphi : 0 \to \phi$ に対して $u : 1 \to \cos\phi$ を考えればよい。このとき

$$\int_0^\phi \sin\varphi\, d\varphi = -\int_1^{\cos\phi} du = \big[-u\big]_1^{\cos\phi} = 1 - \cos\phi$$

$$\int_0^\phi \sin\varphi \tan^2\varphi\, d\varphi = -\int_1^{\cos\phi} \frac{1-u^2}{u^2} du = \Big[u + \frac{1}{u}\Big]_1^{\cos\phi} = \frac{\cos^2\phi + 1}{\cos\phi} - 2 = \frac{(1-\cos\phi)^2}{\cos\phi}$$

したがって

$$\mathcal{I} = (1-\cos\phi)\Big\{\overline{GM} + \frac{1}{2}\overline{BM}\frac{1-\cos\phi}{\cos\phi}\Big\}$$

となるが、これは (7.56) 式である。

[演習 7.2] 1) $|\delta_1| < 1/2$ のとき、(7.133) より $\gamma_1 = \sqrt{\frac{1}{4} - \delta_1^2}$ であり、(7.134), (7.135) より

$$c_1 - c_2 = \frac{2b}{\gamma_1}\left(\delta_1 - \frac{1}{2}\right) = -2b\sqrt{\frac{\frac{1}{2} - \delta_1}{\frac{1}{2} + \delta_1}}, \quad c_1 + c_2 = a$$

$$\longrightarrow \quad c_1 = \frac{a}{2} - b\sqrt{\frac{\frac{1}{2} - \delta_1}{\frac{1}{2} + \delta_1}}, \quad c_2 = \frac{a}{2} + b\sqrt{\frac{\frac{1}{2} - \delta_1}{\frac{1}{2} + \delta_1}}$$

同様に

$$d_1 - d_2 = -\frac{a}{\gamma_1}\left(\delta_1 + \frac{1}{2}\right) = -a\sqrt{\frac{\frac{1}{2} + \delta_1}{\frac{1}{2} - \delta_1}}, \quad d_1 + d_2 = 2b$$

$$\longrightarrow \quad d_1 = b - \frac{a}{2}\sqrt{\frac{\frac{1}{2} + \delta_1}{\frac{1}{2} - \delta_1}}, \quad d_2 = b + \frac{a}{2}\sqrt{\frac{\frac{1}{2} + \delta_1}{\frac{1}{2} - \delta_1}}$$

これらを (7.132) に代入すると $A_0(\tilde{t}), B_0(\tilde{t})$ が求まる。

2) $\delta_1 = \pm\frac{1}{2}$ のときは、1) で求めた結果で、$\delta_1 \to \pm\frac{1}{2}$ の極限を考えればよい。$\delta_1 \to \frac{1}{2}$ のときは、$A_0(\tilde{t}) = a$, $B_0(\tilde{t}) = 2b - a\tilde{t}$、$\delta_1 \to -\frac{1}{2}$ のときは、$A_0(\tilde{t}) = a - 2b\tilde{t}$, $B_0(\tilde{t}) = 2b$ となる。

3) $|\delta_1| > 1/2$ のとき、(7.133) より $\gamma_1 = i\sqrt{\delta_1^2 - \frac{1}{4}}$ となる。(7.134), (7.135) より

$$c_1 - c_2 = \frac{2b}{\gamma_1}\left(\delta_1 - \frac{1}{2}\right) = \mp i2b\sqrt{\frac{\delta_1 - \frac{1}{2}}{\delta_1 + \frac{1}{2}}}, \quad c_1 + c_2 = a$$

$$\longrightarrow \quad c_1 = \frac{a}{2} \mp ib\sqrt{\frac{\delta_1 - \frac{1}{2}}{\delta_1 + \frac{1}{2}}}, \quad c_2 = \frac{a}{2} \pm ib\sqrt{\frac{\delta_1 - \frac{1}{2}}{\delta_1 + \frac{1}{2}}}$$

ただし複号は、それぞれ $\delta_1 > \frac{1}{2}$, $\delta_1 < -\frac{1}{2}$ に対応する。同様に

$$d_1 - d_2 = -\frac{a}{\gamma_1}\left(\delta_1 + \frac{1}{2}\right) = \pm ia\sqrt{\frac{\delta_1 + \frac{1}{2}}{\delta_1 - \frac{1}{2}}}, \quad d_1 + d_2 = 2b$$

$$\longrightarrow \quad d_1 = b \pm i\frac{a}{2}\sqrt{\frac{\delta_1 + \frac{1}{2}}{\delta_1 - \frac{1}{2}}}, \quad d_2 = b \mp i\frac{a}{2}\sqrt{\frac{\delta_1 + \frac{1}{2}}{\delta_1 - \frac{1}{2}}}$$

これらを (7.132) に代入すると次式が得られる。

$$A_0(\tilde{t}) = a\cos\left(\tilde{t}\sqrt{\delta_1^2 - \frac{1}{4}}\right) \pm 2b\sqrt{\frac{\delta_1 - \frac{1}{2}}{\delta_1 + \frac{1}{2}}}\sin\left(\tilde{t}\sqrt{\delta_1^2 - \frac{1}{4}}\right)$$

$$B_0(\tilde{t}) = 2b\cos\left(\tilde{t}\sqrt{\delta_1^2 - \frac{1}{4}}\right) \mp a\sqrt{\frac{\delta_1 + \frac{1}{2}}{\delta_1 - \frac{1}{2}}}\sin\left(\tilde{t}\sqrt{\delta_1^2 - \frac{1}{4}}\right)$$

参考文献一覧

第1章　波浪中での船体運動方程式

[1.1]　元良誠三：船体運動力学，共立出版，1967．

[1.2]　元良誠三（監修），小山健夫，藤野正隆，前田久明：船体と海洋構造物の運動学，成山堂書店，1982．

[1.3]　水野克彦：解析学，学術図書出版社，1974．

[1.4]　大串雅信：理論船舶工学（上巻），海文堂，1972．

第2章　線形システムとしての船体運動

[2.1]　佐藤平八（訳），Hwei P. Hsu：フーリエ解析，森北出版，1980．

[2.2]　柏木　正，川添一将，稲田　勝：波浪中船体運動および抵抗増加の計算に関する一考察，関西造船協会誌，第234号，pp. 85–94, 2000．

[2.3]　Cummins, W. E.: The impulse response function and ship motions, Schiffstechnik, Vol. 9, pp. 101–109, 1962.

[2.4]　Kotik, J. and Mangulis, V.: On the Kramers-Kronig relations for ship motions, International Shipbuilding Progress, Vol. 9, No. 97, pp. 361–368, 1962.

[2.5]　Ogilvie, T. F.: Singular-Perturbation Problems in Ship Hydrodynamics, Advances in Applied Mechanics, Vol. 17, pp. 91–188, 1977.

第3章　水波の基礎理論

[3.1]　巽　友正：流体力学，培風館，1982．

[3.2]　Newman, J. N.: Marine Hydrodynamics, The MIT Press, 1977.

[3.3]　九州大学大学院総合理工学府大気海洋環境システム学専攻編：地球環境を学ぶための流体力学，成山堂書店，2001．

第4章　2次元浮体の造波理論

[4.1]　日本造船学会海洋工学委員会性能部会編：実践 浮体の流体力学 前編－動揺問題の数値計算法，成山堂書店，2003．

[4.2]　Wehausen, J. V. and Laitone, E. V.: Surface Waves, In Encyclopedia of Physics, Vol. 9, Springer-Verlag, 1960.

[4.3]　今井　功：流体力学前編，裳華房，1976．

[4.4]　別所正利：逆時間速度ポテンシャルについて，関西造船協会誌，No. 159, pp. 75–84, 1975．

[4.5]　加藤直三，工藤君明，杉田松次，元良誠三：消波装置の基礎的研究，日本造船学会論文集，第136号，pp. 93–106, 1974．

[4.6]　Newman, J. N.: The Exciting Forces on Fixed Bodies in Waves, Journal of Ship Research, Vol. 6, pp. 10–17, 1960.

[4.7]　別所正利：波の中の船の横揺れ運動の理論について，防衛大学校理工学研究報告，第3巻第1号，pp. 47–60, 1965．

[4.8]　Newman, J. N.: Interaction of waves with two-dimensional obstacles: a relation between the radiation and scattering problems, Journal of Fluid Mechanics, Vol. 71, Part 2, pp. 273–282, 1975.

[4.9]　別所正利：波の中の船の横揺れ運動の理論について（続報），防衛大学校理工学研究報告，第3巻第3号，pp. 237–266, 1965．

[4.10]　田才福造：規則波中の二次元物体に働く漂流力について，関西造船協会誌，第152号，pp. 69–78, 1974．

第5章　細長船に対するストリップ法

[5.1]　渡辺恵弘：船の上下動及び縦揺の理論に就いて，九州大学工学集報，第31巻第1号，1958．

[5.2] 田才福造，高木又男：規則波中の応答理論および計算法，第 1 回耐航性に関するシンポジウム第 1 章，日本造船学会，pp. 1–52, 1969.

[5.3] 高石敬史，黒井昌明：波浪中船体運動の実用計算法，第 2 回耐航性に関するシンポジウム第 3 編第 2 章，日本造船学会，pp. 109–133, 1977.

[5.4] Salvesen, N., Tuck, E. O. and Faltinsen, O. M.: Ship motions and sea load, Trans SNAME, Vol. 78, pp. 250–287, 1970.

[5.5] 渡辺　巌，土岐直二，伊東章雄：ストリップ法，運動性能委員会第 11 回シンポジウム第 3 編第 2 章，日本造船学会，pp. 167–218, 1994.

[5.6] 柏木　正：長波長域での船体運動の漸近値について，関西造船協会誌，第 242 号，pp. 45–51, 2004.

[5.7] 柏木　正，川添一将，稲田　勝：波浪中船体動揺および抵抗増加の計算に関する一考察，関西造船協会誌，第 234 号，pp. 85–94, 2000.

[5.8] Kashiwagi, M.: Prediction of Surge and its Effects on Added Resistance by Means of the Enhanced Unified Theory, 西部造船会々報，第 89 号，pp. 77–89, 1995.

[5.9] Kashiwagi, M., Mizokami, S., Yasukawa, H. and Fukushima, Y.: Prediction of Wave Pressure and Loads on Actual Ships by the Enhanced Unified Theory, Proc. of 23rd Symposium on Naval Hydrodynamics (Val de Reuil, France), 2000.

第 6 章　3 次元耐航性理論

[6.1] Dawson, C. W.: A Practical Computer Method for Solving Ship-Wave Problems, Proc. of 2nd International Conference on Numerical Ship Hydrodynamics, Univ. California, Berkeley, pp. 30–38, 1977.

[6.2] Sclavounos, P. D. and Nakos, D. E.: Ship motions by a three-dimensional Rankine panel method, Proc. of 18th Symposium on Naval Hydrodynamics, Ann Arbor, pp. 21–40, 1990.

[6.3] Bertram, V.: Ship motions by a Rankine source method, Ship Tecnology Research, Vol. 37, pp. 143–152, 1990.

[6.4] Ogilvie, T. F. and Tuck, E. O.: A rational strip theory of ship motions, Rep. No. 013, Department of Naval Architecture and Marine Engineering, University of Michigan, 1969.

[6.5] Timman, R. and Newman, J. N.: The Coupled Damping Coefficients of a Symmetric Ship, Journal of Ship Research, Vol. 5, No. 4, pp. 34–55, 1962.

[6.6] 小林正典：前進速度を有する任意形状の 3 次元物体に働く流体力について，日本造船学会論文集，第 150 号，pp. 175–189, 1981.

[6.7] Bessho, M.: On the Fundamental Singularity in a Theory of Motions in a Seaway, Memoirs of the Defense Academy Japan, Vol. XVII, No. 8, 1977.

[6.8] 岩下英嗣，大楠　丹：特異点法による波浪中を航走する船に作用する流体力の研究，日本造船学会論文集，第 166 号，pp. 187–205, 1989.

[6.9] 小林正典：船舶の波浪中運動計算法に関する研究，東京大学博士学位論文，1981.

[6.10] Maruo, H.: Wave Resistance of a Ship in Regular Head Seas, Bulletin of the Faculty of Engineering, Yokohama National University, Vol. 9, pp. 73–91, 1960.

[6.11] Maruo, H.: Resistance in Waves, Research on Seakeeping Qualities of Ships in Japan, 60th Anniversary Series, Vol. 8, The Society of Naval Architects of Japan, pp. 67–102, 1963.

[6.12] Kashiwagi, M.: Calculation Formula for the Wave-Induced Steady Horizontal Force and Yaw Moment on a Ship with Forward Speed, Report of Research Institute for Applied Mechanics, Vol. 37, No. 107, pp. 1–18, 1991.

[6.13] 柏木　正，岩下英嗣，高木　健，安川宏紀：耐航性理論の設計への応用「第 3 章 三次元理論による計算」，運動性能研究委員会第 11 回シンポジウム，日本造船学会，pp. 219–292, 1994.

[6.14] Jensen P. S.: On the numerical radiation condition in the steady-steate ship wave problem, Journal of Ship Research, Vol. 31, pp. 14–22, 1987.

[6.15] 安東　潤，中武一明：Rankine Source 法による流れの一計算法，西部造船会々報，第 75 号，pp. 1–12, 1988.

[6.16] Jensen, G., Bertram, V. and Soeding, H.: Ship wave-resistance computations, Proc. 5th International Conference on Numerical Ship Hydrodynamics, Hiroshima, pp. 593–606, 1989.

[6.17] 瀬戸秀幸: 定常造波問題における Rankine Source 法の基礎と開境界条件処理に関する一考察, 西部造船会々報, 第 81 号, pp. 11–28, 1991.

[6.18] 大楠　丹: 一定速度で前進し動揺する船の波形解析, 日本造船学会論文集, 第 142 号, pp. 36–44, 1977.

[6.19] Ohkusu, M.: Added Resistance in Waves in the Light of Unsteady Wave Pattern Analysis, Proc. 13th Symposium on Naval Hydrodynamics, Tokyo, pp. 413–425, 1980.

第 7 章　船の横揺れと安定性

[7.1] 日本造船学会編: 船舶工学便覧第 1 分冊, コロナ社, 1976.

[7.2] 藤井　斉, 高橋　雄: 斜め波中における船体運動, 変動水圧の計算法に関する実験的検証, 西部造船会々報, 第 49 号, pp. 1–16, 1974.

[7.3] 渡辺恵弘, 井上正祐: 船の横揺抵抗所謂 N の計算方法について, 西部造船会々報, 第 14 号, pp. 39–48, 1957.

[7.4] 渡辺恵弘, 井上正祐, 村橋達也: N 係数計算法の肥大船型への修正, 西部造船会々報, 第 27 号, pp. 69–81, 1964.

[7.5] 姫野洋司: 横揺れ減衰力, 第 2 回耐航性に関するシンポジウムテキスト, 第 4 編第 1 章, 日本造船学会, pp. 199–209, 1977.

[7.6] 水野俊明: 船体の横揺れ運動における有効波傾斜係数について (第 1 報), 日本造船学会論文集, 第 134 号, pp. 85–102, 1973.

[7.7] 田才福造: Beam Sea における船体運動, 西部造船会々報, 第 30 号, pp. 83–105, 1965.

[7.8] Cole, J. D.: Perturbation Methods in Applied Mathematics, Blaisdell Publishing Co., 1968.

第 8 章　不規則波中の船体応答

[8.1] 田口賢士, 藤原　出, 室津義定, 細田龍介 (共訳): 確率過程工学＜基礎と応用＞, 共立出版, 1980. [Price, W. G. and Bishop, R. E. D.: Probabilistic Theory of Ship Dynamics, Chapman and Hall Ltd., 1974.]

[8.2] 日野幹雄: スペクトル解析, 朝倉書店, 1978.

[8.3] 合田良実: 港湾構造物の耐波設計 − 波浪工学への序説, 鹿島出版会, 1980.

[8.4] 光易　恒: 海洋波の物理: 岩波書店, 1995.

[8.5] Longuet-Higgins, M. S.: On the Statistical Distribution of the Heights of Sea Waves, Journal of Marine Research, XI, pp. 245–266, 1952.

[8.6] 福田淳一: 船体応答の統計的予測, 第 1 回耐航性に関するシンポジウム第 3 章, 日本造船学会, pp. 99–120, 1969.

欧文索引

[A]

added mass ········ *5, 10, 88, 165*
added resistance ··············· *185*
added wave resistance · *165, 185*
advection equation ··············· *60*
amplitude ················· *3, 25, 59*
amplitude dispersion ············ *71*
amplitude ratio ····················· *25*
amplitude ratio of progressive wave ······························· *87*
angular distribution function
  ·························· *243*
asymptotic expression ········· *173*
Atowood's formula ·············· *214*
auto-correlation function ····· *236*
auto-variance function ········ *237*
average ···························· *248*

[B]

band-width parameter ········ *257*
basis flow ·························· *154*
Beaufort scale ···················· *246*
Bernoulli's pressure equation *56*
Bertin's expression ············· *221*
Bessho's relation ·················· *96*
Bessho-Newman's relation ···· *96*
block coefficient ··········· *19, 212*
boundary element method ···· *82*
buoyancy ···························· *208*

[C]

capillary wave ······················ *66*
Cauchy's principal integral ··· *49*
Cauchy's principal-value integral ························ *77*
causal ································· *48*
causal system ······················ *48*
center of buoyancy ··········· *208*
center of floatation ············· *209*
central limit theorem ·········· *255*
centrifugal force ····················· *8*
centripetal force ····················· *8*
characteristic function ········ *252*
circular frequency of encounter
  ·························· *112*

circular frrequency ··············· *59*
coherence ·························· *241*
complex amplitude ·················· *3*
component assembly prediction method ······················· *222*
continuity equation ··············· *55*
convolution integral ········ *15, 40*
correlation coefficient ········· *250*
cosine elliptic function ········ *232*
cospectrum ························ *241*
coupling force ······················· *10*
covariance ························· *250*
critical damping coefficient ··· *20*
critical frequency ················ *126*
cross spectrum ··················· *240*
cross-correlation function ···· *238*
cumulative probability ········ *277*
curve of extinction ·············· *219*
cusp ·································· *178*

[D]

D'Alembert's principle ············ *4*
damping coefficient ··· *5, 10, 88, 165*
damping coefficient ratio ······ *19*
damping force ························ *5*
deep-water wave ··················· *62*
delta function ················ *14, 33*
diffraction force ················ *6, 88*
diffraction potential ··············· *85*
diffraction problem ········ *85, 162*
direct method ······················· *82*
directional spectrum ··········· *243*
dispersion ··························· *62*
dispersion relation ················ *62*
displacement volume ·········· *208*
double-body flow ················· *154*
dynamic condition ················· *57*
dynamical righting arm ······ *214*
dynamical stability ·············· *214*

[E]

effective wave slope ············ *227*
eigen-solution ······················· *61*
eigen-value equation ············· *61*

elementary wave ················ *171*
energy conservation principle
  ·············· *67, 93, 184*
energy conservation relation
  ···················· *92, 102*
energy spectrum ··················· *41*
enhanced unified theory ······ *126*
ensemble mean ··················· *235*
equi-potential condition ········ *82*
equivalent linear damping coefficient ···················· *272*
equivalent linearization *221, 272*
ergodic ······························ *236*
error function ····················· *254*
Euler's equation ··················· *55*
Euler's theorem ·················· *209*
even function ······················· *30*
exceedance probability ········ *278*
external force ························ *4*

[F]

flatness factor ···················· *249*
forward speed effect ············ *157*
Fourier series ························ *29*
Fourier transform ···· *17, 32, 169*
free-surface effect ············ *49, 54*
free-surface Green function
  ·························· *76, 166*
frequency response function
  ·········· *17, 24, 46, 51*
frequency spectrum ····· *243, 244*
Froude's expression ············· *221*
Froude-Krylov force ········ *6, 88, 119, 165*
fundamental circular frequency
  ·························· *29*
fundamental solution ············ *76*

[G]

Gaussian distribution ········· *253*
gravity wave ························ *66*
Green function ····················· *76*
Green function method ······· *188*
Green's formula ·············· *80, 91*
group velocity ······················· *65*

gyrational radius··············8

[H]

Hanaoka's parameter ·· 126, 172
Haskind-Newman's relation
············94, 102, 183
heave ····················· 2
highest one-nth wave height
············266
Hilbert transform··············49
homogeneous solution············13

[I]

impulse response··············14
independent··············250
indirect method··············83
inertia force··············4
integral equation··············82
International Ship Structure
Congress··············245
International Towing Tank
Conference··············245
inverse Fourier transform
············32, 169

[J]

joint probability density
function··············250
joint probability distribution
function··············250

[K]

k_1 wave··············174
k_1 wave system··············174
k_2 wave··············174
k_2 wave system··············174
Kelvin wave··············161
kinematic condition··············57
Kochin function··············83, 174
Kramers-Kronig's relation······53
kurtosis··············249

[L]

lag··············236
Laplace's equation··············56
lateral motion··············3
Lewis form··············96, 101
line integral term··············168

linear momentum··············4
linear superposition············45
linear system··············45
linearized free-surface condition
············58
local wave··············78
logarithmic decrement···21, 219
long wave··············62
long-term prediction············276
longitudinal metacenter············9
longitudinal motion··············3

[M]

mass··············4
mass matrix··············7
Mathieu's differential equation
············229
maximum wave slope············71
mean value··············248
mean wave period··············243
mean-squared spectrum density
function··············239
mean-squared value ···· 31, 236, 249
memory-effect function··········53
metacenter··············210
metacentric height············210
modified Helmholtz equation
············117
moment of inertia··············7
Moseley's formula············215

[N]

narrow band spectrum········257
natural circular frequency······19
Neumann-Kelvin··············156
new strip method··············116
normal distribution············253
normal probability distribution
function··············254
normal random variable······254

[O]

odd function··············30
orbital motion··············63

[P]

panel shift method············188

parametric rolling········229, 232
Parseval's theorem··········31, 41
particular solution··············13
peak-to-peak period··········264
perfect reflection··············105
perfect transmission··········105
period··············59, 60
period of zero-upcrossing····263
phase··············3, 25
phase lag··············26
phase velocity··············59
Pierson-Moskowitz type······244
pitch··············2
potential flow··············55
power spectrum············41, 239
power spectrum density function
············239
principle of momentum
conservation··············107
probability density function 248
probability distribution function
············247
product of inertia··············7
progressive wave··············78

[Q]

quadrature spectrum··········241

[R]

radiation condition········74, 154
radiation force··············6
radiation potential··············85
radiation problem·········85, 162
random process··············235
random variable··············247
Rankine panel method········188
Rankine source method······188
Rayleigh distribution··········259
Rayleigh's artificial friction
coefficient··············79, 154
reciprocity relation··············80
relative motion hypothesis·· 116
resonance··············3, 25
resonance curve··············26
resonant frequency··············3
restoring force··············5

restoring force vanishing angle ·················· *213*
restoring-force coefficient ········ *9*
restoring-force matrix ············ *10*
restoring-moment coefficient ·················· *9, 10*
retardation function ············· *53*
return period ····················· *278*
reverse-time velocity potential ·················· *92*
righting lever ····················· *213*
roll ································· *2*

[S]

Salvesen-Tuck-Faltinsen's method ························ *116*
scattering force ············ *6, 88, 119*
scattering potential ············· *85*
shallow-water wave ············· *62*
short-term prediction ·········· *274*
sign function ······················ *36*
significant wave height ·················· *243, 266*
sine elliptic function ············ *232*
sinkage ···························· *162*
skewness ·························· *249*
solid angle ························· *82*
source ······························ *73*
spring constant ···················· *5*
stable ······························ *231*

standard deviation ······ *238, 249*
statical righting arm ············ *213*
statical stability ·················· *213*
stationary phase method ····· *174*
stationary point ··················· *175*
stationary random process ·· *235*
steady problem ············ *156, 161*
step response ······················ *14*
Stokes drift ······················· *72*
surge ································ *2*
sway ································ *2*
symmetry relation ················ *92*
system function ··················· *46*
system of orthogonal functions ·················· *30*

[T]

time-averaged power ············ *236*
time-invariant ······················ *45*
Timman-Newman's relation ·················· *122, 182*
transverse metacenter ············· *9*
trim ································ *162*
Tuck's theorem ·················· *164*

[U]

uniform flow ····················· *154*
unit step function ············ *14, 36*
unstable ···························· *231*
unstable Munk moment ······ *122*
unsteady problem ········ *156, 162*

[V]

variance ····················· *238, 249*
velocity potential ·················· *55*
vertical bending moment ···· *130*
vertical shearing force ········· *130*
virtual mass ························ *5*

[W]

wall-sided vessel ················· *215*
waterline coefficient ······ *19, 212*
wave drift force ············ *107, 185*
wave elevation ··················· *155*
wave loads ························ *129*
wave pressure ····················· *199*
wave resistance ··················· *161*
wave steepness ···················· *71*
wave system ······················· *174*
wave term ························· *171*
wave-amplitude function ······· *83*
wave-energy equally splitting law ····························· *94*
wave-exciting force ····· *6, 88, 165*
wave-making damping force ·· *88*
wavelength ························· *59*
wavenumber ······················· *59*
Wiener-Khintchine's relation ·················· *239*

[Y]

yaw ································· *2*

和文索引

【ア行】

ISSC ……………………… 245
ITTC ……………………… 245
アトウッドの式 ………… 214
アンサンブル平均 ……… 235
安定 ……………………… 231
EUT ……………… 126, 132
位相 ……………………… 3
　　—遅れ ……………… 26
　　—差 …………… 25, 129
　　—進み ………………129
位相関数 ………………… 59
位相速度 ………………… 59
位置エネルギー … 66, 220, 225
一様流れ ………………… 154
一般解 …………………… 13
移流方程式 …………… 60, 69
因果システム …………… 48
因果的 …………………… 48
インパルス応答 · 14, 23, 42, 269
　　—のフーリエ変換 … 47
ウィナー・ヒンチンの関係
　　　　　　　　… 239, 251
渦なし流れ ……………… 55
運動エネルギー … 66, 220, 225
運動学的条件 ………… 57, 84
運動モード ……………… 1
運動量 …………………… 4
　　—の時間変化率 ……108
　　—保存の原理 ………107
STF 法 …………… 116, 132
NSM ……………………… 116
N 係数 …………………… 221
n 次モーメント‥ 239, 249, 252, 259, 274
エネルギー
　　—関係式 ……… 92, 102
　　—等分配則 …… 94, 104
　　—の時間変化率 …… 67
　　—保存則 …… 67, 93, 104
　　—密度 ……………… 68
エネルギースペクトル …… 41
エネルギースペクトル法 …… 274
エネルギー保存則 ……… 184
m_j の項 ………………… 159

【カ行】

エルゴード性 ……… 236, 269
円周波数 ……………… 2, 59
　　基本— ……………… 29
　　出会い— ……………112
　　出会いの— …………274
遠心力 …………………… 8
追い波 …………………… 112
オイラーの定理 ………… 209
オイラー方程式 ………… 55
オービタル運動 ………… 63

海象統計 ………………… 262
海水打ち込み ……… 133, 275
海水流入角 ……………… 213
海洋波スペクトル ……… 241
外力 ……………………… 4
　　周期的— ………… 17, 24
　　任意— ……… 13, 20, 51
ガウスの定理 …… 67, 80, 208
ガウス分布 ………… 253, 266
角運動量 ………………… 6
角周波数 ………………… 2
確率過程 ………………… 235
確率分布関数 …………… 247
　　極値の— ……………278
　　結合— ………………250
　　累積— ………………279
　　ワイブル— …………262
確率変数 ………………… 247
　　正規— ………………254
確率密度関数 ……… 248, 252
　　結合— ………… 250, 277
　　正規— ………… 254, 256
　　正規結合— …………264
　　ポアソンの— ………261
　　ワイブル— …………262
カスプ …………………… 178
片側スペクトル密度関数 …… 239
片側波スペクトル ……… 274
慣性乗積 ………………… 7
慣性モーメント ………… 7
慣性力 …………………… 4
間接法 ……………… 83, 168
完全透過 ………………… 105

完全発達波 ……………… 243
完全反射 ………………… 105
慣動半径 …………… 8, 132
ガンマ関数 …… 244, 247, 259
奇関数 ……………… 30, 241
基礎流場 ………………… 154
基本解 …………………… 76
逆時間速度ポテンシャル …… 92
逆フーリエ変換 … 32, 169, 252
境界条件 ………………… 153
境界値問題 ……………… 153
境界要素法 ………… 82, 154
共振 ……………………… 25
鏡像 ……………………… 154
狭帯域スペクトル ……… 257
共分散 …………………… 250
行列 ………………… 256, 271
　　—式 …………………256
局所波 ……………… 73, 78
極大値分布 ……………… 265
極値統計理論 …………… 277
曲率 ……………………… 211
　　—半径 ………… 210, 211
偶関数 ……………… 30, 241
偶力モーメント ……… 9, 210
クオドラチャスペクトル …… 241
組立て推定法 …………… 222
Kramers-Kronig の関係 …… 53
グリーン関数 ……… 76, 169
　　自由表面— …… 76, 166
　　—法 …………………188
グリーンの公式 ……… 80, 91
グリーンの定理 ………… 166
繰り返し法 ………… 222, 273
クロススペクトル … 240, 270
クロネッカーのデルタ記号 …… 7
群速度 ……………… 65, 69
計数汎関数 ………… 263, 264
k_2 波 ……………… 162, 174
k_2 波系 ………………… 174
k_1 波 ……………… 162, 174
k_1 波系 ………………… 174
$K-T$ 応答モデル ……… 12
ケルビン波 ………… 161, 178
限界値 …………………… 275

和文索引

減衰係数比 ……………………… 19
減衰固有円周波数 ……………… 21
減衰力 …………………………… 5
　　　—係数 ‥ 5, 10, 88, 119, 165
　　　—係数マトリックス ……… 11
　　　粘性— ………………… 218
　　　横揺れ— ……………… 218
減減曲線 ……………………… 219
向心力 ……………………………… 8
コーシーの主値積分 ………… 49, 77
誤差関数 ………………… 254, 265
コスペクトル ………………… 241
コチン関数 ………… 83, 86, 174
コヒーレンス関数 …………… 241
固有円周波数 ………………… 19
固有解 ………………………… 61
固有周期 ……………………… 19
固有値方程式 ………………… 61

【サ行】

再現期間 ……………………… 278
最大波傾斜 …………………… 71
最大波高 ……………………… 266
　　1/n— …………………… 266
　　　—の期待値 …………… 267
細長船理論 …………………… 113
サギングモーメント ………… 131
座標系 …………………… 2, 153
　　慣性— ……………… 2, 112
　　空間固定— …… 2, 112, 153
　　等速移動— …… 2, 112, 153
左右揺 ……………………………… 2
3次元影響 …………………… 113
時間不変 ……………………… 45
時間平均 ……… 28, 68, 92, 235
自己共分散関数 ……………… 237
自己相関関数 ………… 236, 270
自乗平均値 …………………… 31
システム関数 ………… 46, 270
システム関数行列 …………… 271
実質微分 ………………… 56, 155
質量 ………………………………… 4
　　—マトリックス ……………… 7
　　—輸送 ……………………… 72
周期 ………………………… 59, 60
　　極値間— ………………… 264
　　ゼロアップクロス— …… 245

ピーク— ……………………… 245
ピーク間— …………………… 264
自由振動解 …………………… 20
自由動揺 ……………………… 218
　　—がなす仕事 …………… 220
周波数影響 …………………… 224
周波数応答関数 … 17, 24, 46, 51
周波数スペクトル …… 243, 244
自由表面影響 ……………… 49, 54
自由表面グリーン関数 … 76, 166
自由表面条件 ………………… 154
　　　線形— …………………… 58
　　　非線形— ………………… 58
重量分布 ……………………… 130
重力波 ………………………… 66
出力ベクトル ………………… 271
主要解 ………………………… 168
上下揺 ……………………………… 2
定数変化法 ………………… 13, 22
正面向い波 …………………… 112
初期条件 …… 16, 23, 218, 230
初期値問題 …………………… 79
シリーズ 60 …………… 224, 229
進行波 …………………… 59, 78
　　　—のエネルギー ……… 68
　　　—の速度ポテンシャル ‥ 60
進行波振幅比 ………………… 87
深水波 …………………… 62, 65
振幅 ……………………… 3, 25, 59
　　　—比 …………………… 25
　　　—分散 ………………… 71
　　　—変調 ………………… 64
水線面積 ………………… 9, 125
水線面積係数 ………… 19, 212
水線面二次モーメント ……… 217
垂直舷側船 …………………… 215
垂直剪断力 …………………… 130
水底条件 ……………………… 60
スキャタリングポテンシャル ‥ 85
スキャタリング力 … 6, 88, 119
ステップ応答 ……… 14, 24, 43
ストークス・ドリフト ……… 72
ストークス波の第2近似 …… 70
ストリップ法 ………………… 111
スラミング ………… 133, 276
　　　—の発生確率 ………… 276
正規分布 ……………………… 253

正弦楕円関数 ………………… 232
静水圧 …………… 87, 207, 216
　　　—の変動成分 ………… 118
積分方程式 …………………… 82
摂動展開法 …………………… 230
ゼロアップクロス …………… 263
　　　—の周期 ……………… 263
旋回力指数 …………………… 12
漸近波動場 …………………… 174
漸近表示式 …………………… 173
線形重ね合わせ ……………… 45
線形システム ………… 45, 269
線形微分演算子 ……………… 45
前後揺 ……………………………… 2
船首揺 ……………………………… 2
前進速度影響 …… 113, 118, 157,
　　　　　　　　　 159, 222, 224
浅水波 …………………… 62, 65
線積分項 ……………………… 168
船体運動方程式 ……………… 11
船体固定座標系 ……… 153, 163
船体表面条件 ………… 114, 157
相関係数 ……………………… 250
相互相関関数 ………… 238, 270
相対運動の仮定 ……………… 116
S 相対水位変動 ……………… 133
相対水位変動 ………………… 275
造波減衰力 …………… 88, 118
造波抵抗 ……………………… 161
相反関係 ……………………… 80
相反定理 ……………………… 167
速度ポテンシャル …………… 55
　　入射波の— ………… 85, 112
素成波 ………………… 171, 273

【タ行】

帯域幅パラメータ …… 257, 264
対称関係 ……………………… 92
対称波 …………………… 95, 104
対数減衰率 …………… 21, 219
対数正規分布 ………………… 279
楕円体 …………………… 8, 59
たたみ込み積分 · 15, 23, 40, 270
　　　—のフーリエ変換 …… 40
タックの定理 ………………… 164
縦運動 ……………………………… 3
　　　—方程式 ……………… 12

縦曲げモーメント……… 130, 277
縦揺…………………………… 2
ダランベールの原理…………… 4
単位階段関数……………… 36
単位ステップ関数……… 14, 36
短期予測………………… 274
断面積係数………… 96, 101
遅延関数………………… 53
中心極限定理…………… 255
超過確率………………… 278
　　　非—………………… 278
長期予測………………… 276
長波…………………………… 62
直接法……………… 82, 168
直交関数系………………… 30
　　　正規—……………… 30
直交性……………………… 29
沈下量…………………… 162
追従安定の時定数………… 12
出会い円周波数………… 159
出会い角…………… 153, 273
抵抗増加 6, 161, 165, 185, 200
定常確率過程…………… 235
定常問題………… 156, 161
ディフラクション
　　　—ポテンシャル…… 85
　　　—問題……… 85, 162
　　　—力……………… 6, 88
ティムマン・ニューマンの関係
　　　……… 122, 182, 195
テイラー展開…… 57, 63, 69
停留位相法……………… 174
停留点…………………… 175
デルタ関数…… 14, 33, 74, 166
　　　—のフーリエ変換… 34
ポテンシャル流れ………… 55
転置行列………………… 271
等価線形化……… 221, 272
等価線形減衰係数……… 272
透過波……………………… 90
　　　—係数……… 90, 105
同次解……………… 13, 60, 75
同次の境界条件……… 61, 76
同調………………… 25, 103
　　　—円周波数……… 232
　　　—曲線……………… 26
　　　—現象……………… 3

　　　—周期……………… 232
　　　—周波数…………… 3
等ポテンシャル条件……… 82
尖度……………………… 249
特異積分………………… 76
特性関数……… 252, 254, 261
特性方程式…… 20, 231, 233
独立……………………… 250
特解……………………… 13
トリム量………………… 162

【ナ行】
波振幅関数……………… 83
波甲度…………… 1, 71, 192, 246
波の変位（隆起量）…… 155
波漂流力………… 107, 185
二次モーメント………… 209
二重模型流れ…………… 154
2乗平均スペクトル密度関数 239
2乗平均値………… 236, 249
入力ベクトル…………… 271
粘性影響………………… 222
ノイマン・ケルビン…… 156

【ハ行】
パーシヴァルの定理… 31, 41
排水容積………… 125, 208
波系……………………… 174
波数……………………… 59
波数ベクトル…………… 242
ハスキント・ニューマンの関係
　　　……… 94, 102, 183
波長……………………… 59
発現頻度………………… 277
　　　長期波浪—……… 277
発生確率………………… 275
　　　スラミングの—… 276
波動部…………………… 171
花岡パラメータ…… 126, 172
ばね定数…………………… 5
パネルシフト法………… 188
パラメトリック横揺… 229, 232
波浪荷重………………… 129
波浪強制力…… 6, 88, 119, 165
波浪中抵抗増加………… 185
波浪変動圧……………… 199
パワースペクトル… 41, 239, 270

　　　応答の—………… 274
　　　3次元—………… 243
　　　出力の—………… 271
　　　入力の—………… 271
　　　—密度関数……… 239
反射波……………………… 90
　　　—係数……… 90, 105
反対称波………… 95, 104
半幅・喫水比…… 96, 101
ピアソン・モスコヴィツ型… 244
非線形運動方程式……… 220
非線形影響……………… 224
非線形減衰係数………… 220
非定常圧力……………… 117
非定常波………………… 162
非定常問題……… 156, 162
ビューフォート風力階級… 246
標準偏差………… 238, 249
表面張力………… 58, 65
　　　—波………………… 66
ビルジキール…… 222, 223
ヒルベルト変換………… 49
不安定…………………… 231
不安定ムンクモーメント… 122
フーリエ級数……………… 29
　　　実数形式の—…… 29
　　　複素形式の—…… 30
フーリエ変換… 17, 32, 74, 169,
　　　　　　　　　238, 252
　　　関数の積の—…… 41
　　　積分の—………… 40
　　　たたみ込み積分の—… 40
　　　微分の—………… 39
付加質量…… 5, 10, 88, 119, 165
　　　—の漸近解……… 97
　　　—マトリックス… 11
不規則波………… 235, 272
　　　短波頂—………… 273
　　　長波頂—………… 273
　　　—の主方向……… 273
不規則変動量…………… 240
吹き出し………………… 73
復原てこ………………… 213
　　　静—……………… 213
　　　動—……………… 214
復原モーメント係数… 9, 123
復原力……………………… 5

──曲線·················213
──係数·············9, 120
静──·················213
動──·················214
──マトリックス······10, 160
復原力減失角·················213
複素経路積分···········43, 77
複素振幅···············3, 25
　　船体運動の──···········129
　　相対水位変動の──········133
　　波浪強制力の──··········129
　　変動水圧の──···········133
符号関数···············36, 48
浮心···········9, 90, 125, 208
浮体表面境界条件··············84
浮面心·····················209
浮力·······················208
フルード・クリロフ力······6, 88,
　　　　　　119, 165, 195, 227
フルード数··············49, 126
フルードの表現···············221
プロペラレーシング·······133, 276
分散·········62, 238, 249, 275
　　──関係·················62
　　振幅──·················71
平均値·····················248
平均パワー···············31, 236
別所・ニューマンの関係··········96
別所の関係····················96
ヘビサイドの単位関数············36
ベルタンの表現················221
ベルヌーイの圧力方程式······54, 56
平均波周期···················243
変形ヘルムホルツ方程式··········117

変動圧力·····················87
変動水圧··············130, 132
偏平度················249, 254
ポアソン分布················260
方形係数··············19, 212
方向スペクトル········243, 273
方向分布関数·········243, 246
放射条件············74, 78, 154
法線ベクトル········56, 114, 125

【マ行】
マシューの微分方程式··········229
見掛け質量····················5
水粒子の軌道·················63
光易・合田型·················247
無限流体····················154
メタセンタ··················210
　　縦──···············9, 123
　　横──················9, 90
メタセンタ高さ··············210
メモリー影響関数··············53
モズレーの式·················215
modified Wigley モデル
　　　　　　·······20, 125, 192

【ヤ行】
有義波高··············243, 266
有限水深影響················110
有効波傾斜係数········227, 228
ゆがみ······················249
余因子······················256
余弦楕円関数················232
横運動·······················3
　　──方程式·················12
横揺·························2

──の運動方程式············226
横揺れ減衰係数········218, 222
横揺れ減衰力···············218

【ラ行】
ラグ·······················236
ラグランジュ微分··············56
ラディエイション
　　──ポテンシャル············85
　　──問題··············85, 162
　　──流体力·················6
ラプラス方程式················56
ランキン
　　──ソース················170
　　──ソース法·············188
　　──パネル法·············188
力学的条件···················57
立体角······················82
留数の定理···················76
履歴影響関数·················53
臨界減衰係数··················20
臨界周波数··················126
ルイスフォーム·········96, 101
累積確率····················277
レイリーの仮想摩擦係数······79,
　　　　　　　　　154, 166, 181
レイリー分布·······259, 266, 275
連成運動方程式···102, 124, 228
連成流体力·············10, 126
連続の方程式·················55

【ワ行】
ワイブル分布········261, 279
わき出し···············73, 166
渡辺の近似·················116

著者略歴

柏木　正（かしわぎ　まさし）

  1980.3 大阪大学大学院工学研究科 造船学専攻 修士課程修了
  1983.3 大阪大学大学院工学研究科 造船学専攻 博士課程単位取得退学
  1983.4 神戸商船大学 商船学部 助手
  1984.3 大阪大学大学院工学研究科 造船学専攻 工学博士
  1985.9 九州大学応用力学研究所 助教授
  1991.8 マサチューセッツ工科大学 客員助教授
  2001.9 九州大学応用力学研究所 教授
  2008.4 大阪大学大学院工学研究科 教授

岩下　英嗣（いわした　ひでつぐ）

  1987.3 九州大学大学院工学研究科 造船学専攻 修士課程修了
  1990.3 九州大学大学院工学研究科 造船学専攻 博士後期課程単位取得退学
  1990.4 広島大学工学部 助手
  1990.4 九州大学大学院工学研究科 造船学専攻 工学博士
  1991.4 広島大学工学部 助教授
  1996.5 ハンブルグ大学 客員助教授
  2007.4 広島大学大学院工学研究科 教授

船舶海洋工学シリーズ❹
せんたいうんどう　たいこうせいのうへん
船体運動 耐航性能編

定価はカバーに表示してあります。

2012年10月28日　初版発行
2019年 6月28日　3版発行

著　者　柏木　正・岩下　英嗣
監　修　公益社団法人 日本船舶海洋工学会
　　　　　能力開発センター教科書編纂委員会
発行者　小川典子
印　刷　亜細亜印刷株式会社
製　本　株式会社難波製本

発行所　鬻成山堂書店

〒160-0012　東京都新宿区南元町4番51　成山堂ビル
TEL：03 (3357) 5861　　FAX：03 (3357) 5867
URL　http://www.seizando.co.jp
落丁・乱丁本はお取り換えいたしますので、小社営業チーム宛にお送りください。

ⓒ2012　日本船舶海洋工学会
Printed in Japan　　　　　　　ISBN978-4-425-71461-2

成山堂書店発行　造船関係図書案内

和英英和 船舶用語辞典【2訂版】	東京商船大学船舶用語辞典編集委員会 編	B6・608頁・5000円
新訂 船と海のQ&A	上野喜一郎 著	A5・248頁・3000円
海洋構造力学の基礎	吉田宏一郎 著	A5・352頁・6600円
LNG・LH₂のタンクシステム	古林義弘 著	B5・392頁・6800円
改訂版 船体と海洋構造物の運動学	元良誠三 監修	A5・376頁・6400円
氷海工学 －砕氷船・海洋構造物設計・氷海環境問題－	野澤和男 著	A5・464頁・4600円
造船技術と生産システム	奥本泰久 著	A5・250頁・4400円
英和版 新 船体構造イラスト集	恵美洋彦 著/作画	B5・264頁・6000円
海洋底掘削の基礎と応用	(社)日本船舶海洋工学会 海洋工学委員会構造部会編	A5・202頁・2800円
SFアニメで学ぶ船と海 －深海から宇宙まで－	鈴木和夫 著／逢沢瑠菜 協力	A5・156頁・2400円
船舶で躍進する新高張力鋼 －TMCP鋼の実用展開－	北田博重・福井努 共著	A5・306頁・4600円
商船設計の基礎知識【改訂版】	造船テキスト研究会 著	A5・368頁・5600円
海洋建築シリーズ 水波工学の基礎	増田・居駒・惠藤 共著	B5・148頁・2500円
海と海洋建築 21世紀はどこに住むのか	前田・近藤・増田 編著	A5・282頁・4600円
船舶海洋工学シリーズ① 船舶算法と復原性	日本船舶海洋工学会 監修	B5・184頁・3600円
船舶海洋工学シリーズ② 船体抵抗と推進	日本船舶海洋工学会 監修	B5・224頁・4000円
船舶海洋工学シリーズ③ 船体運動 操縦性能編	日本船舶海洋工学会 監修	B5・168頁・3400円
船舶海洋工学シリーズ④ 船体運動 耐航性能編	日本船舶海洋工学会 監修	B5・320頁・4800円
船舶海洋工学シリーズ⑤ 船体運動 耐航性能初級編	日本船舶海洋工学会 監修	B5・280頁・4600円
船舶海洋工学シリーズ⑥ 船体構造 構造編	日本船舶海洋工学会 監修	B5・192頁・3600円
船舶海洋工学シリーズ⑦ 船体構造 強度編	日本船舶海洋工学会 監修	B5・242頁・4200円
船舶海洋工学シリーズ⑧ 船体構造 振動編	日本船舶海洋工学会 監修	B5・288頁・4600円
船舶海洋工学シリーズ⑨ 造船工作法	日本船舶海洋工学会 監修	B5・248頁・4200円
船舶海洋工学シリーズ⑩ 船体艤装工学	日本船舶海洋工学会 監修	B5・240頁・4200円
船舶海洋工学シリーズ⑪ 船舶性能設計	日本船舶海洋工学会 監修	B5・290頁・4600円
船舶海洋工学シリーズ⑫ 海洋構造物	日本船舶海洋工学会 監修	B5・178頁・3700円

最新総合図書目録無料進呈　　　　※定価は本体価格（税別）